公共经济与管理·投资学系列

可持续发展理论与实践

Theory and Practice of Sustainable Development

本书内容的研究和出版获得国家社科基金、上海财经大学研究生重点课程建设和"中央高校双一流引导专项资金"与"中央高校基本科研业务费"、中国公共财政研究院建设项目等资助

王克强 刘红梅 赵 凯 主 编
樊喜斌 王宏利 副主编

复旦大学出版社

全球环境与气候治理,共谋全球生态文明建设之路。中国积极推动《巴黎协定》实施;发布《中国落实2030年可持续发展议程国别方案》,并实施《国家应对气候变化规划(2014—2020年)》,庄严承诺力争2030年前实现碳达峰、2060年前实现碳中和。

……是新时代经济学研究的重要内容。本书探索的是自然资源的可持续发展,其核心就是资源与环境经济学的内容。因此,后面讲的可持续发展就从资源与环境经济学的思路展开。传统的经济系统模型是以自然资源和环境资源的无限供给为假设前提的,将自然资源和环境资源作为一种外生的、可以无限供给的资源,不进入经济系统,也不进入生产函数。资源与环境经济学对传统经济学假设前提的一个基本修改是,随着经济和社会的发展,自然资源和环境资源已经变得越来越稀缺,对自然资源和环境资源的配置和利用方式的选择会对经济发展产生影响。因此,现代资源与环境经济学把资源环境包容进入经济分析系统,把自然资源和环境资源看作一种稀缺的生产要素进入生产函数,把资源环境看作经济系统的一部分。

资源与环境经济学是运用经济学原理研究自然资源环境的发展与保护的经济学分支学科,是经济学研究向自然科学世袭领地的扩展和进入,是经济学和资源环境科学两大学科交叉形成的一门新兴学科。资源与环境经济学研究的是经济发展和资源环境利用与保护之间的相互关系,是经济学和资源环境科学交叉的学科。其实质就是运用经济学的方法和原理来分析如何实现自然资源和环境资源的有效配置和利用,以实现可持续的社会经济发展。

资源与环境经济学是一门年轻而快速发展的学科。就国际而言,资源与环境经济学是一门相对比较年轻的学科;就国内而言,这一学科更加年轻,还很不成熟。这表现在很多方面,就教材而言,有的侧重于资源经济学,有的侧重于环境经济学,也有的侧重于人口经济学,还有的侧重于生态经济学,因此名称不统一,讲解的内容也不统一。我们认为,资源与环境经济学讲解的内容可以分为四个层次:第一层次是资源环境经济系统理论,第二层次是资源与环境经济的基本理论和方法(资源环境产权理论、资源环境价值理论与方法、资源环境承载力、资源和环境安全),第三层次是资源与环境经济的次一级基本理论(资源环境税、资源环境投融资、资源环境贸易、循环经济等),第四个层次是资源环境专题(土地资源经济、林业资源经济、矿产资源经济、环境经济等)。本书就是基于这样一个理论来安排内容的,如表1所示。

表1 资源与环境经济学内容结构

第四层次	土地资源经济	林业资源经济	矿产资源经济	环境经济	能源经济
第三层次	资源环境税	资源环境投融资	资源环境贸易	循环经济	
第二层次	资源环境产权理论、资源环境价值理论与方法、资源环境承载力、资源和环境安全				
第一层次	资源环境经济系统理论				

公共经济与管理系列丛书编委会

主　任　刘小兵

副主任　方　芳　何精华

编　委（按姓氏笔画排序）

　　　　方　芳　王　峰　刘小兵　朱为群

　　　　李　华　任晓辉　陈　杰　何精华

　　　　岳　崟　赵永冰　陶　勇

可持续发展的外延越来越大，其中自然资源和环境的可持续发展是最基础的可持续发展，是物质型的可持续发展，也是可持续发展的核心。本书首先结合资源与环境经济学的发展探索可持续发展思想的形成，然后构建资源环境经济社会系统框架，分析资源环境的产权、价值、承载力和安全的理论与方法，再探索实现资源环境可持续发展的税收、投融资、贸易和循环利用手段，最后分专题探索土地资源、林业资源、矿产资源、环境和能源资源等专题的可持续发展。

参加本书编写的单位有上海财经大学、上海师范大学、西北农林科技大学、国家林业和草原局、山东大学等。

本书基于上一版的《资源与环境经济学》修订而成，根据教学研究，修订了新的变化，如环境税和资源税、城乡土地市场一体化、矿产资源市场体系等，增加了自然资源资产核算、能源与碳排放等方面新内容。本次修订由王克强、刘红梅、赵凯提出修订提纲并统稿。参加本次修订或收集整理资料的有王克强、刘红梅、赵凯、樊喜斌、王宏利、叶方、章志豪、王硕、罗小微、周芸芹、黄子洋、邓皓、尧振伟、刘雨桐、饶龙欢、李少棠等。感谢曾参加以前版本内容撰写、修订或收集整理资料的宋振英、沈洪、杨翼瑞、胡海生、熊振兴、石芳、孙梦醒、姜璐洁、刘玉锋、王江、张志斌、雷桥亮、丁以保、吕斌、王晓东等。由于资源与环境经济学是一门年轻的学科，可持续发展的理论与实践在不断发展，再加上编者水平有限，错误在所难免，敬请读者批评指正。

编者

2024 年 12 月

目 录

第一章 资源与环境经济学的发展和可持续发展思想的形成 ………………… 1
    学习目的 ………………………………………………………………………… 1
    关键概念 ………………………………………………………………………… 1
    第一节 资源与环境经济学的产生与发展 …………………………………… 1
    第二节 资源与环境经济学对传统经济学的拓展 …………………………… 14
    第三节 资源与环境经济学的研究对象、内容及方法 ……………………… 19
    小结 ……………………………………………………………………………… 27
    习题 ……………………………………………………………………………… 27

第二章 资源环境经济系统 …………………………………………………………… 29
    学习目的 ………………………………………………………………………… 29
    关键概念 ………………………………………………………………………… 29
    第一节 资源环境经济系统的概念及特征 …………………………………… 29
    第二节 资源环境经济系统的组成和结构 …………………………………… 34
    第三节 资源环境经济系统的功能 …………………………………………… 37
    小结 ……………………………………………………………………………… 43
    习题 ……………………………………………………………………………… 44

第三章 资源产权理论 ………………………………………………………………… 46
    学习目的 ………………………………………………………………………… 46
    关键概念 ………………………………………………………………………… 46
    第一节 一般产权理论 ………………………………………………………… 46

第二节　资源产权的基本理论 …………………………………… 48
第三节　资源产权制度的基本模式 ……………………………… 52
第四节　资源产权的初始分配 …………………………………… 55
第五节　国有资源产权再分配的市场配置 ……………………… 58
第六节　我国自然资源产权制度改革 …………………………… 59
小结 ………………………………………………………………… 62
习题 ………………………………………………………………… 63

第四章　资源环境价值理论与评估方法　65

学习目的 …………………………………………………………… 65
关键概念 …………………………………………………………… 65
第一节　资源环境价值理论概述 ………………………………… 65
第二节　资源环境价值评估的概念和必要性 …………………… 71
第三节　资源环境价值评估基本方法 …………………………… 74
第四节　TCM、CVM 和实物期权法在资源环境价值评估中的应用 … 79
第五节　绿色 GDP 核算 …………………………………………… 84
第六节　自然资源资产负债表编制 ……………………………… 89
小结 ………………………………………………………………… 91
习题 ………………………………………………………………… 92

第五章　资源与环境的承载力　94

学习目的 …………………………………………………………… 94
关键概念 …………………………………………………………… 94
第一节　资源环境承载力的概念 ………………………………… 94
第二节　资源承载力的确定方法 ………………………………… 99
第三节　土地资源承载力的确定 ………………………………… 106
第四节　水资源承载力的确定 …………………………………… 114
第五节　环境承载力的确定 ……………………………………… 119
小结 ………………………………………………………………… 123
习题 ………………………………………………………………… 123

第六章　资源与环境税　126

学习目的 …………………………………………………………… 126
关键概念 …………………………………………………………… 126
第一节　资源与环境税概述 ……………………………………… 126
第二节　环境税的理论基础 ……………………………………… 131
第三节　国外资源与环境税概况 ………………………………… 135
第四节　我国环境税收制度现状 ………………………………… 141
小结 ………………………………………………………………… 150

习题 150

第七章　资源环境利用和保护中的投融资 152
　　学习目的 152
　　关键概念 152
　　第一节　资源环境利用和保护投融资的基本理论 153
　　第二节　资源环境保护融资的基本方式 155
　　第三节　政府在国内资源环境保护投融资中的责任 163
　　第四节　政府在国外资源环境开发过程中的作用 165
　　第五节　非营利组织在环境保护投融资中的作用 166
　　第六节　企业在资源环境保护投融资中的角色 169
　　第七节　我国环保投融资发展历程 170
　　小结 173
　　习题 174

第八章　资源环境与贸易 176
　　学习目的 176
　　关键概念 176
　　第一节　虚拟水贸易 176
　　第二节　生物入侵 185
　　第三节　生物技术与食品安全 189
　　第四节　绿色壁垒与贸易 196
　　小结 199
　　习题 200

第九章　循环经济 201
　　学习目的 201
　　关键概念 201
　　第一节　循环经济概述 201
　　第二节　循环经济理论 207
　　第三节　循环经济的实施 214
　　第四节　国外循环经济实践 221
　　第五节　循环经济在我国的应用 227
　　小结 235
　　习题 236

第十章　土地资源经济 238
　　学习目标 238
　　关键概念 238
　　第一节　土地资源概述 239

第二节　土地产权 ··· 248
　　第三节　土地市场体系 ··· 254
　　第四节　土地价格 ··· 259
　　第五节　土地金融 ··· 267
　　第六节　土地税制 ··· 271
　　小结 ··· 278
　　习题 ··· 279

第十一章　林业资源经济 ·· 280
　　学习目的 ··· 280
　　关键概念 ··· 280
　　第一节　林业资源概述 ··· 280
　　第二节　林业资源产权 ··· 283
　　第三节　林业税收 ··· 289
　　第四节　林业分类经营 ··· 293
　　第五节　林业分类经营模式下森林资源价值的计量 ····················· 298
　　小结 ··· 303
　　习题 ··· 304

第十二章　矿产资源经济 ·· 306
　　学习目的 ··· 306
　　关键概念 ··· 306
　　第一节　矿产资源概述 ··· 306
　　第二节　矿产资源产权 ··· 309
　　第三节　矿产资源市场体系 ··· 314
　　第四节　矿产资源价格 ··· 322
　　小结 ··· 329
　　习题 ··· 330

第十三章　环境经济 ·· 332
　　学习目的 ··· 332
　　关键概念 ··· 332
　　第一节　环境资源产权 ··· 332
　　第二节　环境资源商品性和效益 ····································· 336
　　第三节　环境资源定价 ··· 341
　　第四节　排污权理论 ··· 347
　　第五节　环境库兹涅茨曲线 ··· 356
　　小结 ··· 361
　　习题 ··· 361

第十四章　资源与环境安全 ... 363

- 学习目的 ... 363
- 关键概念 ... 363
- 第一节　资源与环境安全概述 ... 364
- 第二节　资源与环境安全指标体系 ... 366
- 第三节　我国资源与环境安全评价 ... 370
- 第四节　中国资源安全与环境保护战略 ... 378
- 小结 ... 383
- 习题 ... 384

第十五章　能源与碳排放 ... 385

- 学习目的 ... 385
- 关键概念 ... 385
- 第一节　能源的基本概念及其与经济的关系 ... 385
- 第二节　能源储备、能源危机与能源安全 ... 392
- 第三节　能源市场与能源组织 ... 394
- 第四节　能源与气候变化 ... 397
- 第五节　碳达峰与碳中和 ... 399
- 第六节　能源与可持续发展 ... 406
- 小结 ... 409
- 习题 ... 409

参考文献 ... 411

第一章 资源与环境经济学的发展和可持续发展思想的形成

学习目的

通过本章的学习认识早期的资源环境经济思想,了解资源与环境经济学产生的时代背景、理论源泉和实践背景及发展历程和趋势,掌握该学科的主要论点在实践中的运用方法,掌握资源与环境经济学对经济科学的拓展及主要表现,了解资源与环境经济学的研究对象、内容和方法。在这个过程中,掌握可持续发展思想的形成过程。

关键概念

资源稀缺　环境保护　帕累托最优　外部性　可持续发展　经济评价　环境效益　社会效益

第一节　资源与环境经济学的产生与发展

资源与环境经济学是20世纪60年代以来迅速发展起来的一门运用现代经济学原理和方法来研究资源和环境问题的经济学分支学科,它广泛吸收了环境科学、物理学、生态学、社会学等学科的营养,是经济学与其他学科特别是资源和环境学科相互交叉、渗透的综合性边缘学科。资源与环境经济学的形成和发展,一方面拓展了资源与环境学科的内容,使人们对资源与环境问题的认识增加了经济学分析视角;另一方面也使经济学在更为现实和客观的基础上得到了发展,增强了其对社会现象和人类行为的解释力。这对于人类摆脱资源与环境危机、促进资源环境与经济的协调发展提供了极大的帮助,具有重大的理论与现实意义。

一、早期的资源环境经济思想

资源与环境经济学作为一门独立的经济学分支学科历史虽然很短,但是资源与环境问题被纳入经济学家的研究视野却一直可以追溯至古典经济学的形成时期。古典经济学家所处的时代,社会发展仍以农业为主,资本主义工商业经济刚刚开始,经济发展对资源环境破坏的影响尚不明显,因此资源和环境问题并未成为影响社会发展的主要问题,自然也并不是古典经济学所关注的重点。古典经济学所分析的对象主要集中在农业生产方面,围绕着土地等自然资源的产出率进行研究。如英国古典经济学的奠基者威廉·配第(W. Petty)就已认识到自然条件对财富的制约,提出了著名的"劳动是财富之父,土地是财富之母"的论断。因此,古典经济学家对自然资源与环境的关注与自然资源与环境对农业生产的影响是分不开的。马尔萨斯、李嘉图、约翰·穆勒是最早对环境问题进行经济学思考的学者。

亚当·斯密(Smith)的经济思想反映了古典经济学的主流观点,而这位古典经济学的鼻祖却忽视了资源环境对经济发展的制约作用。斯密认为分工和资本积累足以克服土地稀缺程度提高而对经济增长所带来的消极影响,因为资本积累的增加可以增加被雇佣的劳动者人数而避免人口过剩。而分工的发展则可以不断推动技术进步和新机器的发明和使用,从而引起报酬递增,这就能抵消由于土地稀缺产生的报酬递减。按照斯密的说法,"对工资劳动者的需求必随一国收入和资本的增加而增加",同时"劳动生产力上最大的增进,以及运用劳动时所表现的更大的熟练、技术和判断力似乎都是分工的结果"(斯密,1988)。在这样一种时代背景下,当然不可能对环境问题进行严格的经济学分析,也不可能产生资源与环境经济学这门学科。尽管如此,斯密提出的"看不见的手"原理仍然足以奠定现代经济学,包括资源与环境经济学的基础。也正因为如此,古典经济学的先驱者们对资源环境问题的思考也就更显得难能可贵了,虽然从现代经济学的角度来看,他们关于资源环境问题的思想还显得有点简单与朴素,既没有从经济学角度分析资源环境问题的根源,也没有提出解决环境与增长冲突的经济途径,但是他们的思想对现代资源与环境经济学的影响却是不可否认的。从某种意义上讲,当代关于环境与经济增长相互作用的争论就有着上述古典先驱者思想的影子。因此,了解这些早期资源环境经济思想的萌芽对于我们更深刻地理解资源与环境经济学科的形成与发展也是大有裨益的。

马尔萨斯(Malthus)在其撰写的《人口原理》一书中对其观点作了系统的阐述,提出了著名的人口增长呈几何级数而生活资料却以算术级数增加的假说。他认为,由于人口增长率与土地生产力的不平衡,人口增长与生活资料增长的差距会越来越大。解决这一矛盾的关键在于抑制人口的过快增长,如果人类不能主动节制生育的话,那么抑制人口增长的途径就只有通过贫困、饥饿、瘟疫、战争等手段来解决。马尔萨斯的核心思想是,对自然资源的需求是以人口和收入的指数增长为基础的,而资源的供给却只能以线性形式增长,甚至零增长。无论人口和收入的增长率有多低,任何以指数形式增长的需求都会超过任何以固定的或线性增长的供给。因此,资源的稀缺是绝对的,它不会因技术进步和社会发展而改变。马尔萨斯的这一思想也被称为"绝对稀缺论"。其理论虽然忽略了技术进步在提高资源生产力方面的作用,低估了人类社会的自我控制能力,但是,它表明如果不能正确认识和处理好经济增长与人口、资源、环境的关系,那么,人类将面临灾难性后果,这一思想给后人敲响了保护资源环境的警钟。不管其理论观点有多么偏激,它留给后人在资源环境思考方面的启迪却是十分深刻的。

李嘉图(Ricardo)也认识到了人口对生活资料的压力。他在《政治经济学及赋税原理》一书中指出,随着人口的增长,社会对农产品的需求将不断增加,在土地数量固定的情况下将会出现两种趋势:一是人们将不得不耕种肥力和位置越来越差的土地;二是在原有土地上不断追加投资,并会因此而产生土地边际报酬递减的现象。李嘉图的思想建立在萨伊定律、土地收益递减规律以及马尔萨斯的人口法则的基础之上,但对其又有所发展。他认为,资本积累遵循萨伊定律。向农业投资,投资增加了,根据马尔萨斯的人口法则,人口也会增加,这会导致对食物需求的增加,这样,相对肥沃的优等地所生产出来的农产品满足不了人们的需求,因而不得不耕作相对劣等的贫瘠土地。随着土地稀缺程度的不断提高,农业中的报酬递减趋势会进一步加强,社会经济增长速度将会逐渐放慢,直至进入人口与经济增长都处于停滞的社会静止状态。李嘉图与马尔萨斯一样,对人类社会在自然资源环境约束下的经济增长前景持悲观态度。但与马尔萨斯不同的是,李嘉图认为并不存在自然资源的绝对稀缺,而只存在生产率较高的自然资源的相对稀缺。并且他也认识到了技术进步在促进生产增长方面的积极作用,实际上承认了技术与稀缺土地资源之间存在一定程度上的可替代性。从这个意义上来说,李嘉图对资源环境问题的认识比马尔萨斯进了一步,其理论在某种程度上暗示了技术在解决人类社会发展与资源环境冲突之间的作用。相对于马尔萨斯的理论,李嘉图的思想被称为"资源相对稀缺论"。

约翰·穆勒(John Mill)继承并拓展了马尔萨斯和李嘉图关于资源稀缺的观点,认为劳动、资本和自然资源是任何社会生产都必不可少的三要素。根据马尔萨斯的人口原理,人口增长几乎是无限的,因此人口并不构成对经济增长的制约,但资本和土地的稀缺却构成了对社会经济增长的双重约束。而且穆勒将稀缺的概念延伸到更为广义的资源环境,第一次探讨了关于人类社会的经济增长与自然资源环境的承受界限问题,从哲学的高度提出了建立"静态经济"的概念。他认为自然资源环境、人口和财富都应该保持在一个静止稳定的水平,并且这一水平要远离自然资源环境的极限水平,以防止出现食物缺乏和自然美的大量消失。"静态经济"的思想将资源环境保护及其影响的时间维度拓展到了更为长远的未来,暗示了如果人类社会的产出超过了自然所允许的限度,那么社会就会出现失衡。这一思想表明穆勒对资源环境问题的认识比马尔萨斯与李嘉图又深入了一步。另外值得一提的是,与马尔萨斯和李嘉图对于人类社会经济增长所持的悲观态度不同,穆勒对人类未来的前景是充满乐观的。他所倡导的静态经济实际上是资本、人口和物质资料生产都处于零增长的一种平衡状态。他认为这种状态并不意味着人类社会进步趋于停滞，因为在这种状态下，精神文明以及道德水平的进步会和以往任何时候有着同样的机会，并且会比以往更大可能地提高"生活"的质量。

二、资源与环境经济学的诞生

资源与环境经济学作为一门学科，形成于20世纪50和60年代之间，其发源地在北美洲。20世纪50年代末到60年代初，美国几位从事发展经济学研究的经济学家针对美国和西欧当时高速发展的经济，提出了自然资源对于这种经济的支持能力问题。这在经济发展成为压倒一切主题的第二次世界大战后的欧美大陆，表现出一种冷静的科学态度。20世纪60年代中期以后，环境问题逐渐成为世人关注的焦点。今天的人们在谈到当年的这一变化时，都往往引述这一时期频频发生的污染事件和群众性的环保运动。但是从某种意义上说，这种现象乃是社会发展的必然结果。20世纪60年代末70年代初，人们讨论环境质量与经济增长之间的关系并对环境问题加以关注，以1972年罗马俱乐部米都斯（Meadows）等的《增长的极限》为代表。在20世纪70年代初出现了污染经济学或称公害经济学的著作，阐述防治环境污染的经济问题。资源与环境经济学的产生主要有以下三个背景。

（一）时代背景

资源与环境经济学的产生与资源环境问题的日益严重并引起社会普遍关注是分不开的。自人类进入工业社会以来，在追求经济增长的驱使下，人类对自然资源环境展开了大规模的前所未有的开发利用。特别是第二次世界大战以后，出于战后重建家园的强烈愿望，一些工业化国家一味追求经济的快速增长，表现出了空前的增长热潮。虽然在极短的时期内，人类创造出了巨大的物质财富，但同时，在工业化、城市化的过程中，人类也大大加剧了对耕地、淡水、森林、矿产的消耗，引发了深重的环境灾难，给人类社会带来了巨大的危害和不利影响。第二次世界大战以后，世界面临着人口激增、环境污染、粮食短缺、能源紧张、资源破坏五大问题。仅20世纪50—60年代的"八大公害"事件就曾使成千上万的人直接死亡。可以说，这一时期的环境问题与农业社会时期相比具有完全不同的性质，不仅直接威胁到人们的生命健康，而且严重削弱了自然环境系统对人类社会生存发展的支持能力，给人类未来的发展蒙上了一层阴影。

同大多数经济学分支一样，资源与环境经济学不是一门先验的科学，而是因为问题而诞生的科学。其学科产生的时代背景就是源于资源环境稀缺性的显现和稀缺程度的迅速提高所产生的环境危机。主要表现在：（1）自从工业革命以来，工业生产规模急剧扩大和能源使用方式的革命，深刻地改变了自然界的物质循环和能量流动，自然生态系统遭受破坏；同时，由于科技进步，人们能够了解发生在自然系统中的非常微小的变化，因而我们能够比过去更加清楚环境问题的后果。（2）现代化的生产过程产生了一些新的合成物质，这些物质对于生态系统来说，其影响是未知的和不确定的，有些物种可能会适应自然环境的改变，有些则可能因为不能适应而发生变异，甚至灭绝。（3）因为生活水平的普遍提高,公众已经开始向往和追求一个清洁、安全和舒适的环境。这实际上表明,当温饱问题一旦解决之后,环境问题是一种更高层次的需求表现。在这样的社会发展背景下,从经济学角度思考资源环境问题的经济学家们显然会得到十分重要的启示,发现需要深入研究的领域和问题。

造成环境的污染和破坏,除了人们未能认识自然生态规律外,从经济原因上分析,主要是人们没有全面权衡经济发展和资源环境保护之间的关系,只考虑近期的直接的经济效果,忽视了经济发展给自然和社会带来的长远影响。长期以来,人们把水、空气等环境资源看成是取之不尽、用之不竭的"无偿资源",把大自然当作净化废弃物的场所,不必付出任何代价和劳动。这种发展经济的方式,在生产规模不大、人口不多的时代,对自然和社会的影响在时间上、空间上和程度上都是有限的。

(二) 理论源泉

资源与环境经济学的产生最初是为了回应人们对环境问题的关心和对经济增长前景的担忧而从发展经济学角度入手研究并逐步形成的。早在19世纪,穆勒就关于增长的极限作出了分析。在1914年和1931年,Gray和Hotelling分别对可耗竭资源(如煤及金属矿藏)的折耗程度做过分析。然而,大概是因为市场理论在经济学家们的心目中太完美了,直到第二次世界大战之前,这些新的理论在经济学界并没有引起足够的重视。目前,人们认为资源与环境经济学的两个奠基性理论基础分别是:

(1) 20世纪初意大利经济学家帕累托(V. Pareto)从伦理意义上探讨资源配置效率而提出的"帕累托最优"理论,这一思想一直被资源与环境经济学家奉为圭臬。

(2) 20世纪20年代,由马歇尔(A. Marshall)提出、庇古(A. C. Pigou)等人做出了重要贡献的外部性理论,把污染看作是外部性的思想为资源与环境经济学的发展进一步奠定了理论基础。外部性理论认为,在没有市场力量的作用下,外部性表现为两个财政独立的经济单位(如公司或消费者)的相互作用。这实际上已经是对市场理论的某种修正。这些早年的经济学家甚至引用了一个典型的环境问题来说明外部性的具体表现:一台在铁路上行进的蒸汽机车冒出的火星,引燃了路边农民的成熟的麦田(外部不经济性)。

到了20世纪50年代,社会生产规模急剧扩大,人口迅速增加,经济密度不断提高,人类从自然界获取的资源大大超过自然界的再生增殖能力,排入环境的废弃物大大超过环境容量,出现了全球性的资源耗竭和严重的环境污染与破坏问题。这种严峻的环境形势引起了社会各界的广泛关注,公众的环保意识空前高涨,环境运动在发达国家开始蓬勃发展,一大批社会有识之士也加入宣传环境保护的行列之中,如1962年生物学家卡逊(R. Carson)出版了科普著作《寂静的春天》。该书描绘了一幅由于农药污染所带来的可怕景象,惊呼人们将会永远失去"明媚的春天"。该书的问世,对公众的环境意识施加了重大影响,在世界范围内引发了人类对环境与发展前景的关注,以环境经济为内容的新观点和对未来社会设想的方案层出不穷。其主要包括:60年代末期鲍尔丁(K. Balding)的"宇宙飞船经济""物质进步论"以及70年代初兴起的"资源稀缺论""效用价值论"及"动态平衡经济"等,出现了资源与环境经济学研究的热潮。"增长的极限""生存蓝图""小型化经济""补偿论""环境奢侈论""国家调节论""社会改造论""新发展哲学"等理论观点,推动了人们把环境、人口、资源和经济相结合起来进行研究,使得资源与环境经济学得以向系统化方向发展。与此同时,学术界也开始对环境问题进行科学意义上的探讨。另外从20世纪50年代起,生物学、化学、地理学等自然科学开始对环境问题进行科学探索,主要是从技术的角度提出了环境污染的严重后果并提出了一些可行的解决方案,取得了比较重大的进展。

(三) 实践背景

伴随着社会经济的发展,解决资源与环境问题是环保行政部门决策的需求。现代市场机制正在制造一种日益失衡的经济。一方面是工业正在大量制造过剩的私人物品,例如,汽车和电冰箱;另一方面是公共物品正在变得日益稀缺,例如,清新的空气和宜人的美景。引人深思的是通过刺激需求,私人物品的供给可以人为地实现增长,而公共物品的供给却由于储量的有限性和破坏的不可逆性,不仅不可能增加,而且正在变得日益稀缺。更具讽刺意味的是,通过牺牲环境和自然资源实现的经济增长,同时也提高了人们对自然环境的需求。这就使得自然环境不仅在客观上,而且在主观上也在日益稀缺。为了适应社会需求的变化,各国政府纷纷建立了环境保护行政主管部门,代表国家行使管理环境的职能。但是,保护环境要有政策和管理手段,需要投资。而什么样的政策和手段最有效,保护环境需要花多少钱,谁来出这笔钱,怎么花这些钱等等,这一系列问题都要求资源与环境经济学家作出回答。

三、资源与环境经济学的发展

(一) 起源与诞生

20世纪60年代以前,一些工业发达国家的环境污染由局部逐步发展到整个区域,公害事件不断发生,使人们被动地对废水、废气、废渣的污染进行单项治理。60年代中期以后,人们逐渐认识到环境是一个多元、多介质、复杂的综合系统,各种环境因素相互制约、相互联系,因此,他们开始重视综合性治理,使生存环境有所改善。1972年,联合国环境规划署在斯德哥尔摩召开了人类环境会议,提出了发展和环境问题;1974年墨西哥会议认为,必须从协调经济发展与环境的关系入手;1975年联合国欧洲经济委员会在鹿特丹召开了经济规划的生态对策讨论会,与会代表提出环境经济规划问题,要求在制定经济发展规划中考虑生态因素(环境影响);1977年联合国环境规划署专家认为,经济发展要合乎环境要求;1980年联合国环境规划署在斯德哥尔摩召开关于"人口、资源、环境和发展"的讨论会,会议指出这四者之间是紧密联系、互相制约、互相促进的,新的发展战略要正确处理这四者之间的关系。1981年联合国环境规划署将《环境状况报告》列为第一主题。世界环境与发展委员会在1987年将可持续发展定义为"满足当代人的需求而又不损害子孙后代发展的需要",可持续发展已成为全球长期发展的指导方针。1992年在巴西里约热内卢召开联合国环境与发展会议,会议最后通过了《关于环境与发展的里约热内卢宣言》(又称《地球宪章》)、《21世纪议程》等文件,154个国家签署了《气候变化框架公约》,148个国家签署了《保护生物多样性公约》,"里约宣言"指出"和平、发展和保护环境是互相依存、不可分割的,世界各国应在环境与发展领域加强国际合作,为建立一种新的、公平的全球伙伴关系而努力",可持续发展(Sustainable Development)的观念也逐渐形成。

2002年在南非约翰内斯堡召开的第一届可持续发展世界首脑会议,全面审查和评价了《21世纪议程》执行情况,目的是重振全球可持续发展伙伴关系,并协商通过《约翰内斯堡可持续发展宣言》和《可持续发展世界首脑会议执行计划》。2012年,世界各国领导人再次聚集在里约热内卢,集中讨论两个主题:绿色经济在可持续发展和消除贫困方面的作用、可持续发展的体制框架。

环境问题与发展问题有机结合后,可持续发展成为人类社会发展的哲学与追求目标,而与之相关的经济学科——资源与环境经济学于20世纪50和60年代在北美诞生,学科奠基人为克尼斯及其未来资源研究所的同事们。早在20世纪20年代庇古就对环境外部性及解决对策进行了初步研究,但是未提出较为完整的学科概念,主要侧重于福利经济学问题的研究。资源与环境经济学只不过在最近20多年才有重大进展,从环境与发展的综合理论体系脱颖而出,并在20世纪80年代转向可持续发展这一主题并拓展了原来的研究主题,目前主要对价值评估、经济与环境的交换与互补、资源的耗竭、全球环境问题及环境与发展政策问题开展研究。

(二) 资源与环境经济学理论的发展

20世纪60、70年代,随着工业化国家环境资源稀缺程度的提高和环境问题的加剧,随着这些国家对环境治理实践的深入,资源与环境经济学理论得以向系统化方向发展。正是在这样的背景下,很多经济学者开始运用现代经济理论与经济学分析方法对环境问题进行重新思考,探讨环境与经济的相互关系、环境问题产生的经济根源以及解决环境问题的经济途径等课题。许多经济学家和自然科学家一起商讨防治污染和保护环境的对策,估量污染造成的经济损失,比较防治污染的费用和效益,从经济角度选择防治污染的途径和方案,有的还把控制污染纳入投入-产出经济分析表中进行研究。首先需要提及的是由克鲁梯拉(John Krutilla)在《美国经济评论》1967年9月一篇文章中系统提出的"舒适型资源的经济价值理论"[①]。在此之前,许多经济学家虽然已经研究过自然资源的合理利用问题,但主要是关于适度的开发速度和开发规模,实现资源在长时间范围内的最优配置,涉及的主要是可耗竭的矿产资源,例如石油、煤炭、矿石等,又称为"开采型资源"。但对于一些稀有的生物物种、珍奇的景观、重要的生态系统却缺乏必要的研究。克鲁梯拉把这类资源称为"舒适型资源"。认为出于科学研究、生物多样性和不确定性等原因,保护一些舒适型资源不被破坏,或者把对其利用严格限制在可再生的限度之内。其主要内容包括:(1)人类对于舒适型资源的需求总是不断增长的,而这类资源在自然界中的存量却是有限的,提供的服务也是不可替代的,因而其供给不可能随着需求的增长而增长,这就是舒适型资源的唯一性。(2)自然环境是亿万年来自然力作用的结果,以人类目前所掌握的科学技术,还无力复制宏观的自然环境;即使是复制了,也不可能包含自然界的全部信息。这就是舒适型资源的真实性。(3)人类对于自然环境的探索和认识是没有止境的。人类只要不放弃这种探索,就总是能够从自然界发现新的信息,获得新的满足。这就是对于舒适型资源认识的不确定性。(4)舒适型资源所具有的上述性质,表明对这类资

---

① Krutilla, J. V. Conservation Reconsidered[J]. American Economic Review, 1967, 57(4): 777-786.

源的损坏是单向的,被破坏就意味着永远丧失。这就是舒适型资源破坏的不可逆性,也是上述概念的核心。如果承认舒适型资源的破坏是不可逆的,那么就应当重新认识舒适型资源的价值构成。当代人直接或间接利用舒适型资源获得的经济效益是舒适型资源的"利用价值";当代人为了保证后代人能够利用而做出的支付和后代人因此而获得的效益,是舒适型资源的"选择价值";人类不是出于任何功利的考虑,只是因为资源的存在而表现出的支付意愿是舒适型资源的"存在价值"。这一理论最重要的贡献在于为后来定量评价舒适型资源的经济价值奠定了坚实的理论基础。

1970年,克尼斯等人在《经济学与环境》一书中系统提出了"物质平衡理论"[①]。这一理论实际上是物理学中的物质守恒原理和经济学中一般均衡原理的结合。其主要思想是:(1)一个现代经济系统由物质加工、能量转换、残余物处理和最终消费四个部门组成。这四个部门之间,以及由这四个部门组成的经济系统与自然环境之间,存在着物质流动关系。(2)如果这个经济系统是封闭的(没有进口或出口),没有物质净积累,那么在一个时间段内,从经济系统排入自然环境的残余物的物质量必然大致等于从自然环境进入经济系统的物质量。这个结论的推论是:经济系统排放的残余物量大于生产过程利用的原材料量,因为生产和消费过程中的许多投入,例如水和大气,通常是不被作为原材料考虑的。(3)上述思想也同样适用于一个开放的、有物质积累的现代经济系统,只是分析和计算更为复杂。(4)现代经济系统中虽然越来越多地使用污染控制技术,但是应当清醒地认识到,"治理"污染物只是改变了特定污染物的存在形式,并没有消除也不可能消除污染物的物质实体。例如治理气体污染物,使排放的气体变得清洁,但是却留下了粉尘等固体污染物。这表明,各种残余物之间存在相互转化关系。(5)为了在保证经济不断发展的同时,减少经济系统对自然环境的污染,最根本的办法是提高物质和能量的利用效率和循环使用率,以减少自然资源的开采量和使用,降低污染物的排放量。物质平衡的思想表明:由于物质流动关系的存在,外部不经济性是现代经济系统所固有的正常现象。如果我们把环境也视为稀缺资源,那么就有必要对一般均衡模型做出某些修正,即环境也作为一个部门,加入经济系统的投入—产出分析,找出这一系统的物质平衡关系。正是这种关系,向我们揭示了环境污染的经济学原因:环境资源的免费使用,而解决环境污染的经济学方法也正是环境资源的合理定价和有偿使用。

随着资源与环境经济学研究的开展,一些经济学家认为,仅仅把经济发展引起的环境退化当作一种特殊的福利经济问题,责令生产者偿付损害环境的费用,或者把环境当作一种商品,同任何其他商品一样,消费者应该付出代价,都没有真正抓住人类活动带来环境问题的本质。许多学者提出在经济发展规划中要考虑生态因素。社会经济发展必须既能满足人类的基本需要,又不能超出环境负荷。超过了环境负荷,自然资源的再生增殖能力和环境自净能力会受到破坏,引起严重的环境问题,社会经济也不能持续发展。要在掌握环境变化的过程中,维护环境的生产能力、恢复能力和补偿能力,合理利用资源,促进经济

---

① A V Kneese, and U Robert. Ayres, and Ralph C. d'Arge. Economics and the Environment: A Materials Balance Approach[M]. Baltimore: The Johns Hopkins Press, 1970.

的发展。20世纪70年代后期,先后出版的环境经济学、生态经济学、资源经济学方面的著作,论述了经济发展和环境保护之间的关系。

美国经济学家瓦西里·里昂惕夫(Wassily Leontief)是世界上最早从宏观上定量研究环境保护与经济发展关系的经济学家。他运用投入—产出表研究世界经济结构,把清除污染的工业单独列为一个物质生产部门。他认为,在产品成本中,除了原材料消耗和劳动力消耗外,还包括处理污染物的费用,从而分析研究了环境政策对经济发展所能产生的影响以及促进经济发展与保护和改善环境的相互关系。

美国两位经济学家詹姆斯·托宾(James Tobin)和威廉·诺德豪斯(Willian Nordhaus)针对国民生产总值(GNP)不能反映经济福利的缺陷,提出了"经济福利量"的概念,把国民生产总值加上闲暇和家庭主妇的劳务价值,减去没有补偿的污染和现代城市化不和谐之处的代价,以及其他一些调整,计算了美国1925—1965年的经济福利量,说明经济福利量的增长慢于国民生产总值的增长,环境污染与生态破坏的代价越来越大。按此计算,美国在1940—1968年间,每年净经济福利量所得,大约为国民生产总值的一半。1968年以后,二者差距越来越大,每年净经济福利量所得不及国民生产总值的一半。2018年10月8日,瑞典皇家科学院宣布,授予美国经济学教授威廉·诺德豪斯诺贝尔经济学奖。以表彰其在可持续发展增长研究领域做出的突出贡献[①]。

保罗·萨缪尔森(Paul A. Samuelson)在托宾和诺德豪斯研究的基础上,把经济福利量改为经济净福利,并把估计数延伸到1976年,证明按人口平均计算的经济福利增长比国民生产总值缓慢得多。

(三) 可持续发展的实践

可持续发展越来越受到重视。1983年联合国成立了世界环境与发展委员会(WECD),1987年受联合国委托,以挪威前首相布伦特兰夫人为首的WECD成员们正式提出了"可持续发展"的概念和模式,以该报告和世界环境与发展大会发表的《地球宪章》为代表,这两个有关环境与发展的重大讨论可以称为人类历史上的两次环境革命。1992年世界环境与发展大会以后,对环境问题的关注更是一浪高过一浪,森林资源作为地球陆地生态系统的主体受到国际社会的加倍关注。可持续发展思想的产生是人类对环境问题认识不断深化的结果,如何在发展经济的同时,协调好与环境之间的关系是摆在人类面前的一个重大课题。资源与环境经济学正是为解决这个重大课题而产生的,可持续发展思想自然成为学科建设的指导思想。以可持续发展作为资源与环境经济学的指导思想,意味着可持续发展思想要贯穿于学科始终,可持续发展的原则要在学科的内容中得以体现。可持续发展的基本原则有三:可持续原则、共同性原则、公平性原则。

我国资源与环境经济学的发展是在吸收西方资源与环境经济学的一些有益部分的基础上发展起来的。其主要论点有:(1)环境是一种稀缺资源,污染实际上是对这种资源的耗损和浪费;(2)环境是特殊商品,或者说是公共商品,它的价值应由边际效益和边际费

---

① 2021年诺贝尔经济学奖一半授予戴维·卡德(David Card),以表彰他对劳动经济学的经验性贡献;另一半联合授予约书亚·D. 安格里斯特(Joshua D. Angrist)和奎多·W. 因本斯(Guido W. Imbens),以表彰其对因果关系分析的方法学贡献。

用的平衡点来确定；(3) 经济发展和环境保护之间有相互促进、相互制约的关系。其研究方法主要是运用计量经济学的方法研究环境保护中的经济评价问题，如运用投入-产出法对环境影响进行分析，运用费用效益分析法以及其他评价方法评价环境工程方案与环境标准选择，运用数学规划进行多目标最优化选择等。

环境问题实质上是一个经济问题，这是因为：(1) 环境问题是随着经济活动的开展而产生的，它是经济发展的副产品。(2) 环境问题使人类遭受到了巨大的损失，且限制了经济的进一步发展。(3) 环境问题的最终解决还有待于经济的进一步发展，经济的发展为解决环境问题奠定了物质基础。在资源与环境经济学的研究中，核心是处理好经济增长与环境保护两方面的关系。经济增长与环境保护之间的内在运行机制及两者间的协调标准，是资源与环境经济学的主要研究内容之一，也是社会经济可持续发展的前提。

四、资源与环境经济学的实际运用

在过去的20多年里，资源与环境经济学在制定环境政策和区域发展规划、评价开发建设项目等领域发挥了重要作用。近年来，环境与自然资源的经济评价和经济手段在环境管理中的应用逐渐成为资源与环境经济学实际运用的新的发展方向。

经济评价是通过专门的技术和方法，评价改善环境质量或者保护自然资源可能获得的经济效益。鉴于环境质量和许多自然资源都是没有市场价格的公共物品，经济评价的首要任务是给这些物品合理定价。这项工作可以直接或间接参照一些私人物品的市场价格，也可以利用统计调查的方法。经济评价的依据是"支付意愿"或"接受意愿"理论。但是，在最近由联合国环境规划署召开的一次专家会议上，支付意愿被认为比较适合于发达国家，发展中国家可能更应使用接受意愿。经济评价的作用主要表现在以下五个方面：(1) 表明环境与自然资源在国家发展战略中的重要地位；(2) 修正和完善国民经济核算体系；(3) 确定国家、产业和部门的发展重点；(4) 评价国家政策、发展规划和开发项目的可行性；(5) 参与制定国际、国家和区域持续发展战略。

经济手段是指一些用于控制污染和保护自然资源的经济政策和经济措施。其从性质上可以分为7类：(1) 产权制度，例如所有权、使用权、开发权；(2) 环境质量与资源的交易市场，例如排污权交易，资源份额交易；(3) 环境与资源税收体制，例如污染税、土地使用税；(4) 污染和资源利用收费制度，例如排污费、使用费；(5) 财政手段，例如补贴、贷款；(6) 管理目标责任制，例如自然资源保护责任制、责任保险制度；(7) 契约和抵押制度，例如环境事故协议、抵押赔偿制度。[①]

在市场经济条件下，能够产生经济刺激或经济动力的政策和措施被认为是管理环境的最有效率的方法。特别是经济正处于高速发展时期的发展中国家，在国家资金有限、财力不足的情况下，经济手段不仅可以提供有效的管理，同时还是国家和地方政府筹集环保资金的有效途径。

---

① T Panayoton. Economic Instruments for Environmental Management and Sustainable Development (draft) [R]. United Nations Environmental Programme, 1994.

五、人类对资源环境问题关注的历程

人类对资源环境问题关注经历过三次浪潮[①],现在正在进入第四次浪潮,如表1-1所示。

表1-1 资源环境问题的几次浪潮

波次	发生年代	主要问题	具体问题
第一波	20世纪40—50年代	有限的自然资源	不可再生资源的耗竭 粮食供给问题
第二波	20世纪60—70年代	生产和消费活动的副产品	杀虫剂和化肥的使用 垃圾处理 噪声污染 空气和水体污染 放射性和化学污染
第三波	20世纪80—90年代	全球环境问题	酸雨 气候变化 臭氧层破坏
第四波	21世纪初—	物种和自然资源环境破坏	物种的灭绝 自然资源环境的破坏

六、资源环境经济学的演变

(一)西方资源环境经济学的演变

西方资源环境经济学的演变大致可以分为四个阶段。

1. 古代社会至前资本主义时代(产生朴素的适应自然资源观)

在人类社会的早期,自然资源丰富,而自然资源的丰瘠不一,总体上生产力低下,可再生的自然资源生产力的恢复靠自然。人口稀少,开发利用资源的基本方式是"适应—利用—索取"。"逐水草而居"是一种典型的自然资源利用方式。到了中后期,人口急剧增加,对资源过度开发和掠夺性利用,破坏生态环境。破坏了的生态环境对人类社会造成了非常大的负面影响,于是在反复的破坏与过度抗争中,产生了朴素的"经验基础上的保护生态和适应利用自然资源观",如古希腊、罗马时代。

2. 资本主义社会初期至20世纪30年代(产生土地经济学)

资本主义的生产关系代替了封建生产关系,促进了生产力的发展,经济学也得到了发展。经济学家认识到了自然资源在经济社会发展中的重要作用。威廉·配第指出"劳动是财富之父,土地是财富之母",大卫·李嘉图建立了差额地租论,屠能建立了农业区位理论,马歇尔认为土地就是自然为辅助人类而自由赋予的陆、水、空气和光、热等各种物质与能力。1924年由美国学者伊利和莫尔豪斯出版了世界上第一本《土地经济学原理》。土

---

① 杨云彦.人口、资源与环境经济学[M].北京:中国经济出版社,1999.

地经济学是最早的"土地资源经济学"。

3. 20世纪30年代至60年代(产生资源经济学)

随着资源的稀缺日益加深,对资源的利用率提高,"逐水草而居"的资源利用方式越来越受到限制。加强资源的利用效率日渐成为主流。对资源的经济学研究日益受到重视,成果日益系统化。1931年哈罗德·霍德林发表了《可耗尽资源的经济学》,提出了资源保护和稀缺资源分配问题。稀缺资源的利用与分配成为经济学的重要研究领域,一些大学相继建立了资源经济专业或开设了专业课程。这个阶段主要研究的是资源经济学问题。

4. 20世纪60年代末至今——资源环境经济学

二战以后环境问题日益突出,环境经济学的研究异军突起。1974年约瑟夫·塞尼卡与迈克尔·陶西格出版了《环境经济学》。20世纪70年代初,德内拉·梅多斯受罗马俱乐部委托,发表了《增长的极限》。70年代爱德华·戈德史密斯出版了《生存的蓝图》和《只有一个地球》。

20世纪80年代初,资源环境经济学成果涌现。阿兰·兰德尔于1981年出版了《资源经济学——从经济学角度对自然资源和环境政策的探讨》,安东尼·费舍尔(A. C. Fisher)于1981年出版了《资源与环境经济学》,汤姆·泰坦伯格(Tom Tietenberg)于1981年出版了《环境与自然资源经济学》,哈恰图洛夫于1982年出版了《自然利用经济学》,威廉·鲍莫尔等于1988年出版了《环境经济理论与政策设计》,罗杰·珀曼和马越于1999年出版了《自然资源与环境经济学》等。一些大学相继建立了资源环境经济专业或开设了专业课程,如到1993年美国就有13所大学,英国、德国、加拿大、日本、巴西等二十几个国家共有几十所大学开设了该专业并设置了相关课程。

(二)中国资源环境经济学的演变

中国资源环境经济学的演变大致可以分为四个阶段。

1. 古代至新中国成立以前——人类顺应自然观的萌芽与土地经济学的产生

中国古代劳动人民奋斗中形成了以天、地、人的整体系统观看待人与自然的关系和利用资源的观点。如《周易》提倡"阴阳五行"和"天人合一";《齐民要术》中讲,顺天时,量地利,则用力少而成功多,任情返道,劳而无获。

1949年前中国的学者章植、张德粹等也编著过《土地经济学》,也有一些大学中开设过"土地经济学"课程。

2. 新中国成立至1980年——研究中断阶段

1949年以后,自然资源逐渐地实现公有制。由于受计划经济、资源国有等的影响,资源环境经济学的研究几乎处于停滞状态,已经在大学中开设的土地经济学的教学与研究也被迫中断。

3. 1981—1990年——初步研究阶段

随着改革开放的推进,有偿使用资源的环境越来越成熟,利用价格手段即商品性、市场化配置资源条件呼声越来越高,于是激发了资源环境经济学的研究。刘书楷等主编的《农业自然资源经济学》、牛若峰主编的《资源经济学与农业自然利用的生态经济问题》、甘泽广主编的《环境经济学概论》、黄奕妙主编的《资源经济学》等相继出版。

4. 1991年至今——形成与发展阶段

随着经济体制改革的不断深化,自然资源市场建设日益受到重视,资源环境的经济学研究得到快速发展。相应的著作也多起来了。这个阶段研究重心如下:自然资源经济学、环境经济学、生态经济学、资源环境经济学、可持续发展经济学、人口与自然资源环境经济学。资源与环境经济学的定量及定性研究都得到长足发展。

七、资源与环境经济学的发展趋势

资源与环境经济学是一门快速发展的新兴学科。近几十年来的发展历史表明,环境经济分析已经呈现出了各种令人鼓舞的前景,这可以从最近出版的大量教科书、专著、期刊、各种学术讨论会以及相关国际项目中得到证实。这意味着环境经济研究正逐步走向成熟。而且,一方面随着主流经济学的发展,资源与环境经济学能不断从中汲取营养,借鉴其新的理论工具和分析方法,促进自身学科体系的不断完善与发展。如近十年来,应用新增长理论分析可持续发展的途径,新贸易理论解释环境对产品国际竞争力的影响,用博弈论分析全球环境问题中的合作与斗争,以及应用产业组织理论对不完全竞争市场中的环境政策工具的有效性问题进行研究,都取得了很大的进展。另一方面,正如迪肯等(1998)美国资源与环境经济学界的著名专家在总结过去几十年来资源与环境经济学的演变与发展趋势时所强调的,随着环境管理和各国可持续发展战略的制定和实施,现实需求中的政策问题将为资源与环境经济学的不断发展提供持久的推动力,使资源与环境经济学的研究内容随着现实经济的发展而不断丰富。具体来讲,资源与环境经济学的发展将呈现以下四种趋势。

(一) 理论创新趋势

资源与环境经济学的理论创新受主流经济学发展的影响。近十几年来经济理论的发展支撑着资源与环境经济学的理论创新,如内生增长理论、产业组织理论、国际贸易理论、博弈理论、宏观经济学、劳动经济学、行为经济学等。经济增长理论的研究不仅考虑了资源环境,而且特别强调技术创新的作用。环境、经济增长和技术创新的关系研究,强调了可持续发展和技术进步间的联系,因为技术进步是实现代际环境保护的主要路径。对于怎样调整环境和产业政策以鼓励企业的技术创新,技术进步怎样影响经济的均衡增长路径,也引起了学者们的深入研究。产业组织理论在环境政策的研究中得到广泛应用,其重点在于考察市场结构和规模、研究与开发外溢和参与者的策略行为。国际贸易理论的发展影响着资源与环境经济学在国际方面的研究,如研究南北贸易结构及其所产生的环境问题,贸易条件生态化及所产生的贸易摩擦问题,什么样的贸易政策可用于保护环境,怎样减少环境政策对贸易流可能的负影响等。行为经济学可研究政府、企业和个人的资源环境利用与保护的行为。此外,还有诸如环境与自然资源的价值研究、经济核算和贸易条件生态化的研究、经济目标生态化的研究等。

(二) 方法论创新趋势

主流经济学的发展和许多现实环境问题的研究需要,推动着方法论的创新。同时,方法论的创新也推动了相关领域的研究进展。如博弈理论的发展推动了对国际环境谈判和国际环境协议的研究。关于环境问题的国际谈判是如何讨价还价的、环境条约如何在实际中实施等方面的研究大多数是建立在详细的博弈理论模型基础之上的。福利和效用测度方法的创新也引起了对环境政策的研究,包括:生态税或环境税的改革,是否能够达到双赢或双重红利,即减少环境压力、增加就业或其他非环境福利;生态税改革的政治和社会的可接受性如何;因果分析理论引起对资源环境政策有效性的研究;等等。

(三) 问题导向趋势

20世纪90年代,自然科学家证实了一系列新的环境现象,如全球变暖、臭氧层耗竭、酸雨、淡水和海洋污染、沙漠化、森林砍伐和生物多样性消失等。这些现象引起了大量的研究,并将继续下去。如气候变化的经济学分析方面,引起了广泛的研究,大量的相关文献被发表。这些研究包括气候变化风险的评估、减排的不确定性和时间问题、适应气候变化的可能性、减排成本和技术进步等。

(四) 多学科交叉趋势

资源与环境经济学研究越来越多地具有多学科交叉的趋势。如帕累托最优分析的思想用于生物多样性分析;博弈理论用于理论生态学、环境经济学和环境政治学;与熵有关的概念由物理学进入经济学和生态学的研究中。如有人将生态适应性分析和生态系统与经济系统的相互作用这两个问题联系起来,将多样性和适应性的概念和理论与经济的可持续性结合起来等。

第二节 资源与环境经济学对传统经济学的拓展

长期以来,经济学一直视经济系统为一相对孤立的系统,充其量只是关注社会因素对经济过程的影响,而忽视了环境系统与经济系统的相互影响。从环境经济角度看,经济学研究中的最大误区是割裂了经济行为与自然环境的关系,从而使经济研究在某些方面陷入困境。只有从环境与经济协调发展的高度重新思考与研究这些问题,才能使经济学某些方面的研究取得实质性进展。资源与环境经济学的出现,丰富和发展了经济科学的内容,主要表现在以下三个方面:

(1) 经济科学不再只是研究生产活动的近期效益,而且要研究长远的效益,并使两者正确地结合起来;

(2) 经济科学不只从局部的本企业、本部门计算经济效益,而且必须计算社会效益,从社会整体出发,达到最佳的经济效益和环境效益;

(3) 经济科学研究必须符合自然规律,经济发展应符合自然生态平衡的要求。具体来讲,主要体现在以下几个方面。

一、对资源稀缺性的重新认识

在传统经济系统模型中,有两个基本的行为主体——家庭和厂商。这两个行为主体由产品市场和要素市场连接起来。厂商生产产品和劳务,通过产品市场出售给家庭,家庭向厂商支付货币。另一方面,家庭在要素市场上将土地、劳动和资本等生产要素出售给厂商,厂商向家庭支付货币。这样,整个经济就成为一个由产品和货币作相反流动而联系起来的系统。传统的经济系统模型把整个经济社会看作一个系统,是以环境资源的无限供给为假设前提的,环境资源(环境容量、环境承载力、生态系统的产出和服务功能)被认为是取之不尽、用之不竭的公共物品,因此传统经济学的一个重要的假设前提是:假设环境资源是可以无限供给的,不存在稀缺性。因此,将环境资源作为一种外生的、可以无限供给的资源,从而导致了环境危机。主要表现为:在经济分析中不考虑自然资源和环境资源的价值,使经济个体在选择生产和消费行为时,对自然资源和环境资源过度消费,导致自然资源和环境资源配置的无效率。进入现代社会以后,在人类社会的强烈冲击下,环境资源已不再是取之不尽、用之不竭的了,供求关系的变化使环境资源成为稀缺资源。这种变化主要表现为:

(1) 数量的变化。一些过去非常丰裕的环境资源,例如淡水、土地,现在变得供不应求了。

(2) 质量的变化。由于环境中有害物质的积累和污染物排放速度的加快,导致环境质量下降,高质量的环境资源日益稀缺。

(3) 人类对环境需求的变化。现代社会人们对环境资源的需求不仅在数量上迅速增加,而且在质量上也提出了更高的要求。环境资源的稀缺日益严重地威胁着人类的生存和发展,人类对有限的环境资源的利用不得不作出抉择。从根本上说,经济发展是环境资源稀缺的最主要的原因,这一原因表明了环境问题的历史性、普遍性和非意识形态性。承认环境资源具有稀缺性,就使环境资源有可能进入经济学研究的殿堂(如价值理论、再生产理论、所有权理论、分配理论、国民收入均衡理论、增长理论等)。西方环境经济理论就是从意识到环境资源稀缺开始构建的。环境资源的稀缺性,以及由此而产生的环境资源的配置和利用问题是环境经济理论研究的出发点和理论基石。现代资源与环境经济学在传统经济系统模型的基础上,将环境包容进来,把环境看作整个经济系统的一部分。为了区别于传统的经济系统,我们把资源与环境经济学研究的系统称之为环境—经济大系统。在环境—经济大系统中,环境被看成是一种可以提供各种服务的财产。这种财产的特殊性在于它提供人类从事经济活动的生存支持系统。

环境-经济大系统的建立,大大扩大了经济学的研究范围,为经济学研究提供了一个新的视角,也为资源与环境经济学的理论研究奠定了基础。

二、对经济系统的扩展

环境与经济是不可分的,环境是经济系统的一部分,这是资源与环境经济学的一个基本观点。当环境资源成为稀缺资源后,每一个经济决策和行为都会影响环境,而环境的每一个变化也会影响经济系统的运转。环境资源与人力资本和厂房机器设备等资本一样,是生产和消费过程中不可或缺的要素,从这个意义上说,我们可以把它称为自然资本。自然资本的作用表现为自然环境的经济功能,即:

(1) 环境是人类生产劳动的条件和对象,自然资源(如土地、森林、草原、淡水、矿藏

等)的数量和质量对人类经济活动有重大影响;

(2) 环境是废弃物的排放场所和自然净化场所;

(3) 环境满足人们的生态需求,为人类生活质量的提高提供物质条件。

而传统的经济学理论只把进入生产过程中的那一部分自然资源看作劳动对象,大大低估了环境资源的作用,具体表现在:

(1) 作为劳动对象被纳入经济学范畴的这部分资源(土地、矿藏等)只是环境资源的一部分,它忽略了整个环境资源作为生产和生命支持系统以及生产和消费对象的重要性这样一个事实。

(2) 即使是对于被纳入劳动对象的这部分环境资源,也没有充分估计到它的重要性,充其量认识到:自然资源是社会经济发展的重要物质源泉和条件,它的数量、质量、结构和分布特点对经济发展有着重要影响,而对于自然资源的有限性和不可逆性,则根本没有涉及,或者认识不足。

(3) 一般认为,劳动工具是生产力发展水平的标志,这只是考虑了人力资本和技术资本的方面,却忽略了另一个重要方面,即环境状况,也可以说是自然资本状况。自然资本状况直接影响生产力发展水平,环境资源的破坏,实际上就是生产力的破坏,会抑制甚至破坏经济发展。古今中外许多经济倒退、文明毁灭的实例均佐证了这个观点。因此,从现代文明观念出发,生产力发展水平的标志应当加上一个重要内容——自然资本状况。它的良性循环有利于人类社会的持续发展。

三、对外部性理论和价格理论的重新认识

环境问题的出现对外部性理论和价格理论是一个挑战。环境危机产生的经济学原因是环境资源的免费使用,而解决环境问题的经济学办法就是环境资源的合理定价和有偿使用。而环境问题通常都表现为外部性问题,因此,环境资源定价实际上就是要确定外部边际成本。稀缺就要有价,怎样为外部成本确定价格,这是资源与环境经济学必须面对的问题。环境经济估价是国内外资源与环境经济学界公认的一个难题,虽然有不少人曾从各方面做了大量的研究工作,力图使非货币形式表现出来的环境损失货币化,但至今没有取得突破性进展。从根本上说,这是因为对环境资源价值的实质、它的特殊表现形式、形成的内在机制及其运动规律等这些重要的理论问题尚未搞清楚。环境资源的特殊性也决定了不能直接引入一般经济分析中的价值、价格原理,而需要创新和发展。合理的资源价格是保障资源被合理利用的调节器。资源价格不仅应包括对资源的开采或开发价值,也应包括自然资源对环境的保护作用价值,此外,还应考虑通过合理的资源价格来纠正对资源的过量开发和利用问题。

从资源与环境经济学角度考虑,环境外部性就是人类总体经济活动过程中一个不可避免的经济现象,其作用范围要比一般意义上的经济外部性广泛得多、普遍得多,作用时间也长远得多。这是因为:

首先,环境资源的公共财产性质使人们对其使用具有无偿性。与私有财产不同,一旦提供了一种公有财产,每个人都可以享用,享用者不会主动付费,破坏者也不会主动赔偿。

人们的生产和消费活动无时不有,无处不在,对环境的污染和破坏随时随地都会发生。生产者关心的是利润,消费者则只关心个人消费的效益,谁都不会主动关心个人行为对这种公共财产的影响。经济活动越深化,人们对环境资源的开发利用越广泛深入,环境的外部损失就越严重。

其次,环境影响的时空差,使环境的损益与当事人往往不直接发生经济利益关系。由于污染物质具有迁移、累积、扩散以及长期性等特性,使环境污染(如空气污染、水域污染、酸雨污染等)的肇事者与受害者之间在时间上和空间上都存在着差异。生态平衡的破坏也有同样的问题。也就是说,点源污染和小范围的生态破坏,在空间上,可能会危及几个国家和地区,甚至全球;在时间上,可能会影响数十年甚至几代人。环境的治理亦有时空差,受益者不一定是直接投资者。例如"三北"防护林工程,其投资在当代,受益在后代,且受益者不仅局限于造林地区。因此,人们不会自觉地去为生态环境保护投资,通常的选择是对环境的滥用,而把环境的损失和破坏作为一种外部成本,转嫁给他人和社会负担。

要从根本上解决环境外部性问题,必须从经济运行机制入手。在研究经济系统的运行时,必须分析环境与经济之间的相互影响和相互作用,分析环境资源对经济系统运行的促进作用和制约作用,研究相应的经济对策,使环境的外部性内在化,减少或消除外部不经济,实现环境与经济的协调发展。

四、对经济增长模式的重新选择

20世纪60年代前,西方发达国家推崇凯恩斯的经济发展决定论,遵循传统的经济发展战略,追求以工业化为主要内容的高速经济增长,随之而来的是严重的环境污染和环境质量下降,为此付出了沉重的代价。面对日益严重的全球性的环境污染问题,人类不得不重新选择经济发展模式,考虑经济增长以什么方式能在环境资源约束下有助于社会福利的进一步增加这一问题。

一般来说,公共财产缺乏充分的保护,因为对其占有、使用、收益等具体权利不明确,如何有效配置,也缺乏适当的准绳。环境财富基本属于这一类,尤其是空气、水等形体上不好分割的环境资源。一国的自然环境是整个社会的财富,属于全体人民所有,行使所有权的是代表全体人民的国家,享受好处的是全体人民。而事实上,环境资源所有权往往被虚化,所有者、使用者和管理者三者集于一身以及由此产生的三种职权的混淆,使环境资源没有一个明确的所有者代表。环境资源所有权的虚化是导致资源不合理利用从而引发一系列环境问题的又一重要原因。环境作为经济关系的客体,有山、水、地、大气以及由此所产生和组成的人们生产、生活所需要的必要条件。其中有的可以为具体的集团、个人或组织所有,如耕地、草原、矿山、森林、湖泊、野生动植物;而有些却不可以为集团、个人或组织所有,如大气、阳光,人们可以利用,但不能分割,人们可以改变其部分性质,但不可以改变其有无。因此,从所有权关系出发,环境资源可以分为集体所有、个人所有和全社会共有三大类。从环境经济看,人们对环境资源的占有是有其特殊性的,个人拥有财产的权利和运用财产的权利这两者之间存在着潜在的矛盾。矛盾起因于人们对环境资源所有权的二重性:一方面,这种占有体现了人和人之间的物质利益关系;另一方面,它又体现了人和自然环境之间的关系。因此,所有人运用财产的权利受到经济规律和生态规律的双重制约。片面强调经济规律,会破坏生态环境;片面强调生态规律,则会影响人类正常的经济活动。

传统的国民收入指标体系以经济产出作为衡量社会经济发展的标志,根本没有反映环境损失对福利水平的影响,往往引导人们片面追求产值、数量、速度等。物质资源投入为主的经济增长方式,必然导致资源浪费和生态环境恶化的双重恶果。因此,一套科学的、合理的指标体系是实现可持续发展的关键,它就像一个指挥棒,引导和规范人们的社会经济行为向可持续发展目标努力。

主要以一定时期内人均总产值的总量和增量来衡量经济发展的水平,是速度型经济发展的特征。主要以投入-产出比例的货币表现形式(资金利润率、成本利润率、产值利润率、销售利润率等)的变动来衡量经济发展的水平,是效益型经济发展的特征。虽然效益型的经济发展优于速度型的经济发展,但二者都不能反映经济发展过程中生态环境质量的变化。在经济发展过程中,既可能出现总量增长而经济效益下降的情形,也可能出现经济效益上升而生态效益下降的情形,还有可能出现总量增长而经济效益、生态效益同时下降这种更不理想的情形。

适应可持续发展的要求,新的指标体系应反映环境资源变化情况,并说明环境资源变化对经济变化的影响。"持续收入"指标、环境经济一体化卫星体系账户(SEEA)以及建立环境资源物质指标账户的理论探讨和实践,都是修正传统指标体系的有益尝试。在微观管理层次上,如何对各种类型的企业进行相应的考核,则是需要进一步研究的问题。

五、扩展了经济学的基本规范——经济人假定的局限性

经济人假定是现代西方经济学的基本规范。按照这一假定,在经济活动中个人追求的唯一目标是其自身经济利益的最优化。这就是说,经济人主观上既不考虑社会效益,也不考虑自身的非经济利益。可持续发展经济学必须回答这样一个问题:如何达到代际的需求均衡?这实际上是环境资源配置的长期均衡问题,已超出了一般经济学的研究范畴。在当代人之间,经济人假定确实有改善资源配置效率的作用。但是,由于经济人假定只考虑经济当事人自身的利益,不考虑社会利益,更不考虑子孙后代的利益,因此,它不能作为研究代际问题的经济学的基本规范。

尽管现代经济学对经济人假定作了一些补充和修正,在强调经济人利益的同时,试图兼顾个人与社会、微观和宏观的利益。但是,这里的兼顾仅局限于当代人,还是没有考虑子孙后代的利益。例如从经济人假定出发,资源与环境经济学在计算环境和生态方面的外部成本和外部收益时,通常采用正值贴现率[①],以便将发生在不同时期的费用

---

① 正值贴现率:一定数额的资金,在不同的时间具有不同的价值,为了使不同时期的资金具有可比性,就要按照某一比率把它们折算到某一确定的时期,这个过程叫作贴现,所采用的折算比率,叫作贴现率。由于时间偏好率和资金机会成本率的作用,人们把资金的现值看得高于未来值,因此,将资金的将来值换算为现值时,一般采用正值贴现率。

和效益换算成现值。在同一代人的范围内,采用正值贴现率是合理的。但是,只要采用正值贴现率,即使这一贴现率的值很小,随着时间的推移,未来的费用和效益的现值也会变得越来越小,以至超过一定时期后的数额小得可以忽略不计。当代人为了眼前的利益,不会主动考虑他们的经济行为对子孙后代的影响。较高的正值贴现率会刺激人们不顾后果地开发利用环境资源,从而造成加速不可再生资源的耗竭以及可更新资源退化的严重恶果,危及后代人的发展。正是因为在涉及代际问题的研究时,经济人假定本身存在着致命的弱点,所以,不应该将这一假定作为资源与环境经济学乃至可持续发展经济学的基本规范。

六、从可持续发展角度看效率与帕累托最优

效率、帕累托最优和可持续发展是资源与环境经济学研究的三个基本主题,资源与环境经济学研究始终都在寻求效率、最优和可持续发展三者之间的统一。效率是最优的必要条件,但不是充分条件。只有既满足了资源配置是有效率的,又满足了该资源配置也是实现了社会福利最大化的,这样的资源配置才是最优的。最优体现的是效率与公平并重,但是,即使是最优标准,也还是无法准确地贯彻可持续发展的指导思想。因为可持续发展不但强调公平,而且还强调国际公平和代际公平,只有将国际公平和代际公平也纳入社会福利函数,可持续发展才能与最优相统一。

可持续发展与帕累托最优发展是两个不同的概念。如果经济发展达到了这样一种状态,以至于一个人的状况不可能变得更好,除非使其他至少一个人的境况变得更坏时,生活福利就不再有改善的可能,它就达到了一种最佳状态,这种状态被称为"帕累托最优发展"。而可持续发展则定义为,既满足当代人需要又不对后代人满足其需要的能力构成危害的发展。为了说明两者的区别,有必要引进一个新的概念——"生存线",即社会最低福利水平。低于此线,社会便无法生存下去。帕累托最优发展追求的是人类福利收益的现在最大值,着眼点是现在最佳而不是持续最佳,它恰恰没有考虑代际公平问题。可持续发展要求人类福利水平随时间发展而增长(至少不能降低),可见,可持续发展着眼于发展的长期效应,是持续最佳而不是眼前最佳。单纯追求眼前最佳的结果往往是得不到持续发展,甚至走向倒退或毁灭。因此,从可持续发展角度考虑,原有的经济增长理论应该加以修正或发展。

综上分析,可持续发展的思想要求经济学必须从总体上对自然环境系统加以关注,只有在经济学的研究中纳入自然环境因素,才能实现环境系统与经济系统的协调发展。

第三节 资源与环境经济学的研究对象、内容及方法

一、资源与环境经济学的研究对象

资源与环境经济学把资源与环境看作经济系统的一部分。

传统的经济系统模型是以自然资源和环境资源的无限供给为假设前提的,将自然资源和环境资源作为一种外生的、可以无限供给的资源,不进入经济系统分析,不进入生产函数。资源与环境经济学对传统经济学假设前提的一个基本修正就是,随着经济和社会的发展,自然资源和环境资源已经变得越来越稀缺,对自然资源和环境资源的配置和利用方式的选择就会对经济发展产生影响。因此,现代资源与环境经济学是将环境包容进经济分析系统,把自然资源和环境资源看作一种稀缺的生产要素,进入生产函数,把环境看作经济系统的一部分。

资源与环境经济学是运用经济学原理研究自然环境的发展与保护的经济学分支学科,是经济学研究向自然科学世袭领地的扩展和入侵,是经济学和环境科学这两大类科学交叉形成的一门新兴学科。资源与环境经济学是一门研究经济发展和环境保护之间相互关系的学科,是经济学和环境科学交叉的学科。其实质,就是运用经济学的方法和工具来分析如何实现自然资源和环境资源的有效配置和利用,以实现可持续的经济增长。

资源与环境经济学是以经济学为理论基础的一门经济学科,是研究经济发展和环境保护之间的相互关系,探索合理调节人类经济活动和环境之间的物质交换的基本规律,其目的是使经济活动能取得最佳的经济效益和环境效益。社会经济的再生产过程包括生产、流通、分配和消费,它不是在自我封闭的体系中进行的,而是同自然环境有着紧密的联系。自然界提供给劳动以资源,而劳动则把资源变为人们需要的生产资料和生活资料。劳动和自然界一起成为一切财富的源泉。社会经济再生产的过程,就是不断地从自然界获取资源,同时又不断地把各种废弃物排入环境的过程。人类经济活动和环境之间的物质交换,说明社会经济的再生产过程只有既遵循客观经济规律又遵循自然规律才能顺利地进行。资源与环境经济学就是研究合理调节人与自然之间的物质交换,使社会经济活动符合自然生态平衡和物质循环规律,使人类不仅能取得近期的直接效果,又能取得远期的间接效果。

二、资源与环境经济学的特点

资源与环境经济学是资源与环境科学的重要分支,是一门新兴的经济学科。按其性质属于应用经济学范畴。它具有如下特点:

(1) 综合性。资源与环境经济学与其他经济学区别的显著特点,在于它研究任何经济问题时,不仅研究其社会经济效果,同时还着重研究经济的发展变化对环境质量的影响,以及环境变化的后果对经济进一步发展的反作用。

(2) 区域性。我国幅员辽阔,各地区的自然环境和人口密度有着明显的差异,沿海和内地、城市和乡村的经济结构与发展水平相差悬殊。因此,研究我国环境经济问题,不仅要考虑我国特点,还要坚持从各地区的实际出发,充分注意各地区的差异性,制定各种政策、措施和标准。

(3) 阶段性。无论是环境污染的程度、污染的性质、治理污染的经济实力,还是防治污染的主要措施,都具有阶段性的特点。

因此,环境经济问题的解决不可能是一劳永逸的,研究环境经济问题既要从空间上注意它的区域性与内容上的综合性,又要从时间上注意它的阶段性。

三、资源与环境经济学的研究内容

(一) 第一种观点

资源与环境经济学的研究内容主要包括资源环境与经济的相互作用关系、资源环境价值评估及其作用、管理资源环境的政策手段、资源环境保护与可持续发展和国际资源环境问题五个方面。

1. 资源环境与经济的相互作用关系

主要包括：(1) 20世纪60年代中期，鲍尔丁发表了《即将到来的太空船地球经济学》(*The Economics of the Coming Spaceship Earth*)一文。他依据热力学定律指出，首先，根据热力学第一定律，生产和消费过程产生的废弃物，其物质形态并没有消失，必然存在于物质系统之内，因此，在设计和规划经济活动时，必须同时考虑环境吸纳废弃物的容量；第二，虽然回收利用可以减轻对环境容量的压力，但是根据热力学第二定律，不断增加的熵意味着100%的回收利用是不可能的。(2) 20世纪70年代初期，克尼斯、艾瑞斯 (Robert U. Ayres) 和德阿芝 (Ralph C. d'Arge) 出版了《经济学与环境》(*Economics and the Environment*)一书。他们依据热力学第一定律的物质平衡关系，对传统的经济系统做了重新划分，提出了著名的物质平衡模型。(3) 1972年，由米都斯等人撰写的《增长的极限》一书出版后，在全世界引起了震动。人们都在担忧，地球上的资源还能够支持我们发展多少年？作为一名资源与环境经济学家，达利 (Herman E. Daly) 在《关于经济增长的争论：经济学家已经知道而许多人未必知道的东西》一文中回答了这一问题。他认为零增长的观点没有考虑技术替代或技术进步的重要作用，自然资源的耗竭是一个渐进的过程，不会在某天早晨突然发生，当某种资源开始稀缺时，对该种资源的利用效率就会提高，寻找或开发替代品的工作也会开始。

2. 资源环境价值评估及其作用

资源环境价值评估要求能把资源环境价值货币化，并能够同其他商品相比较。其目的主要有两个：一是完善经济开发和环境保护投资的可行性分析；二是为制定环境政策、实施环境管理提供决策依据。

环境价值可以分为使用价值和非使用价值。使用价值是指现在或未来环境物品通过服务形式提供的福利，包括选择价值，是指当代人可能现在愿意为将来一种物品的使用做出支付，但是因为存在不确定性，支付意愿将会不同于该物品的平均价值。非使用价值则是通过当代人的努力，为后代人留下一个可能获得福利的清洁美好的环境。存在价值是其主要形式，它更多的是与物种的生存必要性、伦理道德和人类认识的不确定性有关。

在实际应用中，经济评价的作用主要表现在以下五个方面：(1) 表明环境与自然资源在国家发展战略中的重要地位；(2) 修正和完善国民经济核算体系；(3) 确定国家、产业和部门的发展重点；(4) 评价国家政策、发展规划和开发项目的可行性；(5) 参与制定国际、国家和区域可持续发展战略。

3. 管理资源环境的政策手段

管理资源环境的政策手段大致可以分为命令控制型和市场激励（经济手段）型两大

类。前者主要是各类资源环境标准和强制执行的规章,后者主要是各种资源环境税费和可交易的许可证。庇古提出用征收污染费或污染税的方式来纠正环境污染的外部不经济性。庇古税的理想水平是使边际污染治理成本等于边际污染损害成本。以庇古税为基础的污染税或排污收费,主要是通过政策手段调节市场。科斯定理的基本假设是如果交易成本为零,不论产权的初始配置状态如何,私人交易总能实现资源的最优配置。而基于科斯理论,由戴尔斯最早提出的可交易的许可证,其基础是一个新建立的排污权交易市场。环境质量由排污许可证的供给来保证,而这种供给是可调节的。持证的排污者可以根据市场价格,决定买入或者出售许可证。

4. 资源环境保护与可持续发展

1987年,世界环境与发展委员会的报告《我们共同的未来》真正把可持续发展推上了国际舞台。该报告认为,经济与环境是可以相互协调的;传统的经济增长模式应当改革,新的发展战略应当建立在可持续的环境资源基础之上。资源与环境经济学家认为,为了落实和实施可持续发展,在经济发展过程中,应当建立以下可持续性准则:(1)评估环境费用和效益的经济价值;(2)保护重要的自然资源;(3)避免不可逆转的损害;(4)把可再生资源的利用限制在可持续产出的范围内;(5)制定环境物品的"绿色"价格。

5. 国际资源环境问题

由于外部性是没有国界的,当前引起世人普遍关注的温室气体的排放、臭氧层破坏、生物多样性遭破坏和酸雨都是国际环境问题。解决国际资源环境问题在很大程度上需要国际合作条约,大多数国际公约是各国自愿加入的,因此对国际资源环境政策的权威性和有效性构成了挑战。可以预见,为了人类共同的利益,世界各国最终将携起手来,解决日益紧迫的国际资源环境问题。资源与环境经济学也将同过去一样,为了改善人类的福利,做出自己的贡献。

(二) 第二种观点

资源与环境经济学的研究内容主要包括基本理论、社会生产力的合理组织、资源环境保护的经济效果和运用经济手段进行资源环境管理四个方面。

1. 资源与环境经济学的基本理论

主要包括社会制度、经济发展、科学技术进步同资源环境保护的关系,以及资源环境计量的理论和方法等。经济发展和科学技术进步,既带来了环境问题,又不断地增强了保护和改善环境的能力。要协调它们之间的关系,首先是改变传统的发展方式,把保护和改善环境作为社会经济发展和科学技术进步的一个重要内容和目标。当人类活动排放的废弃物超过环境容量时,为保证环境质量,必须投入大量的物化劳动和活劳动,这部分劳动已越来越成为社会生产中的必要劳动。同时,为了保障环境资源的永续利用,也必须改变对资源环境无偿使用的状况,对资源环境进行计量,实行有偿使用,使社会不经济性内在化,使经济活动的环境效应能以经济信息的形式反馈到国民经济计划和核算的体系中,保证经济决策既考虑直接的近期效果,又考虑间接的长远效果。

2. 社会生产力的合理组织

环境污染和生态失调,很大程度上是因为对自然资源的不合理开发和利用造成的。

合理开发和利用自然资源,合理规划和组织社会生产力,是保护资源环境最根本、最有效的措施。为此必须改变单纯以国民生产总值衡量经济发展成就的传统方法,把环境质量的改善作为经济发展成就的重要内容,使生产和消费的决策同生态学的要求协调一致;要研究把资源环境保护纳入经济发展计划的方法,以保证基本生产部门和消除污染部门按比例地协调发展;要研究生产布局和资源环境保护的关系,按照经济观点和生态观点相统一的原则,拟订各类资源开发利用方案,确定一国或一地区的产业结构,以及社会生产力的合理布局。

3. 资源环境保护的经济效果

包括环境污染、生态失调的经济损失估价的理论和方法,各种生产生活废弃物最优治理和利用途径的经济选择,区域环境污染综合防治优化方案的经济选择,各种污染物排放标准确定的经济准则,各类环境经济数学模型的建立等。

4. 运用经济手段进行资源环境管理

经济方法在资源环境管理中是与行政的、法律的、教育的方法相互配合使用的一种方法。它通过税收、财政、信贷等经济杠杆,调节经济活动与环境保护之间的关系以及污染者与受污染者之间的关系,促使和诱导经济单位和个人的生产和消费活动符合国家保护资源环境和维护生态平衡的要求。其通常采用的方法有:征收资源税、排污收费、事故性排污罚款、实行废弃物综合利用的奖励、提供建造废弃物处理设施的财政补贴和优惠贷款等。

(三) 第三种观点

资源与环境经济学的内容主要包括基本理论、基本分析方法、资源环境经济政策和资源环境管理实践等四部分,具体如下:

1. 资源与环境经济学的基本理论

包括物质平衡理论、可持续发展理论、环境资源配置效率理论、资源环境产权理论、资源环境公共经济学理论、自然资源的可持续利用理论等。

2. 资源与环境经济学的基本分析方法

包括资源环境影响的费用效益分析、环境经济投入产出分析等。

3. 资源环境经济政策

包括资源环境税费政策、资源环境交易政策、资源环境价格政策、资源环境保护投融资政策、资源环境财政金融政策等。

4. 资源环境管理实践

包括资源环境税费、资源环境产权交易、资源环境保护投融资、资源环境的合理定价、国际资源环境问题等。

(四) 第四种观点

施特纳和伯格(Sterner and Bergh,1998)受《资源与环境经济学》期刊编委会的邀请,对资源与环境经济学的最新进展作了总结,他们认为,未来一段时期内,以下内容将是资源与环境经济学的研究重点:

1. 资源环境价值评估

资源环境价值评估理论近年来在资源与环境经济学中受到越来越多的关注,主要的方法包括意愿调查法、享乐价格法、旅行成本法、生产函数法等。这些方法尽管在理论与实践上还有不少争议,但其在资源环境决策中的作用显得越来越重要。另外,将资源环境评估纳入国民核算体系的绿色账户也是今后研究的重点之一。

2. 全球背景下的资源环境经济分析

与封闭经济模型不同,资源环境问题的国际维度分析主要涉及跨境与全球资源环境问题治理以及对外贸易与环境的关系这两个方面。经济全球化趋势使全球资源环境问题备受关注,一些经济模型如博弈论模型已用来解释合作与非合作情况下的全球资源环境决策行为,费用效益分析也被应用于全球资源环境政策。在经济全球化进程中,贸易与资源环境的关系也日益密切,并对世界经济发展格局有着重要的影响,这方面的研究也将逐步增加。目前人们的兴趣主要在于构建能解释专业化模式、生产与市场关系、政策反馈效应等方面的模型,包括把环境因素引入赫克歇尔-俄林模型的分析中。另外,人们普遍认为在研究资源环境-贸易相互影响时也应考虑地区差异、技术创新以及发展中国家的特殊性等因素。

3. 空间维度的资源环境经济分析

资源环境问题的空间维度常常被资源与环境经济学家所忽略,但现在人们逐渐发现关于这一领域的研究有大量工作可做,特别是跨学科背景下的研究。如结合自然科学、地理学、生态学的研究,在这些学科里,空间模型是普遍的。与空间有关的资源环境问题如非点源污染、土地使用、城市环境、交通运输与地理位置选择等领域将会成为研究重点。

4. 生态税改革

征税是资源环境管理中的重要政策工具之一。目前,在欧洲国家开始普遍推行的所谓"生态税"改革的政策,就是将征税的基础逐步从劳动力转向能源利用和环境污染治理,这一转换过程被认为能产生环境改善与减少税收对经济扭曲的"双赢"结果。因此,有关这方面的理论研究正在并将继续成为资源与环境经济学的重要研究主题之一。

5. 一般均衡分析的应用

很明显,资源与环境经济学使用很多的分析方法来描述、预测、分析某一问题的经济-环境特性。这些模型通常具有不同的技术结构(线性与非线性、静态或动态),模型的普遍性、精确性、现实性也各有侧重。由于环境问题之间往往是相互影响、相互关联的,譬如,在道路交通环境问题中,交通阻塞、事故、废气排放与噪声等就是相互联系在一起的。因此,在对资源环境问题进行全面综合考虑、以运用各种政策工具达到最优环境效果等方面,一般均衡分析方法将会发挥越来越重要的作用。

(五) 第五种观点

资源与环境经济学的基本内容主要包括基本理论、自然资源的静态配置、资源环境政策手段、资源环境的空间配置、资源环境的时间配置和自然资源经济学六部分,具体如下:

1. 基本理论

主要包括资源与环境的关系、一般经济物品的配置理论、环境外部性和市场失灵、政府作用和政府失灵等。

2. 自然资源的静态配置

主要包括自然环境的静态配置、资源环境配置与公共品经济学、资源环境配置与产权理论等。

3. 资源环境政策手段

主要包括资源环境政策手段、排污收费、排污权交易等。

4. 资源环境的空间配置

主要包括资源环境与贸易、资源跨界污染问题、全球资源环境问题、资源环境地区配置等。

5. 资源环境的时间配置

主要包括资源环境动态配置、资源环境与经济增长、风险与资源环境配置等。

6. 自然资源经济学

主要包括自然资源配置总论、能源经济学、水资源经济学等。

(六) 第六种观点

资源与环境经济学的基本内容主要包括微观和宏观方面的经济学分析。

1. 微观资源与环境经济学分析

微观环境经济分析主要是在新古典框架内探讨资源环境问题的经济根源、治理途径以及与资源环境治理相关的费用效益分析方法和资源环境价值评估技术等内容。

2. 宏观资源环境经济分析

主要包括资源与环境经济学的宏观理论模型和应用模型。无论是宏观理论模型还是应用模型的研究，都试图表明宏观经济发展与环境是怎样相互影响的，以及环境与能源政策是怎样影响宏观经济运行的等问题。最基本的宏观经济模型如内生增长模型已经拓展到自然资源开发、污染排放以及气候变化等领域的分析，宏观经济理论正在并将继续对资源环境政策产生重要影响。无论在国家范围内还是国际维度上，宏观环境经济分析在预测未来可能发生的环境问题、对环境政策的宏观经济影响进行评估、分析能源战略及其对资源环境与经济的影响，以及分析国际环境问题中的合作与斗争等方面都有着重大意义。

(七) 本书框架

综观以上不同的观点，本书在广泛借鉴相关研究的基础上，从最新相关研究成果出发，采用系统论的研究方法，形成以下研究框架：

(1) 绪论；

(2) 资源环境经济系统；

(3) 资源产权理论；

(4) 资源环境价值理论与评估方法；

(5) 资源与环境的承载力；

(6) 资源与环境税；

(7) 资源环境利用和保护中的投融资；

(8) 资源环境与贸易；

(9) 循环经济；

(10) 土地资源经济；

(11) 林业资源经济；

(12) 矿产资源经济；

(13) 环境经济；

(14) 资源与环境安全；

(15) 能源与碳排放。

四、资源与环境经济学的研究方法

将资源与环境经济学定位于经济学科，就是要运用经济学的基本原理，分析探讨环境与经济发展的关系，最大限度地利用经济杠杆，实现可持续的经济发展，实现效益的最大化。但是，资源与环境经济学是经济学研究向自然科学世袭领地的扩展和入侵，资源与环境经济学的研究必须基于资源环境科学研究的基础。放弃了经济学理念和经济学分析工具的资源与环境经济学就偏离了学科的本源，因为资源与环境经济学科得以存在和发展的理由就来源于经济学理念和经济学手段在解决资源环境问题中的有效性。而如果没有资源环境科学知识做支撑，仅仅闭门造车地研究资源与环境经济学，则会使资源与环境经济学的研究失去根基。资源与环境经济学研究，就是运用经济学思维和经济学工具对资源环境科学发现进行反向的各种层面的综述从而归纳其共性规律的工作。资源与环境经济学的发展需要经济学家和自然科学家的合作。学习资源与环境经济学，具体应注意以下几方面：

（一）重视经济学与资源环境科学的融合

资源与环境经济学是运用经济学原理研究自然资源环境的发展与保护的经济学分支学科，因此我们要重视它的经济学学科属性，我们的目标是试图将经济分析更加直接有效地运用于资源环境保护。要达到这个目标，就必须学会运用经济学原理和思维去透视资源环境问题。要学会用传统的经济学分析方法去分析资源环境问题，首先就必须学会用经济学语言表述。当我们学会用经济学语言描述的时候，我们也就开始熟悉和接受一种全新的有用的思考方式。用经济学的理念去思维，用经济学的语言去描述，这是学习资源与环境经济学必须接受的训练。尽管资源与环境经济学是经济学的分支学科，但是，它毕竟是一门交叉学科，是经济学与环境科学的融合，是经济学研究向自然科学世袭领地的扩展和入侵，因此，资源与环境经济学的研究必须基于资源环境科学研究的基础。

（二）重视资源与环境经济学研究的双重属性特征

与一般的经济学研究人与人之间的关系不同，资源与环境经济学研究具有双重属性。资源环境经济问题本质上表现为两种关系：一是作为主体的人与作为客体的自然资源环境的关系，即人类如何配置自然资源环境的问题；二是人在利用自然资源环境的过程中所形成的人与人之间的关系，具体表现为资源环境经济制度与资源环境经济政策。因此资源与环境经济学既要研究人与自然环境之间的关系，又要研究与资源环境问题相关的人与人之间的关系。

（三）重视立足于中国国情的资源与环境经济学研究

本书在研究资源环境经济理论时，强调应把资源环境经济理论研究的出发点和落脚点都放在我国经济发展的阶段上,才可能推进有中国特色的资源环境经济理论的发展,也才能使经济增长与资源环境保护相互依存、协调发展。由于各国的具体国情、社会背景、文化和价值观念不同,各国的资源环境保护理论必须结合本国的国情综合考虑。目前,中国经济发展的两个战略性难题是:(1)人均资源占有率低和人口就业压力之间的矛盾。(2)人均资源要素占有率低和现有经济增长方式之间的矛盾。面对激烈的国际竞争压力,我们不得不赶超,不得不坚持高速发展,否则,落后就要被动挨打。可是,我国人均资源要素占有率是如此之低,不实现可持续发展战略,这种赶超和高速增长也难以长期维持。中国的资源与环境经济学研究就是在这样的国情背景下展开的,如果脱离中国国情仅仅坚持资源环境保护的重要性,则难以找到解决问题的办法。资源与环境经济学是以可持续发展思想为指导的,而中国的可持续发展战略又处于如此复杂的背景之下,因此,我们在研究中国的资源环境问题时,经常会处于资源环境与发展、资源环境与贫困的两难选择之中,而资源与环境经济学的一个重要任务,就是基于中国国情,努力找寻资源环境与经济双赢的发展道路。

小　结

资源与环境经济学的产生和发展伴随着资源浪费和环境污染等问题被普遍关注,作为一个交叉性学科,它使人们对资源和环境问题的认识添加了新的分析视角,也促使经济学在更为现实和客观的基础上发展。资源与环境经济学的诞生与发展历程就是可持续发展理论的形成与发展过程。帕累托最优和外部性理论是该学科的两个奠基性理论基础,前者从伦理上探讨资源配置的效率,后者把污染等外部性问题引入经济学,这些理论为资源配置、环境保护和经济增长提供了新的指导。在真实的世界,经济评级和经济手段是资源与环境经济学实际运用的新方向。资源和环境经济学的发展丰富了经济科学,密切了环境系统和经济系统的相互影响,把经济行为和自然环境统一起来,在资源稀缺性和增长模式等方面有新的认识和拓展。综合性、区域性和阶段性是资源与环境经济学的特征,把资源与环境看作经济系统的一部分,我国的可持续发展需要重视这种学科的融合和双重特性,立足国情建设美丽中国。

习　题

一、名词解释

1. 静态经济
2. 经济评价

3. 帕累托最优
4. 外部性

二、选择题

1. "劳动是财富之父,土地是财富之母"是（　　）的论断。
   A. 马克思　　　　B. 马尔萨斯　　　C. 亚当·斯密　　　D. 威廉·配第
2. 以下有关资源稀缺的理论哪一项是穆勒的观点？（　　）
   A. 物质平衡论　　B. 舒适性资源　　C. 环境奢侈论　　　D. 静态经济
3. 下列哪一性质不是资源与环境经济学的特点？（　　）
   A. 综合性　　　　B. 区域性　　　　C. 阶段性　　　　　D. 一般性

三、简答题

1. 简要说明资源与环境经济学两个理论基础。
2. 我国资源与环境经济学的主要论点有哪些？
3. 资源与环境经济学的产生对经济科学有何影响？
4. 经济手段是如何在环境管理中得到应用的？
5. 为什么说环境问题实质上是经济问题？
6. 简述人类对资源环境问题关注的几次浪潮。
7. 简述资源环境经济学的演变。
8. 简述可持续发展思想的形成。

四、论述题

请从经济行为和自然环境的关系谈谈你对资源稀缺性的认识。

第二章 资源环境经济系统

学习目的

了解资源环境经济系统的概念及特征,掌握资源环境经济系统的组成和结构,深入学习资源环境经济系统的功能,理解资源环境问题及其根源。

关键概念

资源环境　经济系统　资源环境经济系统　人口要素　环境要素　物质循环　价值增值　信息传递

第一节　资源环境经济系统的概念及特征

一、资源与环境

在日常生活中,人们经常所说的环境概念,总是相对于某一特定事物而言的,它不能脱离具体事物而存在。如居室环境,就是相对于居住在屋子里的人而言的。因此,具体事物不同,同各个具体事物相联系的环境的含义也就不同。由于具体事物千差万别,环境的内涵也就多种多样。从资源与环境经济学角度来定义,它是相对于人类的经济活动,即商品生产与消费活动而言的。所谓环境,是指人类和其他生物赖以生存的客观物质和生态系统所组成的一个整体。

资源和环境是两个不同的概念。环境泛指人类周围所有的客观存在物,资源则是从人类需要角度来理解这些客观存在物存在的价值。人类的生产活动首先是开发利用其周围环境的活动,这些被利用的自然环境和取自环境中的物质,就是自然资源。在人类历史上,按照对环境中各种要素开发利用的难易程度,有一个大致的顺序,即人类最先利用的是生物,之后是土地、淡水,直到工业革命后,才开始大量利用矿产、能源和其他资源。直到今天,不断开发和利用新资源的过程仍是人类发展的重要内容。随着社会生产力和科技水平的提高,自然资源的范畴将不断扩大,尽管某些潜在的资源目前仍不属于资源的范畴而仅是以自然要素的身份存在于环境中,但由于人类历史发展阶段所决定的人类认识、掌握和利用自然能力的局限性,现实的自然资源也只能是环境中的一部分而非全部。环境可分为自然环境和人工环境两大类。

当前资源与环境频繁出现于各类文献中,这一方面表明了资源与环境问题已引起了人们的高度重视,另一方面也说明了资源与环境学科的发展。但资源与环境之间的内在联系如何,如何正确地使用资源与环境这两个概念仍是一个有必要予以澄清的问题。

对于资源与环境的关系有以下三种观点:一种观点认为资源属于环境,这一看法显示出资源对于人类主体地位的客体关系;二是认为环境是资源的一种,这一点侧重于环境对于人类生产过程而言的有用性;最后一种观点将资源与环境截然分开,认为它们之间互不隶属,应分开研究。这三种观点虽然出发点不同,但都是简单地将资源和环境的关系归结为谁归属于谁的问题,没有抓住事物的本质。对于资源和环境而言它们既有区别又有联系,是对立统一的一对事物。从资源与环境经济学角度看,其区别主要表现在,环境是指外界为人类经济活动提供的可能性和限制性;而资源强调的是在相关经济领域中可以利用的自然因素和社会因素,如大气、土壤、水分、动植物、建筑、劳动力、技术等。二者的联系表现为:第一,资源是环境中可用的和有利的部分,即环境包括资源,后者是前者的主要组成部分。第二,资源的边界会随着科技发展而不断扩大。因此,在大多数情况下,资源与环境可以等同使用,将资源与环境作为整体来理解更为科学,但是资源与环境毕竟有着各自的特征,存在着本质的区别,因而为研究的方便,在必要情况下,将资源与环境作为特殊的体系更为有效。

如上所述,在资源与环境经济学中,环境是相对于人类这样一个主体,并以人为中心的充满各种有生命和无生命的物质空间、条件和状况的总和,这些组成环境的各个要素及其相互关系就构成了环境系统。资源与环境经济学所研究的环境系统包括大气圈、水圈、岩石圈和生物圈,它们相互联系、相互影响、相互制约,形成一个完整的资源环境系统。系统内的四个圈层是环境系统的四个子系统,子系统间存在着复杂的物质、能量、信息交换。岩石土壤子系统、大气子系统和水子系统是环境系统的基本组成部分,生物子系统则是依靠上面三个子系统而存在的。生物子系统是环境系统中最活跃的子系统,环境系统的物质循环、能量转换、信息传递主要是靠生物子系统带动的。

二、经济系统

经济系统是生产力系统和生产关系系统在一定的地理环境和社会制度下的组合。而整个社会生产力和生产关系系统的相互作用,又是通过社会再生产过程中生产、交换、分配和消费的循环运动进行的,再加上适应这种经济活动与经济运行的组织方式、方法、制度和结构体系,就构成一个国家的经济系统。

传统的、不考虑资源生态环境与经济之间相互作用和影响的经济系统模型把整个经济抽象为家庭、厂商两个基本部门以及商品和要素两个基本市场(见图2-1),各组成部分的行为及相互作用如下:

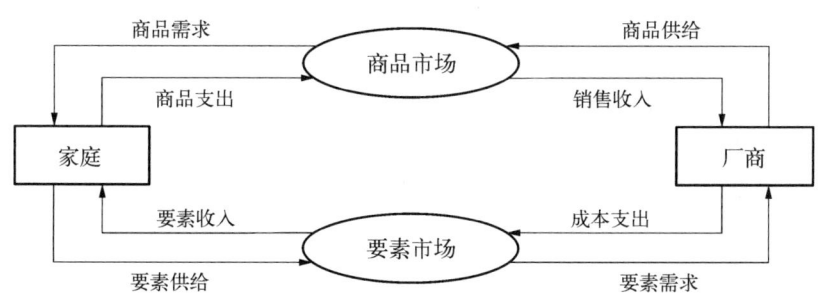

图2-1 传统经济系统模型

家庭部门,是商品的消费者和生产要素的所有者。作为消费者,追求效用最大化;作为要素提供者,追求收入最大化。

厂商部门,是商品的生产者和生产要素的使用者,追求利润最大化。

两部门通过商品市场和要素市场相互联系和作用。在商品市场上,厂商将生产出的商品和服务出售给家庭,取得来自家庭并将用于生产的收入,家庭向厂商支付货币并获得满足其需求的商品。家庭对商品服务的需求和厂商对商品服务的供给相互作用,决定了商品市场上商品的数量和价格。在要素市场上,家庭向厂商提供各类生产要素,厂商向家庭支付货币并获得生产所必需的生产要素,厂商对生产要素的需求和家庭对生产要素的供给相互作用,决定了要素市场上生产要素的数量和价格。所以,整个经济是一个由实物、货币逆向流动而联系起来的循环系统。

经济系统具有两个基本特征:第一是稀缺性。为满足人类日益增长的物质文化生活需要,人类必须不断地从自然界取得物质和能量,才能使社会物质资料的生产顺利地进行,也才能使经济系统得以存在。相对于人们的需求而言,资源总是稀缺的。稀缺性是人类经济选择行为的基本原因,也是经济系统的基本特征。正是由于这种稀缺性,经济系统必须与生态环境系统保持协调,这也确定了经济系统的功能。第二是经济行为主体的自利性和经济系统的整体协调性。一方面,无论是个人、家庭、企业,还是各级政府,他们都有自己的经济利益,并在经济活动中努力维护自身的利益,这个事实确定了经济行为人参与经济活动的基本特征——自利性。另一方面,作为社会经济生活中的经济行为人,又必须和整体协调地联系在一起,不能分开。现代经济生产不但要求个人在技术高度复杂的部门进行协作,同时也要求协调生产的各个过程和各种功能。这就决定了人们在经济活动中不能只考虑自身的利益,还必须兼顾其他人的利益,个人若要在经济和社会系统中生存,并发展其长远利益,他必须兼顾其他经济人的利益和保持整个经济和社会、自然生态环境系统的持续发展,必要时牺牲自身的利益。如果少数经济人只顾自身的利益而完全不顾其他经济人和经济系统的整体利益,他们往往不能在社会经济系统中生存。这是经济系统具有的整体协调性。

三、资源环境经济系统

传统的经济系统模型体现了以往经济学研究将重点放在以生产和消费为中心的经济系统本身的运动变化上。这种研究视资源环境系统为经济系统既定的外部条件,两者之间的相互关系没有受到重视。实际上,资源环境系统和经济系统是密切关联、相互作用、相互依存的,双方之间不断地进行着物质、能量和信息交换。任何经济系统都是自然界的子系统,它的运行和变化受自然规律的支配,自然界的一个作用就是为经济系统提供原材料和能源,没有这些来自自然界的投入,人类的生活和消费将无法进行。同时,经济系统直接使用着各种类型的自然资源,获取原料也相应成为经济系统影响自然界的一种方式,一次经济系统与自然界之间是相互作用的[①]。生态环境是经济活动的基础。人类如果不合理地开发利用自然资源,必将破坏自然环境,造成资源耗竭、生物物种减少。同时如果人类生产和消费活动产生的有害物质进入生态环境系统的数量超过了环境本身的容纳能力,就会打破生态平衡,造成环境污染,导致环境质量下降,危及人类的生存。20世纪后期以来日益突出的环境问题向人们敲响了警钟,也促使经济学家重视环境保护与持续发展、环境与经济相互作用的关系的研究,产生了环境经济学、资源经济学、生态经济学等一系列交叉研究领域学科。图2-2就是一个将经济系统与资源环境系统结合起来,体现出二者相互作用的资源环境经济大系统模型[②]。

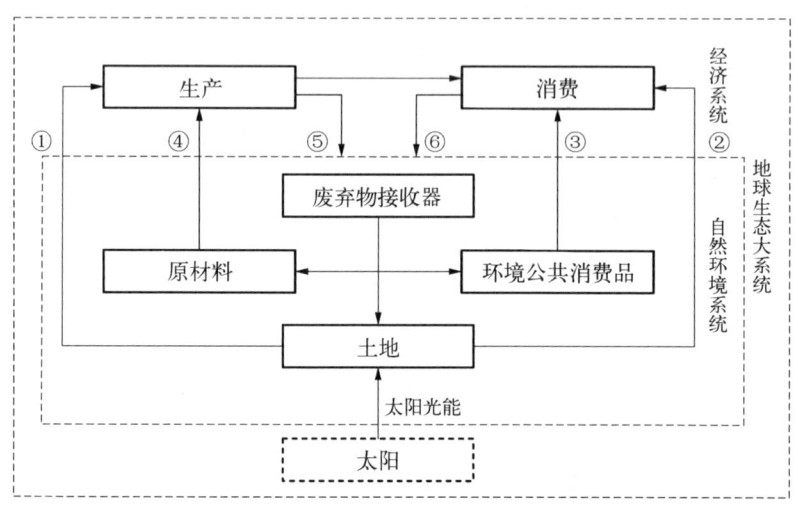

图2-2 资源环境和经济间的相互作用

[①] 菲尔德.环境经济学[M].原毅军,陈艳莹,译.大连:东北财经大学出版社,2010:18.
[②] 鲁传一.资源与环境经济学[M].北京:清华大学出版社,2004:25-27.

如图 2-2 所示，经济系统和自然环境系统是密切联系的，二者相互作用，一同构成了地球生态大系统。对经济系统而言，自然环境是人类的生命支持系统，支撑着人类的生存；对人类而言，它是一项多功能的资产，为人类提供了多方面的服务，主要表现在以下四个方面：

1. 位置空间

任何人类活动都要在一定的空间内进行，环境为经济系统提供了经济活动的必要位置空间，也就是住宅用地、休闲用地、工业用地、农业用地、基础设施用地等（如图 2-2 中箭头①和②所示）。

2. 提供公共消费品

自然环境为人类提供了公共消费品，包括新鲜的空气、宜人的风景、大自然的休闲娱乐功能等（图 2-2 中箭头③）。这些公共消费品可分成两类：一类是物质形态上可测量的，如氧气；另一类在物质形态上不可测量，仅能定性评价，如风景的舒适性。

3. 提供自然资源

自然环境为人类的各种经济活动提供了作为生产活动投入的自然资源（如图 2-2 中箭头④所示）。这些自然资源包括经济活动所需要的各种原材料和能源。原材料通过生产过程转化为消费品，能源为商品生产过程提供了动力。

4. 接受废弃物

在人类生产和消费活动中，不可避免地会产生一些废弃物。这些废弃物除一部分被循环使用，一般都被排放到自然环境中（如图 2-2 中箭头⑤和⑥所示），如燃烧化石燃料产生的二氧化碳和二氧化硫、汽车尾气中的一氧化碳和氮氧化合物等就直接排入空气。即使在这些废弃物排放前，人们有意识地进行了各种物理和化学处理，但仍不可避免地需要往环境中排放，只是排放数量和浓度有所减缓。

人们在生产消费活动中排放的废弃物可以被不同的环境介质接受，如大气、土地、水体等。一些废弃物会部分分解、积聚，或转移到其他地区，成为对生态环境系统有害的污染物，影响到环境系统对经济系统服务功能的发挥。

长期以来，自然生态环境作为典型的公共物品，可以任意使用，无须付出任何代价，也根本不存在价格，它们都是公有财产。在经济活动中，对环境的使用没有考虑对地球生命支持系统的长期影响，也没有充分考虑到对子孙后代形成的潜在损失。然而，地球上自然生态环境的禀赋是有限的，人类对环境服务的需求不可能完全得到满足。环境的四种功能将相互竞争使用，同一功能的不同使用者之间也在竞争使用。而环境使用的无偿性又导致了资源数量的减少和环境质量的下降，这一切势必反过来制约着人们的生产与生活，产生资源生态环境问题。因此，深刻反思传统经济观念及经济研究，充分认识经济系统与生态环境系统之间的关系，转变经济发展模式，走可持续发展之路成为每一个国家发展经济的必然选择。

第二节　资源环境经济系统的组成和结构

一、资源环境经济系统的组成

资源环境经济系统是由生态环境系统和经济系统相互交织、相互作用、相互混合而成的复合系统，包括人口、环境、科技与信息三大基本要素[①]。

（一）人口要素

人口是指生活在地球上的人类的总称。人口是组成社会的基本前提，是构成生产力要素和体现经济关系与社会关系的生命实体。在环境经济系统中，人口要素居于主体地位，其他都居于客体地位。人口在环境经济系统中的独特地位，决定了人口和环境经济系统的关系是一种相互依存、相互渗透和相互制约的关系。在这一关系中，环境经济的发展是人口存在和发展的前提，没有一定的环境经济条件，人口不可能存在并发展；同时，人口又是环境经济系统的主体，没有一定数量、质量和结构的人口存在，环境经济系统同样不能形成和发展。当人口的质和量的发展适应环境经济系统的发展要求时，将对社会生产力和自然生产力的发展起到促进作用；反之，则起阻滞作用，甚至导致社会经济的停滞和资源、环境的破坏。这种作用表现在两方面：一是在一定社会条件下，一个国家或地区人口数量过少，密度过小，以至于不能形成与该区域自然资源相适应的人口要素，从而难以充分开发利用资源，抵御自然灾害，因为物的要素和人的要素按比例结合是环境经济系统发展的基本前提；二是人口数量过大，密度过高，将造成劳动人口和生产资料，以至于总人口和劳动人口比例失调，人口和经济关系失调，降低人均经济效益，延缓和阻滞社会经济发展。由此可见，人口过度增长是构成自然环境恶化的根源之一。对此广大发展中国家只有控制人口过速增长，才能从根本上解决环境问题。人口问题与环境、资源、经济增长问题是紧密联系的。

（二）环境要素

在环境经济系统中，人类居于主体地位，从广义上说环境要素就是人之外的其他一切生物和非生物。另外，根据和人类的关系，环境要素可以细分为物理系统、生物系统和社会经济系统三大系统。

1. 物理系统

物理系统由所有自然环境成分所组成，包括太阳辐射、岩石-土壤圈、大气圈、水圈。它们都是独立于有机生命体之外的，均有其自然的运动规律，但是这些圈层却是生物圈和人类社会存在和发展必不可少的，并且生物圈、人类的社会经济系统与这些圈层时时刻刻都在进行着物质和能量的交换，包括人类社会从这些圈层中获取物质和能量，同时又将人类消费后的废弃物排放到环境中。因此可以说这些物理系统是生命系统存在的

---

① 唐建荣.生态经济学[M].北京：化学工业出版社，2005：99-100.

基础。

2. 生物系统

生物系统包括植物、动物以及微生物等，这些生物在生态环境系统中扮演着不同的角色。绿色植物进行光合作用，固定太阳能，并且从土壤中吸收营养元素，促进物质循环。动物在生态环境系统中既是消费者也是生产者，各种动物和植物以及微生物环境组成了丰富多样的自然生态环境系统。微生物在系统中充当着分解者的角色，有了它们的分解，才使得系统的物质循环能够形成一个闭环。

3. 社会经济系统

社会经济系统是人类为了生存和发展而创造的。以物理系统和生物系统为基础，人类从中获取资源，享受舒适的生态环境；同时自然环境还容纳了人类所排放的各种废弃物。总之，自然环境是人类社会经济系统的基础，同时人类社会经济系统对自然环境也产生了重大的影响。

（三）科技与信息要素

科学是关于自然、社会和思维的知识体系。技术是指依据科学原理发展而成的各种操作工艺和技能，包括相应的生产工具和其他物资设备，以及生产的作业程序和方法。现代科学技术贯穿于社会生产全过程，其重大发现和发明常常在生产上引起深刻的革命，使社会生产力得到迅猛提高和发展。

因此科学技术也是一种资源，这种资源在经济高速发展的今天显得尤为重要。作为环境经济系统组成要素的技术，是与环境经济系统有内在联系的人化和物化形态的技术。人是环境经济系统的主体，但并非任何人都能直接构成这个系统的组成要素。在人类经济活动中，环境与经济系统相互联系并组合到一起，参与这个过程的人是指有一定的科学知识、生产经验和劳动技能的人。同时，环境经济系统进行物质和能量交换所不可缺少的劳动资料也都是技术物化的结晶。技术通过人化和物化的形式在环境系统和经济系统的结合中对其中的物质、能量和信息的交换起着重要的中介作用。同时，许多环境经济问题的解决也有赖于科学技术的进步。比如在经济发展中化石燃料等一些不可更新资源日益减少，成为社会经济发展的主要限制因素，一方面科学技术的发展可以提高这些资源的利用效率，延缓资源危机的到来；另一方面可以依靠人类科学的发展来寻找新的资源作为代替品。

信息是事物运动的状态以及这种状态的知识和情报。根据维纳（1962）的定义，信息可以看作是一种解除不确定性的量，可以用所解除的不确定性的程度来表示信息量的多少。例如，对于一个生产系统（企业）来说，只有掌握充分的信息，才有可能做出正确的决策，使得企业不断地发展和进步。在系统内部以及系统之间的相互作用过程中，不仅存在着物质和能量的交换，还存在着信息的交换。在一定条件下，信息交换对系统的组成、结构和功能以及系统的演化起着决定性的作用，是人类对系统实施干预、控制的基本手段。而对于整个环境经济系统来说，信息的充分和流动，可以使得系统中的各个子系统之间相互关联，达到协同运动，通过协同作用，可以使系统从无规则混乱状态走向宏观的有序状态。维纳曾强调指出，任何系统都是信息系统，他说："任何组织之所以能保持自身内在的稳定性，是由于它具有取得、使用、保持和传递信息的方法。"[①] 系统各部门之所以能组合成相互制约、相互支持、具有一定功能的整体，关键是由于信息流在进行连接和控制。没有信息，任何有组织的系统都不能独立地存在。

二、资源环境经济系统的结构

资源环境经济系统的结构是指多种资源环境经济要素按照特定的环境经济关系，组成资源环境经济系统的方式。资源环境经济系统的结构基础是生态环境系统。在资源环境经济系统中，生态环境系统的自然再生产是经济系统社会再生产的基础和前提，而它的结构主体是经济系统。人类通过主动地、积极地适应环境而保证自身的生存，同时也改造了原有的生态环境结构，并在此基础上建立起新的生态环境结构——人工生态环境结构。所以，生态环境系统和经济系统虽然都有各自的运动过程，但依靠社会再生产环节，通过系统中物质、能量、信息和价值四种功能流的动态运动，将生态和经济结构耦合为一体，使原来生态环境和经济系统各自独立的循环运动耦合为共同的运动过程，使资源环境经济结构最终得以实现。这种耦合机制包括以下几个方面：

首先，人类的消费需求是社会生产的原动力，它在生态环境系统与经济系统的结构耦合中发挥了重要作用。为了满足消费，人类要不断进行生产活动，其消费规模和水平决定了物质生产的广度和深度，进而决定了经济系统介入生态环境系统的广度和深度。人类的需求在经历了生存需求、享受需求和发展需求的不断提高后，对自然的干预程度也逐渐提高，两系统间的耦合程度和规模也就越来越大了。

其次，生产活动是这一耦合得以实现的基础。生态环境要素和经济要素在具体的生产活动中由生态生产链（食物链）和经济生产链有机连接起来。任何生产一旦展开，就必须把生态环境结构和经济结构紧密联系起来。

另外，科学技术是这一耦合得以实现的手段。资源环境经济系统的耦合不是一个自发的必然过程，而是人们应用一定的科技手段直接作用于生产过程的结果。这样，科技手段的差异，既决定了生产活动的规模和水平，也决定了耦合的程度和质量。科技手段作为资源环境经济结构形成的物质基础，要求人们在尊重自然和经济规律的基础上，充分应用已获得的科学知识，将其渗透到经济结构各要素上，进而以人化和物化的技术手段直接作用于生态环境结构各要素上，最终转化为满足人类需要的环境经济系统生产力。一定的科技水平，形成了与其相应的生态环境经济结构；而一定的生态环境经济耦合结构，则代表了一定的科技水平。科技水平的提高，将引起相应的生态环境经济结构的改进。

根据资源环境经济系统结构性质的不同，可将其分为农业经济结构和工业经济结构。农业经济结构以生物资源为主要生产要素，以生命过程为主要生产过程，系统中自然生产过程和经济生产过程紧密交织，包括各种种植业、林业、畜牧业、养殖业、渔业以及以其副产品为主要原料的各产业生态环境结构；工业经济结构以矿物资源及其人工衍生物为主要生产要素，以非生命的理化过程为主要生产过程，系统中自然生产和经济生产较少或没有表现出

---

① 维纳.控制论[M].郝季仁,译.北京：科学出版社,1962.

明显、直接的交织,包括各种矿产采掘、金属冶炼、机械加工、化工电子等产业生态经济结构。

第三节 资源环境经济系统的功能

资源环境经济系统是通过物质、能量、信息、价值的流动与转化关系把环境系统与经济系统的各组成要素紧密联结成一个有机整体的。社会生产和再生产在环境经济系统中进行,是物流、能量流、信息流和价值流的不断交换和融合过程,资源环境经济系统的运行与发展,要通过这些"流"的过程体现出来。资源环境经济系统的结构与功能是统一的,结构是功能的基础,功能是结构的表现。因此,物质循环、能量流动、价值增值、信息传递是环境经济系统特有的四大功能。

一、物质循环

物质在资源环境经济系统内周而复始地转换和运动就形成了物质流。资源环境经济系统内的物流有自然物流和经济物流两类。前者体现为生态环境系统中的营养物质循环和生物地球化学循环,是一个系统间和系统内以物质一系列物理、化学和生物变化为过程的功能体现。后者由社会再生产的生产、交换、分配和消费四个环节推动,经济物质在这一过程中分别以生产物、流通物、分配物和消费物的身份,以产品、商品和消费品的物质形态出现。

自然物流和经济物流不是各自独立的,而是相互依存、紧密融合在一起的。经济物流的基础是经济过程所吸纳的自然物流累积的各种自然物质。经济物流的过程只是通过劳动手段改换自然物流的循环途径,以及自然物的理化和生物形态、性质,使其变换为经济产物,再通过商品流和消费流的过程实现经济活动的价值和使用价值。因此,自然物流是经济物流的流源和基础。生态环境系统的物质可按其循环速度的相对差异分为不可更新资源与可更新资源。前者主要指在久远的地质年代形成的静态不可更新沉积物;后者是可更新、相对活跃的动态物。由于自然物是经济物之本,经济物流的畅通无阻,追本溯源要依赖于自然物流的畅通无阻;而自然物流的通畅,又需要以经济活动对自然物流,特别是静态物流的合理开发和计划使用为前提。

自然物流和经济物流在本质上可视为地球物质运动中的两个双向循环阶区:当自然物流进入经济系统变为经济物流时,经济物流也反向进入生态系统转为自然物流。两者并存相依,反向继起,共同组成资源环境经济系统物质循环的全过程。

(一)自然物流向经济物流的转化

在现实中,自然物流向经济物流的转化主要通过三个部门[①]:

1. 在采集业和捕捞业中的转化

这是从自然界直接获取生活资料的转化方法,例如,从山上采摘野菜,从原始森林中

---

① 陈德昌.生态经济学[M].上海:上海科学技术文献出版社,2003:117-121.

获得木材、捕获野兽,从江河湖海中捕捞鱼类等。自原始人类到现在,这种方法从未间断过,所不同的只是生产劳动的方式和技术手段发生了变化。这种转化曾经哺育和促进了人类社会的文明和经济繁荣,但也潜藏着危机。因此,人类经济繁荣所面临的任务已不再是加速和强化这种掠夺式的转化方法,而应在加速恢复和发展生态系统的基础上寻求一条与生态系统相协调的转化途径。

2. 在农业中的转化

农业是将自然物流转化为经济物流的基础性产业。绿色农作物是将自然物流直接转化为经济物流的神奇"工厂",诸多自然要素如光、热、水、气及各种营养物质,只要通过绿色农作物这个"工厂",就可以进行有序的组合和化学变化,从而将一些自然要素转化为经济物质。农业生产各部门之间有着明显的生态食物链关系:第一级为绿色植物生产者;第二级为草食或杂食性家畜家禽;第三级为肉食性经济动物;第四级为还原性微生物。因此,在农业内部,自然物流向经济物流转化就体现在所有食物链和食物网上。

3. 在工业和采掘业中的转化

工业、采掘业也是直接将自然物流转化为经济物流的重要部门。一些进行沉淀循环的元素和生命有机体,在特定条件下演变为矿藏。随着社会生产力水平的提高及社会需求的扩展,人类对地下矿藏资源开发的数量越来越大,速度也越来越快,以至于某些资源开始出现短缺甚至枯竭的现象。总的来看,随着经济发展和生产力水平的提高,自然物流向经济物流的转化也在迅速增加。

(二)经济物流向自然物流的回归

以上经济物流的运动,不仅具有把自然物流转化为经济物流的功能,同时还具有将经济物流转化为自然物流的功能,这种转化大体可分为自发变化和人工有目的的变化两类。

1. 农业经济物流向自然物流的回归

(1)物理、化学环境的改善转化为自然物质力量。在农业投入的各种经济要素与产出的农产品之间存在着复杂的转化关系,其中突出的就是投入的经济要素生态化趋势。土壤是农作物生存的基础,翻耕土地可以改良土壤的温度。所以,经济物质的投入改良了土壤的生态特性,相对地转化为自然物质力量。

(2)经济、技术力量需通过自然规律发挥作用。据科学家测定,土壤所含各种元素与生物活质所需量比较,碳相差约9倍,氢相差10倍多,氧相差0.5倍,氮相差3倍。对碳、氢、氧,生物可以从空气和土壤中水的分解中获取,而氮必须靠人工施入氮肥来补充。此外,其他一些元素虽然与生物活质需求相差不远或者含量丰富,但由于各种元素分布不匀、各种植物需求不同及一些元素的化合物不易被植物直接吸收利用等原因,某些元素包括一些微量元素仍需要人工投入来补充。1962年以来,全世界植物营养的消耗量每年平均递增8%以上,1972年全世界纯氮、磷、钾总消耗量为5 700万吨,进入20世纪80年代则达亿吨以上。人工投入的肥料利用率是不高的,有10%—15%的肥料转化为植物的营养物质,进入生物循环;有50%—90%的肥料则被土壤固定、淋失或挥发,进入地质循环和大气循环。

(3)经济、技术投入参与了自然物质循环。一般植物含水量占自身重量的60%—

80%，某些蔬菜含水量达90%以上，因此生物生长发育的需水量是很大的。植物所需的水大量用于蒸发和渗漏，蒸发和渗漏量一般要占吸收量的99%。因此灌溉水在地表蒸发和渗漏，也是其参与自然水循环的重要方式。

2. 工业经济物流向自然物流的回归

工业经济物流转化为自然物流主要表现为城市工业废水、废气、废渣等向自然界的排放。工业是一个巨大的开放系统，转化消耗着数量巨大的自然资源，同时也最大、最集中地以排放废弃物的方式将一些经济物质转化为自然物质。工业用水量很大，约占我国城乡总用水量的25%，输入城市的清洁水流入各用水单位，最终都要携带各种各样物质排入自然界。

工业输入的能源，特别是化石能源，在生产和生活中由于燃烧而产生大量的二氧化碳、一氧化碳、氧化碳、氧化氮、氧化硫等氧化物，还有燃烧不完全而直接进入空气的微粒燃料。这些物质一般在生产和生活过程中随空气流动而散发到大气层中。各种能源在燃烧过程中发生的这种现象，也是经济物质转化为自然物质的重要途径。

3. 生产和生活消费物流向自然物流的回归

城市生产和生活过程中，还要产生大量的垃圾、残渣以及其他固体废弃物。市民的消费品如粮食、肉类、蔬菜、禽蛋等，无论在加工过程中或者在烹饪过程中都会产生不少废弃物。因此，固体废弃物的直接排放或再处理，通过微生物分解为无机物，也是经济物质转化为自然物质的重要形式。

经济物流在转化为自然物流的过程中，若超过环境负荷就会造成污染，并由此而成为自然物流与经济物流相互转化的障碍。经济物流向自然物流转化，特别是城市"三废"向自然界的排放，极易造成严重的环境污染。全世界每年排水量约为4 200亿吨，我国每年排放约380亿吨。未经处理的工业和生活污水中，含有大量的镉、汞、砷、锌、镍、石油、氰、氟及一些剧毒农药，给环境带来严重危害。

工业、家用燃料和交通运输在其经济物流转化为自然物流过程中造成了严重的大气污染。全世界每年排入空气的污染物总量约6亿吨以上，这些污染物质多数是由燃烧引起的。我国年燃烧约6.2亿吨，在排入大气的4 000多万吨污染物中，约有70%是燃烧引起的。此外，废渣污染也日趋严重，这也是经济物流向自然物流转化过程中出现的一种不正常现象。全世界每年废渣排放量约为30亿吨，我国年排放废渣达4亿多吨，历年废渣累积量约为54亿吨，占地面积达400平方公里，不仅挤占了农田，而且已成为严重的污染源。当代工业"三废"污染已成为影响经济持续发展的严重阻碍。

二、能量流动

生态环境系统的维持和运行是靠太阳能，人类经济系统的运行和发展实际上同样也是靠太阳能维持的，可以说整个地球生态系统都主要是以太阳能来运行的。首先，各种绿色植物通过光合作用直接获取太阳能，把无机物转化为有机物，并合成自己的躯体，同时也把太阳能转化为化学能贮存在有机体内。此后，植物被动物逐级消费，通过微生物等作用，把复杂的有机物分解成可溶性化合物或元素，同时以热能的形式释放出有机物中贮存的全部能量,能量也就随着物质的流动而流动。人类经济系统的能量,一部分来自生态环境系统中的绿色植物生产,另一部分来自化石燃料。这些化石燃料是地质时期的绿色植物经过久远地质演变而形成的能源,可以说是地质时代太阳能的积累。地球系统接受太阳能的速度从地质时期看可以认为是不变的,地球像一个蓄水池,绵绵不断地接受太阳能,除了直接利用一部分之外,还有一部分被保存了下来,以化石燃料的形式存在。人类在利用各种资源和能源时,通过直接消费和生产来使用能量,将能量消耗转化为做功或转化为热能散发出去。因此,对整个环境经济系统来说,能量流动和物质循环将自然生态环境系统和人类经济系统联系在一起。

客观世界存在着两种能流:一是自然能流,包括太阳能流、生物能流、矿化能流和潜在能流(指尚未以能量形式存在,但经过人类进行技术开发后可转化为能量的物质);二是经济能流,指自然能流被开发投入到经济系统中,按照人类经济活动的意图,通过开采、运输、加工、贮藏、消耗到废弃的序列过程进行传递和转化。这种主要沿着人们的经济行为、技术行为所规定的方向传递和变换的过程,就是经济系统的能量流动过程,即经济能流。

自然能流转化为经济能流,主要体现在经济能源的生产过程之中。人类为了生存和驱动经济系统的发展,必然要不断地把自然能流转化为经济能流,这种转化大体有以下几种方式:

1. 直接获取现成的自然能源

这种情况在远古时期表现为原始人对自然界生物能的直接利用,靠渔猎和采集生活。到了现代,随着生产力的发展,人类对自然界生物能的直接利用日益加剧,原始林木在地球上迅速消耗,许多自然资源开始出现匮乏现象。目前,全世界每年仅烧掉的木材就有12亿m^3,占世界年木材采伐量的一半。

2. 通过种植业生产将太阳能流转化为经济能流

这种情况即利用绿色植物光合作用将自然光能转化为经济的生物化学潜能的过程。太阳光能转化为有机化学潜能是在复杂的化学反应中完成的。太阳辐射中的有效光能通过叶绿素吸收转化为化学潜能贮存起来,随着植物果实和枝叶进入经济系统,被贮存的化学潜能也就成为经济能流而在经济系统中进行加工和转化。

3. 现代能源生产把地下埋藏的化石能源开掘出来转化为经济能源

被绿色植物固定的太阳光能,通过食物链和食物网关系,进入生态系统的各个环节。此外,由于地壳的运动,一部分原始森林、陆生和水生动物被深埋地下,这些有机物历经漫长的地球化学作用,演变成为今天的煤炭、石油等自然能源,它们经过人类的勘探、开采便进入经济系统,形成经济能流。

能量流动的显著特点之一是单向流动,并且随着能量释放参与物质循环。比如绿色植物从太阳光中获取的光能,绝不可能再返回到太阳中去;草食动物从绿色植物中所获得的能量,也绝不会再返还给绿色植物。同样,自然能量转化为经济能量进入经济系统,不论是采掘工业开采出的各种能源,还是这些"一次能源"直接或间接地转换为其他种类和形式的"二次能源",或是能源在各种生产和消费领域中被消耗,也都不能以原来的能量形式返回到原来的领域再利用。这也是经济系统中的能流与物流的一个显著区别。

能量的传递和转移是逐渐消耗、逐级减少的,这是能量流动的特点之二。能量的传递和转化遵循热力学定律。热力学第一定律告诉我们,在自然界中,能量既不能消灭,也不能凭空产生。它可以从一种形式转变为另一种形式,在转换过程中能量守恒。热力学第二定律告诉我们,能量的传递总是从高能位向低能位、由集中到分散进行的,在传递过程中不仅需要消耗一部分能量,而且总会有一部分成为无用能量逸散到环境之中。

物质循环和能量流动总是同时进行的,在物质循环进行的同时伴随着能量的流动。所以,能量是结合物质循环的渠道流动的。由自然能流转化为经济能流的过程,就是由农业、采掘、能源部门生产、输入各种能量到经济系统的各部门和各个生产环节的过程。进入直接生产领域的能流,一部分燃烧掉了,一部分转换为其他形式的能流,如电能、热能,再有一部分作为化工原料用于生产资料和生活资料,还有一部分用于农业和能源部门本身,置换为新的能流。进入流通领域的能流,主要用于运输部门;进入生活消费领域的能流,通过一系列转化过程后,大部分能量被丢弃,小部分用于生活能量的消耗。

三、价值增值

与物流、能流不同,价值流是一个经济学上的概念,它不具有自然形态。通过有目的的劳动,把自然物(能)流转变为经济物(能)流,价值就沿着生产链不断形成,同时实现价值的转移和价值的增值,最后通过买卖,由交换价值反映出来。这种商品生产的价值形成、增值、转移、实现的过程,就是环境—经济系统的价值流动过程,被称为价值流。

在经济系统中,存在着无数条价值流。各价值流通过交换关系构成纵横交错、相互连接的网状结构——价值流网络。它是经济系统中普遍存在而又极其复杂的现象。在这个价值流网络中,商业网点和银行、信贷等金融机构及运输网等共同促进或制约着价值流的运转。

价值流的形成与增值必须经过准备、物化和实现三个阶段。

(一)准备阶段

这个阶段是在流通领域里通过交换活动进行的。它包括物化劳动的准备,如购置必需的生产资料、原材料等;活劳动的准备,如预付劳动报酬,由生活消费恢复劳动者的精力、体力及后备劳动力的培训等;信息的准备,如对政策、市场的认识,制定生产计划等。这些都是进行生产的必备条件。

(二)物化阶段

这是在具体的生产过程中进行的。劳动者通过特殊的、合乎目的的劳动,运用一定的技术手段和劳动技能消耗着物化劳动和活劳动,从而把劳动物化在产品中。因而,在创造出新的使用价值的同时,不仅把消耗的生产资料的价值转移到新产品的价值中去,而且劳动者在劳动过程中消耗了一定量的抽象劳动,又创造了一定量的新价值,使价值流有所增大。所以,这个阶段是价值流形成与增值的决定性阶段。

(三)实现阶段

它是在流通领域中进行的。生产的产品通过包装、贮存、运输进入交换过程,这是价值实现的阶段,即价值流的终点,也是下一个再生产过程的价值流的起点。如果生产的产品不符合社会的需要,或者产品质次价高,就会产生商品滞销或卖不出去,价值就不能实现。而价值流被阻断,社会的生产与再生产过程就难以继续进行了。

社会生产和再生产过程使流动着的价值量沿着生产链的各部门和各环节转移,其价值量逐级增加。这是因为,在经济生产的每一个生产部门和环节、每一个生产过程中,劳动者在劳动过程中消耗着物化劳动和活劳动,不仅转移了原价值,而且创造了新价值,价值量就得以不断积累和增加,所以,一项产品最终形成时,其价值已经过一个不断复制的过程,已把各个生产环节、各有关部门的劳动消耗都包括在内了,在这一系列生产过程中,价值如滚雪球般膨胀,不断增值。与此同时,劳动者通过劳动改变自然、消耗物化劳动的生产过程要耗费能量,活劳动的消耗过程也要耗费能量。因此,不仅自然能流的能量在随食物链递减,而且经济系统内的能量也随着生产链在逐级递减。这里,价值的逐级递增与能量的逐级递减是在同一生产过程中发生的,并融为一体,它从本质上反映了社会生产和再生产是物流、能流、价值流的相互融合过程。

四、信息传递

资源环境经济系统的信息由系统内自然信息和社会经济信息及它们的交互传递与反馈构成。这些信息以传递的形式组成信息流,在生物群体间起着行为、识别、联系、引斥、摄食和繁殖等作用,又以各种文字、数据、图表、公式等形式反映着社会经济现象、规律。人类的经济活动过程,既是一个客观的物质运动过程,同时又是一个信息的获取、存储、加工、传递和转化的过程。这种以物质和能量为载体,通过物流和能流转换而实现信息的获取、存储、加工、传递和转化的过程,就是环境经济系统的信息流动过程,称为信息流[①]。

信息传递在环境—经济系统中有十分重要的地位和作用,主要表现在两个方面。

(一)信息传递是环境经济系统的重要特征

在环境经济系统中,环境系统与经济系统之所以能建立起联系,并联结成为一个有机的整体,除了物质和能量的交换外,更重要的还有信息的交换。一条自然信息,除表达、反映了某个自然现象外,还间接预示或反映了与之相关的经济现象。例如,土地沙化,在农区通常反映了农地过耕,在牧区则反映了草场过牧的经济现象;流域上游水土流失则预示着下游水旱灾害和农业减产等。反之,经济信息除表述直接的经济现象外,也间接反映了可能的后果,传统经济模式下的经济发展预示了资源的加速索取和环境的污染加重。信息流体现了这两个系统之间内在联系和相互作用的运动规律和特征。

(二)人类的经济活动实际上也是一种信息活动

人类要想有效地进行经济活动,就必须有足够的信息量,人们几乎无时无刻不与信息打交道。随着社会经济的发展,信息化程度越来越高,信息传递也越来越重要,作用也越来越大。任何一项经济活动都离不开人流、物流、能流和信息流,其中,任一流动过程发生堵塞、中断,都将造成经济活动的停滞。信息流调节着人流、物流、能流的数量、方向和速度,驾驭着人和物做有目的、有规划的运动,因此,信息流是环境经济系统的"神经系统"。

---

① 何敦煌.人口、生态、经济与可持续发展[M].厦门:厦门大学出版社,2002:206-207.

如果没有它,或信息量过小或流动中断,社会生产和再生产便会失去控制,从而导致系统的不协调和混乱。

环境经济系统的生产与再生产过程,是物流、能流、价值流和信息流的汇合过程。信息传递是管理部门有效组织和控制环境经济系统运转的基本手段。管理环境经济系统的关键在于搞好信息管理,促进信息流在环境经济系统内的畅通并加快其流速、加大其流量。这既包括社会(经济)信息,也包括自然信息。过去,人们着眼于社会(经济)信息的获取和传递,而忽视了生态环境变化方面的自然信息,从而产生了无偿地掠夺开发自然资源、污染环境等一系列严重后果。现代社会的生产与再生产,实际上是环境生态经济意义上的生产与再生产,社会已进入协调生态环境与经济发展的时代。因而,信息传递是管理环境—经济系统的关键。要管理好环境经济系统,不仅需要大量的社会(经济)信息,还需要掌握大量的环境系统的自然信息。

五、物流、能流、价值流和信息流的关系

资源环境经济系统中的任何成分或子系统,都是物质、能量、信息流的统一体。因而,正是通过物质循环、能量流动和信息传递,才把自然界与人类社会联系起来构成环境经济系统这一有机整体。在环境系统中,客观上存在着自然物流、能量流、信息流的运动和发展过程。在经济系统中,客观上存在着经济物流、能量流、信息流的运动和发展。而前者转化为后者,就形成了环境经济系统的物流、能量流、信息流。这些集中到一点,从经济角度看,就是要创造出更多的使用价值流和价值流,以满足人类生存和发展的需要①。

社会生产和再生产过程,是物质变换和价值形成与增值的统一,而信息传递正是这种物质变换的生产过程和价值形成与增值过程及其相互作用的客观反映,即社会生产和再生产过程就是物流、能量流、价值流和信息流汇合的过程。其中,物流和能量流是物质基础,价值流体现了物质与能量流动的有效性,并使系统变化和发展。人们通过信息流控制和调节着流动的速度、流量和方式。

物质循环、能量流动、价值增值、信息传递是资源环境生态经济系统的四大功能。它们之间相互联系、相互作用,推动着资源环境经济系统的不断运动和发展。

小 结

本章对资源环境经济系统的概念及特征、组成和结构以及它的功能做了深入阐述。资源与环境经济学所研究的环境系统包括大气圈、水圈、岩石圈和生物圈,它们相互联系、相互影响、相互制约,形成了一个完整的资源环境系统。将经济系统与资源环境系统结合起来,体现出二者相互作用便形成了资源环境经济系统模型,经济系统和自然环境系统是

---

① 姚建.环境经济学[M].成都:西南财经大学出版社,2001:149-150.

密切联系的,二者相互作用,一同构成了地球生态大系统。对于资源环境经济系统的组成和结构,分别从资源环境经济系统的组成和资源环境经济系统的结构进行充分的说明,资源环境经济系统是由生态环境系统和经济系统相互交织、相互作用、相互混合而成的复合系统,包括人口、环境、科技与信息三大基本要素。资源环境经济系统的结构是指多种资源环境经济要素按照特定的环境经济关系,组成资源环境经济系统的方式。根据资源环境经济系统结构性质的不同,可将其分为农业经济结构和工业经济结构。在资源环境经济系统的功能中,资源环境经济系统的结构与功能是统一的,结构是功能的基础,功能是结构的表现。因从物质循环、能量流动、价值增值、信息传递四个角度解释了环境经济系统特有的功能。它们之间相互联系、相互作用,推动着资源环境经济系统的不断运动和发展。

习 题

一、名词解释
1. 环境
2. 自然资源
3. 经济系统
4. 资源环境经济系统
5. 价值流

二、填空题
1. _____、_____、_____、_____是资源环境生态经济系统的四大功能。
2. 环境经济系统的_____与_____过程,是物流、能流、价值流和信息流的汇合过程。
3. 资源环境经济系统的信息由系统内自然信息和社会经济信息及它们的_____与_____构成。
4. _____和_____过程使流动着的价值量沿着生产链的各部门和各环节转移,其价值量逐级增加。
5. 资源环境经济系统是由生态环境系统和经济系统相互交织、相互作用、相互混合而成的复合系统,包括_____、_____、_____三大基本要素。
6. 根据和人类的关系,环境要素可以细分为_____、_____和_____三大系统。

三、选择题
1. 地球生态大系统对人类而言,它是一项多功能的资产,为人类提供了多方面的服务,下面属于主要表现方面的是( )。
   A. 位置空间　　B. 提供自然资源　　C. 接受废弃物　　D. 提供所有消费品
2. 下列那一项不属于自然物流向经济物流的转化的部门的是( )。

A. 农业经济物流向自然物流的回归

B. 在采集业和捕捞业中的转化

C. 在农业中的转化

D. 在工业和采掘业中的转化

3. 主要表现为城市工业废水、废气、废渣等向自然界的排放属于哪一个物流循环(　　)。

A. 工业经济物流向自然物流的回归

B. 农业经济物流向自然物流的回归

C. 自然物流向经济物流的转化

D. 生产和生活消费物流向自然物流的回归

4. 自然能流转化为经济能流,主要体现在经济能流的生产过程之中。人类为了生存和驱动经济系统的发展,必然要不断地把自然能流转化为经济能流,下列属于这种转化方式的有(　　)。

A. 直接获取现成的自然能源

B. 在农业中的转化

C. 通过种植业生产将太阳能流转化为经济能流

D. 现代能源生产把地下埋藏的化石能源开掘出来转化为经济能源

5. 与物流、能流不同,价值流是一个经济学上的概念,它不具有自然形态。价值流的形成与增值必须经过三个阶段,下列不属于这三个阶段的是(　　)。

A. 准备阶段　　　B. 物化阶段　　　C. 中间阶段　　　D. 实现阶段

四、简答题

1. 什么是资源环境经济系统？它主要有哪些方面？

2. 资源环境经济系统的组成与结构是什么？

3. 物流、能流、价值流和信息流在生态经济系统运行中的相互关系是什么？

五、试论述资源环境经济系统的功能,并论述其中的相互转化关系。

第三章 资源产权理论

学习目的

了解产权的起源和产权理论的界定,掌握资源产权理论的基本内容和资源产权的性质,熟悉资源产权制度的基本模式及原则,掌握资源产权的初始分配和再分配模式,了解我国资源产权制度和资源产权制度改革。

关键概念

产权　资源产权　探矿权价款　资源税　采矿权使用费　资源市场　产权制度改革

第一节　一般产权理论

产权理论较传统经济学理论起源晚,发展尚未完善,但在经济学界得到了广泛的推崇,对产权的概念、界定、性质和意义都有了更深层次的研究。产权理论自身的发展进一步完善了主流经济学理论,但其发展也存在许多不足。

产权的英语译文是 Property Rights,这表明产权是一组权利束。Property 有资产、财产、财产权等意思;而 Right 则是权利的意思。二者合在一起可以形成"财产权利""所有权利"等多种译文,而一般认为产权就是财产权利的简称。目前关于产权的定义很多,由于大家看问题的角度和出发点不同,出现了众多观点,导致了很多模糊和分歧,增加了人们理解的难度。要想明确产权的内涵,最有效的方法莫过于从产权的起源开始讨论。

一、产权的起源

产权经济学是新制度经济学的一个分支。它产生于20世纪30年代,在50年代以后有了较大的发展,到80年代中期,其理论体系基本成熟,形成了企业性质理论、企业产权结构理论和制度变迁理论三个主要分支。新制度经济学对产权的形成原因说法不一,主要有以下三种观点。

(一) 道格拉斯·诺思——人口增长说

诺思在论述产权的起源时提出:"人口压力会导致史前人类所开采的资源的相对稀缺性发生变化。与这些发展相适应,单个的群落开始不许外来者分享资源基数。在这一过程中,这样的群落就定居下来。排他性公有产权的建立使群落努力提高资源基数生产力。"[1]诺思认为,产权诞生是由于人口增长导致资源相对稀缺,人们(包括个人和群体)开始对资源享有排他性的权利。也就是说产权是人们对资产(或财产)的独占权,实际上就是一种所有权。

(二) 哈罗德·德姆塞茨——资源稀缺说

德姆塞茨举了一个关于土地所有权的例子。古代北美印第安人在共有的土地上狩猎,当猎物资源丰富时,不存在产权。随着猎物存量的下降,产权就出现了,他们规定每人只能在一定的范围内狩猎。在这个范围内,只有他能打猎,别人不行。于是他就间接获得了这块土地的所有权。[2] 德姆塞茨认为资源的稀缺性导致了产权的产生。虽然德姆塞茨与诺思对资源稀缺产生的原因看法不一致,但两人都认为产权是对某种资源的独占权,也是一种所有权。

(三) 伊夫·西蒙和亨利·迪蒙塞尔——交易费用说

西蒙和迪蒙塞尔也描述了一个例子。在一块村镇公有的土地上,某一成员放了比其同乡多一倍的牲畜,使自己多了一倍收益,而其他99个共同体成员蒙受了损失,于是就需要协商。但是这么多人在一起协商的费用很高,为了避免麻烦,最好把权利以私有形式分给个人,并允许那位与土地有很大利害关系的人同其他99名成员中的每个人进行协商,以便从每个人那里买到放奶牛三天半的权利。事实上,为了避免交易费用过高,那个人只会与一两个私人企业主谈判,进行土地合并或集中的交易。[3] 西蒙和迪蒙塞尔的意思是,在使用一项财产或资源时,比如土地,由于所有权的不明确性,会产生较高的交易费用。而解决的办法是重新明确一下所有权关系,即公有变成私有。实际上,西蒙和迪蒙塞尔也

---

[1] 诺思.制度、制度变迁与经济绩效[M].刘守英,译.上海:上海三联书店,1994.
[2] 科斯,阿尔钦,诺斯,等.财产权利与制度变迁——产权学派与新制度学派译文集[M].上海:上海三联书店,上海人民出版社,1994.
[3] 勒帕日.美国新自由主义经济学[M].李燕生,译.北京:北京大学出版社,1985:12.

认为产权就是所有权,同时他们还描述了一种产权关系或者说产权制度的变革,即土地公有向土地私有的转变。由此看来,产权就是所有权,但它是广义的所有权,包括所有者对财产的各种权利,例如狩猎权、占有权、放牧权等。

上述三种学说都举了形象的例子,事实上,所有权的内涵要比上面提到的内容丰富得多,还包括使用权、收益权、支配权、管理权等,而且所有权的内涵也并不是一成不变的,因而产权的内涵也在不断变化。

二、产权理论的界定

到目前为止,理论界对于产权还没有形成一个权威的、被普遍接受的定义。较为全面的定义是 E. G. 富鲁布顿和 S. 佩杰威克在《产权与经济理论:近期文献概览》中给出的:"产权不是关于人与物之间的关系,而是指由于物的存在和使用而引起的人们之间的被认可的一些行为性关系……社会中盛行的产权制度便可以被描述为界定在稀缺资源利用方面的地位的一组经济和社会关系。"①

产权是一个复杂的体系,必须从多角度来思考产权的各个方面及其影响因素,这就需要对产权的内涵进行总结:

(1) 产权就是广义的所有权,其主体可以是国家、集体、自然人和法人,客体是财产。

(2) 产权通常以法律的形式表现,依靠社会强制力来界定产权。

(3) 产权是一束权利的集合且具有层次性。有时它指完整的产权体系,有时又指一束产权,而有时仅指单个产权。

(4) 产权的内涵在不断变化。随着社会制度的变迁、经济生活的发展,某个产权可以派生新的产权,某些产权可以组合成新的产权,产权的内涵也随之变化。

(5) 产权可以帮助人们进行更合理的交易,起到资源配置、收入分配、激励和约束等作用。

(6) 产权具有相对独立性。

第二节　资源产权的基本理论

资源问题与产权理论密切相关,从 20 世纪 60 年代至今,人们对资源的产权理论进行了多方面的研究。日益严重的资源问题使人们认识到对自然资源的过度利用已经对人类生存环境造成了恶劣影响,向自然界排放的废弃物几乎超过环境极限及人类的忍受程度。在追逐个体利益与保护环境的矛盾中,人类在不断寻求有效解决矛盾的方法,其中资源产权理论的发展为资源的有效保护指出了一条可以尝试的途径。

一、资源产权理论的起源

科斯(Coase)1960 年发表的《社会成本问题》一文可以说是资源产权理论的起源。科

---

① 富鲁布顿,佩杰威克,李飞.产权与经济理论:近期文献概览[J].经济社会体制比较,1991(1):35-41.

斯从环境污染问题入手,提出了"问题的相互性"。如果允许污染,被污染者受到了损害(例如粮食减产);如果制止污染,则污染者受到了损害(例如工业减产)。因此,"关键在于避免较严重的损害"。为了探讨解决的办法,要引入产权分析。科斯在文中不厌其烦地分析了10多个案例,这些案例几乎全是资源问题,而科斯提出通过产权分析,处理外部效应问题,使社会产值最大化,或者说达到资源配置的帕累托最优状态。

科斯的产权理论并不是针对解决资源问题的,但《社会成本问题》对产权的研究主要从资源问题入手。通过对许多资源问题的案例展开经济学分析,他最后得出被称为科斯定理的重要结论。因此,狭义地说,《社会成本问题》就是专门针对资源问题有感而发。[①] 也许有人认为这种说法过于牵强,但从另一角度看,产权理论是用经济学方法研究外部效应问题制度根源的一条重要思路,而资源问题往往与经济活动外部不经济性相联系。因此,资源问题是产权理论研究的起点和重要应用领域,而产权理论又为分析导致资源浪费的权利安排过程提供了理论基础。

二、资源产权束理论

资源产权是一组权利或者权利束,国外称为"产权束"。它包括所有权、使用权、收益权等。

(一) 资源所有权

"财产所有权是指所有人依法对自己的财产享有占有、使用、收益和处分的权利。"这是自罗马法以来世界各国民法的共同规则。《中华人民共和国宪法》明确规定,矿藏、水流、森林、山岭、草原、荒地、滩涂等自然资源,属于国家所有。

我国资源属于国家所有,其理论定位为公共财产。社会全体共同拥有自然资源是我国国家自然资源公共财产权的特征,这一特征同时决定了每一个人既是自然资源的所有者又不是所有者。之所以是所有者,是因为依照法律共同拥有即意味着每个人都拥有自然资源的所有权,这些所有权的集合构成共有权利;如果每个人都没有所有权,就谈不上公共财产权。另一方面,他又不是资源的所有者,因为在公共拥有的情况下,只有每个人所拥有的所有权同其他一切人的所有权相结合构成公共所有权时,才能有效发挥作用。作为个人,他没有特殊权利去索取总收入的任何一个特殊份额。

(二) 资源使用权

相对于资源所有权,资源使用权是指在自然资源开发利用中,自然资源的非所有权人对自然资源享有的占有、使用或利用和收益的权利。从权利主体来看,是自然资源使用权人,从权利客体来看,是权利人使用或利用的具体自然资源。[②]

我国集体所有的土地、草原、森林、水面等,一般由集体经济组织成员通过承包的方式取得承包经营权进行利用。国家所有的农用土地、草原、森林等也可以由集体经济组织取得使用权,再以承包的方式赋予其成员承包经营,这些资源的使用权人具有了集体经济组

---

① 郝俊英,黄桐城.环境资源产权理论综述[J].经济问题,2004(6):5-7.
② 黄桂琴,王盛云,闫学玲.我国自然资源使用权物权属性研究[J].当代经济管理,2007(6):61-65.

织成员这样特殊的身份特征。

(三) 资源收益权

按照产权理论,所有权主体拥有对"物"的收益权。产权是以所有者为基础的各种行为性权利的总和,是一种排他性的财产收益,最终体现和根本标志是财产收益权。凭借财产权利从内容和形式上明确所有者的经济实现,这是对资源资产保值增值的必然要求。

财产权益的实现方式是多样的,不同特点和性质的自然资源应当运用不同方式来实现收益。下面以矿产资源收益权为例进行介绍。

国家是矿产资源的所有者,矿产资源对国民经济发展的特殊作用以及其不可再生、耗竭性等特点,使得各国矿产资源的所有者都采取了形式各异的矿产资源有偿使用制度,以实现自身的财产收益。目前,我国矿产资源收益的形式可以用图3-1表示。

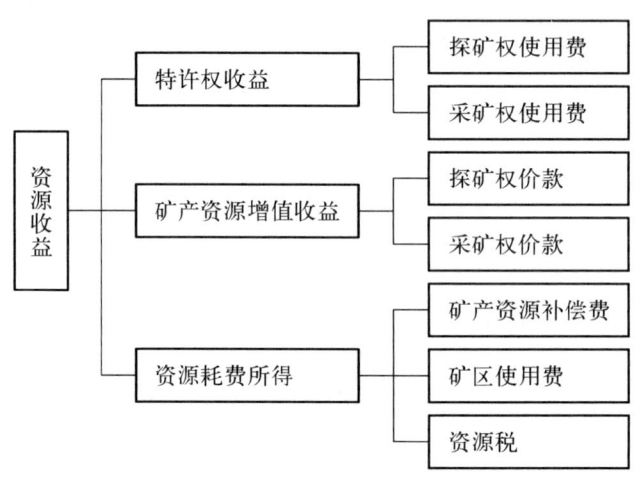

图3-1 矿产资源收益的形式

三、资源产权的性质

(一) 价值性

根据马克思的价值理论,价值是凝结在商品中的无差别人类劳动,是抽象劳动的结果。资源产权,如绿地、花草树木、喷泉、雕塑、人工的山林湖泊等都凝结着产权主体的投入,其本身都含有无差别人类劳动,都应具有价值。从产权交易来看,任何交易都是一组权利束的交易,而权利束常常附着在有形的物品或服务上。例如出售私有房屋,出售的不仅是房屋所有权、使用权、收益权等权利,其中还包括房屋周围的绿地、花草树木、景观等附带环境产权,环境产权影响着房屋产权价值的高低。所以,并不是单一的资源产权决定着物品价值,而是资源产权束决定着物品价值。

(二) 可分割性

产权能够界定,且可以分割。关于产权形式,一般认为既有私有也有公有。其中公有产权按照范围还可分为集体、国家(政府)和国际产权。私有产权是经济主体对标的物具有明确的、专一的、可以自由转让的权利,它是市场经济制度下经济主体高效率地使用资源以追求财富积累的创新机制,并表现为持久的积极性、敏锐的市场意识和各领域内的创新行为,具有排他性和竞争性。它能产生个人理性约束和激励约束,确保经济主体按效益最大化原则决策。而公有产权的特征是共享性和非排他性,缺乏一种创新和激励机制,效率有待提高。

资源产权是否可分?我们认为是可以的。这不仅是因为产权可分,更主要的是资源有可分、可界定的基础。作为一个复杂的生态系统,资源既有私有部分,如花园、草地等,也有公有部分,如空气、地下水、土地等。这些公有资源或由集团公有,或由国家公有,或由国际公有,如大气层、公海、极地乃至月球、太空等。因此,存在着资源私有产权和公有产权,其中公有资源产权包括集体、国家和国际等多层次。所以,资源产权是多层次的混合体系,具有可分性。

(三) 历史延续性

总体而言,资源既属于今人,也属于后人,它具有历史延续性。洛克曾提出劳动所有权思想,即只要付出劳动,其产品或资源就应属于劳动者。按照这种逻辑,对资源而言,那些无劳动能力的人,包括丧失劳动能力、尚未具备劳动能力以及尚未出生的人就没有所有权[①]。仅限于当代具有劳动能力的人对资源拥有完全所有权,资源仅为当代人服务,这显然是不公平的。这不仅会造成资源的过度利用,而且会影响乃至危及其他人,包括后代人的生存利益。从伦理道德角度,产权是人类的产权,不仅属于当代人,也应包括后代人。所以,资源保护问题至少在伦理道德上应体现出历史延续性。虽然代内及代际的资源公平分配性在伦理上是有说服力的,但在现实经济关系中却要经受挑战。因此,在当今生态资源危机这样一个特殊的历史条件下,资源代际公平分配具有现实和历史意义。当代人必须考虑后代的生存基础和福利,这是可持续发展及经济有效增长的基本伦理前提。因此,历史延续性所体现的公平伦理观具有合理性和现实性。

(四) 国际分配性

从某种意义上说,资源产权具有国际性。这种国际性表现在所有权具有一定的国际融合性,即在现实上为某一国家所有,其占有权和使用权属于某一国家,又在功能发挥上具有国际性,属于国际社会。这是因为作为国际公共物品,资源使用权、占有权与所有权相分离。资源产权的国际性是指资源作为一个不可分割的整体,具有超越国家的正、负外部效应的属性。例如某一地域的沙化引起的沙尘会传播到其他国家;某一地域地下水的枯竭、污染会引起其他国家地下水位下降甚至污染和枯竭。因此,环境资源具有复杂的国际传播性,资源产权的各项权能需在国际范围内分配。

(五) 经济性

早在亚当·斯密时代,揭示和分析经济增长的制度要素功能就已开始,尽管斯密未像某些制度经济学家(如诺思)那样把制度要素作为解释经济增长的唯一决定性因素,但是他提出的"富裕的自然增进",就是今天所谓的"发展经济"。以科斯为首的新制度经济学派在分析经济增长时,将重心转向企业制度结构与经济绩效的关系,找到了经济增长的关

---

① 闫敏,高辉清.从循环经济看传统经济学的缺陷[J].现代经济探讨,2006(1):76-80.

节点。作为影响经济增长的重要变量,产权已为新制度学派所证明。曼昆的经济增长生产函数表明,国民收入(Y)是产权(P)与生产成果$F(x)$的积,而生产成果的大小又取决于x,即$Y=P \cdot F(x)$。x包括:劳动力(L)、物质成本(K)、人力资本(H)、资源(N)、技术(A)。这里的产权当然也包括资源产权,可以说在x其他变量一定的条件下,国民收入与资源产权呈正相关关系;资源(N)的利用不仅同技术(A)正相关,而且资源产权的界定也是资源有效配置的关键。[①] 其实无论从马克思的产权理论还是制度经济学家的论述中都可以明确地感觉到产权对于经济增长的重要性。当然,资源产权也是经济增长的重要影响因素,这一点不仅在理论上,而且在实践上都得到了证明。

第三节 资源产权制度的基本模式

如果抛开别的因素不谈,单就产权制度而论,一般情况下私有产权制度比公有更有效率,也更有利于实现资源的生态效益和经济效益。但当环境资源本身无法分割、产权界定成本太高时,公有产权制度则更有效率。什么样的资源产权结构对实现生态效益和经济效益更为有利,值得深入探讨。

一、设置资源产权制度的原则

(一) 必须处理好经济效益和生态效益的关系

经济效益和生态效益并不总是矛盾的。总体而言,提高经济效益对生态效益是有利的,从长远看生态效益的实现又有助于经济效益的提高。经济效益低下必然造成资源浪费,单纯追求生态效益而牺牲经济效益是不现实的,也达不到环保目的。

(二) 必须考虑国家宏观方面的情况

选择产权制度必须考虑到政治体制、经济发展水平和法律传统、公民的环境意识以及国家实施法律和管理环境的能力。例如,如果国家实施法律和管理环境的能力很强,公民环境觉悟较高,以发挥生态效益为主的自然资源,实行公有产权的效果可能更好,公有产权所占的比重可以较大。

(三) 私有产权与公有产权需要清晰界定

如果某种自然资源主要以发挥经济功能为主,生态效益不那么重要,应当选择私有产权;如果利用某种自然资源不会对生态环境造成损害或损害较少,也应选择私有产权;但也有一些资源,如水资源,因其无法分割且产权界定成本高,实行公有产权制度更有效率。

(四) 必须结合资源本身的特点

因资源的具体情况有所区别,不同资源的公有产权与私有产权比重应当有所区别,同

---

① 王博.产权制度与经济增长逻辑关系的演进路径[J].理论月刊,2014(4):148-152.

一种资源因发挥的主要功能不同,其产权也可能不同。

(五)单纯的公有产权制度和私有产权制度都应当避免

混合所有权制度是一种较好的选择,实践证明单纯的公有产权制度带来的不是经济和生态效益的双赢,往往是双输,而自然资源的公有产权制度容易为实际掌握资源的相关人员创造腐败机会,致使大量的公有自然资源在行政权力的掩护下转化为某些个人的财产。

(六)必须高度重视产权机制的完善和限制

产权人不会主动追求生态效益,产权人利益的实现必须有良好的市场机制,如果产权机制不完善,将无法达到理想效果;如果产权不受限制或产权限制的相关法律规定不健全,没有效力、无法实施,则任何产权制度都可能造成自然资源的极大破坏,根本谈不上生态效益。

二、国外资源产权的制度模式

国外资源产权的制度模式如表3-1所示。

表3-1 国外资源产权的制度模式

国 家	模 式
美国	私有为主,注重价值实现,构建产权交易市场
英国	属于国家或国王所有,由私人以多种形式使用,使用期限较长,有的长达几百年
俄罗斯	大部分属于国家所有,但也允许地方政府和私人拥有少量自然资源
德国	大部分自然资源以私有产权制度为主,除了水、森林等资源因其自身特点实行公有产权制度为主
日本	私有为主,以保护为导向,构建生产管理体系

三、我国的资源产权制度模式

(一)我国资源产权制度的基本框架

我国实行的是国家所有的基本模式。宪法明确规定:"矿藏、水流、森林、山岭、草原、荒地、滩涂等自然资源,都属于国家所有,即全民所有;由法律规定属于集体所有的森林和山岭、草原、荒地、滩涂除外。"在我国的各种自然资源中,矿藏和水流全部是国家所有的资源,不存在集体所有,而森林、草原等其他资源则不完全是国家所有,还存在集体所有,如农村的土地多属于集体所有。如果自然资源在耕地下面,就形成了土地所有权和自然资源所有权相分离的状况,这种状况决定了我们在开发和利用自然资源时,必须正确处理国家和农民、国家和利用自然资源企业之间的关系。

(二)我国资源产权制度的模式选择

选择资源产权制度模式时,必须充分考虑政府对制度创新的承受力。由于我国资源发育程度不同,资源产权与环境产权的分离,资源产权与环境产权配置规范的形成,需要一定的历史积淀,资源产权制度创新不可能一步到位,只能循序渐进地发展。我国可以实行一种理想的国有产权制度,即绝大部分资源实行国有产权,少量实行受限制的集体产权,不实行产权私有化,通过合理设置使用权制度来提高资源利用效率。在明确了所有权的基础上,搞活资源使用权,实现资产化管理是取得生态效益和经济效益的双赢途径。

资源资产的范围广泛,所含内容复杂多样,必须选择不同的营运方式,以搞活资源使用权,实现资产化管理。选择资源资产营运形式,必须充分考虑资源的类型和性质、管理人员的素质、资产规模、宏观经济体制、融资环境和资金成本等多因素,不宜追求千篇一律。承包经营、租赁经营、股份合作、股份制、中外合资和合作等都是可供选择的形式。在资源所有权与使用权相分离的情况下,经营管理主体应当有充分的自主权,但这种自主权又应该受到约束。因此,在搞活经营管理的同时,必须加强对资源产权的监督。营运形式不同,监管的内容和方法也不相同,其必须与营运形式相适应。

(三)我国资源的资产化管理模式

1. 森林资源的资产化管理

森林资源资产化管理是指在明确产权的基础上,把森林资源作为一种资产,从实物量和价值量两方面同时进行管理,以达到高效合理地利用该资源的目的。[①] 其实现路径主要包括以下五方面。

(1)产权管理。森林资源长期以来存在资产概念模糊、产权主体虚置、制度尚未完善等问题,这严重影响了森林资源的有效利用和相关产业的持续发展。因此,必须建立"归属清晰、权责明确、保护严格、流转顺畅"的森林资源现代产权制度。

(2)会计核算。对森林资产进行建账、成本归集、价值核算等,将森林资源资产核算纳入国民经济核算体系,以此定量反映和记录森林资源资产价值运动的过程。

(3)资产评估。作为森林资源资产化管理的基础,科学准确的评估不仅有利于保证资产所有者、经营者和使用者的合法权益,而且有利于规范森林资源资产交易的市场行为。

(4)资产监管。加强森林资源资产监督工作,是维护森林资源和生态安全、保证林业可持续发展、促进生态文明建设和坚持绿色发展的基本要求。

(5)资本融资。即推进森林资源资产证券化,将其量化为证券并面向公众发行,使缺乏流动性的森林资源转化为现金流,有效解决林业建设资金短缺难题。

2. 水资源的资产化管理

水资源资产化管理,是把水资源作为资产从开发利用到生产再生产全过程进行投入产出管理,要求将水资源价值化、市场化。[②] 开展水资源资产化管理,要建立涵盖水资源资产的核算制度、产权交易制度、领导干部自然资源离任审计制度以及用途管制制度等在内的制度框架体系。

(1)资产核算制度。要求立足水资源管理现状,明确核算主体,确定核算对象,从实物量和价值量两方面建立核算制度,可以应用收益现值法、边际机会成本法、影子价格法等核算方法。

---

① 冯树清,艾畅.森林资源资产化管理研究综述[J].林业资源管理,2014(2):1-6.
② 王亚杰,等.水资源资产化管理制度框架及实现路径[J].水利经济,2019(4):27-31.

(2) 产权交易制度。要求制定交易规则、进行交易流程的规范、建立完善的交易价格机制和市场监管制度,以此确保产权交易主体和第三方的合法权益。

(3) 领导干部离任审计制度。通过审计强化领导干部对水资源管理和利用的责任,促进建立水资源损害责任终身追究制,推动实现水资源的可持续利用。

(4) 用途管制制度。明确水资源用途,可以从生活、生态、农业、工业四个方面严格水资源分类管制,重点对水资源的农业用途转向非农用途和生态环境用水用途变更进行管制。

3. 矿产资源的资产化管理

目前我国矿产资源存在着浪费严重、大量流失、日益萎缩等问题,为使我国矿产资源能被合理高效地利用,必须建立符合现实状况的矿产资源资产化管理模式[①]。

(1) 明确和强化产权,实行有偿使用制度。我国政府具有行政管理者和矿产资源所有者的双重身份,在进行矿产资源资产管理时,既要把行政权管理和所有权管理有机地结合起来,又要在内部实行两权分离。在所有权职能的行使中,最重要的是使所有权在经济上得以体现,因此要建立完善矿产资源资产有偿使用制度。

(2) 健全产权交易市场,促进矿业权的合理流转。应建立产权的两级市场,通过市场来合理配置资源。一级市场(初级市场)是国家将探矿权、采矿权初次有偿转让给探矿权人和采矿权人,使资源的物质形态向价值形态转化;二级市场(流通市场)是资源资产使用权再次转让,实现市场化流通。

(3) 确立矿产资源资产独立的产业地位。关键在于转变矿业运行机制,将矿产资源业推向市场,推进矿业公司改革,以资本为纽带,变资产经营为资本经营,打破所有制、部门和区域界限,促进矿产资源产业良好运作。

第四节 资源产权的初始分配

产权初始分配是传统的资源管理体制向资源产权制度这一现代管理制度转型过程的起点,必须在分配程序中兼顾现有体制和产权制度两个方面的要求。第一,为了保障产权初始分配的公正公平,分配程序必须体现公开性和广泛参与性,包含完善的协商和争议解决机制。第二,产权初始分配不但要对各个利益主体的产权做出规定,而且必须通过政府主导的分配过程,实现社会、经济方面的国家和地区战略,并保障生态和资源可持续利用的公共政策目标得以实现。

一、我国资源使用产权初始分配

资源产权的初始分配包括所有权和使用权两个层面。由于我国自然资源的所有权已

[①] 汪小英,成金华.基于产权约束的中国矿产资源管理体制分析[J].中国人口·资源与环境,2011(2):160-166.

界定,所以我们在这里只谈使用权的初始分配。

(一)资源使用权分类和使用期限设定的主要目的

在资源使用权初始分配中,对资源使用权进行分类的目的包括:一是有利于科学合理地确定资源使用权量化指标;二是有利于资源的调度和监督管理以提高管理效率。在资源使用权初始分配中,合理确定使用权期限的目的包括:一是体现资源国家所有权,分配的只是使用权,其权利有一定时限;二是便于政府宏观调控,对资源的使用离不开政府的管控;三是有利于资源产权交易,任何交易都是有期限的,产权人在进入资源市场交易时,如无明确的法定拥有期限,则无法正常进行交易。

(二)资源使用权初始分配的基本思路

资源使用权初始分配体现在两个层次上:第一个是资源在中央和地方行政区域上的分配,实行总量控制;第二个是地方各级行政区域通过资源使用许可制度或其他法定方式向各类机构配置资源,实行总量控制与定额管理相结合。资源使用权初始分配类型划分要从两个层次进行。在第一层次的分配即宏观配置方面,要重点考虑资源利用现状和未来需求情况,与现行的资源利用统计制度相衔接,其分类意义在于合理界定资源使用权的量化指标。第二层次的分配即微观配置,要重点考虑各种资源的功能特点、经济属性和外部效应等,按照资源的使用功能实行差异化管理,与现行利用许可制度相衔接,其分类意义在于更有效地管理和使用资源。

资源使用权初始分配期限,也应按照两个层次分别设定。第一层次要与国民经济和社会发展中长期规划期限相衔接(一般为 10—30 年);第二层次既要体现资源国家所有权,与区域经济社会发展规划期限相衔接,又要考虑建立稳定的资源市场,同时考虑项目使用期限、开发利用方式、工程设施寿命等情况。不同类型的期限可以不一致,但一般应低于或等于第一层次的资源使用权初始分配期限。

(三)资源使用产权初始分配的原则

为了有效利用国家资源,保证社会安定以及各省(区、市)经济的协调发展,在进行地方政府间资源产权初始分配时,应以各省(区、市)发展实际所需的资源产权为主要依据,根据其所取得的资源产权来初始分配相应的使用权限。而在各省(区、市)行业之间进行资源分配时,应以保证居民的基本生活为前提,同时还要兼顾农业、工业及生态利用。[①] 其具体的产权初始分配原则如图 3-2 所示。

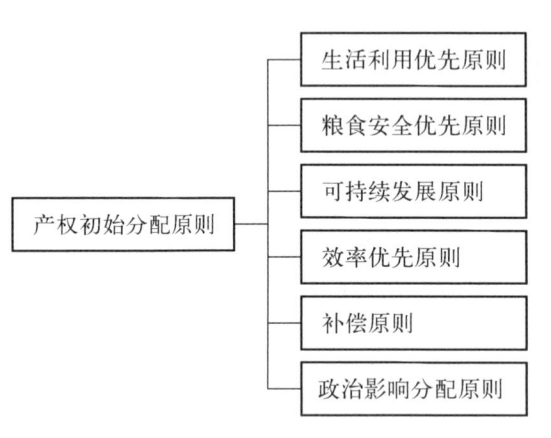

图 3-2 产权初始分配具体原则

---

① 刘洪先.水权理论与南水北调工程水权分配[J].人民黄河,2002(3):15-17.

二、国外资源产权初始分配情况

（一）相对完善的法律基础

产权首先属于法律的范畴。西方资源产权的法律基础基本与产权分配同步发展，其内涵演变与产权分配的过程也相伴而行。20世纪之前，由于资源、生态方面的公益价值尚未充分凸显，资源产权是一种包括所有权和使用权的纯粹私权，最为典型的即土地私有权。资源的分配被自觉地纳入私有财产制度之上的市场经济模式之中。例如美国的河流水权分配就是在水权明确的法律定位上（虽然这种法律定位也在不断变化）随经济社会发展长期演化的结果。从1899年的《河流与港口法案》算起，联邦和各州制定的主要相关法律和协定迄今已超过了40个。不过，这些法律的重心并不在于确立水权本身，而是进一步明确水权内涵和设定具体分配环节。

（二）经验主义的渐进模式

如何从时间、空间、用途、使用过程等主要方面对资源产权的内涵进一步界定并完成具体分配，是产权分配的关键。技术层面上，西方的资源产权分配并未提供非常明确的规范，其分配并非基于某一部特定的法律，而是针对每一种具体问题制定法律、法规、协议和协定。在这个意义上，自然资源法是一个独特的经验体系。当然，这种经验体系的演变形成，是以资源使用权的法律定位为基础的。产权分配的渐进模式需要尊重现实又不拘泥于现实，要充分理解现实的界限和规范，即使其不具有完备的法律形式，却是由原有管理模式、制度、经济布局、资源分布格局所界定的。其中的有效成分需要明晰，其中不规范、影响公平和效率、破坏生态环境的成分也需要剔除和修正。在受到经济发展、生活方式、国际关系乃至时代价值观冲击的资源利用的复杂领域内，不可能履行一种静止、抽象的原则来一劳永逸地指导产权分配。而在资源使用权法律定位的基础上，采取经验主义、问题主导和渐进的方式，却会实现稳定连续的产权分配。当然，这和稳定的立法精神、协商机制和多元利益主体充分参与是分不开的。

（三）利益集团的广泛参与

对于法律认定的渐进的产权分配过程来说，内部的协商和参与机制是最重要的基础。以美国流域水资源管理方案为例，较之具体的技术细节和操作规范，这种参与和协商机制占有更突出的地位。事实上，流域水权分配方案从来都是多元利益格局下协商的产物，每一次面对新问题对原有方案进行修正，也都是基于各方共识。经济发展、生活方式和时代价值的变迁，也只有通过不同利益团体的深入广泛参与，才能充分表达。通过互动而不是设计，才能平衡各方利益。由此形成的方案，也才具有实施基础和激励机制。因此，在资源产权的初始分配中，具体方案固然是重要的，但是由此培植各种利益群体的生长，促成其广泛参与、相互协商、良性互动的机制，也许是更为重要的。毕竟，所谓初始分配或任何特定的产权分配方案，无论如何加强预见性，本质上都不可能与社会经济发展长期保持协调。所以，西方国家在资源产权分配中会不遗余力地强调利益群体的参与协商所发挥的基础作用。

第五节　国有资源产权再分配的市场配置

资源产权的再分配即为资源产权的市场交易,所谓资源市场是指由国家统一进行宏观调控,以资源产权市场化交易为基础实现资源优化配置的市场。资源市场中的产权转让是产权流动的一种形式,是产权主体对自己权利的处置。资源产权转让使资源的利用从效益较低的领域转向较高的领域,是社会进步的表现。

一、研究资源产权市场构造的现实参照：城镇国有土地使用权市场

现实中的城镇国有土地使用权市场属于资源产权市场,对于研究资源产权市场具有重要的参考价值。我国国有城镇土地市场的基本构造：一级土地市场(土地使用权出让市场)、二级土地市场(土地使用权转让市场)、土地金融市场(土地使用权抵押市场)。本节所阐述的资源产权再分配主要是指从事国有土地使用权的转让交易,即按照开发协议对出让土地作了相应开发的土地使用权人,将一定期限(出让年限减去开发年限)内的土地使用权再次转让给其他土地使用者;在土地金融市场上,拥有土地使用权的工商业户将土地使用权作为担保物,从有关金融机构获取抵押贷款。这样,通过对土地使用权出让环节的国家垄断,可以实现对非农占地的国家控制,实现节约用地的资源管理目标;通过土地使用权在各个工商业户间的流转可以实现土地有效利用的资源配置目标。

二、资源产权再分配的市场基本构造与运作原理

资源产权市场即资源产权交易关系的总和。而"交易关系总和"的具体内涵包括：一是交易主体,即谁参加交易;二是交易客体,即交易什么(交易对象);三是如何交易(交易方式和交易规则)。要研究资源产权市场的构造,就需要探讨上述三方面的内容。

我国的资源产权二级市场至少应该包含下列交易关系：(1) 交易客体：国有资源的使用权。(2) 交易方式：国家作为国有资源的所有者将一定数量的使用权出让给资源需求者后,资源使用者根据经济效益最大化原则(或根据机会成本)做出资源使用决策。决策的结果可能是自留自用或再次转让。两种决策中,资源者使用者选择经济价值更高的决策。在这样的运作方式和交易制度下,通过国家(政府)对使用权出让总量的控制,可以促进节约使用资源目标的实现,通过资源需求者间的使用权转让,可以促进资源在各需求者间的优化配置。当然,为了确保资源的高效利用和产权转让市场的有序运行,政府还应成立相关管理机构进行必要的管理和监督(类似于一般商品市场上的"工商行政管理")。资源产权市场的基本构造与运行原理见图3-3。

二级资源产权市场主要由资源产权转让市场构成,所进行的是资源需求者之间的二次产权交易。当资源产权市场发育到较高的程度时,也可以进一步构建资源产权金融(资源产权抵押)市场,借此拓宽自然资源建设的融资渠道,推动资源产业更快发展。

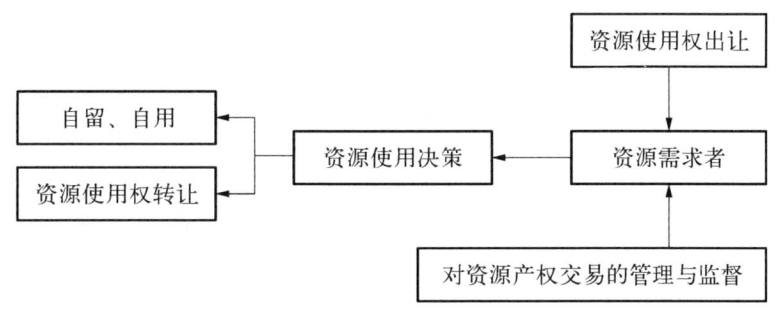

图 3-3　国有资源产权再分配的市场基本结构

三、建立产权的多级市场,采用多种转让方式

建立一级国家资源竞拍市场,定期举行资源竞价拍卖会,确定不同区域资源管理机构的代表人席位及准入标准,有准入资格的代表才能够参加竞价买卖,调剂实际利用资源份额。拍卖客体主要是居民基本需求资源和工农业生产需求资源。在产权初始分配的基础上,要完善二级区域或地方性资源商品市场,允许多种所有制成分的经营者参与。竞拍价格应根据不同区域、购买对象及需求层次而定。如对满足居民基本生活需求的资源实行保护价格,对满足工农业生产需求的资源实行累进价格,对于超出限定额度的资源量可实行市场累进价,针对追求更高消费水平的资源量可实行自由价格。一般而言,二级资源市场的保护价格和累进价格要高于一级资源市场的相应价格。此外,若实际利用资源份额与可用份额存在差额,可通过资源市场进行二次竞价买卖,并允许多次竞价买卖。如此才能充分发挥各种资源的效益,形成完善的资源市场。

第六节　我国自然资源产权制度改革

一、我国自然资源产权制度改革的进程

新中国成立以来,随着经济社会快速发展,我国自然资源产权制度改革大致经历了以下四个主要阶段[①]:

一是确立自然资源公有制基础阶段。1954 年宪法规定,矿产、水流以及法律规定为国有的森林、荒地和其他资源都属于全民所有。国家所有制在自然资源领域占有主导地位。

二是单门类自然资源产权制度体系初步建立阶段。1982 年宪法明确了土地、矿藏、水流、森林、草原等自然资源国家所有和集体所有的二元制结构,《森林法》《草原法》《土地管理法》《矿产资源法》等单门类自然资源管理法律相继颁布,标志着自然资源产权管理初步实现了有法可依。

---

① 钟骁勇,潘弘韬,李彦华.我国自然资源资产产权制度改革的思考[J].中国矿业,2020,29(4):11-15+44.

三是自然资源有偿使用和交易制度逐步健全阶段。进入21世纪,2007年《物权法》的颁布标志着以自然资源所有权为主体、自然资源用益物权和担保物权为两翼的自然资源产权体系基本形成,象征着自然资源所有权、使用权相分离和使用权有偿使用制度不断发展完善。

四是全面推进自然资源产权制度改革阶段。近十年,中共中央高度重视自然资源产权制度改革工作,党的十八届三中全会、十八届四中全会决定、中央经济工作会议以及生态文明体制改革多次提到自然资源产权制度并作出具体部署。目前我国自然资源管理制度已全面向资源资产管理制度转变,在资源产权制度法理依据上实现了从品种法到法群的转变,在管理工具上开始探索从以政府管理为主到重视市场作用的转变。

二、自然资源部的组建

2018年3月13日,第十三届全国人民代表大会审议的《深化党和国家机构改革方案》形成的《国务院机构改革方案》提出,组建自然资源部作为国务院组成部门。2018年4月10日,自然资源部正式挂牌,其组建目的主要是"为统一行使全民所有自然资源资产所有者职责,统一行使所有国土空间用途管制和生态保护修复职责,着力解决自然资源所有者不到位、空间规划重叠等问题,实现山水林田湖草整体保护、系统修复、综合治理"。

自然资源部的主要职责是对自然资源开发利用和保护进行监管,建立空间规划体系并监督实施,履行全民所有各类自然资源资产所有者职责,统一调查和确权登记,建立自然资源有偿使用制度,负责测绘和地质勘查行业管理等。所以,组建自然资源部,从长期看能更加规范自然资源开发利用和保护,相关法律体系更完善,宏观调控功能更成熟。

三、我国自然资源产权制度存在的弊端

我国自然资源产权制度在政策制定和具体实施等方面都存在不足之处,以下总结了现阶段其主要问题。

(一)资源产权权能含义过于僵化

当前我国关于自然资源产权制度改革的政策文件中,均将自然资源产权的权能制度改革作为重中之重。但是当前关于自然资源物权的权能体系对占有、使用、收益和处分四项权能的理解过于僵化,不能随着自然资源种类繁多、属性各异的具有特殊性的权利主体多样化地行使自然资源权利的诉求,进而不能充分有效地发挥自然资源在社会经济中的作用。目前自然资源产权权能的解释和含义仍然较为狭窄,需得到进一步拓展。

(二)产权交易市场不成熟

由于我国现有绝大多数的自然资源都属于国家或者集体所有,因此在自然资源利用方面一般都要经过政府或者集体组织的统一。这导致了我国自然资源在分配时过于依赖于政府,即政府在自然资源产权交易中具有很大的话语权,产权交易市场的宏观调控属性仍然比较强,从而我国产权交易市场的市场化特点还不是特别凸显。市场作为"无形的手"并没有很好地发挥有效配置资源的作用。因此,我国现行的自然资源产权交易市场机制不够成熟,亟待进一步完善。

(三）资源产权主体不明晰

虽然我国明确由自然资源部统一行使全民所有自然资源资产所有者职责，但在具体实践中，自然资源所有者主体不到位，所有者权益未落实的现象广泛存在。从国有自然资源来看，国有土地资源仍是地方政府在实际控制，缺乏法律授权或委托管理的制度依据，也进一步加大国家对自然资源实施总量控制的难度。从集体所有自然资源来看，法律规定由农村集体经济组织和村民委员会作为特别法人地位行使权利，但仍不能确定农村集体土地究竟由谁代表，造成其所有权的事实缺位，也易造成集体所有自然资源的价值被低估、收益分配不合理等问题。

（四）相关法律法规不完善

自然资源产权制度的相关法律存在不健全的问题，有些自然资源使用权权利交叉重叠，如渔业权和水资源使用权、海域使用权之间，取水权与采矿权（矿泉水）之间等；有些自然资源没有建立使用权权利体系，缺失国家层面法律依据，导致实践中难以保障使用权人合法权益，如国有农用地、无线电频谱等。而且由于各类自然资源实行分门类管理，各门类自然资源法的立法背景和理念存在差异，造成自然资源产权的法制构建缺乏系统性、整体性和协调性。

（五）实践过程存在不足

《生态文明体制改革总体方案》等中央政策文件规定的自然资源产权制度改革的工作重点具有内容复杂、体系庞大且抽象性强等特点，由此各地方政府在推进自然资源产权制度的实施时存在较大的政策空间。各地方政府在推进具体的自然资源产权制度时，可能存在现实和理论的差距，实践中并没有把该制度落到实处。

四、我国自然资源产权制度改革的措施

针对自然资源产权的相关问题，需要从多方面进行制度改革。2019年中共中央办公厅、国务院办公厅印发了《关于统筹推进自然资源资产产权制度改革的指导意见》，其中明确提出为进一步完善自然资源资产产权制度的主要任务。在此基础上，下文进一步归纳总结了相关核心改革措施。

（一）健全自然资源产权体系

为了适应自然资源多种属性，推动自然资源资产所有权与使用权分离，着力解决相关权利交叉、缺位等问题，需要加快构建分类科学的自然资源产权体系。实践中，所有自然资源采取由自然资源部直接管理的方式并不现实，应根据自然资源种类在生态、经济、国防等方面的重要性，构建合理的分级代理行使权利的制度框架和实施路径。同时，还应该进一步探索集体自然资源所有制的有效实现形式，落实承包土地所有权、承包权、经营权"三权分置"，开展经营权入股、抵押。探索宅基地所有权、资格权、使用权"三权分置"，在充分保障农民户有所居的基础之上，完善宅基地使用权的租赁、抵押、继承等权能。

（二）明确自然资源产权主体

在没有明确自然资源产权主体的情况下，自然资源的权属和责任认定就存在风险。党的十九届三中全会明确了自然资源所有权由自然资源部统一行使，基于此，应当研究建

立自然资源部行使全民所有自然资源资产所有权和委托省级、市级政府代理行使的资源清单和监督管理体制。同时对于通过利用自然资源所获得的收益，应当以合理的比例在中央和地方之间进行划分，合理调整收益分配比例，以促进中央和地方更好地履行相关职责。对于农村集体所有的自然资源资产所有权确权，应当明确由农村集体经济组织代表行使集体所有权，增强其管理和经营能力，使组织内成员都对自然资源资产享有合法合理的权益。

（三）加快资源统一确权登记

对自然资源产权进行确认和保护的首要工作是要摸清资源家底，加快推进土地、矿产、森林、山岭等自然资源统一确权登记，重点推进国家公园等各类自然保护地、重点国有林区、湿地、大江大河重要生态空间的确权登记工作。通过这些举措逐步实现自然资源确权登记全覆盖，明晰自然资源产权边界，明确区分全民所有和集体所有、国家所有和地方政府代理行使所有权以及不同集体所有之间的权利边界，来为自然资源资产产权保护和市场化交易打下基础。

（四）完善资源产权法律体系

全面完善自然资源资产产权制度相关法律法规，是对自然资源资产产权改革的重要保障。根据自然资源资产产权制度改革进度，推进各门类自然资源资产法律法规的"立改废释"，即进一步推进修订矿产资源法、水资源法、森林法、草原法、海域使用管理法、海岛保护法等法律和相关行政法规，并对于不利于自然资源可持续利用的法律规定提出具体废止、修改意见。同时，由于目前自然资源资产产权纠纷解决机制协调不够完善，难以满足经济社会发展和生态文明建设的需求，因此需要建立健全协商、调解、仲裁、行政裁决、行政复议和诉讼等有机衔接、相互协调的自然资源资产产权纠纷解决机制。

（五）健全资源产权监管体制

建立健全自然资源资产产权监管体系，是自然资源资产产权制度改革的重要实现途径。目前自然资源资产管理存在考核评价体系缺失，社会监督作用不足等问题。应该要充分发挥人大、行政、司法、审计和社会监督的作用，创新管理方式，形成监管合力。应当进一步加强监管机构对国有自然资源资产的监督，自然资源部定期向国务院报送国有自然资源资产报告，各级政府按要求向本级人大常委会报告相关情况并接受监督。同时，还应当建立科学的自然资源资产管理考核评价体系，开展领导干部离任审计制度，落实领导干部损害自然资源的责任追究机制。而关于社会监督方面，应当完善信息公开制度，定期披露相关重要信息。

小 结

产权理论是新制度经济学的重要内容，包括财产的所有权、占有权、支配权、使用权、收益权和处置权。资源问题与产权问题密切联系，资源产权理论为资源的有效保护指出了一条可行的途径。资源产权具有价值性、可分割性、历史延续性、国际分配性和经济性特点。我国矿产资源收益有六种主要形式,包括矿产资源补偿费、资源税、探矿权使用费、采矿权使用费、探矿权使用费和采矿权价款。公有资源产权制度模式的设置必须处理好经济效益和生态环境效益的关系,考虑到国家政治体制、法律传统、管理能力和公民环境意识,清晰界定私有产权和公有产权,结合资源本身的特点避免单一的私有或公有模式,重视产权制度的完善和限制。资源产权的初始分配必须在程序中兼顾现有体制和产权制度两方面的要求,体现公平性和广泛参与性,实现社会经济方面的国家和地区战略,保障生态资源可持续利用。资源产权的再分配有助于资源利用从效益低的领域转向高的领域。我国资源产权制度目前仍存在不足之处,需要从多方面进行改革,其中具体措施包括健全产权体系、明确产权主体、统一确权登记、完善法律体系以及健全监管体制等。

 习 题

一、名词解释

1. 财产所有权
2. 自然资源使用权
3. 资源税
4. 采矿权使用费
5. 资源市场
6. 统一确权登记

二、选择题

1. 资源产权的核心是（　　）。
   A. 资源所有权　　　B. 资源使用权　　　C. 资源探采权　　　D. 资源收益权
2. 资源产权包括（　　）。
   A. 资源所有权　　　B. 资源使用权　　　C. 资源处分权　　　D. 资源收益权
3. 资源产权的性质有（　　）。
   A. 价值性　　　　　B. 可分割性　　　　C. 历史延续性　　　D. 经济性
4. 我国资源性资产管理实行的是（　　）的基本模式。
   A. 私人所有　　　　B. 国家所有　　　　C. 混合所有　　　　D. 集体所有
5. 我国国有城镇土地市场的基本构成是（　　）。
   A. 土地使用权出让市场　　　　　　　　B. 土地使用权转让市场
   C. 土地使用权抵押市场　　　　　　　　D. 土地所有权出让市场

三、判断题

1. 依照我国现行的法律规定,我国资源大部分为国有,少部分为私人所有。（　　）
2. 我国资源性资产管理实行的是国家所有和集体所有的基本模式。（　　）

3. 资源产权的基础是资源使用权。　　　　　　　　　　　　　　（　）
4. 土地一级市场是指土地所有权出让市场,二级土地市场是指土地使用权转让市场。
　　　　　　　　　　　　　　　　　　　　　　　　　　　　　（　）
5. 十九届三中全会明确了自然资源所有权由自然资源部统一行使。（　）

四、简答题

1. 我国矿产资源的收益形式主要包括哪些?
2. 简述资源产权束理论。
3. 简述资源产权的性质。
4. 简述资源产权制度的原则。
5. 简述我国自然资源产权制度改革的主要措施。

五、论述题

试论述我国资源产权的初始分配和再分配。

第四章 资源环境价值理论与评估方法

学习目的

本章需要了解资源环境价值理论,熟悉资源环境的价值分类,了解资源环境评估的必要性和概念,熟练掌握资源环境价值评估的基本方法,熟悉 TCM、CVM 和实物期权法在资源环境价值评估中的应用,掌握绿色 GDP 的概念和核算理论基础,熟悉绿色 GDP 的两种核算方法,了解自然资源资产负债表编制的基本内容。

关键概念

资源环境价值观　资源环境的价值　资源环境价值评估方法　旅行费用法　分区旅行费用模型　个人旅行费用模型　随机效用模型　内涵旅行费用模型　或然价值法　实物期权法　绿色 GDP　自然资源资产负债表　自然资源资产负债

第一节　资源环境价值理论概述

人类社会要想保持可持续发展,就必须重新认识人与自然的关系,其中尤为重要的是正确认识资源环境的价值。

一、资源环境价值观

资源环境价值研究的关键是以什么理论为基础。不同的价值理论对资源环境有不同的价值观。目前主要有劳动价值论、效用价值论和存在价值论等理论,这几种价值理论从不同的视角对资源环境的价值性进行分析研究[①]。

(一)基于劳动价值论的资源环境价值观

劳动价值论认为商品的价值是由商品中所凝聚的社会必要劳动所决定的。首次系统阐述劳动价值论的是斯密,其主要观点集中于《国民财富的性质和原因之研究》一书。但是他的劳动价值论不是很完善,存在互相矛盾的二元论。李嘉图对此进行了改进,认为商品的交换价值和其生产时所耗费的劳动成正比,和劳动生产率成反比。

马克思的劳动价值论是在批判地继承古典政治经济学的劳动价值论的基础上建立起来的。他指出"价值是无差别的人类劳动",是"抽象人类劳动的体现或物化"。运用马克思的劳动价值论来考察资源环境价值,关键在于环境中是否凝聚着人类的劳动,目前对这一问题有两种不同的观点。

第一种观点认为自然资源环境是天然的产物,不是人创造的劳动产品,没有凝聚人类的劳动,因此没有价值。马克思认为若是自然资源和环境不是人类劳动的产品,那么它就不会把任何价值转移给产品。它只是充当使用价值的形成要素,而不是充当交换价值的形成要素[②]。

第二种观点从价值补偿的角度出发,认为环境不再是自然之物,它包含了人类的劳动,其价值形成是为了补偿环境消耗与使用的平衡所投入的人类劳动。其主要的逻辑是:当今世界,科技高速发展,人口急剧增加,人类日益广泛的生产生活行为无不影响着生态环境,所制造的废弃物甚至会超出环境所能容纳的极限。为了防止环境的过度破坏及资源的衰竭,维持人类的延续发展,人类需要投入大量的物力、财力。以水资源为例,江、河、湖水是由大自然形成的,但是为了控制水量、疏浚河流、测试水质,人类就需要消耗劳动去勘测、调研。因此,这些水资源耗费了人类的劳动,形成了价值。

这两种观点都是以资源环境是否包含人类劳动为基点进行考虑的,得出的结果却截然不同。前一种理论认为资源环境没有价值,无偿使用是合理的;后一种则立足于当代经济发达,资源环境问题严峻,人们必须参与自然(环境与资源)的再生产,不可避免地投入人类劳动的现实[③],认为资源环境是有价值的。

(二)基于效用价值论的资源环境价值观

效用价值论是从物品满足人的欲望能力或人对物品效用的主观心理评价角度来解释价值及其形成过程的经济理论。所谓效用是指物品满足人的需要的能力。早在17世纪,尼古拉·巴尔本最早阐述了效用价值观点,他在著作《贸易概论》中提出商品的价值不是

[①] 方巍.环境价值论[D].上海:复旦大学,2004.
[②] 马克思恩格斯选集(第2卷)[M].北京:人民出版社,2012:182.
[③] 胡晓燕.生态环境保护促进共同富裕的理论阐释和实践路径[J].企业经济,2021(12):27-34.

由劳动决定的,而是由效用决定的①。后来一些经济学家修正了一般效用价值论,提出了边际效用价值论。边际效用论者用主观价值论和供求论来说明市场价格的形成和决定,指出物品市价是供求双方对物品主观评价彼此均衡的结果。效用价值理论认为一切生产都是在创造效用,但人们获取效用却并不一定要通过生产,效用还可由大自然获取。资源环境对人类是必需的,具有巨大的效用,因此从效用价值理论很容易得出资源环境具有价值的结论。效用价值论体现了人类对物的判断,是从人与物的关系中抽象出来的。

但我们应该认识到,效用价值论存在以下两方面的问题:

第一,价值的量难以确定。价值是由效用决定的,而效用本身又是由主观心理确定的,从而无法从客观上准确地度量。效用论后来演化为效用基数论和效用序数论,效用序数论的出现就是为了避开效用的计量。但要想知道价值的大小,就必须对效用进行评估。在市场不完全的情况下,效用的计量难度更大、主观性更强。

第二,效用价值论无法解决长期或代际资源环境利用的问题。效用价值论衡量资源环境的价值是基于当代人的,也就是说把当代人的价值凌驾于后人之上。在价值的经济核算上,容易因为目前效用很少而造成资源环境的低估。

因此,尽管效用价值论可以得出资源环境有价值的结论,但以此为基础来评估资源环境价值是不完善的。

(三) 基于存在价值论的资源环境价值观

存在价值论认为环境存在的价值可以分为两部分:一部分是使用价值;另一部分是非使用价值,后者也称存在价值,主要包括满足人类精神文化和道德需求的价值部分以及物品自身存在的价值。劳动价值论和效用价值论都否认没有使用价值的物品有价值,但存在价值论认为非使用价值独立于人们对物品的现期利用,是客观存在的。

克鲁蒂拉在1967年首先把存在价值引入主流经济学的研究。他认为某些社会成员对独有的、不可替代的资源环境的存在价值进行评估时,可能会以价格歧视的垄断所有者身份来进行评价。"当涉及奇特景观或特有的、脆弱的生态系统时,这些景观和生态系统的保护和存在是许多成员的真实收入的一部分。"

存在价值论认为人类如果想要从环境资源上获取更加长久和更加有效益的利益,就必须增加对环境保护,不去做环境资源的积极消费。在可持续发展的前提下,存在价值在资源环境的代际问题中是很有意义的。存在价值论者认为,可持续发展代表一种社会理性,内含一个平等的命题。存在价值的测度是环境价值的重要组成部分,以个体理性、效率为核心的规范经济学不能给出存在价值的理论基础,并不能成为存在价值不重要的理由,只能说明规范经济学的理论基础有缺陷。②

但是,存在价值是基于人的行为进行评判的,存在价值或非使用价值并不是一个完全的价值理论,而是为计量价值量划分出来的,没有一个客观的价值标准,但为我们研究资

---

① 于新.劳动价值论与效用价值论发展历程的比较研究[J].经济纵横,2010(3):31-34.
② D S Brookshire, C I Berry, and W D Schulze. The Valuation of Aesthetic Preferences[J]. Journal of Environmental Economics and Management, 1976(3):325-346.

源环境价值提供了一个新的视角。

(四) 资源环境价值评估不能完全依靠市场

综上所述,无论是劳动价值论、效用价值论还是存在价值论,它们在研究资源环境价值时都具参考价值,但其中又没有任何一个价值论能够提供一个可以进行准确价值评估的方法。

从经济学家的角度来讲,一种资源只有满足以下10个条件才能被有效配置:

(1) 存在进行商品和服务交换的市场。

(2) 市场是完全竞争的。

(3) 不存在外部性。

(4) 所有商品和服务都是私人物品,没有公共物品。

(5) 产权明确。

(6) 交易者拥有完全的信息。

(7) 所有厂商都追求利益最大化,所有个人都追求效用最大化。

(8) 长期平均成本非递减。

(9) 交易成本为零。

(10) 所有相关函数满足凸性条件。[①]

目前理论界都承认资源环境有市场价值,但许多资源环境很难满足上述所有条件。这些资源环境不能通过市场交易实现有效配置,从而也不能正确体现其内在价值,这就是"市场失灵",其根本原因是存在"外部性"。因此,在确定资源环境的价值时就不能完全依靠市场的力量。

二、资源环境的价值分类

随着人类社会的发展,资源环境日益短缺,其价值愈来愈得到认可。而且当人类意识到自己面临的生存危机是源于对自然的掠夺性使用以及不正确的人与自然的关系时,人类对自己是自然的主人的地位开始怀疑,重新思考自然的价值,不仅站在人类的高度上认识自然对人类的价值,同时还站在自然的角度认识自然自身的价值。

自然资源环境的价值是在哲学"价值"的概念上发展起来的,它是指:人类与自然资源环境相互影响的关系中对于人类和自然资源这个统一的整体的共生、共存、共同发展具有的积极意义、作用和效果。这种价值的内涵是:首先,人与自然处于同一整体之中,在作用上是整合一致的;其次,该概念还反映了相互作用的性质——人和自然资源环境之间是相互作用和影响的,而不是单一的征服与被征服以及利用和被利用的关系;再次,该概念还反映了价值更主要的本质,那就是功能、效用以及再生的可持续性。[②]

要对自然资源环境的价值进行评估,首先应对其价值进行分类。分类标准的不同自然决定了分类体系的不同。分类标准的作用就在于区分各种价值的共同点和不同点,其

[①] 珀曼,马越,麦吉利夫雷,等.自然资源与环境经济学[M].侯元兆,等译.北京:中国经济出版社,2002.

[②] 丁勇,李秀萍,刘朋臀,等.自然资源价值新论——Ⅰ自然资源有价论[J].内蒙古科技与经济,2005(10):194-195.

依据就是价值评估的目的。目前,有许多种分类方式,其分类依据包括价值形成属性、相关影响以及所依赖的经济路径等,见表4-1。

表 4-1 资源环境价值分类

分 类 标 准	资 源 环 境 价 值
价值主体	自然存在的自身价值
	自然对人类的价值
价值的形成属性	天然价值
	附加的人类劳动价值
分类标准	资源环境价值
自然资源环境产生的影响	对人类的影响
	对生态系统的影响
	对非生命系统的影响
资源和环境所依赖的经济路径	"间接市场"价值("生产者"价值)
	"直接"价值("非市场"价值、"个人"价值)

(一) 根据价值主体的不同分类

1.自然存在的自身价值

自然不是为人类而存在的,自然的存在有其自身的价值,具体表现为以下五个方面:

(1) 创造发展价值。从地球自然生态系统的进化来看,自然由低级向高级、由简单到复杂的进化创造出一个适宜生命存在的自然环境。

(2) 维持平衡价值。在自然发展过程中,尤其是地球上出现生命以来,生命与环境协同进化,不断建造和优化自身生存及发展条件。充足的氧气、自我保护的臭氧、适宜的气温、水分和日照以及食物链等共同组成的复杂自然生态系统,具有自我调节、保持平衡稳定、抵抗外界干扰、维持自身存在和发展的自我维持能力。

(3) 整体性和局部性结构价值。地球生物圈由多层次的生态系统组成,这种组织形式创造和维持了整体和部分的价值。例如,每一个物种的存在和演化看似是局部的价值,但正是所有物种的存在和演化,才体现出生物圈的整体价值。

(4) 自身价值。自然的存在具有以自身存在和发展为目的的自身价值。如种子植物的出现,不是为了满足动物或人类利用种子的需要,而是为适应环境、自身生存的需要;又如蛇产生毒液,不是为了人类利用其药用价值,而是为了自卫。

(5) 工具价值。自然具有满足在它之外的其他系统或者它所从属的更大系统的需要的工具价值,而不仅仅是作为人类资源和发展的工具价值,如植物为动物提供食物,动物又为植物提供光合作用所需的二氧化碳,这些都是服务于生态系统的需要。

2. 自然对人类的价值

(1) 生存价值。人类作为一种生物,必须依赖于自然提供的各种条件。人类呼吸所需的氧气源于大气圈,人类饮用的水源于水圈,人类的食物源于食物圈,人类燃烧的煤和石油源于岩石圈。

(2) 经济价值。大自然本身是一个自然财富制造者,这些财富是支撑人类的物质基础。人类经济上的每一次大革命都来源于对自然财富的认识和开发,农业革命以沙漠植物的开发为基础,工业革命以化石燃料的开发为基础。

(3) 精神价值。自然对于人类的精神价值表现在知识、美学和道德三个方面。人类的一切知识都来源于自然,知识是人类对自然认识的结晶,如植物学、医学,而哲学实质上也是源于人类对自然的感悟。生命和环境长期协同进化过程中还创造了充满生机与和谐的美学。同时人与自然的关系中同样包含着道德的问题,从生物圈的角度来考虑,人类仅是生物圈中的一员,其他物种有与人类同等的生存权利。人类是生物圈中唯一一类智能生物,但大自然赋予人类的智慧不是让人类来役使它、破坏它。人类的智能从道德上来讲应体现在掌握自然规律的基础上,与自然共同创造和谐生物圈,使大自然更加完美。

(二) 根据价值的形成属性分类

自然资源环境价值可分为天然价值和附加的人类劳动价值[①]。

1. 自然资源的天然价值

自然资源的天然价值是自然资源本身所具有的、未经人类劳动参与的价值。其所以未经劳动而有价值,原因在于它具有使用价值而且是相当稀缺的有用品。作为主要生产要素的自然资源,例如矿藏、林木,其使用价值是不言而喻的。这种价值主要取决于自然资源的富饶度和质量及其自然地理分布。

2. 自然资源环境附加的人类劳动价值

目前人类生活周围能够称之为自然资源的要素,或多或少都留下了人类劳动的烙印。无论是动植物的分布还是这些生物所栖息的环境,都在一定程度上受到了人类的影响。我们今天无法判断哪些资源是原始的,哪些资源蕴含着人类劳动。原始森林对于我们来说是一种非常宝贵的资源,其无论是对商品生产、科学研究,还是维持环境生态平衡,都有十分重要的作用和意义。从表面上看,原始森林好像没有附加什么人类劳动,但是经过仔细分析我们会发现,所有生命体和非生命体构成了一个循环封闭的系统,人类和自然作为这个系统里面的两个子系统,是相互关联、相互作用的。在一定程度上,人类的生产生活行为会影响到自然资源环境的形成、发展。因此,自然资源也存在一定的劳动价值,即马克思政治经济学中的商品价值,其附加的人类劳动越多,价值就越高。

(三) 根据自然资源环境所产生的影响分类

根据自然资源环境是否直接或间接地对人类产生冲击可进行分类(表4-2),这种冲击既可源于它们对其他生物的影响,也可间接地源于它们对非生命系统的影响[②]。

---

① 李秉祥,黄泉川.基于可持续发展的资源环境价值与定价策略研究[J].社会科学,2005(7):5-10.
② 弗里曼.环境与资源价值评估——理论与方法[M].曾贤刚,译.北京:中国人民大学出版社,2002:13-14.

表 4-2　根据自然资源环境所产生的影响分类

影响类别	内容
对人类的直接影响	人类健康、气味、能见度、视觉上的美感等
对生态系统的影响	对经济产品的影响：农业生产力、林地和商业性渔场
	其他影响：生态系统的娱乐功能、生物多样性、生态系统稳定性等
对非生物系统的影响	原材料、土壤、生产成本和气候等

（四）根据环境和资源所依赖的经济路径分类

根据环境和资源是通过市场体系（该市场体系是以生产者收入的变化、消费者效用的改变以及市场商品和服务的价格等形式表现出来的），还是通过那些无法在市场中进行正常交易的物品和服务的价值的变化（如健康、能见度之类的环境舒适性以及生态娱乐机会等）来显现它们的影响，也可以进行分类。前者所形成的价值通常被认为是"间接市场"价值或者"生产者"价值，而后者则被称为"直接"价值、"非市场"价值或者"个人"价值。直接价值或非市场价值经常被细分为使用价值或非使用价值。[①]

总之，自然资源环境的价值主要表现为：环境作为"主体"所具有的能力、权利、地位等价值；对人的生存、发展所具有的意义、功能和好处；为生物和非生物提供生存和形成的时空背景与物质条件。资源环境的自身属性即资源性是其价值的直接源泉，而人类劳动则是其价值形成的间接源泉。

第二节　资源环境价值评估的概念和必要性

一、资源环境价值评估的概念

A. 迈里克·弗里曼在《环境与资源价值评估——理论与方法》一书中，首次系统地将新古典经济学的有关理论应用于环境和资源价值评估。弗里曼指出，我们阐述的价值的经济学概念是以新古典福利经济学为基础的。福利经济学有一个基本前提——经济活动的目的就是为了增加社会中每个成员的福利，而且每个成员都能够完全正确无误地判断自己的福利状况。每个人的福利状况不仅仅取决于其所消费的私人物品和政府提供的物品及服务，还取决于该成员从资源环境系统得到的非市场性物品和服务的数量和质量，例如新鲜的空气、美丽的自然视觉享受、户外娱乐的环境等等。对资源环境系统变化的经济价值进行计量的理论依据在于它们对人类福利的影响[②]。

如果一个社会想让它的所有资源都发挥最大的效用，就必须在环境变化和资源使用所带来的效益与将这些资源和要素用作他用所带来的机会成本之间进行权衡。然后，根

---

① 弗里曼.环境与资源价值评估——理论与方法[M].曾贤刚，译.北京：中国人民大学出版社，2002：166-167.
② 同上书：6-7.

据权衡的结果,社会必须对环境和资源的配置进行适当的调整,以使个人福利得到增加。这种效益和成本是通过对个人福利的影响来衡量的,因此"经济价值"和"福利变化"这两个词在使用上可以相互替代[①]。

弗里曼的研究表明,计量个人福利变化的规范经济学原理最开始只是用来解释在市场上进行交易的物品的价格和数量的变化。随后,该理论开始用来解释诸如环境质量和健康之类的公共物品或其他的非市场性服务。该原理假设人们对可供选择的物品集具有精确的偏好(包括各种各样的可以在市场上交易以及不能在市场上交易的物品);同时还假设,人们很清楚地知道自己的偏好,这些偏好在该物品集中都有替代物。对于这种偏好的可替代性,经济学家是这样解释的:如果在个人物品集中有一种物品数量减少,就会有其他某种物品的数量增加,以使这种变化不会导致个人福利的降低。换句话说,第二种物品数量的增加替代了第一种物品数量的减少。可替代性理论是经济学家价值概念的核心,因为它在人们所需的各种物品之间建立了相应的替代率[②]。

人们在选择的过程中,可能减少对某种物品的需求而增加购买其替代物,其实这种权衡本身也就反映了人们对这些物品的评价。如果某一物品有一具体的货币价值,则该权衡所反映的价值也就是其货币价值。而能够在市场上进行交换的物品的货币价格仅仅是替代率的一个特例,因为我们购买物品集中一单位物品所需支付的货币,代表着应该购买而必须减少的该物品集中别的一种或多种物品的购买数量。

这种以可替代性为基础的价值评估,可以用支付意愿和接受补偿意愿来表示。支付意愿和接受补偿意愿可以根据人们愿意用来替换被评价物品的其他任何物品来确定。支付意愿是指人们为了得到像环境舒适性这样的物品而愿意支付的最大货币量,而当人们把这些货币用在其他方面时,他们不会关心是花钱得到改进还是放弃这个改进。接受补偿意愿是指要求人们自愿放弃本可体验到的改进时所获得的最小货币补偿量,当人们得到这笔额外的货币时,他们不会在乎是得到改进还是放弃这个改进。这两个价值计量方法都是以偏好的可替代性这一经济假设为基础的,但它们对福利水平采用了不同的参考点。支付意愿以没有改进作为参考点,接受补偿意愿则是以存在改进作为福利或效用的基准。在原则上,支付意愿和接受补偿意愿不必相等。支付意愿受个人收入的限制;但是当人们因放弃改进而要求补偿时,其数量却没有上限。[③] 对于购买者,物品的价值大于或等于其支付意愿;而对于其拥有者,其价值则小于或等于其补偿意愿。

二、资源环境价值评估的必要性

资源环境虽然具有价值,但是有许多的资源环境却没有市场价格,例如,我们每天呼吸的空气、野外天然的水源、美丽的未经开发的风景等都没有市场价格。为了正确、全面评价经济活动对社会、对人类的正效应和负效应,就必须对这些经济活动所造成的环境污染和资源浪费进行核实,计算其经济损失值,为保护环境、治理污染所付出的活劳动和物

---

① T C Brown. The Concept of Value in Resource Allocation[J]. Land Economics,1984,60(3):231-246.
② A M Freeman. The Benefits of Environmental Improvement:Theory and Practice[M]. Baltimore,MD:The Johns Hopkings University Press,1981.
③ 弗里曼.环境与资源价值评估——理论与方法[M].曾贤刚,译.北京:中国人民大学出版社,2002:138-141.

化劳动进行计量。但是,这种计量远比一般经济活动的计量复杂得多。

如果一项政策或者一个投资项目可以直接作用于市场,也就是说它们所影响到的某种或某些产品的价值可以通过市场体现出来,则能够很容易地使用显示偏好方法来衡量该政策或投资项目的成本和收益。然而,某些成本和收益并不能作用于市场,这些产品称为非市场产品。所谓非市场性,是指这种影响并没有通过市场价格机制反映出来。事实上,在任何社会中都既有市场产品,又有非市场产品。虽然后者不存在(或者只存在着不完全的)市场,但是这些产品与市场产品一样具有经济价值。例如,更加清新的空气、更加干净的水、能够降低风险的政策与投资等。同样道理,一些产品具有负的经济价值,尽管它们不能通过市场体现出来,却也能够降低人们的福利水平。由于不能准确衡量某些非市场产品对他人的影响,它们常常被忽视,从而产生外部性。当然,"外部性"本身是一个中性的概念,其表现有正有负,即外部性可以分为外部经济性和外部不经济性。例如,上游居民植树造林、保护水土,下游居民得到质量和数量更有保障的生产和生活用水;某家花园里鲜花的芳香给邻居带来舒适感等。这时,社会效益大于私人效益,即存在着外部经济性。相反,外部不经济性是指边际社会成本大于边际私人成本,其中的差额是边际环境成本。不管是外部经济性还是外部不经济性,都是一种经济力量对另一种经济力量的"非市场性"的附带影响,是经济力量相互作用的结果。环境污染是一种典型的外部不经济,它是排污者对外界施加的外部不经济影响。资源环境与一般资源是不同的,它是公共物品,其消费具有非竞争性和非排他性。环境污染是排污者对环境资源这种公共物品的消耗,而消耗的代价或费用并未进入排污者的生产成本之中。这种外部不经济导致了资源配置的非效率。要控制污染,必须给排污者以足够的经济刺激,将外部性内部化。这样才能体现出环境资源的稀缺性,使社会效益最佳或社会福利最大。

尽管外部性有正有负,但是这两者都是低效率的资源配置状态,这是外部性的最严重的后果。因此,无论是外部经济还是外部不经济,都有必要对其进行衡量,从而采取相应的政策或措施将游离于市场之外的外部性内部化。可见,对环境损害或效益进行价值评估的技术是环境经济学的基础,也是制定合理政策的基础。

对环境资源进行价值评估,对于我国经济的可持续发展具有重要的意义。这主要表现在以下几个方面[1]:

1. 环境资源的价值评估是价值观念发展的必然要求

在传统经济学以及由此而产生的价值观中,以为环境资源是无价的。因此,在传统的财富概念中,仅仅包括了一个国家或社会在一定时期内所积累的全部生产资料和消费资料,只强调劳动产品,而忽视了自然资本。

2. 环境资源的价值评估技术有利于扩展目前的国民收入核算体系

许多经济学家提议扩展目前的国民收入核算体系,使之包括非市场性环境服务价值的数量以及由于环境退化和资源耗竭而产生的损失的扣除。在这一国民收入核算体系的扩展过程中,关键就是要对非市场性的环境价值和损失进行度量。

---

[1] 张巨勇.环境资源的价值评估[J].商场现代化,2005(14):167-168.

3. 环境资源的价值评估可以为生态文明时代的环境管理提供科学依据

生态文明时代,需要人类重新审视人与自然的关系,解决保护与发展的冲突,实现可持续发展。但是可持续发展需要从理念具体化到实际的环境管理工作当中。环境资源管理的目标往往是追求经济效益的最大化,因此需要进行效益成本分析。这就要求在效益成本分析中包括环境系统提供服务的货币化估价,即需要更多地运用经济学手段对缺乏市场价格的自然资源和环境质量进行定量分析。

4. 环境资源的价值评估是我国加入 WTO 后新形势的需要

我国加入 WTO 后,享有"国民待遇"的外商会更多地把资源密集型和污染型产业转移到我国,而我国一些地区和企业为了追求经济发展也可能会盲目招商引资,从而有可能加速我国环境资源的消耗和浪费,对生态环境构成巨大的威胁。在这一形势下,必须对环境资源进行价值评估。

第三节 资源环境价值评估基本方法

一、资源环境价值

经济学家在评估资源环境的价值时,常常把其总价值(TEV)划分为使用价值(UV)和非使用价值(NUV)。

1. 使用价值反映的是资源环境的使用

例如,海洋中所打捞的水产,森林中采伐的木材,水流中汲取的用于灌溉的水,甚至一个自然风景区所拥有的美丽的景色。当空气污染降低了对疾病的免疫力、石油泄露给渔业带来不利影响的时候,或者当烟雾掩蔽了一个风景区的时候,污染就会导致使用价值降低[①]。使用价值又分为直接使用价值(DUV)和间接使用价值(IUV)。

2. 非使用价值可以细分为存在价值(EV)和遗产价值(BV)

非使用价值反映的是人们愿意为改善和保护那些不会使用的资源所支付的价值。试想如果政府决定把一个不对外开放的自然保护区用作他用,从而破坏了生态平衡,那么肯定会有许多人反对此事。这种资源价值的巨大损失是显而易见的。因为非使用价值不是来自资源的直接使用,所以它代表了价值中一个非常不同的种类。

3. 还有一种选择价值(OV),可以归于使用价值,也可以划归于非使用价值

选择价值指的是人们在未来有能力使用环境所带来的价值。选择价值反映了人们这样一个意愿,即在现在不使用环境的情况下,保留在未来使用环境的选择权。选择价值与使用价值相比,后者反映的是从当前使用中获得的价值,而前者则反映了人们保留一个潜在的未来使用环境的意愿。资源环境总价值的具体构成如图 4-1 所示。由不同种类价值的总和可以得到环境资源的总价值:

---

① 泰坦伯格.环境与自然资源经济学(第 5 版)[M].严旭阳,等译.北京:经济科学出版社,2003:30-31.

$$TEV = UV + NUV = DUV + IUV + OV + BV + EV \tag{4-1}$$

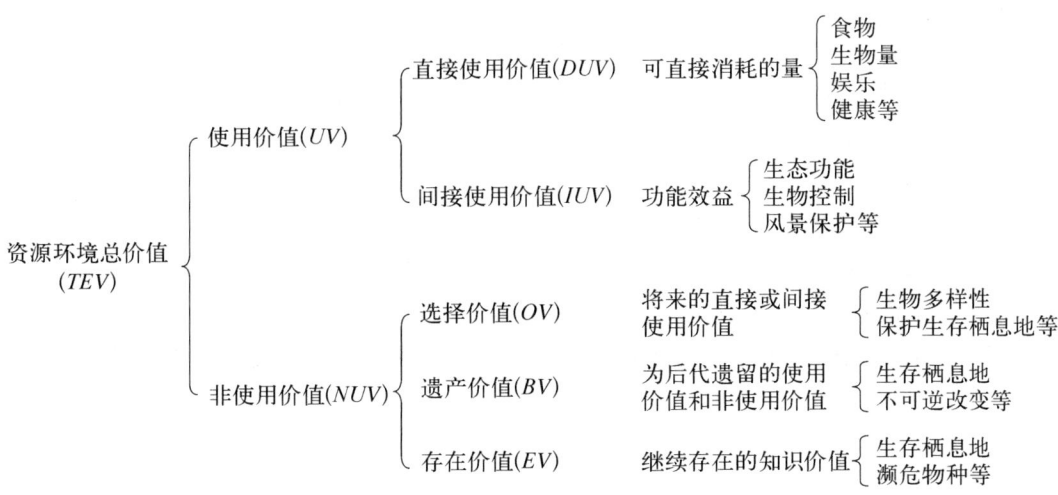

图 4-1　资源环境总价值的构成

由于非使用价值是来自动机而不是个人的使用,显然,非使用价值要比使用价值更难确定。

二、价值评估方法

针对价值评估过程的两个特性,可以对价值评估方法进行分类。第一个特性是,数据是来自对现实世界(在此条件下,人们已经接受并认可自己所选择的结果)中人们行为的观察,还是来自人们对假定问题的回答,诸如"如果……你会怎么做?"或者"你愿意支付……?"等。第二个特性是,该方法是直接得出货币化的价值,还是必须通过一些以个人行为和选择模型为基础的间接技术推断出货币化价值。

以这两个特性为基础,评估环境和资源价值的任何方法都可以置于四种类型当中——直接观察、间接观察、直接假定和间接假定。这四种类型在表 4-3 中可以得到说明。

表 4-3　资源环境价值评估方法分类

	观 察 行 为	假 定
直接	竞争性的市场价格 模拟市场	投标博弈 支付意愿问题
间接	旅行费用 差异产权价值 差异工资价值 避免开支	权变排序 权变活动 权变投票

1. 直接观察法

直接观察法包括使用竞争性的市场价格，以及使用为获知个人价值而特别建立的模拟市场的结果。对于直接观察法而言，这些观察是以人们的现实选择为基础的，而人们则是以自己的效用最大化为目的，并且能够自由地选择给定价格物品的数量，但这往往会受制于相关的约束因子。既然人们的选择行为是以价格为基础的，那么通过直接观察法得到的数据，就可以以货币化单位直接揭示出环境和资源的价值。

总体而言，在市场上可交易的自然资源价值评估方法主要包括影子价格法、边际机会成本法、资产定价法和地租定价法等[1]，下面将对两种常用的方法进行介绍。

（1）影子价格法。影子价格法的理论基础是效用价值论，20 世纪初由荷兰的扬·廷贝享（Jan Tinbergen）提出，后经萨缪尔森发展而成。资源的利用存在以下约束条件：

$$Z_{\max} = \sum_{i=1}^{n} p_i q_i \tag{4-2}$$

$$b_{j1} q_1 + b_{j2} q_2 + \ldots + b_{ij} q_i + \ldots + b_{nm} q_n \leqslant x_i \tag{4-3}$$

$$Y_{\min} = \sum_{j=1}^{n} x_j S_j \tag{4-4}$$

$$b_{1i} S_1 + b_{2i} S_2 + \ldots + b_{ji} S_j + \ldots + b_{mi} S_m \geqslant p_i, S_j \geqslant 0 \tag{4-5}$$

式中：Z 为经济效益等目标值，p_i 为第 i 类自然资源单位数量的收益系数，q_i 为第 i 类自然资源的数量式，b_{ij} 为第 i 类自然资源的约束系数，x_i 为第 i 类自然资源约束的总量式，第三个式子中 S_j 即为自然资源的影子价格。第二个式子和第四个式子分别为自然资源利用的约束式和生产的约束式。

影子价格大于零，表示资源稀缺，影子价格与稀缺程度成正相关。但值得注意的是，影子价格反映的只是一种静态的资源最优配置价格，不能反映资源的动态变化。

（2）边际机会成本法。新古典经济学认为，市场上交易的自然资源价格与其边际机会成本相等，即为生产成本、使用者成本和外部成本三者的边际量之和，主要包括的内容有：在获得自然资源上生产者花费的财务成本、生产者利用自然资源进行生产的应得利润、个体获得自然资源对他人和社会造成的损失、自然资源稀缺性变化等。

2. 直接假定法

直接假定的方法可以获取传统方法所不能提供的价值。直接假定法中最简单的方法就是仅仅询问调查对象将赋予环境改变（诸如湿地的丧失或增加的污染影响）或保护资源现状以什么样的价值。其中更复杂一些的方法是询问调查对象会支付多少钱以防止环境改变或用以保护物种。调查对象的回复或者显示一个上限或者显示一个下限。

使用直接假定法时，应该非常注意调查中调查对象给出偏向回复的可能性。调查中有四种类型的可能偏向：（1）战略偏向；（2）信息偏向；（3）始点偏向；（4）假想偏向。[2]

---

[1] 袁惊柱.自然资源定价方法评述[J].福建行政学院学报,2017(2):102-112.
[2] 泰坦伯格.环境与自然资源经济学(第5版)[M].严旭阳,译.北京:经济科学出版社,2003:30-31.

当调查对象为了影响一个特殊的结果而提供偏向回复时,就会产生战略偏向。例如,如果现在有一个保护一条河流的初步方案,而该方案是否执行则依赖于该方案是否赋予了钓鱼项目足够大的价值,那么,那些喜欢钓鱼的调查对象就可能提供一个比他们的真实评估更高的价值。

当调查对象对所要估值的事情了解很少或从未经历时,就会产生信息偏向。例如,要对由于娱乐休闲活动而引起的水域质量的下降进行评估,而该评估是基于另一个水域替代性娱乐休闲活动的便利性之上。如果调查对象从未使用过第二个水域,则该评估就来自不完全准确的信息。

当调查要求调查对象对预先划定的可能范围进行选择时,就可能产生始点偏向。调查者如何划分选择范围会影响调查结果。例如,即使在0—10元之间并没有人选择,一个0—100元的范围和一个10—100元的范围也会得到不同的评估。

当调查对象面对的是一系列设计的而非实际的选择时,最后一项偏向——假想偏向就会发生。因为调查对象并不需要真正支付所估计的价值,所以,也许会随意地对待调查,从而出现有偏差的回复。

3. 间接观察法

用于价值评估的第三种方法就是间接观察法。之所以称之为"观察",是因为它包括了实际(与假想相反)的行为;之所以称之为"间接",是因为它不是通过直接观察或估计来推断一个价值的。例如,有一个休闲娱乐渔场正受到污染的威胁,其损失之一就是钓鱼活动的减少。在渔场免费的条件下,如何估计这个损失的价值呢?

一种方法就是旅行费用法。这种方法是通过了解游客在景点的花费来构造一个"观光日"支付意愿的需求曲线,从而推断一个娱乐休闲来源(如娱乐休闲渔场、公园、供游客拍照的野生生物保护区)的价值。

弗里曼于1993年建立了旅行费用法的两种替换形式。在第一种替换形式中,分析者所考察的是游客人数。在第二种替换形式中,分析者所考察的是人们是否要去和要去哪一个景点旅游。

第一种替换形式可以建立一个旅行费用需求函数。于是,可以估计一条反映该休闲场所收益或总游客人数的需求曲线,该需求曲线下的面积就是该场所提供的收益流量的价值。

第二种替换形式可以分析某一特定休闲场所具有的能影响人们选择的特性,进而间接地分析这些特性的价值。由于每一个休闲场所的不同特性决定不同的价值,分析者就可以通过这些特性的降低(比如由于污染所致)来确定该休闲场所价值的降低。

另外两种间接观察法是差异产权价值法和差异工资价值法。这两种方法都运用多元回归分析的统计学方法来"梳理"出相关市场中环境部分的价值。差异产权价值研究把产权价值的不同性质分解为相应的组成部分。例如,我们可能会发现,在其他条件相同的前提下,污染地区的产权价值会低于清洁地区(污染地区产权价值的下降是因为它们所具有的人们愿意生活的空间减少了)。分析者可以利用多元回归方程分离出产权价值与污染之间的关系,利用这个关系就可以得出降低污染的支付意愿。

与差异产权价值法类似,差异工资价值法把作为从事风险工作的工人赔偿金的那部分价值从工资价值中分离出来。众所周知,为了刺激工人承担风险,从事高风险职业的工人要求更高的工资。当这种风险来自环境方面(如在有害物质环境中工作)时,利用多元回归分析可以得出避免这种环境风险的支付意愿。

间接观察法最后一项是考察"避免性或保护性开支"。指的是采取一些避免污染的行为或保护措施来减少污染的损失。例如,为了解决空气污染而安装室内空气纯净器,或为了解决当地饮用水源污染问题而使用瓶装水。人们对防止问题发生的投入通常要少于问题自身所引起的花费,所以,避免性开支能够提供污染损失估计的一个下限。

4. 间接假定法

间接假定法所使用的是称之为事故排序的技巧。使用事故排序法时,我们根据可用的环境设施和调查对象所关心的其他方面特性(它们被假定为被调查者偏好函数的自变量),设计一系列不同的假想情况,让调查对象根据他们的意愿进行排序。实际上,我们可以通过分析这些排序,来确定环境设施水平与其他特性之间的边际替代率,如果其他特性中的一个或多个特性有货币化价格,那就有可能在这些选择排列的基础上计算出被调查者对环境设施的意愿支付。下面举一个使用事故排序法来估计柴油气味消减价值的实例[①]。

柴油机的废气排放对人类健康有不利的影响,排放的同时会散发出令人不舒服的气味。减少这些废气的排放有利于人类健康。因此,多大的排放减少量是有效率的就决定于废气减少量的收益;所估计的废气减少量的价值越高,所要求的排放减少量就越大。

为了研究废气的减少是否有足够的作用以决定柴油机排放量的减少,人们进行了一项状态排序研究。每一个回复者被要求闻两种气味:气味 A 是比较柔和的柴油机气味;而气味 B 则是比较大的气味。然后要求回复者对不同的选择进行排序。每一个选择都包含了一个承受气味的水平和一个平均运输成本的水平,该运输成本是和减少气味承受至一定的水平联系在一起的。较高的运输成本(反映的是较高的控制程度)则意味着较低的气味承受度。

通过对以上数据的分析,得出这样一个结论:在一周内,为了避免对气味 A 的承受,人们的支付意愿是每年 3.03—5.49 美元;而对于气味 B 则是每年 14.57—18.50 美元。把这个信息和每周每个气味类型的平均承受人数结合在一起,可以得到每年为了完全避免气味承受的估计支付意愿是 75 美元。因此,环境保护署控制柴油机排放量的估计成本大约是每户居民平均 3.60 美元。柴油机废气减少看来是显著的。

在有些情况下,评估会同时使用这几种方法。在有些评估事项中必须获得全部经济价值;而在另一些评估事项中,可能只需对我们所感兴趣的价值进行独立的估计。

上面,我们对一些常用的环境资源价值评估方法进行了简单介绍。接下来我们将对几种最常用的评估方法进行详细论述。

---

① 拉瑞尔,雷.柴油机气味减少的 WTP 评估:事故排序法的一个应用[J].南方经济日报,1989,55(3):728-742.

第四节 TCM、CVM 和实物期权法在资源环境价值评估中的应用

一、旅行费用法在资源环境价值评估中的应用

旅行费用法(trip charge method,TCM)是非市场物品价值评估的一种比较成熟的评估技术。它主要适用于休闲娱乐场所、国家公园、风景名胜区、用于娱乐的森林和湿地,以及水库、大坝等兼有娱乐及其他用途的地方的价值评估。研究和实践表明,应用 TCM 方法进行社会经济活动的成本与效益分析,有助于制定某些政策,如为国家公园和休闲地门票价格的确定提供理论依据;在不同地区分配国家景点或自然保护区的保护投资的预算;判断是否值得保护某地仅作为休闲之用,而不是作为其他用途等[1]。虽然 TCM 方法还存在着不完善的地方,但 TCM 方法已经为资源经济学广泛接受,并被美国有关部门的水开发项目评估和自然资源损失评价的指南所采用。

TCM 的设想最早是由美国经济学家霍特林(Harold Hotelling)于 1947 年在给美国公园服务局的一封信件中提出基本框架的。他认为,可以应用经济学的需求理论,按照游客到达国家公园的旅行距离和对国家公园的访问率之间的经验关系,估计出人们对国家公园的需求,进而计算国家公园对游客产生的总效益,总效益应该等于游客的旅行费用支出加上消费者剩余。过去 50 年的所有有关 TCM 的研究,都是试图从理论上和实证上阐述霍特林的假设[2]。

TCM 模型是在 20 世纪 50 年代到 60 年代逐步发展起来的。分区旅行费用模型(zonal TCM, ZTCM)与个人旅行费用模型(individual TCM, ITCM)是 TCM 的两种基本模型。在此基础上,又发展出随机效用模型(random utility model, RUM)、内涵旅行费用模型(hedonic TCM, HTCM)等。

表 4-4　TCM 模型分类

	个 人 模 型	集 合 模 型
单目的地模型	个人旅行费用模型(ITCM)	分区旅行费用模型(ZTCM) 旅行费用区间分析模型(TCIA)
多目的地模型	内涵旅行费用模型(HTCM) 随机效用模型(RUM)	引力旅行费用模型(GTCM)

---

[1] 马中.环境与资源经济学概论[M].北京:高等教育出版社,2006.
[2] F A Ward, and D Beal. Valuing Nature With Travel Cost Model[M]. London: Edward Elgar Publishing, 2000.

集合旅行费用模型使用区域的集合资料而不是个人资料,包括适用于单目的地的分区旅行费用模型(ZTCM)、旅行费用区间分析(TCIA)和适用于多目的地的引力旅行费用模型(GTCM)。

(一) 分区旅行费用模型(ZTCM)

分区旅行费用模型(ZTCM)是最早发展起来的模型。ZTCM 的基本形式是:

$$V_{hj}/N_h = F(P_{hj}, SOC_h, SUB_h) \tag{4-6}$$

式中:V_{hj} 为根据抽样调查结果推算出的一定时间内从 h 区域到 j 旅游地旅游的总人数;N_h 为 h 区域的人口总数;P_{hj} 为 h 区域游客到 j 旅游地的平均旅行成本;SOC_h 为 h 区域的社会经济特征向量;SUB_h 为 h 区域旅游者的替代旅游地的特征向量[①]。

ZTCM 法的一般步骤为:

1. 划分旅游者的所属区域

以旅游目的地为中心区域,把中心周围的地区按照距离远近分为若干个分区域。距离中心区域的远近代表着旅行成本的高低(P_{hj})。

2. 在目的地对旅游者进行抽样调查

在中心区域调查每一位旅游者的出发地点,收集相关信息,从而确定游客出发地区、旅游率、社会经济特征等信息(SOC_h, SUB_h)。

3. 分别计算每一区域内到该旅游地的人次及旅游率(V_{hj}/N_h)

4. 求出旅行成本对旅游率的影响

以旅游者的样本资料为依据,用分析得出的数据对不同地区的旅游率和旅游成本以及各种社会经济变量进行回归分析,得出第一阶段的需求曲线。这就是旅行成本对游客旅游率的影响曲线。

$$V_{hj}/N_h = F(P_{ij}, SOC_h, SUB_h) = a_0 + a_1 P_{hj} + a_2 X_j \tag{4-7}$$

式中:X_j 代表一系列社会经济特征变量。

根据回归方程(4-3)可以求得"经验需求曲线",该曲线是基于旅游率而不是基于在该旅游地的实际旅游者数目。利用这条需求曲线来估计不同区域中的旅游者的实际数量,以这个数量将如何随着门票费用的增加而发生的变化情况来获取一条更客观的需求曲线。

5. 确定该旅游地的实际需求曲线

根据前面的信息,对每一个出发地区第一阶段的需求函数进行转化,可求得其旅游率与旅行成本的关系:

$$P_{hj} = b_{0h} + b_{1h} V_{hj} \tag{4-8}$$

$$b_{0h} = -(a_0 + a_2 X_j)/a_1, \quad b_{1h} = 1/a_1 P_{hj} \quad (h=1,2,\ldots,K) \tag{4-9}$$

---

① G Garrod, and K G Willis. Economic Valuation of the Environment:Methods and Case Studies [M]. London:Edward Elgar Publishing,1999.

6. 计算每个区域的消费者剩余

假设目的旅游地的门票为零,则旅游者的实际支付就是他的旅行费用。从而通过门票价格的不断增加来确定旅游人数的变化,就可以求得来自不同地域的旅游者的消费者剩余。

7. 求得旅游景点的价值

将每个区域的旅游费用和消费者剩余加总,得出总的支付愿望,便是该景点的价值。

ZTCM 隐含的一个基本前提是:旅游者的旅行费用随距离的增加而增加。这一假设在交通方式单一的情形下基本成立,而在我国旅游交通方式多样化的条件下,这一假设可能会与实际情况发生较大偏离。旅行费用区间分析模型(TCIA)可以解决这一问题,即不再按照空间距离划分客源市场,而是直接以旅行费用作为客源市场细分的标准,避免了 ZTCM 中距离与费用不一定成比例的缺陷。

GTCM 的思想来源于地理学和社会物理学中常用的引力模型,其分析步骤分为两步:首先估算某一区域的总到访量(旅行发生模型),然后应用引力的概念,根据区域内各个目的地的相对吸引力将总到访量在各目的地之间进行分配(旅行分配模型)。GTCM 是引力模型和 TCM 的结合,相对于其他 TCM 模型,GTCM 不仅可以估算目的地的游憩价值,还可以进行较为准确的旅游需求预测。

(二) 个人旅行费用模型(ITCM)

ITCM 是 20 世纪 70 年代发展起来的一种新的 TCM 模型,其中,因变量是个体或家庭在每个时期内旅行的次数,这种形式被称为个人旅行费用模型。ITCM 能够把旅行时间、旅行成本及社会经济变量结合进去。ITCM 的需求函数一般具有以下形式:

$$V_{ij} = F(P_{ij}, T_{ij}, Q_{ij}, S_j, Y_j) \tag{4-10}$$

式中:V_{ij} 为个体 i 到旅游地 j 的旅游次数,P_{ij} 为个体 i 到 j 旅游地旅行产生的旅行成本,T_{ij} 是个体 i 访问 j 旅游地发生的时间成本,Q_{ij} 为个体 i 对 j 旅游地的感知质量的向量,S_j 为可能的替代地的特征向量,Y_j 是个体的家庭收入。

ITCM 比 ZTCM 具有更多的优点:(1)更多地考虑了数据的内在变化,而不是依靠对区域数据的聚合,因而在统计上更有效率;(2)应用较少的调查数据就可以推导出旅行函数。

ITCM 比 ZTCM 具有显著的优点,因此,随着 ITCM 的发展,ZTCM 的应用越来越少。不过,赫勒斯坦应用蒙特卡洛模拟技术对这两种模型的福利测定结果进行比较后认为,在很多情况下,ZTCM 的福利估计值比应用 ITCM 产生的偏差更小,尤其是当 ZTCM 的自变量反映了区内差异时更是如此。

为克服 ZTCM 和 ITCM 自身的缺陷,出现了把 ZTCM 和 ITCM 相结合的模型。如默尔特纳(2003)把统计数据中人均收入的分布信息纳入加总需求函数,对 ZTCM 进行了改进,以反映个体游客之间内生差异性,从而减少了参数估计时产生聚合偏差的风险[①]。

---

① K Moeltner. Addressing Aggregation Bias in Zonal Recreation Models[J]. Journal of Environmental Economics and Management,2003(45):128-144.

(三)随机效用模型(RUM)

RUM 又称离散选择 TCM 模型(discrete choice TCM)。与其相对应的 ZTCM、ITCM 及混合 TCM 均为连续 TCM 模型(continuous TCM)。

RUM 能够对纳入消费者考虑范围的不同旅游类型或旅游地点的偏好进行估计,它具有在处理效用最大化框架下的不同旅游属性的多地点选择问题方面的能力,对经济学家具有很大的吸引力。它能够处理连续 TCM 模型无法处理的"零访问"和替代地选择问题,对于处理质量差异明显不同的旅游地点的替代问题十分适用。

(四)内涵旅行费用模型(HTCM)

HTCM 是布朗和门德尔松于 1984 年提出的,它描述了旅行费用与景点特性之间的关系。后来,恩林和门德尔松与彭德尔顿和门德尔松等对此进行了积极探索。HTCM 与 RUM 相同之处是,它们都把地点的质量纳入旅游效益的分析范围。差异在于 HTCM 把地点的各种属性看作是捆绑在一起购买的不同的产品,而 RUM 是把质量看作一个指数,这个指数是通过检验消费者对不同地点的离散选择的估计得出来的。

根据建模地域范围,TCM 模型又可以分为单一地点模型、多地点模型和区域模型,但是前述的模型仍然是这些地域模型的基础。

二、或然价值法在资源环境价值评估中的运用

或然价值法以基于消费者效用的新古典福利经济学为基础,假定消费者效用函数受私人物品、公共物品和个人偏好等因素的影响,此外,还受测量误差等随机因素的影响。或然价值法通过构建生态系统服务这一公共物品的假想市场,借助问卷调查支付意愿或受偿意愿衡量消费者对生态系统服务改善或损失所导致的福利改变,并通过评估受访者支付意愿或受偿意愿的分布规律得到生态系统服务的经济价值,是一个相对灵活的价值评估工具。①

CVM 通过直接询问调查对象对减少环境危害或增加环境资源供给数量的不同选择的支付意愿,来得到环境和资源的价值。在既无可观察的市场交易信息又没有替代市场的情况下,CVM 是环境资源价值评估的最后一道防线。同时,这种方法也是目前唯一的可用来估算非使用价值的方法。但是,关于 CVM 也存在很多争论。争论的焦点是 CVM 技术评估得到的价值的可信性。一些研究表明,对 CVM 评估过程如果不进行恰当的质量控制,会产生偏误。一些持怀疑态度的人特别指出,由于没有要求被试者实际进行支付,偏误更容易产生。为了论证 CVM 技术的可行性,美国国家海洋与大气局组织了一个由著名经济学家组成的专家小组专门进行评估。专家小组认为只要在实施过程中质量得到很好的控制,该技术得到的结果是可信的,并设计了一套最佳实践方案。从 CVM 实践看,关于 CVM 结果可信性的争论过程就是 CVM 技术和理论的灌输过程,争论使得 CVM 技术从心理学和调查学的角度提高问卷的设计质量以减少各种偏误。

---

① R T Carson, and W M Hanemann. Contingent valuation [J]. Handbook of Environmental Economics,2005,2(5):821-936.

CVM 技术在国外得到了广泛的应用。在发达国家，或然价值法被用来评估公共物品如空气、水、濒危物种、公共休闲场所的价值。这些评估结果近年来开始被法院或政府部门承认，如美国法院开始用 CVM 评价的结果作为判决的依据，美国政府在评价环境政策的经济影响时，也采用了 CVM 方法。在发展中国家，或然价值法主要用来评估政府或私人提供的公共物品的价值，如估价在没有自来水或污水处理设施的地方修建自来水供应、污水处理工程的价值，用以指导工程的设计等。

CVM 技术在评估环境资源的价值中显示出其他非市场评估方法无可比拟的灵活性，而且 CVM 技术评估的结果与其他非市场评估方法得到的结果相比更有说服力。[①]

表 4-5　TCM 模型与 CVM 模型的总结与比较

评估方法	或然价值法（CVM）	旅行费用法（TCM）
方法类型	直接性评估法	间接性评估法
理论基础	消费者剩余理论、效用价值理论	消费者剩余理论、需求理论
方法思路	用 WTP 或 WTA 作为资源的经济价值	计算旅游需求曲线，将求出的消费者剩余作为资源的经济价值
评估对象	以开发或未开发的旅游区	具有一定数量旅游者的已开发旅游区
技术关键	确定支付意愿和支付心理	确定旅游成本及计算旅游需求曲线
优点	非使用价值的主要评估手段	可行度高，已被广泛接受
缺点	主观性强，存在一定偏差	调研数据可靠性较低

三、实物期权法在资源环境价值评估中的应用

期权是一种选择权合约，指持有者未来一段时间内以一定的价格购买或出售某项资产的权利，实物期权是以期权概念定义的实际选择权，是与金融期权相对的概念。国内对实物期权法资产评估的研究主要集中在无形资产、高新技术企业技术类知识产权、煤炭资源、矿权和房地产等几个方面[②]。

持有者拥有资源环境资产，相当于拥有了未来从资源环境资产中获取收益的权利，并可根据市场价格波动等外部环境变化情况选择是否行权，这种选择权的存在形成资源环境资产的期权价值，具体可为延迟期权、增长期权、放弃期权或收缩期权。在价值评估实务领域，B-S 模型和二叉树模型运用较为广泛。《资产评估准则——实物期权评估指导意见》指出："在进行实物期权价值评估时，理论上合理、应用上方便的模型主要有布莱克-舒尔斯模型（Black-Scholes Model）和二叉树模型（Binomial Model）"。而在资源环境价值评估领域，B-S 模型为应用最广泛的主流方法之一。

---

① 彭本荣，洪华生，陈伟琪.海岸带环境资源价值评估——理论方法与案例研究[J].厦门大学学报（自然科学版），2004(S1)：184-189.
② 陈安琪，崔偌晗，张卫民.基于实物期权法的林木资产价值评估——以江西吉安东固采育林场为例[J].林业经济，2017，39(11)：70-75+92.

Black-Scholes 模型主要是对无红利收益下欧式期权的价值评估，其假设标的资产价值符合几何布朗运动规律。以买方期权为例，其模型形式为：

$$C_0 = SN(d_1) - X e^{-rT} N(d_2) \tag{4-11}$$

$$d_1 = \frac{\ln\left(\frac{S}{X}\right) + \left(r + \frac{\sigma^2}{2}\right) T}{\sigma \sqrt{T}} \tag{4-12}$$

$$d_2 = \frac{\ln\left(\frac{S}{X}\right) + \left(r - \frac{\sigma^2}{2}\right) T}{\sigma \sqrt{T}} = d_1 - \sigma \sqrt{T} \tag{4-13}$$

式中：S 为标的资产评估基准日价值，σ 为波动率，X 为期权行权价格，T 为行权期限，R 为无风险收益率，e^{-rT} 为连续复利下的现值系数，$N(d_1)$ 和 $N(d_2)$ 为在标准正态分布下，变量小于 d_1 和 d_2 时的累计概率。

在实际使用时，应明确不同资源环境资产所对应的实物期权种类，并注意各项评估参数的确定，进而合理评估资源环境资产的期权价值，使评估结果更贴合实际，以期适应资源环境资产评估的要求。

实物期权法作为一种新的评估方法，将环境的不确定性包括价格的波动、产权转变的时机选择等所隐含的柔性价值纳入考虑，不再单一以市场价、成本参数作为估算未来收益的基础，在一定程度上弥补了传统评估方法静态分析的不足，更为准确地反映出资源环境资产的真实价值。

第五节　绿色 GDP 核算

一、可持续发展的总量指标——绿色 GDP

人类的经济活动产生两方面的效应：一方面在为社会创造财富，即所谓"正面效应"；另一方面又对社会生产力的发展起着阻碍作用，即所谓"负面效应"。这种负面效应集中表现在两个方面：一是对自然资源的开发和利用，从而造成自然资源的大量衰减，进而引发自然资源质量下降和耗竭性资源的枯竭等问题；二是通过经济活动向生态环境排泄废弃物，使得生态环境日益恶化。

现行的国内生产总值（GDP）核算没有计量经济活动对环境资源的利用，其计算过程中所扣除的中间消耗仅限于以往生产过程生产出的产品，不包括自然环境提供的物质和服务。资本形成体现经济产品直接形成的积累，并不考虑自然环境资源存量的减少。这样的 GDP 核算只反映了经济活动的正面效应，而没有反映其负面效应的影响，容易过高地估计经济规模和经济增长，给人一个不全面的社会经济图像，因此是不完整、有缺陷的。特别是对依赖于矿产资源、土地资源、水资源和森林资源来获得重要收入的发展中国家和地区来说,这些缺陷尤为突出。由此迫切地需要对现行国民经济核算体系进行改造,以符合可持续发展战略之目的。

从现行 GDP 中扣除资源成本和对环境资源的保护服务费用,其计算结果可称为绿色 GDP。绿色 GDP 不是主张将一种东西计入 GDP,而是主张将另一种东西从 GDP 中剔除。这"另一种东西"就是"生态成本",即经济发展对环境造成的污染和对自然资本的消耗。绿色 GDP 与生态环境有着密切的关系,它要求我们在进行经济活动时注重生态环境的保护,使生态环境的破坏、资源的浪费降到最低限度。

绿色 GDP 这个标准,实质上代表了国民经济增长的净正效应。绿色 GDP 占 GDP 的比重越高,表明国民经济增长的正面效应越高,负面效应越低,反之亦然。其计算关系可以表示为:

$$绿色 GDP = GDP - 资源成本 - 环境成本 \quad (4-14)$$

这样,绿色 GDP 就可以弥补现行国民经济核算体系的缺陷,客观地反映生产过程中资源的耗减和对环境破坏产生的负面效应。在过去的 20 年,中国是世界上经济增长最快的国家之一。但是,由于我国目前正处于工业化阶段,尚未摆脱粗放型的增长模式,生产工艺相对落后,GDP 的高增长率与高消耗、高排放相伴随,造成了资源的惊人消耗和数量巨大的污染物排放。以过度消耗资源、损害环境为前提而谋求经济增长,其结果会通过一个较大的资源环境成本而抵减经济产出,并不能保证一个较高的绿色 GDP;相反,如果在发展经济的同时注意资源有效利用和环境保护,那么一个较低的环境投入成本可以保证经济产出的增长在较大程度上直接表现为绿色 GDP 的增长。显然,绿色 GDP 和以绿色 GDP 为基础计算的增长率将更有效地反映一国的可持续发展水平,给政府有关部门和决策者提供全面、准确的发展信息[①]。

二、绿色 GDP 核算的理论基础

绿色 GDP 的基本思想是由希克斯在其 1946 年的著作中提出的。这个概念的基础是:只有当全部的资本存量随时间保持不变或增长时,这种发展途径才是可持续的。绿色 GDP 核算的理论构想与方案设计所依据的理论基础主要有四个:可持续发展理论、福利经济学理论、国民经济核算理论和边际成本理论。

(一) 可持续发展理论

1992 年,联合国世界环境与发展大会通过的《21 世纪议程》提出了可持续发展战略。从此,可持续发展观得到各国的高度重视,并进入国民经济核算研究当中。依据这一理论,国民产出的核算应该考虑生产过程中对自然资源的消耗与对环境的损害,并将经济活动对环境的利用作为追加的投入看待,由此提出了经济与环境结合的综合核算思路,得到一个所谓的生态产出指标——绿色 GDP。

(二) 福利经济学理论

一些研究者试图从国民福利角度来构建绿色 GDP。20 世纪 20 年代著名经济学家、

---

① 张海泉,李兴武.绿色 GDP 与矿产资源价值评估[J].中国矿业,2005(6):15-17.

福利经济学的创立者庇古在《福利经济学》一书中,就已将国民收入与经济福利联系起来。这一思想影响巨大,对当前的国民产出核算仍然产生着影响。在福利经济学的指导下,国民经济产出核算不应只考虑显性成本与收益,还应考虑经济活动的外部影响因素,即外部经济与不经济,特别是要从现行的GDP中扣除外部损害成本,并由此提出关于绿色GDP的具体核算方法。

(三)国民经济核算理论

经过几十年的发展与完善,国民经济核算已经形成了一个完整的体系,它通过采用一套标准的概念、定义、分类和核算规则,以一定的程式和表述来反映一国或地区经济运行的条件、过程和结果。1993年联合国的国民经济核算体系奠定了世界各国现行的核算制度,但是,国民经济核算本身也是一个不断修订完善的体系,处于不断的演进发展过程中。例如,生产范围、资产范围、核算范围等无不随着人类社会生产活动的外延与内涵的扩大而演进,各国核算史特别是物质产品平衡体系(MPS)与SNA体系的竞争史都有力地证明了这一点。依据国民经济核算中生产范围与核算范围对应的紧密关系,我们必须意识到,亟待对现行的核算体系进行较大的修订,以化解人们的"GDP崇拜",改变人们过度着眼于经济发展而忽视了资源环境等因素的态度。为此,许多学者都依据国民经济核算的理论提出,要在现有产出核算中对GDP指标进行修正,将地下经济、非市场服务、自然资源和环境因素纳入核算当中,以此来准确反映一国或地区的产出规模和相应的生产成本。

(四)边际成本理论

理论上,决策单元的决策原则是在资源约束下,实现利润最大化,当边际成本等于边际收益时即可实现。边际成本可作为度量资源和污染物价格的有效标准。美国经济学家霍特林最早提出资源边际成本分析,在帕累托最优情况下,资源影子价格等于其均衡价格,在价格等于边际成本的水平下开采资源,可实现资源的最优利用。影子价格和资源边际成本、边际减排成本都建立在均衡、最优规划和边际分析基础上,在一定条件下资源和污染物的影子价格就是边际机会成本,可体现资源稀缺性的价值。资源环境估价问题可以转化为求解单一市场的均衡价格并使目标函数最优化的规划问题。

总体而言,可持续发展理论和福利经济学为绿色GDP核算提供了指导思想,国民经济核算理论为绿色GDP核算提供了投入产出一致性等核算原则,边际成本理论为绿色GDP核算方法提供了理论支撑,解决资源环境正、负两方面的估价问题。

三、绿色GDP核算的两种思路

(一)直接测算思路

直接测算思路采用生产法与支出法两种方法。

1. 生产法

绿色GDP按生产法核算在原理上与GDP核算原理相同,其由各产业部门的总产出扣除中间投入后汇总得到,只不过这里的中间投入是指各产业部门生产中所消耗的经济资产和自然资产,用公式表示如下:

$$\begin{aligned}绿色\,GDP &= \sum(某产业部门总产出-中间投入) \\ &= \sum(某产业部门总产出-某产业部门经济资产投入 \\ &\quad -某产业部门自然资产投入)\end{aligned} \quad (4-15)$$

2. 支出法

绿色 GDP 按支出法核算是根据绿色 GDP 的最终使用结果进行的,对于封闭经济而言包括消费与积累两部分,对于开放经济还要加净出口部分,其计算公式为:

$$绿色\,GDP=最终消费+经济资产积累+自然资产耗减(负值)+净出口 \quad (4-16)$$

理论上说,用直接测算法对绿色 GDP 进行核算时,对核算项的内涵界定非常清楚,不会产生遗漏和重复计算。但是,在当前的技术水平下,无论是生产法还是支出法,都存在着很大的核算困难,自然资产投入、经济资产积累与自然资产耗减等项都难以做出非常准确的估算,存在着货币化难题。

(二) 间接测算思路

间接测算法是在原有 GDP 核算的基础上,综合考虑资源、环境、经济因素,通过对 GDP 指标数据进行某些调整,得到绿色 GDP 的数值。具体来看,依据调整的角度或出发点不同,绿色 GDP 的间接测算思路可分为以下几种类型。

1. 外部经济与外部不经济测算法

考虑外部经济与外部不经济的绿色 GDP 核算方法,是在现行 GDP 核算的基础上考虑了外部影响因素后,计算出绿色 GDP 的数值。其计算公式可以表述如下:

$$\begin{aligned}绿色\,GDP &= 现行\,GDP+外部影响因素 \\ &= 现行\,GDP+外部经济因素-外部不经济因素\end{aligned} \quad (4-17)$$

这里的外部影响因素与绿色 GDP 的概念是一致的,包括外部经济因素与外部不经济因素。这一核算方法的关键问题在于对外部影响因素的实际核算与估价问题。与此稍有不同的是,由于绿色 GDP 的概念不仅包括现行 GDP,同时还包括另外两个因素,即外部影响和自然资源,因此,绿色 GDP 在真正含义上应采用下面的核算公式:

$$绿色\,GDP=现行\,GDP+外部影响因素-自然资源投入 \quad (4-18)$$

2. 社会福利测算方法

在福利经济学的基础上,我们认为,可以将国民福利总值定义为广义的绿色 GDP,外部不经济是外部损害成本的理论表述,外部经济是经济行为对外部的福利外溢,并由此提出国民福利核算的理论模式:

$$国民福利总值(GNW)=国内生产总值(GDP)-外部损害成本+外部福利外溢 \quad (4-19)$$

外部经济相对于整个 GDP 来说非常小,因而可以将外部经济因素存而不论,也就是说可以忽略上式中的最后一项。

3. 基于环境与经济核算体系(SEEA)的平衡推算方法

通过研究联合国统计委员会所设计的环境与经济核算体系,我们可以总结出一个通过资产负债核算途径来核算绿色 GDP 的方法,公式如下:

$$绿色国内生产净值 = 国内生产净值 - 生产中使用的非生产自然资产 \quad (4-20)$$

式中：国内生产净值 = 总产出 - 中间投入 - 固定资产损耗

绿色 GDP = 绿色国内生产净值 + 固定资产损耗

同样，还可以从 SEEA 中得到另一个核算公式：

$$\begin{aligned}绿色国内生产净值 = &(净出口 + 最终消费 + 资本形成净额) - 非生产经济资产净耗减 \\ &- 自然资产降级与减少\end{aligned}$$

$$(4-21)$$

4. 基于 GDP 的其他调整法

从实践上看，中国构建本国 SEEA 的研究目前大多限于局部账户核算及单纯绿色 GDP 指标估算方面。根据 SEEA 体系的构造原理，可以在 GDP 核算基础上提出一种有关绿色 GDP 的测算方法：

$$绿色 GDP = GDP - 环境成本 = GDP - (经济自然资产使用 + 非经济自然资产使用)$$

$$(4-22)$$

在这个核算思路的指导下，测算绿色 GDP 的有效模型是：

$$绿色 GDP = GDP + 环境污染调整项 + 地下经济调整项 + 其他调整项① \quad (4-23)$$

四、绿色 GDP 核算在我国的发展

我国的生态系统服务功能及其价值评价工作源于 20 世纪 80 年代初开始的森林资源价值核算研究。从 20 世纪 90 年代中期开始，我国的生态学工作者开始系统地进行生态系统服务功能及其价值评价的研究工作，学者专家们展开了对中国森林、草地、内陆流域等生态系统服务功能的价值评价工作。中国生态环境部环境规划院自 2004 年开始，先后推出了绿色 GDP 核算的 1.0 版本（经环境调整后的生产总值 GGDP/EDP）、2.0 版本（生态系统生产总值 GEP）和 3.0 版本（经济生态生产总值 GEEP）。

受联合国综合环境与经济核算体系（SEEA）影响，1.0 版本绿色 GDP 是在传统国内经济生产总值（GDP）的基础上减去不合理利用环境而产生的环境成本。

2.0 版本 GEP 指生态系统为人类福祉和经济社会可持续发展提供的各种最终产品与服务价值的总和，将生态系统服务分为供给服务、调节和支持服务、文化服务，GEP 等于三者价值之和。采用 GEP 核算技术方法，科学核算生态产品的经济价值，可以使人们认识到生态产品的价值，并通过政策创新使其转化为经济效益。2020 年 10 月，我国首部省级《生态系统生产总值（GEP）核算技术规范陆域生态系统》在杭州发布。浙江省"GEP 核算标准"涵盖了生态产品功能量核算方法、生态产品功能量定价方法、生态产品价值量核算方法、核算质量控制和核算成果汇总等 10 个部分内容。在核算指标体系方面，根据浙江省省情，将负氧离子、景观价值等科目纳入核算可选项，构建了一套充分反映当地自然

---

① 陈梦根.绿色 GDP 理论基础与核算思路探讨[J].中国人口·资源与环境,2005(1):3-7.

生态特点的指标体系。

绿色 GDP 核算的 3.0 版本 GEEP 将先前版本的优势进行了结合,在绿色 GDP 核算的基础上,增加生态系统给人类提供的生态福祉,是一个有增有减、有经济有生态,体现"绿水青山"和"金山银山"价值的综合指标,更能反映区域的可持续发展状态。

第六节 自然资源资产负债表编制

面对我国在经济社会高速发展过程中出现的资源耗竭、生态环境恶化等问题,编制自然资源资产负债表,了解自然资源整体情况并进行生态文明绩效考核评价是党中央、国务院实施的一项重大举措。2015 年 11 月,中共中央办公厅、国务院办公厅先后印发关于《编制自然资源资产负债表试点方案》,将内蒙古呼伦贝尔市、浙江湖州市、湖南娄底市、贵州赤水市、陕西延安市等地作为试点地区,标志着中国自然资源资产负债表的编制工作正式进入探索试编阶段。

自然资源资产负债表是反映权益主体所拥有的全部自然资源数量、质量和价值量的报表,反映一个国家或地区在一定时期内的自然资源资产的增减情况以及平衡关系。

一、自然资源资产及负债的含义

(一) 自然资源资产

广义的自然资源资产就是自然资源,自然资源资产负债表中统计的自然资源资产应同时满足三个条件:

(1) 国家或地区拥有所有权或完全控制权。

(2) 已探明数量与规模并可用货币进行计量。

(3) 能够开发利用使其进入社会生产过程并带来经济利益。

(二) 自然资源负债

自然资源负债是指由于自然资源核算主体以往的经营活动、意外事故或预期可能发生的事项导致自然资源的净损失及其对环境、生态造成的负面影响,是核算主体未来将要发生的支出。具体而言,可以分为资源过度耗减、环境损害与生态破坏三个方面。

(三) 自然资源净资产

自然资源净资产是自然资源资产与负债之间的差值。自然资源净资产反映的是某地区政府投入的自然资源原始资本以及资本增值和归属于政府的剩余收益,由于"经济—资源—环境"之间关系复杂,难以直接核算出自然资源净资产。因此,自然资源的净资产只能通过"资产—负债＝净资产"等式算出,反映期初期末时间节点自然资源资产与负债的对比结果。

二、基于 SEEA-2012 框架编制自然资源资产负债表

2012 年,联合国颁布了《环境经济核算体系 2012:中心框架》(SEEA-2012),将环

退化及相关应对措施和评估方法的探讨加入 SEEA-2012 框架,并将其提升为国际统计标准。SEEA-2012 在明确各类自然资源定义和分类的基础上,设置了矿产和能源资产账户、土地资源资产账户、土壤资源资产账户、木材资源资产账户、水生资源资产账户、其他生物资源资产账户和水资源资产账户共七组自然资源资产账户。这些资产账户包含实物量与价值量两大类核算表格,可以将自然资源的形成来源和用途配置以"资产来源=资产使用"的形式反映出来。

作为在自然资源资产核算方面走在世界前列的国家,澳大利亚根据 SEEA-2012 编制了土地和水资源资产账户①。以土地资源账户为例,由表 4-6 可以看出土地在各类经济用途中的价值配置情况,蕴含"存量总和=用途总和"的恒等关系。澳大利亚的土地账户还包括反映不同覆被土地存量变化的土地覆被表,反映不同覆被的土地被配置于不同用途的土地平衡表等,其中土地利用表和土地覆被表有实物量和价值量两种核算方式。

表 4-6 澳大利亚的土地利用表示例(货币计量)

	农业用地	林业用地	水产养殖	建筑用地	保持恢复环境用地	未分类土地	未使用土地	内陆水域	合计
期初土地存量									
存量增加									
获得土地									
重新分类									
增加合计									
存量减少									
处置土地									
重新分类									
减少合计									
期末土地存量									

目前国家统计局经济核算司出台的《自然资源资产负债表编制制度(试行)》同样依据的是 SEEA-2012 的平衡式,通过"期初存量+本期增加量-本期减少量=期末存量"反映主要自然资源实物存量及变动情况。核算内容主要包括土地资源、林木资源、水资源和矿产资源。而根据我国自然资源现有资料条件,先编制实物量账户,暂不开展价值量核算。

现以土地资源资产账户为例,解析《制度》中编制自然资源资产账户的基本思路。表 4-7 的横行反映土地类型,分类标准依据《土地利用现状分类》(GB/T 21010—2017),纵列反映土地的存量及变化量,蕴含"存量总和=用途总和"的恒等关系,除此之外土地资源资产账户的核算表式还包括耕地质量等级变动表和草地质量等级变动表,用以反映土地资源质量等级变化情况。

---

① 耿建新,胡天雨,刘祝君.我国国家资产负债表与自然资源负债表的编制与运用初探——以 SNA 2008 和 SEEA 2012 为线索的分析[J].会计研究,2015(1):15-24+96.

表 4-7　土地资源存量及变动表示例

指标名称	湿地	耕地	园林	林地	草地	城镇村及工矿用地	交通运输用地	水域及水利设施用地	其他土地
年初存量									
存量增加									
存量减少									
年末存量									

由于 SEEA-2012 框架仅探讨了自然资源资产的核算方法,依据其编制的澳大利亚土地和水资源资产账户以及我国统计局主导的自然资源资产负债表编制制度均未对自然资源的负债和净资产存量进行核算。

除此之外,由我国统计局主导的编制框架还存在以下两点不足:其一,只做了自然资源实物量的编制,没有涉及价值量的编制探索;其二,只记录了自然资源的实物存量及变动情况,未涉及环境质量和生态功能的评估,关于自然资源资产负债表的编制还有待完善。

 小　结

本章从不同角度概述了资源环境价值理论,包括劳动价值论、效用价值论和存在价值论,这些理论都承认资源环境有市场价值,但是由于外部性的存在和市场失灵,资源环境不能通过市场交易实现有效配置,在评估时不能完全依靠市场。根据价值的主体、价值的形成属性、自然资源的影响和环境资源所依赖的经济路径不同,自然资源的价值有多种分类方法。资源环境虽然有价值,但是很多的资源环境却没有市场价格,因此对资源环境进行价值评估就有了必要性。资源环境价值评估是价值观念发展的必然要求,有利于扩展目前的国民经济核算体系,为资源环境管理提供科学依据,保护我国资源环境。资源环境价值可划分为使用价值和非使用价值。使用价值可分为直接使用价值和间接使用价值,是对资源环境使用的反映。非使用价值反映人们愿意为改善和保护那些不会使用的资源所支付的价值,可分为存在价值和遗产价值。资源环境价值评估的基本方法包括直接观察法、直接假定法、间接观察法、间接假定法。在具体操作时,评估组可根据实际需要,选择一种或几种适合的方法。旅行费用法(trip charge method,TCM)和或然价值法(contingent valuation method,CVM)是最常用的评估方法。TCM 方法已经为资源经济学广泛接受,CVM 具有其他非市场评估方法无法比拟的灵活性,而实物期权法作为一种新的评估方法,将环境的不确定性包含在内,弥补了传统评估方法静态分析的不足,更为准确地反映出资源环境资产的真实价值。绿色 GDP 核算基于可持续发展理论、福利经济学理论、国民经济核算

理论和边际成本理论,可以弥补现行国民经济核算体系的缺陷,客观反映生产过程中资源的耗减和环境的破坏,我国绿色GDP核算体系的发展主要经历了1.0版本(经环境调整后的生产总值GGDP/EDP)、2.0版本(生态系统生产总值GEP)和3.0版本(经济生态生产总值GEEP)。我国自然资源资产负债表的编制工作已进入探索试编阶段,目前国家统计局经济核算司出台的《自然资源资产负债表编制制度(试行)》依据的是SEEA-2012的平衡式,通过"期初存量+本期增加量-本期减少量=期末存量"反映自然资源实物存量及变动情况,但目前编制框架还存在不足,亟待改进和完善。

习 题

一、名词解释
1. 环境资源价值
2. 旅行费用法
3. 或然价值法
4. 实物期权
5. 绿色GDP
6. 自然资源资产负债

二、选择题
1. 以下哪些是资源环境价值观的不同视角?(　　)
   A. 劳动价值论　　B. 效用价值论　　C. 存在价值论　　D. 价值哲学
2. 以下哪些是有效配置资源的评价标准?(　　)
   A. 完全竞争的市场　B. 不存在外部性　C. 产权明确　　D. 信息完全
3. 经济学家在评估资源环境的价值时,常常把其总价值(TEV)划分为(　　)。
   A. 遗产价值(BV)　　　　　　　B. 非使用价值(NUT)
   C. 存在价值(EV)　　　　　　　D. 使用价值(UV)
4. 以下哪些是价值评估的方法?(　　)
   A. 直接观察法　　B. 直接假定法　　C. 间接观察法　　D. 间接假定法
5. 以下哪些是旅行费用法的基本模型?(　　)
   A. 随机效用模型　　　　　　　B. 分区旅行费用模型
   C. 个人旅行费用模型　　　　　D. 内涵旅行费用模型

三、判断题
1. 由于很多资源没有市场价格,所以研究资源环境的价值是徒劳的。(　　)
2. 资源环境的价值评估不能完全依靠市场完成。(　　)
3. 自然资源不具有财富性,不是人类生存的物质基础。(　　)
4. 或然价值法在评价环境资源的价值时,已经没有缺陷。(　　)

5. 绿色 GDP 比 GDP 更能有效地反映一国的可持续发展水平。　　　　(　)

6. 自然资源净资产是自然资源资产与负债之间的差值。　　　　　　(　)

四、简答题

1. 为什么对环境资源进行价值评估对我国经济的可持续发展具有重要的意义?
2. 分区旅行费用模型(ZTCM)法的一般步骤是什么?
3. 简述资源环境的价值分类。
4. 简述自然资源资产负债表中自然资源资产确认应满足的条件。

五、论述题

试述绿色 GDP 核算的基本思想。

第五章

资源与环境的承载力

学习目的

通过对本章的学习,要求了解土地资源、水资源、承载力等概念,掌握资源承载力、土地资源承载力、水资源承载力以及环境承载力所具有的内涵,熟练掌握生态足迹法、农业生态区域法和指标评价体系法的基本原理以及它们的实际应用。

关键概念

承载力　资源承载力　土地资源承载力　水资源承载力　环境承载力

第一节　资源环境承载力的概念

一、承载力的由来

在远古时期,社会生产力水平极低,人类的生活完全依赖于大自然。在这一时期,人类对大自然还不是很了解,只能被动地适应自然,远没有能力支配、改造、征服自然。随着农业文明的产生,人类逐渐可以利用自身的力量去改变和影响自然。但是人类改造自然的活动造成了生态环境的退化,这时人类才认识到生态环境对人类活动的承受能力是有限的。

关于承载力概念的起源可以追溯到马尔萨斯时代。1798 年,马尔萨斯发表《人口原理》,首次将承载力思想和适度人口理论联系起来。他以食品是人类生活发展的必需品,这是必然且恒久不变的为出发点,分析得出食品按照算术速率增长,而人口数量却是按照几何速率增长,久而久之,二者之间的矛盾将愈演愈烈,最终将不可调和,因此我们必须遏制人口的快速增长[①]。他的资源有限并影响人口增长的理论不仅反映了当时的社会形势,而且对后来的科学研究也产生了广泛的影响。1838 年比利时数学家 P. E. 费胡斯特基于马尔萨斯的理论运用 Logistic 方程并选取 19 世纪初的人口统计资料进行数据表示,认为生物种群在环境中可以利用的食物量有一个最大值,它对动物种群的增长是一个限制因素,种群增长愈接近这个上限,增长速度愈慢,直到停止增长。该数值在生态学中被称为"承载力"。他还提出了描述种群增长的动态的数学模型,还有两位研究人口问题的美国学者也得出了同样的公式,即:

$$\frac{dN}{dt}=rN\left(1-\frac{N}{K}\right) \tag{5-1}$$

式中:N 为生物(人口)种群个体数,R 为该种群(人口)的内禀增长率(在不受环境限制下的最大增长能力,只与繁殖能力、寿命、发育有关),K 为环境容纳能力,即承载力,其含义是某一特定环境条件下(主要指生存空间、营养物质、阳光等生态因子的配合),某种生物(人口)个体存在数量的最高极限,在马尔萨斯理论中代表粮食的短缺限制。

尽管该方程存在许多缺陷,如未考虑人口迁移的影响、容纳能力和人口增长率被设为常数等,但其将资源环境对人口增长的约束限制用环境的容纳能力表现出来,使人类意识到资源和环境方面的限制作用,更重要的是对后续的承载力的研究有重要的启示。

"承载力"一词最早是在生态学的研究中发展的,早期应用范围也只限于生态领域。1921 年,Park 和 Burgers 提出承载力是"某一特定环境条件下(主要指生存空间、营养物质、阳光等生态因子的配合),某种生物个体存在数量的最高限制"。[②] 随着土地退化、耕地减少、环境污染和人口膨胀等现象的出现,人类学家和生物学家将承载力的概念发展并应用到了人类生态学中,产生了生态承载力、土地承载力等概念。"承载力"一词也总是与环境退化、生态破坏、人口增加、资源减少、经济发展联系在一起,承载力概念的意义也随这些因素的改变发生相应变化。

尤其是工业革命以后,人类开始对大自然进行大肆开发、掠夺与破坏。与此同时,科学技术迅猛发展,技术革新和发明层出不穷,为人类征服和改造自然提供了条件。随着世界各国经济的迅速发展,环境污染与资源短缺问题日渐明显,八大公害事件的发生向全人

---

① 封志明,李鹏.承载力概念的源起与发展:基于资源环境视角的讨论[J].自然资源学报,2018,33(9):1475-1489.

② Park,R.E.,and E.W. Burgess. Introduction to the Science of Sociology[M]. Chicago:The University of Chicago Press,1921.

类敲响了警钟。到20世纪60年代,在许多国家,即使普通公众也意识到了工业化引起的环境退化问题,同时人口不断增多,医学的发展又大大提高了人的寿命,而人类生存所需依赖的自然资源不但没有增长,反而急剧减少。1960—1990年的30年间,有大约1/5的热带自然林消失。工业发展导致对能源消耗的迅速增长,同时,资源都在不同程度地减少,人类对水资源的利用强度和需要持续上升,在1940—1990年间,从江河、湖泊、水库、地下蓄水层和其他水源抽取的淡水量增加了4倍多,而污染又严重破坏了许多江河、湖泊和地下水源的水质,大大减少了淡水资源的供应。在全球许多地区,淡水压力越来越大,不少地区缺乏足够的饮水供应。所有这些都引起人们对全球资源的重新评估,资源承载力(如水资源承载力、土地资源承载力、旅游资源承载力等)概念应运而生。

二、资源承载力的概念

资源承载力(resource carrying capacity)一般是指基于特定发展阶段、经济技术水平、生产生活方式和生态保护目标,一定地域范围内资源环境要素能够支撑农业生产、城镇建设等人类活动的最大合理规模[1]。它主要包括可供开发利用的自然资源的数量和环境对生产和生活过程所产生的各种废弃物的最大负荷量。按照联合国教科文组织的定义,一个国家或地区的资源承载力是指在可预见的时期内,利用当地的能源和其他自然资源,以及智力、技术条件等,在保证与其他社会文化准则相符的物质生活水平下,所能持续供养的人口数量。

由概念出发,资源环境承载力的内涵主要体现在以下几个方面[2]:

(1)资源与环境承载力是资源与环境系统所具有的一种结构特性。或大或小的资源与环境系统都具有一定的结构,这是它自身所具有的属性之一。资源与环境系统的任何一种结构均有承受一定程度的外部作用的能力,在这种程度之内的外部作用下,其本身的结构特征、总体功能均不会发生质的变化,环境的这种本质属性是其具有资源与环境承载力的根源。所以资源与环境承载力可以维持资源与环境系统的结构与功能,定义中的"所能承受的"体现了这一点。

(2)资源与环境承载力的大小与具体区域是相联系的,其大小由区域环境的状态和条件决定。

(3)资源与环境承载力相对于人类活动而存在。人类改造环境的目的就在于认识世界和改造世界,使生存的环境和生活的质量更加美好。这在很大程度上提高了资源与环境的承载力,但是不能忽视的是,人类对环境的某些改造活动,在提高资源与环境承载力的同时又在另一方面降低了环境承载力。

(4)资源与环境承载力通常是指资源与环境系统的最大承载力。资源与环境承载力其实就是在某一时期,某种状态或条件下,某地区的环境所能承受的人类活动的阈值。[3]

---

[1] 自然资源部.资源环境承载能力和国土空间开发适宜性评价指南(试行)[S].2020-01-19.
[2] 蒋辉,罗国云.可持续发展视角下的资源环境承载力——内涵、特点与功能[J].资源开发与市场,2011,27(3):253-256.
[3] 王爱萍.论区域可持续发展的环境承载力原则[J].东岳论丛,2000(4):38-39.

在这个阈值允许的区间范围内,资源与环境系统才具有完全的自我调整与恢复能力,资源与环境承载力不会沿着不利于人类社会的方向变化。

(5) 资源与环境承载力的大小,可用人类活动的方向、强度、规模来衡量。但是由于人类社会生产力和科学技术水平在不断地发展,所以人类活动的方向、强度、规模是处于动态变化中的。也就是说,资源与环境承载力是受到"一定时期"限制的。在一定时期,社会经济技术水平下,它是接近于一个相对的稳定值①,这时候才可以衡量。

三、资源与环境承载力的特点②

资源与环境承载力是人类社会和资源与环境系统之间的纽带,集客观性与主观性、确定性与变动性、层次性与综合性于一体。换言之,它既有资源与环境系统的某些特点,又与资源与环境系统的其他属性不完全相同;既适度接受人类社会的人为改造,又不可能任其随心所欲。③

(1) 动态性:对于特定区域的自然资源而言,生态承载力不是固定的,它与该区域发展所处阶段有直接联系。对于生产力水平较高的区域,资源环境承载力水平就较高,而在生产力水平较低的区域,由于该地区的经济增长可能是基于牺牲生态环境和极高的资源消耗来实现的,那么该地区的生态承载力就会相应较低。此外,人类活动对于生态环境的影响和治理力度也会因所处社会发展阶段不同而不同。

(2) 尺度性和相对极限性:尺度性指生态承载力是有范围限制的,这是因为人类活动空间是有限的。相对极限性是指生态承载力在社会发展所处的某个阶段是具有极限值的,随着生产力的发展,生态承载力也将随之改变。

(3) 空间异质性:随着时空、人类活动、社会经济等因素发生变化,资源与环境承载力就有可能随之改变。此外,不同时空下、不同的区域具备不同的资源环境因子(地形地貌、水文、气候等)组合,由其决定的资源与环境承载力自然会因地而异。对于同一区域的不同时期而言,自然也会不同。例如,我国的西北干旱地区水热组合条件不如南方优越,因此生态承载力势必也比南方小。这就要求人们在研究生态承载力和规划经济建设时应立足于实际,统筹考虑不同区域之间的空间异质性。

(4) 相对性和不确定性:承载力是一个长期的、历时性的过程,承载力应该被看作是一个梯度,而不是一个临界极限。承载力的衡量应该被认为是相对的,而不是绝对的。另外,生态系统和人类社会的复杂性决定了生态承载力计算的复杂性,加之人类对自然及社会发展规律的认识不足,导致生态承载力具有不确定性。生态承载力研究的重点是承载体与人类社会体系之间循环并反馈的复杂关系。

(5) 开放性和多样性:没有完全封闭的生态系统,贸易流动和资源跨域配置使得区域生态承载力可通过与外界的物质、能量及信息交流进行提升,一定范围内的生态承载力问

---

① W E Rees. Economic Development And Environmental Protection: An Ecological Economics Perspective [J]. Environmental Monitoring and Assessment,2003(1/2):29-45。
② 赵东升,郭彩赟,郑度,等.生态承载力研究进展[J].生态学报,2019,39(2):399-410.
③ 王爱萍.论区域可持续发展的环境承载力原则[J].东岳论丛,2000(4):38-39。

题也可通过战争、贸易和行政干预等途径转嫁给其他区域。生态承载力的多样性特征是由生态系统的多样性决定的。人类消费结构随着生产力的不断提高发生着变化,地区之间的经贸关系弥补了区域的资源欠缺,引起隐含承载力在区域间的流动,使得生态承载力研究的难度也因贸易的多样性而更加复杂。

四、资源与环境承载力的功能

从资源与环境承载力的大小和变化的方向,可对区域环境状况和发展趋势做出判断,并据此判断出区域社会经济发展是否与环境相协调。从外延上讲,资源与环境承载力的功能主要包括对资源与环境系统的保护和恢复。从内涵上讲,主要包括服务、制约、维护、净化、调节等多种功能。

(1) 服务功能:在区域发展的整个过程中,承载力的服务功能是多方面的,它的服务对象是这个区域中的任意活动,服务的范围涵盖整个区域及区域附近的外延区域。资源环境承载力的服务功能能够展现出整个环境系统资源的价值性、维护性和效应性等特点。[1]

(2) 制约功能:区域的社会发展、经济进步以及对环境的保护受到承载力的制约。这就要求我们在区域发展进程中,必须保持合理的发展节奏,要通过科技创新与发展,不断增强资源利用效率。

(3) 净化功能:区域环境系统可以凭借其有限的资源环境承载,通过各种自然环境作用和社会经济活动作用达到净化区域的职能。

(4) 调节功能:资源环境承载拥有其过载的阈值,当超过其阈值时,环境系统就会通过即时的反馈,迫使自然和人文系统进行调节。自然系统主要通过自然选择和优胜劣汰调节其生物总量,而人文系统则会发挥其主观能动性,通过规划布局调整、技术提高等进行调节。

(5) 输送功能:区域系统的承载力发展,有利于积聚众多的生物流、物质流、能量流和信息流,从而保证区域整体功能的正常运转。

(6) 维护功能:区域系统的承载力发展,有利于维护区域的生态平衡,加强抵御各种灾害、伤害的能力,保证区域的正常发展。

(7) 效益功能:区域环境系统以其有限的资源环境承载力通过物流、物质流、信息流、能量流等途径产生环境、社会效益和经济综合效益的职能。[2]

五、环境容量

环境容量涉及环境吸收能力(absorptive capacity)或同化能力的问题。它是指环境媒介吸收废物而又不导致环境退化的能力。人类利用自然资源会产生各种废物,为了排放人类活动自觉或不自觉产生的废物,就要利用环境媒介,即大气、水、土地等。废物进入环

---

[1] I Seidl, and C A Tisdell. Carrying Capacity Reconsidered: From Malthus' Population Theory to Cultural Carrying Capacity[J]. Ecological Economics, 1999, 31(3): 395-408.

[2] A L Clarke. Assessing the Carrying Capacity of the Florida Keys[J]. Population and Environment, 2002, 23(4): 405-418.

境后都要经历自然界的生物分解过程,整个环境系统具有一定的吸收废物而又不导致生态或美学变化的能力。但如果排放的速度超过了分解速度,或排放了非生物降解物或长时间缓慢降解物,那么环境变化就不可避免了。这种环境媒介的吸收能力也不是一成不变的,它不仅随气候等环境因素的变化而发生天然变化,也可以被人类改变。例如,一条河流具有降解污水、废水的能力,其流量或含氧量增加会提高这种能力,若水被抽取从而减少了流量,或河道被裁弯取直、挖深、混凝土化,从而减少了氧的吸收量,河流的吸收能力就会降低。环境容量(environmental capacity)就是用来衡量和表现环境系统结构和状态相对稳定性、表征环境同化能力的一个重要概念,意指在人类生存和自然生态不受危害的前提下,某一环境所能容纳污染物的最大负荷量。也有人把它定义为在污染物浓度不超过环境标准的前提下,某区域所能允许的最大排放量。环境容量是一个变量,因地域、时间、环境要素、环境质量标准的差异而不同。一般认为,环境容量的大小主要取决于环境空间的大小、污染物在环境中的稳定性、传输条件、环境的功能特征及区域环境的背景状况等。可以用如下公式表示环境容量:

$$Q = (C_0 - B)V + q \tag{5-2}$$

式中:Q 为环境容量,C_0 为某环境功能所决定的环境标准,B 为某污染物的环境背景含量,V 为环境空间的容积,q 为某污染物的环境净化量。

目前,环境容量在资源与环境科学的理论研究、污染物的总量控制与环境质量评价、环境污染的综合防治以及制定资源环境与社会经济协调发展规划等项工作中都受到很大重视。

自然资源和生态环境是人类赖以生存和发展的物质基础,人类社会经济发展模式必须建立在资源可持续利用基础上,开展资源承载力理论及应用研究,对于人们转换经济行为方式,树立科学发展观具有重大理论意义和实践价值。

第二节 资源承载力的确定方法

进行资源承载力研究,实质上就是从可持续发展和促进经济与资源环境协调发展的高度,寻求在特定时空条件下,对区域(或城市)环境系统和社会经济进行深入研究,以定性和定量相结合的方法来表征区域(或城市)环境系统对社会经济的承受能力。由于资源环境系统是由各个要素子系统组成的,所以目前承载力的研究涉及土地资源承载力、矿产资源承载力、水资源承载力、大气环境承载力等方面,而当前研究得最为深入的是土地资源承载力。

在对资源承载力各分量进行研究的基础上可确定区域(或城市)资源环境综合承载力。资源环境综合承载力可由一系列相互制约又相互对应的发展变量和制约变量构成,如表5-1所示。

表 5-1　资源环境综合承载力

变　量	内　容
自然资源变量	水资源、土地资源、矿产资源、生物资源的种类、数量和开发数量等
社会条件变量	工业产值、能源、人口、交通、通信等
环境资源变量	水、气、土壤的自净能力

计算资源与环境综合承载力时可采用专家咨询法，针对 5 个要素（大气、水质、生物、水资源、土地资源）分别选取发展变量和制约变量组成发展变量集和制约变量集，然后将发展变量集的单要素与相应的制约变量集中的单要素相比较，得到单要素环境承载力，再将各要素进行加权平均，即得到资源环境综合承载力。

人类只有一个地球，以目前的经济发展模式，永远的增长是不可能的，增长一定有一个极限。因此，研究资源的承载力，探寻可定量衡量国家或地区发展的可持续性指标体系，以调整人类的发展方式，从而使今后的发展有一个目的和限制范围就具有重大现实意义。以下就介绍一种关于资源综合承载力的计算分析方法——生态足迹法。

一、生态足迹法的基本原理

整个地球表面大约 71% 为海洋，陆地占 29%，具有生态生产力的土地大约只占地球表面积的 16%，具有生态生产力的海洋只占海域的 8%。根据《中国生态足迹报告 2012》显示，中国 2008 年人均生态足迹为 2.1 全球公顷，低于全球平均的人均生态足迹（2.7 全球公顷），但也高于全球人均生物承载力水平（1.8 全球公顷），排名世界 74 位。这些具有生态生产能力的全部面积构成人类活动的主要生存领域，都留下了人类活动的印记。

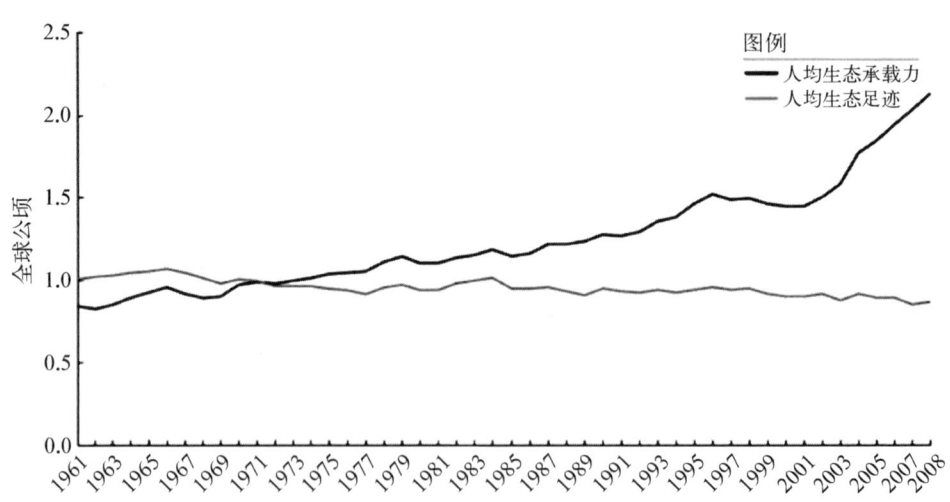

图 5-1　1961—2008 年中国的生态足迹与生态承载力

（资料来源：全球足迹网络，2011）

生态足迹(ecological footprint,EF)法,或称生态空间占用分析法,最早是由加拿大生态经济学家 William Rees 等于 1996 年在《我们的生态占用:减少人类对地球的影响》中提出的一种衡量人类对自然资源利用程度以及自然界为人类提供的生命支持服务功能的方法。该方法通过估算维持人类的自然资源消费量和同化人类所产生的废弃物所需要的生态生产性空间面积大小,并与给定人口区域的生态承载力进行比较,来衡量区域的可持续发展状态。它可在不同的地域空间尺度及社会领域应用。

中国开始采用生态足迹理论进行相关研究较晚,张志强等人于 1999 年把生态足迹概念引入国内,起初被翻译为生态痕迹、生态基区、生态踩占、生态脚印等。其通俗的概念为:可以用于持续向某一区域的人口提供资源和解决废物的土地总面积和水资源总量。[①]

生态足迹理论的优点:

① 作为全球性可以相互比较和测度的可持续发展指标,是全面衡量人对自然影响,并用简单的术语表述其影响程度的最有效的工具之一。

② 具有政策意义,可以帮助决策者找到减少生态足迹的决策。

③ 方法较为简单、容易理解,具有普适性,可以进行重复研究。

当然,生态足迹也存在其不足之处:

① 指标展示过于单一及简化,仅仅考量了生态的可持续程度,突出表达人类的生存发展对生态系统的影响和生态的可持续性,却没有顾及人类此时的消费模式的满意程度。

② 较难展现人类各种活动方式的改变、技术的进步、管理水平的提高等因素的影响。

③ 采用静态数据分析的方法,无法进行动态模拟及预测。

人类要维持生存,必须要有各种资源、产品和服务。人类占用的自然资源量在一定程度上是可以定量衡量的。由于自然资源总是同一定的地球表面相联系,所以生态空间占用分析法用"生物生产性土地"来表示自然资源。理论上讲,人类的每一项消费都可以追溯到提供生产该消费所需的原始物质和能量的土地上,故把所有消费折算为相应的生物生产性土地面积,既可以反映人类占用的自然资源,又可以反映人类消费对自然产生的影响。

在生态足迹法中,将具有生态生产能力的生物生产性土地划分为六大类,如表 5-2。

表 5-2 生态足迹法中生物生产性土地划分

土地类型	包含内容
耕地	主要指提供粮食、油料等农作物及其他经济作物产品的土地
草地	适用于发展畜牧业的土地
建筑用地	包括人类修建建筑、道路、工厂等设施所占用的土地

---

① 范玮,张丽,李惠芳,等.生态足迹研究现状及展望[J].四川林业科技,2019,40(1):87-91.

续 表

土地类型	包 含 内 容
林地	指可产出木材产品的人工林或天然林
海洋	虽然地球表面大部分为水域,但能提供生态生产力的水域主要为近海海域,且主要提供水产品
能源用地	与此相关的土地使用不仅是指煤矿、油田等占用的地表面积,还指为吸收温室气体、二氧化碳所需要的森林保留地

生态空间占用分析中的基本假设是:各类土地在空间上是互斥的。譬如一块地被用于修建公路时,它就不可能用作林地、耕地、草地等其他用地。这就使得我们能够对各类生物生产性土地的面积进行加总,从而认识人类对自然生态环境系统的总需求。

在进行加总时,由于各类生物生产性土地的生产力存在差异,应给它们赋予相应的权重(当量因子)。根据《中国生态足迹报告 2012》中的均衡因子,其中耕地、建筑用地、林地、能源用地、草地和海洋的均衡因子分别为 2.39、2.39、1.25、1.25、0.51、0.41。能源用地和林地采用同一系数,是因为能源用地面积是按吸收化石燃料燃烧释放的 CO_2 所需新森林面积计算的。考虑到建筑用地一般占用区域内最肥沃的土地,所以它与耕地的当量因子是一致的。加总后就可以获得一个以全球平均生产力的土地面积(全球性公顷)为单位的量,即生态足迹或生态空间占用。它从总体上反映了一定时期内在一定的生产生活方式下,为满足一定的收入及消费水平,人类向自然生态环境系统的索取。

生态足迹的估算是针对需求方面进行的,从供给方面来说不同地区的生态容量是不同的。由于同类生物生产性土地的生产力在不同地区间存在差异,所以地区间同类生物生产性土地的实际面积也不能简单地直接进行对比,需要通过产量因子(生产力系数)进行换算。产量因子是一个国家或地区某类生物生产性土地的平均生产力与世界同类土地平均生产力的比值。将通过产量因子转换后的一个地区所能提供的各类生物生产性土地面积求和,就得到了该地区的生态承载力,它可以表征该地区的生态容量。

生态盈亏是指生态承载力与生态足迹的差值,该指数表明某区域的生态状况。正值表示生态承载力大于生态足迹,称为生态盈余,相对可持续化;负值表明生态足迹大于生态承载力,相对不可持续化。

$$ED(生态盈亏) = EC(生态承载力) - EF(生态足迹) \quad (5-3)$$

根据有关机构估算,如图 5-2 所示。

2008 年,全球生态足迹达 182 亿全球公顷,人均 2.7 全球公顷。同年,全球生态承载力为 120 亿全球公顷,人均 1.8 全球公顷。也就是说 2008 年全球生态赤字率达 50%。这意味着 2008 年人类需要 1.5 个地球才能生产其所利用的可再生资源和吸收其排放的二氧化碳。

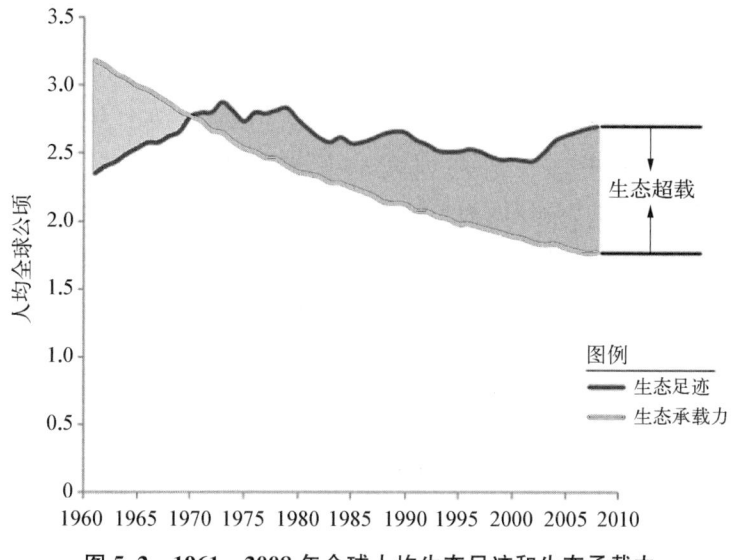

图 5-2　1961—2008 年全球人均生态足迹和生态承载力

(资料来源：全球足迹网络，2011)

二、生态足迹的计算

(一) 生态足迹的计算步骤

计算生态足迹时依据了以下两个重要假设：(1) 人类能够估算自身消费的大多数资源、能源及其所产生的废弃物数量；(2) 这些资源和废弃物可折算成生产和消费这些资源和废弃物的生物生产性面积。因此，任何特定人口(从单一个人到一个城市甚至一个国家的人口)的生态足迹，就是其占用的用于生产所消费的产品与服务以及利用现有技术同化其所产生的废弃物的生物生产性土地的总面积。一般生态足迹的计算和分析可分为以下五个步骤[①]：

1. 计算各主要消费项目的人均年消费量

(1) 划分消费项目。瓦克纳格尔(Wackernagel)1997 年在计算 52 个国家和地区的生态足迹时，将消费分为消费性能源和食物，而 1998 年在对智利首都圣地亚哥的研究中将消费分为粮食及木材消费、能源消费和日常用品消费等项目。

(2) 计算区域第 i 项消费的年消费总量，计算公式为：消费＝产出＋进口－出口。

(3) 计算第 i 项消费的人均年消费量值 C_i(kg)。

2. 计算生产各种消费项目人均占用的生物生产性土地面积

利用生产力数据，将各项资源或产品的消费折算为实际生物生产性土地的面积，即实际生态足迹的各项组分。设生产第 i 项消费项目人均占用的实际生物生产性土地面积为 A_i(hm²/人)，其计算公式如下：

$$A_i = C_i / P_i \tag{5-4}$$

式中：P_i 为相应的生物生产性土地生产第 i 项消费项目的年平均生产力(kg/hm²)。

---

① 唐建荣.生态经济学[M].北京：化学工业出版社，2005：181-182.

3. 计算生态足迹

(1) 汇总生产各种消费项目人均占用的各类生物生产性土地面积,即生态足迹各组分。

(2) 计算当量因子(r)。6类生物生产性土地的生物生产力是存在差异的。当量因子就是一个使不同类型的生物生产性土地转化为在生物生产力上等价的系数。其计算公式为:

$$\text{某类生物生产性土地的当量因子} = \text{全球该类生物生产性土地的平均生物生产力} \div \text{全球所有各类生物生产性土地的平均生态生产力} \tag{5-5}$$

(3) 计算人均占用的各类生物生产性土地等价量,即全球性公顷。

(4) 求各类人均生态足迹的总和(ef):

$$ef = \sum \gamma A_i \tag{5-6}$$

(5) 计算地区总人口(N)的总生态足迹(EF):

$$EF = N \times e = N \times \sum_{i=1}^{6}(\lambda_i \times A_i) = N \times \sum_{i=1}^{6}(\lambda_i \times \sum_{i=1} aa_j)$$
$$= N \times \sum_{i=1}^{6}\left[\lambda_i \times \sum_{i=1} \frac{c_j}{p_j}\right] \tag{5-7}$$

式中:EF 为总生态足迹(hm²),N 为总人口数,ef 为人均生态足迹(hm²/人);$i=1,2,\ldots,6$ 代表6类生物生产性土地;λ_i 为第 i 类生物生产性土地的均衡因子;A_i 为人均第 i 类生产性土地面积(hm²/人);j 为消费项目类型,aa_j 为人均第 j 种消费项目折算的生物生产性土地(hm²/人)。

4. 计算生态容量

(1) 计算各类生物生产性土地的面积。

(2) 计算产量因子(生产力系数)。由于同类生物生产性土地的生产力在不同国家和地区之间是存在差异的,因而各国各地区同类生物生产性土地的实际面积是不能直接进行对比的。生产力系数就是一个将各国各地区同类生物生产性土地转化为可比面积的参数,是一个国家或地区某类土地的平均生产力与世界同类土地平均生产力的比率。

(3) 计算各类土地人均生态容量。其计算公式为:

某类土地人均生态容量=某类生物生产性土地的人均面积×当量因子×生产力系数
(5-8)

(4) 总计各类人均生态容量,求得总的人均生态容量。

5. 计算地区生态盈亏(或生态赤字)

根据不同尺度的消费确定其生态占用,并与其实际上可利用的生物承载力进行比较可得到生态赤字。计算公式为:

$$ED = EF - EC$$

式中:ED 为生态赤字,EF 为生态空间占用,EC 为生态承载力。

通过生态赤字这一指标,一方面可以从不同尺度确定人类的自然资产利用程度;另一方面,可以衡量某个区域的社会生活是否在其生态承载力范围内。一旦生态占用超过了生态承载力就出现了生态赤字,否则便为生态盈余。

地区生态足迹与生态承载力的差值即地区生态赤字,比上该地区的 GDP(以万元为单位),即得出该地区的万元 GDP 生态赤字。万元 GDP 生态赤字计算公式如下:

$$ED_{GDP} = \frac{EF - EC}{GDP}$$

式中:ED_{GDP} 是万元 GDP 生态赤字,单位是 hm^2;GDP 表示地区同期区域生产总值(以万元为单位)。

(二)生态足迹计算方法的应用

【案例】西南某市是一座重工业为主的城市,矿产资源丰富,工业体系发达,土壤肥沃,具有成熟的耕作种植体系。该市综合经济实力较强。在快速的经济社会发展过程中,人地矛盾突出,各种生态环境问题不断凸显。

应用生态足迹法测算其 2019 年生态盈余或生态赤字的水平,评估该市可持续发展状况,该地区生态足迹及生态承载力计算如表 5-3 和表 5-4 所示。

表 5-3　2019 年西南某市人均生态足迹

土地类型	人均生态足迹		
	人均面积	均衡因子	均衡
耕地	0.017	2.39	0.040 63
草地	0.031	0.51	0.015 81
林地	0.108	1.25	0.135 00
水域	0.002	0.41	0.000 82
建设用地	0.001	2.39	0.002 39
化石燃料用地	0.056	1.25	0.070 00
人均生态足迹			0.264 65

表 5-4　2019 年西南某市人均生态承载力

土地类型	人均生态承载力			
	人均面积	均衡因子	产量因子	均衡
耕地	0.022 9	2.39	1.66	0.090 853
草地	0.013 7	0.51	0.19	0.001 328
林地	0.050 7	1.25	1.10	0.069 713
水域	0.012 4	0.41	0.20	0.001 017
建设用地	0.000 1	2.39	2.80	0.000 669
化石燃料用地	0	1.25	0	0
人均生态承载力				0.163 579
生物多样性保护面积(12%用于保护生物多样性)				0.019 630
可利用的人均生态承载力				0.143 950

由此,我们可以计算得到该市人均生态承载力 0.143 950、人均生态足迹 0.264 65,两者之差为 $-0.120\ 7\ hm^2/$人,表现为生态赤字。这表明该区域的人类负荷已经超过了其生态容量,正面临着不可持续的发展局面。

从资源环境承载力角度来看,该区域的人类活动过于密集,对资源环境产生了巨大压力。该区域需要在当前经济技术条件下,按照生态系统容量空间范围,大幅度提高资源与能源效率,逐步建立与生态系统容量相适应的绿色发展模式。

第三节 土地资源承载力的确定

一、土地资源承载力的概述

(一) 土地承载力的概念

土地资源是指在生产上已经开始开发利用和尚未开发利用的土地数量和质量的总称。它承载着人类的生产生活以及地球陆地上的一切生物和非生物的存在与繁衍。我国是一个人多地少、资源相对贫乏的国家,人均耕地面积远低于世界平均水平。如何有效地控制人口,合理地利用有限的土地资源,是土地资源研究中的一项重要内容。

土地是由气候、地貌、水文、土壤、生物等自然要素相互作用构成的自然综合体,具有在一定条件下持续生产人类所需的生物产品的内在能力。这种能力的大小主要取决于气候、土壤和人类在土地耕作管理中的投入水平,以及作物接受阳光的多少和光能利用效率的高低等。土地资源生产能力可以根据不同的情况,利用农业生态区域法和瓦赫宁根模型等方法计算。在土地资源承载力研究中,土地资源生产能力的评价是一项基础性工作。

土地资源承载能力,是指一个国家或地区的土地资源,在一定的投资水平下持续利用时的食物生产能力及其所能供养的一定营养水平的人口数量。它主要是由两个方面决定的,一是土地生产潜力,一是营养水平和人口数量。这里的土地生产潜力是指目前或将来某一时期在合理有效的管理水平下,在能够保证持续利用的前提下,土地生产人类生活所必需的粮食、油类和纤维等物质的能力;而营养水平是指相应时期人类活动所必须消费的能量(主要指蛋白质和淀粉)和物质(主要指纤维)的数量,人口数量是指相应时期该地区的人口密度。

(二) 土地承载力研究的必要前提

(1) 土地能够且只有土地能够生产出人类赖以生存的食物。

(2) 土地具有生物生产力,并且不同类型的土地其生产力不同,相同类型的土地生产产品的能力也不同。

(3) 在一定生产条件下,土地生产力是有限的。

(4) 不同社会文化背景的人口,其食物结构及生活方式不同,对土地的需求利用不同,但对最低热量和蛋白质的生理需求是一致的,且是可比的。

(三) 土地承载力的研究目的及意义

1. 目的

① 在土地资源调查的基础上,查明发展中国家不同的投入水平下土地的潜在人口承载力。

② 将估算资料与现在的和预测的人口资料进行对比,以便确定有问题的地区。

③ 土地资源及其潜力的数量资料是提出合理的农业政策和人口政策的先决条件。

2. 意义

土地资源承载力对于土地、人口、食物与发展均有预警作用。对指导农业生产、经济建设、编制国民经济发展规划、加强土地管理,合理利用土地,保证土地资源的持续利用具有重要意义。

(四) 土地资源承载力研究历史回顾

1. 国外土地承载力的研究

(1) 前期的土地承载力研究(1970年前)。早期的土地承载力研究,首先是与生态学密切相关的。早在1921年,帕克和伯吉斯就在关于人类生态学的研究中,提出了承载力的概念。

① 威廉·福格特关于土地承载力的研究。威廉·福格特发表《生存之路》,将生态学上的概念进一步延伸,明确提出土地资源人口承载力就是土地提供饮食和住所的能力,并提出表达式"土地负载力=土地可以提供的食品产量/环境阻力",环境阻力指环境对土地生产能力所加限制。

② 威廉·阿伦关于土地承载力的研究。威廉·阿伦的土地资源人口承载力研究始于1965年,他将土地资源承载力定义为"在维持一定水平并不引起土地显化的前提下,一个区域能永久地供养人口及人类活动的水平。他提出了以粮食为标志的人口承载力公式。其目的是计算出某个地区传统的农业生产所提供的粮食能够养活多少人口,即承载人口的上限。主要考虑总土地面积、耕地面积和耕作要素等,它不考虑人口对农业生产的反馈作用,因此只能做粗略估计。

(2) 后期的土地资源人口承载力研究(1970年以后)。

① 澳大利亚的土地承载力研究。采用多目标决策分析法,从各种因素对人口的限制角度出发讨论了该国的土地承载力。他们的研究考虑了澳大利亚的土地、水、气候资源等限制因素,除种植业外还考虑畜牧业的发展潜力,分析了集中发展策略和相应的发展前景。

② 发展中国家土地的潜在人口承载能力研究。联合国粮农组织(FAO)与教科文组织(UNESCO)在1971—1981年,合作完成并出版了全套世界土壤图(1978年)。同时,粮农组织还制定了《土地评价纲要》,提出土地评价原则。在此基础上粮农组织尝试把评价原则应用于世界土壤图,以估算发展中国家适合于生产各种特定的作物的土地资源数量,这就可以评估作物产量和投入水平。这是一种综合探讨农业规划和人口发展的方法,它将气候生产潜力和土壤生产潜力相结合,来反映土地用于农业生产的实际潜力,并考虑了对土地的投入水平和社会经济条件,对人口、资源和发展之间的关系进行了定量评分,指出不同的土地利用方式,可以有不同的人口承载力。

③ 资源承载力研究的 ECCO(提高承载力的策略,enhancement of carrying capacity options)模型。20世纪80年代初,在联合国教科文组织的资助下 ECCO 模型开始设计,

并在非洲试运行。它是由英国科学家斯莱瑟教授提出的一种承载力估算的综合资源计量技术,它采用系统动力学方法,综合考虑人口、资源、环境与发展之间的关系,可以模拟不同发展策略下,人口变化与承载力之间的动态变化。

2. 国内土地资源承载力的研究

土地资源承载力问题在我国也受到广泛的关注。全国农业区划委员会于1986年9月委托中国科学院自然资源综合考察委员会主持"中国土地资源生产能力及人口承载力量研究"项目,在此项目的带动下,国内众多学者纷纷开展不同区域不同层次的土地资源人口承载力研究,最有影响的当推《中国土地资源生产能力及人口承载量研究》[1]。

(五) 土地承载力能力研究的主要内容

中国科学院发布的《中国土地资源生产能力及人口承载量研究》一书给出的土地资源承载能力的定义为:"在未来不同时间尺度上,以一定的技术、经济和社会发展水平及与此相适应的物质生活水准为依据,一个国家或地区利用其自身的(土地)资源所能持续供养的人口数量。"土地资源承载能力研究的主要内容是:在土地资源调查的基础上,分析社会经济因素,确定投入水平;在土地评价的原则指导下,分析土地生产潜力;对将来一定时期的营养水平及人口发展作出预测,进一步分析相应时期土地潜力是否能够满足人口所需的消费;最后,依据上面的分析,提出增强土地承载能力的策略。

(六) 土地承载力的研究方法

土地资源承载力的研究方法有很多,但概括起来可以分为两类:系统动力学方法和农业生态区域法。前者将土地看作一个动态的系统,应用系统动力学的基本原理,从整体上分析人口、资源、环境和发展之间的关系,通过建立系统动力模型,模拟不同策略下人口变化与承载潜力之间的动态关系,从而找出一套有利于国家或地区持续稳定发展的政策和法规。后者在一定的比例尺下,将研究区划为农业生产条件(主要按气候和土壤)相对一致的生态单元,在一定的土地利用方式(如作物种类和种植制度、投入水平)下计算其土地生产潜力,然后以行政单元为统计单位,在一定的营养水平条件下,进行土地人口承载能力分析,在此基础上提出相应的对策。下面以农业生态区域法为例介绍土地人口承载能力研究的方法和过程。

二、土地资源承载力的确定——农业生态区域法

农业生态区域法(agro ecological zone project,AEZ)自提出后,已在一百多个国家和地区得到应用和推广,同时自身也得到了发展和完善,它是目前比较完善的,尤其适用于发展中国家和地区的一种方法,可分四个步骤说明[2]。

(一) 确定作物潜在生产力

太阳以电磁波形式不断向外放射能量,称为太阳辐射。太阳辐射是地球上一切生命过程的基本能量来源,由太阳辐射所形成的光能资源是自然界绿色植物进行光合作用的唯一能量来源,植物体中90%—95%的干物质来源于光合作用,在农作物生长过程中,在

---

[1] 《中国土地资源生产能力及人口承载量研究》课题组.中国土地资源生产能力及人口承载量研究[M].北京:中国人民大学出版社,1991.

[2] 封志明.资源科学导论[M].北京:科学出版社,2004:165-171.

光、热、水、CO_2等外界环境条件和作物的群体结构、长势及农业技术措施等都处于最适宜状态时,由作物光合效应所形成的群体最高产量称为光合生产潜力(Y_P),亦称为作物产量的理论上限。由于受到诸多环境因素(如CO_2浓度、温度等)的影响,实际作物产量与光合生产潜力存在着很大差距。在影响作物产量的因素中,温度和水分是异常重要的两个环境因素。地球上不同的地区在气温方面存在着很大差异,在实践中,若将作物产量和气温联系起来考虑,可提出光温生产潜力的概念。所谓光温生产潜力,是指在农业生产条件得以充分保证,水分、CO_2供应充足,其他环境条件也适宜的情况下,理想作物群体在当地光、温资源条件下,所能达到的最高产量。它实质上是光合生产潜力受到地区温度条件限制后的产量,可以代表作物所需水分不受当地供应条件限制时的产量上限。一般计算光温生产潜力的公式是:

$$Y_{PT} = K_T \times Y_P \tag{5-9}$$

式中:Y_{PT}为光温生产潜力;Y_P为光合生产潜力,K_T为温度订正系数,反映温度条件对光温生产潜力的限制程度。

农业生态区域法是卡萨姆(Kassam,1977)为联合国粮农组织农业生态区域项目研制的模式,是根据荷兰学者deWith概念建立起来的。一种对气候适应、在没有限制条件下种植、生育期为G天的高产品种的潜在产量(Y_{mp})的计算公式为:

$$Y_{mp} = \begin{cases} C_L \cdot C_N \cdot C_H \cdot G \cdot [F(0.8+0.01Y_m)Y_0 + (1-F)(0.5+0.025Y_m)Y_c] \\ \quad \text{当}\ Y_m \geqslant 20\ \text{kg/(hm}^2 \cdot \text{hr)} \\ C_L \cdot C_N \cdot C_H \cdot G \cdot [F(0.5+0.025Y_m)Y_0 + (1-F)(0.05Y_m)Y_c] \\ \quad \text{当}\ Y_m < 20\ \text{kg/(hm}^2 \cdot \text{hr)} \end{cases}$$

(5-10)

式中:C_L为叶面积生长校正系数;C_N为净干物质产量修正系数,$C_N = 0.36/(1+0.25G_t \cdot G)$,其中$G$为生长期天数,$G_t = C_{30}(0.044+0.0019T+0.0010T^2)$,$G_t$与作物种类和温度有关,$C_{30}$为温度30℃时的系数值,对豆科植物$C_{30}$为0.0823,对非豆科植物为$C_{30}$为0.0108,$T$为全生育期的日平均气温;$C_H$为全生育期天数;$F$为全天中的阴天部分,$F = (R_{sa}-0.5R_s)/0.8R_{sa}$,其中$R_{sa}$为晴天最大有效短波入射辐射量[cal/(cm$^2 \cdot$d)],$R_s$为实测短波辐射量[cal/(cm$^2 \cdot$d)],$R_s = (0.25+0.5n/N)R_a \cdot 59$,其中$R_a$是大气顶的太阳辐射,$n/N$为日照百分率;$Y_m$为在一定气候条件下某种作物的最大干物质生产率[kg/(hm$^2 \cdot$d)];Y_o为在一定地方某种标准作物在一全阴天中的干物质总生产率[kg/(hm$^2 \cdot$d)];Y_c为在一定地方某种标准作物在一全晴天(无云)中的干物质总生产率[kg/(hm$^2 \cdot$d)]。

通过上述公式求得的作物潜在产量(Y_{mp}),是在理想条件下仅受光温和作物品种影响的作物光温潜力。它是裸露于自然气温下作物生产力的上限值,通常反映着区域土地的最大生产力,保证灌溉的肥沃土地上作物争取的就是这种潜力。考虑到我国的气候特点、地域差异和作物品种特征,运算前必须做好大量的数据采集、核查、分析、验证、归纳和分区工作,方法中所涉及的诸多元素都应尽量按不同地区农业生产的主体特征进行修订,诸如以点代面的典型性,选用推广中的优良品种或区域试验中的当选品种的生育期,以及最大光合速率的调整和经济系数的确定等,最后在经当地高产典型或高产试验结果验证无悖时,给出恰当的作物潜在产量(Y_{mp}),它是估价区域土地作物潜在生产力和不同时期作物单产水平的重要依据。

在实践中,考虑到不同地区水分条件对作物产量的影响,可通过计算气候生产潜力加以调整。气候生产潜力是指其他环境因素和作物因素均处于最适状态时,在当地光、热、水等气候因素的作用下,单位面积内农作物达到的最高产量。它是在光温生产潜力的基础上,进一步考虑降水的限制作用后,农作物能达到的产量上限,可表示为:

$$Y_{Pc} = K_w \times Y_{PT} \quad (5\text{-}11)$$

$$K_w = \begin{cases} P/ET_m & \text{干旱农业} \\ (P+I)/ET_m & \text{灌溉农业} \end{cases} \quad (5\text{-}12)$$

式中:Y_{Pc}为气候生产潜力;K_w为水分订正系数,作物的水分供应源于大气降水及灌溉供水;P为生育期降水量;I为灌溉水量;ET_m为作物需水量。

当水分供应充足时,$K_w=1$,水分不限制农作物生长发育;当水分供应不足或过多时,会使农作物因旱或涝死亡,对$K_w>1$的情形在理论上应进一步探讨其对农作物生长发育的影响。

(二)土地资源清查与农业生态单元的生成

1. 气候资源清查

为了分析气候生产潜力,气候清查的实用性取决于所用的气候参数能够在多大程度上与作物要求的气候条件相适应。根据这个要求,气候清查应包括三个主要内容:一是温度,二是水分,三是生长期长度。气温和水分是影响作物生长与分布的两个最主要的因素。为了表达不同地区温度和降水的差异,农业生态区域法中采用了热量带、热量区和"生长期长度"来表示。

"生长期长度"定义为水分和温度都允许作物生长的日期。农业生态区域法早期在热带发展中国家应用时,采用的指标是降水量(P)大于或等于潜在蒸散量(PET)的一半,以及日平均气温高于5℃的日期。在中国,由于存在大量的喜凉和越冬作物,实际上春季当气温回升到0℃时越冬作物就开始了生长,将这个指标进行了修正(采用日平均气温高于0℃或5℃的日期,两种温度生长期长度)。在计算生长期长度时,考虑的另一个重要因素就是当降水量大于蒸散量时,储存于土壤中的水量根据实际情况而有所不同。联合国粮农组织(FAO)早期的研究中采用的是相当于100 mm降水量,不同地区根据实际情况选择使用50—250 mm的土壤有效贮水量,至于温度特征,用温度特征值来揭示它。气候带的划分是以月的平均气温来定的。为了全球对比起见,将每月的平均气温订正到海平面的气温,据此划分成热带(各月平均气温≥18℃)、亚热带(各月平均气温高于5℃)等。在每个气候带之下,因不同地形、海拔高度对气温的影响,又可划分为几个热量区,如热带分成暖热带(生长期中实际日平均气温大于20℃)、微凉热带(生长期中实际日平均气温在15—20℃之间)、凉热带(生长期中日实际平均气温在5—15℃)和冷热带(生长期中日平均气温小于5℃)。这样,热量区的划分就与地形、海拔高度的影响联系起来。温度特征可用一组与作物温度密切相关的气温指标来表示,如可以用月平均气温0℃、5℃、10℃、

15℃、20℃、25℃、30℃及其持续天数等。

将上述气候调查数据绘制成图：生长期长度图、温度等直线图以及气候带和热量区图,将这些图件叠加形成气候清查图。

2. 土壤清查

农业区域生态法研究中的土壤清查采用联合国粮农组织/教科文组织出版的1∶500万比例尺的世界土壤图,这份土壤图提供了土壤、坡度、质地和土相等信息。世界土壤图共包括26个主要土类、106个土壤单元。土壤图所采用的制图单元是土壤组合单元,包括主要土壤、次要土壤和伴随土壤,每个土壤组合的组成与范围都标在每一图幅背面的说明中。

3. 农业生态单元的产生

将气候图、土壤图与行政区划图进行叠加生成农业生态单元图。农业生态单元就是土地资源评价的基本单元。每个农业生态单元都是温度状况、生长期长度、生长期年度变化、地形特征(土壤单元、土壤结构、土相、坡度、母质和质地)等条件均一并属于同一行政区的土地评价单元。

每一个农业生态单元中含有农用地和非农用地,因此需要把非农用地扣除。非农用地包括城镇用地、农村居民点用地、交通占地、基础设施用地、矿业用地、工业用地、林地、自然与旅游保护区用地、湖泊及其他水域用地等。土地资源清查的总量扣除非农用地数量就是进行农业区域生态法分析所需要的土地数量。

(三) 确定土地利用方式

土地利用方式(land use type)是土地利用类型(kind of use)的细分,它包括作物的种类、种植结构以及作物的生理要求和投入水平之间的技术因素的联系方式。

1. 投入水平

土地潜力除了受土地的自然属性影响外,还受社会、经济属性的影响,因此,人类可以通过一系列的建设投入(如道路、农田水利设施、平整土地、修筑梯田等)、物质投入(如种子、农药、化肥、除草剂、动力等)以及软投入(包括科学技术、先进的管理及经营手段等)等手段来影响土地潜力。在土地潜力的研究中,根据研究区的实际情况和研究的需要,可以把投入划分为不同的水平,然后在不同的投入水平上研究土地潜力,表5-5是农业区域生态法中对投入水平的一种划分。

表5-5 农业区域生态法中投入水平划分标准

内　容	低投入水平	中等投入水平	高投入水平
作物组合	现有作物组合	部分最适作物组合	最适作物组合
使用的技术	本地栽培品种,不施化肥或不用进行病虫害及杂草的化学防治,有休闲耕期,无永久性的水土保持措施	有改良的品种,施用有限的化肥,简单推广一揽子措施,包括病虫害、杂草的防治,有一定的休耕期,有部分永久性的水土保持措施	采用高产品种、最适合的化肥施用量,有完全的病虫害和杂草的防治措施,最短的休闲期,有永久的水土保持措施

续 表

内　容	低投入水平	中等投入水平	高投入水平
动力来源	人力、手工工具	人力、手工工具或畜力牵引,改良的农具	包括收割在内的完全机械化
劳动集约度	高,包括未计成本的家庭劳动	高,包括计算成本的家庭劳动	低,包括使用家庭劳动预算成本
资本集约度	低	中等,可以获得有条件的贷款	高
市场方向	自给性生产	自给性生产,并销售剩余产品	商品性生产
所需的基础设施	不一定进入市场,咨询服务不足	需要某些进入市场的机会,接受示范和咨询	必须有进入市场的条件、高水平的咨询服务及应用科研成果
土地占有情况	分散的	有时是连片的	连片的

一般来说,投入是通过改变土地的自然属性、经济属性以及作物的生理性状来提高土地潜力的。因此分析投入水平对土地潜力的影响时,要确定一定投入水平对土地属性及作物生理性状的影响,然后再根据这些因素的变化分析土地潜力的变化。

2. 确定土地利用方式

土地潜力一般是针对一定的土地利用方式的。土地利用方式由一系列在既定的自然、社会、经济条件下的技术说明所构成。例如,土地利用方式1——自给性玉米生产:种子是当地品种,不施化肥、农药,家庭劳动,没有市场交换而靠自己消费,生态要求是生长期长度120—130天,坡度<50%等;土地利用方式2——机械化玉米生产:种子是高产品种,肥料、除草剂、农药得到完全满足,市场方向是除国内销售外还要出口,生态要求是生长期长度90—180天,坡度<10%,砾石含量<5%,道路不受气候影响,离海港的距离为500 km以内。

(四)计算土地资源人口承载力

对于不同的农业生态单元,应用前面所讲的作物生产潜力计算方法,计算所选择的土地利用方式下的土地生产潜力,然后根据公式计算区域土地资源人口承载力。

土地资源人口承载力计算公式为:

$$土地资源人口承载力 = \frac{土地生产潜力}{人均营养水平} \tag{5-13}$$

人均营养水平可以用人均消耗的粮食计算。由于粮食的品种不同,其营养成分和含量不同,因此这一标准不太明确,农业区域生态法中一般采用每人每天需要的热量和蛋白质的数量作为标准。不同劳动强度和不同性别的人所需的热量和蛋白质都不一样(表5-6是世界卫生组织建议的标准)。可以根据这一标准以及人口结构求出人均营养水平。需要说明的是国家和地区发展水平不同,人均营养水平有一定的差别,同一国家或地区不同时期人均营养水平也不一样。因此,如果要计算将来某一时期(或某一年)某一地区土地资源人口承载力，必须根据该地区的情况及政策预测人均营养水平。

表 5-6　各种营养物质的日消耗量

类　别	劳动类型	热量($\times 10^2$ J)	蛋白质含量(g)
成年男子 (65 kg)	轻体力劳动 中体力劳动 重体力劳动	110 130 150	75 80 90
成年女子 (55 kg)	轻体力劳动 中体力劳动 重体力劳动	100 120 140	70 75 85
少年 (13—16 岁)	男 女	110 105	80 75
儿童	7—10 岁 3—5 岁	84 59	60 45

通过土地生产潜力（即前述光温潜力或气候生产潜力）计算，可以获得每个农业生态单元的不同土地利用方式的生产量（以产量计），并转化为热量和蛋白质；然后根据人的营养消耗的特点（有时需要考虑当地的一般饮食习惯）确定热量和蛋白质的搭配比例，以此为前提，对不同的土地利用方式在不同的农业生态单元的分配进行规划，获得最优的规划方案；最后根据这一方案，计算一定区域内的土地生产潜力（以热量和蛋白质计）。土地生产潜力可分为当前的或预测的，对于预测的，主要是通过预测将来某一时期（某一年）的投入水平等条件来预测其生产潜力。

土地资源人口承载力分析一般以行政区为单元进行，如某一个国家或某一个地区等。根据上面的计算公式可以计算国家或地区当前的或将来某一年的土地资源人口承载力，将该值与该国家或该地区当前的人口绝对值或将来的人口预测值进行比较，就可以为区域生产决策及政策制定提供依据。

综上所述，土地资源人口承载力的研究过程可简要总结如下：首先掌握区域土地资源状况相关信息，即在区域土地调查研究的前提下，进行土地生产潜力的预测；然后在土地利用结构达到最优的基础上计算土地生产潜力总量；接着依据维持人类生活所需营养标准和土地提供人类所需食物的可能性确定人均生活水准（可以人均所需热量、蛋白质、脂肪量表示，或以人均消费食物量等表示）；最后通过土地生产潜力总量和人均生活水准相比，得出一定区域的土地资源人口承载力。

应予强调的是，计算得出一个国家或地区的土地资源人口承载力不是目的，也不是这项研究的终结，而是应把土地资源人口承载力与预期的人口数量进行对比，从而发现存在的问题，并研究通过农业结构调整，提高投入水平等提高土地资源人口承载力的具体措施。研究土地资源人口承载力的最终目的是为制定土地开发利用、农业结构调整、生态建设等长远规划和制定人口政策提供可靠的科学基础和决策支持。

第四节 水资源承载力的确定

一、水资源承载力的概念

水资源是指在当前或可以预见的将来能以某种形式为人类利用的自然水。它是一种可更新的自然资源。和人类关系密切的陆地上的各种水体都是处于全球水循环过程中的，它不断得到大气降水的补给，又通过径流、蒸发而排泄，并长期保持水量的收支平衡。地表水和地下水不断得到大气降水的补给，开发利用后可以恢复和更新。在天然条件下，陆地补排水量在多年间可以大体平衡，因而保证了各地段水的流通量和水质的相对稳定。在人类对地表水、地下水的开发利用过程中，如果系统排出的水量不超过某一特定的阈值，则大部分水量可以通过外界的补给得到补偿。但各种水体的补给量是不同的和有限的，为了可持续供水，多年平均的利用量不应超过补给量。所以循环过程的无限性和补给量的有限性，决定了水资源在一定限度内是取之不尽、用之不竭的。随着经济发展、人口增长和居民生活水平的提高，对水资源的需求也日益增长，在世界很多地方，缺水已成为越来越严峻的关乎人类生存与发展的重大问题。因此，开展流域（区域）水资源承载力研究，合理开发利用有限水资源就具有重大理论和现实意义。

水资源承载力是指一个流域（地区、国家）在不同阶段的社会经济和技术条件下，水资源合理开发利用的前提下，当地水资源能够维系和支撑的人口、经济和环境规模总量。影响区域水资源承载力的因素是很复杂的，主要有水资源的数量与质量及开发利用程度、生态环境状态、社会生产力及经济技术水平、社会消费结构与水平、区际交流、社会经济持续发展目标等方面，所以在水资源承载力研究中必须运用系统的分析方法，统筹兼顾，充分考虑以下几方面并处理好其相互间的关系。

(1) 水资源承载力研究的核心问题是在一定的水资源开发利用阶段和生态环境保护目标下，一个流域和区域的可利用水资源量究竟能够支撑多大的社会经济系统发展规模，如何合理管理有限的水资源，维持和改善陆地系统水资源承载力。显然，水资源承载力受水的供、需双方影响，它需要从受自然变化和人类活动影响的水循环系统出发，通过"自然生态—社会经济"系统对水的需求和流域能够提供多少可利用水资源量的"支撑能力"方面加以量度。

(2) 变化环境下（即自然变化和人类活动影响）的水循环是水资源演变和水资源承载力研究的基础。因为一个流域和区域水资源承载力的大小，直接与该流域和区域的可利用水资源量有本质的联系。而区域可利用水资源量又决定于在不断变化的自然环境（包括全球气候变化）和人类活动影响下的水文循环规律及其控制的水资源形成规律。

(3) 要把它置于水资源可持续利用概念的框架之下，建立在生态系统完整、水资源持续供给和水环境长期有容纳量的基础上，特别在水资源短缺的干旱地区，生态系统需水是水资源承载力研究必须要考虑的重要方面。

(4) 需要从"水循环—自然生态—社会经济"系统耦合机理上综合考虑水资源对地区人口、资源、环境和经济协调发展的支撑能力。

(5) 水资源承载力度量除了水循环和水资源变化的自然属性影响外,还取决于社会经济持续发展的有限目标。社会经济发展要求的目标不同,相应的承载力也不一样。

综上所述,水资源承载力的大小随水资源开发阶段、目标和条件的不同而变化,是一个动态变化的概念,它不仅是水文循环、水资源研究的重要方面,而且与社会经济发展、环境系统的耦合研究密切相关。它是一个度量区域社会经济发展受水资源制约的阈值,通常用满足生态需水的可利用水量与社会经济可持续发展目标需求水量的供需平衡到临界状态所对应的单位水资源量的人口规模和经济发展规模等指标表述。图 5-3 就是进行水资源承载力评价的系统方法示意图。

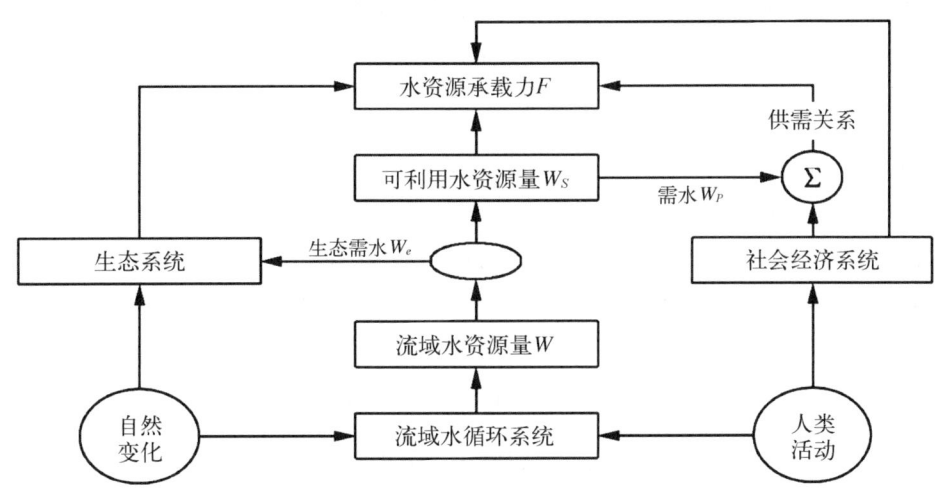

图 5-3　水资源承载力评价的系统关系

二、水资源承载力的度量与计算

水资源承载力(water resources carrying capacity,WRCC)的主要评价指标与计算过程如下[①]:

1. 水资源总量(W)的计算

水资源总量(W)是指流域水循环进程中可更新恢复的地表水与地下水资源总量(W_L)。流域水循环受自然变化(包括气候变化)和人类活动的影响,可更新恢复的地表水与地下水资源量也在不断变化。另外,除了本地产生的水资源量外,人工跨流域调水(W_T)可以增加本流域(或地区)的水资源总量。由于流域水循环降水和径流形成的不确定性,对应不同保证率的水资源量,得出流域水资源总量关系:

$$W = W_L + W_T \tag{5-14}$$

---

① 封志明.资源科学导论[M].北京:科学出版社,2004:143-146.

2. 生态需水量(W_e)的计算

生态需水量(W_e)是指水资源短缺地区为了维系生物群落的基本生存以及河流、湖泊等一定生态环境质量(或生态建设要求)的最小水资源需水量。其内涵是：以维持现状或恢复某个生态建设标准的天然生态保护与人工生态建设的需水量，其外延包括地带性植被所用降水和非地带性植被所用的径流。它通常由河道外的生态需水的估算(如天然生态需水、人工生态需水等)和河道内的生态需水估算(如防止河道断流所需的最小径流量等)扣除其重复的水量构成。

3. 可利用水资源量(W_S)的计算

可利用水资源量(W_S)是指在经济合理、技术可行和环境许可的前提下，通过技术措施可以利用的不重复的一次性水资源量。在概念上，需要扣除生态环境最小需水量，以保证生态环境允许的前提条件。原则上讲，可利用水资源量可以通过流域可更新的地表水与地下水资源总量加上境外调水扣除生态需水量加以估算，即：

$$W_S = \alpha W_L + W_T - W_e \tag{5-15}$$

式中：α 为反映工程技术措施的开发利用系数。

4. 水资源需求总量(W_D)的计算

社会经济发展规模水平可以表达为人口数量(P)、国内生产总值(GDP)或经济净福利(H)等指标。因此，它们对水资源的需求包括：人口需水(W_P)、工业需水(W_I)、农业需水(W_A)、环境和其他需水(W_M)等。因此，社会经济发展对水资源需求总量(W_D)可表述为：

$$W_D = W_P + W_I + W_A + W_M \tag{5-16}$$

5. 流域水资源承载力的平衡指数(IWSD)的计算

为描述水资源承载力，定义流域水资源承载力的供需平衡指数(IWSD)为：

$$\text{IWSD} = \frac{W_S - W_D}{W_S} = 1 - \frac{W_D}{W_S} \tag{5-17}$$

很显然，当流域可利用水量小于流域社会经济系统的需水量时，即 $W_S < W_D$ 时，有 IWSD<0，这说明流域可供利用的水资源量不具备对这样规模的社会经济系统的支撑能力。流域水资源对应的人口及经济规模是不可承载的，但是，通过调水增加 W_S 和通过节水减少 W_D 可提高 IWSD。反过来，当流域可供水量大于等于流域社会经济系统的需水量时，即 $W_S \geq W_D$，IWSD≥0，说明流域可供利用的水资源量具备对这样规模的社会经济系统的支撑能力，与水资源对应的人口及经济规模是可承载的，供需良好。

6. 水资源承载力的分量测度

由定义和上述水资源承载力的供需指数可知，度量流域水资源的承载力，首先要建立研究对象的"水—社会经济—环境"系统关系。它们的作用是将水资源量支撑的环境、社会经济系统规模(如人口数或人口密度、人均 GDP、工业产值、农业产值、水环境污染级别等)联系起来。然后，通过结合一定的水资源开发利用阶段与有限发展目标，分析识别出由供大于需，即 IWSD>0 可行域，退化到 IWSD=0，即系统供需平衡达到临界状态

$W_S = W_D$ 的水资源所对应的流域人口数（P）和社会经济规模（GDP）等指标参数，即水资源供需平衡达到临界状态可供水资源量为 $\hat{W}_S$，进一步可以定义水资源承载力的各个分量，即：

$$\lambda_1 = \frac{P}{\hat{W}_S}, \lambda_2 = \frac{GDP}{\hat{W}_S}, \ldots, \lambda_n = \frac{H}{\hat{W}_S} \tag{5-18}$$

式中：λ_1 表示维系现状（目标）水平的人口规模所需要的最少可利用的水资源量 W_S；λ_2 表示维系现状（目标）水平的经济规模所需要的最少可利用水资源量 W_S；λ_n 表示维系现状（目标）水平的经济净福利所需要的最少可利用水资源量；如此等等。

流域的综合水资源承载力（F）是其分量的集成，例如：

$$\lambda = 人均 GDP/W_S = (GDP/P)/W_S \tag{5-19}$$

7. 单位水资源承载力的度量

为了达到水资源承载力分量和总量可比性的目的，可以进一步转化水资源承载力分量为某单位水资源量的承载力指标参数。例如，当统一转化 W_0 为 10^8 m³ 的可比单位水资源量，有对应的水资源承载力的各个分量，即：

$$F_1 = \frac{\hat{W}_S}{W_0}\lambda_1, F_2 = \frac{\hat{W}_S}{W_0}\lambda_2, \ldots, F_n = \frac{\hat{W}_S}{W_0}\lambda_n \tag{5-20}$$

式中：F_i 就是流域系统第 i 个水资源承载力分量。例如，F_1 的单位量纲是每 10^8 m³ 的人口数目，说明流域每 10^8 m³ 可利用水资源量能够承载的最大人口数。同理，F_2 的单位量纲是每 10^8 m³ 的 GDP，它说明该流域每 10^8 m³ 可供水资源量能够承载的经济发展最大规模的 GDP 等等。同理，流域的综合水资源承载力（F）是其分量的集成。

三、水环境容量的确定

（一）水环境容量的概念及意义

在生产生活水平得到极大提高的现代工业社会，人类社会经济活动对环境的负面影响越来越大。因而在水资源承载力的确定中，必须把该项研究置于可持续概念框架之下，在生态系统完整、水资源永续利用、水环境长期有容纳量的原则指导下，确定科学合理的国家（地区）水资源承载力，这里涉及水环境的容量问题，有必要对它进行适当说明[①]。

环境容量概念最早是由日本学者西村肇、中田喜三郎和矢野雄幸于 1968 年提出的，其初衷是为了建立污染物浓度与环境自净能力之间的平衡关系，以实现对污染物的总量控制。从目前的研究情况看，水环境容量仍是个尚有争议的问题。水体的环境容量是随时间变化的，如河流的枯水期和丰水期的环境容量差异很大。水环境容量概念的提出有助于科学地认识和保护水环境。目前在其他行业也提出了容量的概念，如大气环境容量、城市人口适宜度、旅游区游客容量、土壤污染容量、海区环境容量等。由水环境容量引申

---

① 封志明.资源科学导论[M].北京：科学出版社，2004：350.

出允许排放量、最大纳污量、最适利用度等概念。一般认为水环境容量应是水体环境在一定功能要求、设计水文条件和水环境目标下，所允许容纳的污染物量。国内外许多研究工作者提出过许多环境容量的定义，大致可分为以下几类：

（1）环境容量是污染物容许排放总量与相应的环境标准浓度的比值。

（2）环境容量是环境的自净同化能力。

（3）环境容量是指不危害环境的最大允许纳污能力。

（4）环境容量是根据环境标准值与本底值和自净同化能力确定的，它等于基本环境容量和变动环境容量之和。

水环境容量包括：（1）稀释容量。由于稀释作用，污染物逐渐均匀分布于水体中，使水体浓度达到基准值或标准值时所能容纳的污染物量。（2）自净容量。水体对污染物进行降解或无害化的能力，亦即由于水体的自净能力使污染物削减的量。若污染物为有机物，自净容量也称为同化容量。（3）输移容量。指污染物进入流动水体之中，水体输移污染物的能力。

自净容量是水环境容量中的重要组成部分，是水体的无害化转化功能的描述。城镇污水中的需氧有机污染物量大而广，而需氧有机污染物在水环境中可以转变为无害化状态，研究利用好水体的自净容量，可以大量节省污水处理费用。在大江、大河、河口、海湾等水流交换性能良好的水体环境中，除了利用自净容量，稀释容量也是重要的开发利用水环境容量的资源。水环境容量一般用科学实验（模拟实验或监测）的方法取得基本数据，通过水质模型表达出来。由于水环境容量受气象、地形地貌、水文条件的影响，所以需要较为复杂的水质模型。

水环境容量是水体的自然属性，其受到自然、社会经济、科学技术等多种因素的影响。自然因素指水体自身的各种特性，如水文特性（流量、流速、水温等）、物理特性（挥发、稀释、扩散、沉降、吸附等）、化学特性（水解、氧化还原、pH 值、硬度等），它们决定了水体的稀释容量、自净容量和输移容量。社会经济发展状况影响了人们对水环境质量的要求程度，这反映在水质标准的制定和水功能区的划分上。水质标准定得越高，水环境容量就相对越小，某地区高标准水质的功能区范围的增加，意味着当地水环境容量的相对减少。科学技术水平越高，对污水的处理能力就越强，人们对水体自身的环境容量的依赖程度就会有所降低。但无论怎样，水体的环境容量应该作为一种特殊的资源得到开发、利用和保护，因为它是最经济的水环境保护"措施"。

（二）水环境容量的确定

目前，环境容量主要用于水体和土壤污染负荷允许程度的定量研究。对于一个水体而言，所能承纳某种污染组分的最大数量可用式(5-17)计算：

$$W_i = \Delta(S_i - B_i) + C_i \tag{5-21}$$

式中：W_i 为该水体（即环境单元）对第 i 种污染组分的容量，Δ 为水体的总体积，S_i 为第 i 种污染组分的最大允许浓度（环境标准），B_i 为水体第 i 种污染组分的环境本底值，C_i 为水体对第 i 种污染组分的自净能力。

若污染物的成分较为复杂，含有几种组分，该水体的总环境容量为：

$$E = W_1 + W_2 + \ldots + W_n = \sum_{i=1}^{n} W_i \qquad (5\text{-}22)$$

式中：E 为水体的总环境容量，W_i 为该水体对第 i 种污染组分的环境容量（$i=1$，$2,\ldots,n$）。

事实上，进入水体的各种污染组分可以与水中离子、微生物发生作用，形成新的污染物，或污染组分之间反应形成沉淀物而减轻污染，所以，总环境容量不应是各种组分容量的简单叠加。在地表水（河、湖）环境容量研究中，为了简化起见，有时不考虑环境的自净过程，把环境容量划分为以下几种类型：

（1）理想水环境容量（绝对水环境容量）。即以水域的原始本底值或以清洁本底值（表示在最清洁状态下的水质）与环境标准对照，用以反映未受人类活动影响水域的自然纳污能力。这种水环境容量是水域环境容量的最大值。

（2）现状水环境容量。指根据水域的水质现状，估算它达到环境标准时，所能容纳的污染物数量。它可进一步划分为面源污染现状的水环境容量和点源污染现状的水环境容量，后者需要根据污染源的分布，通过现状模拟来计算容量值。

（3）可优化利用的水环境容量。即通过水质规划、优化决策，对整个水域的点污染源进行合理安排后，所能利用的水环境容量。在优化决策计算中，由于附加了费用函数，增加了经济约束、社会条件约束，其结果更符合实际。

水库的环境容量即允许排放量可按式（5-19）进行计算：

$$W = \frac{1}{\Delta t}(C_s - C_0)V + K_1 C_s V + C_s q \qquad (5\text{-}23)$$

式中：W 为某水库某种污染物的允许排放量（t/d），Δt 为水库维持其设计水量的天数，C_s 为水质保护目标污染物浓度（mg/L），C_0 为水库现状水质污染物浓度（mg/L），V 为水库设计水量（m³），q 为水库日出水量（mg/L），K_1 为降解系数（d^{-1}）。

根据经验，河流中 K_1 的值一般在 0.01—1 之间，湖泊、水库因为流动性差，且水体深度较大，K_1 值一般应相对较小。V 为水库设计水量，根据各地区水库的实际情况和安全着想，可按水库正常（或有效）库容的 80%—90% 计算。水库出水量 q，一般按水库设计供水能力（即相应供水保证率 95%—97%）计算。按照设定的水质标准，推算出河流、水库和其他水域允许的最大容纳污染物数量，再与现状或预测年的污染物数量作对比分析，就可确定地区的污染状况。

第五节 环境承载力的确定

一、环境承载力的概念

环境承载力（environmental bearing capacity，EBC）又称环境承受力或环境忍耐力。

它是指在某种环境状态下，某一区域环境对人类社会、经济活动的支持能力的限度。人类赖以生存和发展的环境是一个具有强大维持其稳态效应的巨系统，它既为人类活动提供空间和载体，又为人类活动提供资源并容纳废弃物。由于环境系统的组成物质在数量上存在一定的比例关系，在空间上具有一定的分布规律，所以它对人类活动的支持能力有一定的限度。当今存在的种种环境问题，大多是人类活动与环境承载力之间出现冲突的表现。当人类社会经济活动对环境的影响超过了环境所能支持的极限，即外界的"刺激"超过了环境系统维护其动态平衡与抗干扰的能力时，也就是人类社会经济行为对环境的作用力超过了环境承载力。因此，人们用环境承载力作为衡量人类社会经济与环境协调程度的标尺。

上述环境承载力概念强调了人类社会经济活动与自然生态环境的关系，属自然环境承载力。实际上，目前人类所依存的环境是自然生态环境和人工生态环境（如城市生态环境、水利工程生态环境等）构成的复合环境系统。就后者而言，它是人类在社会经济发展过程中形成的有利于自身生存的人工环境部分，如城市中的各种建筑物、园林绿化、交通、通信、电力等，由于受自然、经济、技术等条件的影响，人工生态环境也有其固有的环境承载能力，超过了其极限，就会带来交通拥挤、噪声和汽车尾气排放等城市问题，所以，严格来说，环境承载力应为自然环境与人工环境系统的复合承载力。

环境承载力最主要的特点是客观性和主观性的结合。客观性体现在一定的环境状态下环境承载力是客观的，是可以衡量和把握的；主观性表现在环境承载力的指标及其数值将因人类社会行为内容的不同而不同，而且人类可以通过自身的行为，特别是社会经济行为来改变环境承载力的大小，控制其变化方向。环境承载力的另一特点是具有明显的区域性和时间性，地区不同或时间范围不同，环境承载力就有所不同。

环境承载力这一概念的提出，其思想前提是环境的"资源观"和"价值观"。环境作为一种资源，包含了两层含义：一是指环境的单个要素（如土地、水、气候、动植物、矿产等）以及它们的组合方式（环境状态）；二是指与环境污染相对应的环境纳污能力，即"环境自净能力"。环境的这种资源观告诉我们，环境要素的供应量和产出速度是有限的，环境要素组合方式的形成速度是极其缓慢的，环境的自净能力更是有限的，也就是说在一定的时空条件下环境对人类社会经济发展活动的支持能力是有限的。我们应根据环境资源的有限支持能力来确定人类社会经济活动的方向和速度。另外，环境又是有价值的，环境资源的价值是指环境对人类这一主体在物质、精神、文化、情感美学、经济诸方面需要的满足度。环境价值与经济价值是两类不同的价值，对人类社会的永久生存而言，环境价值的重要性绝不低于经济价值的重要性。因此，绝不能简单、片面地追求环境价值的货币化。为使环境资源得以永续利用、环境价值得以保持或提高，必须对环境作一定经济投入。环境价值与经济价值之间也有着十分密切的联系，人们需要经济价值，更需要环境价值。

二、环境承载力的衡量

（一）环境承载力研究的三要素

进行环境承载力研究必须分清承载体和承载对象，并计算出承载体的承载率。即承载体、承载对象和承载率是进行环境承载力研究的三要素[①]。

1. 承载体

承载体包括自然环境承载体和人造环境承载体。自然环境承载体又叫第一环境承载体，其由生命支持系统和物质生产支持系统组成。生命支持系统包括空气、水、土壤、生物等；物质生产支持系统包括矿产资源、水资源、土地资源、森林资源等。人造环境承载体又称第二环境承载体，如社会物质技术基础、经济实力、公用设施、交通条件等。

2. 承载对象

承载对象作为承载体的环境发挥了以下几方面的功能：(1) 承载污染物。主要指人类社会经济活动中产生的废弃物。(2) 承载人口规模。由于不同群体间的人均消费水平有差别，很难找到一个统一的标准，所以用承载人口规模表述环境承载能力难免失之偏颇，甚至不公平。(3) 承载人口消费压力。即 $I=P\times A\times T$。式中：I 为人口消费对环境的影响，P 为人口规模，A 为人均能源消费量，T 为每一消费单位所造成的环境消耗量。这样，以人的消费为最终衡量数据，概念简单明了。但它只是一个独立性的、静态的量，只体现了人对环境的消耗作用，无法表现出人对环境积极的、能动作用的一面。(4) 承载人类社会、经济活动。一些环境问题主要是由人类社会、经济活动所造成的。因此，承载对象应是"人类社会、经济活动"，这就体现了环境承载力是社会、经济、环境协调作用的中介。

3. 环境承载率

环境承载率(EBR)是客观和科学地反映一定时期内区域(或城市)环境系统对社会经济活动承受能力的实际情况的指标。其计算公式为：

$$环境承载率(EBR) = 环境承载量(EBQ) / 环境承载力(EBC) \tag{5-24}$$

其中，环境承载量是指某一时期环境系统实际承受的人类系统的作用量值，可通过实际调查或监测得出。环境承载量数值分为两类：一类是能较容易得到的理论最佳值(如地下水最佳开采量)，则采用此数值；另一类是不容易直接得到的理论最佳值，则采用预定要达到的目标值(标准值)来间接表示。根据环境承载力的定义和特点，从环境的本质出发，其可量性的指标体系应当包括：自然资源指标(淡水、土地、矿产、生物等)、社会条件指标(人口、交通、能源、经济状况等)和污染承受能力指标。一个区域中，如果 $0<EBR\leqslant 0.80$，表示开发强度不足，适宜大量开发；$0.8<EBR<1.0$，表示达到开发平衡，需注意控制开发；$EBR\geqslant 1.0$，表示开发强度过度，不宜进一步开发。所以环境综合承载力分析是进行宏观调控、促进区域经济与环境协调发展的重要措施之一。

(二) 环境承载力的衡量

对承载力的量化研究，实质就是对资源环境承载力值进行计算和分析，并提出相应的保持或提高的方法与措施。

环境承载力的衡量包括衡量的指标体系和衡量的方法两部分内容。由于环境承载力必须能体现出环境系统和社会、经济系统之间在物质、能量和信息方面的联系，所以环境

[①] 齐亚彬. 资源环境承载力研究进展及其主要问题剖析[J]. 中国国土资源经济, 2005(5): 7-11.

承载力应是一个矢量。显然,表示这个量的指标体系必须从环境系统与社会经济系统的物质、能量和信息的交换上入手。

在构造环境承载力的指标体系时,首先要对人类的社会、经济行为进行分类,然后再针对不同的行为类型给出不同的指标体系。比如,欲表达某个地区对发展工业的环境承载力时,其指标体系是一种,而欲表达其对发展农业的环境承载力时,其指标体系又是另一种;欲表达某个地区对发展工业城市的环境承载力时,其指标体系是一种,而欲表达其对发展风景旅游城市的环境承载力,其指标体系又是另一种。然而,不论人类的社会经济行为可能属于哪一类型,一般来说,环境承载力的指标体系总是由以下三部分指标所构成的,如表 5-7。

表 5-7 环境承载力指标

指标名称	内容
自然资源供给类指标	水资源、土地资源、生物资源、生态状况等
社会条件支持类指标	经济实力、公用设施、交通条件等
污染承受能力类指标	污染物的迁移、扩散和转化能力,绿化状况等

在理论研究时,可用一个 n 维空间的矢量来表示环境承载力。对同一个地区而言,这一矢量随人类社会经济活动的方向和大小的不同而不同。当人类社会经济行为的方向和大小相同时,这一矢量随地区的不同而有差异[①]。

设某个区域环境承载力由 n 个分量组成,即有:

$$E = (E_1, E_2, \ldots, E_n) \tag{5-25}$$

由于环境承载力的各个分量具有不同的量纲,因此,必须首先对其各个分量进行归一化处理。归一化处理后的环境承载力为。

$$\vec{E} = (\vec{E}_1, \vec{E}_2, \ldots, \vec{E}_n) \tag{5-26}$$

这样,某地区环境承载力的大小即可用此矢量的模来表示:

$$|\vec{E}| = \sqrt{\sum_{i=1}^{n} \vec{E}_i^2} \tag{5-27}$$

这里,我们视每一分量的权重都是一样的,若引入其权重后,则可以表示为:

$$|\vec{E}| = \sqrt{\sum_{i=1}^{n} (\lambda_i \vec{E}_i)^2} \tag{5-28}$$

(三)环境承载力的应用

当我们要在同一地区,对可能实施的社会经济发展方案进行比较选择时,不妨设方案

---

① 唐建武,郭怀成.环境承载力及其在环境规划中的初步应用[J].中国环境科学,1997(2):6-9.

有 r 个,而对每个方案 P_r,都相应地存在着其可取得的社会经济效益 SEE_r,以及环境承载力 EBC_r 和该方案对环境所施加的作用(环境载荷量)EBQ_r。于是,问题就归结为选择一个 EBQ 最接近于 EBC 且有最大的 SEE 的发展方案。

具体操作步骤可归纳为:

(1) 分别比较各个发展方案的环境载荷量 EBQ_r 和环境承载力 EBC_r,从而可将发展方案分为两类:第一类,$EBQ_r > EBC_r$,表示这些发展方案对环境的作用超出了环境承载力;第二类,$EBQ_r < EBC_r$,表示这些发展方案对环境的作用不超过环境承载力。

(2) 将属于第一类的发展方案在发展目标不变的前提下逐个进行修正,再将这些修正方案的 EBQ 和 EBC 进行比较,剔除 $EBQ \geq EBC$ 的修正方案,将其余的修正方案并入第二类。

(3) 设最终属于第二类的发展方案有 n 个,由于这些方案对环境的作用均不超出该地区的环境承载力,因此均为具备"协调性"的方案。从中选出 SEE 最大的方案,即为环境效益与经济效益相统一的优先方案。

小 结

本章节的主要内容有资源与环境承载力的内涵以及确定其各自承载力的方法和基本原理。承载力的概念是从工程地质领域里引入的概念,其本意是指地基的强度对建筑物负重的能力,现已演变为对发展的限制程度进行描述的最常用概念之一。在本章节里,主要从资源承载力和环境承载力两个方面讲解了承载力在环境与资源经济学领域的应用。重点介绍了关于资源承载力、土地资源承载力、水资源承载力以及环境承载力的确定基本原理和方法,即生态足迹法、农业生态区域法和指标评价体系法的基本原理和方法。

习 题

一、名词解释

1. 自然资源承载力
2. 生态盈亏
3. 环境容量
4. 水资源承载力
5. 土地资源人口承载力
6. 环境承载力
7. 环境承载率

二、选择题

1. 资源环境综合承载力的构成变量不包括(　　)。
   A. 自然资源变量　　　　　　　　　　B. 社会条件变量
   C. 环境资源变量　　　　　　　　　　D. 社会经济变量
2. 进行环境承载力研究的三要素不包括(　　)。
   A. 承载体　　　B. 承载对象　　　C. 承载率　　　D. 环境因子
3. 环境承载力的指标体系不包括下列哪一项内容(　　)。
   A. 自然资源供给类指标　　　　　　　B. 社会条件支持类指标
   C. 生态自我恢复类指标　　　　　　　D. 污染承受能力类指标

三、简答题

1. 资源承载力的概念是如何产生的？意义何在？
2. 资源与环境承载力的特点是什么？
3. 生态足迹法的基本原理是什么？
4. 生态足迹法将地球表面的生态生产性土地划分为六类，分别是什么？
5. 土地承载力的研究目的及研究意义是什么？
6. 在水资源承载力研究中应综合考虑哪些方面的因素？
7. 环境承载力研究的三要素是什么？

四、试论述如何确定环境效益与经济效益相统一的优化方案？

五、案例分析题

B市位于我国西部地区长江流域、产业体系较为完善，近年来B市经济增长乏力，资源环境问题凸显，为抢抓机遇，促进经济转型升级，B市委托某咨询公司开展"十四五"规划前期研究。

为衡量B市可持续发展水平，该咨询公司应用生态足迹法对B市资源环境承载力进行评价，相关数据见下表。

表5-8　生态足迹法对B市资源环境承载力评价有关数据

土地类型	人均消费生物生产性土地面积 (A_i, m²/人)	人均现有生物生产性土地面积 (a_i, m²/人)	均衡因子 λ_i	产量因子 r_i
耕地	180	325	2.39	1.86
草地	325	159	0.51	0.12
林地	1 250	508	1.25	1.50
水域	43	125	0.41	0.20
建设用地	14	1	2.39	5.8
化石燃料	603	0	1.25	0

问题：

1. "十四五"规划中B市应主动融入的国家重大发展战略有哪些？
2. 除自然资源外，影响经济增长的要素有哪些？
3. 分别计算B市的人均生态足迹和人均生态承载力。
4. 计算B市的生态盈亏，并据此进行判断和分析。

第六章 资源与环境税

学习目的

通过本章的学习了解资源与环境税的概念、特征,以及两者的关系;掌握环境税的政策效应;从外部性理论、公共物品理论、可持续发展理论等方面掌握环境税的原理;了解国外资源与环境税的发展、种类和制度,了解我国《环境保护税法》、资源税、城市维护建设税、城镇土地使用税、耕地占用税、车船税等,相关现行税种,以及环境税未来的改革方向和发展趋势。

关键概念

环境税　资源税　环境税特征　环境税政策效应　外部性理论　公共物品理论　可持续发展理论　环境税制度改革

第一节　资源与环境税概述

一、环境税的概念

环境税的思想最早是由"福利经济学之父"庇古提出的,目前各国有关环境税的名称并不统一,比如环境保护税(Environmental Taxation)、生态税(Ecological Taxation)、绿色税(Green Tax)等,但大多基于相同的理论基础,可归为环境税一类。而关于环境税的概念,目前也没有统一公认的定义,从不同的角度可以提出不同的定义,比如从不同的研究方法出发,基于不同的使用场合,以及强调其某项功能,都会导致概念界定上的差别。国际财政文献局(IBFD)对环境税的定义为:"对污染企业或者污染物所征收的税,或对投资于防治污染和环境保护的纳税人给予的减免"。①

欧盟统计局认为环境税是"以被证明确定会对环境产生负面影响的物理单位为税基的税"。②

《环境税与绿色财政改革:理论与影响》(*Environmental Taxation and Green Fiscal Reform: Theory and Impact*)一书整合了环境税法的主要研究成果和不同政策的理论和影响,涵盖了环境税的税收机制;庇古税理论的分析;排污权交易和价格稳定以及环境税对宏观经济影响等内容。③

国内的学者也对环境税做出了自己的定义,主要有以下不同的看法:我国著名经济学家厉以宁把环境税分为广义和狭义两种。狭义的环境税是指与污染控制有关的各种税收手段,包括排污税、与环境保护有直接关系的产品税、税收差别、税收减免等。而广义的环境税还包括与保护生态、自然资源有关的全部税种,例如增值税、消费税、城市建设税中的有关环境保护方面的税收;以及有关保护资源和环境的激励优惠税收以及为筹集环保资金的税收。

吕忠梅教授认为建立在可持续发展理论基础上的环境税,应是一种广义的环境税:既可以增加政府的财政收入,能为社会公共事业(包括环境资源的保护、污染的治理及其他一些社会公共事业)提供足够的资金,满足社会公共需求;又可以真实地反映社会边际成本,将环境污染、生态破坏行为造成的外部成本内部化;同时还可以均等社会收入,为社会的健康稳定、持续发展创造条件的各项环境相关税收制度的总称。④

这一定义从环境税不同方面的作用对其做了详细的界定,突出了其不同于一般性税收的特点。

从上述不同的定义可以看出,大部分专家学者都是从环境税的目的和功能方面描述环境税,对其能增加政府财政收入、防治污染和保护环境基本达成共识,部分学者在具体税种的设置上做出了规定,都有一定的合理性。结合各家观点,我们认为环境税是税收体系中与环境、自然资源的利用和保护有关的各种税种和税目的总称,它不仅包括污染排放税、自然资源税等,还包括各种与生态环境有关的税收调节手段。综上,目前学界普遍认同环境税是把环境污染和生态破坏的社会成本,内化到生产成本和市场价格中去,再通过市场机制来分配环境资源的一种经济手段。但是在关于环境税的具体定义、细节内容上存在着差异化认识。

---

① 高萍.中国环境税制研究[M].北京:中国税务出版社,2010:28-29.
② 陈红彦.《环境保护税法》征税范围之检视[J].环境保护,2017,45(21):37-40.
③ L Kreisler. Environmental Taxation and Green Fiscal Reform: Theory and Impact[M]. Northampton: Edward Elgar Publishing, 2014.
④ 吕忠梅.超越与保守——可持续发展视野下的环境法创新[M].北京:法律出版社,2002:307-317.

二、资源税

(一)资源税是环境税的重要组成部分

广义的环境税是指一切与自然资源利用及生态环境保护相关的税收,其中包括资源税、污染排放税、污染产品税(或投入品税)等。资源税也是环境税的重要组成部分。

(二)资源税与环境税的关系

资源税是一种兼有庇古税与产权税性质的税种,是一种既能保护生态环境,又能增加财政收入的"双赢"环境税税种。

资源税由于涉及资源或者能源的所有权问题,在传统税法中资源税往往被划归为财产税的范畴,其主要功能是调整各类资源的级差收入,进而实现社会资源财产的平均分配。王萌(2010)认为资源税应该在可持续发展的前提下进行重新定位,应专注于外部性的治理,其重新定位的实质在于其作用由调节行业内自然资源禀赋的不平等转向调节行业外的外部性所带来的社会分配不公平。资源税以开采的资源为征收对象,通过征税提高资源的价格,减少资源的使用量,从而起到减小代内外部性的作用。由于代内外部性与代际外部性是同方向变化的,所以代际外部性也随之降低。但是需要注意的是对资源的征税可以减少外部性的产生,但不能消除外部性,因此资源税的税收收入可以对外部性进行补偿。①

三、环境税的法律特征和法律关系

(一)环境税的一般特征

作为一个税种,环境税具有税收的一般特性:

(1)强制性。主要是指国家以社会管理者的身份,用法律、法规等形式对征收捐税加以规定,并依照法律强制征税。

(2)无偿性。主要指国家征税后,税款即成为财政收入,不再归还纳税人,也不支付任何报酬。

(3)固定性。主要指在征税之前,以法的形式预先规定了课税对象、课税额度和课税方法等。

(二)环境税区别于其他税种的特征

1. 征收的目的不同

一般来说,征税的目的在于取得财政收入。而环境税主要是出于保护环境资源的特别目的而开征的,虽然也有筹集收入的功能,但更强调防治污染、保护环境。

2. 税款的专用性

为了更好地服务于环境,环境税税款的使用具有专用性,主要用于治理污染和环境资源的保护。从各国的实践来看,环境税多数是作为专项税收只用于环境目的。

3. 征收范围的广泛性

环境税涉及大气、水、矿产、森林等各种资源以及与人类生产、生活有关的污染行为、

---

① 王萌.试析资源税与环境税的关系[J].财会月刊,2010(36):47-48.

污染物质,这些都可以列入征收范围。

4. 与其他税种的交叉性

环境税种对污染产品的征税类似于消费税,对污染行为的征税属于特定行为税,对利用自然资源征税则可以归入资源税。可见,环境税与传统的税收体系下的税种有交叉性。

(三) 环境税的法律关系

1. 环境税法律关系的概念

环境税法律关系是指由税法确认和调整的,以国家强制力保证实施的,国家与纳税人在税收活动中发生的,以征纳关系为内容的权利义务关系。它是国家利用税收实现环保目的的经济关系在法律上的体现。

2. 环境税法律关系的构成

环境税法律关系的主体是指环境税法律关系的参加者,即环境税收法律关系中享有权利和承担义务的当事人。该主体又分为征税主体和纳税主体。征税主体一般是一国的税务机关。纳税主体是指参加税收法律关系、依法负有纳税义务的社会组织和个人。实施开发利用自然资源、生产或使用有污染产品的行为,依照税法负有纳税义务的自然人、法人及非法人组织,是环境税的纳税主体。

环境税法律关系的客体是指环境税收法律关系主体权利和义务所共同指向的对象,是国家利用税收杠杆调整和控制的目标。国家在一定时期根据客观经济形势发展的需要,通过扩大或缩小征税范围调整征税对象,以达到限制国民经济中某些对环境有影响的产业发展或鼓励有利于环境保护的产业发展的目的。

3. 环境税法律关系的内容

环境税法律关系的内容就是环境税法律关系的主体所享有的权利和所承担的义务,这是环境税法律关系中最核心的部分,也是环境税收制度的灵魂。它规定了主体可以有什么行为,不可以有什么行为,若违反了这些规定须承担什么样的法律责任。

四、环境税的功能

作为一国的税收方案,不仅要发挥其筹集财政收入的功能,还要发挥其调节市场的功能,实现社会公正的功能,还要保证它具有保护环境的功能。因此,税收方案绝不能从局部出发,而应着眼于国家的政治、经济、环境及整个社会。环境税作为建立在可持续发展上的一种重要的经济手段,就是运用宏观经济政策手段之一的税收手段,综合地考虑环境污染控制、资源利用和保护以及经济发展等不同方面的要求,在注重经济效率的同时兼顾代内和代际公平,为可持续发展提供一种制度框架和政策工具。具体来看,环境税有如下几个层面的功能:

(一) 从环境的层面看,有利于保护环境

环境税的主要目的是保护环境,政府通过实施环境税引导企业行为,对消耗大、污染重的企业征税,对有利于保护环境的行业或产业采取税收优惠措施,促使利用环境资源者将"环境成本"纳入企业经营决策的考虑因素,可以引导纳税人保护环境,治理污染,从而

缓解经济高速发展对环境带来的压力,改善日益恶化的环境状况。

(二)从经济的层面看,有利于资源的优化配置和国家产业结构的调整

在市场经济条件下,企业的目标是追求利润最大化,它们往往只注重经济利益、自身利益、短期利益,而不会自觉考虑环境利益、社会利益、长远利益,甚至不惜以牺牲环境为代价。开征环境税后,可以促使企业从自身经济利益出发选择更有利于环境保护和资源利用的生产和经营方式,如那些污染大、消耗高的企业受到生产成本提高、利润减少的冲击,被迫转向成本低、消耗少的行业,或者通过加速科技创新和技术改造,减少污染和资源的消耗,或寻求使用符合环保要求的替代资源,从而使整个社会的产业结构和资源配置向低消耗、低污染(无污染)和高效率的方向调整。

(三)从财政的层面看,有利于减少税收扭曲、调整现行的税收制度

许多财政措施,如直接补贴,会直接或间接地对环境产生不利影响。例如,农业补贴是引起过度耕种、过度使用化肥和农药及土地沙化的原因之一。1998年4月召开的OECD部长级会议的报告《通过降低补贴改善环境》认为:"假如对环境有害的活动存在补贴的话,那么通过对环境危害不那么严重的行动给予补贴,从而产生价格差异来支持这些对环境危害相对小的其他措施的解决办法是次优的。最好的办法是消除所有对环境有害的活动的补贴,将这些活动的外部成本内部化。"通过改革现行税种,以及开征新的绿色税种,将环境成本内部化。同时,征收环境税还提高了政府的财政收入,为环保事业募集资金。改善环境需要大量的资金投入,政府通过环境税收取得收入,再将其投入环境的保护和治理,这也正是"污染者负担原则"的体现,可减轻公共财政的压力,为治理污染和保护环境提供坚实的物质基础。

(四)从社会的层面看,有利于提高公民的环保意识

通过提倡绿色生产和绿色消费的理念,使相关的生产者和消费者在缴纳环境税的过程中意识到保护环境的法律责任和道德责任,在全社会营造起保护环境资源的价值观念,从而在自己日常的经济活动中自觉地采取对环境友好的方案,避免对环境有损害的方案,从长期来看,这是最根本和最有效的保护环境之策。

(五)体现"公平"原则,促进社会和市场公平

公平竞争是市场经济的最基本原则。通过征收环境税可以将外部成本内部化,从而更好地体现"公平"原则,有利于各类企业之间进行平等竞争。由此可见,建立环境税收制度也符合市场经济运行和发展的需要。

环境税收的产生,既是源于人类保护环境的意愿,也是发展市场经济的内在要求。环境税收首先诞生于市场经济体制较为完善的发达国家,也证明了这一点。

五、环境税的政策效应

(一)宏观层面"双重红利"效应

环境税的"双重红利"假说的基本理论机制是通过环境税的开征,不仅能够有效地抑制污染行为,改善生态环境质量,达到环境保护目标;而且能够利用环境税的税收收入来降低现存其他高扭曲税种对资本、劳动产生的扭曲作用,从而使整个社会的效率提高、福

利改进。

环境税的环境改善效应是第一重红利,环境税作为一项专项税种,这一重红利得到了广泛认可;而第二重非环境红利,学界的看法略有争议,并未形成一致结论,代表性观点有以下三方面:(1)效率红利;(2)就业促进红利;(3)收入分配红利。

综合上述,这三方面红利的存在性和福利大小是决定"双重红利"假说能否成立的关键。

(二)微观层面的绿色创新激励效应

绿色技术创新最早是指减轻环境污染、提高原料和能源使用效率的技术、工艺或产品的总称。从微观层面来看,由于环境税制度带来的处罚压力和税收负担,会倒逼企业主动节约能源、减少污染排放,生产绿色产品。

目前,关于环境税对企业绿色技术创新影响的实证研究相对较少,大多以原排污费制度为依据,就企业技术创新展开研究。相关研究表明,绿色技术创新作为一项高风险、高投入、周转期长的活动,难以自发形成,需要环境规制等外部激励措施督促企业提升绿色技术创新水平。异质性环境规制工具会对各企业绿色技术创新活动产生不同的效应,当企业资源基础雄厚时,排污费制度能够显著促进企业的绿色技术创新产出,而环保补助则会在一定程度上使企业绿色技术创新产生"挤出效应"。

第二节 环境税的理论基础

一、外部性理论

经济学家庇古通过发展"外部性理论",最早提出了政府可将税收用于调节污染行为的思想。所谓"外部性"是指在实际经济活动中,生产者或消费者的活动对其他生产者或消费者带来的非市场性的影响,即这种影响没有通过市场价格机制反映出来。这种影响可能是有益的,也可能是有害的。有益的影响称为正外部性或者外部经济,有害的影响称为负外部性或者外部不经济。负外部性的典型例子就是环境污染。

排污收税的思想即是来源于庇古的"外部性理论"。因为寻求利益最大化的厂商只关心边际私人净产出,然而由于外部性的存在,边际私人净产出可能与边际社会净产出之间存在差异,这种差异就是污染活动导致的保护环境的费用,这种费用计入社会净产出而不是计入私人净产出,因而产生了非效益。从私人角度考虑的最优决策,从社会角度来看却不是最优的。为克服私人净产出与社会净产出之间的差异,庇古提出"如果国家选择对某个特定行业的投资实施额外鼓励或限制手段,国家有可能消除这种差异。最明显的方式[①]是补贴和税收"。根据庇古的观点,一个污染者有可能承担与排放污染量而产生的社会损害相等的税收,即排污产生的边际社会成本与单位排污量的税收相等。庇古这一关于外部成本通

---

① A C Pigo. The Economics of Welfare (4th edition)[M]. London: Macmillan Publishers Limited, 1946.

过征税形式使之内部化的设想,构成排污收税的理论基础。

在完全竞争市场,庇古税的税率是由产品生产者的私人边际成本(PMC)与产品生产者的社会边际成本(SMC)之差决定的。

在完全竞争市场,消费者从商品消费中所得到的边际收益(MB),等于被消费的商品的市场价格;生产者为了实现利润最大化,也会主动控制其产出水平。其最大化利润的产出水平是产品的私人边际成本(PMC)恰好等于产品的市场价格时的水平。市场实现生产与消费的均衡时,必然是产品的供给等于消费品的消费。也就是说,市场实现供给与需求的均衡时,消费者从消费商品中所获得的边际收益等于生产者生产这一商品的私人边际成本,而且二者都等于市场中商品的供求均衡价格 E_1。即:

$$MB = PMC = E_1 \tag{6-1}$$

假定生产者的外部性是负的,也就是说,生产过程中生产者给社会带来了成本。那么包括私人成本在内的产品的社会成本总是大于私人成本,用图表示则如图 6-1、图 6-2 所示的 SMC 在上、PMC 在下的情形。根据供给等于需求,边际成本等于边际效用还等于市场价格的市场最优与市场均衡原理,生产者不考虑外部性时,市场的均衡价格为 E_1,产量定额为 X_1。生产者考虑生产的外部性时,即将社会成本纳入私人生产成本时,市场的均衡价格为 E_2,产量定额为 X_2。后者代表的是社会效益最优化过程。当然,生产者是不会主动考虑外部性的。这样,实现私人效益最优化过程向社会效益最优化过程的转变,要求生产者在生产时考虑生产的外部性,必须有一个外部条件给予刺激。其中,能与市场机制相融合、效果较好的外部条件是政府对企业征税,税率应以单位产出计,大小要等于社会边际成本(SMC)与私人边际成本(PMC)之差。在环境污染领域,它等于环境污染成本,是社会边际成本与私人边际成本的差值。

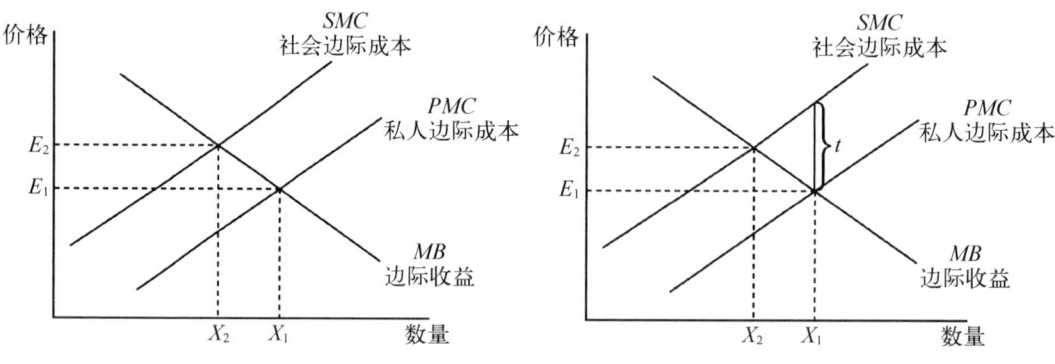

图 6-1 不征税情况下的生产领域　　图 6-2 征税情况下的生产领域

在消费领域也同样存在外部性。对于消费行为存在外部性的情况,表现为社会消费效用低于私人消费效用,此时,庇古税税率等于私人边际消费效用与社会边际消费效用之差的结论仍然适用。如图 6-3 和图 6-4 所示,即为消费领域内由外部性所导致的社会边际效用低于私人边际效用的情况。E_1 是自由市场条件下达到均衡时的价格,t 是私人与社会边际效用之差。

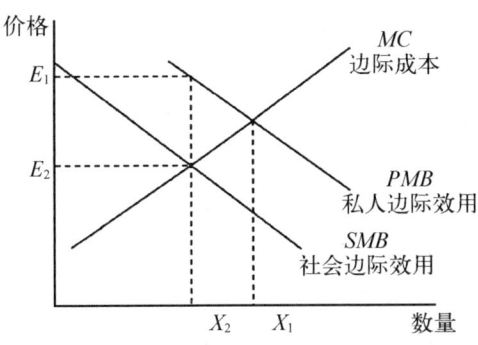
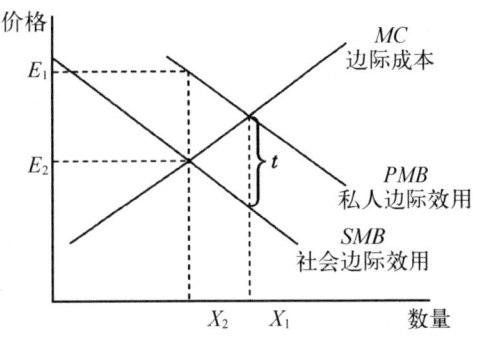

图 6-3　不征税情况下的消费领域　　　　图 6-4　征税情况下的消费领域

从图 6-1 到图 6-4 可以看出,税收对生产和消费的影响是绝对的,征税以后,由于商品或服务价格的提高,私人生产者和消费者都对自己的行为进行了收缩性的调整,产量和消费需求减少量等于(X_1-X_2)。

二、公共物品理论

公共物品理论是当代环境经济学的理论支柱之一。在市场体系下,公共物品表现为一种市场失灵或外部性,环境退化的根源之一就是环境质量的公共物品特征。

自然资源被过度开采和利用的首要原因在于大家对环境资源都有使用权,而个人对环境资源的损耗和枯竭却不必承担相应的成本。森林、大气、水等环境资源是人类共同的财富,从性质上属于公共品范畴,公共物品相对于私人物品来说,具有消费的非竞争性和受益的非排他性。例如,一个人自由地享用清洁的空气并不影响另一个人同时同地享用同样的清洁空气,而且,他们都不必为自己的这一消费行为付费。这就使得人们不愿意承担为取得优美环境而需要的支出,常常出现"搭便车"现象。此时,仅强调市场的作用是不够的,单纯通过市场,很难保证生态环境得到有效的保护,因为在环境保护领域,个人的最优选择与集体或社会利益往往是背道而驰的。因此,只能由政府通过对所有使用环境公共物品的人收取价格——税收的方式来实现。通过收税,一方面满足了政府为公众提供公共物品的财力需要;另一方面也为治理公共物品的外部性问题提供了必要的资金,这就是环境税形成的最初的公共物品理论。

三、可持续发展理论

随着科技的发展,社会生产力的提高,人类认识自然和利用自然的能力逐渐增强,人类活动对自然的影响也越来越大,同时人类对环境的破坏也达到了环境承载能力的极限,人与自然的矛盾日益突出。在这样的背景下,"可持续发展"的思想应运而生。对"可持续发展"最有影响的定义应该是世界环境与发展委员会(WECD)在 1987 年发表的《我们共同的未来》中的定义,即"既满足当代人的需求又不危及后代人满足其需求的发展"。[①]

---

① 计金标.生态税收论[M].北京:中国税务出版社,2000:19.

可持续发展概念是一种新的发展观。它首先是从环境保护的角度来倡导人类社会的进步和发展,号召人们在发展经济的同时必须注意生态环境的保护和改善,提出要改变人类沿袭已久的生产方式和生活方式,并调整现行的国际经济关系。可持续发展已经成为一种新的发展导向,同时也成为政府制定政策的一个重要决策因素。从政府的角度来说,就是如何运用各种手段,包括经济的、法律的、行政的手段调节企业和居民的行为,使生产和消费方式有利于环境的更新和发展,有利于人类社会和环境的和谐统一。

基于传统经济发展理论的毫无节制的粗放式的资源开发和利用方式,不仅破坏了人类在资源环境上分配的代内、代际的公平性和效率性,还损害了社会发展的整体质量。可持续发展理论要求从本质上消除向后代延伸的外部性,要求政府在发展经济的同时保护好现有的生态环境和自然资源,通过各种手段,包括经济的、法律的、行政的手段,留给后代人不少于当代人所拥有的机会。将可持续发展理论运用于环境税领域,就意味着要将社会环境成本的计算包含在当代人的发展成本之中,而且要将那些对后代人的生存和发展造成的损失也纳入成本之中。现代意义的环境税正是在这个理论上建立起来的,作为一个对后代负责任的政府,可以通过征收环境税的方式对当代人有可能向后代人传递的负外部性进行调节,并利用筹集的税收收入对污染进行治理,对自然环境进行保护,使后代人拥有和当代人同样的生存和发展环境。

四、循环经济理论

循环经济是 1992 年联合国环境和发展大会提出走可持续发展道路之后,在少数发达国家中出现的新的经济发展模式。其基本含义是,通过废弃物或废旧物资的循环再生利用来发展经济,其目标是使生产和消费过程中所投入的自然资源最少,向环境中排放的废弃物最少,对环境的危害或破坏最小,即实现低投入、高效率和低排放的经济发展。它要求经济发展过程中以生态学规律为指导,以提高资源利用率、减少污染物排放为目标,以清洁生产、资源综合利用、生态设计和绿色消费等为手段,大力提倡物质资源使用的"减量化、再利用、再循环",形成物质、能量梯次和闭路循环使用系统,从而从根本上保护日益稀缺的环境资源,提高环境资源的配置效率。

发展循环经济,就是用新的理念和思路去调整产业结构、组织经济活动,用新的机制去激励企业和社会追求可持续发展的新模式,体现新型工业化的内涵和目的。这种理论与环境税的目标恰好不谋而合,可用以支撑环境税制相应环节的建立与完善。比如,循环经济是以提高资源的利用率、减少污染物的排放为目标;而环境税也正是为了促进企业或个人将资源成本纳入生产成本之中以有效利用资源、减少资源浪费,并通过征收污染税的形式,促使企业改进生产设备,降低污染物的排放,引导消费者进行绿色消费,改善人类的生存环境。

在我国现行税收优惠政策中,已经体现出循环经济的思想。例如,我国《企业所得税暂行条例》中规定:(1)企业在原设计规定的产品以外,综合利用本企业生产过程中产生的、在《资源综合利用目录》内的资源作主要原料生产的产品的所得,自生产经营之日起,免征所得税 5 年。(2)企业利用本企业外的大宗煤矸石、炉渣、粉煤灰作主要原料,生产建材产品的所得,自生产经营之日起,免征所得税5年。(3)为处理利用其他企业废弃的、在《资源综合利用目录》内的资源而新办的企业,经主管税务机关批准后,可减征或者免征所得税1年。在其他相关税种中也有关于循环利用废弃物的税收优惠条款,虽然这些政策还有待完善,但将循环经济的理论融入环境税收体系之中,从而建立系统全面的环境税收制度,已是题中之义。

五、法学理论

从法学理论角度研究环境税与经济学不同的是,前者不是从经济发展规律角度入手,而是着重于环境税中的权利、义务的研究。因为法的基本精神是公平与正义,一项法律制度的建立,不仅要追求社会经济的有序性,还必须要对社会的公平和正义有所考虑,因为任何一项社会、经济制度只有充分考虑了制度中权利、义务的合理配置,才有可能上升到法律层面上来,也只有得到人们的认可,兼顾到各方利益,实现了基本的公平,才能在国家强制力的保证下充分发挥其作用。建立在可持续发展理论基础上的环境税所追求的社会公平和正义,用法律的语言来形容就是权利、义务在现代人之间、现代人与后代人之间的合理配置。[①]

"环境资源法律通过规范人的环境行为而调整人与自然的关系,与法律通过规范人的行为而调整人与人的关系的机制一样。""一部良好的环境资源法律就是一张人与自然关系的关系网,就是一幅反映、描绘人与自然和谐共处关系的蓝图。"[②]

环境税法律制度正是环境资源法律体系中的一部分,其目标就是社会、经济、生态的和谐发展。环境税法律制度的设立就是在对市场经济按照生态要求和社会要求进行调节的基础上发展出的一种新的模式,力求扭转单纯追求增长而不是根据实际需要进行生产的趋势。我国环境法治建设才起步不久,还有很多的障碍和困难,这需要我国的法学家们借鉴国外成功的经验,结合我国特殊的国情,建立中国模式的环境法律制度体系。

第三节 国外资源与环境税概况

一、国外资源与环境税的发展概况

1972年世界经济合作与发展组织委员会首次提出了"污染者负担原则"[③]。"污染者付费"原则在其提出之际就有了明确的定义,即由法律规定的自然人或法人,如果对环境污染负有责任,那么必须采取相应的措施或支付费用以消除或减少造成的污染。环境税是作为该原则的一个体现同时在西方发达国家出现的。在此后的几十年时间里,环境税的运用得到了世界各国的广泛支持,西方发达国家对环境税进行了积极的探索和实践,成为环

[①] 姜涛.论环境税收制度[M]//环境资源法论丛(第3卷).北京:法律出版社,2003:360.
[②] 蔡守秋.调整论——对主流法理学的反思与补充[M].北京:高等教育出版社,2003:8.
[③] 韩德培.环境保护法教程[M].北京:法律出版社,2003:89.

境经济手段中发展最快的一种,环境税已成为发达国家环境保护的一种重要经济手段。

国外环境税的发展大致经历了三个阶段:第一,初步确立阶段(1990年以前)。这个阶段,环境税主要体现为补偿排污成本的收费,即为了控制污染的投入而向排污者征收的,主要是针对污水和废弃物等突出的"显性污染"进行强制征税,具体操作时采用押金制度和许可证制度来进行预防控制,然后根据排污量和污染程度进行征税。这一时期的环保税主要以"污染者负担"为原则,要求排污者承担监控排污行为的成本,主要包括特定用途收费等,属于环保税的雏形。如荷兰从1970年开始征收废水排污税和居民生活垃圾处置税;英国在1972年开征二氧化碳税。此外,欧盟还对有利于环境污染治理、节能减排的产品与服务给予税收优惠,以此支持企业开发与应用减排技术。如德国于1976年制定并实施了《德国排污费法》,对符合规定的排放者将排污费降低50%。

第二,发展阶段(1990—2017年)。这个时期,环境税的范围日益扩大,种类日益增多,已经涉及大气、水、生活环境、城市环境等诸多方面,同时,欧盟一直在积极推动减碳政策的制定和实施,如丹麦、芬兰、德国、荷兰自1990年起陆续征收碳税,之后爱尔兰、法国、葡萄牙也开始正式征收碳税,并取得了一定减碳效果。芬兰从1990年实施碳税起至1998年碳税改制,碳排放量共减少了7%。

20世纪90年代中期以来西方发达国家出现了新的环境立法趋势:(1)间接税的比重加大。西方发达国家的环境税由直接征税向注重使用增值税、消费税、产品税等间接税形式转变。(2)环境税目前加入了更多的环境保护功能,由侧重取得财政收入向保护环境、抑制污染方向改革。其中一个重要手段就是利用了税率差别和税收减负的调节作用,如瑞典规定从1995年1月起,电动车和电动、汽油两用车可以免缴新车消费税;德国从1999年起推行的生态税改革,在增加能源税的同时,对直接使用由电能、太阳能、生物能、水能等可再生能源生产的电免除电税。(3)以能源税为主体,税种多样化。在西方环境税收体系中,能源税及其相关税占据非常重要的地位。1997年,欧盟15国环境税收入占整个国家税收收入的比例平均为6.71%,其中能源和交通税所占的比例就高达6.46%;1999年4月德国政府实施了能源税改革,改革的主要内容是增加无铅油、柴油、汽油、天然气和电等能源的使用税。税种的多样化体现在税种已经包括燃料税、噪声税、垃圾税、水污染税、农业污染税、土壤保护税、地下水税、二氧化碳税、二氧化硫税、汽油税、柴油税、润滑油税等。(4)取消或修正现行扭曲的补贴和税收条款。取消扭曲性的补贴主要是指取消某些农业、工业、能源以及公路运输补贴。比如OECD国家取消了对农业的补贴,因为这种补贴鼓励了农业过量生产,使农民大量使用杀虫剂、化肥,造成了土地板结、沙化等一系列生态环境恶果;另外,还取消了对煤等污染能源的税收优惠政策,取消了对湿地的农业和工业发展免税的优惠政策等。取消扭曲性税收条款,主要是指取消对环境造成不利影响的税收条款,如部分OECD成员国取消了对雇主补贴给雇员的交通费所征收的所得税。

第三,环境税的成型阶段(2018年至今)。这一阶段,可持续发展理念的深入推进使得环保税在这一时期加速发展,许多国家开始推行有利于环保的财政、税收政策,还有一些国家进行了综合的环保税改革。2020年3月4日《欧洲气候法》正式提出,*Fit for 55*计划通过更进一步对欧盟碳中和路径进行了阶段性规划，将全面推进能源税作为主要抓手，配合新能源开发使用及负排放举措，促使企业等经济主体自发性地采取碳减排措施，使各部门逐渐脱碳，从而推动欧盟整体碳减排。

进入21世纪之后，排放权交易成为确保可持续发展、应对气候变化问题的有效措施，成为环保税的一个有效补充手段。

二、环境税的种类

总体来说，环保税的征收在全球已经非常普遍，环保税费一体化进程也在不断加快，但由于各国国情、经济发展水平、面临环境问题的严峻程度不同，各国制定的环境保护政策以及税费结构存在很大差别，开征的具体税种、开征方法也不同。

目前，各国的环境税主要有以下几种：

（1）对排放污染所征收的税，包括对工业企业在生产过程中排放的废水、废气、废渣及汽车排放的尾气等行为课税，如二氧化碳税、水污染税、化学品税等。

（2）对高耗能、高耗材行为征收的税，也可以称为对固体废物处理征税，如润滑油税、旧轮胎税、饮料容器税、电池税等。

（3）为减少自然资源开采、保护自然资源与生态资源而征收的税，如：开采税、地下水税、森林税、土壤保护税。

（4）对城市环境和居住环境造成污染的行为征税，如：噪声税、拥挤税、垃圾税等。

（5）对农村或农业污染所征收的税，如：超额粪便税、化肥税、农药税等。

（6）为防止核污染而开征的税，主要有铀税。

三、西方各国环境税制度简介

欧盟在发展环保税方面处于先行地位。欧盟认为，控制能源消费及使用是环境保护的关键，许多欧盟国家相应制定了对能源及其产品实行多重征税和差别征税的政策。目前比较前沿的研究包括珍妮特·米尔恩（Janet Milne）的著述《环境税研究手册》（*Handbook of Research on Environmental Taxation*），该书较为详细地介绍了发达国家尤其是欧盟的环境税制度。[①]

（一）丹麦的环境税制度

丹麦是欧盟第一个真正进行生态税改革的国家，也是第一个通过自己制定大气保护政策，从而减少二氧化碳排放量的少数国家之一。丹麦的环境税种类比较齐全，结构比较完整。

1. 能源税

丹麦从1978年开始逐渐引入能源税，首先引入的是电能税，然后是轻重油税，1979年开始对罐装气征税，1982年开始对煤征税，1996年开始对天然气征税，此后几乎对各种

---

① J E Milne, M S Andersen. Handbook of Research on Environmental Taxation[M]. Cheltenham: Edward Elgar Publishing, 2012.

石油及煤产品都征收能源税。

2. 二氧化碳税

1992年丹麦引入二氧化碳税,引入碳税的目的是提高能源利用效率和鼓励以低碳燃料替代高碳燃料生产热力和电力。1992年,丹麦对除汽油、天然气和生物燃料以外的所有类型的家庭用能的二氧化碳排放征收二氧化碳税,征收标准以每种燃料在燃烧时的二氧化碳含量为计算依据,税率为每吨二氧化碳13.42欧元。1993年开始,工业和商业用天然气也开始征收碳税,税率与家用能源相同。但是,有增值税返还资格的工商业用户碳税的50%可以得到返还。如果公司的生产是能源密集型的,那么返还的比例更大。

3. 二氧化硫税

1996年,丹麦开始对某些煤和油征收硫税,征收对象是煤炭、油和天然气的供应商以及使用含硫的木材、秸秆和废物的企业,目的在于促进削减硫的排放和同时减少二氧化碳的排放。每吨硫的税率为1 342.1欧元,只有当燃料含硫量超过起征量时才征税。电力生产部门免征硫税,硫的含量低于0.28%的煤以及硫的含量低于0.4%的石油产品也免征硫税。2000年丹麦决定对某些硫税取消免税措施,或者提高硫税的免税标准。

4. 产品税

丹麦于1994年1月实施税改,开始重视设立产品专项税和危险废物专项税,新增了许多新的税种,尤其对消费品的征税范围不断扩大。

为减少农药的使用,对小于1公斤或1升的容器零售的农药予以征税,税率为批发价的1/6(包括除了增值税以外的其他税);大额销售的农药要被课征批发价3%的税收(不包括优惠的部分和增值税)。

对镍和镉充电电池征税,该税的收入专门用来支付废弃的可充电电池的回收成本。税率为每个电池2丹麦克朗,对设备和配件中的每个电池征收8丹麦克朗。

对塑料和纸的杯子、盘子和餐具等征收批发价1/3的税收,其进口税率为50%。提高了垃圾税税率,按照垃圾是焚化还是送到填埋场而征收不同数额的税收。1998年征收了废物的燃烧税,按照废物处理厂的供应热量征收。

(二)荷兰的环境税制度

荷兰是较早利用税收手段保护环境的西欧国家之一,也是运用环境保护税收比较成功的国家之一。20世纪80年代后期,荷兰政府就把可持续发展作为环境政策的目标,为了实现代际的可持续发展,决定每4年制定一次环保计划。1988年荷兰开始征收环境税,20世纪90年代初已经形成较为完备的环境税费体系,21世纪进一步进行绿色税制的改革。荷兰运用了一揽子税收综合措施促进环境的保护和能源的节约利用,其环境税制是一个相当复杂的税收联合体,既包括燃料税、二氧化碳税、水污染税、地下水税、垃圾税等,又包括一套税收鼓励优惠措施。

1. 燃料税

这是政府为环境保护筹措资金而对汽油、柴油、重油、天然气、煤等主要燃料征收的一种税,纳税人是应税燃料的生产商和进口商,实行定额税率,税率由政府每年根据环境部确定的环境保护目标所需资金来决定。该税于1988年4月1日开征,经过十多年的实践,效果明显,现已经成为荷兰政府环境税收的主要来源。

2. 二氧化碳税

随着人们逐渐认识到空气污染和燃料的使用直接相关,而且燃料的使用被公认为能大体反映产生污染的经济活动水平,二氧化碳税于1990年正式纳入能源税收体系。二氧化碳税对所有能源适用。

3. 水污染税

早在1969年,荷兰就开征了地表水污染税,这是一种以污染水资源而开征的税,主要目的是为水净化筹措资金,以及要起到较强的激励作用。污染全国性水系的缴中央税,污染非全国性水系的缴地方税。税率取决于废水的数量和性质、污染物质、有毒物质含量以及污水排放方式,不同的水资源保护区适用不同的税率。纳税人是向地表水及水净化厂直接或间接排放废弃物、污染物和有毒物质的任何单位和个人。

4. 地下水税

荷兰于1995年开征了地下水税,这是中央政府对开采新鲜的地下水而征收的一种税,纳税人为开采地下水的个人和开采机构的业主,具体包括饮用水的供给商、农民、地下水工厂等。税率为:对自来水公司为每立方米0.3荷兰盾,其他单位和个人每立方米0.17荷兰盾,对渗透水可申请一定的折扣,对建筑工地上为排水而开采地下水、试验开采、为洒水和灌溉开采地下水以及为净化地下水而开采等可免征地下水税。

5. 垃圾税

荷兰是较早开征垃圾税的国家之一,其开征的目的主要是为收集和处理垃圾筹措资金。每个家庭都是纳税人,人口少的家庭可以获得一定的减免。另外,政府还开征了政府垃圾收集税(各地政府可以在两种税之间进行选择),该税的税基是每个家庭产生的垃圾数量,具体根据每个家庭垃圾箱的数量及每个垃圾箱的单位税额来征收。

6. 剩余粪肥税

该税是中央政府对全国范围内产生粪便的农场征收的一种税,于1987年开征,其税基是粪便的排放量,由农场饲养的牲畜的数量,加上一些调整因素计算出来,税率是根据农场每公顷农田所生产的磷的重量来确定的。

7. 噪声税

这是政府对民用飞机的使用者在特定地区产生噪声的行为征收的一种税,目的主要是为政府筹集资金,用于机场附近安装隔音设备、安置搬迁居民等,税基是噪声的产生量。

荷兰环境方面的成效还得益于其一系列税收鼓励措施。比如为了促进环境产业的发展,鼓励开发和推广有利于环境的设备投资,荷兰设立了环境保护设备投资的自由偿还制度:由环境部制定环保设备名单,主要针对一些有利于环境但因经济原因难以投入市场的设备。再如,荷兰对一些设备实行加速折旧,这一规定适用于由环境部每年更新的一份环境清单上列出的专门设备,包括水污染、土壤污染、废物、噪声以及节能等领域的专门设备,其中节能设备比例最高。而且这些设备大约60%的技术在开发初期是由政府资助的,加速折旧与研发资助相结合极大地推动了新技术的产生和推广。另外,荷兰政府还规定了绿色投资免税。目前,所有荷兰的大银行都为委托人提供绿色投资基金,这种基金至少应把总资产的70%投资于绿色工程,包括自然、森林、能源、风景与有机农业等领域的工程,而投资人来自这些投资的利息和股息是免税的。

荷兰环境税收中带有明显的政府级次特征,中央政府和地方政府有着不同的侧重点。中央政府主要侧重对燃料使用的行为征税,低级次的政府主要侧重对与特定污染有关的行为征税。全国性的环境税有燃料税、噪声税和对粪便剩余物征税,一些税收鼓励措施如加速折旧等,其决策权也集中在中央。但荷兰环境税收的主要部分还是由地方政府负责征收的,特别是一些专项收费,如对废物的处置、水和土壤的不适当处置等,其收入也主要由地方政府使用,以对当地的废物收集与处理、污水处理系统以及公用水净化厂的开支给予财政资助。

(三) 美国的环境税制度

美国在20世纪70年代后开始尝试利用包括税收在内的经济手段保护环境。美国国会1971年提出在全美范围内向排放硫化物征税的议案,并在1987年建议对一氧化硫和一氧化氮排放征税。此后,美国政府逐步将征税手段引入到整个环保领域,形成了一套较为完善的环保税体系。目前,这一领域的税种主要包括对损害臭氧的化学品征收的消费税、汽油税,与汽车使用相关的税收和费用,如卡车、拖车消费税、轮胎税等,开采税、固体废弃物处理税费、二氧化硫税、环境收入税等。此外,还有较多的环保税收优惠政策。

1. 大气污染方面的税收

一是对损害臭氧层的化学品征税,其目的是消除氟利昂的排放。对应税化学品分别确定定额税率,该税率是通过一个基础税额加上一些调节因素得出,即基础税额乘以某种化学品的臭氧损害系数。二是对汽油由联邦和州两级政府征税,虽然汽油税最初不是作为环境保护税来征收的,但在实施过程中对大气环境的改善有明显作用,它能鼓励消费者购买更节能的汽车,从而减少废气的排放。

2. 对固体废弃物处理的税收

一是对再利用的税收鼓励。包括对循环利用设备投资的税收抵免或扣除,对购买循环利用设备免除销售税及相关活动的贷款和补助等。二是所谓的"瓶子法案"或饮料容器押金法。即在购买饮料时要提供一定的押金,到归还空瓶子时再退押金。三是包装和材料税。包括对特定的新闻制品和饮料的征税,以及对生产商、批发商、零售商的更一般的税收。

3. 开采税

这是对自然资源(主要是石油)开采征收的一种税,目的在于通过影响自然资源开采的速度和时间来影响环境。这种影响表现在两方面:首先,它会抑制处于边际上的资源的开采和开发活动,即假定税收会使那些在没有税收情况下刚好有盈利的开发和经营活动变得非盈利。这种效应可称为"高品位效应",说明那些低品位的矿藏在征税的情况下将被忽略。其次,开采税改变了开采的利润最大化模式的时间格局——它们会将之转移到后代。与非征税的情况相比,这种税减少了所有时期的开采和产量。

4. 其他联邦消费税

为给超级基金(超级基金是美国以环境保护为专项内容的最大一项基金,由国家环保局负责管理,在财政管理上纳入联邦财政预算内管理)计划筹资,用于对废弃的有毒污染源进行清理,国会建立了一个信托基金。环保局用它来为清洁项目筹集资金,其来源有一系列渠道,其中包括一些联邦消费税。主要的一种是原料税,它是对石油和化工产品生产中投入的原料按每单位数量征收的一种税;另一种是对销售煤的征税。从这些消费税中取得的大部分收入纳入超级基金,用于与征税项目有关的清洁计划。

美国征收环境保护税的主要目的在于保护环境,而不是筹集资金,其征税管理执行得非常严格。由税务部门统一征收,缴入财政部,财政部将其分别纳入普通基金预算和信托基金,后者再转入下设的超级基金。由于征管部门集中、征管手段现代化水平高,所以在美国,拖欠以及逃、漏环境税收的现象很少,环境税征收额呈逐年上升趋势。

第四节 我国环境税收制度现状

改革开放以来,我国经济实力迅速提高,但经济发展模式仍处于相对粗放的阶段。同时,由于经济社会发展的需求,环境污染不断加重,资源利用率不断降低。例如,从水资源利用的角度看,由于我国人口众多、水资源分布不均等现状,水资源短缺问题一直还是当今社会关注的热点问题,在我国城市化建设中,城市水资源短缺和水环境污染问题也尤为突出。不断加剧的环境污染问题,不仅造成我国环境的质量下降,带来生态破坏,更影响到居民的生活环境质量及身体健康。由此可见,我国出台相应的环境税法律势在必行。

《中华人民共和国环境保护税法》(简称《环境保护税法》)自2018年1月1日起施行,推动企业在生产经营过程中既考虑经济账又考虑环境账。根据《环境保护税法》,我国现行环境保护税覆盖了大气污染物、水污染物、固体废物和噪声四类主要污染物、100多种主要污染因子,其中关于氟化物、氮氧化物的规定在一定程度上限制了温室气体的排放,但是由于未能直接限制二氧化碳的排放而使碳减排效果受到一定影响。

《环境保护税法》的制定,是贯彻落实中国共产党提出的"推进环境保护费转税"和"严格法制保护生态环境"要求的重大举措,对促进生态文明建设具备重要意义。为了实现环境保护税法的顺利实施的目的,国家制订相关实施条例,细化相关法律规定,增强环境税征收管理的可操作性,更好地满足了环境保护税收征管的实际实践需要,也突出《环境保护税法》制定的目的,即充分运用税收手段维护我国的自然环境。

一、环境保护税概述

环境保护税是对在我国领域以及管辖的其他海域直接向环境排放应税污染物的企事业单位和其他生产经营者征收的一种税。

(一)征税项目为四类重点污染源

对大气污染物、水污染物、固体废物、噪声等4类重点污染物征税;同时对机动车、铁路机车、非道路移动机械、船舶和航空器等流动污染源暂免征税。

(二) 纳税人主要是企事业单位和其他经营者

政府机关、家庭和个人即便有排放污染物的行为，也不属于环境保护税的纳税人；同时对农业生产（不包括规模化养殖）暂免征税。

(三) 直接排放应税污染物是必要条件

如果企业事业单位和其他生产经营者向依法设立的污水集中处理、生活垃圾集中处理场所排放应税污染物，或者在符合国家和地方环境保护标准的设施、场所贮存或者处置固体废物的，还有依法对禽畜养殖废弃物进行综合利用和无害化处理的，不属于直接向环境排放污染物。

(四) 纳税人和征税对象

纳税人：在中华人民共和国领域和管辖的其他海域，直接向环境排放应税污染物的企业事业单位和其他生产经营者。

征税对象：大气污染物、水污染物、固体废物和噪声。

(五) 不征税项目

有下列情形之一的，不属于直接向环境排放污染物，不缴纳环保税：

（1）企业事业单位和其他生产经营者向依法设立的污水集中处理、生活垃圾集中处理场所排放应税污染物的；

（2）企业事业单位和其他生产经营者在符合国家和地方环境保护标准的设施、场所贮存或者处置固体废物的；

（3）畜禽养殖场依法对畜禽养殖废弃物进行综合利用和无害化处理的。

(六) 税目

大气污染物、水污染物、固体废物和噪声。燃烧产生废气中的颗粒物，按照烟尘征收环保税（大气污染物）；固体废物包括煤矸石、尾矿、危险废物、冶炼渣、粉煤灰、炉渣、其他固体废物。

二、我国资源税法

资源税采取从量定额的办法征收，实施"普遍征收，级差调节"的原则。普遍征收是指对在我国境内开发的一切应税资源产品征收资源税；级差调节是指运用资源税对因资源贮存状况、开采条件、地理位置等客观存在的差别而产生的资源级差收入，通过实施差别税额标准进行调节。资源条件好的，税额高一些；资源条件差的，税额低一些。

资源税税目、税额包括7大类，在7个税目下面又设有若干个子目。现行资源税的税目及子目主要是根据资源税应税产品和纳税人开采资源的行业特点设置的。《中华人民共和国资源税法》于2020年9月1日起生效执行，其主要改动如下：

(一) 简并征收期限，减轻办税负担

新资源税法规定由纳税人选择按月或按季申报缴纳，并将申报期限由10日内改为15日内，与其他税种保持一致，这将明显降低纳税人的申报频次，切实减轻办税负担。

(二) 规范税目税率，简化纳税申报

新资源税法以正列举的方式统一规范了税目，分类确定了税率，为简化纳税申报提供

了制度基础。

(三) 强化部门协同,维护纳税人权益

资源税征管工作专业性、技术性强,特别是对减免税情形的认定,需要有关部门的配合协助。例如,税法规定对衰竭期矿山开采的矿产品减征 30% 资源税,授权各省对低品位矿减免资源税,落实该政策的前提条件就是衰竭期矿山和低品位矿的认定。

新资源税法明确规定,税务机关与自然资源等相关部门应当建立工作配合机制。良好的部门协作,有利于减少征纳争议,维护纳税人合法权益。

(四) 对资源税纳税申报表进行了全面修订

在基本保持原有表单逻辑结构的基础上,对表内数据项进行了精简。修订后的资源税申报表分为 1 张主表、1 张附表,较原申报表减少了 2 张附表、24 项数据项。

纳税人在申报缴税时,先填写附表数据项计算资源税计税销售数量、计税销售额和减免税税额,再将结果代入主表,计算应纳税额。进行网上申报的纳税人,在填写附表数据项后,系统自动将结果导入主表,计算应纳税额。

(五) 简化办理优惠事项,优化办税流程

明确纳税人享受资源税优惠政策,实行"自行判别、申报享受、有关资料留存备查"的办理方式,另有规定的除外。纳税人享受优惠事项前无须再履行备案手续、报送备案资料,只需要将相关资料留存备查。纳税人对资源税优惠事项留存材料的真实性和合法性承担法律责任。

2020 年新修订的资源税税目税率表如表 6-1 所示。

表 6-1 主要资源税税目税率表

税目		税率
一、原油		6%
二、天然气		6%
三、煤炭	煤	2%—10%
	煤成(层)气	1%—2%
四、其他非金属矿原矿	矿物类	1%—12%
	岩石类	1%—10%
五、黑色金属	1%—9%	
六、有色金属矿原矿	稀土矿	7%—20%
	其他有色金属矿	2%—10%
七、盐		3%—15%

确定资源税课税数量的基本办法是:纳税人开采或者生产应税产品销售的,以销售数量为课税数量;纳税人开采或者生产应税产品自用的,以自用(非生产用)数量为课税数量。

因为资源税贯彻"普遍征收、级差调节"的原则,因此规定的减免税项目比较少,主要包括:开采原油过程中用于加热、修井的原油免税;纳税人开采或者生产应税产品的过程

中,因意外事故或者自然灾害等原因遭受重大损失的,由省、自治区、直辖市人民政府酌情决定减税或者免税;对冶金联合企业矿山的铁矿石资源,减按规定税额标准的40%征税,由此造成地方财政减少收入的,中央财政将予以适当补助;对有色金属矿的资源税在规定税额的基础上减征30%,即按规定税额标准的70%征收。

三、其他与环境保护、资源利用有关的税种

(一) 城市维护建设税

城市维护建设税(简称"城建税"),是国家对缴纳增值税、消费税、营业税(简称"三税")的单位和个人就其实际缴纳的"三税"税额为计税依据而征收的一种税。它属于特定目的税,是国家为加强城市的维护建设,扩大和稳定城市维护建设资金的来源而采取的一项税收措施。由此可见,城建税具有以下两个显著特点:

一是具有附加税的性质。它以纳税人实际缴纳的"三税"税额为计税依据,附加于"三税"税额,本身并没有特定的、独立的征税对象。

二是具有特定目的。城建税税款专门用于城市的公用事业和公共设施的维护建设。

城建税的税款专门用于城市住宅、道路、桥梁、防洪、给水、排水、供热、轮渡、园林绿化、环境卫生以及公共消防、交通标志、路灯照明等公共设施的建设和维护。由于这些工程设施对于改善城市大气和水环境质量具有特别重要的意义,因此,城建税与环境保护和生态补偿关系紧密。该税种运行至今,在增加地方财政收入、积累城市建设维护资金、改善城市环境等方面起到了重要的作用。

(二) 城镇土地使用税

城镇土地使用税是以城镇土地为征税对象,对拥有土地使用权的单位和个人征收的一种税,于1988年11月1日起对国内企业、单位和个人开征,对外资企业和外籍个人不征收。开征城镇土地使用税的目的在于通过经济手段加强对土地的管理,变土地的无偿使用为有偿使用,促进合理、节约使用土地,提高土地使用效益,同时适当调节不同地区、不同地段之间的土地级差收入,促进企业加强经济核算。

城镇土地使用税的征税范围,包括在城市、县城、建制镇和工矿区内的国家所有和集体所有的土地,以纳税人实际占用的土地面积为计税依据,按照定额税率计算应纳税额,即采用有幅度的差别税额,具体见表6-2。

表6-2 城镇土地使用税税率

级 别	人口(人)	每平方米税额(元)
大城市	50万以上	1.50—30.00
中等城市	20万—50万	1.20—24.00
小城市	20万以下	0.90—18.00
县城、建制镇和工矿区		0.60—12.00

同时,水利设施及其保护用地、林业系统的林区及有关保护用地,免征土地使用税。改造废弃土地可免征土地使用税5—10年。

(三) 耕地占用税

耕地占用税是对在我国境内占用耕地建房或者从事其他非农业建设的单位和个人,按其实际占用的耕地面积征收的一种税。其目的是约束和调节纳税人占用耕地的行为,加强土地管理,合理利用土地资源、保护农用耕地。

耕地占用税以纳税人实际占用耕地面积计税,按照规定税额一次性征收。耕地占用税的税额规定如下:

(1) 以县为单位(以下同),人均耕地在1亩以下(含1亩)的地区,每平方米为10—50元;

(2) 人均耕地在1亩至2亩(含2亩)的地区,每平方米为8—40元;

(3) 人均耕地在2亩至3亩(含3亩)的地区,每平方米为6—30元;

(4) 人均耕地在3亩以上的地区,每平方米为5—25元。

(四) 车船使用税

车船使用税是指国家对行驶于境内公共道路的车辆和航行于境内河流、湖泊或者领海的船舶,依法征收的一种税。其只对国内企业、单位和个人征收。车船使用税是一种行为税性质的税种,它就使用的车船征税,不使用的车船不征税。征收车船使用税的目的在于通过征税促使纳税人提高车船使用效益,督促纳税人合理利用车船,同时为地方政府建设和改善本地公共道路和保养航道提供资金。其本身并没有环境保护方面的意义,但由于车船的使用与能源消费直接相关,故对抑制能源消费有一定的作用。

车船使用税以规定的应税车船为征税对象,以征税对象的计量标准为计税依据,实行定额税率,从量计征。具体税额见表6-3。

表6-3 车船税额表

类 别	计税单位	年基准税额	备 注
乘用车	排量划分	1.0升(含)以下　　60元至360元 1.0升至1.6升(含) 300元至540元 1.6升至2.0升(含) 360元至660元 2.0升至2.5升(含) 660元至1 200元 2.5升至3.0升(含) 1 200元至2 400元 3.0升至4.0升(含) 2 400元至3 600元 4.0升以上　　　3 600元至5 400元	核定载客人数9人(含)以下
商用车客车	每辆	480元至1 440元	核定载客人数9人以上,包括电车
商用车货车	整备质量每吨	16元至120元	包括半挂牵引车、三轮汽车等

续 表

类 别	计税单位	年基准税额	备 注
挂车	整备质量每吨	按照货车税额的50%计算	
其他车辆专用作业车、轮式机械车	整备质量每吨	16元至120元	不包括拖拉机
摩托车	每辆	36元至180元	
船舶游艇	艇身长度每米	600元至2 000元	

扫路车、洒水车、清洗车、垃圾车和消防车等免征车辆购置税。

（五）增值税中与环境保护有关的优惠措施

纳税人销售自产的再生水、以废旧轮胎为全部生产原料生产的胶粉、翻新轮胎和生产原料中掺兑废渣比例不低于30%的特定建材产品等货物以及滴管带、滴灌管产品和对污水处理劳务实行免征增值税政策。

以工业废气为原料生产的高纯度二氧化碳产品，以垃圾为燃料生产的电力或者热力，以煤炭开采过程中伴生的舍弃物油母页岩为原料生产的页岩油，以废旧沥青混凝土为原料生产的再生沥青混凝土，采用旋窑法工艺生产并且生产原料中掺兑废渣比例不低于30%的水泥（包括水泥熟料）等实行增值税即征即退的政策。

以退役军用发射药为原料生产的涂料硝化棉粉，对燃煤发电厂及各类工业企业产生的烟气、高硫天然气进行脱硫生产的副产品，以废弃酒糟和酿酒底锅水为原料生产的蒸汽、活性炭、白碳黑、乳酸、乳酸钙、沼气，以煤矸石、煤泥、石煤、油母页岩为燃料生产的电力和热力，利用风力生产的电力，部分新型墙体材料产品等自产货物实现的增值税实行即征即退50%的政策。

（六）消费税中与环境保护有关的措施

消费税中对某些征税对象规定了差别税率，如含铅汽油和无铅汽油分别为0.28元/升、0.20元/升；汽车轮胎、高尔夫球及球具、高档手表、游艇、木制一次性筷子、实木地板分别征收3%、10%、20%、10%、5%和5%的消费税。鞭炮、焰火以及雪茄烟、烟丝依次为15%、25%、30%。消费税税率表如6-4所示。

表6-4 消费税税目税率表

税 目	税 率
一、烟	
1. 卷烟	
（1）甲类卷烟	45%加0.003元/支
（2）乙类卷烟	30%加0.003元/支
2. 雪茄烟	25%
3. 烟丝	30%

续 表

税 目	税 率
二、酒及酒精	
1. 白酒	20％加 0.5 元/500 克(或者 500 毫升)
2. 黄酒	
3. 啤酒	240 元/吨
(1) 甲类啤酒	
(2) 乙类啤酒	250 元/吨
4. 其他酒	220 元/吨
5. 酒精	10％
	5％
三、化妆品	30％
四、贵重首饰及珠宝玉石	
1. 金银首饰、铂金首饰和钻石及钻石饰品	5％
2. 其他贵重首饰和珠宝玉石	10％
五、鞭炮、焰火	15％
六、成品油	
1. 汽油	
(1) 含铅汽油	0.28 元/升
(2) 无铅汽油	0.20 元/升
2. 柴油	0.10 元/升
3. 航空煤油	0.10 元/升
4. 石脑油	0.20 元/升
5. 溶剂油	0.20 元/升
6. 润滑油	0.20 元/升
7. 燃料油	0.10 元/升
七、汽车轮胎	3％
八、摩托车	
1. 气缸容量(排气量,下同)在 250 毫升(含 250 毫升)以下的	3％
2. 气缸容量在 250 毫升以上的	10％
九、小汽车	
1. 乘用车	
(1) 气缸容量(排气量,下同)在 1.0 升(含 1.0 升)以下的	1％
(2) 气缸容量在 1.0 升以上至 1.5 升(含 1.5 升)的	3％
(3) 气缸容量在 1.5 升以上至 2.0 升(含 2.0 升)的	5％
(4) 气缸容量在 2.0 升以上至 2.5 升(含 2.5 升)的	9％
(5) 气缸容量在 2.5 升以上至 3.0 升(含 3.0 升)的	12％
(6) 气缸容量在 3.0 升以上至 4.0 升(含 4.0 升)的	25％
(7) 气缸容量在 4.0 升以上的	40％
2. 中轻型商用客车	5％
十、高尔夫球及球具	10％
十一、高档手表	20％
十二、游艇	10％
十三、木制一次性筷子	5％
十四、实木地板	5％

(七) 增税中与环境保护有关的优惠措施

财政部和国家税务总局联合发布了《财政部国家税务总局关于资源综合利用及其他产品增值税政策的通知》（财税〔2008〕156 号，以下简称《资源综合利用增值税通知》）和《财政部国家税务总局关于再生资源增值税政策的通知》（财税〔2008〕157 号）。

为调整农业施肥结构，改善农业生态环境，财政部国家税务总局于 2008 年 4 月 29 日下发了《关于有机肥产品免征增值税的通知》（财税〔2008〕56 号），对有机肥产品明确了享受免增值税的政策。

(1) 取消"废旧物资回收经营单位销售其收购的废旧物资免征增值税"和"生产企业增值税一般纳税人购入废旧物资回收经营单位销售的废旧物资，可按废旧物资回收经营单位开具的由税务机关监制的普通发票上注明的金额，按 10% 计算抵扣进项税额"的政策。

(2) 个人销售自己使用过的废旧物品免征增值税。

(3) 对销售再生资源纳税人实行退税政策。在 2010 年底以前，对符合条件的增值税一般纳税人销售再生资源缴纳的增值税实行先征后退政策。

(4) 再生资源增值税退税政策的纳税退税比例。对符合退税条件的纳税人 2009 年销售再生资源实现的增值税，按 70% 的比例退回给纳税人；对其 2010 年销售再生资源实现的增值税，按 50% 的比例退回给纳税人。

(5) 对销售下列自产货物实行免征增值税政策：再生水、以废旧轮胎为全部生产原料生产的胶粉、翻新轮胎、生产原料中掺兑废渣比例不低于 30% 的特定建材产品。这里的"特定建材产品"，是指砖（不含烧结普通砖）、砌块、陶粒、墙板、管材、混凝土、砂浆、道路井盖、道路护栏、防火材料、耐火材料、保温材料、矿（岩）棉。

(6) 对污水处理劳务免征增值税。

(7) 对销售下列自产货物实行增值税即征即退的政策：以工业废气为原料生产的高纯度二氧化碳产品、以垃圾为燃料生产的电力或者热力、以煤炭开采过程中伴生的舍弃物油母页岩为原料生产的页岩油、以废旧沥青混凝土为原料生产的再生沥青混凝土、采用旋窑法工艺生产并且生产原料中掺兑废渣比例不低于 30% 的水泥（包括水泥熟料）。

(8) 销售下列自产货物实现的增值税实行即征即退 50% 的政策：

① 以退役军用发射药为原料生产的涂料硝化棉粉。

② 对燃煤发电厂及各类工业企业产生的烟气、高硫天然气进行脱硫生产的副产品。

③ 以废弃酒糟和酿酒底锅水为原料生产的蒸汽、活性炭、白炭黑、乳酸。

④ 以煤矸石、煤泥、石煤、油母页岩为燃料生产的电力和热力。

⑤ 利用风力生产的电力。

⑥ 部分新型墙体材料产品。

(9) 对销售自产的综合利用生物柴油实行增值税先征后退政策。

(八) 企业所得税中与环境保护有关的措施

企业购置并实际使用《环境保护专用设备企业所得税优惠目录》、《节能节水专用设备企业所得税优惠目录》和《安全生产专用设备企业所得税优惠目录》规定的环境保护、节能节水、安全生产等专用设备的，该专用设备的投资额的 10% 可以从企业当年的应纳税额中抵免；当年不足抵免的，可以在以后5个纳税年度结转抵免。

（九）外商投资企业和外国企业所得税中与环境保护有关的措施

对于在农业、科研、能源、交通运输，以及重要技术领域等方面提供专有技术所取得的使用费，按10%的税率征收所得税。其中，技术先进、条件优惠的，还可以免征所得税。特许权使用费减征、免征所得税的范围如下：

（1）在发展农、林、牧、渔业生产方面提供下列专有技术所收取的使用费，包括：改良土壤、草地，开发荒山，以及充分利用自然资源的技术；培育动植物新品种和生产高效低毒农药的技术；对农、林、牧、渔业进行科学生产管理，保持生态平衡，增强抗御自然灾害能力等方面的技术。

（2）为科学院、高等院校以及其他科研机构进行或者合作进行科学研究、科学实验，提供专有技术所收取的使用费。

（3）在开发能源、发展交通运输方面提供专有技术所收取的使用费。

（4）在节约能源和防治环境污染方面提供专有技术所收取的使用费。

（5）在开发重要科技领域方面提供下列专有技术所收取的使用费：重大的先进的机电设备生产技术；核能技术；大规模集成电路生产技术；光集成、微波半导体和微波集成电路生产技术及微波电子管制造技术；超高速电子计算机和微处理机制造技术；光导通信技术；远距离超高压直流输电技术；煤的液化、气化及综合利用技术。

（十）个人所得税中与环境保护有关的措施

个人所得税法规定对省级人民政府、国务院部委和中国人民解放军军以上单位，以及外国组织颁发的科学、教育、技术、文化、卫生、体育、环境保护等方面的奖金免征个人所得税。

（十一）关税中与环境保护有关的措施

钛、铁、镍、锰、铅、铬、锑、锆、锌、铜、铝矾土、煤等稀有贵金属矿石及其精矿，进口关税税率为0；原油、天然气、原木和木材进口关税的最惠国税率为0；煤炭及其制成品、电解铝、大理石和花岗石的进口关税的最惠国税率分别为3%—6%、5%和4%。

四、现行环境税制度存在的问题

环境税制度起步较晚，2018年《环境保护税法》的制订是贯彻落实中国共产党提出的"推进环境保护费转税"和"严格法制保护生态环境"要求的重大举措，随之学界掀起了相关问题的研究热潮。目前，国内学者关于环境资源税制度方面的研究基本上是围绕环境税制度框架设计所作的一系列定性研究，不同学者对于我国应该采取的环境税制度有各自不同的看法，并相应提出了现有制度的不足和政策建议。

比如项华彬等（2022）主要聚焦于我国现行环境保护税法存在的问题，从多方面进行分析：（1）从征税范围看，环保税种丰富但明细项目缺失；（2）从税率看，环保税税率水平偏低，差别税率应用不广；（3）从税收使用看，收入不及支出，未形成专款专用机制。[①]

---

① 项华彬,范朝霞,王珺.国外环境税实践及其启示[J].西部财会,2022(4)：11-15.

五、未来环境税制度改革展望

进一步改革完善环境税制度,考虑实施碳税。我国目前颁布的环境税法的税目包括大气污染物、水污染物、固体废物和噪声污染四类,尚未包括碳税。随着"碳达峰、碳中和"成为热点话题,未来研究可重点关注我国是否要将碳税纳入环境税体系,以及碳税在环境保护税法大框架下的具体实施制度,需要综合考虑经济、环境、政策、国际气候政治等诸多因素。

小　结

环境税是通过把环境污染和生态破坏的社会成本内化到生产成本和市场价格中,通过市场机制来分配环境资源的一种经济手段。广义的环境税是指一切与自然资源利用及生态环境保护相关的税收,其中包括资源税、污染排放税、污染产品税(或投入品税)等。资源税也是环境税的重要组成部分。作为一个税种,它具有税收的一般特性,即强制性、无偿性和规范性。同时也具有区别于其他税种的特性,征税的目的在于保护环境资源,税款主要用于治理污染和环境资源的保护,征收范围的广泛性,涉及大气、水、矿产、森林等各种资源以及与人类生产、生活有关的污染行为、污染物质,而且与消费税、资源税和增值税等税种交叉。具有保护环境和提高公民的环保意识的功能,有利于资源的优化配置和国家产业结构的调整,有利于减少税收扭曲、调整现行的税收制度。在国外,环境税通常被分为四类,即能源税、交通税、污染税和资源税,出现间接税的比重加大,由侧重取得财政收入向保护环境、抑制污染方向改革和以能源税为主体,税种多样化的趋势。我国于2018年开征环境税,有关环境保护和资源利用的税收也同时体现在资源税、城市建设维护税、城镇土地使用税、耕地占用税和车船税之中,同时在增值税、消费税、企业所得税等税种中也设置了相应的税收条款。我国现行环境税制度尚存在诸多不完善之处,随着"碳中和、碳达峰"成为热点话题,未来可重点关注我国是否要将碳税纳入环境税体系,以及环境税制度的整体改革。

习　题

一、名词解释

1. 环境税

2. 资源税

3. 外部性理论

4. 碳税

5. 公共品理论

二、选择题

1. 某采矿企业 6 月共开采锡矿石 50 000 吨,销售锡矿石 40 000 吨,适用税额每吨 6 元。该企业 6 月应缴纳的资源税额为( )元。
   A. 168 000　　　　B. 210 000　　　　C. 240 000　　　　D. 300 000

2. 下列产品中,不征资源税的有( )。
   A. 出口的海盐　　　　　　　　　　B. 铜矿石
   C. 锡矿石　　　　　　　　　　　　D. 中外合作开采的石油、天然气

3. 纳税人开采或生产应税产品并销售的,其资源税的征税数量为( )。
   A. 开采数量　　　B. 实际产量　　　C. 计划产量　　　D. 销售数量

4. 下列各项中,属于资源税的纳税人的是( )。
   A. 境内开采应税矿产品或者生产盐的个人
   B. 生产居民煤炭制品的单位
   C. 中外合作开采石油、天然气的企业
   D. 进口应税资源产品的单位或个人

5. 根据现行资源税规定,下列说法错误的是( )。
   A. 我国目前的资源税只对部分资源征收,体现了特定征收的立法原则
   B. 资源税的立法原则充分体现了级差调节
   C. 资源税实行从量定额征收
   D. 资源税征税范围包括矿产品和水资源

三、简答题

1. 简述环境税的广义和狭义定义。
2. 环境税主要有哪些种类?
3. 资源税与环境税有什么不同?
4. 环境税收入主要用于哪些方面?

四、论述题

1. 试分析环境税的功能。
2. 试阐述环境税的主要理论基础。
3. 试阐述西方发达国家的环境税发展历程?
4. 试分析资源与环境税未来的发展趋势。

五、计算题

某煤矿 2018 年 12 月开采原煤 20 万吨,当月将其中 4 万吨对外销售,取得不含增值税销售额 400 万元;将其中 3 万吨原煤用于职工宿舍;将其中的 5 万吨原煤自用于连续生产洗选煤,生产出来的洗选煤当月全部销售,取得不含增值税销售额 900 万元(含矿区至车站的运费 100 万元,取得运输方开具的凭证)。已知煤炭资源税税率为 6%,当地省财税部门确定的洗选煤折算率为 70%,则该煤矿当月应缴纳资源税多少万元?

第七章

资源环境利用和保护中的投融资

学习目的

本章需要了解投资、融资和资源环境保护投融资的基本概念,了解投资与融资的关系,熟悉资源环境保护投融资的基本理论。了解国外资源环境保护融资机制,理解其中的融资渠道,掌握政府会采取的多种融资方式,以及企业会采取的各种融资方式。熟悉政府在国内资源环境保护投融资中的责任,包括政府作为国家行政机构应承担的责任、政府作为投资主体应承担的责任和政府作为资源所有者代表应承担的责任。熟悉政府在国外资源环境开发过程中的作用,了解政府支持境外资源开发项目的必要性,掌握政府加大支持境外资源开发的方式。了解非营利组织的基本概念、特征,熟悉非营利组织参与资源环境保护的必要性,掌握非营利组织在资源保护投融资中的作用。了解企业在资源环境保护投融资中的角色。

关键概念

投资　融资　资源环境保护投融资　市政债券　资源环境开发　非营利组织

第一节　资源环境利用和保护投融资的基本理论

一、基本概念

(一) 投资的概念

经济学家眼中的投资通常都和"生产""资本"有关。凯恩斯指出，投资就是资本设备价值的净增加。[①] 萨缪尔森亦特别指出，对于经济学家而言，投资总是指实际资本的形成——增加存货的生产或新工厂、房屋及工具的生产。[②] 然而，在现实生活中，资本不仅包括生产资本，还包括金融资本。Dowrie 和 Fuller 在《投资学》中指出，广义的投资既包括投入资金以建设厂房、购买机器及原材料，又包括购买股票和债券。[③]

为综合考虑以上因素，我们将投资定义为：投资主体将其所拥有的资金转换为实物资产、无形资产、金融资产或人力资本，并通过对其运营以实现价值增值的经济行为。这个定义包括以下几层含义：

(1) 投资是投资主体的经济行为；
(2) 投资的目的在于实现价值增值；
(3) 投资资金是投资的客观载体；
(4) 投资资金的转化形态有：实物资产、无形资产、金融资产、人力资本。

(二) 融资的概念

从狭义上讲，融资是指融资主体（如政府、企业）筹集资金的行为，即：融资主体为保障正常的生产经营或管理，根据自身的生产经营状况、资金状况及发展需要而筹集资金的经济行为。

而从广义上讲，融资便是金融，即资金融通。在实际生活中，最常见的便是企业融资，其可根据以下标准进行分类：

表 7-1　企业融资的分类

划分标准	企业融资	
融资方式	直接融资：资金供求双方直接进行的融资	间接融资：资金供求双方间接进行的融资
是否得到政府支持	政策性融资	商业性融资
融入资金的性质	权益性融资	债务性融资
融入资金的来源	企业内部融资	企业外部融资

---

① 凯恩斯.就业利息和货币通论[M].徐毓枬,译.北京：商务印书馆,1963：69.
② 萨缪尔森.经济学[M].高鸿业,译.北京：商务印书馆,1982：263.
③ G W Dowrie, D R Fuller, and F J Calkins. Investment[M]. New York: John Wiley & Sons, Inc., 1961.

(三) 资源环境保护投融资的概念

资源环境保护投融资是指各主体为节约资源、保护环境而进行的投资和融资活动。其中,各主体主要包括政府、企业、非营利组织、个人及国外投资者。不同于旨在追求经济效益的一般投融资,资源环境保护投融资的目的在于获得社会效益,其主体旨在节约资源和保护环境。

二、投资与融资的区别与关系

投资和融资的区别与关系如下表所示:

表 7-2 投资和融资

	投 资	融 资
目标	获得收益	筹集资金
立场	战略角度	成本角度
关系	是融资的目的	是投资的实现手段
最终目的	通过投融资来壮大实力,从而获取更大效益	

三、资源环境保护投融资的基本理论

(一) 资源环境保护多元主体理论

资源配置是指社会配置资源的方式。市场配置是指利用市场机制促使资源流动(使其从低效率之处流向高效率之处),最终实现资源的合理配置。

许多自然资源都属于不可再生资源,具有稀缺性,一旦今天开采了,明天便不会再有。对于资源所有者而言,最重要的并不是将资源开采出来使用,而是选择一个获利最丰的开采时机。但这个"最佳时机"的选择并不仅取决于资源所有者,而取决于所有参与资源配置的主体。不同的主体具有不同的最优化目标。如:企业追求利润最大化;政府和非营利组织则追求社会效益或社会福利最大化。因此,资源的开采是各主体共同决定的结果,而保护资源环境是各主体的共同责任。

(二) 资源保护公共产品理论

环境保护属于公共产品,即:具有非竞争性和非排他性的产品。其中,非竞争性是指每增加一位消费者的边际成本为零,而非排他性是指任一消费者在消费时,都无法阻止其他消费者消费此产品。环境保护正是具有以上两种特性,人们在享受环境保护带来的好处的同时,是不能将其他人排除在外的,而且环境保护的受益范围会跨越国界,一国的环境状况的优劣会直接给邻国甚至是全世界带来深远影响。

(三) 科斯定理

科斯定理(Coase Theorem)由罗纳德·科斯(Ronald Coase)首次提出,其观点表明,若产权明晰,且交易成本为零或很小,那么,产权分配无法阻止资源配置实现帕累托最优。

正因为"产权明晰"是科斯定理的假设之一,所以近年来关于"明确界定自然资源产权"的呼声越来越高。科斯定理的另一个假设是"交易成本为零或很小",显然,这在现实生活中很难满足,因此,市场机制亦无法单独解决此类难题,政府应适度干预资源环境中存在的外部效应问题。

(四)资源环境保护投融资方式多元理论

除了投融资主体的多元化,在进行环境保护时,也要考虑融资方式的多元化。过去很长时间内,我国的环保资金的主体是财政收入,融资手段十分单一。随着经济的发展,公民的环保意识的提高,企业、非营利组织、个人都加入环境保护中,融资成本逐渐成为环境保护项目建设必须考虑的重要因素。在多主体参与的情况下,融资方式必然也呈现多元化。市场机制的完善和金融市场的发展,使各种金融创新工具在环境保护领域得以运用;政府融资的手段也不再限于税收收入。企业在日常生产经营中灵活采用的各种融资手段可以运用到环境保护,既提升了企业的社会价值,又规避了风险。

当前,我国环境保护领域投融资模式创新已形成初步思路,正逐步深化以生态环境导向的城市开发(EOD)模式理念为指导,创新产业发展方式。对于饮用水水源地保护、地下水污染治理及修复、湖泊水体保育、湖滨河滨缓冲带建设、湿地建设、河流生态建设、生态涵养林建设、生物多样性保护等公益性较强、没有直接经济收益但外部收益性较好的项目,可通过与周边土地开发、供水项目、林下经济、生态农业、生态渔业、生态旅游等经营性较强的项目组合开发,吸引社会资本参与。城市污水管网建设可与污水处理、污泥处置、中水回用等项目捆绑,鼓励实施城乡供排水一体化、厂网一体模式开发建设。市县、乡镇和村级污水收集和处理、垃圾处理项目按行业"打包"投资和运营,降低建设和运营成本,提高投资效益。

第二节　资源环境保护融资的基本方式

一、欧元区及欧盟区资源环境保护融资机制简介

1. 资源环境保护支出概况

在享受高度现代文明的同时,欧元区及欧盟区也同样面临着以自然资源环境为代价发展经济的不可持续发展问题。

1999—2012 年欧元区 17 国的中央(联邦)政府在保护环境方面的支出如图 7-1 所示。

2002—2012 年欧盟区 27 国的中央(联邦)政府在保护环境方面的支出如图 7-2 所示。

由此可见,无论是欧元区抑或是欧盟区均在环境方面投入了更多的资金,环保资金投入量总体具有上升趋势。

2. 融资渠道

因为私人环境支出和公共环境支出的融资渠道在法律、制度以及目标等方面存在根本差异,所以有必要对两者进行划分。

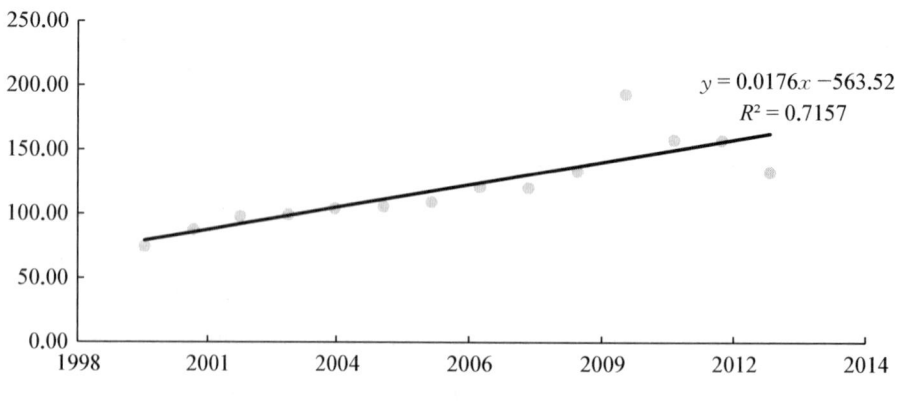

图 7-1　欧元区中央(联邦)政府的环保支出(亿欧元)

(资料来源：Wind 金融终端)

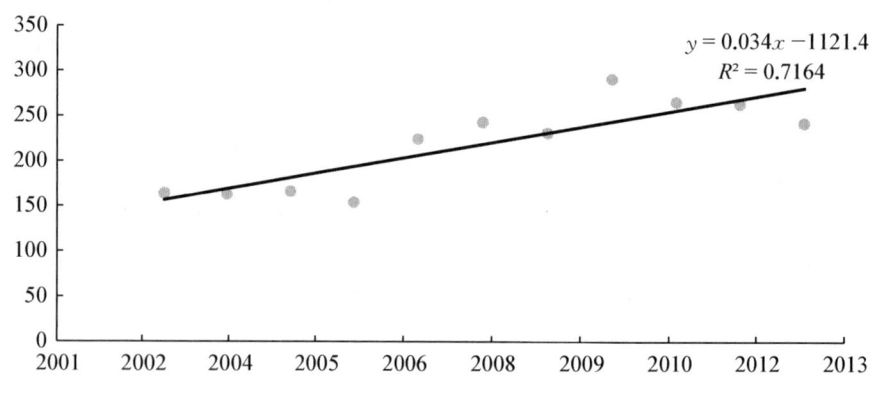

图 7-2　欧盟区中央(联邦)政府的环保支出(亿欧元)

(资料来源：Wind 金融终端)

(1) 私人环境支出融资渠道。企业可以从内部和外部渠道为其环境行为融资。外部的渠道既包括来自公共部门的支持，也包括来自私人部门的支持。具体如图 7-3 所示。

其中几个重要概念的解释如下：① 成本定价：此融资方式需考虑以下问题：穷困人口需有权享受这些基础服务；多大比例的成本会转移给这些服务的消费者。② 股票融资：当贷款利率或信用成本很高时，融资者便有动机从债务融资转向股票融资。③ 营业收入：企业可将部分营业收入用作环保支出，这往往是私人环境支出融资的重要途径。④ 内部排放交易：在排放交易系统内，建立一个总体的污染物排放允许水平，在排放源得到许可的情况下，在企业之间进行分配。那些特定排放源的排放量维持在要求的排放水平之下的工厂，可以利用它们的剩余排放削减量来弥补其他超标的排放源排放，否则它们必须增加投入，采用控制技术。一些环境法规要求开发和设计主要的污染源控制技术以削减污染排放，并考虑要能抵消新污染源的计划排放量，新增加的污染源有时能通过在同一工厂或企业内部交易来抵消。

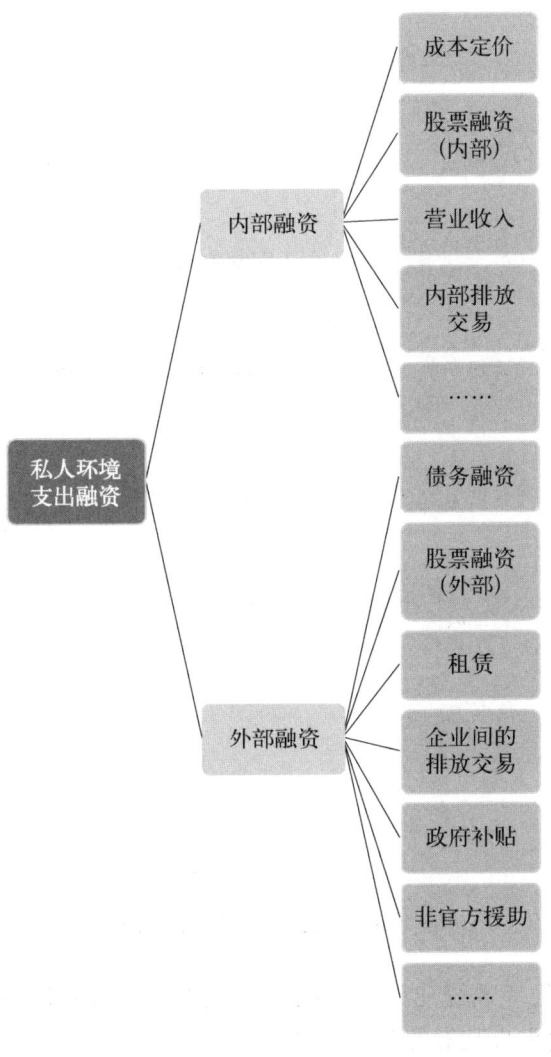

图 7-3 私人环境支出融资渠道

（2）公共环境支出融资渠道。其主要包括以下内容：公共部门环境融资中的收入通常来自和环境有关的资金，如使用者支付的费用、排污费、许可证的拍卖收入。另一方面，来自非环境税的收入可以经常性地为公共部门的环境行为融资。可是，大多数一般税收收入通过财政渠道进入一般预算，并且可以为政府调节环境支出提供空间。

3. 政府在环境融资中采取的方式

环境融资是环境政策框架体系中的综合部分，也受财政政策、公共财政和竞争政策，以及与资本市场有关的社会制度的强烈影响。

公共财政政策决定了公共环境支出的分配以及各级政府筹集收入的自主权。通常，承担环境项目的政府在决定资金需要和选择最有效资金来源及机制时处于有利地位。

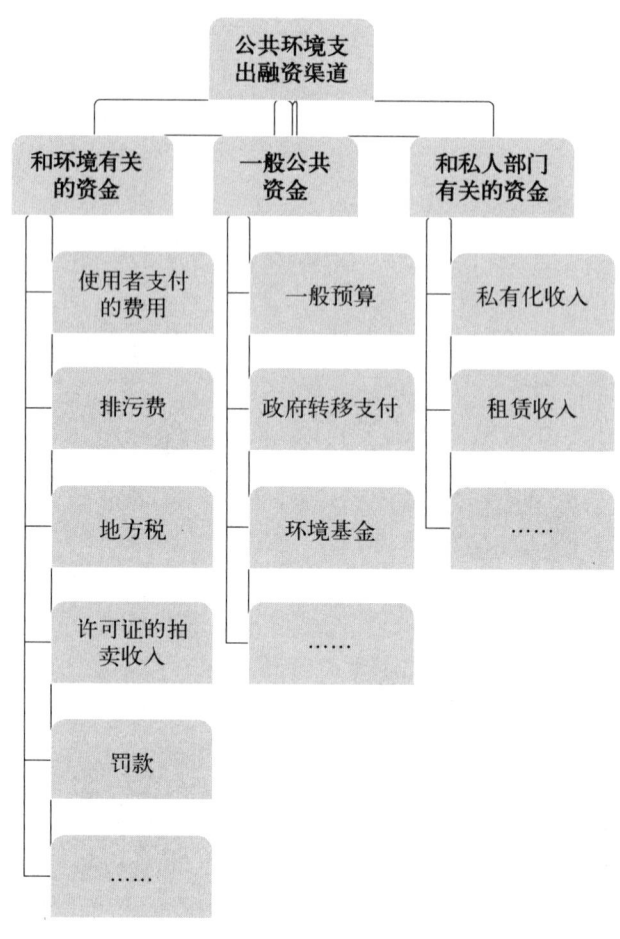

图 7-4　公共环境支出融资渠道

欧洲国家的污水处理系统建设主要由地方政府负责,超过 90% 的资金是地方筹集的,剩余的部分则通过中央政府的转移支付等手段筹集。

(1) 市政债券。市政债券是由城市政府或城市某一公共事业公司发行的,以政府财政收入或对某些公共服务的收费(预期收益)做担保的,在资本市场发行的可流通债券,它是欧洲各国地方政府筹集城市环境基础设施建设资金的一个重要手段。据初步了解,英国、德国和法国等都有完备的法规和制度来规范与管理地方政府市政债券的发行,即使是在城市环境基础设施私有化(运行和拥有等)方面做得较好的英国和法国,其相当一部分城市污水处理厂建设资金也是来自地方政府的市政债券融资。

(2) 相关收费。例如地方政府筹集污水处理建设与运行费用的一个重要和根本的手段就是收取污水处理费。与日本和美国不同,欧洲是按成本计价收取污水处理费的,即所收的污水处理费,不仅要能够保证运行和维护,而且还要满足设施建设的需要,主要表现在偿还银行信贷与市政债券的本金和利息等方面。

欧洲国家地方政府筹集污水处理建设经费的另一个做法是对特定流域内的消费者征收流域治理费,以治理流域内的水环境,包括建设市政污水处理厂,法国和荷兰在这方面有较多经验。

（3）银行信贷也是欧洲国家地方政府筹集污水处理厂建设资金的一个重要来源。

（4）其他。除了以上提到的几种方式，被地方政府用来筹集污水处理建设费用的方式还有拍卖可交易的排污许可证，开发诸如BOT等新的基础设施建设融资方式，以及对现有的国有基础设施进行私有化以变现融资。

二、政府采取的融资方式

（一）税收

财政支出是政府投资环境保护的主要形式，政府从公共财政支出上调整支出结构，加强环境保护投入。财政资金主要用于流域及区域性的环保重点项目和城市环境基础设施建设。财政收入的最重要来源就是税收收入。2016年12月份，我国颁布了环境保护税收，代替长期以来以排污收费作为控制污染的主要经济手段。

（二）发行国债

国债是指国家公债，即：中央政府基于自身信用所发行的债券。根据是否记名，国债可分为记名国债和不记名国债；根据债权人所属的国家，国债可分为内债和外债。此外，不同于期限在1年以下的国库券，国债的期限通常在1年以上，属于中长期债券。随着中国经济的稳定增长，投资者对国债投资的信心增强，为国家发行国债用于基础设施建设提供了条件，也使发行国债成为一项新的环境保护融资渠道。由于国债的投入，带动了地方、企业和银行等其他资金的投入，为环境质量改善和解决重点污染治理问题提供了资金支持。

（三）征收排污费

排污收费是中国环境保护中一项稳定的资金来源，对于污染物排放的削减和控制发挥了积极作用。根据《中华人民共和国环境保护法》（2014年4月24日第十二届全国人民代表大会常务委员会第八次会议修订）第四十三条，排放污染物的企业事业单位和其他生产经营者，应当按照国家有关规定缴纳排污费。排污费应当全部专项用于环境污染防治，任何单位和个人不得截留、挤占或者挪作他用。依照法律规定征收环境保护税的，不再征收排污费。

（四）使用者支付的费用

尽管环境保护使用者收费种类很多，但是这里所指的"使用者收费"主要包括污水处理费和垃圾处理费。

（五）发行彩票

发行彩票是政府为满足特定的社会公共需求所采取的一种辅助性筹资手段，主要是指社会公益事业需求。由于彩票的社会公益性目的，我国现行彩票管理制度规定，彩票发行批准权集中在国务院。未经国务院批准，任何地区、部门、机构、个人一律不得发行彩票。环境保护的外部性及其广泛的社会效应，使环保彩票的发行成为可能。考虑环保彩票作为新的彩票品种，有望使彩票业的发展和环境保护状况的改善相辅相成。

（六）环境基础设施的产权转移

通过产权转移，解决法定主体在环保设施建设或运营方面的经费不足。产权主体对于稀缺资源所具有的多项权利可以统一于单一主体,也可相互分离,归多人所有。通过转移经营管理权利来获得投资是目前国际上一种流行的融资建设模式,能有效地吸引国内外民间资本投资环境基础建设。环境基础设施所有权转移方式包括企业化经营、租赁和BOT模式、TOT模式和PPP模式。

近年来,在城市污水处理和垃圾处理方面,中国已经有了一些BOT的实例,成为环境基础设施建设融资的一条重要渠道。BOT(built operate transfer)方式也就是:建设—经营—转让,又称为公共工程特许权,是指政府和某家项目公司签订合同,由其负责某个公共工程项目的筹资、建设、经营、维修以及转让。在双方约定的某个固定期限内(通常为15—20年),项目公司对此项目行使经营权,以获得收益。固定期限结束后,项目公司将此项目无偿转让给政府。采用BOT方式进行环保融资,是指通过政府或所属机构为投资者提供特许协议,准许投资方开发建设某一环保项目,项目建成后在一定期限内独立经营获得利润,协议期满后将项目无偿转交给政府或所属机构。采用BOT方式必须解决两个问题:一是对投资者亏损的补偿问题。政府应保证项目的最低收益率,一旦不能达到,给予补偿,这也是BOT方式的核心所在。二是应打破只限于外商投资采取BOT方式的限制。实际上,内资也可以采用BOT方式,甚至当地企业也可采用BOT方式。发达地区的大型企业集团多,而且具有相当的投融资能力,也应该允许其将资金投入到政府担保的环保领域。BOT融资方式在一些大型环保项目,如上海污水处理厂项目中得到运用,在水生产、处理、配给、市政工程、能源和废物处理等环保项目中也将得到长足的发展。但政策结构及相关法律体系的不确定与缺陷、固定回报率的弊端、特许权约束对于项目吸引力的影响、环保建设项目自身的现金流不能保证BOT融资的要求、环保项目的结构并不都适用等问题的尚未解决,也影响了BOT融资方式的进一步运用。今后,如果在周期、资金投入、项目参与方等方面适合于有限追索或无追索的项目融资,可通过创新来支持其合理运用BOT融资方式。

TOT模式,即移交—运营—移交,是指政府对建成的环境基础设施在资产评估的基础上,通过公开招标向社会投资者出让资产和特许经营权,投资者在购得设施并取得特许经营权后,组成项目公司,该公司在合同期内拥有、运营和维护该设施,通过收取服务费回收投资并取得合理的利润,合同期满后,投资者将运行良好的设施无偿地移交给政府。从本质上看,TOT模式是政府将城市环境基础设施租赁给民营企业的一种方式,租赁企业一次性向政府支付租金。通过TOT模式,政府可以回收设施建设资金,同时解决了运营问题。

与BOT类似的还有PPP(public-private partnership,公私合作关系)模式,在此模式下,政府和私企进行合作,共同参与某个公共工程项目的建设;其主要有以下特点:(1) 合作;(2) 共享收益;(3) 共担风险。政府在PPP和BOT中的责任本质上没有什么不同,但细节上有区别,如PPP项目中,民营机构做不了的或不愿做的,由政府来做,其余全由民营机构来做,政府只起监管的作用;而BOT项目中,绝大多数工作由民营机构来做,政府则提供支持和担保。无论采用什么方式,都要合理分担项目风险,从而提高项目的投资、建设、运营和管理效率,这是PPP或BOT的最重要目标。

（七）发行市政债券

市政债券是指由地方政府或其授权代理机构发行,用于当地城市基础设施和社会公益性项目建设的有价证券。在国外,尤其是一些经济发达国家,如美国、日本等地方债券市场已经成为证券市场的一个重要组成部分。

（八）政府通过银行系统融资

1. 银行多方委托贷款

与信托基金类似的集合投资方式,是近一时期城市基础设施融资领域出现的一种新方式,由银行充当受托人,面向社会公众吸收资金,然后银行将公众资金用于市政设施建设,是一种社会公众委托银行向特定借款人贷款的商业融资方式。这种方式也可在资源环境保护融资中使用。

2. 环保银行

为积极引导社会资金流向环保产业,使其发展成为新的经济增长点,可以借鉴国外"绿色银行"的经验,成立"环保银行"。以股份制银行模式组织,政府部门、商业银行及个人均可投入一定股份,政府在税收、发行债券等方面给予一定的优惠,以支持环保产业发展。

三、企业采取的融资方式

（一）创业投资基金

通过创业投资基金可以集中社会闲散资金用于具有较大发展潜力的新兴企业进行股权投资,并对受资企业提供一系列增值服务,通过股权交易获得较高的投资收益。创业投资基金介入环保领域,既可以实现环保产业与资本市场的结合,为环保企业注入资金,解决环保建设资金不足的问题;又可以辅助未上市的环保企业,为将来在证券市场进一步筹资打下基础。作为一种金融创新工具,创业投资基金极大地丰富了资本市场的融资手段,越来越显示出它的巨大作用。

（二）银行贷款

银行是企业借贷的主要来源之一,也是企业污染治理资金的主要来源之一。财政部、原环境保护部于2015年4月联合印发的《关于推进水污染防治领域政府和社会资本合作的实施意见》,明确提出要尽快建立向金融机构推介PPP项目的常态化渠道,鼓励金融机构为相关项目提高授信额度、增进信用等级。

（三）发行股票

股票市场融资是吸收社会闲散资金进行环境保护融资的非常好的手段,拓宽了环保融资渠道,打破了过去环境保护资金以指令性和指导性来源为主的特点,使环境保护融资走向了市场。

（四）企业债券

企业可以通过发行企业债券为环保项目融资。债券和股票一样,都具有很强的筹资功能。与股票相比,企业发行债券的成本较发行股票低,发行债券后股权和管理结构不受影响,而且还可以运用财务杠杆,用外部资金来扩大公司规模,增加股东利润。由于管理体制等方面的原因,债券融资在整个证券市场融资总额中微不足道。

(五) 排污费补助资金

排污费补助资金是排污收费资金以无偿拨款或有偿贷款的形式补助污染企业治理污染。早期,企业使用排污费资金是无须偿还的,后来逐步向有偿使用转变,从拨款改为贷款。随着新的排污收费制度的全面实施,企业以后将以项目拨款和贷款贴息两种方式获得排污费资金。

(六) 资产证券化

资产证券化(asset backed securitization,ABS)是指企业先将自身适合证券化的资产出售给以投资银行为主的金融机构,其后,投资银行再将这份资产作为担保而发行证券。其优点在于:有利于拓宽企业的融资渠道;有利于提高企业资产的流动性。尽管目前被证券化的项目资产已有多种,但运用得最多的是以抵押贷款、应收账款等金融资产为对象的信贷资产证券化。

(七) 信托基金

信托是指委托人基于对受托人的信任,将其所拥有的财产交由受托人管理的行为。信托基金是指由信托投资公司作为受托人,向投资者(包括机构和个人)以设立特定项目信托投资计划的方式进行融资。在目前已推出的资金信托计划中,市政项目占多数。信托投资方式有以下优势:一是投资者回报大大高于银行存款,对投资者有吸引力;二是信托投资具有较强的稳定性,投资计划不会因信托公司的变更而终止。

环保信托基金主要包括两方面:(1) 生态环保信托投资。环保部门可建立专项环保基金,引导投资者及时、准确、高效、集中地将资金投向生态环保产业,促进环保产品的研制、开发、生产和推广应用。环保信托部门可将基金投资集中于债券和股票等形式,向投资者发放受益证,持证者按比例提取收益。(2) 生态环保信托租赁,既可由生产企业租赁环保设备或设施,也可由信托部门购进后再租赁,以解决企业资金不足的矛盾。

四、国际融资

国际融资是指通过国际金融市场来筹集企业发展所需的流动资金、中长期资金。目的是进入资金成本更优惠的市场,扩大企业发展资金的可获取性,降低资金成本。国际融资主要的融资方式包括国际债券融资、国际股票融资、海外投资基金融资、外国政府贷款、金融组织贷款等,我国不仅在国内广泛筹集资金,也将国际融资作为筹集资金的重要方式,我国应更好地发挥直接融资和间接融资的作用,进一步加强和完善对外商直接投资和对外债的管理。国际组织机构越来越重视环保问题,全世界对"绿色工程"贷款的投资银行数量将增加,这些资金将把环保项目作为贷款直接投资优先考虑的重点。由于国家无力投入巨额资金用于生态环保工程,政府应抓住机遇引进国际信贷,发展环保产业。环保投资公司既可作为法人吸引外资,也可作为中介人、担保人协助企业吸引外资。

第三节　政府在国内资源环境保护投融资中的责任

在环境保护中,政府承担着多重角色。在投融资环节,政府也必然依据其不同角色而承担不同的责任。

一、政府作为国家行政机构承担的责任

（一）制定恰当的财政政策

财政政策,通常指政府根据宏观经济规律的要求,为达到一定目标而制定的指导财政工作的基本方针、准则和措施,它是国家经济政策的重要组成部分。

财政政策一般由三个要素构成:

（1）财政政策目标,就是通过财政政策的实施所要达到的目的或产生的效果,具体如经济增长、价格稳定、充分就业、公平分配等,它构成了财政政策的核心内容。

（2）财政政策主体,就是财政政策的制定者和执行者。财政政策主体行为的规范、正确与否,对财政政策的制定和执行具有决定性作用,并直接影响财政政策效应的好坏、大小。

（3）财政政策工具,就是财政政策主体所选择的用以达到政策目标的手段和方法。财政政策工具主要包括税收、公债、经常支出、资本支出、转移支付、贴息等。

政府投入环境保护的资金主要来源于税收,只有在明确政策目标,并采取合适的政策工具向特定的主体执行政策,才会得到社会各界对环境保护的主动支持。

（二）完善市场化运营配套政策

系统总结现有污染治理设施企业化经营的经验和教训,将一些成功的经营模式和经验整理成册,并且提出针对不同的经济发展水平、管理水平或地区的最佳模式,供地方在选择环境基础设施运营模式时参考。

（三）加强执法力度,促进企业治理污染

通过加强执法监督管理,促进企业进行污染治理,提高企业对污染治理资金的需求。随着我国经济改革的深入和市场经济体制的建立和完善,要引导民间闲置资本投向合适的环保项目。发挥公众和媒体的监督作用,鼓励公众参与,对企业产生持续的执法压力,更新并提前公布更加严格的环境标准,促使企业提前思考对策,寻找更加合适的应对措施。

同时应积极稳妥地推进环境保护方面的税费改革。研究对生产和使用过程中污染环境或破坏生态的产品征收环境税,或利用现有税种,增强税收对节约资源和保护环境的宏观调控。全面征收城市污水处理费、城市垃圾处理费和危险废物处置费,收费标准要逐步达到补偿合理成本并略有盈利的水平。

（四）培育并规范环保市场

环境保护的公益性决定环境保护市场不同于一般的市场,要把公众需求产生的潜在

市场转变为保护环境的现实市场,建立优胜劣汰的机制,促进环保产业的国产化、标准化、系列化,使环保领域的社会化投融资健康发展。开展市场化相关知识培训,提高地方政府推行城市环境基础设施建设与运营市场化的能力。

二、政府作为投资主体承担的责任

(一) 切实提高环境保护资金使用效率

1. 改革投资体制

政府资金主要投向城市环境基础设施建设、流域或区域污染,生态环境建设和保护、环境管理能力建设等方面。改革投资体制要通过招投标、政府采购、直接投资、贷款贴息以及污染治理社会化、市场化、专业化等方式,转变过去政府"大包大办"的做法,对于重点地区的治理项目、有明显污染削减的技术改造项目等,政府应给予必要的贷款贴息或排污费补助。

2. 积极进行项目评估

积极做好已建项目的评估,及时发现并纠正政府资金使用中存在的问题,总结推广成功的经验。对政府投资的环保项目应该进行费用效益分析,如不能做费用效益分析,也应进行费用有效性分析,这些分析应作为项目选择的依据之一。充分发挥专家的作用,在项目的选择上把关。建立透明、公正的项目选择和管理制度。加强对政府资金投入的跟踪管理,如发现问题严重,应立即停止后续项目的拨款,并且实施严格的处罚制度。

(二) 积极扩充资金渠道

制定优惠政策,进一步吸引国内外资金投入。在国际资本市场上,存在大量的闲散资金,正在寻找合适的投资项目,只要资本所有者或经营者认为盈利高于他们的预期,他们就会投向这些项目。环境保护是公益事业(投资大,投资回报率低,所产生的社会效益大),很难吸引国内外资金。为了吸引国内外资金投向环保项目,需要制定和完善投融资、税收、进出口等有利于环境保护的优惠政策。例如,利用政府的资信担保,建立和完善风险担保机制,为民间资本投资制定合理的回报政策,确保投资者按合同计划及时归还借贷。

完善相关政策,充分利用银行信贷、债券、信托投资基金和多方委托银行等多渠道的商业融资手段筹集资金。通过积极运用债和证券市场,拓宽环保筹资渠道。中国债券和证券市场的形成与中国市场经济体制建立和完善有着密切的联系,正在成为中国环境保护融资的新途径,目前已得到一定程度的应用,同时应探索发行环保彩票和市政债券的可能性。

三、政府作为资源所有者代表承担的责任

(一) 明确各主体的环境保护事权

自然资源属于国家所有,政府作为所有权的代表管理资源资产的开发使用。在计划经济体制下,环境保护的责任及其投资是由政府承担的。随着市场经济体制的逐步建立和企业经营机制的转换,政府、企业和个人将重新划分原先为政府独立承担的环境保护事权。

在市场经济条件下,政府、企业和个人之间合理的环境事权分配应该是:政府将承担

一些公益性很强的环境设施建设、跨地区的污染综合治理以及环境管理部门自身建设和发展的投资;企业应承担一定的投资经营风险,按照"污染者付费"的原则,对直接削减产生的污染或补偿有关环境损失的领域进行投资或付费;个人将根据"谁受益、谁付费"的原则,在可以操作实施的情况下,有偿使用或购买环境公共物品或服务,为环境基础设施的建设和运营出力。

在政府范畴内,还应明确各级政府的环境事权划分及其投资范围和责任,比如中央政府负责跨区域的环境问题,地方政府负责当地环境问题。对那些可盈利的环境保护产品或技术,其开发和经营事权可以划分给企业,同时,应建立合理的市场竞争和约束机制,使企业把污染治理事权转嫁给消费者的可能影响减至最小。

(二)注重社会效益

不同于旨在实现经济利益最大化的企业,政府的目的在于实现社会福利或社会利益最大化,这是实现政局稳定和提升公信力的题中应有之义及必然要求。

第四节 政府在国外资源环境开发过程中的作用

一、政府支持境外资源开发项目的必要性

在合理开发使用本国自然资源、注意环境保护的同时,我国也逐步迈开了"走出去"的步伐,积极参与境外资源的开发利用。政府通过对境外资源开发投资项目的支持,可以提高国内资源的安全能力。

(一)稀释目前资源提供者的市场控制力

境外资源开发可以为国内增加资源供给渠道,从而有助于减少目前国内自然资源供给者对市场的控制力。以矿产资源为例,中国矿产资源供应存在的不安全性与国际矿产市场的结构有关。在国际市场上,有些矿产品市场是高度集中的,如果少数跨国公司控制了资源的供给,那么它们就会抬高价格。

(二)提高企业"走出去"的动力

境外矿产资源开发虽然有助于降低我国矿产品供应的不确定性,但是企业直接进入市场的动力还不太充分。因为矿业开采活动具有明显的先行优势。国外大型跨国公司从事境外开采的历史较长,它们已经获得了一些优质矿区或油田的特许经营权,从而使后续进入者只能向开采条件较差的地区发展,并面临巨大的成本劣势。我国要进行海外石油开采,只能向一些政治经济不稳定的敏感地区发展,并承担额外的成本与风险。在这种情况下,如果没有母国政府的支持,企业很可能不愿承担这样的风险。当然中国企业也可以收购现有的海外企业,在这种情况下,母国政府的信贷支持与用汇方面的便利,对于企业的并购决策也具有重要的推动作用。

(三)降低项目承担的政治风险

资源开发具有投资规模大、经营周期长、期初勘探成本高的特点,特别是在境外进行

的项目,还要承担政治风险。因此,对于资源类投资企业的政治风险,政府应恰当给予特殊关注、保护与支持,以弥补所承担的额外风险,以鼓励其对国家资源安全的贡献。

二、政府加大支持境外资源开发的方式

(一)与资源大国建立双边友好关系

政府应当有意识地与资源大国建立起双边友好关系。双边关系的质量直接影响到战略物资进口活动的安全。从发达国家的情况来看,它们往往把资源战略与外交活动结合起来,实行资源外交。利用对外援助,推动企业在资源领域的境外投资活动。同时,良好的双边关系也有助于企业获得经营的特许权,降低资源开发过程中遇到的风险。政府驻外机构还应当为我国矿业企业"走出去"办理风险勘探的手续,争取相互改善矿业投资环境,为双方扩大风险勘探创造条件。

(二)建立完善境外投资的保护制度

政府应当建立并完善境外投资的保护制度。在国际投资中,双边与多边国家投资保护协议是调节国家之间的利益关系、保障投资者的正当利益、规范政府与企业行为的重要依据,对于降低企业跨国经营的政治风险具有非常重要的作用。

(三)给予优惠

以对特定矿种的进口依赖度、供应商与供应地的集中程度为依据,对某些境外投资项目给予优惠待遇。优惠的措施可以是:贴息贷款或无息贷款;税收优惠;涉及进口许可证时优先保证,免征进口关税;涉及勘探开发的国产设备及其零备件,免征出口税;在国内市场紧缺的条件下,中方份额矿产品及其加工产品返销国内时减免进口关税和进口环节增值税。

(四)鼓励合适的进入方式

在进入方式选择方面,可以灵活多样,只要能够达到稳定供货来源与价格的目的,就应当给予鼓励。购买股权、进行矿山开发与从勘探做起,虽然各有千秋,但都能达到稳定矿石供应的目的。

应当指出,鼓励矿产资源开发项目的境外投资活动,不仅符合我国的国家利益,而且通常也有利于东道国。因为鼓励境外矿产资源开发的意图是保证资源的继续性与价格的合理性,从东道国的角度来看,实际上获得了市场的连续性和价格的合理性,这同样降低了其市场风险。这是符合双方利益的,具有良好的合作前景。

第五节 非营利组织在环境保护投融资中的作用

一、非营利组织的基本概念

(一)非营利组织的界定

一切社会组织都可归为政府组织或者非政府组织。其中,非政府组织又可分为两类,即营利组织(市场中的企业)和非营利组织。非营利组织(non profit organization,NPO)

在西方国家具有重要地位,是独立于政府、企业的"第三部门"(third sector)。

"非政府组织"这个概念容易发生歧义,最早的非政府组织(non governmental organization, NGO)是指得到联合国承认的国际性非政府组织,后来发达国家中以促进第三世界国家发展为目的的组织也被包括进来,现在则主要指发展中国家中以促进国家经济和社会发展为己任的组织。从这个意义上说,"非政府组织"的概念范围又比"非营利组织"小。

(二) 非营利组织的特征

美国约翰斯·霍普金斯大学非营利组织比较研究中心的莱斯特·萨拉蒙(Lester Salamon)教授着眼于组织的基本机构和运作方式,用五个特征来描述非营利组织。

1. 组织性

组织性是指有正式的组织机构,有成文的章程、制度,有固定的工作人员,并开展经常性活动;同时,非营利组织必须具有正式注册的合法身份,可以对外以法人的身份订立合同。

2. 非政府性

非政府性指不是政府及其附属机构,也不隶属于政府,不承担政府的职能,其决策层不由政府控制。

3. 非营利性

非营利性是指其成立的目的不是为其所有者谋求利润,这不是说它不能盈利,但这种盈余的运用必须以服务公众为宗旨。

4. 自治性

自治性是指有独立的决策与行使能力,实行自我管理。

5. 志愿性

志愿性是指成员的参加及资源的集中不是强制性的,而是自愿和志愿性的,组织活动中有一定比例的志愿者参加。其中,组织性是非营利组织存在的基本前提,非政府性和非营利性是区别于其他组织的最基本的特征。

(三) 非营利组织的社会地位

非营利组织之所以能够成为独立于政府、企业的"第三部门",是因为它能够同时弥补市场在满足公共需求方面的先天缺陷和政府提供低效率的局限,为社会提供社会服务。非营利组织在发展社会公益事业中扮演着重要角色,在医疗、教育、科学、文化、社会福利和社会公共事业方面占有极为重要的地位。同时,非营利机构能够推进社会成员之间平等的相互合作,符合现代社会成员对多元化和自由的追求。

二、非营利组织参与资源环境保护的必要性

20世纪中期以来,"人类只有一个地球"、"珍惜资源、爱护环境"这样的呼声在世界各个角落响起,各国人民为保护自然资源环境付出了巨大的努力,甚至是血和生命的代价。如今,环境保护已成为世界各国政府和人民共同行动的任务。我国已宣布环境保护为一项基本国策,并制定和颁布了一系列环境保护的法律、法规,以保证这一基本国策的贯彻执行。

环境保护是人类为解决现实的或潜在的环境问题,协调人类与环境的关系,保障经济社会的持续发展而采取的各种行动的总称,主要涉及防治由社会生产和生活活动引起的环境污染,防止由建设和开发活动引起的环境破坏,保护有特殊价值的自然环境,以及城乡规划,合理配置生产力,控制水土流失和沙漠化,植树造林,控制人口的增长和分布等。

但是,由于市场运行过程中会更多偏重经济效益,通过非营利组织的运作,可在一定程度上平衡该问题。在环境保护活动中,非营利组织依靠其志愿性的特征,充分调动各界人士的公共责任感,这种责任感源自内在的驱动力,是一种良心,也是人们对人类发展前途的忧虑。这样,既可以从民间的学术性社团获得工程技术类或是法律类的支持,也可以从国内外募集专项捐款或其自身通过运作获得盈利,将这些物质或精神上的资源用于环境保护事业。

由于非营利组织在解决社会问题中表现出来的优势,社会对它们所提供的服务、发挥的社会职能有了更多的需求,政府正越来越多地把它们看作是潜在的服务提供者和解决最紧迫的社会问题(如资源环境保护)的伙伴。

三、非营利组织在资源保护投融资中的作用

(一) 非营利组织在环境保护中的投资活动

1. 非营利组织投资注重社会效益

非营利组织要开展活动,需要有相应的资金支出。与企业的投资不同,非营利组织的支出更多关注的不是投资支出的经济效益,而是产生的社会效益。非营利组织将资金投入到环境保护中,实际上就是向社会提供了具有公共物品性质的产品。由于这种产品存在外部收益,私人部门不愿提供,非营利组织在这项投资活动中的收益肯定是不高的。

2. 非营利组织进行的其他投资活动

非营利组织要能够稳定、持续地发展,可以进行其他的投资活动。但在项目投资过程中要特别注意,在获得一定投资回报率、实现非营利组织资产保值增值的同时要保证投资的安全。与营利企业相比,非营利组织更容易受到经济不景气、捐赠数量大幅度变化等情况的影响,因此有必要事先进行财务分析和成本分析,设计出筹款计划、营销战略、项目投资等重要活动的方案,从而能够为环境保护提供较为稳定的资金,提高组织效率和社会服务能力。

(二) 非营利组织在环境保护中的融资活动

环境保护是需要大量资金且持久投入的事业。非营利组织在进行环保活动的过程中会经常遇到资金不足的情况,一般可以通过以下方式进行融资。

1. 运用财务杠杆,调整资本结构来实现融资

此方式将会改变非营利组织的资本结构,而其非营利性意味着此组织在融资过程中需处理好自身和旨在追求经济利益的资本之间的关系。

2. 募集各界捐款

这是我国非营利组织在为环保事业融资时最常用的方式。通常,它们会本着"取之于民,用之于民,造福人类"的原则广泛筹集资金,主要接受国内热心于环境保护事业的企业

事业单位、团体、其他组织及个人以及国(境)外有关组织和友好人士的捐赠,并将之用于奖励在环境保护工作中做出突出贡献的单位和个人,资助与环境保护有关的活动和项目,促进中外环境保护领域的交流与合作,推动中国环境保护事业的发展。

3. 政府支持

政府支持主要表现为税收优惠(减税或免税)以及财政补贴。

(三)非营利组织在环境保护投融资中的其他作用

1. 非营利组织积极促进国际交流

非营利组织应该积极与国外环境保护组织(包括政府部门和民间组织)交流与合作。通过召开国际级别的环境会议(如中华环境保护基金会主持召开的第五届太平洋环境会议),我们既可以了解到世界上关于环境保护的最新动态和最先进的技术,而且可以充分向世人展示我们进行环境保护的决心和实际行动,争取国外资金对我们环保事业的支持。因为环境保护的外部效应,其效益和成本都很大,一个国家的环保工作做得好,会使邻国甚至整个世界受益;而一旦一国出现严重的环境问题,影响往往不是一个国家的人民,全球的生物都可能受到致命性的影响。国际上特别是发达国家的环保组织是非常愿意帮助欠发达国家进行环境保护的。非营利组织正好为双方的合作搭建了一个很好的平台。

2. 非营利组织实现利税

随着非营利组织的发展,其在国民经济中占有越来越重要的地位,除了直接投资环境保护事业,它上缴的税收也在一定程度上为政府提供了资金。这部分资金将会成为政府投入资源环境保护用途资金的一部分。目前,我国对非营利组织征收的税种主要有:

(1) 流转税,这主要包括增值税、营业税、关税等。

(2) 所得税。

(3) 其他税种。例如土地增值税、房产使用税、车船使用税及契税等。

随着我国非营利组织的发展,税收政策也相应进行了多次调整,这些调整主要体现在各个税种对非营利组织的税收优惠方面。例如,将非营利组织的收入分为应税收入和非应税收入来减少缴税数量;取得各级政府的资助和一定额度的社会捐款可以免税;非营利组织使用的土地、房产符合规定的都给予减免相应的税额。

第六节 企业在资源环境保护投融资中的角色

长期以来,资源环境保护被视为垄断性行业,由政府部门和国有资本高度垄断。一些企业的产品被视为无偿服务对待,企业角色模糊,导致服务长期短缺、效率低下。20世纪90年代中期以后,国家对环境保护领域进行了一系列的改革,明确了环境保护产品的商品属性和提供单位的企业属性,并且打破了行政垄断,加快了环境保护领域自身的市场化进程,为民间资本进入环境保护领域创造了条件。加入WTO之后,随着我国投融资环境的进一步改善,中国经济市场化程度的进一步提高,环境保护领域的进一步开放,进入环境保护领域的企业的数量会越来越多。

一、企业在环境保护投融资中的优势

环境将作为可创造财富的资源带来发展增值,绿色发展将成为提升经济发展效益和群众生活质量的重要力量。毫无疑问,生态环境保护投资是"十四五"期间优化投资结构、扩大战略性新兴产业投资的重点领域,也是建立政府投资引导、激发民间投资活力、形成市场为主导的投资内生增长机制的急需领域。

与政府相比,企业以追求经济利益为目的,其更加有动力提升基础环境服务的质量,革新清洁技术,降低清洁成本。因此,企业的参与可以缓解公共部门在资源环境保护中存在的诸多问题,主要包括政府财政短缺、公共部门运营效率低下、人力和资本资源有限,以及来自行政体制的影响等。

二、企业参与资源环境保护可获得的利益

1. 经济收益

虽然进入资源环境保护业获得的收益率不高,但是在竞争日益激烈的市场中,其他行业的高额回报率也在不断摊平。因此,参与资源环境保护而获得稳定持续的收益也成为企业追逐的目标,具备相应能力的各类企业已积极加入到了资源环境保护产业中来。

2. 社会收益

除了获得经济收益,由于参与资源环境保护而树立的良好企业形象,会成为企业无形资产的一部分,也成为企业积极参与环境保护的动力之一。现代社会,人类的环保意识越来越高,对资源和环境的要求也越来越高,所以对企业参与的社会公益事业的关注也越多。企业良好的社会形象会带来更多的潜在消费者,对企业的长远发展具有举足轻重的作用。

三、企业参与资源保护可能导致的不利影响

由于环境保护产业的特性,企业的参与也可能造成一个地区被一个企业垄断的局面,使政府控制难度加大。企业如果盲目追求盈利,可能会影响其服务水准,还有可能由于地区或阶层的经济差别导致所提供的服务差距加大。如果是外资参与,则可能导致区域公共服务和环境管理长期被外国掌握的情况出现。

第七节　我国环保投融资发展历程

改革开放以来,我国的生态环境保护走过了重要的40年。生态环境保护工作经历了从无到有、从弱到强、从小环保到大生态的深刻变革。加强环保投资是实现环境保护目标

和中华民族伟大复兴中国梦的重要保障和物质支撑,40年来,我国环保投资在筹措渠道和市场机制方面不断完善,渠道逐步拓宽,投资总量不断增加,效益日渐显现,逐步形成以政府为引导、企业为主体、社会和金融机构参与的多元化投融资格局。

一、环保投融资的政策历程

(一) 1978—1995年:旨在治理工业污染的企业投融资阶段

20世纪70年代初,我国环境污染问题频发,如官厅水库污染、松花江汞污染等。据可靠数据,工业三废(化工、造纸和炼焦)是水质污染的主要原因。在此期间,环境污染日趋恶化,而仅仅依靠国家财政无法彻底解决此类问题,因此必须建立法律法规来规范企业的排污行为。

正因如此,1979年国务院颁发的《环境保护法(试行)》正式提出了"谁污染谁治理"的政策。1982年颁布的《征收排污费暂行办法》规定:企业所交纳的80%排污费中可用作其治污的补助金。1984年颁布的《关于环境保护工作的决定》正式确立了环保资金的8条渠道。由此可见,此阶段的环保资金主要用于治理工业污染。

(二) 1996—2005年:旨在建设城市环境基础设施和治理企业污染的投融资阶段

1996年,改革开放将近20年,全国各地相继启动城镇化进程,城镇人口猛增,年均增长率一度高达5%,在此背景之下,城镇环境基础设施便一跃成为城镇化进程中的突出短板,亦成为环境保护投资的重点领域。

1996年国务院发布的《关于环境保护若干问题的决定》指出,要加速完善环境保护、防止环境污染的经济政策,使银行等金融机构积极介入环境保护的投融资体制之中。1998年,我国首次通过发行国债来对基础设施建设进行投资,并将城市环保基础设施建设列为中央财政支持的重点。2005年,新发布的《关于落实科学发展观加强环境保护的决定》指出,加强和完善环保投入机制的重点在于:① 推行有利于环保的经济政策;② 运用市场机制来治污;③ 各级政府要加大对污染防治、生态保护、环保试点示范和环保监管能力建设的资金投入。由此可见,此阶段的环保资金多用于建设城镇环境基础设施和治理企业污染。在此过程中,大量城市市政工程得以开展,污水处理率由1996年的23.6%迅速增至2005年的52%,增加28.4个百分点。

(三) 2006年至今:财政引导下的多元投融资阶段

2006年,我国进入"十一五"时期,彼时环境问题复杂且多变,环保的重点在于:生活源、工业源、农业源及监管能力建设。2006年3月,财政部正式把环境保护纳入政府财政预算支出科目,为建立环境保护财政制度奠定了坚实的基础。2011年发布的《关于加强环境保护重点工作的意见》明确提出,要将环保列入各级财政年度预算,并逐步增加投入。为了吸引市场主体参与环境治理,各级政府出台了一系列PPP相关政策。党的十八届三中全会做出的《中共中央关于全面深化改革若干重大问题的决定》明确指出,建立吸引社会资本投入生态环境保护的市场化机制,推行环境污染第三方治理。2015年,财政部和原环境保护部发布的《关于推进水污染防治政府和社会资本合作的实施意见》系统而全面地呈现了水污染防治领域PPP实施路线图。2006年至今,这是我国财政引导下的多元投融资阶段。根据财政部 PPP 综合信息平台数据,截至 2018 年 9 月底,生态建设和环境保护类入库项目数量为 796 个,投资额 8 784 亿元,分别占比 9.6% 和 7.1%。

毫无疑问,数年内的环保投资所带来的效益是巨大的。2016 年,工业废水、废气污染物的平均去除率分别达到 91%、81%,而 2001 年的对应值仅为 76% 和 60%。硬件方面,城市污水处理厂 2 039 座,日处理能力 14 910 万立方米/日,处理率 93.44%,分别较 1991 年(87 座、317 万立方米/日、14.86%)增长 23 倍、47 倍和 6.3 倍。

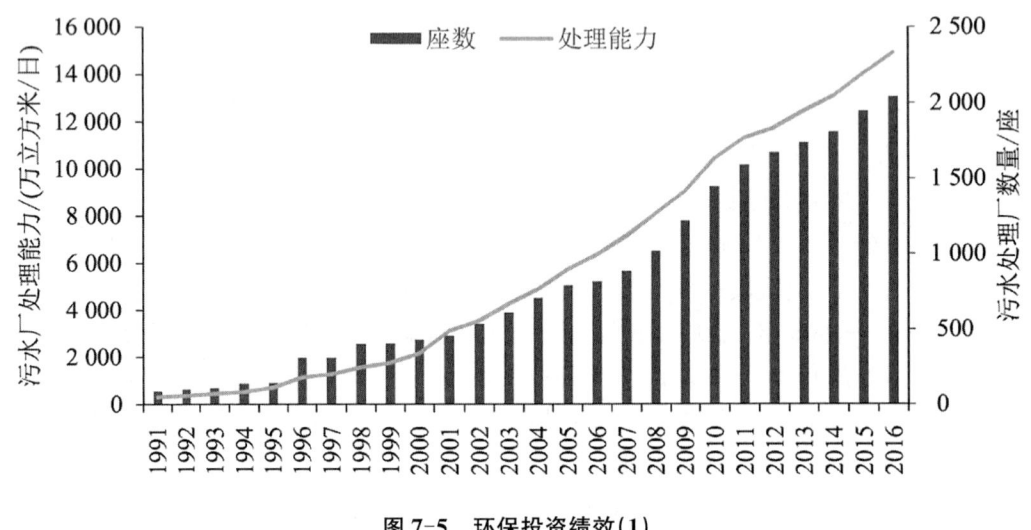

图 7-5　环保投资绩效(1)

城市垃圾无害化处理场 940 座,处理能力 62.13 万吨/日,分别较 1979 年(169 座、29 731 吨/日)增长 5.6 倍、20.9 倍;对生活污水、生活垃圾进行处理的行政村比例分别为 20%、65%,较 2013 年(9.1%、36.6)分别增长 10.9 个百分点、28.4 个百分点。

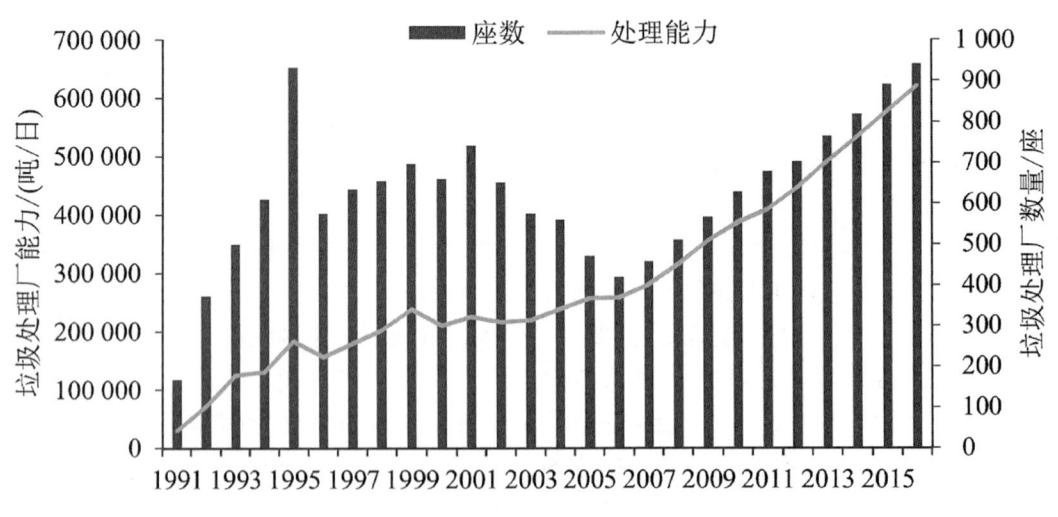

图 7-6　环保投资绩效(2)

二、环保投融资发展趋势

(一)社会参与程度提升

随着环境污染第三方治理和PPP模式的广泛推行,属于政府事权和企业事权的环保投资事项,通过政府和社会资本合作、环境污染第三方治理等方式,引导符合条件的环保企业、金融机构和非金融机构等社会资金投入环境领域。PPP模式作为投融资模式重大创新与项目管理方式的重大转变,已成为加强公共产品和服务供给质量与效率的重要途径,国家先后出台数项政策文件,明确在包括环境保护等在内的相关领域积极引入社会资本,推广PPP模式。截至2018年9月,PPP综合信息平台管理库中,生态建设和环境保护类PPP项目数量(796个)和投资额(8 784亿元)在行业中分别排第三位、第四位,对短期内缓解财政生态环境保护支出提供重要支撑。

(二)中央职责和地方职责的划分更加清晰

当前,中央和地方所承担的环保事权具有较为明确的边界。其中,中央主要进行宏观调控,重点解决环保失灵问题、外溢性较强的环境问题。如:2016年设立的重点生态保护修复治理专项资金,立足中央层面,支持具有全国性、跨区域或较大尺度影响的保护、修复和治理工作。伴随着环保监管力度的趋严,地方的环保支出力度亦在不断加大,"211节能环保科目"支出规模由2007年的961.2亿元增长为2017年的3 588.4亿元,增长了足足3.7倍,这些资金主要用于建设环境保护基础设施和处理外溢性较弱的污染问题。

(三)绿色金融成为环保融资新渠道

2014年国务院发布的《关于推行环境污染第三方治理的意见》明确指出,要鼓励金融机构推进环保信贷资产的证券化,并鼓励保险公司开发环境保险产品,引导高排污企业投保。2015年印发的《水污染防治行动计划》亦特别强调,要积极发挥政策性银行在保护环境方面的作用,重点支持循环经济、污水处理、水资源节约、水生态环境保护、清洁及可再生能源利用等领域。环保、银行、证券、保险等方面要加强协作联动。鼓励涉重金属、石油化工、危险化学品运输等高环境风险行业投保环境污染责任保险。

 小 结

资源环境保护投融资是指社会各主体以保护资源改善环境为目标所进行的各种投资和融资活动。这里的社会主体包括政府、企业、非营利组织和个人,以及国外投资者,他们以环境保护为己任,不追求经济效益,更注重投资的社会效益。环境保护是一种公共产品,自然资源的开发涉及多元主体的利益是社会共同决定的结果,在资源保护的投资上也是多元主体的共同责任。融资主体的多元化有助于多渠道筹集环保资金,提升企业的社会价值同时规避风险。政府融资有税收、发行国债、征收排污费等九种方式;企业可以采取创业投资基金、银行贷款、发行股票、发行债券等七种途径。国际组织机构越来越重视

环境保护,政府可以抓住机遇引进国际信贷,发展环保产业。政府作为国家行政机构应承担制订合适财政政策、完善市场化运营配套政策、加强执法力度、促进污染治理、培育和规范环保市场的责任。作为投资主体的政府要切实提高环保资金的使用效率,改革投资体制,积极进行项目评估,扩充资金渠道。政府作为资源所有者代表需要明确各主体的环境保护事权,平衡经济效益和社会效益的矛盾。在国外资源环境开发过程中,政府应当有意识地与资源大国建立双边友好关系,建立完善境外投资保护制度,对某些境外投资项目给予优惠,鼓励合适的进入方式缓解目前资源提供者的市场控制力,降低项目承担的政治风险,提高企业走出去的动力。非营利组织对资源环境的保护起到了不可或缺的作用。企业参与资源环境保护投融资可以缓解政府财政短缺、运营效率低下等诸多问题,但企业的营利动机可能对资源环境保护带来不利影响。

习 题

一、名词解释
1. 投资
2. 融资
3. PPP
4. BOT
5. 信托
6. 资产证券化
7. 资源环境保护投融资
8. 非营利性组织

二、选择题
1. 以下哪些是资源环境保护投融资的基本理论(　　)。
   A. 资源配置的多元主体理论　　　　B. 二元经济结构理论
   C. 资源环境保护投融资方式多元理论　D. 可持续发展理论
2. 以下哪些是政府在环境融资在会采取的方式(　　)。
   A. 市政债券　　　B. 相关收费　　　C. 银行信贷　　　D. 拍卖
3. 使用者收费主要包括哪些费用(　　)。
   A. 庇古费　　　　　　　　　　　　B. 污水处理费
   C. 克拉克费　　　　　　　　　　　D. 垃圾处理费
4. 政府在境外资源环境开发中可实施的政策类别有哪些(　　)。
   A. 保护　　　　B. 监管　　　　C. 服务　　　　D. 鼓励
5. 非营利性组织的特征有哪些(　　)。
   A. 组织性　　　B. 非政府性　　　C. 非营利性　　　D. 自治性

三、判断题

1. 环境保护是准公共产品,仅具有非竞争性,而不具有非排他性。　　　(　　)
2. 当贷款利率或信用成本很高时,债务融资可能转向股票融资。　　　(　　)
3. 财政支出中的转移支付是政府投资环境保护的主要形式。　　　(　　)
4. 政府组织是营利性组织。　　　(　　)
5. 企业在资源环境保护投融资中有好处也有弊端。　　　(　　)

四、简答题

1. 简述资源环境保护融资的基本方式。
2. 简述 PPP 是什么,存在哪些优势?
3. 简述政府在境外资源开发过程中的作用。
4. 简述非营利性组织在环境保护投融资中的作用。
5. 简述我国环保投融资的发展趋势。

五、试述政府在国内资源保护投融资中的责任和义务。

六、试述我国环保投融资的政策历程。

第八章 资源环境与贸易

学习目的

通过本章的学习了解虚拟水的概念及其计算方法,熟悉虚拟水贸易的理论基础,掌握虚拟水贸易的含义和作用;了解生物入侵的概念、途径及其危害,掌握食品安全的含义和影响因素,熟悉转基因技术和转基因作物的发展,掌握转基因食品的优点和对市场的影响,掌握有关转基因作物食用安全、环境安全和产业安全的论点,了解我国对转基因作物的应对措施,掌握绿色壁垒的定义、产生的原因、主要内容和特征。

关键概念

虚拟水　虚拟水贸易　生物入侵　食品安全　转基因　转基因技术　转基因作物　绿色壁垒　绿色补贴

第一节　虚拟水贸易

一、虚拟水的提出

水资源是自然和人类生态系统的重要组成部分,是支持生命系统的源泉。然而,随着现代社会经济的发展，人口的增加，对水资源的需求越来越大。虽然目前就全球水资源总量而言能够保障人类的生存发展需要，但由于水资源分布的时空不均衡性，全世界有80多个国家近40%的人口面临着水资源短缺的危机[1]，再加上环境污染、生态破坏对水资源的影响，使这种缺水形势更加严峻，甚至一些富水地区也出现了水质性缺水问题。

因此，关于如何合理利用水资源以提高水资源的经济效率，实现水资源的均衡分配，解决水资源短缺问题就成为当前国际研究的热点[2]。

在如何提高可利用水资源的经济效率方面，存在三种不同层次的制定决策（图8-1）。

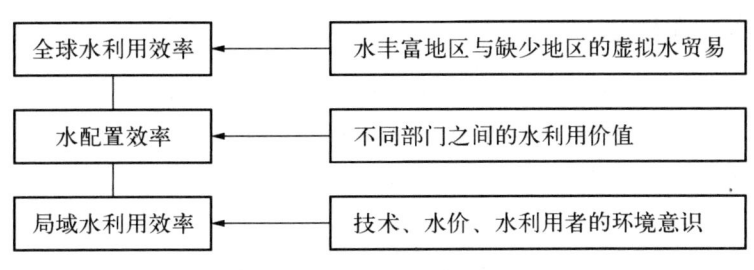

图8-1 水资源利用效率层次

第一层次为水资源利用终端的用户层，其效率可称为局域水资源利用效率。在这一层中水价格和利用技术发挥着关键作用。

第二层次是如何高效配置可利用的水资源到不同的经济部门。

第三个层次为全球尺度的水利用效率。在现实世界中，一些地区水资源短缺而另一些地区水资源相对丰沛；在一些地区人类社会对水资源的需求低而另一些地区对水资源的需求很大。遗憾的是在水的需求和水的供给之间通常没有正的相关关系。

在一个封闭和保守的经济社会，一个国家必须依靠和利用自己本国的资源实现其发展目标。然而在一个开放的经济社会，一个国家可以进口其他国家生产的商品（而生产这种商品的资源在国内是贫乏的），出口利用本国丰富资源生产的商品，来实现其发展战略目标。因此一个水资源短缺的国家，可以通过进口在生产过程中需要消耗大量水的产品（水密集型产品），出口生产过程中耗水少的产品（水稀疏型产品），来缓解本国水资源的压力[3]。

例如，1970—2000年，中东北非地区粮食进口每年以10%的速率递增，其中20世纪90年代，农产品贸易达到总消费量的1/3，成为全球最大的农产品进口地区。面对如此巨额的粮食进口规模，哈尔迪（Khaldi）和阿卡姆（Akacem）认为，这种状况尽管反映了该地区丰富的矿产资源现状，也说明了中东北非地区在解决人口粮食问题上失败的现实。相反托尼·阿兰（Tony Allan）认为，中东北非地区水资源短缺不仅是自然禀赋的原因，更取

---

[1] M Qadir, TH M Bolers, and S Schubert, et al.Gricultural Water Management in Water Starved Countries: Challenges and Opportunities [J]. Agricultural Water Management, 2003(62): 165-185.
[2] 董文福."虚拟水"理论及其在中国的实践应用初步研究[J].云南地理环境研究,2005(2):77-80.
[3] 曹建廷,李原园,张文胜,等.农畜产品虚拟水研究的背景、方法及意义[J].水科学进展,2004(11):829-834.

决于农业、政府和国际制度适应资源短缺的能力和采取的应对措施及寻求替代品的能力[①]。该地区大规模地进口粮食是因本地严重水赤字而做出的决定,通过全球贸易系统进口大量粮食,不但没有形成威胁,反而为解决日益加剧的水赤字提供了机遇[②]。

阿兰教授认为在这种粮食贸易的背后,隐含着看不见的水资源交易。在1993年英国伦敦大学东方和非洲研究学院的一次研讨会上,阿兰教授针对这种粮食贸易现象提出了虚拟水的概念,并指出农产品贸易中隐含的虚拟水转移有效地解决了中东与北非地区水资源危机[③]。

二、虚拟水的含义

虚拟水概念的前身是阿兰教授提出的"embedded water",这个概念当时并没有引起人们的关注[④]。到20世纪90年代中期,虚拟水作为水和粮食贸易的暗喻逐渐成为水问题和农业研究领域讨论和研究的热点。随后,虚拟水概念得到进一步深化,被用于揭示不同种类食物生产耗水量的不同。如1千克粮食的生产需要1 000升水来灌溉,而1千克牛肉的生产需要消耗$1.3×10^4$升水。因为虚拟水将水、粮食和贸易联系在一起,世界银行的经济学家用一个更长的词汇"水、粮食和贸易脉络"(water, food, and trade nexus)来替代虚拟水[⑤]。尽管这种说法更清楚,但和"embedded water"一样,并没有引起水问题专家的注意。

梅瑞特(Merett)用粮食出口中的作物需水量定义虚拟水[⑥],但很显然,这种定义是狭义的,只涉及水和作物生产,只是这种思想的部分定义,而不像广义定义涉及进行贸易的粮食对缺水系统的水体制和水政策的影响。哈达丁(Haddadin)称虚拟水为外来水,这种定义源于虚拟水进口对进口国家来说是外来的这种事实。哈达丁的定义只是对事实的描述,没有揭示虚拟水更为深刻的影响。

随着对虚拟水理解的深入,人们逐渐认识到地区的严重缺水可以通过全球经济过程得到有效改善。鲍尔(Bouwer)将虚拟水概念用于分析其他生产活动用水[⑦]。他认为一些商品在生产过程中耗水量远远超过其商品生产用水,缺水国家可以通过进口高耗水型商品,出口低耗水型商品,来突破自身自然资源(水)禀赋的制约,扩大对外贸易并促进经济发展。

而现在,普遍为大家所接受的一种定义是:在生产产品和服务过程中所需要的水资

---

① T Allan. Virtual Water: A Long Term Solution for Water Short Middle Eastern Economies? [C]. Paper presented at the 1997 British Association Festival of Science Roger Stevens Lecture Theatre, University of Leeds, Water and Development Session.
② 李新文,陈强强.国内外虚拟水研究的发展动向评述[J].开发研究,2005(2):110-114.
③ 黄敏,黄炜.中国虚拟水贸易的测算及影响因素研究[J].中国人口·资源与环境,2016,26(4):100-106.
④ J A Allan. Virtual Water-the Water, Food, and Trade Nexus Useful Concept or Misleading Metaphor? [J]. Water International. 2003, 28(1):106-113.
⑤ A McCalla. The Water, Food and Trade Nexus[C]. MENA-MED Conference Convened by the World Bank in Marrakesh, 1997.
⑥ S Merett. Virtual Water and Occam's, Razor[J]. Water International, 2003, 28(1):103-115.
⑦ H Bouwer. Integrated Water Management: Emerging Issues and Challenges [J]. Agricultural Water Management, 2000, 45:217-228.

源数量,被称为凝结在产品和服务中的虚拟水量[①]。

2002年12月在荷兰德尔夫特举行了第一次国际虚拟水贸易专家会议,在2003年3月日本举行的第三届世界水论坛上对虚拟水贸易问题展开了专题讨论,认识到虚拟水对平衡地区和全球水资源安全的重要性。

两次国际会议肯定了虚拟水贸易在解决全球水安全方面的作用,标志着虚拟水贸易研究的成熟[②]。

三、虚拟水研究的理论基础[③]

(一)资源流动

随着社会、经济的发展,人类对自然资源的需求日益增长,由此导致资源稀缺、环境污染等问题日趋严重。准确地估算区域维持正常经济运转所需要的自然资源量,正确地理解自然资源的社会代谢过程,即自然资源在经济社会中的流动过程,不仅有助于了解经济活动与自然环境的关系,认识区域的资源自给能力和经济的对外依赖性,而且能够为制定提高自然资源利用效率、控制环境污染的政策提供科学依据[④]。因此,"资源流动"这一注重过程、反映动态运动的研究逐渐成为资源科学研究领域新的生长点。虚拟水研究本质上也属于资源流动研究的范畴,其研究从水资源利用过程和机理入手,通过准确估算区域社会经济运转所需要的水资源量,揭示人类活动对水资源系统的影响以及水资源在社会经济各环节以及区域间的流动过程,从而为解决区域水资源短缺、提高区域水资源利用效率、制定合理的水资源安全战略提供科学依据。

(二)资源替代理论

资源替代理论是可持续发展经济的基本原理之一。从可持续发展角度分析,技术进步的意义是实现资源替代。从一定意义上讲,人类文明进程是建立在不断发现新的资源和更加有效地利用资源的基础上的,是一部开发利用和不断替换资源的发展史。从广义上理解,"资源替代"意味着在生产规模扩大过程中,外部的资源替代自身资源、较高层次的资源取代较低层次资源所起的作用[⑤]。一般认为水资源在人类社会经济发展中的作用是无法代替的,但就区域或者国家个体来说,水作为一种资源同样具有可替代性。一方面,缺水地区可以通过跨地区调水,用其他地区的水资源来替代本地区的水资源,更高层次上,缺水地区可以通过虚拟水贸易直接获得需要用水资源进行生产的产品,从而替代参与生产的那部分水资源。事实上,这种替代已不再是资源本身的替代,而是资源功能的替代。

---

① J A Allan. Virtual Water: A long Term Solution for Water Short Middle Eastern Economies[R]. British Association Festival of Science, University of Leeds,1997:10-11.
② 柳文华,赵景柱,邓红兵,等.水——粮食贸易:虚拟水研究进展[J].中国人口·资源与环境》,2005(3):129-134.
③ 刘宝勤,封志明,姚治君.虚拟水研究的理论、方法及其主要进展[J].资源科学,2006(1):120-127.
④ 苏筠,成升魁.我国森林资源及其产品流动特征分析[J].自然资源学报,2003(6):734-741.
⑤ 姚治君,高迎春,苏人琼,等.缺水地区农业灌溉用水替代与农业发展——以京、津、唐地区为例[J].资源科学,2004(2):54-61.

（三）比较优势理论

比较优势理论属于国际贸易理论的范畴,是以亚当·斯密的绝对成本论为基础,以李嘉图的比较成本论为核心,经赫克歇尔—俄林的要素禀赋论的补充和完善而形成的一个完整的理论体系①。该理论认为各国或区域在要素禀赋上存在的差异,使得生产投入要素价格也存在差异,进而导致生产成本和产品价格的差异,以此解释了国际或区域比较优势的差异。区域间虚拟水流动是与区域间贸易相伴生的,因此,作为国际贸易基本理论,比较优势理论从水资源角度必然也反映和揭示了虚拟水贸易发生的动力和机制。许多学者都认为虚拟水与比较优势理论之间存在着必然的联系,如 Wichelns 认为虚拟水概念是比较优势理论在水资源方面的应用②；Lant 提出,与比较优势一样,虚拟水概念也是经济地理学基本原理的应用③；Allan 则认为虚拟水概念在某种程度上是由比较优势理论衍生而来的④。比较优势理论对于区域制定合理的虚拟水战略也具有重要的指导意义,目前大多将虚拟水战略简单理解为"贫水国家或地区通过从富水国家或地区进口水资源密集型产品来保障其水资源安全",单纯强调区域的水资源禀赋,而没有将技术等其他因素纳入考虑,导致虚拟水战略无法落实。只有通过区域间水资源利用比较优势的分析,增强虚拟水的经济、政策的关联性,才有可能使虚拟水这个无形的工具在解决水问题、保障水资源安全方面发挥作用。

四、虚拟水的计算

虚拟水研究的前提和基础是实现产品或服务中虚拟水的量化。虚拟水的含量受众多因素影响,并随服务、产品和产地的不同而有所区别,因此地域性差异是虚拟水的根本特征,也是虚拟水这种具有比较优势含义的概念产生的根本原因。虚拟水含量的计算主要有三个方面内容:分别是农作物虚拟水含量的计算、活体动物的虚拟水含量以及工业产品中虚拟水含量计算。

（一）农作物产品虚拟水含量的计算

所有农作物产品在生产过程中都要消耗水资源。生产农作物产品消耗水资源的多少主要取决于农作物的类型、生长区域的自然地理条件和灌溉方式等,因此农产品虚拟水计算是特定区域、特定时间的一种粗略估算。单一农作物产品虚拟水含量可以根据公式(8-1)计算:

$$V_{cn} = \frac{W_{cn}}{Y_{cn}} \quad (8-1)$$

式中:V_{cn} 代表区域 n、作物 c 单位重量的虚拟水含量(m^3/t),W_{cn} 指区域 n、作物 c 的需水量(m^3/hm^2),Y_{cn} 是区域 n、作物 c 的产量(t/hm^2)。

---

① 马惠兰.区域农产品比较优势理论分析[J].农业现代化研究,2004(4):246-250.
② D Wichelns. The Policy Relevance of Virtual Water Can be Enhanced by Considering Comparative Advantages [J]. Agricultural Water Management, 2004, 66:49-63.
③ C L Lant. Commentary: Virtual Water and Occam's Razor by Stephen Merrett and Virtual Water-the water Useful Concept or Misleading Metaphor? by Tony Allan[J]. Water International, 2003, 28(1):11-13.
④ J A Allan. Virtual Water-the Water, Food and Trade Nexus Useful Concept or Misleading Metaphor? [J]. Water International 2003, 28(1):4-11.

作物需水指作物在生长发育期间蒸发蒸腾所消耗的水资源,通常采用联合国粮农组织(FAO)推荐的标准彭曼公式进行计算。农作物需水采用参考作物的需水 ET_0 乘以作物系数 K_c 进行计算:

$$W_{cn} = K_c \times ET_0 \tag{8-2}$$

式中:ET_0 为参考作物的需水量,K_c 是作物系数,反映实际作物和参考作物的差异,W_{cn} 是实际作物的需水量。

ET_0 用联合国粮农组织推荐的修正后的标准彭曼公式进行计算:

$$ET_0 = \frac{0.40813\Delta(R_n - G) + \gamma \frac{900}{T+273} U_2(\rho_a - \rho_d)}{\Delta + \gamma(1 - 0.3U_2)} \tag{8-3}$$

式中:Δ 为蒸气压力曲线斜率($kPa℃^{-1}$),R_n 为作物表面的净辐射量(MJ/m^2),G 为土壤热流量(MJ/m^2),r 为干湿度常数($kPa/℃$),T 为平均气温(℃),U_2 为离地面2米高处风速(m/s),ρ_a 为饱和状态下的蒸气压力(kPa),ρ_d 为实际蒸气压力(kPa)。

(二)活体动物的虚拟水含量的计算[①]

动物的生命周期中所需的虚拟水含量被定义为三部分:成长和加工饲料用水,饮用水以及清洗牛舍、羊舍等所用水即服务用水。见公式(8-4)。

$$VWC_a[e,a] = VWC_{feed}[e,a] + VWC_{drink}[e,a] VWC_{serve}[e,a] \tag{8-4}$$

式中:$VWC_a[e,a]$ 代表出口国 e 的动物 a 的虚拟水含量,单位是 m^3/t;VWC_{feed}、VWC_{drink}、VWC_{serve} 分别代表饲料、饮用、服务用水,单位也是 m^3/t。

1. 饲料用虚拟水含量

饲料中的虚拟水含量由两部分组成:一是混合饲料所需的水,二是不同种饲料成分所含有的虚拟水含量。动物的生命周期中饲料用虚拟水含量如公式(8-5)所示。

$$VWC_{feed}[e,a] = \frac{\int_{出生}^{出栏} \{q_{mixing}[e,a] + \sum_{c=1}^{Nc} SWC[e,c] \times C[e,a,c]\} dt}{W_a[e,a]} \tag{8-5}$$

式中:变量 $q_{mixing}[e,a]$ 代表在出口国 e,用来混合动物 a 的饲料所需的水含量,单位是 m^3/d;$C[e,a,c]$ 表示在出口国 e,动物 a 所消耗的饲料 c 的数量,单位是 t/d;$SWC[e,c]$ 表示在出口国 e 农产品饲料 c 所需要的具体的水含量,单位是 m^3/t;$W_a[e,a]$ 表示在出口国 e,活体动物 a 在出栏时的平均重量,单位是 t。

2. 饮用水中的虚拟水含量

动物的饮用水中的虚拟水含量等于饮用水的总供给量,即为动物在生命周期中饮用水的总量。我们用每吨活体动物的虚拟水含量表示,见公式(8-6)。

$$VWC_{drink}[e,a] = \frac{\int_{出生}^{出栏} q_d[e,a] dt}{W_a[e,a]} \tag{8-6}$$

---

① 姚蓝,李磊,宿伟玲.动物虚拟水概念及其应用[J].大连大学学报,2005(3):75-77.

式中：$q_d[e,a]$表示在出口国e，动物a每日需要的饮用水数量，单位是m^3/d；$W_a[e,a]$表示动物出栏时的重量。

3. 服务用水的虚拟水含量

动物服务用水的虚拟水含量等于在动物的生命周期中，为清理牛舍、羊舍、清洗动物，以及其他为保持环境清洁所必需的用水总和，见公式(8-7)。

$$VWC_{serve}[e,a] = \frac{\int_{出生}^{出栏} q_{serve}[e,a]dt}{W_a[e,a]} \tag{8-7}$$

式中：$q_{serve}[e,a]$代表在出口国e，动物a每日所需的服务水量，单位是m^3/d。

4. 畜产品虚拟水含量的计算方法①

畜产品的虚拟水含量包括活动物的虚拟水含量和所需要的处理需水量。活动物每吨的处理需水量计算见公式(8-8)。

$$PWR[e,a] = \frac{Q_{proc}[e,a]}{W_a[e,a]} \tag{8-8}$$

式中：$PWR[e,a]$为在出口国e用活动物a生产初级产品的需水量，单位是m^3/t；$Q_{proc}[e,a]$为出口国e每个活动物a处理水总量，单位是m^3。

活动物(VWC_a)和处理需水量(PWR)的虚拟水的总含量与每吨活动物初级产品是分不开的，为此，引入两个概念"生产系数"和"价值系数"。

出口国e产品p的生产系数$pf[e,p]$为包含在每吨活动物初级产品的重量，见公式(8-9)。

$$pf[e,p] = \frac{W_p[e,p]}{W_a[e,a]} \tag{8-9}$$

式中：$W_p[e,p]$为出口国e从每个活动物a获得的初级产品p的重量，$W_a[e,a]$为出口国e活动物a的重量。通常生产系数小于1。因为这些初级产品仅仅是动物的一部分。然而，有的产品的生产系数可能大于1，因为这些产品是在动物的整个生命周期内获得的，比如像牛奶和鸡蛋。

价值系数$vf[e,p]$为这种动物产生的一种产品的市场价格与这种动物产生的所有产品的市场价值总和之比，计算公式如式(8-10)。

$$vf[e,p] = \frac{v[p] \times pf[e,p]}{\sum v[p] \times pf[e,p]} \tag{8-10}$$

分母为动物a所有的初级产品的价值。$v[p]$为产品p的市场价格(元/t)。因此，初级产品p的虚拟水含量(VWC)计算公式见式(8-11)。

$$VWC_p[e,p] = (VWC_a[e,a] + PWR[e,a]) \times \frac{vf[e,p]}{pf[e,p]} \tag{8-11}$$

---

① 王红瑞,王军红.中国畜产品的虚拟水含量[J].环境科学,2006(4):609-615.

次级产品虚拟水含量由初级产品虚拟水含量和处理需水量组成。处理需水量($PWR[e,p]$)等于初级产品 p 加工成次级产品所需要的水量。

生产系数 $pf[e,p]$ 现在定义为从每吨初级产品获得的次级产品的重量的比率。同样,价值系数 $vf[e,p]$ 定义为一种次级产品的市场价值与从初级产品获得的所有产品的市场价值的比值。

因此,次级产品 p 的虚拟水含量(m^3)可由式(8-11)来计算,不同的是把初级产品虚拟水含量和初级产品处理需水量变为次级产品。

以同样的方法可以计算 3 级以及 3 级以上的产品的虚拟水含量。第一步通常是获得进口产品和相应处理水的虚拟水含量。以生产系数和价值系数为基础,不同的出口产品中,这两部分的总和都可以得到。

(三) 工业产品中虚拟水含量的计算[①]

总的来说,在工业产品生产过程中,水的消耗主要有以下几部分:原材料和燃料生产用水,原材料和燃料运输用水,生产过程中机械损耗折合生产用水,生产人员生产生活用水,生产过程中的添加水,服务性用水。

根据工业产品生产中水及虚拟水的消耗途径,从生产者角度设定虚拟水的计算公式如下:

某工厂年产工业产品所含虚拟水总量＝年原材料和燃料生产用水
＋年原材料和燃料运输用水
＋年生产过程中机械损耗折合生产用水
＋年生产人员生产生活用水
＋年生产过程的添加水
＋年服务性用水

(8-12)

单位产品虚拟水的含量＝年产这种工业品所含虚拟水总量(m^3)/年生产产品数量

(8-13)

对于多项产品,还应按照这些产品的共同属性(如质量、价值等)把虚拟水总量分割到各种产品中。

五、虚拟水贸易及其作用

(一) 虚拟水贸易的含义

虚拟水贸易是指一国(地区)出口产品相当于向境外输出水资源,进口产品意味着从境外输入水资源[②]。虚拟水贸易主要表现在农产品贸易方面,因为农产品生产需要耗费大量的水。因此虚拟水贸易的历史与农产品贸易的历史一样悠久,只是人们一直没有意识到。现在世界各国已经意识到了虚拟水的存在,为了解决本国或本地区的水安全和粮食安全问题,这些国家或地区正在有意识地进行这类贸易。如中东地区、埃及以及我国的

[①] 项学敏,周笑白,周集体.工业产品虚拟水含量计算方法研究[J].大连理工大学学报,2006(2):55-56.
[②] 朱启荣.中国外贸中虚拟水与外贸结构调整研究[J].中国工业经济,2014(2):58-70.

西北干旱地区等。

(二)虚拟水贸易的作用①

1. 虚拟水贸易的实施有利于保障水资源的安全

一个缺水的国家或地区可以通过对粮食进口的补贴而进口虚拟水,从而用虚拟水来弥补本国或本地区的水资源不足的状况。当世界粮食的价格低于本国或地区的生产成本时,虚拟水贸易的优势就会显得更加明显,这样,本国或地区的水资源安全就得到了保障。

2. 虚拟水概念及虚拟水贸易促进了水资源的有效利用

根据国际贸易理论,国家应当出口本身具有相对优势或者比较优势的产品,而应当进口本身具有比较劣势的产品。尽管价格和技术是提高区域水资源利用效率的工具,而且在流域尺度上将水资源按照效益最大化重新配置也可以提高水资源利用效率,但是国家间的虚拟水贸易是提高"全球水资源使用效率"的有效工具。从经济学的观点看,应当在水资源丰富的地区生产世界上需求的水密集型产品。在这些地区,水资源比较廉价,而且水资源使用的负外部性比较小,单位产品的生产所需的水量一般也较少。从水的生产效率较高的国家或地区向水的生产效率较低的国家或地区的虚拟水出口,意味着全球实体水的储备和节约。

3. 虚拟水贸易实施促进了水资源管理的观念和制度创新

水资源管理的目的是为了规范在水资源短缺情况下人们的生产和生活方式。从当前国内外的研究和实际应用来看,采用的水资源管理包括供给管理和需求管理两个方面,基本的管理途径有工程建设、终端利用效率和配置效率三种,相应的管理战略和管理阶段可分为四个层次,如图8-2所示:(1)供给管理,包括开辟新水源、大规模远距离调水等,其

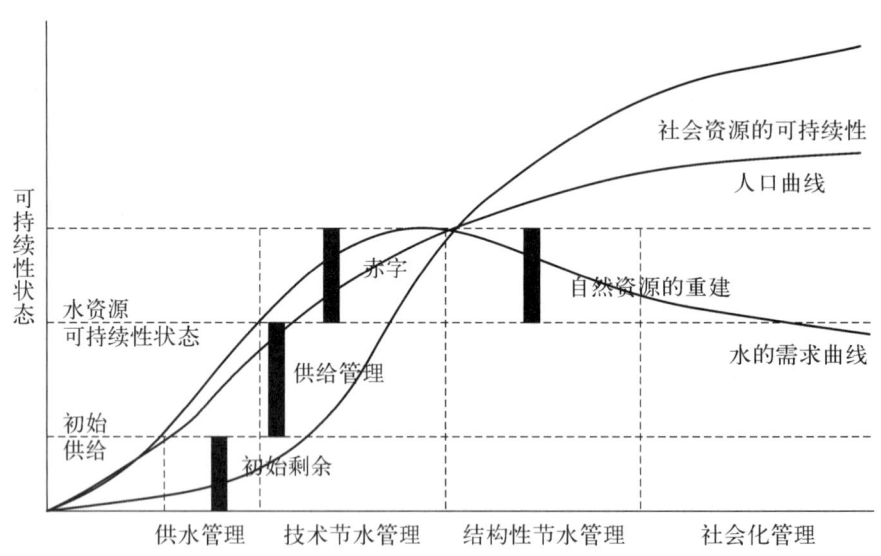

图8-2 水资源管理的不同阶段

(资料来源:程国栋.虚拟水——中国水资源安全战略的新思路[J].中国科学院院刊,2003(4):260-265)

---

① 张志强,程国栋.虚拟水、虚拟水贸易与水资源安全新战略[J].资源环境,2004(3):7-10.

目标是提供更多的水资源,但通常成本巨大;(2)技术性节水管理,这是水资源需求管理的第一步,其目标是提高水资源的利用效率,但通常节水数量有限;(3)内部结构性管理,这是水资源需求管理的更高层次,涉及区域内部社会结构变化等问题,如结构性节水;(4)社会化管理,这是水资源需求管理的最高层次,即认识到水资源的社会属性,以水资源的社会属性为主线,充分利用各种外部资源来缓解局部水资源的紧缺。水资源管理的最终目的是为了跨越水资源短缺的障碍。

社会化管理阶段的出现意味着水资源管理问题域范围的扩大,管理的着眼点从克服自然资源的短缺(第一类资源短缺)转向克服社会资源的短缺(第二类资源短缺)。在这种意义上,能否调动足够的社会资源来克服第一类资源的短缺,就成为水资源短缺问题能否解决的关键。显然,虚拟水战略拓展了水资源研究的问题域范围,属于水资源社会化管理层次。由于人口增长是水资源短缺的最原始驱动力,粮食作为人类的生活必需品携带有大量的虚拟水,是当前世界贸易中数量最大的商品,因此人口—粮食—贸易之间的连接关系就成为虚拟水分析的主线,从另一个角度来看,也就是从水的社会属性这条主线来进行水资源管理。因此,虚拟水概念将水资源管理问题从对水资源的生产领域管理引向了对水资源消费领域的管理,以水—粮食—贸易为主线的虚拟水贸易通过粮食贸易将水资源管理问题拓展到社会经济系统中,这显然增加了水资源管理的决策空间,必将引起水资源管理的观念创新和制度创新。

4. 虚拟水贸易的实施有助于增强人们的节水意识

不同产品的虚拟水含量不同,知道产品的虚拟水含量可以使人们意识到生产各种产品所需要的水资源数量,也就会认识到消费产品对水资源系统的影响,进而促使人们更谨慎地利用水资源。人们的饮食结构对水资源有着巨大的影响。随着生活水平的提高,人们将会消费更多的肉、蛋、奶,消耗更多的饲料粮。而且,从粮食向肉类的转化要比从草向肉类的转化消耗更多的能量与资源。研究表明,生产1千克猪肉需要4千克粮食,生产1千克鸡肉需要2千克粮食。因此,生产更多的畜禽产品就意味着消耗更多的饲料粮食,而要生产这些饲料粮食,则需要更多的水。据估计,如果目前世界上所有的人都采用西方发达国家肉食较多的饮食结构,那么食物生产所消耗的水资源将需要增加75%。由此可见,合理的饮食结构对水资源的影响也是不容忽视的,基于此,就更应加强对虚拟水概念的宣传,增强人们的节水意识。

第二节　生物入侵

一、生物入侵的概念

古今中外由于有害生物危害人类健康和农业生物的安全,给人类带来的灾难是十分沉痛的。5世纪下半叶,鼠疫从非洲侵入中东,进而到达欧洲,造成约1亿人死亡;1933年猪瘟在我国传播流行,造成920万头猪死亡;1997年,我国香港地区发生禽流感疫情,不得不销毁140万只鸡,仅赔偿鸡农鸡贩的损失即达1.4亿港元。2021年,红火蚁传播至12个省(区、市)435个县(市、区),专家预计其所造成的经济损失将达1 280亿元。截至2022年,我国34个省级行政区均发现入侵物种,而且我国西南和东南沿海是外来生物入侵和危害的重灾区,外来物种入侵的严峻形势不容乐观,部分入侵物种已给我国的生态环境安全、经济发展质量和人民健康安全等方面带来诸多严重影响。[①]

正如世界自然保护同盟2000年2月在瑞士通过的《防止因生物入侵而造成的生物多样性损失》中指出的那样,"千万年来,海洋、山脉、河流和沙漠为珍稀物种和生态系统的演变提供了隔离性天然屏障。在近几百年间,这些屏障受到全球变化的影响已变得无效,外来入侵物种远涉重洋到达新的环境和栖息地,并成为外来入侵物种。"

至于什么是外来入侵,不同的学者有不同的看法。

英国当代研究生物入侵的权威学者Williamson(1996)认为,生物入侵是指生物进入一个进化史上从未分布过的新地区,不考虑以后该物种是否永久定居。这种定义实质上是指传殖,意指一个物种的繁殖体传播到其他产地外的区域,实质上是入侵的第一步。

1999年2月美国白宫发布的总统令中,将入侵物种定义为"已引起或很可能引起对经济、环境或人类健康产生危害的外来物种"[②]。根据《生物多样性公约》的规定,国际通行的概念为:外来入侵物种是指通过有意或无意的人类活动被引入到原自然分布区外,在自然生态系统或生态环境中建立种群并对引入地的生物多样性造成威胁、影响或破坏的物种。这里所指的是不论有意或者无意,都是由人为因素引进的入侵物种。事实上,还有一类是自然侵入的物种。因此需要扩大其概念的内涵。

因此,生物入侵是指一些物种借助自然因素或人为作用进入新的区域,并在新区域定居、繁殖,建立自然种群,对本地物种的生存构成威胁。

二、生物入侵的途径[③]

根据调查,近年来,危及我国生态安全的入侵物种进入我国的途径主要有三条:

1. 有意引进

缺乏对引进物种的风险评估,盲目引入用于农林牧渔生产、生态环境改造与恢复、景观美化等目的的物种,是导致生物入侵的一个主要因素[④]。

我国已知的外来入侵物种中的植物超过50%是有意引进的。这些物种的引入当初是为了发展经济和保护生态环境。其主要动植物种类有:牧草或饲料、观赏植物、药用植物、蔬菜、草坪植物、环境植物、动物蛋白食品、人工养殖的动物等。

100多年前,作为饲料和观赏植物,水葫芦从美洲被引入我国,但其疯长的结果却成了令人头痛的恶性杂草,结果使湖泊鱼类和其他水草的种类急剧减少,珠江、太湖、滇池告急,国家每年花费上亿元巨资打捞也无济于事。20世纪60年代,为了保护滩涂,我们从

---

① 余细红,李韶山.我国生物入侵现状与防制分析[J].生物学教学,2022(47):95-96.
② 曾北危.生物入侵[M].北京:化学工业出版社,2004:111-118.
③ 夏铁骐,吕爱国.外来物种与生态安全[J].濮阳职业技术学院学报,2004(3):43-44.
④ 亢雅娟.生物入侵的途径[J].太原城市职业技术学院学报,2006(4):136-137.

英美等国家引进了大米草,在我国北起辽宁锦西县南到广东电白县的 80 多个县市的滩涂都有分布。近年来,大米草在一些地区疯狂扩散,破坏了近海生物环境,造成沿海的多种生物死亡,堵塞航道,影响海水交换,诱发赤潮,还与沿海滩涂植物争夺生存空间,致使大片红树林消失。

2014 年,罗非鱼被列入了《中国外来入侵物种名单》。罗非鱼是原产自非洲的一种热带鱼,最早由东南亚引进而来,并试养成功。罗非鱼有着极强的适应能力和非常高的存活率,所以它们在自然水域里野蛮生长,直至泛滥,严重威胁到了原生物种的生存。在我国的珠江流域,罗非鱼的种群数量多,覆盖广,它们抢占水域中的资源,破坏了原有的食物链,这使得珠江的本地鱼连年减产。

2. 无意引进

这种引进方式虽然是人为引进的,但在主观上并没有引进的意图,而是伴随着进出口贸易、海轮或入境旅游在无意间被引入的。近年来,国际贸易的增加、对外交流的扩大、国际旅游业的发展,使越来越多的入侵物种进入我国。如:豚草原本是生活在铁路、公路两侧的杂草,我国的豚草就是被火车自动携带从朝鲜传入的;毒麦则是混杂在小麦种中,随小麦引种而进入的;假高粱是随同美洲国家进口的粮食进入我国的;而加剧了我国沿海赤潮现象的外来赤潮生物种,则是通过远洋船只的压舱水进入我国的。

3. 自然进入

有些物种是通过风力、水流、鸟的迁徙等自然因素"偷渡"到我国的。如:紫茎泽兰是从中缅、中越边境自然扩散进入我国的,薇甘菊则可能是通过气流从东南亚"飞"进我国的。

三、生物入侵的危害

1. 破坏当地的生态平衡

外来入侵生物对特定的生态系统的结构、功能及生态环境产生严重的干扰与危害。很多外来入侵植物可生长在路边、草坪、花坛或荒野,对景观造成影响,如秋英(cosmos bipinnatus)、肿柄菊(tithonia diversifolia)等。水生植物中,凤眼蓝、大藻(pistia stratiotes)、粉绿狐尾藻(myriophyllum aquaticum)等在湖面、河道等水体中大量生长,导致阻塞河道,破坏水生生态环境[1]。

2. 导致生物多样性的丧失[2]

外来生物入侵可在个体、种群、群落、生态系统等各个结构水平上产生影响,造成当地物种濒危甚至灭绝,导致入侵地丧失生物多样性,严重影响原有生态系统的功能和结构。由于外来物种侵入新环境之后缺乏相应天敌的压制,数量通常会呈指数暴增,通过抑制或排挤本地原有物种,使其数量不断下降,逐渐形成单优势种群,最终导致生物多样性不断降低。

---

[1] 李嵘,邓涛.云南外来入侵植物现状和防控策略[J].西部林业科学,2021,50(5):23-35.
[2] 姜培燕,艾尼瓦尔·阿不都瓦依提,夏雪梅.浅谈生物入侵危害与应对策略[J].新疆农业科技,2021(4):33-35.

3. 造成重大经济损失

外来物种入侵带来的直接后果是对人类社会经济的危害。另外,外来生物通过改变生态系统,造成一系列水土、气候等不良影响,继而产生的间接经济损失更加巨大。

在美国,目前已有4 500余种生物入侵成功,仅夏威夷州就有2 000余种外来生物定居,每年仍有20—30种外来物种不断侵入。据统计,美国每年因外来物种入侵造成的经济损失高达1 500亿美元。

我国因外来物种入侵造成的经济损失也相当惊人。入侵物种每年给我国的经济和环境造成高达2 000亿元的损失[①]。例如,我国每年因水葫芦造成的直接经济损失近100亿元,光是打捞费用就需要5亿—10亿元。有专家测算,包括松材线虫在内的13种外来入侵物种每年对我国农业、林业等造成近600亿元的直接经济损失。

4. 危害人的健康

外来物种入侵以后,会在当地进行快速的繁殖与扩张,如果某些入侵生物成为传播病毒的媒介,在其传入后会形成大面积的疾病流行,严重影响人类健康和生存。例如,豚草花粉会造成花粉症;入侵动物福寿螺是一些寄生物的中间宿主,红火蚁叮咬对人体的生命安全构成威胁等[②]。

四、入侵生物的现状与防控

根据《中国环境年鉴》的最新统计,2012年已查明外来入侵物种524种。在世界自然保护联盟(IUCN)公布的全球100种最具威胁性的外来生物中,中国现有51种。近十年,新入侵中国的恶性外来物种有20多种,常年大面积发生危害的物种有100多种,危害区域涉及中国31个省(区、市),造成了严重的经济损失。目前,入侵中国并造成严重危害的外来林业有害生物有36种,年均发生面积280多万公顷。松材线虫病发生面积4.08万公顷,县级疫区总数由185个减少到179个,实现了县级发生区、发生面积和病死树数量继续多年下降,但传播扩散还未得到根本遏制,继续呈现向西、向北扩散的态势。美国白蛾发生面积68.20万公顷,同比下降9%,但沿渤海湾外围继续呈现向北、向南的跳跃式扩散态势,防控形势严峻。红脂大小蠹在山西、陕西、河北、河南4省发生面积5.47万公顷,同比上升17.14%,局部地区危害加重。薇甘菊在广东、云南、海南、广西等4省(区)25个地市76个县(市、区)发生,发生面积4.66万公顷,疫情整体平稳。

生物入侵对我国生态平衡、生物多样性及国家经济均造成巨大损失,为此亟待完善针对外来生物的防控体系,加强防治,切实将生物入侵的防治落到实处。入侵生物的防控主要有树立正确的防控指导思想、建立健全防控法律体系和开展综合治理。

1. 树立正确的防控指导思想

2021年4月30日,习近平总书记在主持十九届中共中央政治局第二十九次集体学习时强调:"生态环境保护和经济发展是辩证统一、相辅相成的,建设生态文明、推动绿色

---

① 李大林.我国每年因外来生物入侵经济损失超两千亿元[J].广西质量监督导报,2014(11):30.
② 苏文文.浅谈生物入侵的现状及其危害与防治[J].农业与技术,2020,40(10):78-80.

低碳循环发展,不仅可以满足人民日益增长的优美生态环境需要,而且可以推动实现更高质量、更可持续、更为安全的发展。"入侵生物防控需要以习近平生态文明思想为指导,牢固树立社会主义生态文明观,提高防范外来入侵物种、充分认识防控外来入侵物种对保护生态环境的重要性。坚决纠正片面追求短期和局部经济利益、忽视生态环境和公共利益的错误和偏差。

2. 建立健全防控法律体系

《中华人民共和国生物安全法》是一部2021年颁布的法律,该法律中的"生物安全"是指国家有效防范和应对危险生物因子及相关因素威胁……生物领域具备维护国家安全和持续发展的能力。该法中第二条提到,防范外来物种入侵与保护生物多样性属于生物安全的范畴之内,因此该法相当于对生物入侵做出了相关法律规定。

然而,该法范围宽泛,并非针对生物入侵制定的专门法律,适用性较低。为了更好地防治生物入侵,应当结合我国外来入侵物种管理现状,吸收借鉴国际和先进国家立法经验,增强防控制度的可操作性,建立较完备的外来入侵物种调查监测、风险评估和清除控制等管理制度。

3. 开展综合治理

生态环境部门应加强外来入侵物种对生态环境的影响评估,加大对生态保护红线、自然保护地等重点区域防控工作的监督力度。有关部门应当加大资金投入,加强外来生物对生态影响的基础研究以及清除、控制和资源化利用技术研究,组织开展重大科学技术攻关和成果应用示范。在经济全球化的背景下,物种入侵变得更加频繁,对民众加强宣传教育,普及外来入侵物种及法律相关知识,提高民众防控意识有利于全社会共同抵御外来物种入侵[①]。

第三节 生物技术与食品安全

生物技术已经发展成为包含基因工程、蛋白质工程、细胞工程和动物克隆等多项内容的现代高新技术。其中在食品领域应用最广泛的是基因工程,也就是转基因食品。它的产生与发展有两个动力:一是不断增长的人口对粮食供给量造成的压力。世界人口,特别是发展中国家人口的不断增长,需要消费越来越多的粮食。而世界的粮食产量在相当长的时间内的增长却相对缓慢,同时还有应对各种灾害所带来的不确定因素,因此迫切需要一种新的生物技术出现,以解决这一严峻的问题。二是随着世界经济的发展,人类生活质量的提高,人类对食品质量产生了更高的要求,而要满足这种要求,同样也需要新的生物技术的出现。因此在这种背景下转基因技术发展起来了。

---

① 胡亚萍,周旭,舒秋香,等.从加强生态环境保护角度探析我国外来入侵物种防控策略[J].生态与农村环境学报,2021,37(3):273-278.

一、食品安全

(一) 食品安全的含义

"食品安全"是相对的,是随着人们生活水平的提高、科技的进步、社会的发展而不断发展变化的,对食品安全的高度关注,是社会文明进步的标志。20世纪80年代以前,我国的食品安全是指食物短缺和营养不足,由于当时国家着力于解决温饱问题,对环境污染、农药、兽药、化肥及食用添加剂和违禁使用化学品等食品质量安全问题反应不突出;90年代后期到21世纪开始后,由于环境污染加重,农业生产过程中农药、化肥的过量使用,食品加工过程中大量使用新型添加剂,不法商贩造假,生物污染及转基因食品安全问题的出现,使我国的食品安全形势日趋复杂。目前,食品数量安全的意义已经退居次位,而食品质量安全不仅是一个重大的经济问题,也是一个重大的政治和社会问题。因此,加强食品安全管理,保障食品安全,就显得尤为迫切和重要[1]。

据1996年世界卫生组织的定义,食品安全是对食品按其原定用途进行制作时不会使消费者受害的一种担保,食品安全主要指在食品的生产和消费过程中没有一定剂量的有毒、有害物质或因素的加入,从而保证人体按正常剂量和以正确的方式摄入这样的商品时不会受到急性或慢性的危害,这种危害包括对摄入者本身及其后代的不良影响。欧洲科学家帕拉塞尔苏斯(Paracelsus,1493—1541)曾说过:"所有的物质都是毒物,没有一种不是毒物的。正确的剂量才使得毒物与药物得以区分。"[2]

(二) 食品安全的影响因素[3]

1. 污染威胁食品安全

研究数据显示,90%的肿瘤是由环境因素引起的。由于目前人们的食物来源广、种类多,在食用的同时可能会摄入多种多样的细菌、病毒,部分有毒害的物质在互相反应之后会变得更为繁杂。另外,工业生产活动中,会向外排放大量的工业废物,包含许多化学物质,例如汞、砷等最终渗入土壤、污染河流,极大地影响农产品的安全性。

2. 种植产业及养殖业的食源污染

农业种植产业、养殖业等食源性污染是威胁我国食品安全的重要问题,目前有许多农业生产人员以及单位常会大量使用农药、兽药,易造成农产品农药、兽药残留,消费者在食用之后,健康方面会受到影响,甚至还有一些农业生产单位、人员会应用甲胺磷等国家禁用农药,导致种植出的果蔬极具危险性,对消费者的生命安全造成严重威胁。

3. 新兴的生物技术

如转基因技术的发展,一方面解决了食品生产的诸多问题,另一方面也给粮食安全带来了许多不确定因素。

---

[1] 公绪启.浅析我国食品安全问题[J].甘肃农业,2006(6):75.
[2] 雷方华.食品安全、安全食品[J].中国食品,2006(20):46-47.
[3] 曾祥平,张袁媛.食品安全的影响因素与保障措施探讨[J].食品安全导刊,2021(21):36+38.

二、转基因与食品安全

2011年,全球人口达到70亿,联合国预测2050年世界人口将达98亿。与此同时,全球人均可耕种面积逐年减少,预计在未来50年内,全球将失去50%的耕地。另外,保护生态环境和可持续发展也对传统农业提出了严峻的挑战。而以基因工程技术为代表的现代生物技术已经在农业、医药、食品等领域展示了巨大的发展潜力,转基因食品作为基因工程在农业上应用的主要原因就是解决上述问题而出现的[①]。

(一) 转基因作物概述

世界上最早的转基因作物诞生于1983年。1986年,转基因作物被批准进行田间试验,1993年第一个延熟保鲜番茄在美国批准上市。美国农业部在2006年4月发布了《美国转基因作物十年总结报告》。截至2005年4月初,美国联邦政府部门一共收到将近11 600个转基因种植和养殖申请,批准了10 700多件,批准率为92%。转基因品种涵盖了玉米、小麦、水稻、大豆、油菜、土豆、西红柿和棉花等美国主要农作物,甚至还有虾、肉牛和奶牛等动物品种。截至2021年,目前29个国家种植转基因作物,42个不种植转基因作物的国家或地区进口转基因作物用于粮食、饲料和加工。国际农业生物技术应用服务组织(ISAAA)数据显示,2019年五大转基因种植国家的种植面积占比近9成,其中,美国种植面积为71.5百万公顷(37.55%);巴西种植面积为52.8百万公顷(27.73%);阿根廷种植面积为24百万公顷(12.61%);加拿大种植面积为12.5百万公顷(6.57%);印度种植面积为11.9百万公顷(6.25%)。中国的转基因种植面积为3.2百万公顷,占比1.68%,位列第7位。[②]

1. 转基因技术的含义

20世纪80年代以来,国际上许多国家将生物技术、信息技术、核心材料技术作为最新科技的重中之重,其中基因工程技术是生物技术的核心技术。基因工程又叫遗传工程,它是分子遗传学和工程技术相结合的产物。以1973年重组脱氧核糖核酸实验的成功为标志,基因工程进入了人类可以控制遗传和生命过程的新阶段。不同生命具有不同的特性,基因是决定生物特性的内在物质基础,它是由细胞核里的脱氧核糖核酸(DNA)构成的。一个基因就是脱氧核糖核酸分子的一个片段。因此人们就很自然地想到利用基因工程(DNA重组技术)手段,将一种生物体内控制某种特性的基因作为外源基因移植到另一种生物体内并使之表达,使一种生物体同时具有其自然生长所没有的其他生物体的特性。

所谓的转基因技术是指利用分子生物科学手段,将某些人工分离和修饰过的生物基因转移到其他生物物种中去,使其出现原物种所不具有的生物特性或遗传性能。在我国,转基因也称为遗传工程或基因工程。经转基因技术修饰过的生物体就称为"遗传修饰过的生物体"(GMO)。

利用现代基因工程技术,可以将来源于任何种类的植物、动物或微生物,甚至合成原

[①] 秦伟闻,邢莲莲.转基因食品安全性问题研究进展[J].内蒙古农业科技,2006(2):51-54.
[②] 十张图了解2021年全球转基因市场发展现状[Z/OL].[2022-10-20].https://www.sohu.com/a/511376983_121124607.

料的遗传物质引入到不同种类的植物中,由此产生的植物通常被称作转基因植物。当其用作食物来源时,被称作转基因植物食品或者转基因食品[①]。

2. 转基因食品的优点

转基因食品的优点如下：(1)抗病虫和抗除草剂,可减少农药残留,从而减少环境污染和人畜伤亡,降低投入成本。(2)具有耐贮藏等良好性状,可延长转基因食品的保存时间。此外它还能抗干旱、耐盐碱、抗重金属,这些高产量转基因品种能提高土地利用率,缓解我国不断增长的人口对食物需求的矛盾。(3)可改变口味,提高食品的营养价值,也可满足不同人群的膳食需求,增加其附加价值。(4)具有独特的垄断性,能够享受比较优势,带来巨大的经济利益。(5)生产技术能提高生产效率,增加食品供应,并带动相关产业发展。

(二) 转基因作物给市场带来的影响

转基因作物的市场影响主要体现在三个方面。

1. 转基因作物以及转基因食品的普及,对传统作物有驱逐作用

这种驱逐主要体现在信息不对称方面。食品市场可以看作是一个完全竞争市场,在这里,不管是厂商还是消费者都是价格的被动接受者。对消费者而言,是转基因食品还是传统食品,是没有任何差异的,因为他们分辨不出两者的不同。所以,两种产品满足的是消费者同一需要,面对的是同一需求曲线。因此厂商在选择原材料的时候就会选择质量好、价格便宜的产品,来降低生产成本。在这样的前提下,传统生物因其质量差、价格高的原因而被逐渐驱逐出原材料市场。可是,这里忽视了转基因生物可能带来的不安全性,但这种风险具有显现时间长、不确定性的特点,厂商在作决策时是不予考虑的。这种风险随着产品的销售,在不知情的情况下转嫁到了消费者的头上。比如,中国是大豆的原产地,已有4 000多年的大豆种植历史。1996年前,中国一直是大豆的净出口国,而1996年以来,中国开始大量进口大豆。进口的大豆主要来自美国、阿根廷和巴西。2021年国产大豆产量约为1 600万吨,仅占大豆进口总量的17%,美国、巴西、阿根廷等是向中国出口大豆的主要国家,而这些国家种植的均为转基因大豆。由于进口大豆的低价和高品质,中国大豆进口量持续上涨,已成为世界上大豆进口量最大的国家,2020年中国累计进口大豆10 033万吨,中国对于进口大豆的依赖度越来越高,中国大豆进口贸易市场逐渐被外资所垄断[②]。

2. 转基因作物将会引起市场垄断

从国家层面看,全世界转基因种植国家两极分化严重。目前,全世界转基因生物的种植主要集中在五个国家,其中美国与巴西两个国家占了近70%,还有阿根廷、加拿大与巴拉圭。这五个国家加在一起占了96%。中国的转基因种植面积为3.2百万公顷,占全球比重为1.7%,排名第七。作物方面全球四大转基因种植品种为大豆、玉米、棉花、油菜,2019年,四大品种种植面积占全球转基因总种植面积99.1%,占比从高到低依次为大豆

---

① 宋欢,王坤立,许文涛,等.转基因食品安全性评价研究进展[J].食品科学,2014,35(15):295-303.
② 左武荣.我国大豆进口贸易的影响及对策研究[J].分子植物育种,2022,20(2):601-606.

48.3%、玉米32.0%、棉花13.5%、油菜5.3%。转基因作物主要来源于美国的孟山都公司,还有先正达公司、阿凡迪斯公司三家大公司。其中,孟山都公司提供了91%的转基因植物的品种。美国也是一个最大的转基因生物释放及生产的国家,它每年要批准1 000多个商业化申请。同时,美国也是转基因产品的一个最大受益者。

由于以上的原因,我们可以把转基因生物市场看作是一个寡头垄断市场。在这个市场中,全部厂商在长时期赚到可观的利润,由于技术原因所构成的进入障碍使得新厂商加入该市场很困难。

这种由技术带来的市场垄断会带来超额利润。不管从哪个方面来讲,转基因产品均比传统产品具有竞争优势。更有甚者,一旦食品类产品由少数掌握基因技术的国家垄断,将会引起多数没有掌握基因技术国家的经济甚至政治危机。

3. 不确定的危险会引发不确定的外部不经济

由于转基因产品会带来后果的不确定性,一旦发生这种产品对食用者带来影响或者对周围环境带来破坏,那么在部分人、部分国家得到高额利润的同时,转基因产品可能带来的负担将由全人类来承担。这样就有了一种产生负的外部性的可能。而这种外部性并没有反映在市场价格中,所以这也就造成了整个经济的无效率。

(三) 转基因产品安全性争论

20世纪80年代,从世界上第一例转基因植物的诞生,到目前超过5 867万公顷的转基因作物,再到利用转基因动物生物反应器大量生产医用蛋白,转基因技术给人类带来的好处是显而易见的,如用转基因植物生产的食品营养品质好、产量高,含有特殊保健成分等,而产量的提高则特别适合人口众多的发展中国家[1]。但是,由于转基因食品是从实验室中走出来的,是人工制造出来的,自其诞生之日起,关于转基因食品是否危害人类健康的争论就没有停止过。支持派强调:自1994年转基因西红柿被美国食品药品监督管理局(FDA)批准在美国上市销售以来,全球约有10亿人食用过数种转基因食品[2]。至今为止并没有发现转基因食品危害人体健康和环境的确切证据。但美国康奈尔大学发现,转基因玉米会危害蝴蝶幼虫及其相关生态环境[3],1998年英国罗依特研究所的普斯陶依教授也声明他的一项研究表明,幼鼠食用转基因土豆会使内脏和免疫系统受损[4],这项研究虽然后来被英国皇家学会组织的专门评审定调为共有6项缺陷,但仍然引起了人们对转基因食品的怀疑。

当前关于转基因生物安全性的争论主要在两个方面:一是通过食物链对人类产生影响[5],二是通过生态链对环境产生影响。

---

[1] J Barton. Intellectual Property Management [A]. GJ Persley. Biotechnology for Developing Country Agriculture[C]. Washington, D. C: International Food Policy Research Institute, 1999.
[2] 张启发.转基因农作物:研发、产业化、安全性和管理[C].中科院第十二次院士大会学术报告会,2004.
[3] J E Losey, LS Ranyor, and ME Carter. Transgenic Pollen Haoms Monarch Larvae[J].Nature, 1999.
[4] Parliamentry Office of Science and Technology(POST). POST note 129,GM Threshold for Non-GM Foods [R]. UK, October, 1999.
[5] http://www.guardian unlimited/True Food Network/GMO FACTS htm.

食物安全性因素①：转基因作物的直接影响包括营养成分、毒性或增加食物过敏性物质的可能；转基因作物的间接影响包括经遗传工程修饰的基因片段导入后，引发基因突变或改变代谢途径，致使其最终产物可能含有新的成分或改变现有的成分的含量所造成的间接影响；植物里导入了具有抗除草剂或毒杀害虫功能的基因后，它是否也像其他有害物质一样能通过食物链进入人体内；转基因食品经由胃肠道的吸收而将基因转移至胃肠道微生物中，从而对人体健康造成影响。

环境安全性因素：转基因作物产业化可能引发的环境风险主要是对生态系统带来影响，包括：第一，生物多样性的减少；第二，"超级杂草"和"超级害虫"的产生；第三，土壤污染；第四，水环境污染；第五，自然生态系统破坏等②。

事实上国际权威机构都一致认定目前被批准上市的转基因食品与同类非转基因食品一样安全，转基因食品并不能改变人的基因。世界卫生组织、联合国粮农组织、国际科学理事会、欧洲委员会、美国科学院、美国食品药品监督管理局都认为目前的科学研究能够提供转基因食品的安全证据。研发中的转基因食品则需要做安全性评估，上市之前都按要求做过实验检测其安全性。在实验过程中，借鉴了现行的化学食品、农药、医药的验证系统，采取大大超过常规食用剂量的超常量实验，可以评价长期食用的安全性问题。只要转基因表达的蛋白质不是致敏物和毒素，可以被人体消化、吸收利用，就不会在人身体里累积，所以不会因为长期食用而出现问题。绝对安全的食品是不存在的。例如大豆会让某些人过敏，而转基因大豆只要与普通大豆相比，不具有更大的过敏风险，就是安全的。

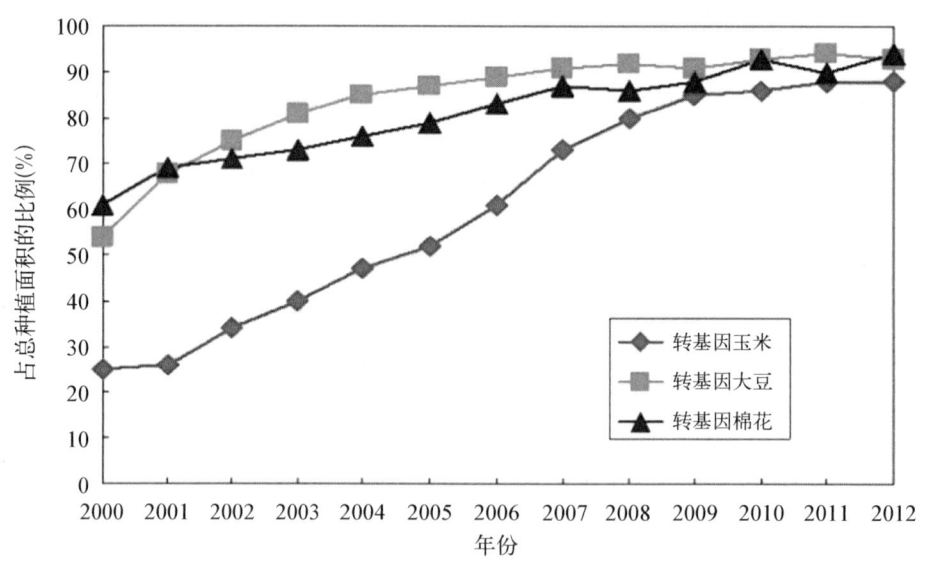

图 8-3　2000—2012 年美国转基因作物种植比例

数据来源：美国农业部

---

① A J Conner, and J M E Jacobs. Genetic Engineering of Crops as Potential Source of Genetic Hazard in Human Diet [J]. Mutation Research, 1999, 443: 223-234.

② 高建勋.转基因作物产业化之风险预防原则的困境与出路——兼论"实质等同原则"的价值回归[J].自然辩证法通讯,2021,43(6): 81-87.

（四）对转基因食品安全不确定性的应对措施

1. 完善制度，建立科学的风险决策机制

有效的风险控制是建立在科学决策基础上的，而科学的风险决策是建立在科学的风险评估基础上的。

2. 合理应用生物技术①

相对于快速发展的转基因食品的研制与推广速度而言，对其管理则显得有些滞后。有必要对转基因生物技术制定适当的原则，如"需求原则"，即在进行转基因食品生产之前，必须有证据证明对其产出有需要，这样从源头上控制了生产不必要或可能造成长期风险转基因食品的可能性。

3. 加强转基因生物安全管理机制建设②

虽然目前我国已经确定了部门主管、分散管理的监管机制，但仍存在监管部门间缺乏协调配合、管理手续错综复杂、监管能力不足等问题，使得我国转基因生物安全管理工作难以有序开展。因此，针对我国转基因生物安全管理机制不健全问题，应建立统一的转基因生物安全事务负责机构，同时设立转基因生物安全委员会，对转基因生物及其产品安全监管事务加强管理。机构间应搭建高效便捷的沟通渠道，促进各部门间协调配合；简化管理措施，避免不必要的人员及行政资源的浪费，同时可有效避免重复申请、管理冲突的问题；建立健全转基因生物相关人员培训机构，提升监管人员专业能力。

4. 制定和完善相关法律法规，加大转基因食品违法违规的处罚力度

我国在1993年颁布的《基因工程安全管理办法》和1996年颁布的《农业生物基因工程安全管理办法》中，对于违规的处罚规定操作性不强，很难落实。我国在2001年颁布了《农业转基因生物安全管理条例》，并于2017年进行修订。该条例对于违规实验、生产、应用进出口转基因食品的机构和人员，处罚规定比较具体，但也仅局限于罚款。这种对转基因植物违法违规的处罚力度在转基因植物的巨大利益面前是苍白无力的。而转基因植物的风险性告诉我们，某些失控的基因工程完全可能造成灾难性的生态事故或社会事故。因此，必须加大对基因工程违法违规的处罚力度，以有效遏制和震慑违法违规行为。这就要求尽快修改现行有关规定，对有关违法违规行为加重处罚。2015年新修订的《中华人民共和国食品安全法》加强了关于转基因食品管理的规定，一是明确生产经营转基因食品应当按照规定显著标示；二是明确由食药部门对生产经营转基因食品未按规定进行标示作出处罚；三是明确转基因食品安全管理的法律适用。归根结底，要想更有效地保障转基因食品安全，最根本的还是呼唤《转基因食品安全法》的出台。

5. 加快转基因植物知识普及，建立公众参与机制

加快转基因植物知识普及，提高全民风险意识；加强公众的生物伦理教育，提高人民参与生态保护的自觉性；鼓励和支持转基因植物风险评估与安全管理方面的科学研究和科普宣传。

---

① 刘洋，文治瑞.转基因生物的安全性[J].黔南民族师范学院学报，2005(3)：55-59.
② 程军栋.我国转基因生物安全法律法规研究[J/OL].分子植物育种，2022(4)：1-7.

第四节　绿色壁垒与贸易

1999年11月3日,在美国西雅图召开的世贸组织第三届部长会议上,各成员国就环境与贸易问题展开了广泛的讨论,从而使环境这道绝对的贸易壁垒成为世界贸易中不能回避的现实问题,贸易与环境这两个原本在世界贸易史上不相干的问题被一条绿色的链条连接在一起,绿色贸易壁垒随之盛行[①]。

一、绿色壁垒的定义

"绿色贸易壁垒"即绿色壁垒,又称环境壁垒,是指以保护资源和环境的有关国际公约、法规、标准和进口国的环境法律、法规、标准为依据,在国际贸易中对不符合国际和进口国国内关于自然资源和生态环境、人类及动植物健康保护的法律、法规、标准的商品实行限制或禁止进口的一种技术性贸易壁垒。当前,绿色壁垒主要意味着以保护生态环境以及国民健康素质为名,对进口商品实行严格的检验检疫标准,从而排除相关出口国的产品进入目标国的制度。[②]

二、绿色壁垒产生的原因

"绿色壁垒"的形成主要有两方面的原因:一方面,随着人类对自然环境与自然资源开发利用步伐的加快,全球性环境污染与生态环境破坏日趋严重,环境问题已成为当今人类社会面临的共同挑战。环境问题呈现出的全球化、政治化、社会化和累加化等新特征,使得解决当代环境问题仅仅靠传统的技术手段已经远远不够了,必须通过政治、经济、法律等多种方式和途径加以解决。而将环境与贸易直接挂钩,用经济的手段通过限制乃至禁止对环境有害产品的贸易,已经成为保护环境的发展趋向和必然措施。另一方面,"保护本国经济利益"是各国进行国际贸易时的基本愿望,为此而采取一些限制外国产品进入本国市场,确保本国产品对国内市场占有的措施则成为自然之举。

绿色壁垒虽然对国际贸易造成障碍,但其初衷是保护环境和人类健康,适应国内经济发展、生活水平和环境意识提高的要求,各国通过制定实施绿色保护法规和技术标准,客观上可以防止不符合环境保护要求的商品进口,从而有利于维护动植物和人类自身的安全与健康。从这个角度来看,如果继续给绿色冠以"壁垒"或"门槛"等名称,显然有失公允。但是,有的国家借绿色之名行贸易保护之实,作为受损害方,难以证明对方的绿色标准是错误的或是没有道理的,因为世贸组织的有关文件规定了成员方有权制定相关的环保标准。绿色标准的提出对国际贸易的影响也很明显,为了求得平衡,相关国家纷纷提出

[①] 刘经纬,倪宏伟,李长松.我国转基因植物风险控制与安全管理研究[J].中国林业经济,2006(7):28-30.
[②] 李燕娥.绿色贸易壁垒对我国农产品出口的影响及对策研究[J].农业经济,2016(4):131-133.

自己的环保标准就成为一种趋势。在这样一种水涨船高的形势下，原来所谓的绿色壁垒纷纷出现，最终会演变成为一个国际贸易的绿色平台。这种趋势对人类的生存环境确实有百利而无一害，但是对一些企业来说，可能要经历一个调整期。

三、绿色壁垒的内容

"绿色壁垒"的内容比较广泛，大致包括以下内容。

（一）绿色技术标准

技术标准一般包括两种类型：一是有关的国际组织为保护环境而制定的环境公约中的有关条款。1995年4月，发达国家通过控制国际标准化组织开始实施《国际环境监察标准制度》，要求产品达到ISO9000系列标准。欧盟也启动了ISO14000的环境管理系统，要求欧盟国家的产品从生产前到制造、销售、使用以及最后的处理阶段都要达到某些技术标准。二是一些发达国家凭借其经济和技术上的垄断优势，通过立法手段，制定严格以至于苛刻的强制性技术标准，以此来限制外国尤其是发展中国家产品的进口。

（二）绿色环境标志

它是一种产品或其包装上的图形，表明该产品不但质量符合标准，而且在生产、使用、消费、处理过程中符合环保要求，对生态环境及人类健康均无损害。例如德国的"蓝色天使"、加拿大的"环境选择"、日本的"生态标志"、欧盟的"欧洲环保标志"等。要将产品出口到这些国家，必须在申请和审查合格并拿到"绿色通行证"以后才能进行。

（三）绿色包装制度

绿色包装制度指能节约能源，减少废弃物，用后易于回收或再生，易于自然分解，不污染环境的标准。发达国家要求包装做到"3R"和"1D"，即"reduce"（减量）、"reuse"（重复使用）、"recycle"（再循环）和"degradeable"（可降解），如德国的《德国包装物废弃物处理法令》、日本的《回收条例》和《废弃物清除条件修正案》等都有相关规定。

（四）绿色卫生检疫制度

这种制度一直存在，但现在越来越得到强化。1993年4月，第二十四届联合国农药残留法典委员会上就讨论了176种农药在各种商品中的最高残留量、最高再残留量和指导性残留量。

（五）绿色补贴

它是指将环保费用内在化，以降低外部经济效果，使成本与效益尽可能在生产和经营者身上得到统一的一种手段。

四、绿色壁垒的特征

绿色壁垒具有以下特征：

（一）较强的技术性

即对产品的生产、使用、消费和处理过程的鉴定都包括较多的技术性成分。

（二）较大的灵活性

由于各国的环保标准不统一，可选择的余地大。

(三) 较高的隐蔽性

按照《关于建立世界贸易组织》等文件规定,为保护人类、动物或植物的健康与安全,保护生态环境,在遵循贸易影响最小、科学上证明合理、国民待遇和非歧视、同一性、透明度、发展中国家特殊和差别待遇等原则的条件下,可以实施贸易的环境控制。因此,从有关国际环境公约及世界贸易组织的有关规定来看,绿色壁垒作为一种技术性贸易壁垒或间接非关税壁垒,具有一定的合法性。但是在实际情况中,进口国往往以卫生、检疫等指标超标为名,提高进口的门槛,实际是实施贸易保护政策。有时两种动机交叉,因而要明确甄别十分困难,这就使得绿色壁垒具有隐蔽性。

(四) 一定的歧视性

由于设置绿色壁垒的主要是发达国家,发展中国家的贸易利益通常成为牺牲品。它的实施没有考虑到发达国家工业化过程中对环境保护所欠的账,超越了发展中国家经济发展水平及技术水平的承受能力和现状,对各种不同发展水平的国家的产品规定统一的市场准入条件,这也具有一定的不公平性。这些市场准入规定往往过于复杂化且经常变化,违背国民待遇的原则,制定时也存在内外有别的双重标准,使外国商品难以进入,进口国很容易行使自由裁量权以实施贸易制裁。另外,这些规定在执行过程中,一方面给出口国进入市场造成限制,另一方面容易发生争议,旷日持久,影响发展中国家的贸易。

(五) 影响的严重性

绿色壁垒一旦生效,其效应较之关税壁垒往往有过之而无不及。而且这种措施容易从一个国家扩散到多个国家,产生连锁反应。

(六) 争议性大

由于涉及面广,标准又不统一,隐蔽性与合法性相互交织,往往容易产生分歧,难以协调。

五、中国的绿色壁垒

绿色壁垒实质上是一种新的非关税壁垒形式。从发展中国家的角度看,发达国家制定的种种环保标准和相应的限制措施,无疑是一道道难以逾越的绿色屏障。在我国加入世贸组织(WTO)后,根据非歧视原则,各成员原来针对我国农产品出口的歧视性规定已经取消,市场进一步对我国开放。但是一些发达国家凭借其在科技、管理、环保等方面的优势,设置了以技术法规、标准、合格评定程序等为主要内容的壁垒,对我国农产品出口设置了新的门槛。绿色壁垒正在削弱或部分抵消我国传统出口产品的优势,使我国丧失了加入世贸组织后可能赢得的贸易机会。

例如,2002年年初,欧盟停止从我国进口鸡肉、兔肉和冻虾等产品,原因是从这些产品中检出残留抗生素。2002年1月,我国最大的水产品出口市场欧盟全面禁止进口我国的动物源性食品和水海产品,到2002年5月,我国水产品出口下降了70%以上。在美国市场,2002年1—3月,我国沿海地区被美国食品药品监督管理局扣留产品累计896批次,我国成为美国绿色贸易壁垒限制进口最多的国家。2002年上半年,山东省蔬菜出口大幅下滑,传统出口产品冷冻菠菜因为个别批次农药残留超标而导致日本政府的全面禁运①。

随着中国国力的增强,我国也陆续建立绿色壁垒以保护本国企业与消费者。例如,2019年加拿大的菜籽油频频被检测出有害生物、猪肉也被检出"质量问题",多种农产品屡次出现质量问题,加拿大开始被中国市场所拒绝,其他农产品也受到波及。从2019年5月开始,中国海关对中国进口的越南农产品实行新规定,以避免之前经常发生的证书、清单造假以及农产品违反卫生安全和质量标准等现象。中国要求对中国市场出口的越南水果需要满足中方关于食品原料安全、植物检验检疫、向中国海关登记地名和种植区编号等的规定。进口单位需要注明产品来源地,产品需满足关于包装、卫生条件等的要求。

当前中国仍受到来自多个国家与组织的绿色壁垒阻碍,为了更好地应对国际贸易中绿色壁垒问题,我国应加快与经济贸易相关的环保法律法规的完善,建立健全我国的环保政策标准,从内部解决环境污染问题,提升产品的品质。另一方面我们应该积极应对绿色壁垒,我们应该加强环境标志、绿色标志和卫生检疫制度的认证工作,积极与国际环境标准接轨,出口企业应该积极向国家的权威机构申请进行环保认证,为产品的出口减少阻碍②。

小 结

"虚拟水"是英国学者艾伦(Tony Allan)在1993年提出的概念,是指生产产品和服务所需要的水资源。虚拟水不是真正意义的水,而是以"虚拟"的形式包含在产品中的看不见的水,具有非真实性、社会交易性和便捷性的特征。虚拟水含量的计算主要包括农作物虚拟水含量的计算、活体动物虚拟水含量的计算和工业产品中虚拟水含量的计算。虚拟水贸易或虚拟水战略,是指缺水国家或地区通过贸易方式从富水国家或地区购买水密集型产品来获得水和粮食的安全。如果一个国家以虚拟水出口水密集型产品给其他国家,实际上就是以虚拟的形式出口了水资源。对于水资源稀缺的国家可以通过进口水密集型产品而不是在国内生产来获得水安全,而水资源丰富的国家可以通过生产出口水密集型产品来获得经济利益。这种贸易有利于保障水资源安全、促进水资源有效利用、创新水资源管理观念和制度,同时增强人们的节水意识。

食品安全(food safety)指食品无毒、无害,符合应当有的营养要求,对人体健康不造成任何急性、亚急性或者慢性危害。转基因作物便宜、安全、环保,和同类作物相比,抗虫害转基因作物能大量地减少农药的使用。但目前关于转基因生物的安全性主要有两个争论,即通过食物链对人类产生影响,或通过生态链对环境产生影响。因此,国家可以从完善制度,建立科学的风险决策机制,合理应用生物技术,制定和完善相关法律法规,加大对转基因食品违法违规的处罚力度着手,完善转基因产品的管理机制。

---

① 李吉明.我国农产品出口受阻绿色壁垒的原因及对策[J].国际贸易问题,2003(10):10-14.
② 田俊杰.国际贸易中绿色壁垒的成因及其防范对策研究[J].中国物流与采购,2021(14):54.

 **习 题**

一、名词解释

1. 虚拟水贸易
2. 生物入侵
3. 转基因技术
4. 食品安全
5. 绿色壁垒

二、判断题

1. 美国因安全问题而坚决拒绝在本土种植转基因小麦。（   ）
2. 美国人不吃转基因玉米，转基因玉米种出来是给外国人吃的。（   ）
3. 美国国家科学院论证了转基因食品有害健康。（   ）
4. 豚草花粉会造成花粉症；入侵动物福寿螺是一些寄生物的中间宿主。（   ）
5. 猪吃了转基因大米没事，老鼠吃了转基因玉米会长肿瘤的。所以不能用猪做实验。
（   ）

三、简答题

1. 简述虚拟水贸易的作用。
2. 简述生物入侵的危害。
3. 简述转基因食品的优点。
4. 简述绿色壁垒的内容。

四、论述题

谈谈你对转基因食品安全的认识。

第九章 循 环 经 济

学习目的

通过对本章的学习,应该能够:了解循环经济理论的提出背景,掌握循环经济的定义及其特点,理解循环经济是实现可持续发展的途径,了解国内外循环经济的具体实践。

关键概念

循环经济　清洁生产　绿色消费　生态成本　3R原则　可持续发展　生态效率

第一节　循环经济概述

一、循环经济的概念

"循环经济"(circular economy)本质上是一种生态经济,是物质闭环流动性(closing materials cycle)经济、资源循环(resources circulate)经济的简称,是把清洁生产和废弃物的综合利用融为一体,在自然生态系统中自觉遵守和应用生态规律,通过资源循环利用,实现污染的低排放甚至零排放,以实现社会经济系统和自然生态系统的高度和谐的理论范式。

在当前经济发展中,人们正以越来越高的强度把地球上的物质和能源开发出来,在生产加工和消费过程中又把污染和废弃物大量排放到环境中,对资源的利用常常是粗放的和一次性的,通过把资源持续不断地变成废弃物来实现经济的数量型增长,导致了许多自然资源的短缺与枯竭,并酿成了灾难性的环境污染后果。而循环经济倡导的正是一种建立在物质不断循环利用基础上的经济发展模式,它要求把经济活动按照自然生态系统的模式,组织成一个"资源—产品—再生资源"模式(图9-1)的物质反复循环流动的过程,使整个经济系统以及生产和消费的过程基本上不产生或者只产生很少的废弃物,其特征是自然资源的低投入、高利用和废弃物的低排放,从而根本上化解长期以来经济发展与资源、生态环境之间的冲突。①

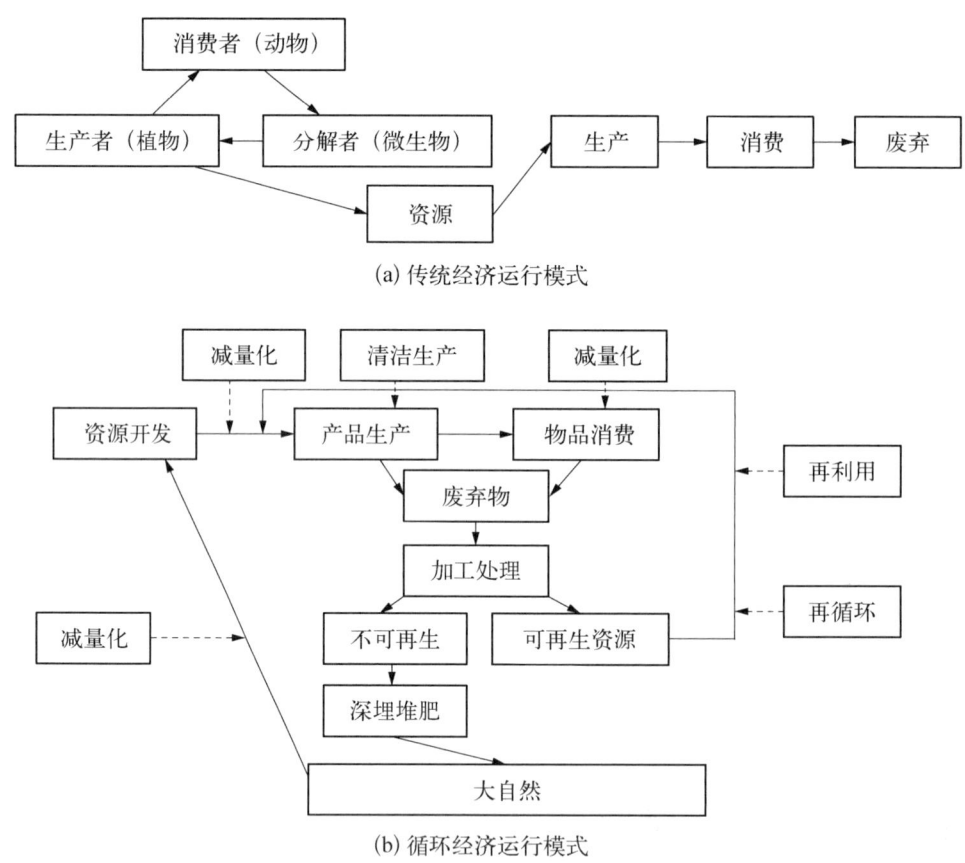

图 9-1　传统经济、循环经济运行模式

循环经济是针对持续的经济增长对资源和环境的压力而提出的一种新的经济发展模式,也是一种新的技术经济范式。

---

① 刘贵富.循环经济的循环模式及结构模型研究[J].工业技术经济,2005(4):9-11+21+23.

在技术层面上,循环经济通过生产技术与资源节约技术、环境保护技术体系的融合,强调减少单位产出资源的消耗,节约使用资源;通过清洁生产,减少生产过程中的污染排放;通过废弃物综合回收利用和再生利用,实现物质资源的循环使用;通过垃圾无害化处理,实现生态环境的永久平衡;最终目标是实现经济和社会可持续发展。

在经济层面上,循环经济是一种新的制度安排和经济运行方式。它把自然资源和生态环境看成是稀缺的社会大众共有的自然福利资本,因而要求将生态环境纳入经济循环过程之中参与定价和分配。它要求改变生产的社会成本与私人获利的不对称性,使外部成本内部化;要求改变环保企业治理生态环境的内部成本与外部获利的不对称性,使外部效益内部化,最终实现经济增长、资源供给与生态环境的均衡,实现社会福利最大化和社会公平。

循环经济一词提出以后,其内涵经过了多轮的变化和发展,归纳起来可以划分成三个发展阶段[①]:

1. 起步

从传统的末端治理到废弃物循环利用——只关注物品消费后的处理。传统的经济活动中,物品消费后的处理方法以废弃物填埋为主,这种传统的处理方式本质上属于线性经济发展模式,而废物循环则是对生产和消费后固体废弃物的循环再利用,这种模式属于循环经济的起步阶段。具体说来,废物循环主要是指借助技术和生物这两种手段对生产中和消费后的固体废弃物和生活垃圾进行回收利用和资源化,是循环经济3R原则中再循环或资源化原则的体现,也是德国和日本等国家发展循环经济的重要方面,这种做法有效地减少了废弃物的最终处理量,相对于传统的末端治理有明显的进步。目前,废物循环的实践主要包括单个企业内部、工业园区和区域等三种规模。

2. 发展

从废弃物利用循环到产品循环——开始关注产品生产和使用过程中的清洁生产和高效利用。

废物的循环立足于资源化处理生产与消费中的废弃物,而产品的循环则是立足于通过延长产品寿命预防废弃物产生,通过降低物质流动速度进而达到规模控制的目标。无论是从经济及管理形式,还是从生态、经济与社会的意义上看,这两种模式都有一定的差异。可以说,产品循环是废物循环模式的进一步深化,是循环经济3R原则中再使用原则的深化。

具体而言,产品循环主要是指在产品使用过程中,通过尽可能多次使用以及尽可能多种方式地使用来取代过去一次使用的做法,从而延长产品的使用寿命。一个规范的产品循环应该是这样的:产品在消费者使用后进入维修中心或是回收中心,如果可以直接通过简单的维修即可再使用,则不用再进入回收中心。只有当产品使用后损坏严重无法通过简单的维修从而实现再利用,则要返回至产品的回收中心,而后根据产品的损坏情况来决定是返回至产品制造商、零部件制造商还是原材料供应商进行相应的再利用。

典型的案例有美国施乐公司,该公司选用毒性小或无毒的原材料,对产品系统的零部件采用标准化设计,采用环境无害包装,将经营的重点由生产新打印机产品转向为已出售

---

① 诸大建,朱远.生态文明背景下循环经济理论的深化研究[J].中国科学院院刊,2013(2):207-218.

使用的打印机提供维护和保养,并且在维修过程中用一些新部件来取代一些已经不再使用的部件,同时并不改变机器的其他部分,从而使每个零部件的使用寿命和强度都得到优化。

3. 完善:从产品经济到服务经济

如今,我们正从工业经济时代向服务经济时代过渡,这其实又是工业经济的外延扩张所驱动,同样,服务经济可以视同为服务化(servicing)的工业形式。产品经济与服务经济的不同之处如图 4 所示,与这种变化相对应的是资产循环模式的兴起,可以说,资产循环是循环经济的终极目标,是循环经济 3R 原则中最具有源头预防意义的减量化原则的深化,也是实现从产品经济向服务经济转变的重要推动力量。

所谓资产的循环,主要是指企业把其制造出来的产品视为资产来加以经营和管理,推行"从销售产品到提供服务"的发展理念,通过建立产品服务系统(product-service system,PSS)来实现资产的循环。其基本前提是"产品的价值根植于其给消费者带来的收益和效用",即产品的真正价值所在应该是"使用价值"(utilization value)而非"交换价值"(exchange value)。这实际上是线性经济和循环经济所强调的不同所在,在线性经济模式下,交换价值处于中心概念,由此导出的增长空间也是有限的;而在循环经济模式下,使用价值处于中心概念,由此构建的发展空间则是无限的。

这里需要强调的是,产品与服务的组合有 3 种类型:纯粹的产品、产品服务以及纯粹的服务。纯粹的产品实际上不可避免带有一些服务,只不过是基于产品的服务;同样,纯粹的服务实际上也离不开产品的支持,只不过是基于服务的产品。只有产品与服务的最合理组合才能构建所谓的产品服务系统。从国外的实践来看,目前主要是通过维修服务、租赁服务、功能服务等三种产品服务来实现企业的经济利益、消费者的需求满足和较低的环境影响等三大目标。

在此情景下,消费者对其需求的产品功能和使用所表现出来的兴趣远大于拥有产品本身,这就意味着产品的提供者(制造商)必须对产品拥有所有权,主要提供产品功能并且对产品的维护、修理和再制造负有责任,同时对其所传递的每单位功能进行收费。比如,通过实施资产的循环,消费者不再倾向于自己拥有洗衣机或汽车这类耐用品,而是倾向于使用街头洗衣房和享用公共交通。总之,发展服务经济需要从生产和消费这两方面着手:生产上要通过减物质化生产(以及从产品到服务的变革),降低获得人造资本的自然资本的消耗量;消费上要通过非物质化消费(以及从拥有到共享的变革),提高人造资本中我们能获得的服务量。

表 9-1 传统经济与循环经济的比较

比较项目	传统经济	循环经济
运动方式	物质线性(单程)流动的开放型经济(资源→产品→废弃物)	物质闭环流动型经济(资源→产品→再生资源→再生产品)
对资源利用状况	粗放型经营,一次性利用;高开采、低利用	资源循环利用,科学经营管理;低开采、高利用

续表

比较项目	传统经济	循环经济
废弃物排放及对环境的影响	废弃物高排放;成本外部化,对环境不友好	废弃物的低排放甚至零排放,对环境比较友好,清洁生产
追求目标	经济效益(产品利润最大化)	经济效益、环境效益与社会可持续发展利益
经济增长方式	数量型增长	内涵型增长
环境治理方式	末端治理	预防为主,全过程控制
支持理论	政治经济学、福利经济学等传统经济理论	生态系统理论、工业生态学理论等
评价指标	第一经济指标(GDP、GNP等)	绿色核算体系(绿色GDP)

二、循环经济的主要特征

虽然不同学者对循环经济的定义不尽相同,但从不同的定义中我们可以找到关于循环经济的共同特征。

(一) 物质流动多重循环性

循环经济要求把经济活动按照自然生态系统的运行规律和模式,组织成为一个"资源—产品—再生资源"的物质反复循环流动的过程,使得整个经济系统以及生产和消费的过程基本上不产生或者只产生很少的废弃物,最大限度地追求废弃物的零排放。其特征是自然资源的低投入、高利用和废弃物的低排放,从而从根本上消除长期以来环境与发展之间的尖锐冲突。

(二) 科学技术先导性

循环经济的实现是以科技进步为先决条件的。依靠科技进步,积极采用无害或低害新工艺、新技术,大力降低原材料和能源的消耗,实现少投入、高产出、低污染,尽可能把对环境污染物的排放消除在生产过程之中。

(三) 综合利益的一致性

循环经济把经济发展建立在自然生态规律的基础上,促使大量生产、大量消费和大量废弃的传统工业经济体系转变为物质的合理使用和不断循环利用的经济体系。在获取等量物质、能量效用的过程中,向自然界索取的资源最小化,向社会提供的效用最大化,向生态环境排放的废弃物趋零化,使生态效益—经济效益—社会效益达到和谐统一。

(四) 全社会参与性

循环经济是一种新型的、先进的经济形态,但是仅靠先进的技术是不能推行这种经济形态的,它是一门集经济、社会和技术于一体的系统工程,科学和严格的管理是做好循环经济的重要条件。因此,需要建立一套完备的办事规则和操作规程,并且有督促其实施的管理机制和能力。循环经济的发展不但需要企业努力,还需要政府的支持和推动。政府要提供财力和政策的支持,同时还要赢得消费者的理解和支持。通过工业企业、消费者和政府共同努力,全民参与,才能使社会整体利益最大化。

(五)清洁生产模式是循环经济当前在企业层面的主要表现形式

1989年联合国环境规划署理事会提出了清洁生产的概念。清洁生产指在工业生产的全过程中对污染加以控制,其核心就是把综合环境保护政策应用于产品设计、生产和服务中,通过改变产品设计的工艺路线、流程等,尽可能不产生有害的中间产物和副产品,同时实现废弃物或排放物的内部循环,以达到污染最小化及节约资源的目的。清洁生产的核心就是从污染源产生开始,利用一切措施减少生产和服务过程对环境可能造成的危害。1992年联合国环境与发展大会正式确认清洁生产为社会可持续发展的先决条件。[①]

三、循环经济的内涵

作为一种新的经济发展模式,循环经济理念虽已被人们广泛接受,但还存在着许多认识上的误区。因此,我们在理解"循环经济是什么"的同时,也应该从另一侧面认真思考"循环经济不是什么"。

(一)循环经济不是"废弃物回收利用"

在理解循环经济时,很容易把它当作一度盛行的"废弃物回收利用"。然而,相对于传统的"线性经济"而言,循环经济是一种全新的经济发展模式,它与"废弃物回收利用"有本质的不同。

首先,传统的"废弃物回收利用",主要是在计划经济下因物资匮乏而通过节约和废旧物资回收利用来缓解供应短缺。而循环经济起点更高,是一种与环境和谐的经济发展模式,是社会生产方式和生活方式的革命。它要求把经济活动组织成一个"资源—产品—再生资源"的反馈式流程,让生产和消费过程基本上不产生或者只产生很少的废弃物,从根本上消除环境与发展之间的尖锐冲突。

其次,循环经济的核心在于"主动"地减少废弃物,以期达到把废弃物排放限于环境自净能力的阈值之内,实现资源节约和环境改善的目的;而"废弃物回收利用"是一种完全"被动"的做法,它与生产过程和消费过程完全分离,完全游离于"线性"生产方式之外,并没有从根本上解决资源和环境问题。

最后,循环经济提倡将生产过程的污染物当作产品原料再合理利用,使资源与产品之间是一种相互派生、相互依存、相互支撑的关系。而"废弃物回收利用"是针对有污染废弃物采取的再利用技术,因而是相对独立和单向的。此外,循环经济与"废弃物回收利用"的体制基础不同。循环经济的发展是基于市场经济和市场运作,在法规和标准的严格规范下推进,而"废弃物回收利用"在我国产生并盛行于计划经济时代,同时也可在市场经济下运作。

(二)循环经济不是基于古代朴素认识的简单资源循环

中国古代就有许多循环利用资源的做法:农民既用柴薪煮饭,也用其热能取暖;农家肥既是废弃物,也是用于肥田的生产资料;等等。但是,古代农村简单的资源循环利用与现在的循环经济之间存在着本质的区别。

---

① 张思锋,张颖.对我国循环经济研究若干观点的评述[J].西安交通大学学报,2002(3):25-29.

首先，出发点和目的不同。虽说两者产生的前提都是资源的有限性，但古代的简单的资源循环利用仅仅是从节约出发，而且仅仅局限于微观经济领域，它对于整个社会的资源和环境的影响几乎为零。循环经济却不是这样。它以可持续发展理论为思想基础，有科学的理论作为指导，它通过工业或产业之间的代谢和共生关系，形成一个封闭的循环产业链条，实现资源节约和环境改善的目的。

其次，技术支撑不同。古代简单的资源循环利用所依托的是一些简单的技术，有时更多的是一些"技巧""窍门"。循环经济却不同，它依存于一个技术体系或系统，它把所有能减少物质消耗、能封闭物质流、能减少废弃物产生的各种技术纳入一个体系或系统；它要求确定未来需要达到的技术目标，然后指导现有的技术向既定的方向发展；它所要求的技术体系是以能够大幅度降低输入和输出经济系统的物质流，优化物质在经济系统内部的运行，即以物尽其用为条件。

（三）循环经济以人的健康安全为前提

损害人类健康的不法行为与循环经济大相径庭。循环经济是以人的安全和健康为前提，不仅在技术上有可行性，在经济上也可盈利，体现了经济效益、环境效益和社会效益的统一。

首先，循环经济以可持续发展理论为基础，遵循以人为本的原则，它通过资源的循环利用致力于从根本上解决具有"增长"特性的社会经济系统与具有"稳定"特性的生态系统之间的矛盾，使经济社会实现可持续发展，这种发展绝不以损害人类自身的健康为代价。

其次，循环经济通过清洁生产、净化生态环境，尽量少用或不用有毒有害的原料，保证中间产品的无毒无害，减少生产过程中的各种危险因素。通过减少废料和污染物的生成和排放，促进产品在生产和消费过程中与环境相容，降低整个经济活动对于人类和环境的风险。同时，生产出的清洁产品在使用中和使用后不危害人体健康和生态环境。

最后，循环经济从生态—经济大系统出发，对物质转化的全过程采取战略性、综合性、预防性措施，降低经济活动对资源环境的过度使用以及对人类所造成的负面影响。

第二节 循环经济理论

一、循环经济理论提出的背景

（一）全球背景

20世纪工业化以来，人类为了获取最大的经济产出，对资源采取了掠夺式开发。人类在资源开发中一方面忽视了资源不可再生性或更新周期长的特性，超负荷利用，导致大量不可再生资源濒临枯竭；另一方面尚未估计资源利用的负面效应，采用不科学的利用方式，导致全球性的生态环境恶化。资源的短缺和生态环境问题已经成为经济继续增长的约束。从20世纪30—60年代末，世界发生了令人震惊的八大污染事件，其中多数发生在1950—1960年。20世纪60年代以来，环境污染开始成为发达国家关注的焦点之一。1970年4月22日美国举行了"地球日"大游行，标志着人类开始高度关注环境污染问题。

1972年6月5日联合国人类环境会议召开,通过了《人类环境宣言》。1972年罗马俱乐部发表了其第一份研究报告《增长的极限》。这份报告被认为是第一次系统地考察了经济增长与人口、自然资源、生态环境和科学技术进步之间的关系。从此生态环境作为制约经济增长的要素而引起全世界的关注。到了20世纪70年代,生态环境事实上已经从单纯自然意义上的人类生存要素转变为社会意义上的经济要素。这表明,良好的生态环境已经具有明显的二重性特征,即从生活的角度看它是目标,从生产的角度看,它已经变成生产要素和条件。近年来,根据世界自然基金会发表的《2016年地球生命力》报告中指出,通过诸多证据已经表明人类社会发展已经对赖以生存的地球造成巨大不利影响,新一轮的大面积物种灭绝有可能会出现,地球环境发展的前景无法预知。森林、气候、耕地、草场和海洋正加速恶化,若不采取切实可行的措施,则人类也终将无法生存。2014年全世界有超过1800万公顷的林地消失或遭到严重破坏。世界淡水资源极其匮乏,有80多个国家遭受水资源枯竭的威胁;全球土地荒漠化速度惊人,以每年5万8千多平方公里的速度进一步发展,并且还有增长态势,其中涉及的国家多达100多个;海洋污染以赤潮为代表,情况日益严重,早已成为全球性公害;全世界生态系统遭到严重破坏,约有25%的哺乳动物和近1/8的鸟类濒临灭绝。传统经济增长方式不仅威胁着地球环境可持续发展,而且也严重影响人类社会的生存发展。由于全球气候变暖、大气严重污染、土壤肥力受损、水位下降、渔业萧条等诸多因素综合作用,人类也难以持续增加粮食产量,以满足自身不断增长的食物需求。

(二)我国循环经济的发展背景

2020年9月22日第七十五届联合国大会一般性辩论上,习近平主席向世界宣布,中国力争在2030年前实现碳达峰,2060年前实现碳中和。循环经济有助于提高资源能源利用效率,从源头上实现经济发展与碳排放、污染物排放脱钩,在我国碳达峰碳中和"1+N"政策体系中具有重要地位。"循环经济助力降碳行动"将作为近期发布的《2030年前碳达峰行动方案》中的十大行动之一。习近平总书记多次考察循环经济项目并指出,"循环利用是转变经济发展模式的要求,全国都应该走这样的路"。循环经济作为一种科学的、全新的经济发展模式,改变了传统的"开采—生产—废弃"的线性经济模式,实现了经济发展与资源开采和环境影响的脱钩,能够以更少的资源投入创造出更多的社会经济价值,对于实现碳中和目标具有重要价值。

根据中国循环经济协会的测算,循环经济在"十三五"期间对我国碳减排的综合贡献率超过25%。一方面,循环经济通过资源节约、集约利用,改变产品和材料生产及使用方式,能够有效提高资源产出率,降低单位产品碳排放强度,减少价值链、供应链、产业链上的碳排放;另一方面,循环经济有助于打通要素循环渠道,实现废弃物资源有效回收,能够提升我国资源循环效率,减少我国经济发展对原生资源的依赖,保障国家资源安全,缓解实现碳中和目标可能面临的资源约束问题。

同时,应当注意到,在经济迅猛发展的同时,我国面临着以下问题:

1. 资源禀赋有限、人均资源占有量不足

我国是一个人口众多,人均资源匮乏的国家。在资源总量方面,我国石油储量仅占世界1.8%,天然气占0.7%,铁矿石不足9%,铜矿不足5%,铝土矿不足2%。在人均资源量方面,我国人均矿产资源是世界平均水平的1/2,人均耕地、草地资源是世界平均水平的1/3,人均水资源是1/4,人均森林资源是1/5,人均能源占有量是1/7,其中人均石油占有量是1/10[①]。

2. 资源消耗量大

近年来,煤炭在能源消费结构中比重大幅下降;根据BP统计数据,2019年我国一次能源消费中煤炭仍高达57.7%,分别高出全球、美国、欧盟30.6、45.7和46.5个百分点。多煤贫油缺气的能源资源禀赋决定了我国长期以来能源生产和消费结构以煤为主,并且在未来较长时间内仍将是我国能源稳定供应的保障。我国石油天然气消费量增长迅速,对外依存度大幅上升。根据中国海关总署和国家能源局网站数据,2020年我国原油进口量54 239万吨,对外依存度达73.2%;天然气进口量10 166万吨,对外依存度达42.8%。确保粮食能源安全是"六保"的重要内容,尤其是立足国情的高效节约利用,发展循环经济,对确保我国能源安全和绿色低碳发展十分必要。[②]

3. 资源利用率低

中国单位能源产出率仅为美国的10%、日本的5%,德国的1.7%;中国从业人员劳动生产率也只是德国的3.1%、日本的2.4%、美国的2.2%。与此同时,能源产出率反映单位能源内的产出情况,能源利用效率越高数值越大。我国的能源产出率从2000年的0.72增长到了2018年的1.94,但是在2010年之后这个数值才有了明显的提升。2018年各地区的能源产出率平均水平分别为3.89、2.07、1.43和1.25,东部地区的能源利用效率明显领先。东部地区除了河北和山东其余省份的发展水平均高于全国平均水平。中部地区大部分省份数值处于2.00左右,山西和河南发展较为落后。西部地区只有重庆和四川达到了2.00以上,东北地区平均值最低,三个省数值仅高于西部部分省份,未突破2.00。能源产出率在近几年有明显的增长,但是整体发展水平不高。[③]

4. 环境污染严重

我国经济增长在某种程度上是以生态环境的破坏为代价的,譬如,在大气污染方面,我国47个重点城市中,约70%以上的城市大气环境质量达不到中国规定的二级标准;参加环境统计的338个城市中,137个城市空气环境质量超过中国三级标准,占统计城市的40%,属于严重污染型城市。在水污染方面,全国有36%的城市河段为劣5类水质,丧失使用功能。大型淡水湖泊(水库)和城市湖泊水质普遍较差,75%以上的湖泊富营养化加剧,主要由氮、磷污染引起。在土壤污染方面,我国国土上的荒漠化土地已占国土陆地总面积的27.3%,而且,荒漠化面积还以每年2 460平方公里的速度增长。全国每年流失的土壤总量达50多亿吨,每年流失的土壤养分为4 000万吨标准化肥(相当于全国一年的化肥使用量)。

---

① 冯之浚.论循环经济[J].中国软科学,2004(10):1-9.
② 周宏春,霍黎明,管永林,等.碳循环经济:内涵、实践及其对碳中和的深远影响[J].生态经济,2021(9):13-26.
③ 申洋洋.科技创新对中国循环经济发展水平的影响研究[D].郑州:河南财经政法大学,2021.

作为最大的发展中国家，我国正处于工业化发展中期，经济增长与资源环境的矛盾十分突出。为避免"以资源换增长，以环境换效益"的高投入、高污染、高排放的粗放式经济发展模式，我国政府提出了"创新、协调、绿色、开放、共享的发展理念"，把"碳达峰、碳中和"纳入生态文明建设整体布局和经济社会发展全局，把实现减污降碳协同增效作为促进经济社会发展全面绿色转型的总抓手，加快形成绿色发展方式和生活方式，坚定不移走生产发展、生活富裕、生态良好的文明发展道路。这条文明发展的道路要求用新的思路去调整旧的产业结构，要求用新的体制激励企业和社会追求可持续发展的新模式。循环经济作为一种新的技术范式，一种新的生产力发展方式，为新型工业化开辟出了新的道路。

（三）循环经济理论的提出

经济发展与自然资源、生态环境之间的矛盾具体表现为，具有增长型机制的经济活动对生态环境资源需求的无限性和具有稳定型机制的生态环境系统对生态环境资源供给的有限性之间的矛盾，改变经济发展过程中物质流动方式和调控物质交换的效率来适应自然生态系统"有限供给"的循环经济理念正是对人与自然物质交换关系的正确把握。

纵观人类社会发展历史，每一种人类需求类型对应着不同的发展观和社会发展阶段，产生了相应的社会经济系统与生态环境系统之间的物质交换关系状态。如图9-2所示[①]。循环经济反映的是人与自然之间的高级循环型与和谐型的关系阶段，是人类社会在全面需求类型和可持续发展观支配下的，在后工业化社会阶段的产物。[②]

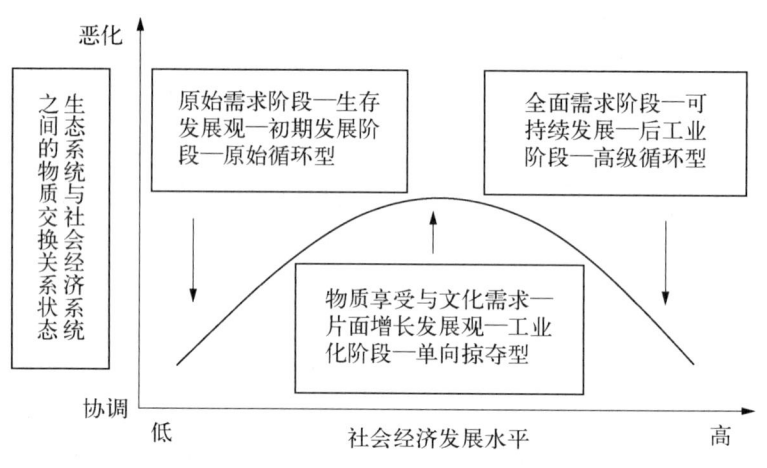

图9-2 循环经济产生的历史必然性示意图

国内外的实践表明，当经济增长达到一定阶段时，对生态环境的免费使用必然达到极限。这是由自然循环过程极限和作为自然组成部分的人类生理极限所决定的。人类要继续发展，客观上要求我们转换经济增长方式，用新的模式发展经济要求我们减少对自然资源的消耗，并对被过度使用的生态环境进行补偿。循环经济理论就是在这样一种背景下产生的。循环经济理论就是人类面对这样一种严峻的生存局面，在实践—认识—实践的

---

① 任勇，吴玉萍.中国循环经济内涵及有关理论问题探讨[J].中国人口·资源与环境，2005(4)：131-136.
② 冯之浚，张伟.循环经济是个大战略[N].光明日报，2003-09-22.

基础上提出的一种革命性的协调人与自然关系的崭新理念,也可以说,循环经济是从人类的生存方式和生产活动中,逐步通过思想观念的更新和科学技术的进步,模仿自然生态系统,按照自然生态系统物质循环和能量流动规律构建的一种生态经济系统。①

二、循环经济理论

循环经济理论不是从来就有的,它作为一门独立的学科,是在人类工业化发展到一定程度才形成的,并在实践中不断地完善和发展。在循环经济理论发展过程中主要形成了以下几种主要的理论。

(一) 宇宙飞船经济观

美国经济学家肯尼思·E.博尔丁(Kenneth E.Boulding)提出了对传统线性经济发展观的质疑②:人类数量少且科技不发达时,可以将地球视为一个无限的蓄积,可以无限地从地球获得资源,并且无限地将废弃物排放在其中。时至今日,人类不能再继续此类设想,不仅仅是想象,从人们所处的社会、生物、自然系统来看,地球已经成为一艘宇宙飞船。在人烟稀少、土地广阔无垠的过去,人类可以污染地球而不受惩罚,即使人类频繁破坏自身所处的环境并转移到一处新环境中继续此类行为也是一样。现在人类不能再这么做了,必须将生活置于一个完整的系统当中,在其中必须循环自身所产生的废物。面对人类活动所造成的物质熵值不断增加的问题,最终人类会意识到自己是生态系统的一个内在系统,要想继续生存,就得将自身作为一个闭路循环系统,发展其与生态系统中其余部分的共生关系……显而易见,人类过去的大部分行为与制度尽管适用于无限的地球,但对于一个闭环系统的小宇宙飞船而言,是完全不合适的。小宇宙飞船中需要的是有指挥的、独裁的政治系统和一个有计划的经济系统。

博尔丁进一步指出③:大部分的经济学家都没能意识到地球由开环系统转变为闭环系统的重要性……在闭环系统中,系统各个部分的输出是与其他部分的输入相关联的……未来地球作为一个闭环系统,新的经济规则与过去开环系统是不一样的。

在文中,他将开环型经济称为"牧童经济",形象地用在广阔无限的草原上不计后果、大肆开发并破坏资源的牧童来形容开环型社会。他把未来的闭环型经济称为"宇宙飞船经济"。在这个封闭的系统中,地球作为一个已知的孤立的生命星球,就像在太空中飞行的宇宙飞船,靠不断消耗自身资源而存在。然而,资源是有限的,没有来自外部的补给,如果不合理地开发资源和破坏环境,最终将因超过了地球的承载力而像宇宙飞船那样走向毁灭。他强调人类社会需要由"牧童经济"向"宇宙飞船经济"转变,即人类的经济活动应该从服从以线性特征的机械论规律转向遵循以反馈为特征的生态学规律。他认为"只有实现资源的循环利用,地球才能长存"④。

---

① 冯之浚,张伟.循环经济是个大战略[N].光明日报,2003-09-22.
② K E Boulding, Earth as A Spaceship [Z/OL]. [2022-10-22]. https://www.docin.com/p-1843222719.html.
③ K E Boulding, Economics of The Coming Spaceship Earth [Z/OL]. [2022-10-22]. http://dieoff.org//page160.htm.
④ 王志宏.实施循环经济与我国可持续发展战略研究[D].成都:西南财经大学,2007.

博尔丁形象地将地球比作一艘宇宙飞船,是一个闭环系统,引出了对地球承载经济发展能力的思考,提出了对废弃物的循环观点,引导人们从经济发展过程来思考人类与生态系统的共生问题,在为环境问题的治理和经济发展提供了一条新思路的同时,提出了发展循环型经济的设想。

(二) 清洁生产

1976年欧共体在巴黎举行了"无废工艺和无废生产国际研讨会",会上提出了"消除造成污染根源"的思想,并提出了开发"低废、无废技术"的要求,这是清洁生产理念的首次表达。1989年联合国环境规划署的工业与环境计划活动中心制定了"清洁生产计划书",提出了清洁生产的概念。这标志着环境保护运动开始由末端治理转向源头治理。我国在2003年通过的《中华人民共和国清洁生产促进法》关于清洁生产的定义是"清洁生产是指不断采取改进设计、使用清洁的能源和原料、采用先进的工艺技术与设备、改善管理、综合利用等措施,从源头削减污染,提高资源利用效率,减少或者避免生产、服务和产品使用过程中污染物的产生和排放,以减轻或者消除对人类健康和环境的危害。"关于清洁生产的定义很多,联合国环境规划署与环境规划中心综合了各种说法给出了一个比较全面的定义:清洁生产是指将综合预防的环境策略持续运用于生产过程和产品中,以便减少对人类和环境的风险性。清洁生产是循环经济技术体系的关键,要求通过采用无害或危害低的新工艺、新技术来降低原材料和能源的消耗,实现少投入、高产出、低污染。

清洁生产包括清洁的工艺和清洁的产品两方面的内容,即不仅要实现生产过程的无污染或少污染,而且生产出来的产品在使用和最终报废处理过程中也不会对环境造成损害。它要求从全方位,多角度的途径去实现"清洁的生产"。与末端治理相比,它具有十分丰富的内涵,主要表现在清洁生产要求节约原材料和淘汰有毒原料,以削减所有废物的数量和毒性;改善产品设计,减少从原材料提炼到产品最终处置的全生命周期的不利影响,使得产品在使用中和使用后不危害人体健康和生态环境,产品包装易于回收、再利用和处置、降解,并对物质资料进行再循环利用。清洁生产的诞生是对传统环保战略的批判和挑战,为传统线性经济模式的转变打开了新局面,为企业层面上和社会宏观层面上的循环经济的建立揭开了序幕。[1]

值得注意的是,清洁生产是一个相对的概念,清洁的生产,清洁的产品是和现阶段的工艺水平、产品比较而言的。因此,清洁生产是一个发展、创新的过程,而不是用某一特定标准衡量的目标。相对地,推广清洁生产也是一个不断完善的过程,随着科学技术的进步和社会经济水平的提高,需要适时提出更高的标准,争取达到更高的发展目标。

(三) 工业生态学

20世纪60年代,人们试图按照"仿生学"的系统观点——即模仿生态系统的自身运行和循环规律如物质循环规律以及能量流动规律来重构工业系统。1989年,通用汽车公司研究员弗罗施(Frosch)和盖洛普罗斯(Gallopoulos)为《科学美国人》的"管理行星地球"专栏撰写了《制造业的战略》一文,提出了"工业生态系统"的概念,指出:应对不同的工业过程进行

---

[1] 段宁.清洁生产、生态工业和循环经济[J].环境科学研究,2001(6):1-4.

综合研究,工业系统应该模仿生态系统,系统中的每个企业之间相互依存,原本一个工厂的生产"废物"现在能够在一个有机的企业共生群之间、在众多工业过程间流通从而达到循环利用的目的,减少工业对环境的影响。"工业生态学"的概念一经提出便立即引起了工业界和学术界的注意。

工业生态学将工业系统视为是人类社会系统的子系统和自然生态系统的子系统。人类社会系统不断给工业生态经济系统输入劳动力、科学技术、需求信息等社会资源;自然生态系统也不断供给矿产品、生物产品,经生产者的加工形成各种产品,以满足人类的消费需求,各子系统之间的关系如图9-3所示[①]以工业系统中的产品和服务为重点,分析研究工业系统的全部运行过程对自然环境的影响,以找出减少这些影响的办法。工业生态学紧紧围绕着模仿自然生态学这一核心理念来改造传统工业模式,将生态学的理论和方法运用到工业生产体系的设计和规划中去,通过企业间的系统耦合,使产业链显示出生态链的性质,实现工业共生、代谢和循环以及物质循环利用、能量多级传递、高效产出,最终实现资源的永续利用。如图9-4所示[②]。

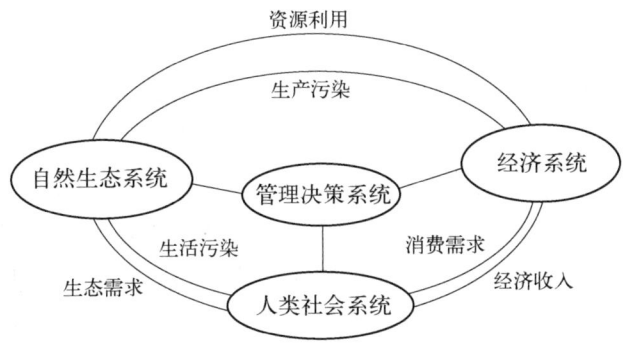

图 9-3 各子系统之间的关系

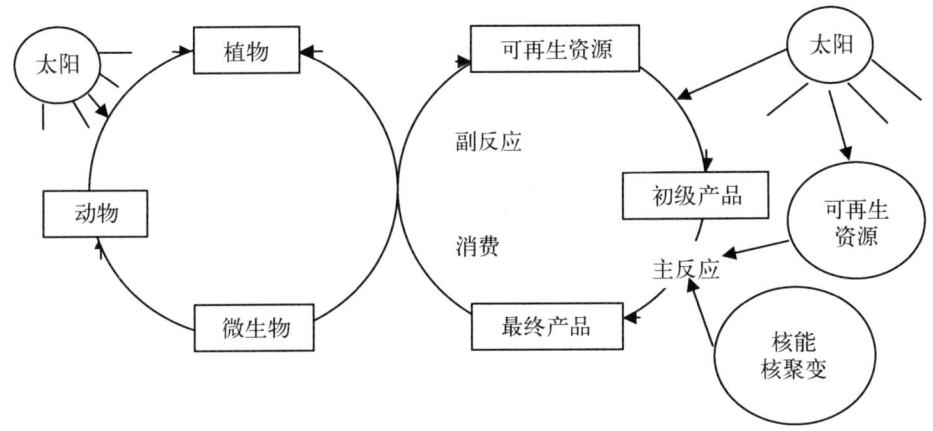

图 9-4 工业生态学

---

① 曲向荣,李辉,王俭.循环经济[M].北京:机械工业出版社,2012:38.
② 金涌,魏飞.循环经济与生态工业工程[J].中国有色金属学报,2004(5):1-12.

工业生态学认为工业系统必须借鉴自然生态系统的物质与能量流动模型,不同企业排放废弃物的运作模式应和生态系统中的那样,将废弃物视为有用的物质和能量来源,也就是说形成闭路循环,充分利用物质。工业系统中也存在着生态群落,即工业企业联合体和共生体,当中包括相互关联的一些工业企业,在能源共享、原材料和副产品再利用等方面能实现合作,从而降低固定投资和生产成本,取得更好的经济效益。对于在工业系统中流动的物质和能量来说,工业生态群落中的不同的种群之间存在着代谢的关系。工业生态系统具有自动调节平衡的机制和能力,但有一定限度,必要时需以人为调控手段进行辅助。也就是说,通过工业生态系统的协调管理机构来进行调控。

工业生态学理论所论证的工业生态群落已经成为循环经济的一个重要组成部分。当前许多发达的工业化国家正是在工业生态学理论的指导下去实践和发展循环经济。[①]

第三节 循环经济的实施

人类社会在经济发展过程中经历了三种模式。第一种是传统模式,即"资源—产品—消费—污染排放"的单向线性过程;第二种是以"先污染,后治理"为特征的过程末端治理模式;第三种就是以循环经济为特色的经济模式。循环经济是"资源—产品—消费—再生资源"的多重闭环反馈式循环过程,它强调最有效地利用资源和保护资源,以最小的成本获得最大的经济效益和环境效益。其实质就是生态经济,以低开采、高利用、低排放为基本特征,它的出发点在于减少资源消耗、保护生态,实现环境和经济建设的协调统一。发展循环经济是解决可持续发展战略中的资源环境制约问题的最佳途径。[②]

一、可持续发展的概述

(一)可持续发展提出的背景

可持续发展(sustainable development)是由于20世纪60年代以来,传统的线性经济发展范式带来了诸多的生态问题,导致了人类面临着空前的发展困境,人类不得不省视经济发展、自然资源和生态环境之间的关系。在实践的基础上经过逐步探索直到20世纪80年代才形成的一个新经济发展理念,是人类反思自身生产、生活行为逐渐觉醒和逐步形成的人类发展观。可持续发展理念自提出以来,日益得到国际社会的普遍关注和认可,并逐渐成为各国政府不得不选择的发展战略,这一过程在第一节已经介绍过,这里不再赘述。

(二)可持续发展的概念

自1987年,挪威前首相布伦特兰夫人向联合国提交了题为《我们共同的未来》的报告

---

① 邓南圣,吴峰.工业生态学[M].北京:化学工业出版社,2002:20-30.
② 赵亚凡,宋明大.循环经济——我国实现可持续发展的途径[J].城市规划汇刊,2002(2):59-61.

（该报告后来亦被称为《布伦特兰报告》），首次提出既满足当代人需要，又不危及后代人满足其需求能力的"可持续发展观点"以来，西方社会对可持续发展作出若干种定义，概括而言，主要有以下几种类型：

1. 从自然属性定义可持续发展

国际生态联合会和国际生物科学联合会在 1991 年联合举行的有关可持续发展专题讨论会认为"可持续发展是寻求一种最佳的生态系统以支持生态的完整性，即不超越环境系统更新能力的发展，使人类的生存环境得以持续。"

2. 从经济属性定义可持续发展

认为可持续发展的核心是经济发展，是在"不降低环境质量和不破坏世界自然资源基础上的经济发展"。

3. 从社会属性定义可持续发展

1991 年，由世界自然保护同盟、联合国环境规划署和世界野生生物基金会共同发表的《保护地球——可持续生存战略》中给出的定义"，认为可持续发展是在生存不超出维持生态系统涵容能力之情况下，改善人类的生活品质。"强调人类的生产方式与生活方式要与地球承载能力保持平衡，可持续发展的"归宿"是人类社会，可持续发展的目的在于创造美好的生活环境，提高人类的生活质量。

4. 从生产属性定义可持续发展

认为可持续发展就是要用更清洁、更有效的技术——尽量做到接近"零排放"或"闭环式"工艺方法，以保护环境质量，尽量减少能源与其他自然资源的消耗。着眼点是实施可持续发展，科技进步起着重要作用。

（三）可持续发展的基本原则

可持续发展作为一种新的发展观，既涉及人类经济社会系统，也涉及自然生态系统。所以可持续发展的基本原则是：

1. 公平性

一是代际公平，是指人类所有各代有权利继承与人类"第一代"所享受的同样的或改善的"地球的健康"和繁荣[①]。由于某些资源的禀赋是既定的，资源不是从上代人继承下来的，而是从下代人手里借来的，可持续发展要求当代人的发展不能以损害后代人发展需要的自然资源和环境为条件，应该留给后代人公平的自然资源和环境的使用权。

二是代内公平，是指处于同一代的人们和其他生命形式对来自资源开发以及享受清洁和健康的环境这两方面的利益都有同样的权利，即同一代人能够公平地享有自然资源和环境资源。然而据西南财经大学的调查报告显示，2010 年中国家庭的基尼系数为 0.61，大大高于 0.44 的全球平均水平，显然，贫富悬殊、两极分化是不符合可持续发展理念的。

三是种际公平，即人要尊重自然，热爱大地，保护环境，动物和其他非人生命体应该享有生存权利，人与非人类生命体物种之间要实现公平。

四是区际公平，要求在国际上，发达国家、地区和发展中国家、地区之间要实现公平，

---

① 蔡守秋.环境公平与环境民主——三论环境资源法学的基本理念[J].河海大学学报，2005(9)：12-17+39.

西方国家和东方国家之间、北方国家和南方国家之间要实现公平,在国内不同地区之间要实现公平,城市和乡村之间要实现公平。

2. 持续性

这一原则突出人与自然的关系,强调人类的经济活动和社会发展不能超出自然资源与生态环境的承载能力。资源和环境是人类赖以生存与发展的基础,因此,可持续发展是保护自然资源与生态系统的前提下的发展,人类应根据持续性原则调整自己的生产与生活方式,有节制地消耗资源和环境。

3. 共同性

由于世界各国历史文化、社会现状和经济发展水平的差异,可持续发展的具体目标、政策和实行过程不可能是相同的。但是可持续发展作为全球发展的总目标,所体现的公平性原则和持续性原则应该是共同的。发展目标是实现人与人之间,人与自然之间的和谐相处,提高人类的生活质量。

二、传统经济是不可持续发展的经济

众所周知,传统经济是一种由"资源—产品—消费—污染排放"的单向式流程组成的经济,它的特征是高开采、高投入、低利用、高排放,是不可持续发展的模式。在这种线性经济中,对资源的利用是粗放的和一次性的,通过把资源持续不断地变成废弃物来实现经济的数量型增长。人们通过生产和消费把地球上的物质和能源大量地提取出来,然后又把污染物和废弃物大量地排放到空气、水系、土壤、植被等地方,不断地加重地球环境的负荷来实现经济的增长。从根本上说,当前的人口爆炸、资源短缺、环境恶化三大危机,正是这种线性经济的必然后果。

与此不同,循环经济倡导的是一种与环境和谐的经济发展模式,是一种善待地球的可持续发展模式,它充分考虑了自然界的承载能力和净化能力,模拟自然生态系统中"生产者—消费者—分解者"的循环途径和食物链网,将经济活动组织为"资源—产品—消费—再生资源"的物质反复循环的闭环式流程,所有的原料和能源都在这个不断进行的经济循环中得到最合理的利用,从而使人类活动对自然环境的负面影响控制在尽可能小的程度,其特征是低开采、低投入、高利用、低排放。传统经济与循环经济体现了两种不同的思维模式和活动方式。传统经济是在大量生产废弃物和排放废弃物之后,再通过填埋或焚烧等方式对废弃物进行被动的处理;循环经济则要求在生产和消费的源头,采取最有效方式利用资源以控制废弃物产生,一旦废弃物产生,则要积极地回收、开发和再利用。可以说循环经济为工业化以来的传统经济转向可持续发展的经济提供了战略性的理论范式,从而从根本上消除长期以来环境与经济发展之间的尖锐冲突。

三、循环经济是可持续发展的实现途径

(一)二者的形成过程

循环经济理念是在资源循环利用的实践过程中产生的,可持续发展观念则是在对传统发展模式的反思过程中提出来的。二者的形成过程见表9-2。

表 9-2　循环经济与可持续发展思想形成过程比较

形成过程	循环经济	可持续发展
20世纪60年代—70年代中后期	废弃物回收利用时期。以末端治理为特征	对传统发展模式反思时期。以《增长的极限》为代表
20世纪70年代中后期—80年代中期	以末端治理转向资源利用的全过程控制时期。以清洁生产为特征	可持续发展观念的酝酿和提出时期。以《我们共同的未来》为代表
20世纪80年代中期—90年代中期	提出循环经济概念，制定相关的法律法规。以产业层面的实践即建立生态工业为特征	制定可持续发展战略时期。以全球《21世纪议程》为代表

（二）二者在理论上的融合

首先，从可持续发展出发。可持续发展理念实际上是对整个人类社会处理人口、资源、环境与经济发展关系的一个总体指导思想。它包括资源环境生态的可持续、经济可持续和社会可持续等内涵，但基本的还是资源环境生态的可持续发展。而资源可持续利用无外乎尽量提高资源利用率，减少资源使用量，尽量对资源进行循环利用，尽量减少污染物的排放量，尽量保护生态资源，而这些正是循环经济的核心思想和操作原则。

其次，从循环经济出发。循环经济因环境污染与资源危机而提出，从废弃物回收利用到推行清洁生产、建立工业生态链并进而扩展到国民经济与社会整体的协调发展层面，其目标是实现资源合理利用和社会的可持续发展。资源的循环利用意味着资源可利用量增加和进入环境的废弃物的减少，这种低投入、高产出、低排放的发展模式正是可持续发展所要求的经济发展模式。

可见，二者在理论上是融合的。即人类社会经济的可持续发展是循环经济运作方式的目标和归宿，循环经济运作方式是社会经济实现可持续发展的必然选择和基本途径。二者是过程与目标的关系，而且过程与目标高度统一。能"循环"必定能"持续"，要持续则必要求可"循环"。①

四、循环经济的实施原则

在实践循环经济，实现可持续发展中，应把握以下几个原则作为实践的指导。

（一）系统分析的原则

循环经济是较为全面地分析投入与产出的经济，它是在人口、资源、环境、经济、社会与科学技术的大系统中，研究符合客观规律的经济原则、均衡经济、社会和生态效益的。其基本工具是应用系统分析，包括信息论、系统论、控制论、生态学和资源系统工程管理等一系列新学科。

经济的发展需要考虑资源的稀缺性和环境承载力，因此经济生产必须考虑生态

---

① 诸大建.从可持续发展到循环经济[J].世界环境，2000(3)：6-12.

系统。同样,社会消费也应考虑生态系统的承载能力,必须遵循基本的生态客观规律,把人口、经济、社会、资源与环境作为一个大系统进行考虑,取得系统内各主体的和谐发展。

(二) 生态成本总量控制的原则

自然生态系统作为经济生产系统的一部分,在其生产中具有生态系统的成本。任何一个工业生产者在投资时,必须考虑自身资金情况,而借贷就需考虑偿还能力。同样,向自然界索取资源,也必须考虑生态系统的承载能力和自我修复能力,应该有一个生态成本总量控制的概念。

所谓生态成本,是指进行经济生产导致生态系统的破坏后,再人为修复所需要的代价。以河流取水为例,传统工业取水,只考虑取水的工程、机械和人工的成本,而不考虑水资源的成本,并认为水资源是取之不尽、用之不竭的。这种认识相对水是富有资源时是对的;但如在取水后形成断流,破坏了下游生态系统,就不仅水资源有成本,而且有高昂的水生态系统成本;而向水中排污,破坏了水的质量,这是另一种用水,同样有高昂的环境代价。生态成本应该有一个总量控制的概念。如从河流取水,联合国教科文组织通过数百例统计研究,得出在温带半湿润地区从河流中取水不应超过河流水资源总量的40%。即从整条河流中取用水资源总量40%以下的水,不至于造成断流,或在污水处理达标排放情况下,可以保持河流的自净能力。

(三) "3R"原则

传统经济将自然生态系统作为取料场和垃圾场,完全是一种不合理的线性经济。循环经济是一种生态型的闭环经济,形成合理的封闭循环,它要求人类经济活动按照自然生态系统模式,组织成一个"资源—产品—再生资源—再生产品"的物质反复循环流动过程,所有的原料和能源要能在这个不断进行的经济循环中得到最合理的利用,从而使经济活动对自然环境的影响控制在尽可能低的程度。在循环经济里没有真正的废弃物,只有放错了地方的资源。循环经济要求社会的经济活动应以"减量化、再使用、再循环"为基本准则(简称 3R 原则)。

1. 资源利用的减量化(reduce)原则

减量化原则是循环经济的第一原则。它要求在生产过程中通过管理技术的改进,减少进入生产和消费过程的物质和能量。换言之,减量化原则要求在经济增长的过程中为使这种增长具有持续的和环境相容的特性,人们必须学会在生产源头的输入端就充分考虑节省资源、提高单位生产产品对资源的利用率、预防废物的产生,而不是把眼光放在产生废弃物后的治理上。对生产过程而言,企业可以通过技术改造,采用先进的生产工艺,或实施清洁生产,减少单位产品生产的原料使用量和污染物的排放量。此外,减量化原则要求产品的包装应该追求简单朴实,而不是奢侈浪费,从而达到减少废弃物排放的目的。

2. 产品生产的再使用(reuse)原则

循环经济的第二个原则是尽可能多次以及尽可能多种方式地使用人们所买的东西。通过再利用,人们可以防止物品过早成为垃圾。在生产中,要求制造产品和包装容器能够以初始的形式被反复利用,尽量延长产品的使用期,而不是非常快地更新换代;鼓励再制造工业的发展,以便拆卸、修理和组装用过的和破碎的东西。在生活中,反对一切一次性用品的泛滥,鼓励人们将可用的或可维修的物品返回市场体系供别人使用或捐献自己不再需要的物品。

3. 废弃物的再循环(recycle)原则

循环经济的第三个原则是尽可能多地再生利用或循环利用。要求尽可能地通过对"废物"的再加工处理(再生)使其作为资源,制成使用资源、能源较少的新产品而再次进入市场或生产过程,以减少垃圾的产生。再循环有两种情况:第一种是原级再循环,也称为原级资源化,即将消费者遗弃的废弃物循环用来形成与原来相同的新产品,如利用废纸生产再生纸,利用废钢铁生产钢铁。第二种是次级再循环或称为次级资源化,是将废弃物用来生产与其性质不同的其他产品的原料的再循环过程,如将制糖厂所产生的蔗渣作为造纸厂的生产原料,将糖蜜作为酒厂的生产原料等。原级再循环在减少原材料消耗上达到的效率要比次级再循环高得多,是循环经济追求的理想境界。

"3R"具体操作原则可以如表9-3所示[①]。

表9-3 循环经济"3R"具体操作原则

3R 原则	针对对象	目的
减量化原则(reduce)	输入阶段 输出阶段	减少进入生产和消费过程中物质和能源流量,从源头节约资源使用和减少污染物的排放。
再利用原则(reuse)	过程阶段	延长产品和服务的时间强度,提高产品和服务的利用效率。要求产品和包装容器以初始形式多次使用,减少一次性用品的污染。
再循环原则(recycle)	过程阶段	能把废弃物再次变成资源以减少最终处理量,也就是我们通常所说的废品回收利用和废物综合利用。再循环能够减少垃圾的产生,制成使用能源较少的新产品。

对表9-3的注解:经济系统中资源的利用过程可以分为三个过程,即输入阶段(input)、过程阶段(throughput)和输出阶段(output)。输入阶段资源输入到经济系统中,对其管理的目标是投入的最小化,以减小对生态系统的压力;过程阶段资源能源在经济系统中被利用及循环利用的过程,对其管理的目标是循环利用、梯级利用的最大化,以最大化地提高资源的生态效率;输出阶段是资源能源离开经济体以各种废物排放的形式重新回到自然环境中的过程,对其管理的政策目标是达标排放的最小化,使其对生态系统的影响最小化。按照以上思路,为了在输入阶段实现最小化目标,需要应用减量化(reduce)途径;为了实现过程阶段最大化目标,需要再利用(reuse);再循环(recycle)途径;为了实现输出阶段排放最小化目标,需要应用减量化(reduce)途径。如图9-5所示[②]。

[①] 王志宏.实施循环经济与我国可持续发展战略研究[D].成都:西南财经大学,2007.
[②] 臧漫丹,高显义.循环经济及政策体系研究[J].同济大学学报,2006(1):112-118.

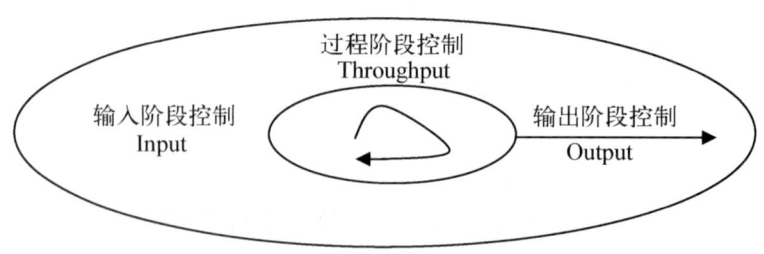

图 9-5 循环经济 3R 原则示意图

随着循环经济的研究不断深入,学术界对循环经济的原则又有了新的诸多见解,先后提出"4R""5R""6R"等"X-R"原则,除"3R"外加上"再组织""再思考""再制造""再修复"等,这些原则是针对某些不同层次或领域,如管理层面、意识层面或某些行业领域提出的更加具体、具有针对性的原则,具有合理性,但不能取代"3R"原则的基础性和普遍性[①]。

五、实施循环经济的具体要求

(一)尽可能利用可再生资源

自然界很多资源都是循环再生的,循环经济要求尽可能利用这类资源替代不可再生资源,使生产循环与生态循环吻合。如利用太阳能代替石油,利用地表水替代深层地下水,用农家肥替代化肥等。

(二)尽可能利用高科技

目前,国外提倡生产实行"非物质化",即尽可能以知识投入来替代物质投入。如利用互联网替代大量相应物质产品的生产。我国目前的发展水平,应以"信息化带动工业化"。高技术包括信息技术、生物技术、新材料技术、新能源和可再生能源技术及管理科学技术等,这些技术都以大大减少物质和能量等自然资源投入为基本特征。

(三)把生态系统建设作为基础设施建设

传统经济只重视电力、热力、公路、铁路、水坝和堤防等基础设施建设。循环经济把生态系统建设也作为基础设施建设的一部分而且是重要的一个环节,如狠抓"退田还湖""退耕还林""退牧还草"和"退用还流"等生态系统建设,从而,通过这些基础设施的建设来提高生态系统对经济发展的承载能力。传统经济认为只有电力、公路和堤防等建设才有经济效益,属于收益周期长的基本建设项目,而生态系统建设只有生态效益。实际不然,植树造林、退田还湖和退用还流等生态建设同样也具有收益周期长的特点,同样应该作为基本的建设项目加以重视。生态系统建设也是传统基础设施建设的基础,生态系统的建设可以有力地保护生态环境不遭受破坏,甚至可以修补改善已遭受破坏的生态环境,从而保证基础设施建设的顺利进行以及为其提供长久的保护。

---

① 崔兆杰,张凯.循环经济理论与方法[M].北京:科学出版社,2008:21.

(四)建立绿色消费制度

实行循环经济,要求必须以税收和行政手段,限制以不可再生资源为原料的一次性产品的生产与消费,如旅馆的一次性用品、餐馆的一次性餐具和豪华包装等,促进一次性产品和包装容器的再利用。自20世纪90年代中期以来,欧美的四、五星级高档宾馆已基本废弃了房间中的一次性用品,以持续使用的固定肥皂液、洗浴液容器来替代。

同时,一些发达国家还以循环经济的思想为指导,使用可降解的一次性用具。如瑞典在20世纪80年代末就使用马铃薯和玉米制的一次性快餐盒,既可食用,废弃后也能很快自然降解。瑞典政府还对这种循环经济产品实行免税,有利于其参与市场竞争。

(五)建立绿色国内生产总值的统计和核算体系

传统国内生产总值(GDP)只注重增长而不计代价,人类陶醉于所创造的繁荣昌盛经济假象,而忽视了假象背后的社会负效益与环境质量的恶化,不考虑在经济发展的同时对人类赖以生存的环境的影响,对人们身体健康的影响。生态环境的重要性日益引起社会重视,传统的GDP核算体系已不可能提供正确的经济统计信息,不适合社会的发展要求,一种新的核算GDP的方法——绿色GDP(environmentally adjusted domestic products,EDP)应时提出。EDP是扣除环境污染、生态破坏损失后的GDP,可表述为:

$$EDP = GDP - (生产过程、恢复资源过程、污染治理的资源耗竭全部\\ + 生产过程、恢复资源过程、污染治理过程的环境污染全部) \\ + 新增环保生态服务价值 \quad (9-1)$$

建立EDP核算体系,可以从宏观上为实施循环经济提供一种核算上的必要条件。这种核算体系可简单理解为建立一个负国内生产总值统计指标的参照体系,即从工业增加值中减去测定的与污染总量及资源耗竭总量相当的负工业增加值,原则上负国内生产总值作为排污和利用资源的补偿税(费)。建立了EDP核算体系,地方政府将不会对建设负工业增加值高的工厂企业有积极性,外商了解了新的核算体系,也不会再投资这种项目。而即使已经建立起这种负工业增加值高的工厂,新的核算体系使得其投产后既无工业增加值可统计,又无利税,而且地方政府也不会加以保护,这必然促使企业保护生态,节约资源,减少污染废弃物,重复利用资源和废弃物,实施循环经济。如此,将从根本上杜绝新的大污染源的产生,有效制止污染的反弹,更有效地实施循环经济。

第四节 国外循环经济实践

20世纪90年代以来,德国、日本、美国等发达国家正在把发展循环型经济、建立循环型社会作为实施可持续发展战略的重要途径。循环经济在发达国家已经成为一股潮流,有些发达国家以立法的形式为循环经济的推行提供制度保障,如德国在1994年通过的,

1996年生效的《循环经济与废物管理办法》,该法规定对废弃物问题处理的优先顺序是"避免产生—循环使用—最终处置"。① 该法的出台表明德国废弃物管理力度的加强,也表明德国循环经济立法建设取得实质性推进。2000年德国《可再生能源促进法》生效,2007年通过《包装管理条例》修正案,2011年起草制定《德国资源效率计划》,2012年94版《循环经济法》被《促进循环经济和确保合乎环境承受能力废弃物管理法》所代替。至此,德国建立了较为完善的循环经济立法体系。

2002年日本召开的第一届"环保国会",通过和修改了多项环保法规:《推进形成循环型社会基本法》《特定家庭用机械再商品化法》《促进资源有效利用法》《食品循环资源再生利用促进法》《建筑工程资材再资源化法》《容器包装循环法》《绿色采购法》《废弃物处理法》《化学物质排出管理促进法》等。上述法规对不同行业的废弃物处理和资源再生利用等作了具体规定。② 2008年制定的《新基本计划》,强调建设循环型社会、低碳社会、生态和谐社会相结合的可持续社会。③ 2010年提出"绿色增长战略",强调通过发展节能、新能源、新材料、绿色经济及医疗保健产业,抢占新一轮经济增长的制高点④。

美国为了解决严重的污染问题,于1970年成立了国家环保局,加速了环境立法的步骤,并制定了《有毒物质控制法》《固体废弃物处置法》;1976年颁布了《资源回收利用法》,取代了《固体废弃物处置法》;1980年又颁布了《综合环境反应、补偿和责任法》。这些法律的颁布与实施,对美国废弃物的管理起到了极大的作用。1990年国会通过《污染预防法》,明确污染预防的控制政策。美国大多数地区开展排污权交易。半数以上的州制定资源循环再利用的相关法规。1997年以后,美国的循环经济更是高速发展,1999年,美国环保局(USEPA)提出国家环境表现跟踪计划,并于2002年7月启动。⑤ 2005年通过《美国能源政策法案》⑥,2015年美国等七国成立资源效率G7联盟,就如何解决资源效率挑战交流平台和开展一系列工作方面,分享最佳实践和经验,建立信息共享网络。⑦ 2015年美国环保局发布《可持续材料管理项目策略计划》。

目前,发达国家的循环经济实践已在三个层面上将生产(包括资源消耗)和消费(包括废弃物排放)这两个人类生活中最重要的环节有机地联系起来,三个层面包括:一是企业内部的清洁生产和资源循环利用,如杜邦化学公司模式;二是共生企业间或产业间的生态工业网络,如著名的丹麦卡伦堡生态工业园;三是区域和整个社会的废弃物回收和再利用体系,如德国的包装物双元回收体系和日本的循环型社会体系。

发达国家的许多企业在微观层次上,运用循环经济的思想,进行了有益的探索,形成了一些良好的运行模式。

---

① 翁裕斌.德国循环经济透视[J].世界经济情况,2001(13):23-25.
② 吴淑萍.日本环境保护管理的启示[J].计划与市场,2001(5):43-44.
③ 王福全,庞昌伟.日本发展循环经济低碳社会的基本经验及其启示[J].当代世界,2017(5):60-63.
④ 王金波.资源环境约束下日本产业升级的低碳路径选择——以日本(生态)工业园的发展历程为例[J].亚太经济,2014(1):64-69.
⑤ 黄海峰,李慧颖.国际循环经济政策经验的比较与借鉴[J].经济社会体制比较,2008(3):154-160.
⑥ 刘霞.我国循环经济税收法律制度的国际比较[J].甘肃科技,2013(17):117-118.
⑦ 杜譞,李宏涛,李丹,等.循环经济发展的国际最新进展和案例研究[J].环境保护,2016(17):31-35.

一、单个企业的循环经济

(一) 杜邦化学公司的实践

企业是资源、环境消耗和产品形成的主体,实施循环经济需从每个微观企业入手,贯彻低消耗、低排放和高利用的思想。在这一方面,美国杜邦公司是典型的代表。20世纪80年代末,杜邦公司的研究人员把工厂当作试验循环经济理念的实验室,创造性地把循环经济三原则与化学工业相结合,采用"3R制造法"减少排放,甚至达到零排放和环境保护目标。以塑料废弃物为例,通过放弃使用一些对环境有害的化学物质、减少化学物质的使用量以及开发回收本公司产品的新工艺,从而使产品制造过程中产生的塑料废弃物和大气污染物的排放量,相对20世纪80年代末分别减少了25%和70%。

(二) 德国巴斯夫公司的实践

德国的巴斯夫公司一直致力于将循环经济的理念贯穿于公司的生产及经营活动之中。据介绍,巴斯夫创始人于1865年开办企业时就有一个理想,就是将染料的研究和生产一体化进行,每个生产设施都与其他装置相连,一个装置的产品和余料供给下一个装置作为原料使用。作为道琼斯指数中名列第一的化工公司,巴斯夫坚持从经济和生态两个角度看产品的整个生命周期,关注原材料和能源的消耗、最佳性能以及再循环与废弃物处理等。自1970年以来,该公司的生产废料和排放物已减少90%以上。

二、生态工业园区

生态工业园区是依据循环经济理念和工业生态学原理而设计建立的一种新型工业组织形态。其目标是尽量减少废弃物,将园区内一个工厂或企业产生的副产品用作另一个工厂的投入或原材料,通过废弃物交换、循环利用、清洁生产等手段,最终实现园区内污染"零排放"目标。生态工业园区大致可分为3种类型,即改造型、全新型和虚拟型。改造型园区是对现已存在的工业企业通过适当的技术改造,在区域内成员间建立起废弃物和能量的交换关系;全新型园区是在园区良好规划和设计的基础上,从无到有地进行开发建设,使得企业间可以进行废弃物、废热等的交换;虚拟型园区不严格要求其成员分布在同一地区,它是利用现代信息技术,通过园区信息系统,首先在计算机上建立成员间的物、能交换联系,然后再在现实中加以实施,这样,园区内企业可以和园区外企业发生联系。20世纪90年代以来,生态工业园区开始成为世界工业园区发展的主体,并取得了较丰富的经验。

(一) 丹麦卡伦堡生态工业园区

目前,国际上最成功的生态工业园区是丹麦的卡伦堡生态工业园区。该园区以发电厂、炼油厂、制药厂和石膏制板厂4个厂为核心企业,把一家企业的废弃物或副产品作为另一家企业的原料,通过企业间工业共生和代谢的生态群落关系,建立"纸浆—造纸""废料—水泥"和"炼钢—废料—水泥"等工业联合体。发电厂以炼油厂的废气为燃料,其他公司与炼油厂共享冷却水;发电厂煤炭燃料的副产品可用于生产水泥和铺路材料;发电厂的余热可为养鱼场和城里的居民住宅提供热能。该园区以闭环方式进行生产的构想,要求各个参与厂家的输入和产品相匹配,形成一个连续的生产流,每个厂家的废弃物至少是另一个合作伙伴的有效燃料或原料。同时,对各参与方来讲,必须具备经济效益,如节省成本等。卡伦堡的工业共生仍在不断进化中,它的成功说明了人为地创造这种副产品的交换网络是可行的。

(二) 美国各具特色的生态工业园区

20世纪70年代以来,在美国环境保护署(EPA)和可持续发展总统委员会(PCSD)的支持下,美国的一些生态工业园区应运而生,涉及生物能源的开发、废弃物处理、清洁工业、固体和液体废弃物的再循环等多种方面。特别是从1993年开始,生态工业园区在美国发展迅速。美国政府在可持续发展总统委员会下还专门设立了一个"生态工业园区特别工作组"。目前,美国已有近20个生态工业园区,并各具特色。

(1) 改造型的Chattanooga生态工业区。田纳西州小城Chattanooga曾经是一个以污染严重而闻名全美的制造业中心。目前,在该园区内,以杜邦公司的尼龙线头回收为核心推行企业零排放改革,旧钢铁铸造车间已变成一个用太阳能处理废水的生态车间,旁边的肥皂厂对其循环废水进行利用,并将副产品作为另一家工厂的原料,从而建立起一个完整的生态工业网络。这种革新方式对老工业区改造很有借鉴意义,并且更能适应老工业企业密集的城市。

(2) 全新型的Choctaw生态工业区。基于俄克拉何马州有大量的废轮胎资源,采用高温分解技术可将这些废轮胎资源分化而得到炭黑、塑化剂和废热等产品,进一步可衍生出不同的产品链。这些产品链与辅助的废水处理系统一起构成一张工业生态网。

(3) 虚拟型的Brownsville生态工业园区。在园区原有成员的基础上,不断增加新成员来担当工业生态网的"补网"角色,如引入的热电站,废油、废溶剂回收厂等。

三、包装废弃物的回收利用

(一) 德国双元系统模式

德国在世界上最早提出发展循环经济的思想,是欧洲国家中发展循环经济水平最高的国家之一。由于政府、企业和国民的密切合作,循环经济已发展成为德国的一个重要行业。德国发展循环经济实际上走的是"自上而下,立法推动"的模式。早在1972年,德国就制定实施了《废弃物处理法》,当时的目的仅仅为了处理生产和消费中产生的废物。1976年,德国第一部垃圾管理法出台。该法对垃圾的处理、转运和处置进行管理以减小环境危害。1986年,这部法律被《垃圾预防和管理法》取代,建立了"减量化、再利用、循环利用"的实施原则,而处置只作为最后的手段。但仅有《垃圾预防和管理法》不能解决当时德国垃圾日趋增多的压力,从而在1991年6月诞生了《减少包装物垃圾条例》,1994年颁布了《循环经济与废物清除法》[1],并于1996年10月生效。这部法律使世界环境保护运动发生了根本性的转变,即由过去的末端治理转向源头控制。该法确立了发展循环经济的根本要求,即任何生产过程要首先尽量避免或减少废物的产生。

---

[1] 武烨.论我国循环经济法律制度的完善[D].大连:东北财经大学,2010.

德国双元系统(Duales System Deutschland,DSD),是社会层面上实施循环经济的一个典型代表。1986年德国联邦政府制定了《废弃物管理法》,规定生产者对产品的整个生命周期负责到底,此法的出台使得来自零售业、包装工业、包装材料的生产者、原材料供给者建立起双重网络,即DSD系统。

1990年9月28日,95家包装公司和消费产品工业及零售贸易商建立了德国的双轨制回收系统(DSD),形成民间回收网络。DSD是一个专门从事对包装废弃物进行回收利用的非政府组织。它接受企业的委托,组织收运者对企业的包装废弃物进行回收和分类,然后送至相应的资源再利用厂家进行循环利用,能直接回收的包装废弃物则送返制造商。德国用于包装工业的环境标志为"绿点"标志。若制造商或经销商想使用"绿点"标志,则必须支付一定的费用,费用多少视包装材料、重量、容积而定,收取的费用作为对包装废弃物回收和分类的经费。DSD系统的建立大大促进了德国包装废弃物的回收利用。例如,政府曾规定玻璃、塑料、纸箱等包装物回收利用率为72%,1997年达到87%,废弃物作为再生材料利用,1994年为52万吨,1997年达到359万吨,包装垃圾已从过去每年1300万吨下降到现在的500万吨。

在经济政策方面,德国采用收费、押金等经济手段来促进包装废弃物的减量化。对一次性使用的包装征收容器税,如快餐店使用的纸质餐具和自动售货机的饮料容器等。凡使用后不能再回收利用的包装,工厂必须缴给政府处理费用,此费用由工厂打入成本,从而促使工厂采用可回收利用的包装;为了保证消费者把包装退回给卖主,政府制定了"押金—退款"制度,适用于饮料、洗涤剂、清洁剂和乳剂涂料的包装。在一些市政公司有专门的工厂处理旧电器,譬如废旧冰箱,先由一些工人手工操作,将其中残存的制冷剂放出,以免后续处理中泄漏出来污染环境。然后是自动化的程序,用机器先将其压扁、锤碎,再将不同的成分筛选出来。比如先根据导电性将金属和非金属分开,再根据磁性和密度筛选出钢铁、铜、铝等不同金属。几条分选流水线过去,出来的就是成分比较单一的各种碎片。回收的金属回炉冶炼后又是好材料,合成塑料可以再生成更低级的塑料或者干脆做燃料,而合成橡胶粉碎后可以和沥青掺在一起,成为铺路材料。

废弃物循环再利用是德国循环经济发展的重要领域,并已取得明显的成就。[1] 德国的废物循环再利用率居世界首位,2013年达到78.8%,并有近3000家企业进行废弃物处理经营,年均创造价值多达400亿欧元。[2] 德国城市垃圾循环利用率在2012年就已达到65%。多年来,德国发展循环经济,加强废弃物循环再利用,使得人均能源消耗量、废物填埋率、年废弃物产生量以及水资源开采量均有不同程度的下降。[3] 德国整体资源利用效率的提高,充分说明德国政府环境管理政策效果显著,可持续性发展正有序健康地进行。[4]

---

[1] 蓝艳,周国梅.中国与德国循环经济比较研究[J].环境保护,2016(17):27-30.
[2] E S Friedrich. Germany on the Road to a Circular Economy[J]. Sociological Review,2016:46.
[3] B Umwelt. Environmental Trends in Germany Data on the Environment[J]. Sustainable Development,2015:32.
[4] 毛振亚.中国与德国循环经济发展比较研究[J].环境保护与循环经济,2013(4):12-15.

（二）日本包装废弃物的回收和利用体系

日本是一个后起的工业化国家，它在不到150年的时间内，走完了欧美国家300年的工业化道路。日本走的是"立法为主，补贴为辅，全面推进，最终建立循环型社会"的模式。日本是目前循环经济立法最完善的国家，这也保证了日本成为资源循环利用率最高的国家。早在1997年，日本产经省的产业结构协会提出了一份题为"循环型经济构想"的报告，提出了关于建立循环型社会的构想。2000年日本召开了一届"环保国会"，在内阁通过了六项有关资源循环利用的法案，同时出台了具有宪法性质的《促进建设循环型社会基本法》，和之前的一些零散的回收利用法一起形成了较为完善的循环型社会的法律保障体系。日本促进循环经济发展的法律法规体系可以分成三个层面：基础层面是一部基本法，即《促进建立循环社会基本法》；第二层面是综合性的两部法律，分别是《固体废弃物管理和公共清洁法》和《促进资源有效利用法》；第三层面是根据各种产品的性质制定的五部具体法律法规，分别是：《促进容器与包装分类回收法》《家用电器回收法》《建筑及材料回收法》《食品回收法》及《绿色采购法》，如图9-6所示。

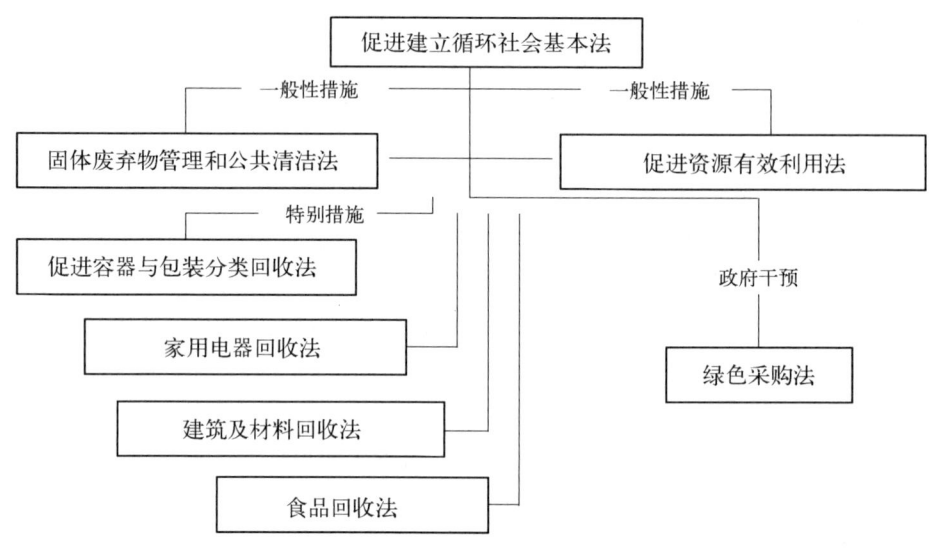

图9-6 日本构筑循环型社会的基本法律框架

日本政府于2003年3月制定了促进创建循环型社会的基本计划。在此基础上，日本政府还制定了各种投入和税金制度、融资政策来支持循环经济的发展。由于科技创新是创建循环型社会的关键，这些年日本国内产生了一种新的环保产业形式——"静脉产业"，它不仅成为日本建设"循环型社会"的主力军，而且为日本企业和人民带来新的商机和更多的就业机会。日本的规模较大的公司如日本理光、松下电器、索尼、丰田汽车、三洋电机、夏普等，均采取了有效的措施，基本上达到了"产业垃圾零排放"标准。为调动国民参与建设循环经济，促进环保的积极性，日本政府还颁布了《循环型社会白皮书》，教育国民保护环境，转变观念，不再鄙视垃圾，将垃圾视为资源，开展分类归放，促进资源回收利用。

日本循环经济发展的效果非常显著。废物垃圾回收比率、废弃物再利用比率不断上升。日本循环型社会建设过程中,企业和社会民众参与的积极性都比较高。企业的积极参与既完善了循环型产业链条,也在循环经济技术创新方面发挥了企业优势。日本民众环保素质较高,在政府号召下,民众也积极参与到垃圾回收中来。据日本环境省统计,日本家庭废弃物中有近1/3可以得到废物回收再利用。

可见国外的循环经济在实践中取得了很好的效果,正走向经济的可持续发展道路。我国发展循环经济起步较晚,国外的循环经济发展实践为我国在法律、技术、管理等方面树立了标杆,指导我国的循环经济发展。[①]

第五节 循环经济在我国的应用

一、我国循环经济的发展例证

20世纪90年代之后,发展知识经济和循环经济成为国际社会的两大趋势。我国从20世纪90年代起引入了关于循环经济的思想。此后对于循环经济的理论研究和实践不断深入。经过多年的发展演变,我国已经形成了具有中国特色的循环经济理论、政策与实践。2005年,《国务院关于加快发展循环经济的若干意见》等一系列文件的颁布,标志着我国正式踏上发展循环经济的新道路。2008年,第十一届全国人民代表大会常务委员会第四次会议通过《循环经济促进法》,标志着我国循环经济法治建设迈出坚实一步。党的十九大报告提出建立绿色低碳循环发展的经济体系;推进资源全面节约和循环利用;降低能耗、物耗,实现生产系统和生活系统循环链接。

2021年7月,经国务院同意,国家发展改革委印发了《"十四五"循环经济发展规划》(以下简称《规划》)。《规划》明确指出,大力发展循环经济,对保障国家资源安全,推动实现碳达峰、碳中和,促进生态文明建设具有重大意义,同时也指出了当前发展循环经济的一系列问题,制定了一系列未来的发展规划设计。自2020年9月22日国家主席习近平在第七十五届联合国大会一般性辩论上提出"我国力争2030年前实现碳达峰,2060年前实现碳中和"的目标以来,"双碳"目标被纳入经济社会发展和生态文明建设整体布局,我国经济社会进入新发展阶段,生态文明建设进入以降碳为重点战略方向的阶段,减污降碳协同增效成为促进经济社会发展全面绿色转型的总抓手。近期,党中央、国务院对做好碳达峰、碳中和工作,建立健全绿色低碳循环发展经济体系,作出一系列重大决策部署,对持续深入发展循环经济提出了新的要求,我国循环经济迎来新的发展机遇。在碳中和战略框架下循环经济成为全球提升经济韧性和绿色竞争力的重要发展模式,也成为我国落实"双碳"目标的重要行动路径。新时期、新阶段,需要正确理解和准确把握循环经济的定位、角色和作用,剖析存在的问题和面临的挑战,探索构建面向"双碳"目标的循环经济体系的重点、关键路径和对策,推动我国循环经济发展为降碳行动做出更大贡献。然而,早

---

① 韩宝萍,孙晓菲.循环经济理论的国内外实践:论循环经济[M].北京:经济科学出版社,2003:88-90.

在20世纪70年代,我国就开始注意用法律和行政手段推动环境保护和资源的综合利用、循环使用等工作。其中,影响重大的可列举如下:

1973年第一次全国环境保护工作会议上,原国家计划委员会拟订的《关于保护和改善环境的若干规定》中就提出努力改革生产工艺,不生产或者少生产废气、废水、废渣;加强管理,消除跑、冒、滴、漏等要求。

1985年,国务院又批准了原国家经济委员会起草的《关于加强资源综合利用的若干规定》,该规定对企业开展资源综合利用规定了一系列的优惠政策和措施,并附有相关的产品和物资的具体名录,使企业一目了然。该规定的公布实施,有力地促进了我国资源综合利用工作的开展。资源的综合利用,实际上就是今天我们所称循环经济的内容之一。

1996年8月,国务院颁布了《关于环境保留若干问题的决定》,明确规定所有大、中、小型新建、扩建、改建和技术改造项目。要提高技术起点、采用能耗物耗小,污染物排放量少的清洁生产工艺。

1997年4月,国家环保总局制定并发布了《关于推动清洁生产的若干意见》要求地方环境保护主管部门将清洁生产纳入已有的环境管理政策中,以便更深入的促进清洁生产,为指导企业清洁生产工作,国家环保总局还会同有关工业部门编制了《企业清洁生产审计手册》以及啤酒、造纸、有机化工、电镀、纺织等行业的清洁生产审计指南。

1998年11月,国务院发布的《建设项目环境保护管理条例》明确规定:工业建设项目应当采用能耗物耗少、污染排放量少的清洁生产工艺,合理利用自然资源,防治环境污染和生态破坏。

2002年6月29日,《中华人民共和国清洁生产促进法》(以下简称清洁生产促进法)获得通过,于2003年1月1日起施行。这是我国第一部以提高资源利用效率、实施污染预防为主要内容,专门规范企业清洁生产的法律规范。该法的公布实施,表明我国发展循环经济是以法治化和规范化的清洁生产为开端,这是可持续发展的历史性的进步。

2008年8月29日《中华人民共和国循环经济促进法》获得通过,自2009年1月1日起施行。该法的调整范围涉及产品清洁生产、资源循环利用和废物高效回收的整个领域。内容涉及生产、流通和消费等过程中进行的减量化、再利用、资源化活动。但考虑到我国发展循环经济的实践经验还不足,各地区的实际情况有较大的差异,全面推进循环经济发展还需要在实践中进一步总结经验,该法目前规定的发展循环经济的方针、原则和基本管理制度等内容较多的属于引导、促进方面。

2013年,国务院印发《循环经济发展战略及近期行动计划》,开始实施循环经济"十百千"示范行动;2017年,国家发展改革委等14个部委联合发布《循环发展引领行动》,在"十三五"期间实施十项重大专项行动。在一系列政策措施推动下,我国循环经济建设成效显著,在促进资源节约和保障资源安全的同时,也产生了良好的碳减排协同效益。据中国循环经济协会测算[①],"十三五"期间,发展循环经济对我国碳减排的综合贡献率约为25%;2020年,我国通过发展循环经济,共计减少CO_2排放量约26亿吨,再生有色金属产

---

① 中国循环经济协会.循环经济助力碳达峰研究报告(1.0版)[R].2021.

量1 450万吨,占全国十种有色金属产量的23.5%,其中再生铜、再生铝和再生铅产量分别达到325万吨、740万吨和240万吨,分别占铜、铝、铅国内总产量的32.4%、20%、37.2%。"双碳"目标提出后,我国生态文明建设进入以降碳为重点战略方向的新阶段,循环经济发展被赋予了新的使命和要求。2021年3月发布的"十四五"规划纲要中提出"全面推行循环经济理念,构建多层次资源高效循环利用体系";2021年10月,中共中央、国务院发布《关于完整准确全面贯彻新发展理念做好碳达峰碳中和工作的意见》,将"节约优先"作为落实碳达峰、碳中和目标坚持的五大原则之一,把节约能源资源放在首位,实行全面节约战略[1];随后,国务院印发《2030年前碳达峰行动方案》[2],明确指出要"抓住资源利用这个源头,大力发展循环经济,全面提高资源利用效率,充分发挥减少资源消耗和降碳的协同作用",将循环经济助力降碳行动作为重点实施的"碳达峰十大行动"之一;同时《"十四五"循环经济发展规划》中也提出了未来循环经济发展路线图,包括在工业、农业、社会生活三大领域实施12项重点任务、五大重点工程、六大重点行动等。根据有关预测,预计"十四五"期间发展循环经济对我国碳减排的综合贡献率将达30%,到2030年将达到35%[3]。碳中和转型新格局下,我国循环经济进入发展快车道,未来10—20年将处于快速增长时期,对碳减排的贡献有望进一步持续提升,循环经济在助力碳达峰、碳中和行动中将发挥更加重要的作用。

目前,我国工业生产中的循环经济已经取得一些成就,典型案例也有不少。

1. 拆船拆出绿色循环经济产业链——江苏新长江实业集团有限公司

从1998年兼并夏港拆船厂"起航",新长江集团用近20年的时间坚守绿色拆解,打造出了一条"废船拆解—废钢冶炼—钢材轧制—船舶修造—远洋运输"的全流程循环经济产业链。2017年9月,新长江集团成功入选"2017中国循环经济年度最佳实践",长江村"废船拆解资源化利用"项目作为全国产业"绿色发展"的典型在"砥砺奋进的五年"大型成就展上向全国展示。

新长江集团首创、国际领先的港池和船坞相结合的绿色拆解技术,实现废旧船舶绿色拆解。船舶绿色拆解技术主要包括拆解前预清理和船体切割两个步骤。拆解前预清理就是在船舶动火切割前,清理船上可能存在的有害物质、易燃易爆物资等,使拆解物质对外界环境造成的影响最小。船体切割拆解一般遵循先拆解船艏及其相邻货舱以及该处船底,接着拆解上层建筑,然后拆解船艉和机舱及该处船底,再拆解船体中段货舱,最后用拖船将剩余船底移至浮船坞上进行离水拆解的原则。拆解的主要产品中废钢占比95%;废机电设备占比2%;废铜、废铝、废铅及其他有色金属占比2%,拆解完成后进行分类存放处置。拆解后的废钢大部分供应给新长江集团下属企业长强钢铁公司利用,其余部分供应给宝钢、首钢、鞍钢等国内大型钢铁厂回炉利用。

---

[1] 中共中央 国务院关于完整准确全面贯彻新发展理念做好碳达峰碳中和工作的意见[EB/OL].[2021-10-24]. http://www.gov.cn/zhengce/2021-10/24/content_5644613.htm.

[2] 国务院关于印发2030年前碳达峰行动方案的通知(国发〔2021〕23号)[EB/OL].[2021-10-26].http://www.gov.cn/zhengce/content/2021-10/26/content_5644984.htm.

[3] 中国循环经济协会.循环经济助力碳达峰研究报告(1.0版)[R].2021.

新长江集团构建从废船拆解、废钢回收、废钢分拣、废钢加工、钢铁冶炼、高端钢材轧制到船舶制造全流程的循环经济产业链,实现集团内部废钢资源的高效循环利用。这条绿色循环产业链是集团内部在不断延伸产业链过程中资源利用最大化的成果,用拆船废钢代替矿石炼钢,缩短了流程,减少了烧结、焦化、炼铁等高能耗工序,同时降低了污染排放,集团下属长强钢铁每利用1吨拆解废钢意味着可以减少1.6吨二氧化碳排放;长强钢铁的产品板坯被运到长达钢铁轧制船用钢板,长达钢铁的船用钢板目前已获得了CCS、ABS等九国船级社认证;这些优质船用钢板大部分供应给集团位于舟山的长宏国际船舶产业园使用。舟山长宏国际承接国内外造船订单,同时也为集团航运公司制造船舶。而当航运船舶到达使用年限,就送达长江拆船厂进行报废拆解。

拆船回收的废钢铁是一种绿色低碳资源,用于炼钢可以大量减少"三废"的产生和碳排放。经统计,与使用铁矿石炼钢相比,用废钢炼钢可节约能源60%、节水40%,减少排放废水76%、废气86%、废渣72%。每多用1吨废钢,可少用1.7吨精矿粉,减少4.3吨原生铁矿石的开采。

长江拆船厂自创立以来,共购入废旧国内外船舶1 000余艘,拆解废钢1 263万轻吨(轻载排水量吨),折算节约1 291万吨精矿粉,减少3 404万吨原生铁矿石开采,节约399万吨标煤,减少2 195万吨水耗,减少1 361万吨温室气体排放。

2. 汨罗循环经济产业园获湖南省全省低碳典型园区

8月底,湖南现场发布了十个《湖南省2021年绿色低碳典型案例》,汨罗循环经济产业园以"产业低碳化、基础设施绿色化"获全省绿色低碳典型园区。"十三五"期间,该园区工业生产总值年均增长率12.4%,经济发展动力强劲,但GDP能耗强度比逐年下降,平均降低2.25%;园区生态环境持续改善,2020年园区空气优质率达98.1%。

湖南汨罗循环经济产业园区创建于2003年,目前形成了以有色金属、高分子材料、电子信息与先进制造等三大产业链为主的主导产业,建立了从再生资源回收、初加工向中高端产品转变的资源循环利用体系,呈现出主导产业集聚化、规模化、高新化的良好发展态势。园区形成了完整的再生资源综合利用产业集群,园区再生资源循环利用率达到90%以上,再生铜、铝、塑料等加工量350万吨,生活垃圾和工业固体废物综合利用率达95%以上。园区利用废旧机电产品、报废汽车、废旧电池、废橡塑和废塑料拆解加工等夯实上游原材料基础,通过正威集团、振升恒佳、中塑新能源等企业引领再生铜、再生铝等有色金属提炼、高分子材料制造促进"城市矿产"循环再生,引进振升铝材、龙智新材料、巨帆科技等高新技术企业延展有色金属核心产业链,拓宽产业链下游,构建了"资源—产品—再生资源"的共生型产业体系和循环经济闭合环路。

园区制定产业负面准入清单,从源头禁止引进高能耗、高排放的企业;不断提升产业转型升级,关停"小、散、乱"废塑料加工作坊和再生铜、铝等高能耗工艺和设备,为园区腾出用能空间;调整园区能源结构,淘汰燃煤等高排放的化石能源,提高天然气等清洁能源在能源消费中的占比。

园区积极建设环境基础设施,促进废水、固体废物的集中处理处置。在生活垃圾焚烧发电厂代替汨罗生活垃圾填埋场对垃圾进行"无害化、减量化"处置的同时,也提供了电、蒸汽等清洁能源；再生塑料中水回用工程利用生物法对废水进行达标处理的同时，也实现了"零排放"和水的循环利用。

二、我国循环经济发展面临的问题

实现"双碳"目标是我国进入新发展阶段、面向建设社会主义现代化强国的新任务，推动循环经济创新发展、支撑"双碳"目标实现，在创新技术、产业支撑和政策保障等方面面临的新挑战。

（一）循环经济产业体系仍不完善

在碳中和转型新格局下，我国循环经济技术和产业发展要以低碳目标为引领。当前，我国一些传统领域循环经济发展存在质量不高、循环不经济、循环不低碳等现象。例如，在再生资源循环利用行业，70%是中小企业，加上行业种类多、差异大，一些行业的能耗量较高，甚至属于高能耗、高碳的制造行业。同时，对循环利用技术缺乏全生命周期的经济成本效益、资源环境效益、能源碳排放效益等综合评估，一些企业在技术选择中缺乏指导，循环经济产业中仍存在一些落后技术和产能，影响了产业的高质量发展。我国传统循环利用技术的清洁化、低碳化水平和行业规模化、规范化发展程度仍有待进一步提升。此外，随着能源结构和产业结构的调整，新能源和化石资源材料化等领域基于新技术、新业态、新模式的创新突破，也需要加强相应产业发展的引导和支持力度。

（二）循环经济治理体系尚未健全

当前，我国针对循环经济发展和碳达峰、碳中和工作缺乏顶层设计和统筹规划，现有循环经济立法、环境改革措施及相关政策缺乏协同联动[1]，尚未建立面向实现碳中和目标的循环经济治理体系。

（1）我国尚未构建依托循环经济实现碳中和目标的具体路径，尚未制定面向碳中和目标的中长期循环经济发展战略规划。《"十四五"循环经济发展规划》中提到的"五大工程"和"六大行动"涉及多个主管部门，各部门、各层级的责任分工、统筹协调仍有待明确。

（2）我国东、中、西部地区循环经济发展水平存在显著的阶梯式区域失衡[2]，各地区循环经济发展水平参差不齐，亟待建立涵盖省、市、县级层面，统筹循环经济发展和碳达峰、碳中和工作的路线图和行动方案。

（3）尽管我国2009年起正式实施《循环经济促进法》，但该法仅对循环经济发展做了原则性规范。与德国、日本等发达国家相比，我国还没有形成促进循环经济发展的完善法律法规体系。另外，除《节约能源法》外，我国能够保障碳中和目标顺利实现的配套法律和制度并不完善。包括"应对气候变化法""资源利用法"在内的一系列循环经济发展和应对气候变化的法律法规体系尚未建立。

---

[1] Ellen MacArthur Foundation. The Circular Economy Opportunity for Urban & Industrial Innovation in China [R/OL]. [2021-08-30]. https://www.ellenmacarthurfoundation.org.2018.

[2] 马晓君，李煜东，王常欣，等.约束条件下中国循环经济发展中的生态效率——基于优化的超效率SBM-Malmquist-Tobit模型[J].中国环境科学，2018(9)：3584-3593.

(三)循环产业及科技创新体系不够成熟

近年来,尽管我国循环经济产业及科技创新体系已经取得了较大发展,但在实践过程中仍存在诸多问题。

(1)我国循环经济产业规模较小、产业发展水平较低。贯穿全产业链的生产与消费规范尚未形成,涵盖各地区、各行业、各领域的循环经济网络不够畅通。例如,我国食物浪费现象严重,农业供应链效率较低。适应碳中和需求的再生铝、再生铜等产业的行业占比仍然偏低,距离《"十四五"循环经济发展规划》中提出的2025年实现相关产量增长55%、23%的目标仍有巨大差距。再制造产品的认证与推广应用不足,高端再制造业发展缓慢[1],缺乏全面推进循环经济、实现碳中和目标的支撑能力。废品回收行业处于从"线下"向"线上+线下"转型的阶段,"互联网+废品回收"的数字化模式还未推广,固体废弃物回收、拆解、处理的产业链不完善;而且家族式及老乡式非正规回收企业挤占了正规回收企业的业务空间,导致再利用资源化水平较低。

(2)我国企业绿色低碳循环发展的生产体系、流通体系、消费体系尚未形成。打造循环经济配套设施,健全企业循环经济管理体系,会在初期增加生产运营成本。由于缺乏资金和政策支持,许多企业缺乏对循环经济相关技术研发与应用的积极性。覆盖生态设计、绿色材料投入、绿色包装、废旧物绿色回收的产品全生命周期管理不足,配套生产、回收、处理的环保设施不完备,阻碍了相关产业的低碳转型。

(3)我国循环经济与低碳发展的创新能力仍有待提升,对绿色低碳循环产业的机制创新、模式创新、产品创新关注不足。动力电池等废旧物智能化与精细化拆解、稀有金属的深度化分选、垃圾能源化(WtE)和塑料废纸燃料化(RPF)[2]等颠覆性、战略性技术创新进展较为缓慢。

(四)循环经济碳减排核算评价标准体系亟待建立完善

要将循环经济纳入碳减排的管理体系和市场体系,准确核算循环经济活动的碳减排量是基础和关键。循环经济活动往往涉及方方面面,且时间跨度长、空间范围广,其碳排放核算极具复杂性。当前,我国在区域、园区、行业、企业等层面的循环经济活动与碳减排耦合关系量化分析方面,存在基础数据支撑不足、缺乏方法和工具、标准不统一、统计评价机制不健全等亟待解决的问题。这些问题的存在,一方面,将直接影响政府管理层面的考核评价和相关政策的制定等;另一方面,将阻碍循环经济市场机制建立,如无法将企业循环经济碳减排效益纳入全国碳市场交易体系,特别是在国际碳边境调节机制下,还有可能影响企业产品在国际贸易体系中的竞争力等。

(五)公众参与意识不强

当前,我国尚未形成以政府为主导、企业为主体、社会组织和公众共同参与的循环经

---

[1] X L Yuan, M Y Liu, and Q Yuan, et al. Transitioning China to a Circular Economy through Remanufacturing: A Comprehensive Review of the Management Institutions and Policy System[J]. Resources, Conservation and Recycling, 2020(161): 104920.

[2] H J Dong, Y Geng, and X M Yu, et al. Uncovering Energy Saving and Carbon Reduction Potential from Recycling Wastes: A Case of Shanghai in China[J]. Journal of Cleaner Production, 2018(205): 27-35.

济治理体系,社会力量参与循环经济与碳中和的积极性不高。

(1) 由于缺乏引导,公众的绿色低碳生活方式尚未形成,普遍存在快买快扔的"抛弃型"消费行为。除大量使用一次性产品外,手机等电子产品的过快更新换代也造成大量的资源浪费[①],加剧了固体废弃物的产生。公众对于资源节约、垃圾分类等行为仍然缺乏积极性:"限塑令"、绿色出行等政策实施效果不如预期;许多社区存在垃圾分类不严格、投放站点脏乱、垃圾混收混运等问题。

(2) 相比于欧美国家,我国居民闲置商品的流通度较低。二手市场的规范化程度不足,定价、交易、售后等全流程的标准化、规范化有待提升。尽管"互联网+二手"模式依托"90后""00后"等年轻消费群体发展迅速,但更广大公众对二手交易的参与度较低,以社区为主体的集中规范的线下"跳蚤市场"不够普及。

(3) 我国企业环保信息披露仍处于较低水平,无法满足构建循环经济的信息共享需求。当前,我国仍未构建全国层面的信息共享平台,导致企业环保信息共享不充分,社会组织和公众难以参与到对企业减排行为、政府环保治理的监督中来。科研团体、环保组织缺乏宣传组织能力和资源,未能引导公众广泛参与环境治理。[②]

三、我国发展循环经济的建议

围绕绿色低碳转型的新形势、新要求,更好地发挥循环经济在促进转型中的重要支撑作用,亟待加快完善以减碳为导向的循环经济制度基础,加强关键技术创新和市场化应用,培育壮大相关产业,加强国际合作交流,构建面向"双碳"目标的循环经济体系。

(一) 构建面向碳中和目标的循环经济治理体系

应厘清循环经济与碳中和的内涵及其关系,明确循环经济实现碳中和目标的路径,加强循环经济与碳中和的统筹规划和顶层设计,构建面向碳中和目标的循环经济治理体系。

(1) 加强国家发改委对循环经济和碳达峰、碳中和工作的统筹协调和监督管理,推动各部门间紧密合作,实现循环经济与碳中和各项工作的紧密衔接。

(2) 分类制定重点区域、重点行业、重点企业面向碳中和的循环经济发展规划,明确相关主体绿色低碳循环发展的阶段目标、实施路线和行动方案,对循环经济相关产业和企业设定具体的碳减排目标,保证循环经济发展与碳中和行动的协同推进。引导地方政府灵活运用财税政策和产业政策支持循环经济产业发展、能源高效利用和资源循环利用。

(3) 面向实现碳中和目标,适时修订完善《循环经济促进法》《节约能源法》《固体废物污染环境防治法》等现行法律法规,加快推进"资源综合利用法"和"应对气候变化法"等相关法律法规的制定,进一步完善适应碳中和的循环经济法治体系。

(4) 参考循环经济产业园、"城市矿产"示范基地、"无废城市"建设试点等工作经验,

---

① A K Awasthi, J H Li, and L Koh, et al: Circular Economy and Electronic Waste[J]. Nature Electronics, 2019(3): 86-89.

② 孟小燕,王毅,郑馨竺.碳中和愿景下的循环经济建设:芬兰图尔库市的管理经验及启示[J].环境保护,2021(12): 76-80.

基于"3R"原则在重点地区、重点行业、重点企业探索开展面向碳中和目标的循环经济发展试点工作,创新体制机制,努力形成一批可复制、可推广的绿色低碳循环经济发展经验和模式。

(二)强化科技创新及应用转化

(1)加强传统循环利用领域高值化、低碳化关键技术创新。建立基于全生命周期分析的循环利用技术综合评估筛选机制,筛选节约资源、低碳、经济可行的关键与前瞻技术,淘汰不低碳、不经济的循环利用技术和产能。加强绿色低碳循环产业链接、多源固废协同处置技术研发创新,加强特定种类固废在特定应用场景下的精细化利用技术研发、大宗工业固废高值化利用技术研发。

(2)加强低碳转型新业态、新领域循环经济技术突破与创新。重点开展化石能源材料化利用过程中关键脱碳技术研发与创新;加强新能源产业对应的关键矿产资源的高效使用、资源回收、材料替代与循环利用技术研究与创新,如清洁能源储能设施、光伏发电设施报废后的回收与资源化利用技术等;加速推动二氧化碳的循环利用、综合利用技术创新,探索成本有效的二氧化碳制燃料、材料等碳捕集与利用技术;加强这些关键技术的产学研合作与应用转化。

(3)探索与创新技术融合,发展智慧循环经济。关注生产、消费领域的数字化、智慧化转型,推动循环经济相关技术与互联网应用、工业4.0、大数据等前沿科技领域的融合,提升资源能源的综合利用效率。探索网络化、数字化等新型消费模式下循环低碳物流技术创新,鼓励消费端的循环经济技术、模式和产品开发与创新。

(三)建立循环经济的碳减排评价体系

(1)建立完善循环经济活动碳减排贡献的核算方法。从区域、行业、企业等不同层面,研究完善核算方法,明确核算边界和范围等关键问题,建立形成统一的核算框架、方法工具和核准机制。

(2)完善循环经济的统计核算工作机制。建立区域、行业、企业及供应链上下游的物质材料循环代谢情况的基础数据库,开展资源循环利用活动基础数据的定期统计调查和上报,探索增加生产、消费、流通环节中循环经济活动的经济产出、资源节约和碳减排效益的统计核算职能。

(3)推动相关标准的制定。统筹推动资源综合利用标准和节能减排相关标准的制定修订,建立规范统一的碳减排评估标准。发挥循环经济协会等NGO组织的作用,推动完善循环经济行业和产品的资源效率标识、标准、标杆体系,推进国内标准与国际标准的接轨。完善认证核查体系。制定循环经济的碳去除认证监管框架,建立MRV体系,基于稳健透明的碳核算,保障碳减排数据的真实性、准确性。建立健全第三方认证制度,形成以市场化为基础的循环经济活动的碳减排核算和认证体系。

(四)打造绿色低碳循环社会

加快推动绿色低碳循环发展需要形成以政府为主导、企业为主体、社会组织和公众共同参与的多元治理体系。通过激活全社会协力共建的活力,将循环经济和碳中和发展的各项重点工作落到实处。

（1）重视媒体的舆论引导作用，营造发展循环经济的良好社会氛围。夯实循环经济理念，传播普及"3R"理念和绿色低碳循环经济知识；培育绿色低碳意识，鼓励公众减少塑料等一次性制品使用，培养可持续饮食习惯，增强垃圾分类意识，选择绿色出行方式，购买绿色产品，推动公众在衣、食、住、行等方面加快向绿色低碳生活方式转变。

（2）在全国范围内构建共享循环交通体系①。以信息技术为支撑打造以智能公共交通为纽带的城市交通网络，全面提升公共交通系统的运行效率，扶持共享单车企业的发展，进一步满足居民的多样化出行需求，降低城市出行碳排放。

（3）要规范发展我国二手市场。打造"线上＋线下"的二手流通平台，构建完善的"互联网＋二手"模式。完善社区绿色低碳循环的运营管理模式，建设集中规范的"跳蚤市场"，促进家庭闲置物品交易与流通，提高产品再利用水平。

（4）加强绿色低碳循环社区建设。推进绿色低碳循环社区试点，完善社区绿色低碳循环的运营管理模式，开展社区循环低碳发展模式创新和体制创新。

（5）结合大数据等新一代信息技术，构建面向碳中和的循环经济产业环保信息共享和监督平台。实现政府、企业、社会组织和公众间环境信息的共享和互动。充分保障公众对绿色循环低碳发展及重点工作的知情权、参与权和监督权，调动社会组织和公众参与绿色低碳循环治理监督的积极性和主动性，打造政府、企业、社会组织和公众协力共建的绿色低碳循环社会。

小 结

由于人类对全球资源掠夺式的开发利用，生态环境的破坏，早已经超出了全球或地区生态环境的承载能力，资源的匮乏、生态环境的破坏严重地制约了经济的进一步发展。人类不得不慎重考虑经济发展与资源、环境的关系，由单纯地追求经济的数量型增长逐步转变为追求经济的内涵型增长。循环经济是在后工业化社会阶段提出的一种革命性的协调资源、生态环境与经济发展的崭新理念，其特点是自然资源的低投入、高利用和废弃物的低排放。有别于传统的废弃物的回收利用，循环经济把所有能减少物质消耗、能封闭物质流、能减少废弃物产生的各种技术纳入一个体系，以人的健康安全为前提，是实现可持续发展的最佳途径。循环经济的实施需要全面分析投入与产出，考虑生态系统的承载能力和自我修复能力，坚持减量化、再利用和再循环的原则，尽可能推进可再生资源和高科技的利用和发展，把生态系统建设作为基础设施，建立绿色消费制度和绿色GDP统计和核算体系。

---

① Ellen MacArthur Foundation. The Circular Economy Opportunity for Urban & Industrial Innovation in China. [2021-08-30]. https：//www. ellen Macar thur foundation.org.2018.

习 题

一、名词解释

1. 宇宙飞船经济
2. 生态效率指标
3. 绿色消费
4. 清洁生产
5. EDP

二、选择题

1. 人类在对资源进行单向开发时,由于忽视了某些资源的不可再生性或更新的长周期性,致使大量的资源濒临枯竭,具体表现为(　　)。
   A. 某些矿产资源的锐减　　　　　　B. 淡水资源紧缺
   C. 森林资源减少　　　　　　　　　D. 物种减少
2. 美国学者鲍尔丁(Boulding)认为开环型经济是(　　)。
   A. 牧童经济　　B. 宇宙飞船经济　　C. 生态经济　　D. 循环经济
3. 在循环经济理论的发展过程中主要观点有(　　)。
   A. 清洁生产　　B. 宇宙飞船经济观　　C. 工业生态学　　D. 天人合一
4. 自然生态系统中,一般认为有三种主体(　　)。
   A. 消费者　　B. 生产者　　C. 分解者　　D. 传送者
5. 可持续发展理念中的公平性是指(　　)。
   A. 代际公平　　B. 代内公平　　C. 种际公平　　D. 区际公平
6. 一般而言,具体实施循环经济的"3R"原则是指(　　)。
   A. Reduce　　B. Reuse　　C. Recycle　　D. Remanufacture

三、判断题

1. 循环经济是一种由"资源→产品→再生资源→再生产品"物质闭环型经济。(　　)
2. 清洁生产理念包括清洁的工艺和清洁的产品两方面。(　　)
3. 循环经济追求的是经济效益、环境效益和社会可持续发展效益,注重的是内涵型增长。(　　)
4. 循环经济具体操作中的 Reduce 原则针对的对象仅仅是输入阶段和输出阶段。(　　)
5. 英国经济学家皮尔斯(Pearce)认为的绿色投资是指能实现在经济社会的发展过程中不要因为片面地追求生产的增长而造成社会的分裂和生态危机这一理念的投资。(　　)

6. 日本构建循环型社会的法律框架,可以细分为两个层面,即基本法、综合法。
（　　）

7. 生态效率指标表示经济增长与环境压力的分离关系,是一国绿色竞争力的重要体现。
（　　）

8. 循环经济不仅仅是节约资源、保护生态环境;同时也是一种新的经济范式;是一种追求经济效益、社会效益和生态效益多赢的经济发展模式。
（　　）

四、简答题

1. 简述工业生态学观点。
2. 简述传统经济与循环经济的差异。
3. 简述可持续发展的基本原则。
4. 简述循环经济定义的发展阶段。

五、论述题

1. 试论述循环经济具体操作中的"3R"原则。
2. 试针对我国循环经济实践中出现的瓶颈,提出政策建议。

第十章 土地资源经济

学习目标

通过本章学习,掌握土地资源、土地资产和土地资本的概念及其内在关系和转化,掌握土地产权的内涵和特征,了解我国土地资源的概况、土地产权制度的历史沿革和城市土地产权制度的变迁与缺陷。掌握土地市场的概念特征和土地价格理论,熟悉我国土地资源市场体系和土地价格评估方法。掌握土地金融、土地税收的概念并了解国外土地金融税收制度。

关键概念

土地资源　土地资产　土地资本　土地产权　土地市场　土地价格　土地金融　土地税收　三权分置

第一节 土地资源概述

一、土地资源、土地资产和土地资本

(一) 土地资源的内涵

土地资源是指已经被人类利用和可预见的未来能被人类利用的土地。土地资源既包括自然范畴,也包括经济范畴,是人类的生产资料和劳动对象。土地资源有狭义和广义之分。狭义的土地资源是指在一定的技术经济条件下,能直接为人类生产和生活所利用,并能产生效益的土地。如耕地、林地、草地、农田水利设施用地、养殖水面以及城乡住宅和公共设施用地、工矿用地、交通水利设施用地、旅游用地、军事设施用地等。荒草地、盐碱地、沙地等土地,因在现实的技术经济条件下,难以利用或未利用,则被称为"未利用土地",不在土地资源之列。由于各类土地对人类社会经济的发展都有一定的社会效益、经济效益和环境效益,因此,广义的土地资源包括各类已利用和未利用的土地。广义的土地指的是土地财富的来源,即人类创造土地财富的自然环境因素和社会经济因素。自然环境因素即土地自然资源,就是土地再生产可以利用的自然环境因素,包括地球表面至大气层一定垂直距离的空间系统,也包括地球的陆地和海洋部分,由土壤、地貌、岩石、植被、水文以及受人类活动影响的地理位置等多种因素组成。狭义的土地一般指地球表面构成的陆地土壤层,通常称之为地表或地皮。社会经济因素即土地社会经济资源,就是指直接或间接对土地资源再生产发生作用,影响土地劳动生产率的社会经济因素,一般包括物质技术设备、基础设施和农业人口等。从土地管理角度出发,土地资源和土地的概念是相同的,差异仅在于称谓不同。一般情况下,两者可以通用,土地或土地资源是国土资源的重要组成部分。

土地资源是一种重要的自然资源,它有如下几个特征:(1) 土地资源是自然的产物;(2) 土地资源的位置是固定的,不能移动;(3) 土地资源的质量存在差异性;(4) 土地资源的总量是有限的;(5) 土地资源的利用具有可持续性;(6) 土地资源的经济供给具有稀缺性;(7) 土地利用方向变更具有困难性;(8) 土地报酬(收入)递减的可能性。

(二) 土地资产的内涵

所谓资产,按照我国会计学的普遍理解,可认为是企业、机关、事业单位或其他经济组织法人的有形资产和无形资产的总称。有形资产是指物化了的货币资金,如固定资产、原材料、在产品、产成品等;无形资产是指货币资金、有价证券、债券、应收款项、品牌、专利等。《企业会计准则》对资产的定义是"企业拥有或控制的能以货币计量的经济资源"。资产(包括有形资产和无形资产)的本质是经济资源。经济资源即"资财之源,财富之源",能够在未来某种条件下产生经济价值。因此,资产是指某一主体所拥有和控制的能带来一定收益的各种财产和权益的总称。它可以表现为具体的实物财产,也可以是某项权利,资产所有者可以凭借这种权利获得超额利润。资产具有两个重要特征:一是具有明确的产

权关系。在一定的社会经济制度下,资产总是为某一个产权主体所拥有和控制的,该产权主体必然拥有对资产的占有、使用、收益和处分的权利,否则资产就不能运动增值,也就不能称其为资产了。显然,产权关系不明晰的财产不是资产。二是具有形态多样化的特征。从存在形式看,资产既可以是以实物形态存在着的有形资产,也可以是以权利状态存在着的无形资产;既可以是土地房屋等不动产,也可以是机器设备原材料等动产;在会计上,还将资产区分为流动资产和固定资产。土地资产是从土地的经济属性方面对土地内涵的一种界定,是指某一主体如企业所拥有的作为生产要素或者生产资料参与生产经营活动、能为拥有者带来收益的土地实物及土地权利。

(三)土地资本的内涵

"资本"一词由来已久,其原意是本金和金钱。在国外,"资本"一词来自拉丁文,其原义是指人的"主要财产""主要款项"。国外古老"资本"的概念是可以盈利、生息的钱财。随着社会化大生产的形成和商品经济的日益发展,资本已成为连接生产要素、配置社会资源、形成现实生产力的基础性因素。马克思指出:"资本合乎目的的活动只能是发财致富,也就是使自身增大或增值","对资本来说,任何一个物体本身所能具有的唯一的有用性,只能是使资本保存和增值"。因此,资本必须是能够增值,而且是在运动中增值,并给这一生产要素所有者带来报酬。

对于土地资本的内涵,要从两个方面去考察。首先,狭义的土地资本是马克思《资本论》中的"土地资本",是指人们对已经变成生产资料的土地进行的投资。马克思曾把土地区分为"土地物质"和"土地资本"两个性质不同而又密切联系的范畴。马克思指出:"资本能够固定在土地上,即投入土地……称为土地资本。它属于固定资本的范围。"马克思讲的"土地资本"是从价值形态而言的,其实物形态则表现为"土地固定资产"。在这里,我们将土地固定资产定义为对土地物质本身进行开发、改良所形成的土地使用价值,如土地平整、培肥地力,建造水井、水渠、排水沟、道路等,即狭义的土地固定资产(不包括建造在土地之上的房屋、建筑物等)[①]。其次是广义的土地资本,是指当土地被投入流通,在运动状态中能实现增值,给所有者带来预期收益的时候,就变成了土地资本。可见,土地资本与土地资源和土地资产最大的区别就在于它的运动性和增值性。

土地资源是自然资源的重要组成部分,是陆地生态系统的主体,是国民经济和社会发展的重要物质财富。土地资产必须能带来收益,并具有可交换性。而土地资本则必须增值并具有流动性。

二、土地资源、土地资产和土地资本之间的内在联系

首先,土地作为资源,是由土地对人类社会需要的不可替代的必要性所决定的,因而是永恒的、第一位的,是土地成为资产的基础,因而也是土地资本的基础。其次,土地具有资源和资产的双重特性。土地具有资源功能或者说土地是一种资源,是指土地作为生产要素和环境要素,是人类生产、生活和生存的物质基础和来源,可以为人类社会提供多种

---

① 綦好东.论土地的资产性质[J].中国农业会计,1996(12):10-11.

产品和服务。土地的资产功能是指土地可以作为财产使用,业主可以将其占用的土地资源作为其财产或具有作为其财产的权利,业主可以将其拥有的土地或土地产权视作财产进行变卖获取收益,而他人取得土地财产则需要付出一定的经济代价或成本。土地的使用可为土地使用者带来一定的经济效益[①]。在经济社会里,当土地资源能产生一定的经济效益,就属于资产的范畴;土地资本物因本身即是各种形态的资产或财产而固然属于资产范畴。但不是所有的土地资源都可以成为土地资产。最后,土地资产是土地资本的物的表现。

三、土地资源、土地资产和土地资本之间的转化

(一) 土地资源转化为土地资产

地球上最早存在的只是土地资源。在原始社会,没有私有财产、阶级和国家,虽然土地存在被占有的情形,但由于地广人稀,生产力水平低下,土地显得并不稀缺,也不存在土地所有制关系,自然也不存在土地资产问题。土地资源是人类生产和生活的物质基础,当人类对它的需求越来越大时,土地资源出现了稀缺现象,被一部分人当作财产而占有。从这个意义上说,土地资产是指具有明确的权属关系和排他性,并具有经济价值的土地资源。它是土地的经济形态,是资本的物表现。但并非所有的土地资源都能转化为土地资产,即期不使用或近期内不可能使用的土地不具有资产属性。土地从资源转化为资产,是人类需求土地出现稀缺而占有土地,并把土地视为财产时发生的。

(二) 土地资产转化为土地资本

当土地资产被投入市场、为所有者带来预期收益,产生增值时,土地资产就转化成为土地资本,表现为土地权属关系的转让、出租或自己投入使用。土地资本经营的前提是资产。我国实行土地公有制度,改革开放以前,土地一直是无偿、无限期、无流动使用,土地使用仅仅呈现为绝对的自然资源属性。从管理的法定对象上考察,《中华人民共和国宪法》和《中华人民共和国土地管理法》也载明土地管理是纯粹的资源管理,因而土地资本经营缺乏应有的基础条件。我国开始推行土地有偿使用后,国家和地方的法律、法规和政策性文件都做了相应的修改,允许土地有偿使用。土地作为特殊商品进入市场,土地产权人则通过地租资本化使土地具有价格:一方面体现其固有的使用价值,另一方面显化了土地应有的交换价值,完成了土地从仅仅具有资源属性向资源、资产双重属性的蜕变。

土地资产是在一定条件下形成资本。然而,正如在市场经济条件下,所有的土地都已经被赋予了资源与资产的双重属性,但并不等于所有土地资源的实物形态同时又能够全部体现资产的价值形态(部分体现为货币形态)一样,土地资产需要成熟的外部环境才能转化为资本。这个外部环境是指把土地使用权经过物化劳动获取盈利,但是土地资产最终的增值或减值是必须通过进入市场进行有限产权,即一定期限的土地使用权及衍生的他项权利交易来实现的[②]。当国家实行严格的土地用途管制以后,土地使用权转让市场

---

① 段正梁.关于土地科学中土地概念的一些思考[J].中国土地科学,2000(4):18-21.
② 房树淮.论土地资本经营及管理[J].长白学刊,1999(2):40-43.

将发育成为地产市场的重要组成部分,同时构成社会主义市场经济的基本因子之一,通过交易达到余缺调剂、用途调整、用地结构优化和效益提高的目的,于是土地资本以实现其利润最大化为标志开始形成。

四、我国土地资源概况

(一) 土地资源利用结构①

根据第三次全国土地调查结果②,截至 2019 年 12 月 31 日,8 种主要用地类型总面积 80 130.62 万公顷(1 201 958.85 万亩)。其中,耕地 12 786.19 万公顷(191 792.79 万亩),占公布地类总面积的 15.96%;园地 2 017.16 万公顷(30 257.33 万亩),占公布地类总面积的 2.52%;林地 28 412.59 万公顷(426 188.82 万亩),占公布地类总面积的 35.46%;草地 26 453.01 万公顷(396 795.21 万亩),占公布地类总面积的 33.01%;湿地 2 346.93 万公顷(35 203.99 万亩),占公布地类总面积的 2.93%;城镇村及工矿用地 3 530.64 万公顷(52 959.53 万亩),占公布地类总面积的 4.41%;交通运输用地 955.31 万公顷(14 329.61 万亩),占公布地类总面积的 1.19%;水域及水利设施用地 3 628.79 万公顷(54 431.78 万亩),占公布地类总面积的 4.53%,如图 10.1 所示。

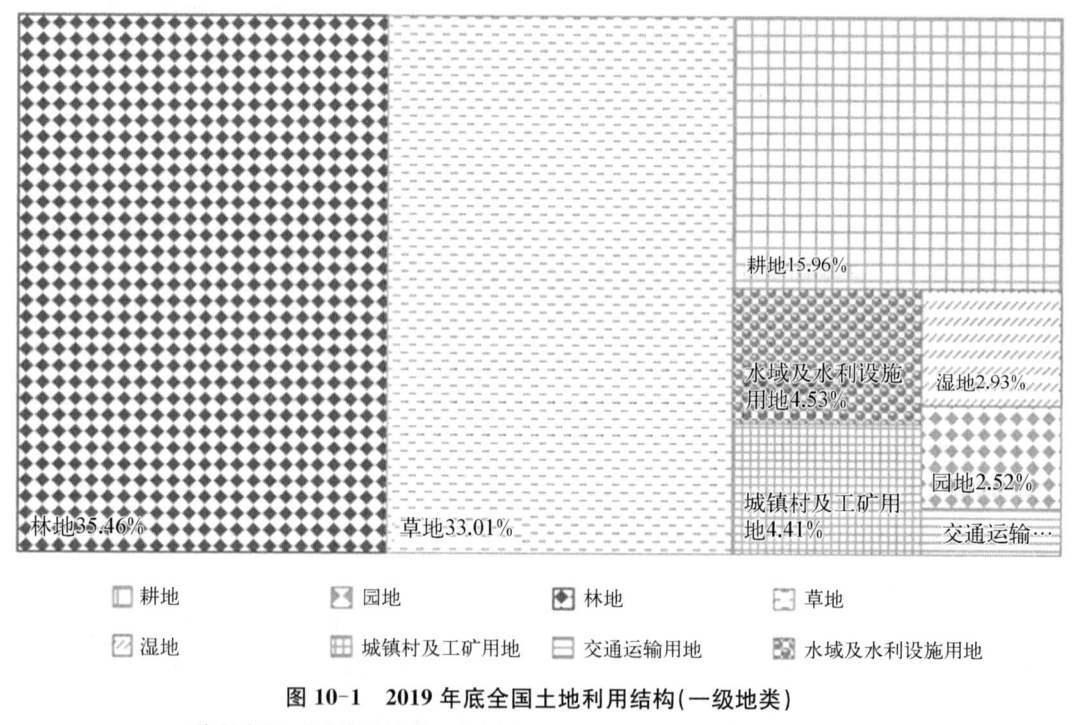

图 10-1 2019 年底全国土地利用结构(一级地类)

(资料来源:自然资源部.第三次全国国土调查主要数据公报[R].2021-08-26.)

---

① 自然资源部.2017 年中国土地矿产海洋资源统计公报[R/OL].[2023-05-30].http://gi.mnr.gov.cn/201805/t20180518_1776792.html.

② 自然资源部.第三次全国国土调查主要数据公报[R/OL].[2023-05-30].http://www.mnr.gov.cn/dt/ywbb/202108/t20210826_2678340.html.

各主要地类的详细数据如图 10-2 所示。

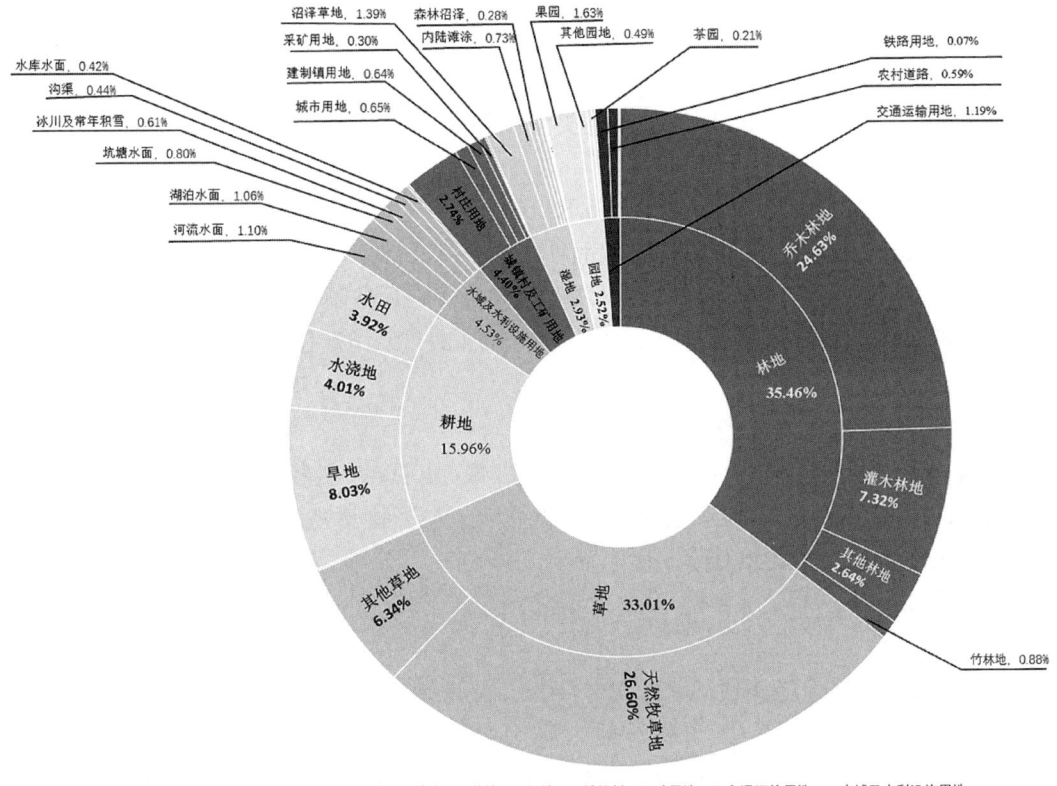

图 10-2　全国土地利用结构图(二级地类)

1. 耕地

总面积 12 786.19 万公顷(191 792.79 万亩)。其中,水田 3 139.20 万公顷(47 087.97 万亩),占公布地类总面积的 3.92%;水浇地 3 211.48 万公顷(48 172.21 万亩),占公布地类总面积的 4.01%;旱地 6 435.51 万公顷(96 532.61 万亩),占公布地类总面积的 8.03%。2016 年年末,全国耕地平均质量等别为 9.96 等[①]。其中,优等地面积为 389.91 万公顷(5 848.58 万亩),占全国耕地评定总面积的 2.90%;高等地面积为 3 579.57 万公顷(53 693.58 万亩),占 26.59%;中等地面积为 7 097.49 万公顷(10 6462.40 万亩),占 52.72%;低等地面积为 2 395.41 万公顷(35 931.40 万亩),占 17.79%。2016 年全国耕地质量等别结构如图 10-3 所示。

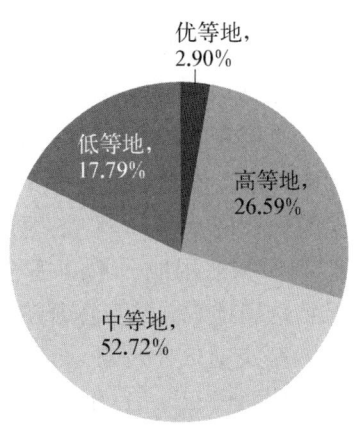

图 10-3　2016 年全国耕地质量等别结构

---

① 根据国土资源部《2017 中国土地矿产海洋资源统计公报》,全国耕地评定为 15 个等别,1 等耕地质量最好,15 等耕地质量最差。1—4 等、5—8 等、9—12 等、13—15 等耕地分别划为优等地、高等地、中等地、低等地。

2. 园地

总面积 2 017.16 万公顷（30 257.33 万亩）。其中，果园 1 303.13 万公顷（19 546.88 万亩），占公布地类总面积的 1.63%；茶园 168.47 万公顷（2 527.05 万亩），占公布地类总面积的 0.21%；橡胶园 151.43 万公顷（2 271.48 万亩），占公布地类总面积的 0.19%；其他园地 394.13 万公顷（5 911.93 万亩），占公布地类总面积的 0.49%。

3. 林地

总面积 28 412.59 万公顷（426 188.82 万亩）。其中，乔木林地 19 735.16 万公顷（296 027.43 万亩），占公布地类总面积的 24.63%；竹林地 701.97 万公顷（10 529.53 万亩），占公布地类总面积的 0.88%；灌木林地 5 862.61 万公顷（87 939.19 万亩），占公布地类总面积的 7.32%；其他林地 2 112.84 万公顷（31 692.67 万亩），占公布地类总面积的 2.64%。

4. 草地

总面积 26 453.01 万公顷（396 795.21 万亩）。其中，天然牧草地 21 317.21 万公顷（319 758.21 万亩），占公布地类总面积的 26.60%；人工牧草地 58.06 万公顷（870.97 万亩），占公布地类总面积的 0.07%；其他草地 5 077.74 万公顷（76 166.03 万亩），占公布地类总面积的 6.34%。

5. 湿地

总面积 2 346.93 万公顷（35 203.99 万亩）。湿地地类是"三调"过程中新增的一级地类，包括 7 个二级地类。其中，红树林地 2.71 万公顷（40.60 万亩）；森林沼泽 220.78 万公顷（3 311.75 万亩），占公布地类总面积的 0.28%；灌丛沼泽 75.51 万公顷（1 132.62 万亩），占公布地类总面积的 0.09%；沼泽草地 1 114.41 万公顷（16 716.22 万亩），占公布地类总面积的 1.39%；沿海滩涂 151.23 万公顷（2 268.50 万亩），占公布地类总面积的 0.19%；内陆滩涂 588.61 万公顷（8 829.16 万亩），占公布地类总面积的 0.73%；沼泽地 193.68 万公顷（2 905.15 万亩），占公布地类总面积的 0.24%。

6. 城镇村及工矿用地

总面积 3 530.64 万公顷（52 959.53 万亩）。其中，城市用地 522.19 万公顷（7 832.78 万亩），占公布地类总面积的 0.65%；建制镇用地 512.93 万公顷（7 693.96 万亩），占公布地类总面积的 0.64%；村庄用地 2 193.56 万公顷（32 903.45 万亩），占公布地类总面积的 2.74%；采矿用地 244.24 万公顷（3 663.66 万亩），占公布地类总面积的 0.30%；风景名胜及特殊用地 57.71 万公顷（865.68 万亩），占公布地类总面积的 0.07%。

7. 交通运输用地

总面积 955.31 万公顷（14 329.61 万亩）。其中，铁路用地 56.68 万公顷（850.16 万亩），占公布地类总面积的 0.07%；轨道交通用地 1.77 万公顷（26.52 万亩）；公路用地 402.96 万公顷（6 044.47 万亩），占公布地类总面积的 0.50%；农村道路 476.50 万公顷（7 147.56 万亩），占公布地类总面积的 0.59%；机场用地 9.63 万公顷（144.41 万亩），占公布地类总面积的 0.01%；港口码头用地 7.04 万公顷（105.64 万亩），占公布地类总面积的 0.01%；管道运输用地 0.72 万公顷（10.85 万亩）。

8. 水域及水利设施用地

总面积3 628.79万公顷(54 431.78万亩)。其中,河流水面880.78万公顷(13 211.75万亩),占公布地类总面积的1.10%;湖泊水面846.48万公顷(12 697.16万亩),占公布地类总面积的1.06%;水库水面336.84万公顷(5 052.55万亩),占公布地类总面积的0.42%;坑塘水面641.86万公顷(9 627.86万亩),占公布地类总面积的0.80%;沟渠351.75万公顷(5 276.27万亩),占公布地类总面积的0.44%;水工建筑用地80.21万公顷(1 203.19万亩),占公布地类总面积的0.10%;冰川及常年积雪490.87万公顷(7 362.99万亩),占公布地类总面积的0.61%。

(二)耕地变化状况

2013—2017年,全国耕地面积保持在20亿亩以上,截至2019年12月31日,全国耕地总面积为19.18亿亩,见图10-4所示。

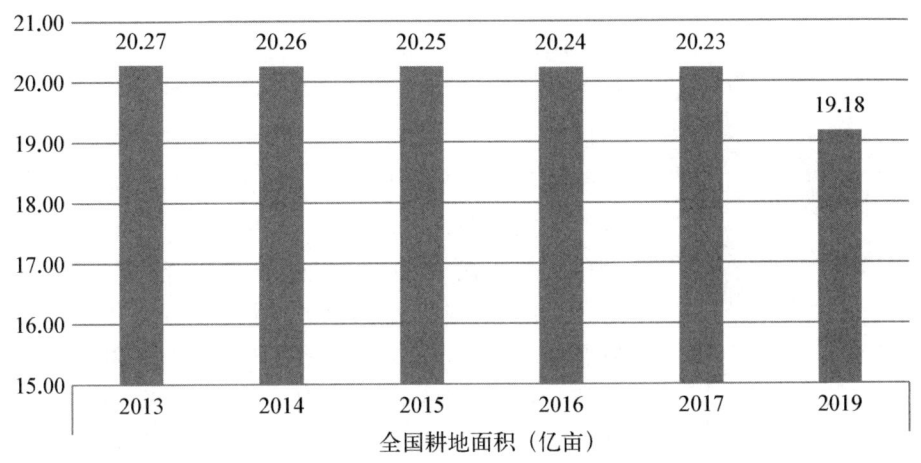

图10-4 全国耕地面积变化趋势图

(资料来源:国家统计局,《中国统计年鉴2021》,中国统计出版社。)

(三)建设用地供应情况

2013—2021年国有建设用地供应情况①如图10-5所示,从图中可以看出,2013—2015年建设用地供应总量呈逐年下降趋势,2016—2021年建设用地供应量总体呈上升趋势。

2021年全国国有建设用地供应总量69.0万公顷②,比上年增长4.8%。其中,工矿仓储用地17.5万公顷,增长4.9%;房地产用地13.6万公顷,减少12.2%;基础设施用地37.9万公顷,增长12.7%。2021年国有建设用地供应结构如图10-6所示。

(四)土地管理情况

1. 完成第三次全国国土调查工作("三调")

《土地利用现状分类》(GB/T 21010—2017)国家标准已正式发布并于2017年11月1

---

① 数据来源:国土资源部,国家统计局。
② 数据来源:国家统计局《中华人民共和国2021年国民经济和社会发展统计公报》。

图 10-5　2013—2021 年国有建设用地供应情况

（资料来源：根据国土资源部、国家统计局公布数据整理。）

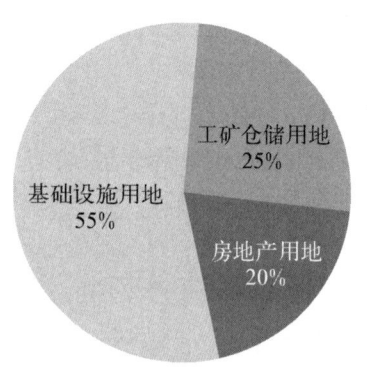

图 10-6　2021 年国有建设用地供应结构

日起实施。从 2017 年开始启动全国第三次土地调查工作，2018 年 8 月 29 日，根据机构设置、人员变动情况和工作需要，国务院决定将第三次全国土地调查调整为第三次全国国土调查。2019 年 3 月，完成第三次全国国土调查工作基础数据的采集和基础图件的制作，开始全面启动全国范围的实地调查。2019 年 11 月，完成全国 2 873 个县级调查单元的调查，数据成果进入全面核查阶段。

全国"三调"工作全面采用优于 1 米分辨率的卫星遥感影像制作调查底图，广泛应用移动互联网、云计算、无人机等新技术手段，创新运用"互联网＋调查"机制，全流程严格实行调查质量管控，整个调查工作历时 3 年，总计 21.9 万调查人员先后参与，汇集了约 2.95 亿个调查图斑数据，全面查清了全国国土利用状况。2021 年 8 月 26 日，自然资源部公布了第三次全国国土调查主要数据成果。

2. 加强国土空间规划管理

2013 年 11 月，中国共产党第十八届三中全会指出要"通过建立空间规划体系，划定生产、生活、生态空间开发管制界限，落实用途管制。"①

2017 年 1 月，中央全面深化改革领导小组审议通过并发布《省级空间规划试点方案》，开展省级空间规划试点，以主体功能区规划为基础，科学划定城镇、农业、生态空间及生态保护红线、永久基本农田、城镇开发边界，注重开发强度管控和主要控制线落地，统筹各类空间性规划，编制统一的省级空间规划，为实现"多规合一"、建立健全国土空间开发保护制度积累经验、提供示范。

国土空间规划是国家空间发展的指南、可持续发展的空间蓝图，是各类开发保护建设

---

① 中共中央办公厅.中共中央关于全面深化改革若干重大问题的决定[R/OL].[2022-06-05].http://www.scio.gov.cn/zxbd/nd/2013/document/1374228/1374228.htm.

活动的基本依据。2019年5月,中共中央、国务院发布意见①,建立国土空间规划体系并监督实施,将主体功能区规划、土地利用规划、城乡规划等空间规划融合为统一的国土空间规划,实现"多规合一",强化国土空间规划对各专项规划的指导约束作用。

到2020年,建立国土空间规划体系,逐步建立"多规合一"的规划编制审批体系、实施监督体系、法规政策体系和技术标准体系;基本完成市县以上各级国土空间总体规划编制,初步形成全国国土空间开发保护"一张图"。

到2025年,健全国土空间规划法规政策和技术标准体系;全面实施国土空间监测预警和绩效考核机制;形成以国土空间规划为基础,以统一用途管制为手段的国土空间开发保护制度。

到2035年,全面提升国土空间治理体系和治理能力现代化水平,基本形成生产空间集约高效、生活空间宜居适度、生态空间山清水秀,安全和谐、富有竞争力和可持续发展的国土空间格局。

3. 推动经营性土地要素市场化配置

通过统筹增量建设用地与存量建设用地,实行统一规划,强化统一管理。完善城乡建设用地增减挂钩节余指标、补充耕地指标跨区域交易机制。完善全国统一的建设用地使用权转让、出租、抵押二级市场②③。

(1) 深化土地管理制度改革。通过加强对土地利用计划的管理和跟踪评估,完善年度建设用地总量调控制度,健全重大项目用地保障机制,实施"增存挂钩",城乡建设用地指标使用更多由省级政府负责。推进委托用地审批权试点,建立健全省级政府用地审批工作评价机制,根据各省(自治区、直辖市)土地管理水平综合评价结果,动态调整试点省份。

(2) 完善城乡统一的建设用地市场体系。在符合国土空间规划和用途管制要求前提下,推动不同产业用地类型合理转换,探索增加混合产业用地供给。积极探索实施农村集体经营性建设用地入市制度。加快推进城乡统一的建设用地市场建设,统一交易规则和交易平台,完善城乡基准地价、标定地价的制定与发布制度,形成与市场价格挂钩的动态调整机制。

(3) 开展土地指标跨区域交易试点。对城乡建设用地增减挂钩节余指标跨省域调剂政策实施评估,探索建立全国性的建设用地指标跨区域交易机制。改进完善跨省域补充耕地国家统筹机制,稳妥推进补充耕地国家统筹实施。在有条件的地方探索建立省域内跨区域补充耕地指标交易市场,完善交易规则和服务体系。

4. 建立健全土地市场监测和地价管理制度

2003年,原国土资源部启动建立土地市场动态监测制度④,明确土地市场动态监测系

---

① 中共中央办公厅.中共中央 国务院关于建立国土空间规划体系并监督实施的若干意见[R/OL].[2022-06-05].http://www.gov.cn/zhengce/2019-05/23/content_5394187.htm.
② 中共中央办公厅、国务院办公厅.建设高标准市场体系行动方案[R/OL].[2022-06-05].http://www.gov.cn/zhengce/2021-01/31/content_5583936.htm.
③ 中共中央办公厅、国务院办公厅.中共中央 国务院关于加快建设全国统一大市场的意见[R/OL].[2022-06-05].http://www.gov.cn/zhengce/2022-04/10/content_5684385.htm.
④ 国土资源部.关于建立土地市场动态监测制度的通知(国土资发〔2003〕429号)[R/OL].[2022-06-05].http://www.gov.cn/zhuanti/test1/content_323786.htm.

统由土地供应情况和地价走势两部分内容组成。县级以上国土资源管理部门必须按照《土地市场动态监测运行方案与要求》《城市地价动态监测系统运行方案与要求》，定期开展土地市场运行情况分析。

建立土地市场监测与监管系统（https：//jcjg.mnr.gov.cn），开展土地市场监测和监管工作，建立中国土地市场网（https：//www.landchina.com/），进行土地市场信息发布，以及建立中国地价监测网（中国地价信息服务平台，https：//www.landvalue.com.cn/），发布地价监测信息，提供地价信息查询功能。

制订了《农村集体土地价格评估技术指引》[①]，规范农村集体土地价格评估技术行为，促进城乡公示地价体系一体化建设。指导城市市区以外的农村集体土地价格评估，具体包括经营性建设用地、宅基地、其他建设用地和耕地。

制订了《集体建设用地定级与基准地价评估技术指引》[②]，指导农村集体建设用地的定级与基准地价的评估工作，具体包括土地所有权属于集体经济组织，土地用途为建设用地，土地利用方式符合城乡土地制度、规划管制及相关政策要求的集体土地。

第二节 土地产权

一、土地产权的内涵及特征

产权经济学认为，在一个人人为使用不充足的资源而竞争的社会里，必须有某种竞争规则或标准来解决这一冲突，这些规则通称产权，它由法律、规章、习惯或等级地位予以确认（A. A. Alchian，1965）。产权是存在于任何客体之中或之上的完全权利，包括占有权、使用权、出借权、转让权、用尽权、消费权和其他与财产有关的权利。产权不同于所有权，产权不是人对物的权利，而是由于人对物的使用而形成的人与人之间的关系。一个完整的产权是由若干独立权利构成的一束权利，其中的一些甚至许多独立权利，可以在不丧失所有权的情况下予以让与。

土地产权是指存在于土地之中的排他性完全权利，是有关土地财产的一切权利的总和，是一个权利束，包括土地所有权、使用权、租赁权、抵押权、继承权、地役权等。对于土地产权的理解，需要把握以下几方面：首先，最初人们认为，如果私人拥有一块土地的产权，就意味着他可以决定这块土地的用途。可以肯定的是，对私人土地产权的使用是排他的，在未经允许下他人不能作任何使用。但现实生活中，拥有土地并不意味着在其范围内可以随心所欲地开发利用，而要受到多方面的限制。例如，土地产权拥有者不得在他的土

---

① 自然资源部自然资源开发利用司，中国土地估价师与土地登记代理人协会.关于印发《农村集体土地价格评估技术指引》的通知（中估协发〔2020〕16号）[R/OL].[2022-06-05]. http://www.creva.org.cn/index.php?m=content&c=index&a=show&catid=35&id=8131.

② 集体建设用地定级与基准地价评估技术指引（征求意见稿）[Z/OL].[2022-06-05]. https://www.landvalue.com.cn/News/NewsRead?id=846a9f8e3b304eba8e95dee9e559278f.

地上从事非法的种植或训练军队等违法活动。从技术角度来看,开发土地如建造楼房,要受到建筑技术水平、建筑材料性能和自身经济承受能力的约束。从城市土地利用角度来看,几乎世界上所有的国家和地区对土地的使用都有管制,主要是对城市规划的管制,如对建筑高度、建筑容积率和建筑覆盖率等的限制。其次,由于土地是一种具有多用途的物质资产,土地产权的内容也十分复杂,一般可划分为拥有土地,占有土地,在土地上劳作,在土地上建设,从地下采掘矿藏,在土地上穿行,从土地取得收益,出卖、交换、出租土地,赠送或用于抵押等。其中土地的所有权与其他权利之间就是相互约束、相互限制的。对于地下矿藏、埋藏物是否归属土地所有者,各国和地区规定不一。欧洲许多国家规定地下资源属国家所有,土地所有者开采地下资源要先向政府购买产权或将出售的收入与政府分成。在加拿大,随着现代工业、交通运输业的发展,地面上一定高度的空间已从土地产权中分离出来;在安大略、魁北克和阿尔伯塔,地下矿藏也不再自动附属于地产。在美国,土地所有者同时拥有地下的一切财富,土地所有者有权开采地下资源,或者将其单独出售给他人。在我国,城市土地属国家所有,农村土地归农民集体所有,但后者的土地所有权不包括地下资源和埋藏物;公司、个人可以通过政府出让土地的方式获得土地使用权,对土地进行开发利用,但是取得的土地使用权不包括地下资源、埋藏物和市政公用设施。这些在我国的《民法典》和《土地管理法》中有明确规定。此外,土地地块的边界关系决定了土地产权所有人在行使权利时不可避免地要给毗邻的产权所有人带来外部性。空间上的外部性主要包括两类关系:一是通风、采光、排水、排污的相互影响;二是险情危害的影响。外部性不仅发生在工厂和住户之间,而且在住户群体内部及生产者之间也常常发生,此外,交通体系特别是城市汽车交通所造成的交通拥挤以及空气、噪声污染等问题也是不容忽视的。对于此类问题,科斯定理给出了零交易费用下私人产权交易对外部性的效率弥补,为解决外部性问题提供了全新的思路,但科斯定理也没有否定在交易费用过高时政府介入的可能性(Coase,1960)。

土地产权的基本特性有:(1)排他性。土地产权是排斥他人对该项财产的权利,是土地所有人与其他人之间的法律关系。它一经产生,即与周围一切不特定的人形成权利与义务关系。任何人都必须承担义务,不得妨碍土地所有人行使权利。(2)土地产权客体必须具备可占用性和价值性。(3)合法性。土地产权必须依法登记和确认后,通过法律确认才能产生效力,得到法律的承认和保护。(4)相对性。产权随权属变更变为其他主体占有。

土地产权体系构成具体如图10-7所示。

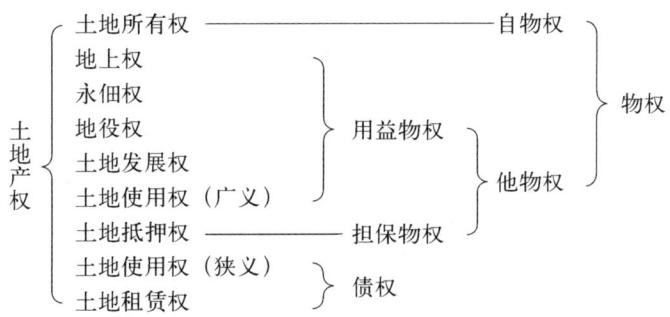

图10-7 土地产权体系构成

二、我国土地产权制度的历史沿革

我国古代土地产权制度的发展以西周时期贵族的多级所有制至商鞅变法土地产权单级所有制为起点,经历了从暴力形式转向平和、从法外形式转向规范、从模糊到明晰的过程。众所周知,在我国二千多年封建社会的历史长河中,凡是经济繁荣、社会稳定的时期,都是人民的土地财产权利得到较好保护和充分利用的时期,如唐朝实行"均田制"的土地政策,极大地促进了生产力的发展和社会经济的繁荣及政治的稳定。凡是经济萧条、社会动荡的时期,一定是土地兼并严重、人民的土地财产权利受到严重侵害的时期,如两汉时期的土地兼并,引发了严重的战乱危机,致使民不聊生、社会经济衰落。1949年以前,我国土地实行私有制。城市土地在国土面积中所占的比重很小,分别由政府官僚、封建地主、民族工商业者、个体劳动者、城市居民和外国人所有。土地交易和土地使用权交易活跃,这表现在房地产业在城市经济中有相当程度的发展。农村土地实行私有制,大部分为地主所有,土地使用实行租佃制。由于长期实行土地私有制,我国的土地交易、土地投机一直十分活跃,其结果无一例外地形成土地集中,不仅难以保证土地的生产效率,更不可避免地导致了一系列社会矛盾。翻开中国历史画卷,土地问题几乎成为一切社会矛盾的焦点。

1949年以来,土地产权制度的重大变革共有五次。

第一次是土地改革,实现了"耕者有其田"的土地所有制体系。这次土地变革没收了外国资本、官僚资本、原国民党政府、敌对分子和封建地主阶级的土地所有权,在城市实行土地国家所有制,在农村实行土地私有制的二元产权结构制度。

第二次变革是社会主义改造时期。在城市,国家购买了中、小资本家的土地所有权实行国有化。在农村实行初级合作化运动,把农民私有的土地、牲畜等生产资料交由初级生产合作社统一使用,从而达到消灭土地私有制的目标。

第三次变革是高级合作化运动,把农民的土地由私有变为集体所有,并于1982年12月以《宪法》形式确立了城市土地国家所有,农村土地集体所有的社会主义土地产权公有制形式。

第四次变革是家庭联产承包责任制的推行。在党的十一届四中全会总结了安徽凤阳县小岗村的公田私营经验的基础上,借鉴我国香港地区、新加坡等的土地产权思想,实行了土地所有权和使用权两权分离的土地制度,建立了社会主义土地产权交易的新机制,形成了首部适应市场经济发展的土地产权交易法律制度,即《城镇国有土地使用权出让和转让暂行条例》。

第五次是农村集体土地三权分置改革。2014年12月,中央全面深化改革领导小组第七次会议审议了《关于农村土地征收、集体经营性建设用地入市、宅基地制度改革试点工作的意见》,标志着新一轮农村承包地、集体经营性建设用地和宅基地改革正式开启。此轮农村集体土地制度改革顺应农民保留土地承包权、流转土地经营权的意愿,将土地承包经营权分为承包权和经营权,实行土地集体所有权、农户的承包权、土地的经营权(以下简称"三权")分置并行。在这个框架下,农村土地的集体所有权是根本,农户承包权是基础,土地经营权是关键。"三权分置"的主要目的是落实集体所有权,保障农户资格权和适度放活使用权,其中放活使用权是此轮农村集体土地改革的核心和重点。

三、我国城市土地产权制度的历史变迁

自新中国成立以来,按照所有权和使用权分离方式的不同,我国城市土地产权制度的变革主要经历了两个阶段:第一阶段(1949—1982年),行政划拨土地使用权阶段;第二阶段(1983年至今),城市土地使用权与所有权市场化分离的"双轨制"阶段。我国城市土地产权制度演变如表10-1所示。

表10-1 我国城市土地产权制度演变

年 份	影响城市土地产权的制度变化
1979年以前	城市中,国有土地被禁止买卖、出租或者以其他形式非法转让
1980	国务院《关于中外合营企业建设用地的暂行规定》规定中外合营企业用地计收场地使用费,场地使用费也可作为中国合营者投资的股本
1982	五届全国人大五次会议通过《中华人民共和国宪法》,规定城市土地属于国家所有,任何组织或者个人不得侵占、买卖、出租或者以其他形式非法转让国有土地,使城市土地的国有制在法律上得到确认。深圳经济特区开始按土地的不同等级向土地使用者收取不同标准的使用费
1984	《中共中央关于经济体制改革的决定》认为土地不是商品,并以此来区别社会主义商品经济与资本主义商品经济。抚顺、广州等城市继深圳经济特区之后推行按土地的不同等级征收城市土地使用费的制度
1986	通过了《中华人民共和国土地管理法》。该法规定土地不得出租或以其他形式转让
1987	深圳市政府以定向议标的方式出让了中国第一块商品土地的使用权,此后又以公开招标、拍卖的方式出让土地使用权。中共十三大报告指出社会主义市场体系包括资金、劳务、技术、信息和房地产等生产要素市场。上海市政府颁布《上海市土地使用权有偿转让办法》。广东省通过《深圳特区土地管理条例》
1988	《宪法》修正案删除了不得出租土地的规定,改为"土地的使用权可以依照法律规定转让",《土地管理法》也作了相应修改。国务院发布《中华人民共和国城镇土地使用税暂行条例》,开征土地使用税,土地使用费相应改为土地使用税。海南建省筹备组发布了《海南土地管理办法》;海口市政府发布《海口市土地使用权有偿出让和转让的规定》。厦门市公布《厦门市国有土地使用权有偿出让、转让办法》。广州市政府发布《广州经济技术开发区土地使用权有偿出让和转让办法》。天津市制定《天津市经济技术开发区土地使用权有偿出让和转让管理规定》
1990	国务院发布《中华人民共和国城镇国有土地使用权出让和转让暂行条例》,对土地使用权出让、转让、出租、抵押、中止等问题做了明确规定。国务院发布了《外商投资开发经营成片土地暂行管理办法》
1993	《中共中央关于建立社会主义市场经济体制若干问题的决定》将规范和发展房地产市场作为培育市场体系的重点。为规范土地和房地产市场、调节土地增值收益、维护国家权益,国务院发布《中华人民共和国土地增值税暂行条例》,并将土地增值税纳入国家税法体系
1994	通过了《中华人民共和国城市房地产管理法》,明确了我国国有土地有偿、有限期使用的制度。国务院通过《基本农田保护条例》,对城市建设征用农田做了规定

续表

年　份	影响城市土地产权的制度变化
1996	《股份有限公司土地使用权暂行规定》和《国有企业改革中划拨土地使用权管理暂行规定》允许将一定期限的国有土地使用权作价入股,由新设企业持有并用于转让、出租、抵押
1998	通过了修订后的《中华人民共和国土地管理法》,规定建设单位使用国家土地,应当以出让等有偿方式取得
1999	允许国有企业将行政划拨的土地使用权在补缴土地出让金后有偿转让,其收入用于企业扭亏、脱困

（一）行政划拨土地使用权阶段

1949—1982年,国民经济社会主义改造和私人房地产的社会主义改造,通过没收、赎买、征用、立宪的方式,使城市土地国有制得以确立。在大规模的社会主义建设中,由国家大面积征用农民和农村集体经济组织的土地用于工业发展和城市建设,极大地增加了国有城市土地的总量,从而进一步发展和巩固了城市土地国有制度。1982年12月《中华人民共和国宪法》规定:"城市的土地属于国家所有,农村和郊区的土地,除由法律规定属于国家所有的以外,属于集体所有,宅基地和自留地,也属于集体所有。任何组织或者个人不得侵占、买卖、出租或者以其他形式非法转让土地。"这是新中国成立以后第一次关于城市土地的立法,标志着我国城市土地建设的法治观念逐步建立。可以看出,新中国成立后我国城市土地产权制度的形成过程是单向的国有化过程。由于市场逐步被行政配置所挤出,土地的使用者可以无偿无限期使用名义上属于国家的城市土地,从而形成了城市用地的低效率扩张和城市内部用地结构的严重扭曲。国家通过立法等政治强力"保卫"国有土地的措施反而导致了对国有土地的最大浪费,"公共土地"所造成的"租金损耗"问题在中国城市国有土地利用上得到了最好的诠释。

在土地国有制的基础上,我国传统的计划经济体制决定了在行政划拨土地使用权阶段城市土地产权制度具有这样一些基本特征：

（1）土地国有制是城市土地产权制度唯一的所有制基础；

（2）土地所有权和使用权的行政性分离；

（3）城市土地产权边界不明晰；

（4）通过行政组织结构,采用行政手段以实物指标直接分配国有土地产权,取消了地租和地价；

（5）在农村用地向城市用地转化中,实行特殊的征地制度。

（二）"双轨制"阶段

1983年以后,我国的经济体制由计划经济向市场经济渐进转化,市场因素向各个方面渗透,建立生产要素市场的要求越来越强烈。1988年《宪法》修订中删除了关于土地不得出租的规定,并增加了"土地的使用权可以依照法律规定转让"的新规定；同年《土地管理法》根据宪法上述条款内容进行修订,明确规定"国有土地和集体所有的土地使用权可以依法转让"。由此,土地所有权与使用权分离的土地产权制度正式得到法律认可,并在全国范围内推行。1990年国务院颁布了《中华人民共和国城镇国有土地使用权出让和转让暂行条例》,进一步明确了城镇国有土地使用权的独立经济权利地位,并明确了城镇国有土地可以在有效期限内出售、交换、赠与、出租和用于抵押。1994年《中华人民共和国城市房地产管理法》出台,明确了出让和划拨土地使用权的含义、适用范围及责权利,规范了土地使用权出让、划拨、抵押和出租行为。这些法律的实施,使得我国城市土地两权分离的产权制度(即土地使用权的出让、转让制度)基本建立起来。这一制度的建立,改变了过去单一划拨土地的模式,促进了我国土地产权一级出让市场和二级出让市场的发育,土地使用权进入了市场流转,推进了城市土地的优化配置。

四、我国农村土地产权制度的历史变迁

从1948年开始,中国共产党首先在解放区没收地主的土地分配给农民,使原来无地的农民获得了土地。这场称之为"土改运动"的变革到1952年结束,并由此建立了新的农村土地制度——农民土地私有制。

但这种局面并没有维持很久,1953年在广大农村掀起的农业合作化运动,以及此后的人民公社运动,宣布了土地私有制的终结和土地集体所有制的最终确立。1962年,为巩固土地的集体所有制、稳定农业生产,中央确定了"三级所有,队为基础"的体制,确认生产队使用范围内的土地归生产队所有。1978年起,我国农村开始推行家庭联产承包责任制(即土地所有权和使用权相分离的改革思路),极大地调动了农民劳动生产的积极性,推动了农村市场化的进程。

1982年后原有行政—生产合二为一的体制解体,分别被乡、村、村民小组所取代,后者成为集体土地的所有者和继承者,从而形成了农地的集体所有、农民承包经营的产权格局。

2014年12月,新一轮农村土地制度"三权分置"改革试点启动,形成所有权、承包权、经营权三权分置(表10-2和图10-8),即农村土地所有权归农村集体,承包权归农户所有,经营权归土地经营权人所有。

表10-2 我国农村土地产权制度演变与经济效率

土地制度	土改前	土改后到高级合作社之前	高级合作社到人民公社解体	联产承包责任制之后	"三权分置"改革之后
所有制性质	封建地主私有	个体私有	集体公有	集体公有	集体公有
所有权分布	集中为主	分散	集中	集中	集中
使用权分布	分散	分散	集中	分散	分散
经济效率	极低	较高	极低	较高	高

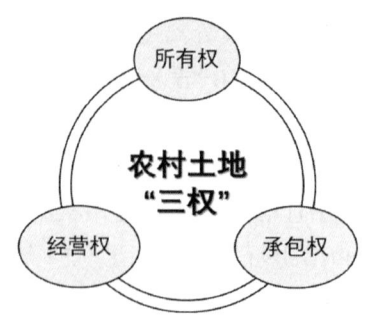

图 10-8 农村集体土地"三权分置"改革示意图

第三节 土地市场体系

一、土地市场的概念和特点

(一) 土地市场的概念

市场是商品交易的场所,是商品交换中发生的各种经济关系的总和。市场按所流通的商品属性来划分,除了一般的商品市场以外,还形成了特殊的商品市场,如劳动力市场、资本市场、土地市场等。土地市场是我国社会主义市场体系的重要组成部分。

土地市场的概念有狭义和广义之分。狭义的土地市场是指进行土地交易的专门场所,如土地交易所、不动产交易所等。广义的土地市场则是指因土地交易产生的一切商品交换关系的总和。土地市场随土地制度的不同而不同。土地市场包括土地交易的客体或对象、土地交易的主体和土地交易的媒介等要素。对于我国的土地市场,有人界定为:土地市场也称地产市场,是土地及其地上建筑物、其他附着物作为商品进行交换的总和。

(二) 土地市场的特点

土地市场的特点主要表现在:

(1) 交易实体的非转移性。一般市场交换表现为商品实体的运动,而土地在交易过程中,由于土地位置是固定的,交易对象不移动,只发生产权的转移,其实质是土地产权契约的交易。

(2) 地域性。土地位置的固定性,决定了任何一宗土地只能就地开发、利用,并要受制于其所在的空间环境(邻里及当地的社会经济),而不像其他商品,可以在不同地区之间调剂余缺。土地市场不存在全国性市场,更不存在全球性市场,而是一个地区性市场,其供求状况、价格水平和价格走势等都是地区性的。

（3）垄断性。土地资源的稀缺性和土地位置的固定性，以及土地市场的地域性分割，导致地方性土地市场的不完全竞争和土地价格不完全由供求关系来决定，加之土地交易数额较大，所以土地市场容易形成垄断。

（4）土地供给弹性小。土地是一种稀缺的不可再生资源，其总量是不变的，土地的自然供给完全无弹性；由于土地资源用途变更的困难性，土地的经济供给弹性也很小。因此，在一定地域性市场内，土地价格主要由需求来决定。对土地的需求增加，地租上升，地价就随之上涨；反之，对土地的需求减少，地租则下降，地价也下跌。

（5）异质性。一般的商品，如机械设备、电子仪器、日用工业品等，都是由工业部门按统一的标准、规格成批量地生产出来的。因而可以在市场上成批量地进行交易，而在土地市场上，由于土地的自然异质性和空间区位的差异性，任何土地交易都只能是个别估价、个别成交。[①]

（6）引致性。正如前面所提到的，土地是整个经济发展不可或缺的生产要素。因此，土地市场对经济发展具有明显的引致性。一方面，土地市场的运行能对经济发展产生直接明显的影响，因为土地投资规模的扩大，能够带动相关行业的发展，增加就业机会，促进经济增长。另一方面，土地市场的运行会影响劳动市场、资金市场等其他要素市场。如果土地市场能保持协调运行，则可对其他要素市场产生正面效应，从而推动经济健康发展。反之，如果土地市场运行不协调，如土地投资过度，则不仅会推动物价上涨，而且由于挤占过多的建设资金，使一些重点建设项目资金不足，加剧能源、交通等基础设施的"瓶颈"制约和经济增长中的结构性矛盾，造成企业与企业之间、行业与行业之间发展不平衡，经济难以协调运行和健康发展。[②]

（7）权利主导性。土地位置的固定性也使得土地不能像其他商品一样可以以实物流动的形式完成交易。所以，在土地市场中交易的只能是土地的权利。这种权利不仅包括土地所有权，还有土地的使用权、租赁权等，它们不仅可以一起在市场上流动，也可以在不同的市场主体间交易配置，但无论以何种形式交易都必须以产权登记为依据，权利的界定只有在法律的保护下才是有效的。[③]

（8）不完全性。根据市场经济理论，只有完全的市场才能实现资源的最优配置。然而，土地市场并不是完全的。土地市场的不完全性是相对一般商品市场而言的。一般商品的交易所有权和使用权是同步转移的，一次交易永久使用。在我国，城市土地属于国家所有，农村耕地主要属于集体所有，为了维护土地公有制，城市土地所有权严禁买卖。集体土地所有权只允许向国家转移，从而严格限制了土地所有权的交换行为。在土地市场上实际交易的主要是一定期限的土地使用权，这就决定了土地市场具有不完全性。[④]

（9）专业性。由于土地产权内容复杂，使土地交易方式、程序和内容远比其他商品市

---

① 毕宝德.中国地产市场研究[M].北京：中国人民大学出版社，1994.
② 杨重光，吴世芳.中国土地使用制度改革十年[M].北京：中国土地出版社，1996.
③ 黄贤金，张安录.土地经济学（第2版）[M].北京：中国农业大学出版社，2016.
④ 毕宝德.土地经济学（第8版）[M].北京：中国人民大学出版社，2020.

第十章 土地资源经济

场复杂,导致土地市场的交易一般都有中介机构(经纪人)参与,提供技术咨询、价格评估、地籍测量、业务代理、法律仲裁等项服务。没有土地中介机构(经纪人)的参与,土地交易很难顺畅地进行,土地中介服务作为土地交易的一种"润滑剂",现在已成为土地业不可缺少的重要组成部分。[①]

由于我国土地制度的特殊性,我国土地市场具有以下几个特点:
(1) 中国土地市场以社会主义土地公有制为基础;
(2) 中国土地市场是政府驱动型市场[②];
(3) 土地价格分为期限价格和用途价格;
(4) 土地市场中交易的土地使用权具有期限性;
(5) 土地市场中交易的是土地使用权而非土地所有权。

按照我国法律规定,政府对国有土地行使双重权利。一种是土地的财产权。政府作为国有土地所有权的代表,直接对国有土地行使财产权,参与国有土地的经营和直接取得经营土地的收益。另一种是行政管理权,政府作为行政管理部门,行使与国有土地管理有关的公共行政权力,有权设定土地用途,对土地进行规划,改变土地用途的许可,对违法用地进行查处等。同时,政府为了公共利益的需要,有权决定对农村集体土地实行征收。土地市场实际上是由政府控制的市场,政府掌握着土地市场的调控权和供应权,因而价格机制、竞争机制等对土地供求关系的调节作用就不如一般商品那样明显。

二、我国土地资源市场体系

现阶段我国土地市场体系的构成,可按不同的标准划分。按产权关系划分,我国土地市场体系可分为土地所有权市场和土地使用权市场两种。对于土地所有权市场,根据我国《宪法》的规定,我国的土地制度实行公有制,城市的土地是国家所有的,农村的土地则是集体所有的。从理论上讲,土地的所有权的流转只有两种形式:要么从国家所有转为集体所有,要么从集体所有转为国家所有。但从我国实践来看,我国土地所有权市场基本上是集体所有转为国家所有,不存在从国家所有转为集体所有。也就是说,我国的土地所有权流转具有单向性。现阶段,我国已经建立了城乡统一的土地使用权市场,主要包括农村集体经营性建设用地和城市国有建设用地(图10-9)。

(一) 土地所有权市场

我国实行的土地所有权制度为社会主义公有制,城市土地归国家所有,农村土地归农村集体经济组织所有。国有土地所有权不允许交易,我国的土地所有权市场指的是农村集体土地所有权转为国有土地所有权,具体转换途径为土地征收,即国家为了公共利益的需要,在依法进行补偿的条件下,将集体所有土地及其附属的权利移转为国家所有的行为,是土地所有权的单向转移市场。这是一个带有行政强制性的特殊买方垄断市场,农民不具备"讨价还价"这一市场交易特征,对农民的补偿是法定补偿价,而不是市场交换价

---

① 赵月望.我国城市土地使用制度与土地市场研究[D].杨陵:西北农林科技大学,2002.
② 毕宝德.土地经济学(第8版)[M].北京:中国人民大学出版社,2020.

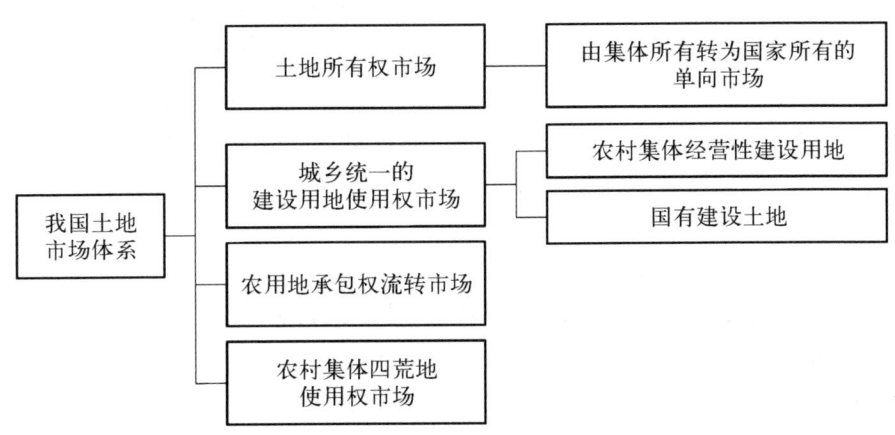

图 10-9　我国城乡统一的土地市场体系结构

值,这是我国目前唯一合法的土地所有权交易方式。

2018年第十三届全国人大通过的《宪法》修正案规定,"国家为了公共利益的需要,可以依照法律规定对土地实行征收或者征用并给予补偿。"土地征收的基本特征是:政府凭借国家权力强制性地取得(或获得)集体土地所有权,永久性地转为国家土地所有权,并进行合理补偿。

(二) 城乡统一的建设用地使用权市场

我国城乡统一的建设用地使用权市场主要包括以下两个层次:

1. 土地使用权出让市场,属于一级市场

在农村集体经营性建设用地进入市场之前,这一层次的土地市场由代表国家的城镇政府垄断。所谓出让,是指国家以土地所有者的身份将一定年限的土地使用权让与土地使用者,作为受让方的土地使用者向国家一次性支付土地出让金,即地价款。出让方式有协议、招标、拍卖等。政府控制地价的底价,引进市场竞争机制,市场成交价通过竞争确定。但在实行招标时并不完全是价高者得到,而是要根据竞投者的综合实力、投建方案等因素决定。一级地产市场在20世纪80年代中期率先在经济特区、沿海开放城市试行,现已推广至全国各类城镇。从全国来看,20世纪末国有土地使用权有偿出让的部分在整个土地供应量中所占比重很小,由此形成在一级市场中有偿出让与行政划拨"双轨"并存的格局。2004年中央发文,规定以2004年8月31日为限,所有经营性用地都必须在一级市场取得,有偿出让土地的比例将会大大提高。

2014年12月2日,中央深化改革领导小组第七次会议审议通过了《关于农村土地征收、集体经营性建设用地入市、宅基地制度改革试点工作的意见》。2015年2月27日,国家在33个地区开展集体经营性建设用地入市试点,标志着集体经营性建设用地入市正式启动并进入实质性推进阶段。

2019年4月15日,中共中央、国务院发布《关于建立健全城乡融合发展体制机制和政策体系的意见》,提出要建立集体经营性建设用地入市制度。按照国家统一部署,在符合国土空间规划、用途管制和依法取得前提下,允许农村集体经营性建设用地入市,允许就地入市或异地调整入市。集体经营性建设用地出让、出租等方案应当载明宗地的土地界址、面积、用途、规划条件、产业准入和生态环境保护要求、使用期限、交易方式、入市价格、集体收益分配安排等内容。集体经营性建设用地的出租，集体建设用地使用权的出让及其最高年限、转让、互换、出资、赠与、抵押等，参照同类用途的国有建设用地执行，法律、行政法规另有规定的除外。农村集体经营性建设用地与国有建设用地出让时，实现同地同权同价。

2. 土地使用权转让市场，属于二级地产市场

所谓"转让"，是指土地使用者将土地使用权转移的行为，包括出售、交换和赠与。通常是已取得土地使用权的开发公司把经过开发的土地使用权有偿转让给用地单位，外资成片开发的土地使用权亦允许转让。未按土地使用权出让合同规定的条件投资开发的，不允许转让。同时，通过转让取得的土地使用权，其使用年限为土地使用权出让合同规定的使用年限减去原土地使用者已使用年限后的剩余年限。并且，一般只能转让已经开发的"熟地"。1988年5月通过的《宪法》修正案规定，土地使用权可以依照法律规定转让。1990年5月，国务院发布了《中华人民共和国城镇国有土地使用权出让和转让暂行条例》，明确规定了土地使用权转让的内涵，并制定了土地使用权出租和抵押的基本规则，为我国土地使用权转让市场的发展提供了法律保障和制度前提。

以出让方式取得的建设用地使用权，须按照出让合同约定进行投资开发，完成一定开发规模后才允许转让。属于房屋建设的，实际投入房屋建设工程的资金额应占全部开发投资总额的25%以上，建设用地使用权连同已建成部分的建筑物，作为在建工程一并转让；属于成片开发土地的，应形成工业或其他建设用地条件，方可转让。上述两项条件必须同时具备，才能转让房地产项目。

（三）农用地承包经营权流转市场

"土地承包经营权流转"，指的是在农村土地承包中的物权性质土地承包经营权有效存在前提条件下，在不改变农村土地所有权权属性质和主体种类与农村土地农业用途的基础上，原承包方依法将该物权性质土地承包经营权或者从该物权性质土地承包经营权中分离出来的部分权能等具体民事权利转移给他人的行为。

《农村土地承包法》第十条规定："国家保护承包方依法、自愿、有偿流转土地经营权，保护土地经营权人的合法权益，任何组织和个人不得侵犯。"通过家庭承包取得的土地承包经营权可以依法采取转包、出租、互换、转让或者其他方式流转，当事人双方应当签订书面合同。采取转让方式流转的，应当经发包方同意；采取转包、出租、互换或者其他方式流转的，应当报发包方备案。

转包主要发生在农村集体经济组织内部农户之间。出租主要是农户将土地承包经营权租赁给本集体经济组织以外的人。互换是农村集体经济组织内部的农户之间，为方便耕种和各自需要，对各自的土地承包经营权的交换。转让是农户将土地承包经营权转移给他人，转让将使农户丧失对承包土地的使用权。承包方将承包土地使用权入股，参加农业股份制、农业股份合作制或实行"股田制"，并以入股股份作为分红依据。退包是承包户在承包期内把承包土地退交给集体，由集体重新发包。

(四) 农村"四荒地"出让市场

"四荒地"是指农村集体所有的荒山、荒沟、荒丘和荒滩荒地。由于经营这类土地风险大、周期长,现行的承包方式不足以激励人们进行开发。为了加快农村生态环境建设,促进农村经济发展,借鉴国外经验,由政府以特别优惠的政策通过招标、拍卖、公开协商等方式向集体经济组织内外的单位和个人转让和出租"四荒地"的开发经营权,用于林果业、种养业生产的开发、经营,期限可长达50年以上,或转让永久使用权,甚至是"谁治理,谁所有",但必须按土地利用规划规定开发经营方式,确保生态社会效益,鼓励投资者进行长期投资和开发,一方面可以提高资源配置效率,另一方面可以改善农村生态和生活环境,增加耕地和草场面积。同时还能节省国家治理成本,缓解中央财政的筹资压力,盘活资金存量,实现一举多赢。

第四节 土地价格

一、土地价格概述

(一) 土地价格的理论基础

土地价格的理论基础主要包括马克思土地价格理论和西方经济学的土地价格理论两个方面。马克思土地价格理论的要点包括:(1)自然状态的土地虽然不是劳动产品,没有价值,但有使用价值,并存在价格;(2)土地价格的实质是地租的资本化;(3)已利用的土地由土地物质和土地资本构成。现代西方经济学的土地价格理论包括土地收益理论和土地供求理论两个方面。土地收益理论认为土地价格是土地收益即地租的资本化。这里的地租指经济地租,即土地总收益扣除总成本的余额。土地供求理论认为,土地的供求关系是决定土地价格高低的主要因素,如马尔萨斯、萨伊等人认为,土地这一生产要素的价格完全由其需求来决定。

(二) 土地价格的内涵、特点和形式

简言之,土地价格就是地租的资本化。土地价格的内涵包括三部分:第一,真正的地租,即绝对地租和级差地租;第二,土地投资的折旧;第三,土地投资的利息。土地价格就是以上三部分之和的资本化。

土地价格的特点是:(1)土地价格是土地的权益价格;(2)土地价格不是土地价值的货币表现,不依生产成本定价;(3)土地价格主要由土地需求决定;(4)土地价格呈上升趋势;(5)土地价格具有强烈的地域性。

土地价格的形式主要有交易价格、评估价格、课税价格、抵押价格、土地所有权价格、土地使用权价格、基准地价、标定地价等。

(三) 土地价格的影响因素及变动趋势

影响土地价格的因素主要有:(1)自身因素。如位置、地力、面积、地势、地质等,另外,气候、水文、植被等因素也会对土地价格产生一定影响。(2)社会经济因素。具体包括人口、经济发展速度、城市公共设施建设、居民收入状况等因素。其中,人口因素对土地

价格的影响特别大。(3)政策因素。主要包括国家经济发展政策、土地利用计划与规划、价格政策、税收政策等。(4)其他因素。

以上因素还可以从另一个角度分为两类：一类是影响具体某块土地的价格，如位置、地力；另一类是影响整个国家、地区在一定时期内的地价，如人口、经济发展速度、政治局势等。

总而言之，土地价格的变动趋势及规律性主要有：(1)土地价格呈总体上升趋势；(2)土地价格变动呈周期性特征；(3)土地价格变动具有明显的地区差异性；(4)地价在房地产价格中所占比重越来越大。

(四) 进行土地估价的原则和作用

土地估价的原则具体包括七个方面，即公平原则、相关替代原则、独立估价原则、依法原则、勘估时日原则、土地与建筑物分离估价的原则、最高度最有利原则等。

土地估价的作用主要有以下几方面：(1)有助于土地交易的顺利进行；(2)有助于企业投资决策；(3)有助于国家征地；(4)有助于税赋公平；(5)有助于土地市场管理。

二、土地价格的评估方法

国际上（严格说应该是西方发达国家）公认的土地估价方法有成本法、市场比较法、收益还原法和剩余法。但据介绍，西方发达国家土地估价师们最信赖而且用得越来越多的还是市场比较法。

(一) 成本法

成本法是以得到现在不动产所耗费的各项费用之和为主要依据，再加上一定的利润和应缴纳的税费来确定其价格的一种估价方法。它是根据土地的各项客观成本和因对土地的开发引致的增值而判断土地的市场价值。依成本法的评估思路，其成本项目主要有土地取得费、土地开发费、各项税费、利息和利润五大项。确定这五项成本的基本原则是不依实际发生核算，而是依该区域正常市场条件下的客观水平确定。

(1) 土地取得费。它是指土地使用者为取得土地使用权而支付的各项客观费用。对征用农村集体土地而言，就是征地补偿费；对取得城镇国有土地而言，就是拆迁安置费；对从市场购入而言，就是土地购买价格。在确定征地补偿费（土地补偿费、地上附着物及青苗补偿费和安置补助费）时，征用该宗地的实际发生费用只是作为判断该区域正常的征地补偿水平的一个依据，而不是全部；区域的正常的补偿标准和当事双方所认可的正常的补偿费用才是客观的费用。同时，在取得征地补偿费资料时，不能只看征地补偿标准或货币补偿额，还要看在此之外是否还存在其他形式的补偿，如在国有土地中无偿留出一块土地供被征地农民使用，为被征地居民修路等实物性补偿，以及合同外的私下补偿协议等。在确定城镇拆迁安置费用时，也不能直接依该宗地的实际拆迁费用确定，而必须参考该区域或同类地区通常的单位拆迁成本，就拆迁安置工作中某些不符合市场规则因素而导致不合理的成本进行修正，以取得客观数据。

(2) 土地开发费。它是指该区域平均开发程度下需投入的各项客观费用。所谓客观费用，是指土地开发和市政建设等单位在其技术水平和管理水平正常、经济行为受市场约束的前提下，进行区域道路建设、基础设施配套建设和公用设施配套建设所耗费的正常投资额。既不能把一些不合理的、无效的投资或开支计入成本,也不能直接将其运用先进科技和先进管理而超出一般水平的投资额计入成本。由于大部分市场投资服务于多个区域或多个宗地,很难具体确定某一投资仅服务于该宗地,因此,在具体确定开发费用时,可先测算某一相对封闭区域(如开发区)的基础设施投资总量与总土地面积之比,再根据待估宗地区域的具体情况(主要指基础设施投资对宗地及宗地区域的效用程度)作修正得出。或者,还可以根据近几年城市基础设施的具体投资数额,与其所服务的区域作比较,得出开发费用标准,再依宗地所在区域具体情况作修正。宗地红线外的土地开发费主要有道路修建、基础设施配套、公用设施配套和小区开发配套等费用。各项费用是否计入,主要依据宗地价格的定义和宗地红线外的实际开发程度。而宗地红线内的开发费用主要是将宗地开发成便于直接利用的空地费用,一般有土地平整费(有建筑物则含拆迁费)和小设施配套费用。若价格定义只是宗地内土地平整,则红线内的开发费不含小设施配套费,只是土地平整费(有建筑物则含拆迁费);若价格定义为宗地内外"几通一平",则宗地红线内的小设施配套要计入。

(3) 税费、利息和利润。税费依实际发生的客观税费确定;利息依土地正常开发周期、各项费用的投入期限和资本年利息率计算;利润是土地开发总投资的正常回报,总投资包括土地取得费、土地开发费和各项税费,利润率则根据当地土地开发行业的正常利润率而定,不依土地使用者所在行业的行业利润率确定。

成本法的理论前提是土地投资者的土地开发行为是理性的,成本投入是客观有效并为市场所认可的。因此,用成本法评估土地价格,其成本和增值只有得到市场认可才成立,否则,其评估结果就不是市场价格,只是一个财务管理中的成本核算值。这在现实中有很多例证。

(二) 市场比较法

市场比较法是在求取被估价不动产的价格时,将被估价地产与在较近期内已经发生了交易的类似地产加以比较对照,从已经发生交易的类似地产的既知价格,修正得出被估价的地产最可能实现的合理价格的一种估价方法。

市场比较法是以商品的替代原则为其理论依据的。根据一般的商品价值关系,在同一市场中,应该存在两种市场行为:一是具有相同使用价值和性质(效用)的商品,应该具有相同的价格,即完全替代原则。二是在两个以上具有替代关系的商品同时存在时,商品的价格是经过它们之间的相互竞争后产生的,即具有替代关系的商品,其价格会相互影响,并趋于一致。具体到地产商品来说,当市场上效用类似的地产同时存在时,它们的价格就会相互牵引,相互接近。从严格意义上说,市场比较法只能评估过去或现在的地价,而不能评估未来的地价。

运用市场比较法进行地价评估的基本公式为:

$$被估地产价格 = 交易实例地产单价 \times (1 \pm 交易实例地产差异因素调整率) \times (1 \pm 期间价格上涨率) \times 被评估地产面积 \quad (10\text{-}1)$$

或

$$P_{待估} = P_{比较} \times L_1 \times L_2 \times L_3 \times L_4 \times L_5 \quad (10\text{-}2)$$

式中：L_1 为时间修正系数，$L_1 = \dfrac{\text{待估价期日地价指数}}{\text{交易时日地价指数}}$

L_2 为交易地修正系数，$L_2 = \dfrac{\text{待估地产交易地分值}}{\text{比较案例交易地分值}} = \dfrac{\sum\limits_{i=1}^{n} W_i P_{i1}}{\sum\limits_{i=1}^{n} W_i P_{i2}}$

P_{i1} 为被评估土地所在交易市场第 i 种类型土地的市场价格；

P_{i2} 为比较参照案例所在交易市场第 i 种类型土地的市场价格；

W_i 为第 i 种类型土地市场价格的权重系数，且 $\sum\limits_{i=1}^{n} W_i = 1$；

L_3 为品质修正系数，$L_3 = \dfrac{\text{待估地产品质分值}}{\text{比较案例品质分值}}$；

L_4 为公允性修正系数，$L_4 = \dfrac{\text{正常交易情况分值}}{\text{比较案例交易情况分值}}$；

L_5 为政策性修正系数，$L_5 = \dfrac{\text{待估时间政策分值}}{\text{交易时点政策分值}}$。

运用市场比较法一般可按下述步骤进行：

(1) 广泛收集交易资料。运用市场比较法进行地价评估，必须以大量的交易资料为基础。交易案例资料的收集，其内容一般包括土地位置、面积、形状、用途、交通情况、周围环境、交易日期、交易价格、地上物状况、交易双方的基本情况以及市场状况等。

(2) 选取可供比较参照的交易案例。可供比较参照的交易案例必须符合以下条件：① 应与被估地产的估价期日相接近；② 与被估地产所处的地区应相同，或在同一供需圈内的类似地区；③ 应与待估土地属同一交易类型，土地的使用性质相同；④ 该交易案例必须为正常交易，或可修正为正常交易；⑤ 应是宗地个别因素基本一致，能做个别因素比较的案例。

(3) 进行差别调整。差别调整又称差异因素修正，修正角度可分为以下 5 个方面：时间差异修正、交易地修正、品质修正、公允性修正、政策性修正。

第一，时间修正系数。在所确定的比较参照案例中，其地产交易发生的时间不可能与待估土地价格评估期日相一致，一般前者发生在先，后者在后，在相差的这段时间里（通常不超过 5 年），随着经济的发展、城市建设综合效益的提高，或由于经济的衰退、投资方向的调整等因素影响，土地价格也会发生涨落。如果所选案例是最近发生的，与估价日期非常接近，地产价格无变化时，可不进行时间修正；但当地产价格有明显波动时，就必须进行适当的时间修正，使价格适合估价时的市场实际情况。在取得比较交易案例地产交易期日的地价指数和待估地产评估期日的地价指数后，就可以进行时间修正。

第二，交易地修正系数。交易地是地产评估中不可忽视的一个重要因素，因为交易地的不同，即交易市场的不同，会导致价格上产生差别。尽管比较参照案例要与待估土地相邻或在同一供需圈内，但仍不能排除市场与市场之间的差异。所以，当待估土地和比较参照案例分别处于不同的市场时，就必须从交易地角度对比参照案例的价格进行修正，以确保评估结果的严密性与真实性。

第三,品质修正系数。品质修正是市场比较法差异因素修正中最重要的部分,因为品质修正包含了很多内容,这些都是进行修正时必不可少的。这里的品质可以指:交通便捷度、繁华度、环境状况、土地使用年限、土地容积率以及土地面积、形状、地质条件、临街深度等,凡是与宗地个别因素相关的,都可作为其品质之一。品质修正就是纠正比较参照案例与待估宗地间的个体品质差异,使其具有可比性。

第四,公允性修正系数。公允性修正就是对比参照案例中的异常交易情况加以修正,使其具有可比性与真实性。在进行公允性修正时,有些可通过基本计算得以修正,但更重要的是依靠评估人员或专家对市场行情的掌握,来变换系数打分。

第五,政策性修正系数。一般情况下,影响土地价格的政策性因素主要有土地制度、法规、税收政策和城市规划等。在明确了以上四方面影响的基础上,就可以借助AHP法对政策性因素加以修正。

在进行比较修正时,应以待估房地产的状况为基础,将其分值定为100,比较案例与它逐项比较打分。对于时间修正系数,其修正实质是求不同时点的等值价格,其结果不受比较基准确定的影响。因此,为计算方便,我们以可比案例交易日期的价格为基准,通过变动率修正,得出估价时点的价格。具体公式为:

$$P_{待估} = P_{比较} \times \frac{(\quad)}{100} \times \frac{100}{(\quad)} \times \frac{100}{(\quad)} \times \frac{100}{(\quad)} \times \frac{100}{(\quad)} \quad (10-3)$$

(4)确定待估土地价格。运用比较法评估土地价格时,一般会有多个评估比较参照案例,因而,经过因素修正后也会有多个比较参照价格。将多个比较参照价格求算为待估土地价格的方法有多种,其中比较可取的方法是加权平均法,即通过计算交易案例的方差,确定交易案例的权重,再根据权重和修正后的案例价格计算出加权平均值,作为待估土地的价格。

在进行比较修正时应注意以下几个要点:(1)比较案例与评估对象在客观条件上一致。若价格内涵不同,就需要进行修正。如评估对象的客观开发程度为"七通一平",与比较案例一致,但由于在资产界定过程中部分开发费用已经计入到了其他资产中,因此评估价格内涵为"三通一平",此时就要对比较案例进行修正。(2)充分考虑土地利用现状与规划要求之间的差别。对于土地利用的规划条件,要进行适当的修正。比较案例土地价格一般是根据最佳利用原则确定的,有时待估对象与比较案例的规划条件一致,但待估地块现状没有达到规划条件,并且企业仍按原来现状利用,此时就应该对比较案例进行规划条件的修正,使其与待估地块条件一致,也就是说企业改制的土地资产评估必须考虑用地现状。

(三)收益还原法

收益还原法是一种运用适当的还原利率,将未来的纯收益折算为现值的估价方法。假定年纯收益均为 FC;年贴现率均为 i,年期无限,则地价公式为:地产价格等于地产纯收益除以地产还原利率。其基本公式为:

$$TV = FC/I \quad (10-4)$$

式中:TV 为土地价格,FC 为土地平均年预期收益,i 为折现利率。

收益还原法的特点是：(1)以地租理论和生产要素分配理论为理论依据；(2)以收益途径评估价格求得的价格称为"收益价格"；(3)评估结果的准确度取决于土地的纯收益及还原率的准确程度。

收益还原法的适用范围是，只适用于有收益或潜在收益的土地和建筑物，或房地产的估价。但对于没有收益的不动产的估价则大多不适用。收益还原法是具有理论依据而应用面很广的一种估价方法，但它有一个缺点，就是稳定纯收益和适当还原率的求取比较困难。运用收益还原法进行土地估价的程序具体如下：

(1) 计算总收益。总收益产生的形式包括土地租金、房地出租的租金以及企业经营收益。计算总收益时，还应准确分析测算由评估对象所引起的其他衍生收益，确定的原则是只要由评估对象所产生的并为其产权主体所取得的收益都应计入总收益之中。另外，还应充分考虑收益的损失。

(2) 计算总费用和折旧费、房屋收益或其他资产的收益等。

① 单纯土地租赁中总费用的计算。包括土地税、管理费和维护费。

② 房地出租中总费用的计算。包括管理费、维修费、保险费、税金和房屋折旧费，都以年为期计算。

(3) 计算土地纯收益。

$$\text{土地纯收益} = \text{房地纯收益} - \text{房屋纯收益} \tag{10-5}$$
$$= \text{总收益} - \text{总费用} - \text{房屋纯收益}$$

$$\text{房屋纯收益} = \text{房屋现值} \times \text{建筑物还原率} \tag{10-6}$$

$$\text{房屋现值} = \text{房屋重置价} \times \text{房屋成新度} \tag{10-7}$$
$$= \text{房屋重置价} - \text{房屋总折旧}$$

$$\text{房屋总折旧额} = \text{房屋年折旧额} \times \text{房屋已使用年限} \tag{10-8}$$

(4) 确定合适的还原率。按照评估对象的不同，可以将还原率分为综合还原率、建筑物还原率和土地还原率三类。三者既有严格区别，又互相联系。从纯理论上讲，还原率应等于与获取纯收益具有同等风险和资本的获利率。其确定方法可采用纯收益与价格比率法、安全利率加风险调整值法、投资风险与投资收益率综合排序插入法。

(5) 选择公式，求取地价。土地纯收益确定后，可根据收益变化状况和土地使用权年限等条件，选择适当的土地还原率和公式，求取土地的试算收益价格。

在使用这种方法时，应注意折现利率的选取，它应是风险利率与无风险利率之和。土地未来收益是土地具体使用而获得的建筑物及其附属设施、劳力、经营等要素相结合而产生的总收益。

(四) 剩余法

剩余法又称假设开发法、倒算法、残余法或余值法等。其基本含义是地价等于土地与建筑物一起出售时的价格减去建筑物本身的价格。剩余法是国际上比较流行的地价评估方法。

用剩余法估算地价时通常所使用的计算公式是：

$$V = A - (B + C) \tag{10-9}$$

式中：V 为购置开发场地的价格（地价），A 为开发完成后不动产资产价值，B 为开发成本，C 为开发商的合理利润。

剩余法的理论依据是不动产的总价由土地价格和建筑物价格两部分组成。建筑物是普通商品，其价格的确定须遵循一般商品的定价原则；土地是特殊商品，其价格是虚拟的垄断价格，是不动产总价值中的全部超额价值。

目前，作为我国土地估价的权威性著作《土地估价理论与方法》[①]所提出的具体计算方法是：

$$\begin{aligned}地价 =\ &不动产总价 - 建筑开发费 - 专业费 - 不可预见费 - 利息\\&- 租赁费用 - 税金 - 开发商合理利润\end{aligned} \tag{10-10}$$

在对公式(10-10)的具体应用解释中，将建筑开发费、专业费、不可预见费、利息、租赁费用等几项费用作为开发成本费用（各项费用之和相当于公式 10-9 中的 B）。对利息的解释是"开发全部预付资本的融资成本"，"在确定利息额时，必须根据地价款、开发费用、专业费用等的投入额各自在开发过程中所占用的时间长短和当时贷款利率高低进行计算"。根据《企业财务通则》[②]第二十六、二十七条规定，企业经营期发生的利息支出不能作为生产经营成本，而是作为经营期间的财务费用计入当期损益。在不动产开发中，将利息计入开发成本与《企业财务通则》的规定不符，因为将财务费用列入了生产成本，虚增了不动产开发的产品成本。按公式(10-10)计算出的成本，实际上是将不同时期的投资统一按贷款利率折现到了不动产开发活动结束期日，因此这个成本实际上是不动产开发活动结束日不动产开发商的企业经营成本，而非不动产的生产成本。这就将必须由开发商承担的不动产开发融资成本计入了不动产成本，掩盖了商品房开发中的真实利润构成，这已成为商品房价格居高不下的原因之一。

三、现行土地价格评估体系及其整合

（一）我国现行土地价格评估体系

我国现行土地价格评估体系主要包括宗地价格评估、基准地价评估以及地价指数的编制和地价动态监测三大部分，具体见图 10-10。

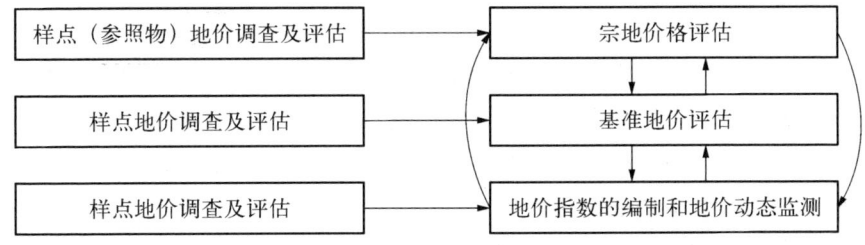

图 10-10　现行土地价格评估体系

---

① 国家土地管理局土地估价师资格考试委员会.土地估价理论与方法[M].北京：改革出版社,1995.
② 新财会制度编写组.新财会制度问答[M].北京：中国物价出版社,1993.

1. 宗地价格评估

宗地价格评估是指对城市（农村）各类用途的宗地及建筑物、附着物等的权益在某一特定时点上的价格进行评估。在土地市场不发育的情况下，主要采用基准地价系数修正法评估。随着土地市场发育程度的提高和各种交易类型样本的增多，除工业宗地地价评估仍然主要采用基准地价系数修正法外，商业、住宅用地多利用市场交易资料如租赁、买卖、出让、转让等资料，运用市场法、剩余法、收益法等基本方法进行直接评估。

2. 基准地价评估

所谓基准地价是指对城镇各级别土地或均质地域不同土地利用类型评估的一定年期土地使用权单位面积的平均价格，是各土地级别或均质区域内的"五通一平"或"七通一平"土地开发程度、平均容积率、同一用途的完整土地使用权法定最高出让年限的平均价格。基准地价立足于土地的实际利用和使用过程中的基本收益，具有平均性、分用途性、时效性、有限性等特点，是宏观调控城市土地市场的依据。基准地价的评估主要由以下四个步骤完成：（1）根据影响土地价格的因素，运用多因素加权平均法综合评价土地使用价值，划分土地级别；（2）根据土地市场交易资料，用收益法、市场法等评估样本地价；（3）用样本地价均值法、因素比较法和级差收益测算法等评估基准地价；（4）以基准地价为基础，建立宗地地价因素修正体系。

基准地价的评估和确定主要立足于各城市的实际经济发展水平，因此各城市之间基准地价在一定程度上具有相对独立性，这就意味着各城市的基准地价在一定区域内可能存在不平衡。首先，各城市不同用途基准地价能否和实际的土地利用状况及客观的宏观经济发展水平相对应，即通过考察基准地价能否在一定程度上反映出城市之间的相应经济水平间的关系和综合发展状况。其次，如果城市间基准地价存在较大的独立性，或者说基准地价水平与城市宏观发展状况离差程度较大，就会直接影响基准地价对土地市场的指导和调控作用，影响区域内各市基准地价的平衡性，说明基准地价水平存在一定程度的不合理性。所以有必要研究各城市不同用途基准地价相关影响因子，以及利用这些因子来判别城市基准地价高低水平是否合适。基准地价有利于宏观显示地价分布规律，有利于地价管理和征收土地使用税，也为宗地价格评估提供了基础。随着我国土地市场的发展，以及交易市场、租赁市场地价资料的增多，基准地价体系也从最初的综合基准地价、分类基准地价发展到分区基准地价和标准基准地价。

3. 地价指数的编制和地价动态监测体系的建立

地价指数是反映土地价格随时间变化的趋势与幅度的相对数。地价指数计算的基本步骤和工作程序为：（1）地价指数及地价样点资料的调查、整理、修正和检验；（2）分级别、分类平均地价的求取和权重值的确定；（3）定基、环比、分类地价指数的计算。

城市地价动态监测体系是以城市内具体宗地（地价监测点）为监测对象，形成从地价监测点的设立、地价监测点的资料采集、汇总和整理到地价分析、地价监测资料应用以及体系维护与更新的地价动态监测系统[①]。

---

① 薛俊菲.城市地价动态监测体系建设研究——以重庆市主城区为例[D].重庆：西南师范大学，2003.

(二) 我国现行土地价格评估体系的整合

现行土地价格评估体系彼此孤立,基准地价评估调查得到的样本点(参照物或交易实例)在宗地价格评估中没有被直接应用,在地价指数的编制或地价动态监测体系的建立中也没有被利用,且在基准地价评估中的样本点或地价指数的编制,以及地价动态监测体系建立的样本点不公开、不透明,在宗地价格评估中没有起到作用,这些都有必要进行整合。通过分析,宗地价格评估、基准地价评估以及地价指数的编制和地价动态监测体系的建立三者有一个共同特征,即调查样本点和对样本点进行估价。因此,可以围绕样本点的调查、估价或以样本点的调查、估价为核心,形成样本信息库,建立地价信息查询与发布信息系统,实现价格信息资源共享,整合土地价格评估体系(图10-11)。

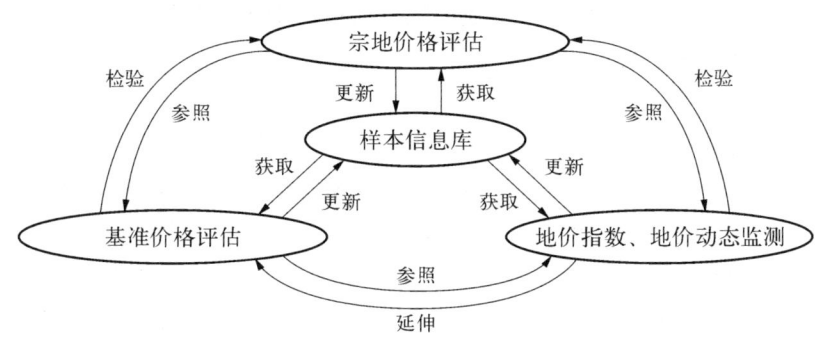

图 10-11　土地价格评估体系整合

第五节　土地金融

一、土地金融概述

(一) 土地金融的概念及特点

众所周知,金融一般指的是货币流通和资金融通的相关经济活动。金融是商品货币关系发展的产物,它是调节货币流通与货币使用活动的总称。金融业务的主要内容是通过信用形式,对货币资金进行调剂和分配。土地金融作为金融业的一种形式,一般是指围绕土地开发、改良、经营等活动而发生的筹集、融通和结算资金的金融行为,即是以土地作为信用保证(抵押)而获得资金融通。

土地金融与其他金融业务相比,具有特殊性:(1)债权可靠,较为安全;(2)资金的运用具有中长期性;(3)具有持久的可偿还性;(4)可以实行证券化,以便增强其灵活性和流动性。

(二) 土地金融的构成

土地金融按其用地性质,可分为农地金融和市地金融两部分。

1. 农地金融

农地金融是指围绕农地开发、生产、经营所发生的资金融通活动。它包括农地取得金融、农地改良金融和农地经营金融等。农地取得金融是指农地的购买或采取租赁、抵押方式取得土地时的资金融通;有时因继承而取得土地时也需要有融资活动。农地改良金融是指为开垦、耕地整治、灌溉或排水、改良土壤等所需的资金融通。农地经营金融是指购买牲畜、肥料、农机具以及进行农业经营活动所需要的流动资金融通。

一般来讲,农地金融具有以下特点:(1)以贯彻土地政策为宗旨。各国都根据各自的国情制定了相应的土地政策,而农地金融正是实施土地政策的重要工具。(2)不以营利为目的。有时为了达到某种政策目标,国家甚至还要贴息。(3)需要政府扶持。这是由农地经营利润低所决定的。不论在资金来源还是在利率的确定上,都需要实行优惠政策。(4)贷款期限一般较长。由于地产金融的资金周转比较缓慢,农业政策的推行在短期内不会产生立竿见影的效果,因此农地金融一般以较长的期限与之对应。在国外,农地金融期限一般多达几年甚至十几年、几十年。

2. 市地金融

市地金融是指围绕城市土地开发、建设、经营所发生的资金融通活动。它包括市地取得金融、市地改良金融和企业经营金融等。市地取得金融是指购进地产或因营造建筑物及因继承而取得地产时的资金融通。市地改良金融是指城市建设用地的规划以及基础设施建设中的资金融通。企业经营金融是指房地产企业经营地产过程中的资金融通。一般来讲,市地金融的特点为:(1)它比农地的货币化程度高;(2)市地金融的贷款利息一般较高;(3)贷出资金容易收回;(4)偿还期限比农地金融短,并可以分期偿还。

(三)我国土地金融的特殊性

土地在经济生活中以产权的运行为基础,土地金融的运作过程实际上就是土地产权的流转过程。土地抵押是土地金融的核心。西方国家实行的是土地私有制,土地金融的运行也就相对简单,土地所有权的可抵押性构成这些国家土地金融的内在基础。我国是社会主义国家,土地实行的是公有制,法律明文规定土地所有权不得买卖,因此,土地所有权不可能成为我国土地资金融通的信用基础。我国1979年的土地使用制度改革促进土地所有权和土地使用权相分离;国家拥有土地所有权,农户和用地单位拥有土地使用权。随着土地使用制度改革的深化,我国相继出台的法律法规又规定土地使用权在法律许可范围内可以转让、抵押。例如,集体"四荒"地土地使用权、乡镇企业集体土地使用权和经发包方同意抵押的耕地均可用于抵押。这一切使土地使用权完全可以在信用方面代替土地所有权,成为资金融通的信用保证。因此,我国土地金融的内在基础是土地使用权的可抵押性,而不是土地所有权的可抵押性,这是我国土地金融与西方土地金融的最大区别。

二、欧美发达国家土地金融制度概述

土地金融制度,并非新事物,古已有之。大多数西方发达国家都在商品经济和金融业发展的过程中先后建立了土地金融业,并成为地产市场发展和土地资本化经营的有力保障,其中德国与美国的土地金融制度较有代表性。

(一)德国的土地金融制度

土地金融业最早产生于德国。1770年德国普鲁士邦的西里西亚省成立了第一个土地抵押信用合作社。它的成立背景是1756—1763年欧洲7年战争之后,当时德国农业凋敝,农民逃亡,地主负债累累,高利贷十分猖獗,普鲁士王朝为解除高利贷盘剥,下令组织土地抵押信用合作社,使大量资金流入农村,振兴了农业。德国的土地抵押信用合作社成立及其发展初期虽然是由政府强制组建起来,并受政府的监督管理,实际等于政府的土地银行,并为地主服务。19世纪初为了适应资本主义发展的需要,德国实行土地改革,即普鲁士道路。允许农民用赎金购买份地和村公有土地转归农户私有,土地信用合作社制也随之发生了变化。自1849年起德国的土地信用合作社改变了原来只许地主加入的做法,规定凡有土地价值在1500马克以上者即可加入合作社,农民可以以土地作为抵押从土地金融合作社贷款购买土地。它的最大特点是抵押土地债券化。合作社以这些土地作为保证,发行土地债券换取股金,供给社员。合作社由政府授予发行债券的权利,并以各地区的土地作为担保,从而土地金融流通范围扩大,不受地区限制。

(二)美国的土地金融制度

20世纪初,美国也建立了土地金融制度,美国国会于1916年通过了联邦农地抵押款法,设立联邦农业贷款局,办理全国农地抵押放款事宜。全国划分为12个农业信用区,每区设一联邦土地银行,发动各村农民组织农地抵押款合作社,形成自上而下的土地金融合作系统。土地金融合作社均由政府先摊给充足的股金,开始营业并发行债券,同时由政府指导农民组织联邦土地银行合作社。联邦银行初建时各行平均80%的股金由联邦政府拨给,以后随农民土地银行合作社股金增多,政府拨给的股金逐步退出,1947年政府股金全部退完。1952年全国12个农业信用区共有这种合作社1 200多个,社员30多万人,平均每社250人,1975年合并为760个合作社,社员人数达40多万人。凡土地银行合作社社员请求借款,可向合作社提出申请,说明借款用途、金额并附上土地所有权证明,合作社一面审核,一面派人测量土地估计价值,经过联邦土地银行审核批准后,收存土地所有权证明,将贷款交给合作社。借款人领款时将其中的50%作为股金,另留下1%作为手续费,社员借款额不能超过抵押土地估价的65%,年利率一般是5%,借款期视用途而定,少则几年,多则几十年,每年还本付息一次;当借款全部还清,收回全部抵押土地,如不再借款,即退出合作社。

此外,英国、法国、日本等西方国家的土地金融业,也为本国土地产业和土地的资本化经营以及发展资本主义经济发挥了巨大作用。

三、中国土地金融业务的发展状况

19世纪中叶,中国就有了土地金融的萌芽,但时运不济,生不逢时。中国在1840年以前,处于闭关锁国的封建主义统治之下,资本主义在明末清初虽有某些发展,但十分微弱。1840年以后,东南沿海一些城市资本主义商品经济开始有一定发展,但由于连年战乱,国家与社会经济的局势不稳,长期性的土地金融业很难发展起来。1914年效仿日本,公布了劝业银行条例,并成立劝业银行,成为中国首个全国性的不动产金融机构。1915年公布了农工银行条例,规定农村贷款可用田契抵押,并于同年成立中国实业银行,以放款发展农业、水利、工矿、盐业及铁路为主,规定可用不动产抵押发放长期贷款,10年内还清。1933年国民党中央政府拨款设豫、鄂、皖、赣四省农民银行,1936年改名为中国农民银行,是专为发展农业所设立的银行,1934年该行迁至重庆时增设了土地金融处,负责土地金融业务的办理。但由于抗战爆发,政局动荡,通货膨胀,长期贷款和土地金融业务未能开展下去。

1949年新中国成立之后,通过合作化运动,建立了土地公有制,规定土地不准买卖和自由转让,不能作为财产抵押,此时,土地金融从金融业务中退出。后来,为了扶持农业发展,国家建立了农村金融体系,即以国家银行——农业银行为领导,以集体所有制的合作金融组织——信用合作社为主体的劳动群众之间相互借贷及其他形式为补充的多种金融形式并存的农村金融体系。这种金融体系对农业生产发挥了一定的促进作用。但由于农村信贷多为短期贷款,而且数额有限,不能适应土地长期开发建设的需要,严重地阻碍了城市地产市场的发育与现代农业的发展。如今,前者有所改善,而后者依然如故,制约了当前社会经济的发展与进步。

1998年8月修改后的《土地管理法》提出实行国有土地有偿使用制度,即市县级政府以协议、招标、拍卖方式将一定年限内的国有土地使用权出让给土地使用者,并由土地使用者向市县级政府支付土地使用权出让金。土地有偿使用制度的实施开启了土地金融新时代。

2008年全球金融危机爆发,我国实施了"四万亿"经济刺激计划,国家从政策上加大货币供应量和土地投放力度来予以支撑。地方政府也将大量土地注入各类融资平台进行项目融资。2009年3月央行与银监会联合发布《关于进一步加强信贷结构调整促进国民经济平稳较快发展的指导意见》,进一步提高了地方政府举债的积极性。2008—2016年地方政府的经济发展和城市建设资金大多来自土地质押融资。土地成为推动基础设施建设的重要载体,也是主要的融资工具。

2020年8月,央行、银保监会等机构针对房地产企业提出"三道红线",即剔除预收款项后资产负债率不超过70%、净负债率不超过100%、现金短债比大于1。在这三个指标之上,将房企划为四档,踩中三条红线的房企归入"红档",踩中两条红线的归入"橙档",踩中一条红线的归入"黄档",三条全没踩中的归入"绿档"。

2020年12月31日,央行、银保监会发布《关于建立银行业金融机构房地产贷款集中度管理制度的通知》,建立银行业金融机构房地产贷款集中度管理制度,分五档设定房地产贷款以及个人住房贷款占比上限。

通过三道红线和房地产贷款集中度制度,监管部门和地方政府可以对金融机构与地产企业实施名单制管理,对于不符合政策导向的金融机构以及不符合要求的地产企业采取异常措施,从而对地产金融形成重大影响。

四、我国建立土地金融制度的必要性

(一)农村土地金融有利于促进农业发展

我国农业比较落后,农民收入水平很低,他们的扩大再生产能力很弱,往往不能对土地进行大量投资,他们更多的是维持简单的再生产。农村金融机构可以为农业生产提供贷款,但它提供的又多为短期贷款,而且数量有限,远远不能满足农业开发、改良、基础设施建设所需的巨额的并能长期使用的资金。近年来,农业投入问题日趋严重,许多大型水利工程建设、农业基础建设等中长期投入项目因资金缺乏而不能进行,这种状况大大削弱了我国农业发展的后劲。如何保证农业发展所需的资金就成为农业稳定持续发展的关键点。在国家、农民不可能解决农业资金问题的情况下,建立土地金融制度正是解决这一问题的一个新思路。

(二)土地金融制度有利于发挥土地的财产功能

建立土地金融制度,开展土地金融业务,将土地纳入市场经济中,通过土地抵押融通资金,可以充分发挥土地的财产功能,将固定在土地上的呆滞资金转化为流动的开发经营资金。具体讲是以土地使用权抵押为条件,通过发行土地债券,吸引大量资本,聚集社会游资,促使土地投资主体多元化,扩大农业资金来源渠道。农民通过土地使用权抵押获得了中长期信用支持,就可以购置大型现代化农业机械,兴建农业基础设施,改善农业生产条件,从而增强农业发展后劲,保证农业稳步发展。

第六节 土地税制

一、土地税收与土地税制

土地税收是指针对土地或土地改良物(如建筑物)价值或其租金收益课征的赋税。而土地税制(land tax system)是指一个国家或地区的土地赋税体系。它是由各种不同的土地税种组成的一个系统的土地税收组织,是指与土地开发、转让和使用环节有关的税收。

从理论上看,土地税制可以分为单一土地税制与复合土地税制两种类型。单一土地税制(single land-tax system)产生于法国路易王朝时代。当时法国的赋税制度十分紊乱,税负压力巨大,为简化税制,减轻人民负担,重农学派提出了土地单一税(single tax on rent of land)。土地税制是一个由不同性质的土地税种组成的整体,任何一个单一的土地税种均无法独立地完成土地税收的全部政策职能,因而实践中一直未能推行单一土地税制。复合土地税制(multiple land-tax system)是由多种不同的土地税种和各种不同的税率组成的土地税收体系。它不仅包括对土地本身的课税,也包括对土地改良物的课税以及对土地或土地改良物交易行为的课税等。目前,世界上几乎所有的国家或地区均实行了复合土地税制,但土地税制中的税种构成以及土地税收的理论依据各有所不同。对比分析不同经济体系下的土地税制,发现其土地税制的差异及其规律,对中国土地税制的改革有积极的参考价值。

二、国外土地税制简介

不同国家,其土地税制各有特色,不易面面俱到。下面仅以其代表性的国家择要述之。

(一)美国的土地税制

美国是一个以所得税为主体的复税制国家。从税权划分上看,美国实行联邦、州和地方三级政府各有侧重税种、税权彼此独立的课税制度。其中,联邦政府以所得课税为主;州和地方政府以销售税和财产税为主。土地税收在美国的税收体系,特别是联邦税收体系中并不占主导地位。美国主要的土地税种有以下几种:

1. 地租税和土地改良物租金税

包括对土地、土地改良物租金收入的课税。这类土地税并非美国的独立土地税种,因为土地或土地改良物租金仅仅是所得税计税基础中的一个组成部分。由于美国三级政府均课征所得税,所以,租金型土地税不仅是美国国税收入,也是州和地方税收收入的组成部分。

2. 房地产价值税

财产税是美国州及州以下地方政府的主要财源。从历史上看,美国早期的财产税主要以土地和牲畜为课税对象;到19世纪曾试行对财产总额课征单一比例税,其中包含对土地、房屋等不动产的课税;20世纪以后美国财产税则逐渐过渡为以房地产为主要课税对象。美国的财产税实际上主要是房地产价值税。美国房地产价值税的税率和课税办法由各地方政府自行决定,课税收入也全部归属相应的地方政府支配。

3. 遗产税和赠与税

美国税制中,遗产税和赠与税是与财产税并列的税种。其实,这两个税种完全可并入财产税系列。联邦政府和州政府均开征遗产税和赠与税,前者实行总遗产税制;后者实行分遗产税制。在遗产税和赠与税中,土地、房屋类的不动产是其中的一项重要的课税客体。

美国的土地税制具有以下五个特点:一是土地税收在整个税收体系中并不具有特别重要的地位;二是主要土地税种的课税权、税收立法权以及课税收入均归地方政府,因而是一类典型的地方税种,是地方财政收入的主要来源;三是在土地税制结构中,财产税性质的土地税,即不动产价值税(包括土地价值税、土地改良物价值税以及房地产价值税)是主体土地税种,所得税性质的土地税是非独立的次要税种;四是土地税的重点课税对象是城市房屋和土地;五是由上述特点决定了美国政府课征土地税的主要目的在于:为地方公共服务筹措资金、调整收入分配,而土地税收的资源配置目的显然处于相对次要的地位。

(二)日本的土地税制

日本在第一次世界大战之前以土地税收为主体税种,到第二次世界大战之后逐渐转变为以所得税为主体税种。

1. 所得税性质的土地税

所得税性质的土地税有以下两类:(1)不动产租金或所得税。与美国的处理办法相同,日本也把不动产租金收益并入个人所得或法人所得而课征所得税。日本税法规定,出租不动产的所得、不动产上存在的权利均可作为个人所得税的应税收入。对于法人税的税基也有同样的规定:不动产的所得并入法人所得课征法人税。两种所得税均属日本国税,前者适用超额累进税率,后者适用比例税率。因此,租金型土地税也是日本非独立的土地税种。(2)不动产转让所得税,是对不动产转让所得课征的土地税。

2. 财产税性质的土地税

这类土地税是日本土地税收结构中的主体税种,其中既有国税(如地价税),又有地方税(如土地固定资产税)。

(1) 国税中的土地税。国税中的土地税主要有两类:一类是地价税;另一类是继承税。前者是日本独立的土地税种,后者则是包含各种财产形式的财产行为税。继承税是日本仅次于个人所得税和法人税的、有直接税性质的国税,其主要课税对象是土地、房屋等不动产。

(2) 地方税中的土地税。地方土地税收体系又分两级:一类是都道府县税,以不动产取得(或购置)税等为主;另一类是市町村土地税,以固定资产税为主体税种。

不同的土地税收管理机构是相互独立的,这与大多数西方国家的税收管理体制相同。不动产取得(或购置)税在不动产所在的都道府县向该不动产取得者课税,其计税依据是不动产取得时的评估价格;固定资产税的课税对象是土地、房屋和折旧资产,它包含了土地价值税和房屋价值税两个税种;特别土地保有税,又称特别地价税,属于市町村级土地税,日本税法规定,对拥有土地20年以上者免征此税;营业场所税实质是一种特殊的房屋财产税和房屋消费税,该税以因营业需要而新建、增建的房屋为课税对象,以房屋所有者和房屋使用者为纳税义务人,课税目的是使营业用建筑物收益等于或低于住宅性建筑收益,为控制大城市环境污染、改善城市环境质量筹措经费。

3. 其他土地税

包括城市规划税和宅地开发税。这是一类带有受益收费性质而开征的特定目的性土地税。

(1) 城市规划税,属于市町村级地方税,由房屋、土地所有者缴纳,课征此税旨在为市町村城市规划筹措事业费。

(2) 宅地开发税,属于市町村级土地税,旨在为宅地开发所需的城市基础设施筹措资金。

日本土地税制具有下述三个特点:一是土地税种齐全、税制结构相对完整。日本主要的土地税种都已经具备,它缺少土地增值税,但以土地转让所得税替代。二是土地税收的主要功能在于限制土地投机性交易,促进土地资源的有效利用。土地转让所得税、地价税和特别土地保有税均有此税收目的。三是土地税收实行中央、都道府县、市町村三级管理,而三级政府土地税权又相互独立。

(三) 英国土地税制

总的来说,英国土地税制是围绕土地流转和土地持有而建立起来的。在英国,与土地相关的税种可分为两大类:中央税与地方税。土地流转需缴纳的税种主要有:印花税、资本增值和公司所得税、个人所得税和遗产税等。土地持有需缴纳的税种主要有:居住用不动产税和经营性不动产税等。

1. 中央税

(1) 所得税。私人出租房地产租金收入在1 930英镑以下的税率为25%,以上者为40%;公司买卖土地和房产要缴纳公司所得税,税率为40%。

(2) 资本增值税。按个人买进、卖出土地和房产的差价向卖方征收,税率与所得税相同。

(3) 遗产税。以累进税率征收,最高税率为 40%。

(4) 印花税。按土地和房产转移价格的 1% 征收,由承受方缴纳。

2. 地方税种

(1) 居住用不动产税。按土地和地上建筑物的资产价值进行征收,征收标准按地方政府当年的财政收支情况调整确立,盈则征收少,亏则征收多。

(2) 经营性不动产税。是一间接税,根据所有在册经营性土地和房产租金情况,由地方政府不动产估价局确定其在固定时间内的差饷价值,然后全国内汇总,根据全国所在政府的支出情况确定一个统一的征税比率。

英国土地税制的主要特点可归纳为:(1) 税制结构简单,运行效率高。(2) 土地权属流转税收较低,以利于土地合理流动,从而高效配置、高效率利用土地。(3) 对土地持有的税收课征较为重视。(4) 征税方法简单、高效、方便、易操作。

(四) 德国土地税制

德国土地税制由来已久,总体而言,德国现今土地税主要是为财政目的课征的税,而不是为了体现土地政策。德国土地税税制结构极为复杂,以下仅择要述之。

德国土地税制的一个重要特点是对课征客体有一个统一的价值评定方法,以此为基准开展土地税的课征。与土地税相关的税种主要为:不动产税、财产税、遗产与赠与税、所得税及其他捐税。

从规范土地税的法律来看,德国无完整的土地税法,有关土地税的法令存在于其他多个法律之中,如德国直接规范土地税的法规仅有不动产税法,它只对不动产的保有课税作了完整的规定,其他如土地交易、赠与、继承等方面的规定仅为其他相关法规的一部分而已。其他间接相关的法律就有财产税法、遗产及赠与税法等近十个法律。

由此看出,德国对于土地税的重视程度不如其他国家。另外一个重要缺憾在于德国无特别的土地税法规范来防止土地投机。因此,从总体上来看,德国现今土地税制有待进一步改进与完善。

(五) 韩国土地税制

在韩国土地税制中,其税种比其他国家多,结构也相当复杂,税率也较其他国家高。韩国对农业用地、自营畜牧用地、一般性居住用地、工场用地予以一定的优惠。对非生产性用途、投机性用途的土地,征收额外的差别税,以防止土地投机行为。该税率确定体系中,特别注意土地权属获得与土地权属转移这两个具体行为的时间间隔,时间间隔越短,税率越高,从而有效防止土地投机行为的发生。为防止个人大量拥有土地,依据累进税率,对大量土地拥有者要求其负担额外的保有税,并尽量诱导这些人将这些土地卖出,以此分散土地拥有的集中度,稳定土地价格。

韩国土地税制的出发点是:(1) 补充土地政策,由于土地税对土地的收益有直接影响,其在土地开发与供给中起着重要作用,能够有效调节土地的供求。(2) 补充所得税的功能,将不靠个人努力而获得的土地增值部分回归社会,实现社会分配公平。(3) 调整土地利用结构并提高利用率,对特定地区或特定用途设立差别税,以此诱导社会有效利用土地。

其主要缺陷是:(1)税制结构过于复杂,税率过高。(2)存在重复课征现象。(3)某些税法之间标准不一,易引起混乱。

(六)印度的土地税制

印度税制以消费税为主体税,以关税、所得税和营业税等为辅助税种,这是由印度的农业经济结构特点决定的。土地税收在印度的税收体系中并不占重要地位。独立的土地税种主要有对农耕地课征的土地税,对城市不动产课征的土地及建筑物价值税、土地税等。非独立的土地税包括所得税中对房地产所得的课税,遗产税与赠与税中对房地产价值的课税,富裕税中对城市房地产的课税等。从总体上来看,印度的土地税主要是对农耕地收益的课税。

1. 国税中的土地税

(1) 所得税性质的土地税。针对房地产的资产所得、房地产的转让所得的课税,构成了印度所得税的一个组成部分。因此,所得税性质的土地税并非独立的土地税种。所得税属于印度国税。

(2) 财产税性质的土地税。印度富裕税的课税对象"纯财产"中包含城市房地产的价值(而对农地、农用资产免税);遗产税与赠与税中的税基也包含房地产的价值。因此,这两类财产税中均包含了对土地或土地改良物价值的课税,是土地税的组成部分。富裕税、遗产税和赠与税均属于印度国税。

2. 地方税中的土地税

地方税中的土地税是指州及州以下地方政府课征的土地税,它有两类:(1) 所得税性质的土地税,这是对农地课征的土地税,即农地收益税。其课税权全部归州,联邦政府不征此税。农地收益税的课税对象及税率各州不一,但主要是对农用耕地课税。对农地以外的土地及土地改良物课征另外的税收。地税的计税依据是以平均价计算的农作物总收益金额扣除地主负担的各项费用以后的"纯收益"。印度早期也曾以毛收益为计税依据,但因税负分配不均,现在大多数州已经改为以净收益为课税基础。地税的税率在每个课税年度决定以后予以公布。采用纯收益计税依据的州,最高税率一般在 25%—55% 的范围内。其他所得税性质的土地税还有:土地及建筑物租金税,由州以下的地方政府课征,以农耕地、农用地以外的土地及土地改良物为课税对象;土地增值税,亦属州以下地方土地税,对因城镇规划与地区基础设施的改进而导致的地价增值而课税。(2) 财产税性质的土地税。包括州政府课征的土地及建筑物价值税、地价税,地方政府课征的地价税的附加税、财产转移税、富裕税附加(对大城市的富裕税纳税人,就其保有的土地及建筑物价值课征的附加税,实行三级超额累进税率,分别为 0%,5%,7%)以及市政府在其辖区课征的财产价值税。

印度土地税制具有两个突出特点:一是联邦、州、地方三级政府均参与土地课税,但又各有侧重,税权彼此独立。联邦政府对农地收益税以外的所得税性质的土地税、遗产税和赠与税中的土地税具有管理权。州政府主要课征农地收益税、土地及建筑物价值税。地方政府课征不动产租金税、土地增值税和一些附加性土地税。二是对农地课征以纯收益为计税依据的土地税,并作为州政府管辖下的主体税种。

三、我国土地税制现状

(一) 我国土地税制基本情况

我国现行土地税收制度是从 20 世纪 80 年代初改革开放以后逐步建立和完善起来的。按照我国《宪法》的规定，我国的土地分为城市国有和农村集体所有两种形式，农村集体所有的土地用于农业生产，在 2006 年以前需要缴纳农业税和农业特产税，2006 年以后取消了农业税收制度。在城市中开发、转让和使用土地，需要在各个环节缴纳有关税收，涉及 10 个税种。在土地开发环节，需要缴纳耕地占用税和固定资产投资方向调节税（现已暂停征收）两种税；在土地使用权转让环节，需要缴纳土地增值税、增值税、城建税及教育费附加、印花税、契税、企业所得税和个人所得税 7 种税；在土地使用环节仅需缴纳城镇土地使用税（表 10-3）。

表 10-3 我国现行土地税收制度一览表

征税环节	税种	纳税人	计税依据	税率	政策依据
土地开发	耕地占用税	占用耕地建房或者从事非农业建设的单位或者个人	占用的耕地面积	5—50 元/m²	中华人民共和国主席令（第十八号），《中华人民共和国耕地占用税法》，自 2019 年 9 月 1 日起施行
土地使用权转让	土地增值税	转让国有土地使用权、地上建筑物及附着物的单位（不含房地产开发企业）	纳税人转让房地产取得的收入减除规定扣除项目金额以后的余额	30%—60%	中华人民共和国国务院令第 138 号，《中华人民共和国土地增值税暂行条例》，自 1994 年 1 月 1 日起施行
	增值税	转让土地使用权的单位和个人	土地使用权转让的全部收入减去购置或受让原价后的余额	11%	财税〔2016〕36 号，《营业税改征增值税试点实施办法》，自 2016 年 5 月 1 日起执行
	城市维护建设税 教育费附加 地方教育附加	从事工商经营，缴纳"二税"（即增值税、消费税，下同）的单位和个人	实际缴纳的增值、消费税税额	市区 7%，县城和镇 5%，乡村 1%。 3% 2%	中华人民共和国主席令（第五十一号），《中华人民共和国城市维护建设税法》，自 2021 年 9 月 1 日起执行 《国务院关于修改〈征收教育费附加的暂行规定〉的决定》，自 2005 年 10 月 1 日起施行 国发〔2010〕35 号，《国务院关于统一内外资企业和个人城市维护建设税和教育费附加制度的通知》，自 2010 年 12 月 1 日起施行 《关于修改〈中华人民共和国教育法〉的决定》第三次修正，自 1995 年 9 月 1 日起施行

续 表

征税环节	税种	纳税人	计税依据	税率	政策依据
	契税	承受国有土地使用权的单位和个人	承受人为取得该土地使用权而支付的全部经济利益	3%—5%	中华人民共和国主席令(第五十二号),《中华人民共和国契税法》,自2021年9月1日起施行
	印花税	书立土地出让、转让合同的双方当事人	土地出让、转让合同金额	0.5‰	中华人民共和国主席令(第八十九号),《中华人民共和国印花税法》,自2022年7月1日起施行

上述列出的有些税种规定了减免税税收优惠政策:(1) 对将土地使用权转让给农业生产者用于农业生产的免征增值税;(2) 以土地进行投资、联营,作价入股,或作为联营条件,将土地使用权转让到所投资、联营的企业中的,可以暂免土地增值税;(3) 有16种情况可以减免耕地占用税;(4) 有10种情况可以减免契税;(5) 有15种情况可以免征或暂免征收城镇土地使用税。

(二) 土地增值税

土地增值税的纳税人包括在中国境内以出售和其他方式有偿转让国有土地使用权、地上建筑物(包括地上、地下的各种附属设施)及其附着物(以下简称转让房地产)并取得收入的企业、行政单位、事业单位、军事单位、社会团体、其他单位、个体工商户和其他个人。其计税依据为:(1) 土地增值税以纳税人转让房地产取得的增值额为计税依据。(2) 增值额为纳税人转让房地产取得的收入减除规定扣除项目金额以后的余额。其实行四级超率累进税率,税率表如下:

表10-4 中国土地增值税税率表

级数	计 税 依 据	税率(%)
一	增值额不超过扣除项目金额50%的部分	30
二	增值额超过扣除项目金额50%—100%的部分	40
三	增值额超过扣除项目金额100%—200%的部分	50
四	增值额超过扣除项目金额200%的部分	60

(三) 房产税

房产税是以房屋为征税对象,按房价或出租租金收入征收的一种税。我国开征房产税始于1986年《中华人民共和国房产税暂行条例》,由于当时城镇居民收入水平普遍较低,该条例对个人所有的非营业用房产免税。随着1998年我国住房制度改革和不断深化及居民收入水平大幅提高,商品房市场日益活跃,恢复征收房产税是必要的。2008年12

月31日,国务院公布了第546号令,自2009年1月1日起外商投资企业、外国企业和组织以及外籍个人,依照《中华人民共和国房产税暂行条例》缴纳房产税。2011年1月,重庆和上海先后针对个人住房试点房产税。试点办法比较如表10-5所示①。

表10-5 重庆和上海房产税比较

	重庆	上海
征税对象	独栋别墅存量房增量房均要征税	自办法施行之日起新购的住房
适用税率	税率0.5%—1.2%之间	适用税率暂定为0.6%,符合条件的暂减为0.4%
征税基数	目前以房产交易价为征税基数	人均免税住房面积60平方米
税收管理	用于公租房建设	用于保障性住房建设等方面支出

(四)房地产税改革试点

2021年10月23日,第十三届全国人民代表大会常务委员会第三十一次会议通过《全国人民代表大会常务委员会关于授权国务院在部分地区开展房地产税改革试点工作的决定》。授权的试点期限为五年,自国务院试点办法印发之日起算。

试点地区的房地产税征税对象为居住用和非居住用等各类房地产,不包括依法拥有的农村宅基地及其上住宅。土地使用权人、房屋所有权人为房地产税的纳税人。

2022年房地产税改革试点城市中,上海市开展对部分个人住房征收房产税试点的暂行办法规定对上海居民家庭新购第二套及以上住房和非上海居民家庭的新购住房征收房产税,税率因房价高低分别暂定为0.6%和0.4%。

重庆市作为2022年房地产税改革试点城市,其房地产税试点方案,根据个人拥有房屋套数或面积的不同,制定并征收不同税率房地产税的累进征税方式,采用"套数越多、面积越大"——税率逐级提高的累进计税方式,其原理与个人所得税的累进税率相同。

小 结

本章主要讲述了我国土地产权制度的历史沿革,我国城市土地产权制度的变迁与缺陷,中国土地金融业务的发展状况等。我国土地资源的概况,土地市场的概念和特点,土地市场的概念有狭义和广义之分。狭义的土地市场是指进行土地交易的专门场所,如土地交易所、不动产交易所等。广义的土地市场则是指因土地交易产生的一切商品交换关

---

① 重庆市人民政府.重庆市人民政府关于进行对部分个人住房征收房产税改革试点的暂行办法和重庆市个人住房房产税征收管理实施细则(重庆市人民政府令第247号)[Z].2011-01-28.

上海市人民政府.市政府关于印发《上海市开展对部分个人住房征收房产税试点的暂行办法》的通知(沪府发〔2011〕3号)[Z].2011-01-28.

系的总和。我国建立土地金融制度的必要性等。我国土地资源市场体系,土地价格,土地价格的评估方法,土地价格的评估方法最常用的有市场比较法、成本法和收益还原法等。土地资源、土地资产和土地资本的内涵,并能熟悉它们的联系和区别。土地金融的概念及特点,土地金融作为金融业的一种形式,一般是指围绕土地开发、改良、经营等活动而发生的筹集、融通和结算资金的金融行为,即是以土地作为信用保证(抵押)而获得资金融通。土地税收与土地税制,土地税收是指针对土地或土地改良(如建筑物)价值或其租金收益课征的赋税,而土地税制是一个国家或地区的土地赋税体系。

习 题

一、名词解释
1. 土地资源
2. 土地金融
3. 土地市场
4. 土地资产
5. 市场比较法

二、填空题
1. 土地价格的形式主要有交易价格、_____、_____、_____、抵押价格、_____、_____、标定地价等。
2. 土地价格的影响因素主要有:_____、_____、_____和其他因素。
3. 土地市场的特点主要有:交易实体的非转移性、_____、地域性、_____、_____、_____、权利主导性等。

三、简答题
1. 简述土地产权的概念及内涵。
2. 简述土地市场的特点及我国土地市场构成。
3. 简述土地价格的特点和影响因素。
4. 简述我国建立土地金融制度的必要性。

四、论述题
论述土地资源、土地资产和土地资本之间的内在联系。

第十章

林业资源经济

学习目的

了解森林的概念、森林资源产品的特点和我国森林资源概况,理解林业资源产权的内涵及特征,了解林业产权市场的特点、我国林业产权制度变迁和建立森林资源产权市场的必要性,熟悉我国林业税费演变、国外林业税费制度现状和我国林业税费改革,并掌握林业分类经营模式下森林资源价值的计量。

关键概念

森林资源　林业产权　林业产权市场　商品林　林业税　分类经营

第一节　林业资源概述

一、林业

林业是从事森林资源培育、保护与合理利用的社会经济部门,具有基础性产业与社会公益事业的双重"人格"。林业是在人和生物圈中,通过先进的科学技术和管理手段,从事培育、保护、利用森林资源,充分发挥森林的多种效益,且能持续经营森林资源,促进人口、经济、社会、环境和资源协调发展的基础性产业和社会公益事业。林业在提供多种实物产品的同时,还发挥社会经济系统良性运行不可或缺的许多重要生态服务的作用,对改善生态环境、维持生态经济平衡也起着重要作用。

林业提供了人们生产生活需要的多种基本原材料和最终消费品,是国民经济重要的基础产业部门。但其处于弱势竞争地位,产品生产的周期复杂并较长,直接导致资本占用时间长,投入资本风险较高。经济再生产的间歇性导致资本利用率不高,而林业生产设备的专用性又较强,难以有效通过短期流动提高其利用率和周转率。这使得林业在与其他行业竞争有限的又必不可少的土地资源时处于弱势地位。

从历史发展的角度去认识林业,可以把林业划分成三个阶段:依靠自然力开发利用森林;依靠工业化开发利用森林;多向利用开发森林。同时,从林业的主体行为过程看,其先后经历了从纯粹开发到主动培育再到积极保护合理充分利用森林资源的过程。林业的特点主要包括:(1)生产周期的层次性与复杂性;(2)森林资源中生物性产品的自然再生产的连续性和经济再生产的间歇性交织在一起;(3)生产经营活动的风险性;(4)初期培育森林的经济依赖性;(5)为社会提供林产品和生态服务的特殊行业。

二、森林及森林资源

(一) 森林的概念

森林的概念在不同学科中有不同的阐述,此处主要以其生物学概念和法律意义上"森林"的概念作介绍。

从生物学角度讲,森林的概念也有不同的表述。第一,森林是以乔木为主体的生物群落,是集中的乔木与其他植物、动物、微生物和土壤之间相互依存、相互制约,并与环境相互影响,从而形成的一个生态系统的总体。第二,中国林业出版社2005年3月出版的《林学概论》指出,森林是以乔木为主体,包括灌木、草本植物以及其他生物在内,占有相当大的空间,密集生长,并能显著影响周围环境的一种生物群落。

从法律意义上的"森林"的概念看,《中华人民共和国森林法》第八十三条第一款规定:"森林,包括乔木林、竹林和国家特别规定的灌木林"。《中华人民共和国森林法实施条例》第二条第二款规定:"森林,包括乔木林和竹林。"这似乎指明了森林的范围,可这并不是森林的内涵。《中华人民共和国森林法实施条例》第二条第四款规定:"林地,包括郁闭度0.2以上的乔木林地以及竹林地、灌木林地、疏林地、采伐迹地、火烧迹地、未成林造林地、苗圃地和县级以上人民政府规划的宜林地。"根据《造林技术规程》,连续面积0.067公顷以上的造林应进行造林设计。有效造林小班的评价标准规定需达到以下条件之一:造林3—5年后,干旱区、半干旱区、高寒区,以及热带亚热带岩溶地区、干热(干旱)河谷等地区小班郁闭度达到0.15(含)以上;极干旱区小班郁闭度0.10(含)以上;其他区域小班郁闭度0.2(含)以上。造林3—5年后,极干旱区小班盖度20%(含)以上,干旱区小班盖度25%(含)以上,其他区域小班盖度达到30%(含)以上。这实际上指明了在界定"森林"时,应考虑面积、郁闭度和盖度等条件。

界定法律意义上的"森林",应以《造林技术规程》和《中华人民共和国森林法实施条例》等林业规范性法律文件为依据,即应满足《造林技术规程》和《森林法实施条例》有关森林面积、郁闭度和盖度的要求。当然,法律意义上的"森林"内涵并不是一成不变的,随着社会经济的发展,林业规范性法律文件会被适时修改,法律对"森林"的界定会发生变化,因而法律意义上的"森林"也会随之改变。

(二)森林资源

森林资源从广义上讲,是指林木、竹类和林区范围内其他植物和动物以及林地资源(含水资源)的总称;从狭义上讲,仅指以乔木为主体的森林植物组成部分,简称森林。本书所阐述的森林资源属于狭义上的范畴。森林资源分为物质性资源和功能性资源。物质性资源以林木资源为主,还包括林下植物、野生动物、土壤微生物等资源。林地包括乔木林地、疏林地、灌木林地、林中空地、采伐迹地、火烧迹地、苗圃地和国家规划宜林地。森林生态系统的生态功能服务的资源属性日益明显。

大部分资源具有效用性和稀缺性,这两种属性在森林资源的经济属性中表现得更为明显。第一,效用性,它是森林资源的首要经济属性。效用性主要以相关主体对森林资源的主观评价判断为基准。随着社会经济的发展,其对人类的生产、生活具有了效用性。第二,稀缺性。随着人类对森林资源需求的增加和森林资源的消耗,森林资源的稀缺性日益增强。

三、森林资源产品的特点

森林资源产品的特点主要表现在以下四个方面:(1)产权的不完整。即林主不可能充分拥有全部资源产品的所有权、使用权、收益权和处置权,一方面是资源本身的自然属性决定的,另一方面是由于公共物品因素的影响。当社会对森林资源产品的需求主要是物质性的内容时,上述特点对生产和供给的影响并不显著;当社会需求转到主要是功能性服务产品的时候,对供给的影响就非常显著。(2)生产过程具有外部性,生产周期和层次具有复杂性,经济再生产的可控性,自然力的独立作用。尤其是森林资源再生产过程中自然力的独立作用与稀缺性结合对其供给弹性有很大的影响,造成供需矛盾的尖锐化。(3)消费的可替代性较低。(4)与土地依赖相联系的不均匀分布。

四、我国森林资源概况

根据第九次(2014—2018)全国森林资源清查统计资料,我国林地面积 3.24 亿 hm^2,人工林面积为 8 003.10 万 hm^2;森林总面积 2.20 亿 hm^2,森林覆盖率为 22.96%;活立木总蓄积量为 190.07 亿 m^3,森林蓄积量 175.60 亿 m^3。我国人均森林面积是 0.16 hm^2,不到世界人均占有量的 1/3,人均森林蓄积 12.58 m^3,不到世界人均占有量的四分之一。我国森林资源从总体上看有以下五大特点[①]:

1. 森林类型多样,物种资源丰富

我国地域辽阔,地貌类型齐全,气候差异极大,自然条件复杂多样,从而形成了我国森

---

① 杜志,胡觉,肖前辉,等.中国人工林特点及发展对策探析[J].中南林业调查规划,2020(1):5-10.

林类型多样、植物种类繁多的特色。

2. 绝对量大，相对量小，资源分布极不均匀

根据联合国粮农组织汇编的《2020年全球森林资源评估》，中国森林面积和蓄积量分别位居全世界第五位和第六位。但因为中国人口多，从而使人均占有量小，而且资源分布极不均匀，总的趋势是东南多、西北少。

3. 森林资源结构不够合理

一是各林种比例现状与充分发挥森林资源的多种效益的要求不相适应；二是林龄结构不够协调，低龄化问题突出。

4. 林地利用率低，单位面积蓄积量小

我国林地利用率仅59.72%，而林业发达国家林地利用率多在80%以上；全国乔木林单位面积蓄积量94.83 m^3/hm^2，相比于世界平均水平较低，而且各省林业用地占土地面积比重差异大，残次林的比重也较大。

5. 人工林面积大，质量明显提高

新中国成立以来，我国人工造林成绩显著，人工林面积居世界第一。目前保存的人工林面积达8 003.10万 hm^2，约占现有林地面积的36.45%；人工林蓄积量达33.88亿 m^3，仅占森林总蓄积量的19.86%。在绿化国土、改善生态环境方面发挥着重要作用。人工乔木林单位蓄积量、单位面积株数、平均郁闭度和单位年均生长量等方面相较于第八次清查都有明显提升。

第二节 林业资源产权

一、林业产权及其特征

依照法律的解释，林业产权就是林业范畴内的财产权属关系，其核心是森林、林木和林地的占有权、使用权、收益权和处分权，也称为林权。林业产权制度决定了森林资源的配置和利益的分享，进而影响了人们从事森林保育、合理利用森林资源的积极性。

森林资源特殊的自然属性和社会经济属性，决定了林业产权的特殊性。具体来讲，林业产权具有以下特征：

1. 外部性

林业产权具有很强的外部性，这是区别于其他行业产权最重要的经济特征。所谓外部性，是指经济主体因第三者进行的活动而获得的无须支付报酬的收益（如绿水青山提供给人类生存的生态效益或鸟语花香给人的舒畅感受），或遭受无法索取补偿的损害（如因森林群落被他人破坏而遭受山洪暴发、泥石流等自然灾害）。森林资源的大量存在对周围居民和环境具有不可替代的作用，林业产权主体的部分权益被他人所分享，产生了巨大的外部性，同时由于种种原因无法得到合理的补偿，产权排他性难以完全实现。

2. 排他的有限性

排他性是产权最重要的经济特征。林业产权的排他性一方面要求产权主体不能完全按照市场供求和自身财力状况自由进入或退出市场,而必须在严格遵守采伐限额制度和林地不准随意抛荒以及改作他用的前提下,最大限度地保持森林资源存量的稳定以持续发挥其生态效益和社会效益,从而保证森林附近居民和经济实体(如水电站)得益。另一方面,在创造了巨大的外部效益的情况下,由于客观现实的原因无法得到补偿。

3. 界定的困难性

无论是法律的初始界定,还是动态转让,都存在较大困难,需要大量的界定成本。

4. 交易的复杂性

林业产权的客体包括林地资源、林木资源和森林资源,这三者之间是彼此关联的,互为存在的条件,并且相互作用。林业产权交易中,除有终极性产权所有权的交易外,更多的是中介性产权,如经营权、支配处置权以及相应的部分收益权的交易,例如使用权的折价入股、产权的借贷抵押,等等。因此,林业产权的交易极为复杂,难以进行有效的产权分割或分离。

5. 产权的流量性

林木生产过程是社会生产过程和自然生产过程相结合的产物,林木能在自然力的作用下实现资产增值。同时,林木存在于大自然之中,生产场所是露天的,许多自然和人为的因素均可造成资产的流失。

6. 收益预期的不确定性

林木生产周期长,资金占用量大,森林火灾、乱砍滥伐、森林有害生物危害等因素的存在,导致了林木收益的不确定性和风险很大。

7. 计量的困难性

主要表现在:一是活立木蓄积测算要求的精度问题;二是林价的确定问题;三是资产评估涉及土地级差、运距远近、立地类型、气候、树种、林龄等诸多因素。

我国实行土地的社会主义公有制,森林资源属于公有(即国家所有和集体所有),而森林资源包括了森林、林木、林地,以及依托森林、林木、林地生存的野生动物、植物和微生物,所以,森林资源的产权非常复杂,既是一个整体的归属,又是多项权能的组合。

二、林业产权市场

(一) 林业产权市场的内涵与特点

林业产权市场是森林资源这种特殊商品交易的场所。在这一市场中,市场的主体是森林资源的供给者、购买者和其他参与者,市场客体是交换的目的物——森林资源(森林、林木和林地)。在森林资源产权的交换过程中,有众多的参与交易者。除买卖双方外,还会有出租人、承租人、抵押人、贷款人、经营者、政府主管部门和中介机构。因而,在森林资源产权交易过程中各参与者必然发生以森林资源产权交易为核心的各种经济关系,如资产评估、交易经纪、合同签订、资金结算、办理各种法律手续等。这种为实现森林资源产权交易而进行的各种经济活动及经济关系就构成了林业产权市场。

与一般商品市场比较,林业产权市场具有明显的自身特点,主要表现在:(1)区域性。由于林地位置的固定性,各地域性市场之间相互影响较小,难以形成全国性统一的大市场,从而无法形成统一的市场价格。虽然实力雄厚的投资者可能跨区域大规模交易,但其市场本身的区域性特点并不会消失。(2)不充分性。一般商品市场参与者众多,自由竞争充分。但森林资源产权市场在一定时间内可能只有少数购买者和出售者,市场信息的获取也较难,因其总量价值高,需要的购买力大,因而导致竞争不充分。(3)异质性和非标准化。一般商品市场交易的商品是同质产品,甚至是标准化产品,彼此可以替代。但在森林资源产权市场上,每宗林地是唯一的,没有任何两宗林地实质上完全相同,无论在树种、结构、蓄积、林龄还是立地条件等方面都是相异和非标准化的。(4)供给弹性小。一般商品市场,商品易被消费,也易迅速供给。虽然森林林木可以再生而增加供给,但培育周期漫长,且林地一般不可再生(特殊情况下非林地变成林地的除外)。因此,从总体上讲,森林资源的自然供给弹性较小。(5)政府管制较严。森林资源是国家重要的自然资源,对国家生态安全、国民经济与社会可持续发展关系极大,因而国家对其采伐、加工利用、交易等有较多的严格限制。(6)低效率性。由于以上因素,森林资源产权市场相对于一般商品市场而言,交易效率较低。

(二)林业产权市场失灵

林业产权制度改革有利于促进市场力量对森林资源的配置,从而为更加合理地利用森林资源创造必要条件。然而,即便森林资源产权已经具备专一、排他、安全和可转移的条件,但如果忽视产权市场培育,市场失灵仍然可能发生。林业产权市场失灵可能有以下几种情形:(1)无市场。即市场没有发育或根本不存在。(2)薄市场。在森林资源卖者、买者数量都很少的情况下,竞争很弱,形成薄市场。如市场障碍较多(如源于政治、法律或政策原因的进入障碍、高信息成本等),会导致市场竞争不充分,形成薄市场。森林资源价格太低,只反映了劳动和资金成本,没有反映森林资源生产耗费的机会成本,投资张力会丧失,也形成薄市场。(3)外部效应与公共物品。森林资源具有明显的外部效应和公共物品性质。在政府不进行应有干预的情况下,任何企业都不会愿意自动提供公共物品,因而市场机制难起作用。(4)交易。当森林资源产权交易费用超过交易收益时,市场就难以存在。(5)不确定性。森林资源培育周期长,未来的不确定性和风险性很大,沉没成本可能趋高。如果人们预期政府对森林资源的保护不力,市场将受到很大抑制。可见,在林业产权制度改革全面完成后,林业产权市场的培育是十分重要的。

(三)我国建立森林资源产权市场的必要性

新中国成立后,建立了社会主义计划经济体制。在这种体制下,虽然经历了"土地改革""农业合作化""四固定"和林业"三定",但森林资源"国家所有"和"集体所有"的两种所有制形式并没有改变,且长期实行按计划统购统销,"一家进山收购",禁止其他一切形式的买卖、转让、租赁、抵押等。这种以行政手段配置森林资源的方式,完全否认了森林资源价值的存在,否认了市场对森林资源配置的有效性,造成了森林资源的极大浪费。随着社会主义市场经济体制改革的深化,建立森林资源产权市场,实现森林资源配置市场化迫在眉睫。

1. 有助于优化配置森林资源

在以行政手段实行森林资源计划管理统购统销的情况下,分配者无法全面了解森林资源使用者的真正需求,同时人类对森林资源的需求千差万别,也难以通过政府的计划分配得到满足。市场手段就是以森林资源价值为基础,以林业产权市场为平台,对森林资源实行有偿有限期使用,并允许森林、林木所有权和林地使用权的各种交易,通过市场机制,以市场价格引导森林资源的供给和需求,给森林资源供给者和需求者一个明晰的经济尺度和利用方向,从而引导森林资源向着合理、有效的方向使用。而政府可以根据市场反馈的各种信息制定政策和规范,并运用各种经济杠杆进行调节,从而实现森林资源的高效配置和最佳利用。

2. 有助于调整林业产业结构与规模,优化林业生产力布局

健康的林业经济需要有合理的林业产业结构和生产力布局。以价格机制为核心的市场机制就像一只"无形的手",及时对林业产业结构和生产力布局依市场原则进行调整,以实现最大的经济效益。林地租金、木材价格是森林资源产权市场的重要信号,这种信号比任何非经济信号或指令更科学,更能促进林业生产力布局和产业结构的优化。比如,一个地区工业原料用材供给过多,而建筑家具用材供给过少,则工业原料林价格就会下降,建筑家具用材价格就会上升。对此,理性的供给者将减少工业原料用材供给而增加建筑家具用材供给,以获得更大的利益。

3. 有助于健全市场体系,实现各生产要素的最佳组合

市场经济的正常发展和各种生产要素的有效配置,有赖于完整的市场。完整的市场包括消费品市场、生产资料市场、劳动力市场、资本市场、技术市场等。市场机制也只有在一个完整的市场体系中才能充分发挥作用。我国改革开放后,首先建立的是消费品市场,继而开放劳动力市场、部分生产资料市场。目前,技术市场、资本市场等正在建立和完善。森林资源是一种重要的生产要素,如果这一要素市场发展滞后,对各种经济尤其是农村经济、林业产业经济就会产生阻碍和制约。

三、中国林业产权的制度变迁

制度变迁是指制度的替代、转化与交易过程,当要素相对价格及谈判力量的对比发生变化以及组织的偏好发生变化时,制度会发生变迁。这时组织根据最大化目标采取行动,从而勾画出制度变迁的方向。制度变迁的过程,实际上就是实施制度的各个组织在相对价格或偏好变化的情况下,为谋取自身利益最大化而重新谈判,达成更高层次的合约,改变旧规则,最终建立新规则的全部过程。制度变迁是时代发展和社会进步的客观要求和重要途径。在现行制度安排下,若潜在利益存在而无法获得,相关利益群体就会要求并推动制度变迁。

中华人民共和国成立以来中国林业产权变迁过程如图11-1所示。林业所有权在初期归于国家和个人,个人可拥有完整的山林所有权;合作化时期对林权开始进行公有化改革,逐渐向集体拥有所有权过渡,人民公社时期国家和集体完全享有山林所有权;林业三定后出现山林由个人与集体混合所有的状态;20世纪90年代林权逐渐走向市场化;到21

世纪初,国家大力发展非公有制林业,混合产权改革进一步深化,国家、集体与非公有制林权并存。[1]

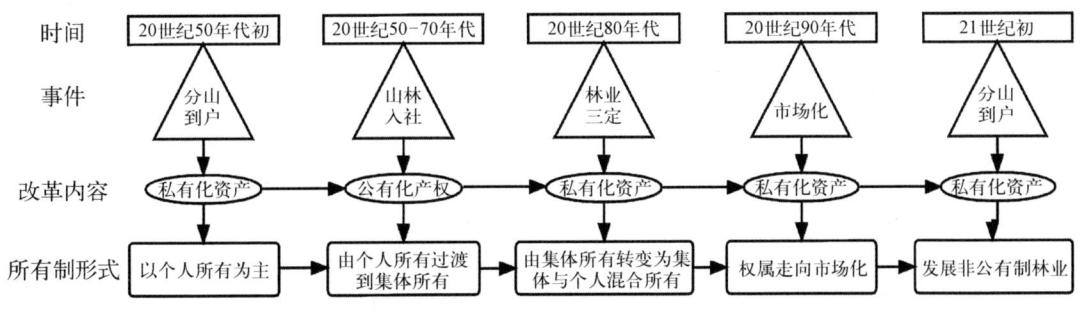

图 11-1 中华人民共和国成立以来林业产权变迁过程

我国林业产权制度的历史沿革,大体可以划分为以下五个阶段:

第一阶段,土地改革和合作化时期。《中华人民共和国土地改革法》实施后,人民政府依法管理和经营国家所有的森林和荒山荒地,在东北、西南、西北原始林区建立了一批全民所有制森工企业,在中原和南方组建了一批国营林场,在广大农村,通过土地改革,农民分得了个体所有的山林。从1953年开始合作化,把农民私人所有的山林变成了私人和集体共同所有。

第二阶段,"大跃进"和人民公社时期。农村土地的调整,从互助组发展到初级社又到高级社,通过贯彻《农村人民公社六十条》,大搞"一大二公"运动,使绝大多数农民加入了人民公社,将原合作社的山林全部划归公社所有,其结果,只有国家和集体拥有森林、林木和林地所有权,没有个人所有的林木。

第三阶段,十一届三中全会以来至20世纪90年代中期。以实施"稳定山权林权,划定自留山和落实林业生产责任制"(即林业"三定")政策为标志,我国林业逐步走上了经营体制多元化的发展道路。1981年,中共中央、国务院颁布了《关于保护森林发展林业若干问题的决定》(中发〔1981〕21号),广大农民分到了自留山,承包了责任山,出现了承包荒山造林的专业户、重点户,多种经济成分的林业初露端倪。1985年,中共中央、国务院又颁布了《关于进一步活跃农村经济的十项政策》,允许林农和集体所有的木材自由交易,出现了严重的乱砍滥伐。对此,1987年中共中央和国务院发出了《关于加强南方集体林区森林资源管理,坚决制止乱砍滥伐的指示》(中发〔1987〕20号),提出要"严格执行年森林采伐限额制度""集体所有集中成片的用材林凡没有分到户的不得再分""重点产材县,由林业部门统一管理和进山收购"。以后,林业政策基本以此为框架。

第四阶段,社会主义市场经济体制建立以来至21世纪初期。党的十四届二中全会确立了社会主义市场经济体制和以公有制为主体、多种所有制经济共同发展的基本经济制度,为林权制度调整奠定了制度基础,林权制度的改革成为加快林业发展的必然条件和各地林农的迫切要求。2003年的《关于加快林业发展的决定》明确要求,继续推进林业产权

---

[1] 黄丽,黄安胜.间断均衡理论视角的中国林业产权政策变迁分析[J].世界林业研究,2021(6):50-55.

制度改革,对自留山、责任山、集体山林进行不同的权属关系分配,科学地划分出有区别的经营方式,力求形成最优效率的生产方式。

第五阶段,全面推进集体林权制度改革至今。2008年国务院发布《关于全面推进集体林权制度改革的意见》,提出要坚持集体林地所有权不动摇,通过家庭承包的方式将林木所有权和林地经营权转给集体组织中的成员,也可以通过均股均利的方法进行产权分配,并在承包关系确定后进行勘界发证。2016年国务院发布《关于完善集体林权制度的意见》,提出继续坚持农村林地集体所有制不动摇,同时积极进行体制机制的探索创新,进一步构建现代林业产权制度。[①]

综观林业经济改革多年的实践,不难发现,我国的产权制度变迁与经济体制改革密不可分,林业产权随我国经济体制改革而在不断发生变迁。目前中国林业产权发展已进入到全面推进"三权分置"、培育新型经营主体、促进林业产业转型、提高农户收入、促进森林资源利用效率和生态经济社会效益相统一的阶段。

四、中国林业产权制度的特点

(一)政策规定约束下的产权关系

我国林业产权制度比一般的财产权复杂。其原因,首先是林地为国家或集体所有,所有权与经营权相分离,经营者的权能是不完整的,如何行使不完整的权能,必须通过一系列政策来规定;其次是森林必须兼顾三大效益的发挥,如何兼顾,政策上也必须做出规定;第三是林木不限制为公有,但林木的处分却处处受森林资源管理制度、林地管理制度的制约。因此,所有权的占有、使用、收益、处分四项权能不仅法律有规定,而且受政策的调控和约束,而中央和地方政府及其部门都有制定政策的权力,政策是不断变化的,使得林业产权关系成为一项政策性权束的集合。

(二)经营形式和行政隶属体现产权归属

我国是在土地公有制情况下实现林业经营体制多样化的,所以林业产权具有经营形式体现产权归属的特点,使林业产权的实现形式呈现多样化。有的按所有权及其纽带关系把森林分为国有、集体、承包、租赁、拍卖等形式;有的按政策规定分为自留山、责任山、集体统管山(多种类型);还有的按行政隶属和林木所有分为国有(县以上)、社有(乡属林场)、村有、组有、个人所有林等等。国有林地、林木和森林,其国家所有的属性非常明确,问题在于谁代表国家行使所有权,谁来经营国有资产,收益如何分配。目前,现实的情况是,哪一级政府管辖,就由哪一级政府行使所有权及其派生的权力。

(三)林业"三定"构成现有产权制度的基础

1981年,中共中央、国务院颁布了中发〔1981〕21号文件,在全国实施林业"三定"工作,各级人民政府为国有、集体和农户发放了近30亿亩林权证,形成了林业产权制度的基本框架,以后虽然中央和国务院又颁发了一些文件,但都是以此为基础的。林业"三定"实

---

① 黄丽,黄安胜.间断均衡理论视角的中国林业产权政策变迁分析[J].世界林业研究,2021(6):50-55.

施的结果,现实上形成了六种类型:一是自留山经营;二是承包经营;三是租赁经营;四是股份制或股份合作制经营;五是集体统一经营,责任管护。

第三节 林业税收

一、我国林业主要税费的演变及现状

林业税费是对林业及其他衍生品征收的费用,由林业税和林业费两部分组成。其中,林业税是指国家为满足一般的社会共同需求、以法规形式强制性征收;林业费通常是林业税收的一种补充。

在计划经济时期林业税费种类较少、征收额度相对较低。"财政包干制"以后,林业税费体制趋于完善,但是随之而来的林业乱收费现象不断加剧。"分税制"时期,各层级政府面临财政压力,随着林业部门承担责任加大但转移支付力度不足,各种畸形增加林业税收手段与林业资金乱用现象层出不穷,在农业特产税的基础上,开始征收森林植物检疫费、森林资源补偿费、森工企业管理费、林业养路费等林业费用。自 1994 年分税制改革推行,直至 2016 年国务院批准实施增值税改营业税,我国分税制体制虽稍有调整但并未做较大变更,但我国林业税费体制产生了较大变革,林业税费过重的现象得到了很大改善。现行林业税费体制中林业税仅包含增值税、所得税、城建税、教育费附加、社会事业发展费等;林业费包括森林植被恢复费、育林基金(含维简费)、陆生野生动物资源管理费、林木种子生产许可证工本费、林木种子经营许可证工本费、林权证工本费、木材经营加工许可证工本费、森林植物检疫费、植物新品种权费。林业乱收费现象基本得到控制。[①] 近年来,国家倡导绿色环保,改善生态环境,号召各地进行生态建设,鼓励林业发展,因此对林业税收有较大的优惠。林业主要涉及税种及优惠政策见表 11-1。

表 11-1 我国林业主要涉及税种及优惠政策

税 种	优惠程度	条 例	优 惠 政 策
增值税	深度免税	《中华人民共和国增值税暂行条例》(2017 年修订)第十五条及第三十五条	林业生产者销售的资产、农产品免征增值税
企业所得税	基本免税	《企业所得税法》第二十七条	从事林业项目的所得可以免征、减征企业所得税
土地使用税	深度免税	《城镇土地使用税暂行条例(2019 年修订)》第六条	用于林业的生产用地免缴土地使用税

---

① 徐拓远,张晓晓,刘金龙,等.分权还是集权:对改革开放以来我国林业税费体制变迁的解释[J].农业经济问题,2019(1):133-144.

续表

税 种	优惠程度	条 例	优惠政策
耕地占用税	基本免税	《中华人民共和国耕地占用税法》第十二条	占用林业用地建设直接为农业生产服务的生产设施的,不缴纳耕地占用税
契税	深度免税	《契税法》第六条	承受荒山、荒地、荒滩土地使用权用于林业生产的免征契税

二、国外林业税费制度及其经验借鉴

(一) 国外林业税费制度概况

由于林业本身的特殊性及其在国民经济和社会可持续发展中所具备的不可替代的主体作用,世界各国特别是经济发达国家均把发达的林业列为国家繁荣、社会进步、民族兴旺的重要标志之一。由于各国的政治、经济、资源等方面的条件不同,各国林业税费政策存在很大差异,但对林业进行保护和扶持的主要手段就是实行优惠的税费政策。此处重点以森林资源由破坏到恢复速度比较快、做法比较成功的美国和日本为例进行说明。

1. 美国林业税费政策

美国有较丰富的森林资源,截至2017年,美国森林总面积约为3.1亿hm^2,森林蓄积总量为242亿m^3,森林覆盖率33.1%。从全球的视角来看,美国人口占全球5%,土地面积占全球7%,林地面积占全球8%,林地生物量占全球11%,木材蓄积量占全球8%。[①]在税收上,凡属林业生产的税负都相对低于非林业生产的税负。美国林业税种最主要的有以下三种。

(1) 所得税。美国把企业或个人所得分为资本所得和一般所得两部分,分别以不同税率征收。为了扶持造林事业,规定林木培育者出售或采伐立木时,可按资本所得的28%税率征收资本所得税,其他经营所得征收46%的一般所得税。税法还特别强调,只有长期经营和培育林木者方可享受28%的低税率。对于从事商业活动,转手倒卖者不享受此优惠。

(2) 财产税。它是根据财产的价值,以一定税率征收的地方税,由所在地方税务机关计算征收。对于固定财产税,联邦政府规定一般按固定财产的5%上缴。美国国有林的林木和地产估计为400亿—500亿美元,但由于林业生产周期长、资金周转慢,政府免掉了国有林的固定财产税,即相当于在国有林的建设上每年多投入20多亿美元。

(3) 立木税。它是采伐立木时,按市价以一定税率征收的一种税。在华盛顿州,1971年前的旧税法规定立木与林地合并在一起征收财产税,致使没有足够资金缴纳税款的林主,不得不采伐尚未成熟的林木。为了确保森林资源的稳步增长,该州于1971年修改了税法,把立木与林地分开,对林地继续征收财产税,而对立木则在采伐时按市价计征6.5%

---

① 张卓立,刘丹,李永亮,等.美国森林服务管理经验与启示[J].世界林业研究,2022(2):105-110.

的立木税。

美国税法规定在森林施业中,采伐道路的全部或部分被当作可取得减税或优惠的投资,采运设备在通常情况下,也可以取得这种优惠。税法还规定,对采伐迹地如果三年之内达不到规定的更新造林数量和质量要求,政府将以较高的税率征税。此外,美国还设有更新造林信托基金、造林补助基金制度。更新造林信托基金是从木材产品的进口税中提取的,每年提取3 000万美元,主要用于国有林的更新造林和林分改良。造林补助基金主要来源于联邦和州两级政府财政预算拨款,主要用于对符合条件的私有林主给予50%—75%的更新造林费用补助,并对小林主的防火、防虫及技术推广费用提供无偿补助。

2. 日本林业税费政策

日本林业历史悠久,森林资源较多,现有森林面积2 493万 hm^2。日本的林业税主要有所得税、林地和立木馈赠税、继承税、林地所有固定资产税、林地不动产取得税、特别拥有税和原木交易税等。日本在税收上规定有减、免、缓交等优惠措施。日本对用材林,从山林所得概算总额的60%中减去造林费用总额的25%(作为造林损失费),其差额作为所得税课税对象,税率为5%左右。对保安林免税,而森林财产继承税则减轻到4.8%。近些年,日本进口木材增多,每年大约有3 000万 m^3。为了鼓励国内木材生产,对供应市场的国有林木材实行免税和低税,对私有林的采伐和加工,年所得收入在3 000万日元以内的,实行免税。

从森林的公共效益出发,日本林野厅于1985年创建了绿色和水的森林基金,并于1987年在自民党税制改革大纲中明确规定,向水源、河流的受益者征收森林河流维护费。为确保该项基金的落实,日本政府成立了绿色和水的森林基金推进本部,各都道府成立了绿化推进委员会。

日本将国有林的全部收入留给林业部门作育林经费,由林野厅统一管理和核算。如出现赤字,则由国家预算予以补贴;若收入有结余,则可转入下一年度继续使用。

日本设有农林渔业金融公库基金,主要是对原木生产、木材加工等森林所有者提供致力于维持和促进林业生产力发展的长期低息贷款。此外,日本还有林业补助,来源于国家一般会计预算、国有林特别会计预算、森林保险特别会计预算,用于支持林区修建林道和营造林等方面。

(二) 经验借鉴

发达国家作为市场经济成熟国家,普遍实行的是全国统一的税收体系,对林业进行保护,是它们比较普遍的做法。当经济和科学技术有了飞速发展,林业的相对优势及其在GDP中占的份额逐渐下降的情况下,这些国家都相继增加了对林业的投入,并提高了各种补助标准,实行税费减免、低息贷款等优惠政策。他们对林业的扶持并不单纯地由国家通过财政预算给林业拨款,而是制定出一整套财税、立法及相配套的技术措施,用以调动林业经营者的积极性,从根本上保护森林资源。

从对林业的收费情况来看,不存在专门要求林农普遍承担的各种税收以外的费用。林农缴纳的有关费用,同其他职业和阶层的人一样,都是按照使用者付费的原则支付的。这是由于各级政府公共部门的收支基本上完全由财政控制,政府预算几乎包括政府各部门及其下属机构无论何种来源的所有收支,并且置于议会的民主监督之下,杜绝了政府公共部门收支的随意性和滥用的可能性。因此,"税重费轻"是其税费制度的突出特点。

而同为发展中国家的芬兰、巴西等国,也是由于重视林业,才使其森林覆盖率达50%以上,国民经济也相应得到发展。这些发展中国家在农村、林区普遍实行的是市场经济,林业的生产由生产者根据市场需求自主经营,各级政府的职责主要是提供服务、依法征税,而林业生产者对各级政府只管照章纳税。林区各项公益事业都是由各级政府来投资建设的,实行摊派集资等制度外收费的情况极为罕见。当然,发展中国家的林区也存在一些收费集资项目,但这些收费集资都是按照"使用者付费"原则或直接受益原则收取的。

综合起来看,国外林业税费制度有以下特点:第一,发达国家普遍实行的是统一的税费制度,而发展中国家普遍设置独立的农业税种。第二,这些国家均按纯收入或纯收入的一定比例征收农林业所得税或土地所得税。第三,在农业税中另行设置并开征农业特产税的国家并不存在。第四,林业生产者不但不需要比其他职业和阶层的人额外承担一些税费任务,反而因为所从事产业的特殊性而享有种种税收优惠。第五,无论发达国家还是发展中国家,都存在按"使用者付费原则"或"直接受益原则"少量收费的现象,但不存在制度外或预算外大量收费的现象。

三、我国林业税费改革的方向

(一) 我国林业税费改革的基本原则

1. 实行优惠政策,促进林业发展

经济发展的战略目标是实现可持续发展,而发展林业是实现可持续发展的重要基础。我国由于过去的"重采轻育"导致森林资源严重破坏。因此,现阶段我们要大力发展林业,保护现有的森林资源和培育新的森林资源。然而在市场经济条件下,资源的配置必定倾向回收快、风险小、获利大的行业,对于林业这种投资规模大、经营周期长、获利小、见效慢、风险大的基础产业,单靠行政命令来实现对林业的投资、管理和林业经济的可持续发展是被动的、低效的,我们应该充分利用税收杠杆来调节资源配置,给林业经营者较其他产业经营者更大的税收优惠政策,这样,社会投资自然会流向享受优惠待遇的林业,从而实现林业的较快发展。

2. 打破所有制观念,公平税负,促进竞争

在市场经济体制下,我们应该打破所有制的狭隘观念,对公有制和私有制一视同仁,让所有的企业公平地竞争。只有彻底地打破所有制观念,所有的企业才能公平竞争,使那些完全不适应市场的企业通过破产退出市场,经营有问题的企业通过重组得以继续发展,优胜劣汰,使各企业更好地适应市场经济的发展,更好地为社会主义经济作贡献。

3. 考虑林业的特殊性,在税收之外应从国家财政方面对林业进行扶持

由于我国林业一直以来"重采轻育",导致了我国森林资源的严重匮乏,所以,现阶段我国森林的主要功能不是生产木材,而是提供环境服务和游憩。这就产生了一个问题:林业部门不能再砍树,不能再收费,也就没有了经济收入,在"只有支出没有收入"的情况下林业部门是无法独自支撑中国生态环境建设的,因此,国家要通过财政拨款、林业补贴、

森林生态补偿基金等"政府手段"来扶持林业的发展。

(二) 我国林业税费改革的目标

基于以上的想法,我国林业税制改革的目标是:建立以土地税或财产税为主体、增值税和所得税为配套的新的税收体制。这样做的好处是:规范税制,降低税率,鼓励林业经营;拓宽税基,提高征收效率,增加国家税收。具体做法和理由如下:(1)以土地税或财产税为主体。我国是社会主义国家,土地是属于全体人民共有的财产,国家代表人民对林地使用者征收土地税或财产税是合理的,也是可以接受的。我们可以考虑林地的土壤质量等因素把土地分等级,每年按亩对林地使用者征收土地税或财产税,这样做的好处是征收简单,同时可以保持税源稳定。(2)以增值税和所得税为配套。这样做的好处是:一是将林业和其他产业在税收上统一起来,使得林业和其他产业间的税负公平;二是简化了林业税收制度,不仅能够减少征收者滥收费和纳税人偷漏税的机会,而且有利于税收征管,节约税收成本,这样做的前提是林业经营规模化,工商注册系统完善。

第四节 林业分类经营

一、林业分类经营的概念

《中华人民共和国森林法释义》中对林业分类经营做了说明。林业分类经营指的是在社会主义市场经济条件下,根据社会对生态和经济的需求,按照森林多种功能主导利用的方向不同,将森林五大林种相应划分为生态公益林和商品林两大类,分别按各自的特点和规律运营的一种新型的林业经营管理体制和发展模式。林业分类经营在我国从 1995 年开始进行试点。基本做法是,将《森林法》中规定的防护林和特种用途林划归为生态公益林,将用材林、经济林、薪炭林划归为商品林,两大类林种采取不同的经营手段、资金投入和采伐管理措施,把商品林的经营推向市场化,而生态公益林的建设则作为社会公益事业,采取政府为主、社会参与和受益者补偿的投入机制,由各级政府负责组织建设和管理。

二、林业分类经营与森林分类经营

"林业分类经营"是林业经济学界的一般说法,"森林分类经营"是从事森林经营学科研究的学者们的习惯说法。二者并存,其中的联系和区别有必要澄清,以便指导实践。如果说前者是企业管理问题,后者则是森林经营问题,其对象一个是企事业,一个是森林;一个是利用森林,一个是培育森林。二者的主要区别与联系具体如下:

(一) 林业分类经营与森林分类经营的主要区别

林业分类经营和森林分类经营在分类对象、分类目标等方面存在区别,两者分类的结果自然有明显不同。林业分类经营的分类结果是商品林业经营单位和公益林业经营单位;森林分类经营的分类结果是商品林、公益林、工业原料林、速生丰产用材林等。二者的主要区别如表 11-2 所示:

表 11-2 林业分类经营与森林分类经营的主要区别

分类 \ 区别	对象	标志	目标
林业分类经营	森林经营单位	以林业生产经营单位的经营目的作为标志	选择适当的经济运行机制
森林分类经营	森林资源	以森林经营目的、产品方向、经营强度作为标志	追求尽可能高的森林资源经营的投入产出效益

（二）林业分类经营和森林分类经营的联系

二者的联系在于：森林分类经营中的一种分类——按经营目的对森林进行的分类是林业分类经营的基础，经营单位属于哪一类必须建立在对该经营单位的森林资源按经营目的进行分类的基础上。经营公益林，这是公益林经营单位的必备条件，但并不等于凡是有公益林的单位就是公益林经营单位，最终的衡量标准是公益林在其经营的全部森林资源中所占的比重及由这一比重引起的市场机制的调节失灵程度。

因此，林业分类经营是林业经济体制改革的主线，是实现林业生产经营活动和资源配置机制衔接的重要途径，它不是经营的具体技术措施，而是经营管理体制的根本变革，林业分类经营是在森林分类的基础上建立两类不同的管理体制，是林业全局性的战略措施，综合性、系统性强，偏重社会属性，是政府行为。森林分类经营是根据森林特点和社会需求而划分的，偏重自然属性和技术性。两种分类互为因果，互相依存，林业分类经营为森林分类经营争取良好的外部环境，但它不能取代森林分类经营，必须重视在林业分类经营的基础上，对公益林、商品林按多种标准进行细致分类，这是建设林业两大体系的迫切需要。

三、林业分类经营的基础

（一）森林经营原则

森林经营将讨论如何长期获得并保持森林资源在时间与空间上的秩序化，即森林可持续经营。它是实现林业可持续发展的必由之路。森林可持续经营的原则主要满足：（1）经济效益。经济效益是传统森林经营中的主要目标，有土地纯收益和森林纯收益，还有内部收益率、还本期、收益成本比和净现值等。（2）社会责任。森林经营包括社会福利、就业及各种服务，这是森林有别于其他生物的地方。（3）生态系统的完整。森林生态系统衰退的现实迫使我们不得不调整森林经营原则与优先顺序，生态系统的完整，有望成为森林经营的主要目标。目前，人们对复杂的森林生态系统的了解还很少。（4）生物伦理。保护生物多样性在发达国家已获得很大的发展，发展中国家也正在积极提倡。保护生物多样性无疑将成为森林经营管理的重点。

（二）森林经营目标

21世纪将是人类对复杂的森林生态系统的理解与管理的时代，21世纪的森林经营目标要求：(1)森林生态系统的健康。(2)水土保持等生态效益最大。(3)森林游憩等社会效益最大。(4)林产品等经济效益最大。

森林经营目标可依时间、空间分为三种情形：(1)同一时间、不同小空间的不同经营目标的镶嵌（静态分类经营）。(2)同一空间、不同时间有不同经营目标（动态分类经营）。(3)同一空间、同时有多种经营目标。

(三) 经营的理念

森林资源经营理念主要有：(1)分类经营。分类经营是指在林区（区域）内，分地块划定商品林和公益林，然后在这些特定的地块内进行各种单目标的资源利用，实现区域尺度的协调。(2)永续经营。永续经营仍是许多国家，特别是北欧各国林业经营的模式。永续经营是指在再生资源生长范围内的合理收获。(3)协调（整体）经营。有些国家，如德国法律明文规定的"资源和谐及协调的经营法"，指多资源利用的协调经营，而非分区单项资源利用。(4)生态系统经营。重点是维持生态系统健康，考虑的是森林生态系统的状态，而不仅仅着眼于资源供需方面。(5)多种经营模式。指短期内灵活的土地经营，或是只在生产力高的林地作投资，或尽量依赖自然界的经营方式。它是审慎地利用森林，认真考虑投入劳力或资金到一个森林生态系统中，同时得到数种社会需要的产物。

四、世界主要林业国家林业分类经营的做法及经验借鉴

林业分类经营是世界先进国家的成功经验，综观世界主要国家（地区）林业分类经营情况，有的国家将森林划分为二类林，有的国家划分为三类林，还有的国家（地区）划分为多类林，详见表11-3。

表11-3 世界主要林业国家（地区）森林分类情况表

类	国家（地区）	划分的森林类型（占有林地的比重）		
二类林	新西兰	商业性林(18%)		非商业性林(82%)
	澳大利亚	生产林(23%)		非生产林(77%)
	菲律宾	生产林		非生产林
	美国(1992年)	生产林(66.5%)		非生产林(33.5%)
	印度	生产林		社会林
	泰国	商业性林		公益性林
	瑞典	生产林		社会林
三类林	法国	木材培育林(13.7%)	公益森林(6.9%)	多功能森林（占大多数）
	加拿大	偏远森林	生产林	非生产林

续 表

类	国家(地区)	划分的森林类型(占有林地的比重)				
多类林	日本国有林(伊那谷森林区)	国土保安林(46.2%)	自然维护林(30.1%)	森林空间利用林(8.9%)	木材生产林(17.8%)	
	马来西亚(沙巴州)	生产区	保护区	游憩区	社会林业区	
	中国	用材林(用材林含竹,69.1%)	防护林(12.5%)	经济林(12.5%)	特用林(2.6%)	薪炭林(3.3%)
	奥地利	用材林(64.5%)	山地防护林(30.7%)	环境林(3.6%)	休闲林(1.1%)	平原农防林(0.1%)

注:"( )"中数据代表该种林木的林地面积占该国总林业用地面积的比率。

(一) 划分为二类林的国家

世界上将森林划分为二类林的国家,虽然在二类林的叫法上有差异,但二类林的含义基本一致,商业性林、生产林的主导目的是生产木材,而非商业性林、非生产林、社会林、公益林主要是为满足生态环境和社会效益的需求。现以分类经营较典型的国家之一——新西兰为例,介绍其分类经营和经营管理体制情况。在 100 年前,新西兰陷入了森林几乎被砍光的境地,从 20 世纪 20 年代起新西兰开始大量造林,进入 80 年代以来,在新的经济形势和林业系统内部积累多年矛盾的作用下,尤其是在人工林债务危机的影响下,其国有林经营思想从森林多效益经营向森林多效益主导利用经营方向转移,进行了一场引人注目的"新西兰试验",也就是将国有林中具有商业属性的、迅速崛起的、担负起天然林原来所承担的木材生产任务的工业人工用材林划分为商业林,到 1994 年底,人工林面积 140 万 hm^2,占林业用地的 18%,却满足了全国木材需求的 98.8%,而成为国家的支柱产业。把天然林划为非商业性林,对其加强管理,充分发挥其生态效益和社会效益,到 1994 年天然林几乎百分之百地得到了保护,这部分林的林地面积占总林地面积的 82%。新西兰实现了林业经济效益和社会、生态效益的高度统一。

(二) 划分为三类林的国家

法国、加拿大等国虽然将森林都划分为三类,但其分类方法和经营管理体制却各有差异。现以法国为例,介绍一下它的分类经营情况。

法国是世界上近代林业发展最快的国家之一,尤其营林方面。从 20 世纪 60 年代采取了森林多功能主导利用的经营思想,其森林经营由全面经营向木材培育、公益森林和多功能森林三大模块演变。所谓木材培育林,即对用材林的栽培要选择立地优越、交通方便的林地,采用良种选育和先进的栽培技术相结合的栽培方法,这类高产用材林有 200 万 hm^2,占有林地的 13.7%,这种栽培的根本目的在于用少量的林地培育森林,能提供更多的木材,解脱大片天然林所承受的木材生产压力,这类林经营特点是数量不断扩增,质量逐步提高。所谓公益森林即是防护林、森林公园、城市林、自然保护区等,主要满足各种生态效益和社会效益的需求,近年来法国对公益林的发展愈加重视,划出41处自然保护区、6个国家公园、23个地区公园,约占国土面积的6.9%,今后将有增长的趋势。所谓多功能森林是指能提供珍贵大径级木材的用材林,同时也发挥森林生态效益和社会效益的作用,它占全国森林面积的绝大部分,这部分森林主要按"近自然林业"的经营思想,以多功能为目标,进行经营管理。

法国林业管理体制的主要特点是不搞全国统一管理模式,而是按照不同森林所有制采取不同的管理方式。法国林业分类经营的政策保障体系有：政企分离的产业组织政策；国民林业基金制度；法国林业分类经营的财税金融扶持政策；技术支持政策。

(三) 划分为多类林的国家(地区)

现以日本为例介绍其分类经营情况。

日本林业并无固有的分类经营模式和体系,但就日本林业发展的自身优势和劣势及其国家计划型市场经济体制而言,日本林业在不同发展时期和阶段,根据国家社会经济发展的需要均不同程度地体现出分类经营的特点。这些特点主要表现在三个方面：一是以资源发展和木材供应为特点的商品林经营,现有人工林1 000万hm^2,占全国森林面积的40%,商品林经营有经济扶持政策,即一般造林补助费为其新植费的40%(其中国家承担30%,都道府县承担10%),而瘠薄地造林补助费为新植费的60%(国家承担50%,都道府县承担10%)。另外,还有技术支持政策。二是以国土保安为特点的公益林经营,国土保安使命主要体现在林业治山、涵养水源、保持水土、城市林业、森林游憩方面。国家为这类林制定了相应的法律规定,也给予相应的扶持政策。三是以国有林扶持为特点的多功能林经营,日本国有林的经营有效地实现了分类经营中通过多功能经营,协调和弥补商品林和公益林分类经营的弊端,这是日本林业经营的一大特色。日本国有林多功能经营的成功离不开政府系统完整而有效的财税金融政策的支持与保障。日本将国有林划分为四类,即国土保安林是指以防止山地灾害等国土保护为第一目标的森林；自然维护林是指以维持原始森林生态系统等自然环境形成和保护为第一目标的森林；森林空间利用林是以游憩等保健文化利用为第一目标的森林；木材生产林是指以木材生产等林业活动为主的森林。日本的伊那谷国有森林计划区四类林的比例为46.2%、30.1%、8.9%、17.8%。

(四) 世界主要林业国家林业分类经营的经验借鉴

(1) 森林功能性分类是林业分类经营的基础；林业分类经营不是目的,只是在现阶段对森林经营的一种措施,是实现森林可持续经营的一个基础性工作；实现森林可持续经营是各国为之奋斗的目标。

(2) 分类经营搞得好的国家都大力发展工业人工林,实行集约经营,以满足社会对木材的需求,缓解木材需求对天然林的压力,并实行政企分离的管理体制,进行企业化经营,将木材直接与国内外市场相连；也有的国家发展工业人工林,但并没有实行政企分离的管理体制。

(3) 分类经营搞得好的国家对于天然林、自然保护区及以生态效益和社会效益为主导目的的森林,实行事业化经营或补偿措施；也有的国家对这类"公益性林"实行政企合一的管理体制。

(4) 任何国家都必须从本国的国情出发,在林业可持续发展原则指导下,找到适合本国的分类经营方法。

第五节　林业分类经营模式下森林资源价值的计量

一、林价计算方法的相关研究

林价就是对森林的货币计价,它是伴随着森林交易的发生而提出的一个林业经济理论与实践问题。如果说最初对林价进行研究,其理论与实践意义在于推动价值理论的研究和满足交易过程中对森林计价的需要,那么在环境问题日益受到重视、可持续发展思想已成为全球共识的今天,林价已成为森林资源资产评估、森林资源与环境价值核算乃至将其纳入国民经济核算体系等课题研究与实践需要解决的关键问题之一。

1. 国外学者提出的林价计算方法和计算模型

自19世纪以来,国外许多专家学者先后提出了多种不同的林价计算方法和计算模型,比较典型的主要有以下几种:

(1) 市场倒算法,其公式为:

$$X = \frac{a}{1+mr} - B \tag{11-1}$$

式中:X为林价;a为原木市场价;m为从林分购买、采运到销售为止的资本回收期;r为企业月利润率;B为采运费。

(2) 成本法,其公式为:

$$X_m = C_1 + C_2 + \ldots + C_m \tag{11-2}$$

式中:X_m为m年生林木林价;$C_1, C_2, \ldots, C_m$为各年实际成本的重置成本。

(3) 立木费用价格法,其公式为:

$$X_m = C_1(1-p)^m + C_2(1+p)^{m-1} + \ldots + C_m(1+p) \tag{11-3}$$

式中:X_m为m年生林木林价;$C_1, C_2, \ldots, C_m$为各年投入费用的重置成本;p为林业利润率。

(4) 立木期望值法,其公式为:

$$X_m = \frac{A_u + D_n(1+p)^{u-n} - (B+V)[(1+p)^{u-m}-1]}{(1+p)^{u-m}} \tag{11-4}$$

式中:X_m为年生林木林价,A_u为主伐收入,D_n为第n年间主伐收入,V为管理费,B为地价,p为实际林业利润率。

(5) 收益还原法,其公式为:

$$X = \frac{A - C - V - B_r}{p} \tag{11-5}$$

式中：X 为林价，A 为择伐林分每年收益，C 为每年造林费，V 为管理费，B_r 为每年地租，p 为实际林业利润率。

(6) 格拉泽氏法，其公式为：

$$X_m = (A_u - C_0)\frac{m^2}{u^2} + C_0 \tag{11-6}$$

式中：X_m 为 m 年生林木林价，A_u 为主伐收入，C_0 为最初年度整地、造林、抚育等营林费，u 为轮伐期。

2. 我国学者提出的林价计算方法和计算模型

我国的林价研究始于 1954 年，特别是自 20 世纪 80 年代以来，我国的林学家、林业经济学家们做了大量的研究工作，提出了多种林价计算公式，比较典型的主要有以下几种：

(1) 廖士义提出的历史成本法，其公式为：

$$X = \frac{\sum_{i=1}^{n} C_i (1+P)^{n+1-i}}{S \prod_{i=1}^{n}(1-D_i)V} \tag{11-7}$$

式中：X 为单位立木蓄积林价，C_i 为第 i 年营林成本，P 为利润率，S 为面积，V 为单位面积立木蓄积，D_i 为年度正常损失率。

(2) 孔繁文提出的序列林价法，其公式为：

$$X = \frac{\sum_{i=1}^{n} C_i(1+P)^{n+1-i}(1+r)}{V_i(1-T)(1-D)} \tag{11-8}$$

式中：X 为单位立木蓄积林价；C_i 为单位面积第 i 年投入的费用；P 为利率；r 为成本利润率；T 为税率；V_i 为第 i 年单位面积立木蓄积；D 为立木损失率；n 为轮伐期；i 为年龄序列($=1, 2, \ldots, n$)。

(3) 原林业部提出的造林价倒算法，其公式为：

$$X = W - C - F \tag{11-9}$$

式中：X 为立木评估价，W 为木材销售总收入，C 为木材生产经营成本，F 为木材生产经营利润。

(4) 原林业部提出的历史成本调整法，其公式为：

$$X_m = K \sum_{i=1}^{m} C_i \frac{y_m}{y_i}(1+P)^{m-i+1} \tag{11-10}$$

式中：X_m 为 m 年生林木评估价；C_i 为各年度投入的实际成本(含地租)；K 为调整系数；y_m 为评估时的物价指数；y_i 为投入时的物价指数；P 为投资收益率。

从国内外各种林价计算公式可以看出，到目前为止，林价计算方法的设计思路不外乎两条：一是从价值形成的角度来计算林价，这类方法认为从营林生产活动开始至结束的整个森林培育过程,既是不断消耗各种物化劳动和活劳动的过程,同时又是物化劳动转移价值和活劳动创造新价值的过程,因而营林生产成果的价值由生产过程中消耗掉的生产资料价值和活劳动创造的新价值这两部分组成。据此,林价具体表现为各种费用投入和由此产生的投资收益总和。如成本法、立木费用价格法、格拉泽氏法、历史成本法、序列林价法、历史成本调整法等都属于这一类,不同之处在于不同方法对投入费用的时间价值和成本收益率等问题的认识和考虑有所不同。这类林价计算方法统称为正算法。二是从价值的实现角度来计算林价,即认为活立木是原木生产的劳动对象,活立木价值是原木价值的构成部分,营林生产活动形成的活立木价值最终要经过森林采伐并通过原木销售来实现。据此,活立木价值可通过原木销售收益扣除采伐成本和利润后的余额反向推算而得到。如市场倒算法、立木期望值法、收益还原法、造林价倒算法等都属于这一类,不同之处在于有的方法采用的是实际的原木市场销售收益,有的方法采用的是期望收益,另外,不同方法对收益和成本的时间价值的考虑有所不同。这一类林价计算方法统称为倒算法。

正算法林价是活立木资源价值、林产品资源价值、森林野生动植物和微生物资源价值以及森林环境资源价值的总和,而倒算法林价是原木的市场价(或期望收益)扣除立木采伐所消耗的物化劳动和活劳动价值(采伐成本和利润)后的余额,即活立木资源价值。由此可见,正算法与倒算法林价的差额即为森林环境资源价值(由于森林野生动植物和微生物的使用价值更多地体现为生物多样性,并作为生态系统中的分解者而发挥森林环境效益,因此将其价值也归入森林环境价值)。而对大部分森林资源而言,林副产品往往是非主要产品,其价值在森林资源价值中的份额较低,因此正算法与倒算法林价的差额的主体部分是森林环境资源价值。如果从一个轮伐期来考察,一片森林用正算法计算的资源价值减去用倒算法计算的资源价值和轮伐期中林产品价值后的余额,即为该片森林资源在整个森林培育期内形成的森林环境资源价值量的总和。

二、森林资源价值的分类

林业分类经营条件下,森林资源价值相应地分为商品林价值和公益林价值。商品林是指能够提供到市场上满足人类需求的森林资源。商品林的使用价值在让渡过程中,其价值能够以一般等价物——货币——的形式表现出来。因此,商品林价值主要指作为商品林的森林资源的经济价值。公益林则无法提供到市场上,或至少是现在还没有能够提供到市场,尽管人们对这种产品的需求非常旺盛,而公益林的价值则是通过受益者间接取得超额经济效益或对社会与个人取得有利于生存与发展的保健和心理健康效益等形式来表现,而无法通过货币来实现其价值。因此,公益林价值则表现为作为公益林的森林资源的生态价值。由此看来,商品林和公益林在价值运动中表现出了截然不同的特点。

三、商品林资源价值的计量

商品林价格是商品林价值的货币表现。商品林的价值形成同一般商品一样,是在林木生产过程中由劳动创造的。所不同的是,在商品林生产过程中,还有自然力的作用。我国林价问题已讨论多年,计算方法也多种多样,在这里只介绍多元序列动态林价计算方法(周学安、陈珂,1998)。具体计算公式如下:

$$T_S = \frac{\sum_{i=1}^{n} F_i[(1+L)^{n-i+1}(1+P)]}{(1-S)(1-C)} G \cdot D \cdot E \quad (11-11)$$

$$T_V = \frac{\sum_{i=1}^{n} F_i[(1+L)^{n-i+1}(1+P)]}{V_i(1-S)(1-C)} G \cdot D \cdot E \quad (11-12)$$

$$T_Z = \frac{\sum_{i=1}^{n} F_i[(1+L)^{n-i+1}(1+P)]}{Z_i(1-S)(1-C)} \quad (11-13)$$

式中:T_S 为面积林价;T_V 为蓄积林价;T_Z 为株数林价;F_i 为逐年投入的生产费用;L 为年利息率;P 为利润率;S 为风险损失率;C 为税率;G 为物价变动系数;D 为地区差异系数;E 为立地指数;V_i 为每亩林地材积;Z_i 为林地株数变化;n 为序列林龄。

以上计算公式的特点在于既符合我国的国情、历史及现状,又遵循价值运动的客观规律及开放搞活的现实;既承认树种间、地区间的客观差异,又考虑了未来物价形势变化范围的可能性和适宜性。

四、公益林资源价值的计量

公益林资源价值的计量较常用的是以效益为依据的计量方法。其基本思路是通过计算公益林给国民经济带来的直接或间接收益,评估公益林的价值。李周(2000)认为公益林的价值与效益不是一回事,但是可以将效益看作价值的一个比较值。因此,公益林的定价应介于再生产费用与效用之间,具体水平应根据公益林的稀缺程度来定。价值是凝结在商品中的人类劳动,效益则是使用某种商品后所得到的收益的大小,效益往往比商品价值大得多。公益林的效益通常用替代市场法来计量。

替代市场法适用于公益林在涵养水源、保持水土、调节气候、净化空气等方面的价值计量。即:根据水库工程的蓄水成本,计算公益林涵养水源的价值;根据水库工程的清淤成本,计算保持水土效益的价值;根据氧气市场价格,计算公益林制造氧气的价值;根据农作物的市场价格,计算公益林调节气候而增加农作物产量的价值。日本林野厅按以上算法估算出1972年全日本森林提供的生态功能价值高达12.82万亿日元,相当于当年日本的全国经济预算价值。

1. 公益林净化空气功能的价值计量模型

$$V = \sum_{i=1}^{n} C_i B_i \quad (11-14)$$

式中:V 为公益林净化空气功能的价值,C_i 为公益林放出第 i 种有益气体的工业生产成本,B_i 为公益林放出第 i 种有益气体量,n 为公益林可释放出有益气体的种类。

2. 农田防护林防风固沙功能价值的计量模型

$$V_n = \sum_{i=1}^{n} P_i (Q_{i1} - Q_{i0}) \tag{11-15}$$

式中：V_n 为防护林防护功能价值；Q_{i1} 为第 i 个单位受益后的产量；Q_{i0} 为第 i 个单位受益前的产量；P_i 为第 i 个单位产品的价格。

进行公益林价值计量的作用体现在：在宏观上为政策的制定和宏观资源的配置服务；在微观上为公益林经营单位的经营和资源的合理利用服务。公益林主要用于发挥生态效益和社会效益，不能对其进行商业性采伐。从经济和社会的角度来看，公益林具有外部经济性、公共物品和缺乏市场的特点。这些特点决定了政府必须采用适当措施对公益林进行补偿，以解决公益林的外部效应和失灵问题。

五、森林碳汇价值的计量

"碳汇"来源于 2005 年 2 月《联合国气候变化框架公约》缔约国签订的《京都议定书》。森林碳汇是指森林吸收二氧化碳并且将其固定，从而减少二氧化碳浓度。森林作为陆地上最大的生态系统，在应对气候变化中具有不可替代的作用。目前森林碳汇是缓解气候变化的重要生态系统，是节能减排战略的补充措施。在市场上，森林碳汇作为商品进行交易，从而帮助一些国家和企业缓解减排压力，商品交易与价格密不可分，价格机制是市场机制的核心，因此需要准确评估其生产成本和市场价值。[①]

1. 市场价值法[②]

$$V = C \times P \tag{11-16}$$

$$C = C_1 + C_2 + C_3 = V \times \partial \times \rho \times \gamma + (\alpha + \beta)(V \times \partial \times \rho \times \gamma) \tag{11-17}$$

式中：V 表示森林碳汇的经济价值，C 表示森林碳储量，P 表示森林碳汇单位价格，C_1 表示林木碳汇量，C_2 表示林下植物碳汇量，C_3 表示林地碳汇量，V 表示森林蓄积量，∂ 表示蓄积扩大系数，ρ 表示容积密度，γ 表示含碳率，α 表示林下植物碳转换系数，β 表示林地碳转换系数。各系数采用国际通用的 IPCC（联合国政府间气候变化专门委员会）默认值即 ∂ 取 1.9，ρ 取 0.5，γ 取 0.5，α 取 0.195，β 取 1.244。

2. 收益法[③]

有限期限模式，其公式为：

$$P = \frac{\sum A_i}{(1+r)^i} + \frac{A_n(1+g)}{(r-g)(1+r)^n} (i=1,2\dots,n) \tag{11-18}$$

[①] 陈周光，龙飞，祁慧博.中国森林碳汇定价研究[J].价格月刊，2022(3)：9-16.
[②] 张娟，陈钦.森林碳汇经济价值评估研究——以福建省为例[J].西南大学学报（自然科学版），2021(5)：121-128.
[③] 陈元媛，温作民，谢煜.森林碳汇的公允价值计量研究——基于森林资源培育企业的角度[J].生态经济，2018(4)：45-49.

式中：P 表示所估算的森林碳汇资产价值，Ai 表示第 i 年预测的碳汇收益，r 表示合理的折现率，g 表示预期的稳定增长率，n 表示预测的森林碳汇的收益年限。

永续年金模式，其公式为：

$$P = \frac{A}{r} \tag{11-19}$$

$$A = \sum p_i \times \frac{t_i}{12} \tag{11-20}$$

假设森林资源培育森林碳汇的收益期限是无限的，p_i 表示每一年全国碳汇市场交易的平均价格，t_i 表示 p_i（平均价格）的稳定时间。A 表示今年碳汇价格的期望值，且假设该期望值未来短时间内稳定不变，r 表示预期的合理折现率（同期银行贷款利率）。P 表示碳汇资产价值。

在当前国内碳汇市场逐渐发展的局面下，完全可以采集到活跃、频繁交易的主要市场交易价格作为森林碳汇的公允价值。同时，在计量日没有可观察市场时，我们可以用收益法对森林碳汇的价值进行估值，确定其公允价值。公允价值计量方法应用于森林碳汇活动，能够合理计量并披露森林碳汇价值信息，通过价值反映价格，促进森林碳汇的交易。这对于生态林业的建设、气候环境的好转、林农收入的增加等都会有直接的正面影响。

3. 蓄积量转换扩展因子法

$$P = \frac{y}{c}(\alpha_c + \alpha_{kc} Lnk_{it} + \alpha_{cc} Lnc_{it} + \alpha_{lc} Lnl_{it}) \tag{11-21}$$

式中：P 为碳汇价格，y 为林业生产总产值，k 为林业资本存量，c 表示森林碳汇量，i 表示时间，t 表示研究地区。$\alpha_c, \alpha_{kc}, \alpha_{cc}, \alpha_{lc}$ 分别表示森林碳汇量的产出弹性，以及森林碳汇量和林业资本存量、森林碳汇量、林业劳动力平方项或者交叉项之间的弹性。

小 结

林业提供了人们生产和生活需要的多种基本原材料和最终消费品，是国民经济重要的产业部门。森林资源是可再生资源的一种，具有效用性和稀缺性两种经济属性。森林资源产品产权通常是不完整的，林主不可能充分拥有全部资源产品的所有权、使用权、收益权和处置权，在生产过程中具有外部性，生产周期和层次复杂，具有消费的可替代性较低，与土地依赖相联系的不均分布的特点。林业产权市场是森林资源商品交易的场所，建立林业资源产权市场有助于优化森林资源配置，调整林业产业结构与规模，优化生产力布局，健全市场体系，实现各要素的最佳组合。林业改革的实质是对林业经营活动进行适当分类，让计划机制和市场机制在各自适合的领域发挥生产要素配置的基础性作用。林业分类经营和森林分类经营并存，在分类对象、分类目标等方面存在区别，前者分类的结果是商品林业经营单位和公益林经营单位,后者则是商品林、公益林、工业原料林、速生丰产用材林等。林业分类经营的目标是建立比较完备的林业生态系统和比较发达的林业产业体系,林业可持续发展是分类经营的方向,技术创新是实现林业分类经营目标的必由之路。森林分类经营要求实现森林生态系统健康、水土保持等生态效益最大、森林游憩等社会效益最大和林产品等经济效益最大的目标。

习　题

一、名词解释

1. 森林资源
2. 林业产权
3. 林业产权市场
4. 外部性

二、选择题

1. 林业产权的核心是(　　)。

   A. 林业所有权　　　B. 林业使用权　　　C. 林业占有权　　　D. 林业收益权

2. 林业产权具有如下哪些特征(　　)。

   A. 外部性　　　　　　　　　　　　B. 排他的有限性

   C. 界定的困难性　　　　　　　　　D. 收益预期的不确定性

3. 按照对森林多种功能主导利用的不同,可将林业划分为(　　)。

   A. 商品林　　　　B. 公益林　　　　C. 两用林　　　　D. 自用林

4. 下列属于在林业中深度免税的税种是(　　)。

   A. 增值税　　　　B. 企业所得税　　C. 土地使用税　　D. 契税

5. 森林经营原则有(　　)。

   A. 永续性原则　　　　　　　　　　B. 经济性原则

   C. 公益性原则　　　　　　　　　　D. 生态系统完整性原则

三、判断题

1. 依照我国现行的法律规定,我国林业包括国有和私人两种所有制形式。　　(　　)
2. 我国地大物博,森林资源丰富,森林覆盖率达到40%。　　　　　　　　　(　　)
3. 林业资源产权的核心是林业资源使用权。　　　　　　　　　　　　　　(　　)
4. 林业产权主体能够按照市场供求和自身财力状况自由进入或退出市场。　(　　)
5. 薄市场可能会导致林业产权市场的失灵。　　　　　　　　　　　　　　(　　)

四、简答题

1. 简述森林资源产品的特点。
2. 简述林业产权市场的特点。

3. 我国林业税费改革的基本原则是什么?
4. 林业分类经营与森林分类经营的主要区别何在?

五、论述题

1. 试论我国建立森林资源产权市场的必要性。
2. 试论述国外林业税费制度的特点及对我国林业税费制度改革的借鉴意义。

第十二章 矿产资源经济

学习目的

通过本章的学习了解矿产资源的概念，熟悉自然资源及矿产资源的分类，掌握矿产资源的自然属性和经济属性，掌握矿产资源所有权的概念和内容，掌握矿产资源产权的外部性影响和政府规避市场失灵的主要方法，掌握矿产资源市场及其构成和结构，掌握矿产资源的价格理论与矿业权的有偿使用及评估方法。

关键概念

矿产资源　可再生资源　可耗竭资源　矿产资源所有权　矿业权　矿产资源市场　矿业权评估

第一节　矿产资源概述

一、矿产资源的概念

如何定义矿产资源，从不同的角度有不同的表述：

地质学的观点认为：矿产资源是指赋存于地下或地表的，由地质作用形成的呈固态、液态或气态的具有现实或潜在经济价值的天然富集物。

《中华人民共和国矿产资源法实施细则》第二条规定："矿产资源是指由地质作用形成的，具有利用价值的，呈固态、液态、气态的自然资源。"

上述两个定义从不同的角度描述了矿产资源，其内涵为：

(1) 矿产资源的赋存空间是地球，包括地表或地下。

(2) 矿产资源是地球演化过程中经过地质作用形成的，是天然产出于地表或地壳中的原生富集物，产出形式有固态、液态和气态。

(3) 资源禀赋是矿产资源在地球上的总储量，既包括已经发现的对其数量、质量和空间位置等特征已取得一定认识的矿产，也包括经预测或推断可能存在的矿物质。

(4) 矿产资源的经济性表现在既包括当前开发并具有经济价值的矿产，也包括将来可能开发并具有经济价值的资源。

《中华人民共和国矿产资源法实施细则》列出了我国已发现的矿产资源分类细目，共有能源矿产、金属矿产、非金属矿产和水气矿产4类168种，其中地下水具有矿产资源和水资源双重性质。

需要说明的一点是，本章内容所涉及的矿产资源是除了水气资源之外的其他类型的矿产资源。

二、矿产资源属于自然资源

矿产资源是自然资源分类中的一种，具体见图12-1。

在图12-1中资源的分类体系按经济发展要素划分时，可将资源划分成自然资源、人力资源、技术资源和资本资源，而自然资源包括土地资源、水资源、矿产资源、生物资源、海洋资源和气候资源。作为自然资源中的矿产资源又包括煤炭、石油、天然气、有色金属和非金属。

不可再生资源也被称为可耗竭资源，按资源的回收再利用程度的不同将不可再生资源分为：可回收的非再生资源，如金属资源；不可回收的非再生资源，如能源。矿产资源属于不可再生资源，总量固定，用一点少一点，今天开采越多，明天可供开采的就越少，尤其是在资源日渐稀少的今天，矿产资源的不可再生性使得矿产资源的稀缺性更加突出。

三、矿产资源的特性

(一) 矿产资源的自然属性

(1) 矿产资源是一类非再生的自然资源，是不能运用自然力增加蕴藏量的一类自然资源。矿产资源由于本身不能再生，而初始的赋存又是固定的，使用就意味着减少，因此又称为可耗竭资源。

(2) 矿产资源赋存的地质条件复杂。其赋存的时间、空间、质量和数量较难准确地确定，探查和确定矿产资源不仅要耗费大量的时间、投入较大的资金，而且还需要较高的技术支持，然而这一切都存在一定的风险。

(3) 矿产资源分布不均匀。矿产资源是随地壳运动而形成的聚合物，除多种矿产共

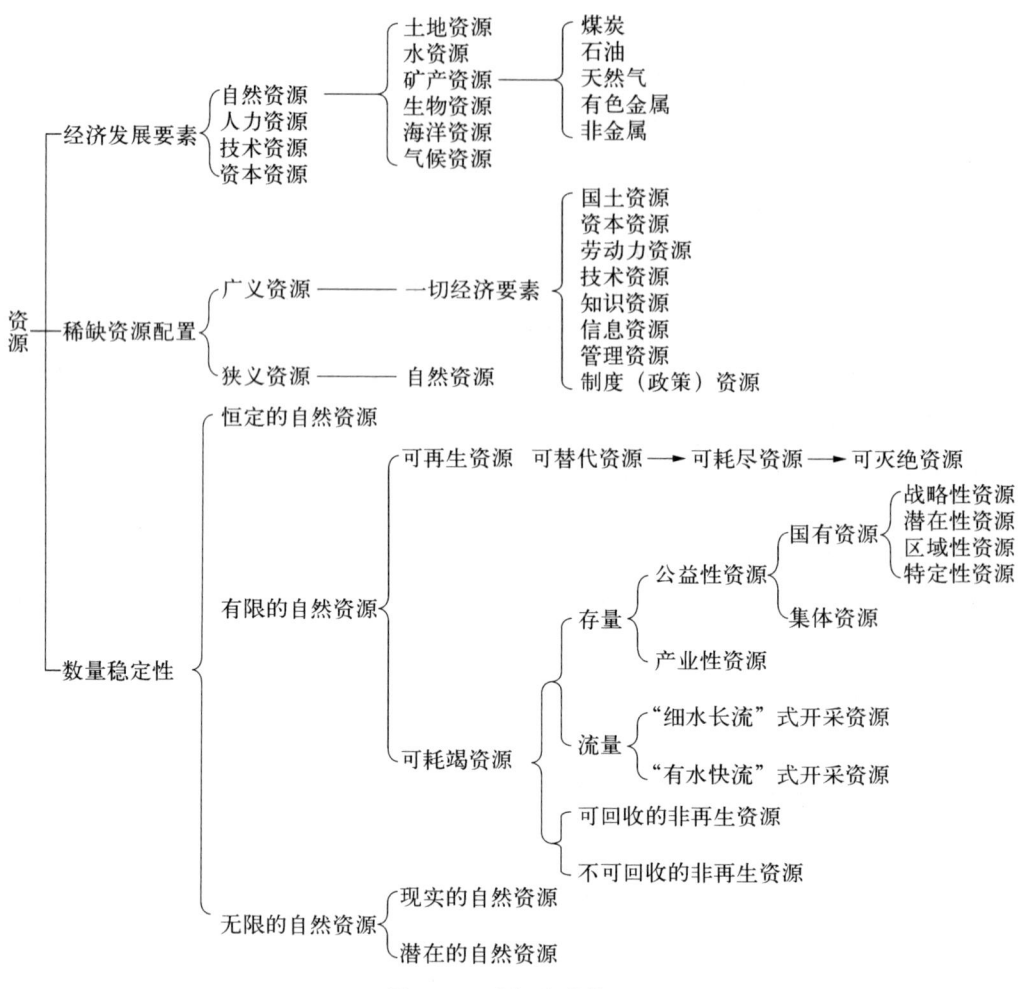

图 12-1　资源分类体系

(资料来源：杨艳琳.资源经济发展[M].北京：科学出版社，2004：4)

生或伴生，贫富矿石在矿床或矿体中分布不均匀外，还表现在其地理分布不均匀。以主要大宗商品为例，铁矿石、原油和铜的储量分布如下表所示：

表 12-1　铁矿石、原油和铜的储量分布

铁矿石	原油	铜
澳大利亚(240亿吨，28.6%)	中东地区(8 360.1亿桶，48.2%)	智利(2亿吨，23%)
巴西(150亿吨，17.9%)	委内瑞拉(3 038.1亿桶，17.5%)	秘鲁(0.92亿吨，10.6%)
俄罗斯(140亿吨，16.7%)	加拿大(1 691.2亿桶，9.7%)	墨西哥(0.53亿吨，6%)
中国(69亿吨，8.2%)	俄罗斯(1 078亿桶，6.2%)	美国(0.48亿吨，5.5%)
印度(34亿吨，4%)	中国(259.6亿桶，1.5%)	中国(0.26亿吨，3%)

资料来源：铜、铁矿石储量数据来源于美国地质调查局，为2020年数据；原油储量数据来源于英国石油公司，为2020年数据。

(4) 矿产资源的消费造就了世界的物质文明。在相当长的历史递进过程中,矿业一直是推动人类文明与进步的重要因素,是一个国家现代化建设的物质来源。在世界上,95%以上的能源、80%以上的工业原材料和70%以上的农业生产资料都来自矿产资源。随着科学技术的发展,人类对矿产资源的需求将越来越大,然而矿产资源的不可再生性使得可供消费的资源是有限的。

(5) 矿产资源赋存的特点往往是多种矿产共生或伴生。例如遵义锰矿,碳酸锰矿石中含有伴生疏,矿石经选矿除获得三种不同品级的锰精矿外,同时还获得一种含硫34.93%的硫精矿副产品。广西大厂锡矿长坡矿区为一特大型锡矿床,除锡和锌作为主产金属外,具有工业价值的伴生矿产有铅、锑、硫、砷、铟、镉、镓、银等八种。

(二) 矿产资源的经济属性

(1) 矿产资源虽依附空间资源而存在,但又不是空间资源。

(2) 因为矿产资源是工业的"粮食",对于工业化国家的社会经济发展更是有着举足轻重的作用,所以世界上大多数国家都规定矿产资源属国家所有。

(3) 矿业生产过程与以其他自然资源为劳动对象的生产过程不同,它是以矿产资源自身的耗竭为前提的。

(4) 矿产资源属于国家,但不一定由国家自身直接从事矿业生产活动,国家可通过法定程序授予符合特定资格和条件的法人或公民以探矿权或采矿权,由探矿权人或采矿权人具体实施矿产资源的勘查或开采活动。

(5) 矿产资源的开发利用往往会产生负面影响,而治理由于矿产资源开发造成的影响是要付出代价的。

(6) 矿产资源的不均匀性,导致了拥有同样的技术和经营管理水平的企业可能由于这些自然条件的不同而产生经济效益的差异,即级差收益。

第二节 矿产资源产权

一、矿产资源产权

(一) 矿产资源所有权

矿产资源的所有权是一种财产权。2009年修正的《中华人民共和国矿产资源法》第三条规定:"矿产资源属于国家所有,由国务院行使国家对矿产资源的所有权。地表或者地下的矿产资源的国家所有权,不因其所依附的土地的所有权或者使用权的不同而改变。"

矿产资源国家所有权,是指作为所有者的国家依法对矿产资源享有占有、使用、收益和处分的权利。国家所有权是国家对全民所有的财产享有的占有、使用、收益、处分的权利,是全民所有制在法律上的表现形态。全民所有制决定了国家所有权具有全民意志和利益的本质特征,国家所有权是全民所有制最理想的法权形式。矿产资源国家所有表明,我国实行矿产资源全民所有制形式,代表全体人民享有矿产资源所有权的是中华人民共和国。矿产资源国家所有权制度是我国国家财产所有权制度十分重要的组成部分。

国家对矿产资源的所有权依据《宪法》《中华人民共和国矿产资源法》的规定直接取得,矿产资源国家所有权只能是因自然原因或人工利用原因而消失,而不能以任何理由变更。

(二)矿产资源所有权的内容

1. 占有权

所谓矿产资源的占有权,是指国家对矿产资源实际控制的权利。由于国家作为特殊民事主体,对矿产资源的占有是名义上的占有或称为法律上的占有。就某一区域的矿产资源而言,如果依法设定了探矿权(或者采矿权),探矿人(或者采矿人)则以探矿权(或采矿权)对特定范围内的矿产资源实际占有;如果未设定探矿权或者采矿权,则依法由国家占有。

2. 使用权

所谓矿产资源的使用权,是指国家依矿产资源的性质和用途对其加以开发利用的权利,从而实现国家利益。国家作为"特殊民事主体",不便也不可能全部亲自使用矿产资源。国家可以通过建立矿产资源勘查和开采审批登记制度,设定探矿权(或者采矿权),由探矿权人(或者采矿权人)进行勘查、开发矿产资源的活动,达到矿产资源使用的目的。所有权与使用权"两权分离"的理论,是建立探矿权(或者采矿权)法律制度的基础。

3. 收益权

所谓矿产资源的收益权,是指国家基于使用矿产资源而取得收益的权利。我国采用向矿权人征收矿产资源补偿费、资源税的办法,实现国家对矿产资源的收益权。

4. 处分权

所谓矿产资源的处分权,是指国家在事实上或法律上决定矿产资源命运的权利。又分为事实上的处分权和法律上的处分权。事实上的处分权是指变更或消灭矿产资源。法律上的处分权包括设置和出让探矿权、采矿权等。处分权是拥有所有权的根本标志,它最直接反映了所有权人对物的支配。国家对矿产资源的处分权反映唯有矿产资源行政管理机关对矿产资源具有规划分配权,决定探矿权、采矿权的设定、变更、终止。在国家或者社会公共利益需要的情况下,国家可以对探矿权、采矿权进行征用。

(三)矿产资源所有权的派生权——矿业权

矿产资源所有权中派生出来他物权——矿业权。矿产资源的所有权属于国家,但这并不意味着一定由国家自身直接从事矿业生产活动。

国家可通过法律法规设定矿业权(包括探矿权和采矿权)。矿业生产的过程实际上是依法取得矿业权的矿业权人以向作为矿产资源所有权人的国家缴纳矿产资源补偿费和履行其他法定义务为基本条件,对属于国家所有的矿产资源享有排他的占有、使用、处分和收益权利的过程。矿业权明确了矿产资源所有者与矿业权人之间的权利义务关系,通过法定的程序授予符合特定资格和条件的法人或公民以矿业权。

1. 探矿权

探矿权是指在依法取得的勘查许可证规定的区块范围内,勘查矿产资源的权利。取得勘查许可证的单位或者个人称为探矿权人。这种权利是公民、企业、地质勘查单位或其他经济组织依据法律、法规与国家之间建立的一种对矿产资源准予使用的权利。

由于矿产资源的隐蔽性,勘查矿产资源要冒极大的风险,投入大量的资金,依靠地质工作者创造性思维劳动,才可能有所发现,探明矿产资源后还需投入大量的开发资金。在实行社会主义市场经济体制的今天,设立探矿权,以有偿取得的方式将探矿权授予从事商业性勘查和开发活动的经营者,达到勘查和开发矿产资源的目的。

2. 采矿权

采矿权是指在依法取得的采矿许可证规定的范围和期限内,开采矿产资源和获得所开采的矿产品的权利。取得采矿许可证的单位或者个人称为采矿权人。其构成要素包括:

(1) 采矿权的主体必须由依法独立享有民事权利和承担民事义务的企业或个人承担,在我国,凡拥有一定的资金、技术条件的单位和个人都具有获得采矿权的资格。采矿权主体依企业形式不同,分为公司型采矿权主体、单一型采矿权主体、联合型采矿权主体等。

(2) 采矿权的客体是指依法批准的一种或几种矿产资源,并非所有的矿产资源均可同时成为采矿权的客体,只有采矿登记管理机关批准的矿种才能成为一个采矿权的客体。

(3) 采矿权的内容是指在特定的区域范围和期限内对特定的矿产资源进行的开发活动,主要包括排他的或独占的矿山建设权、矿产资源的开采权、矿产品的生产经营权。

我国通过设立矿业权审批登记和矿产资源勘查、开采许可证制度,授予符合法定资质条件的矿产资源勘查、开采民事主体以探矿权或采矿权,从而实现了国家对矿产资源的占有、使用、处分的权能,体现为矿产资源法及其配套行政法规所建立的探矿权法律制度、采矿权法律制度。同时,国家建立矿产资源有偿使用制度,对采矿权人征收矿业权出让收益,从而实现国家对矿产资源的经济收益权,具体表现为补偿费征收规定中的一系列制度。

(四) 矿产资源国家所有权的实现

矿业权是依矿产资源国家所有权权能分离而产生的,是由矿产资源国家所有权派生出的他物权,具有不动产物权的某些法律特征,适用不动产诸法律规定的准不动产物权。矿业权是财产权的一种形式,设立矿业权可以使矿产资源所有权与人们对矿产资源进行勘查、开采的权利相分离,这是适应社会主义市场经济的最佳管理方式。它有利于吸纳社会各方面的资金,加大对矿产资源的勘查和开采投入。

我国 2009 年通过的《矿产资源法》修正案,明确国务院代表国家行使矿产资源的所有权。矿产资源国家所有权的实现是指国家作为矿产资源所有权人行使对矿产资源的占有、使用、收益和处分四项权能。国家作为全民利益的代理人,是政治意义上的主权国家,无须亲自去行使实际意义上的对矿产资源占有、使用、收益和处分的各项权利。它可以通过国家机构、法人、自然人等真正意义上的行政主体、民事主体的法律活动来实现。这种实现是通过法律、法规规定的一系列制度,按照法律程序来完成的。

二、外部性、市场失灵与矿产资源产权

(一) 矿产资源产权与外部性影响

矿产资源配置的低效、矿产资源的市场价格与其相对价格偏差大等外部性问题均起源于产权不明晰。

1. 产权不明晰导致资源配置失衡

根据科斯定理,产权不明晰是引起外部性的一个主要因素。如果外部性的制造者和受害者之间不存在交易成本,只要一方拥有永久产权将会产生最优结果。这就意味着在某些情况下,通过重新明确权利的界定是可以解决外部性带来的问题的。

从矿产资源产权主体来看,矿产资源具有显著的公共物品特性,具体表现为消费的非排他性、非竞争性和供给的不可分性,因而其产权主体应该属于全体公民。矿产资源矿业权是国家所有权,国家委托自然资源部为公众的代理人,履行管理、利用和分配矿产资源的权利。但事实上,理想的矿产资源"全民所有"并不存在,在实际的管理和经营中,也不可能让所有的产权主体都来行使权利,因为若如此的话不仅成本高昂,而且效率也非常低。因此,不能因为是全民所有,就理解成必须保证全体人民都能对其行使应行使的所有权利,承担应承担的所有义务和责任,全民所有并不意味着全民都要均等地去行使财产所有权。而多重产权则造成多个所有者争相对矿产资源进行超负荷使用,导致矿产资源被浪费和破坏。

对于矿产资源来说,产权的不明晰是产生外部性、导致资源配置失衡的原因所在。换言之,如果矿业权是完全确定的,并得到充分的保障,就可以消除外部影响。长期以来,我国一直存在矿产资源的产权不明晰或多重产权的问题。我国矿产资源所有权为国家所有,由国务院代为行使权利,具体行使主体为自然资源部及各级地方政府。但是在所有者委托代理主体行使权利的过程中,由于代理主体不明确、责任追究制度不完善等原因,让矿产资源从国家所有变成地方政府乃至某些企业私有,导致国家所有矿产资源权益受损。目前,矿产资源资产收益体系主要包括石油特别收益金、资源税、矿业权占用费、出让金、环境治理恢复基金等多类科目,统称为矿产资源权益金,但是目前就矿产资源涉及的税、租、费、金、利定位仍然较为模糊。从收益征缴主体来看,分为由省征收、由市/县征收、经营单位征收,但是也存在没有征缴的情况;从权益分配来看,存在中央和省之间分配,中央、省、市、县之间四级分配,也存在仅在地方分配等现象且分配比例各不相同,没有统一的分配标准和分配规则,导致矿产资源所有者权益落实困难,造成矿产资源所有者权益遭到损失。

2. 产权边界不明晰导致价格扭曲

在传统经济学中,市场价格与相对价格是等同的。从产权经济学的角度来看这两者是不同的,产权经济学的观点认为,市场价格的形成不是由供需关系决定的,市场交换的实质不是物品和服务的交换,而是一组产权的交换。因此,交易物品的价值,也就取决于交易产权的多寡或产权的强度。矿产资源的市场价格就是矿产资源的产权价格,同样的矿产资源,权利边界界定程度不同,会导致其具有不同的市场价格。这样,就可以解释在实际工作中产权边界不明晰是怎样影响矿产资源的市场价格的。

从产权经济学家的角度来解释,就是所谓的外部性问题。其实这只是由于在市场中权利的边界还没有完全界定清楚,所以才出现矿产资源的市场价格与相对价格的严重偏离,它们之间的偏差等于外部边际成本。而要解决这个外部问题,最有效的方法是通过产权交易,使矿产资源的权利边界逐渐明晰,从而使矿产资源的市场价格与其相对价格更为接近。因此,明晰的产权是市场交易的结果,矿产资源的合理价格也是市场交易的结果。由此可见,解决外部性问题就转化为采用正确的方式对产权进行度量和界定其边界的问题。如果权利边界可以界定和度量清楚,市场价格机制就会为这个权利定价,并在价格机制的作用下实现资源的合理配置。

(二) 矿产资源产权与政府干预下避免市场失灵的方法

在政府干预下避免市场失灵,可采取多种经济手段,如收费、补贴、市场创建等,这些解决手段可归纳为庇古和科斯手段两大类。从实际使用中来看,既不能单纯地使用以"庇古税"为代表的庇古手段,也不能单纯地使用以产权为中心的科斯手段,两者的结合可能会更有效。

目前,我国应对矿产资源市场失灵时,政府干预主要采用庇古手段,科斯手段正在试点,政府还要积极地建立相关的矿产产权市场。

1. 矿产资源所有权与资源补偿费

矿业活动使矿产资源的潜在价值转化为矿产品的收益。矿业活动中的矿产资源所有者根据矿业经济活动中的财产关系参与矿业收益的分配。长期以来我国的矿产资源一直无偿开采,国家对矿产资源的所有权益得不到实现。实施资源补偿费的征收管理制度是基于我国《宪法》规定矿产资源属于国家所有,实现矿产资源国家所有权的一种手段,我国《矿产资源法》虽然规定了开采矿产资源必须缴纳矿产资源补偿费的原则,但因无具体办法而无法开征。到1994年《矿产资源补偿征收管理规定》的出台结束了矿产资源无偿开采的历史,国家对于矿产资源所有权的经济权益才得到了体现。随着市场化改革进一步深化,资源补偿税被资源税代替。根据财政部、税务总局《关于全面推进资源税改革的通知》(财税〔2016〕53号)的相关规定,从2016年7月1日起,矿产资源补偿费的费率为0,即不再征收补偿费,而是改收资源税。

2. 矿产资源的资源税

资源税是以单位或个人开发、生产的矿产资源和盐为征税对象征收的一种税。我国是开征这一税种的少数国家之一,也是对矿产资源征收的唯一税种,其目的有两个:一是实行有偿开采,实现国家作为矿产资源所有者的权益;二是调节不同矿产资源的级差状况。

《中华人民共和国资源税法》于2020年9月1日起正式实施,原《中华人民共和国资源税暂行条例》同时废止。资源税按照《税目税率表》实行从价计征或者从量计征。实行从价计征的,应纳税额按照应税资源产品(以下简称应税产品)的销售额乘以具体适用税率计算。实行从量计征的,应纳税额按照应税产品的销售数量乘以具体适用税率计算。资源税法对免征或减征、不予减免资源税的情形作出了明确的规定。还对水资源税征税以及中外合作开采陆上、海上石油资源的企业,依法缴纳资源税作出了详细规定和含义解释。

3. 建立矿业权市场,实现矿业权的交易性

有效的市场机制正常发挥作用有赖于有明确定义的、专一的、安全的、可转移的和可实行的涵盖所有资源、产品、服务的产权。产权是有效利用、交换、保存、管理资源和对资

源进行投资的先决条件。从理论上讲，要使资产或资金在流通领域中进行合理配置和保值增值的充要条件就是要流转，矿业权流转是在其流通过程中，在不同持有者之间按照市场经济规律进行周转的过程中达到资源合理配置的目的。矿业权的流转方向是多样化的，可以由国家到企业（包括各种经济类型），也可以由企业到企业，也可以由企业到国家。如果不能流转，就会打击所有者投资和保护资源的积极性。如果矿业权不能流转，就会产生短期行为。采矿权、探矿权的流转试点在 2006 年率先在 8 个省的煤炭行业试点，而要实现流转就要建立相应的专业市场，通过市场机制来调节价格，使稀缺资源不断地在各经济部门、经济主体间流动，实现稀缺矿产资源的优化配置。立法层面，国务院于 2014 年修订《探矿权采矿权转让管理办法》，以加强对探矿权、采矿权转让的管理，保护探矿权人、采矿权人的合法权益，促进矿业发展。

按照科斯的产权经济理论，只有通过产权交易，才能实现这种稀缺资源的有效流动。

第三节　矿产资源市场体系

一、矿产资源市场及其构成

矿产资源市场是矿产资源交易场所的总称。它可以是矿产品的交易场所，也可以是矿产资源的有形交易或无形交易场所，还可以是资源所有权、使用权转让的场所。从本质上来讲，矿产资源市场是矿产资源产权交易场所，它体现的是矿产资源产权主体之间、矿产资源所有者与矿产资源的开发利用者之间的产权交易关系或经济利益关系。

根据不同的划分标准，可以将矿产资源交易场所划分为不同的矿产资源市场。

（一）按矿产资源交易范围划分

根据矿产资源交易范围不同，将矿产资源市场分为国内和国际市场。随着经济全球化的发展，国内矿产资源市场已成为国际矿产资源市场的重要组成部分，而且两者之间的关联度将越来越高。对于矿产资源相对短缺或严重短缺的国家，国内矿产资源市场规模较小，国内的消费在较大程度上更加依赖国际矿产资源市场。

（二）按矿产资源交易方式划分

根据矿产资源交易方式的不同，将矿产资源市场分为现货市场和期货市场。在矿产资源现货市场基础上产生的有关矿产资源的标准化合同的交易市场即为矿产资源的期货市场。国际上属于矿产资源产品的期货市场有四类：贵金属期货市场、能源期货市场、有色金属期货市场和黑色金属期货市场。贵金属期货市场交易的矿产资源类型包括：黄金、白银；能源期货市场交易的资源主要为原油；有色金属期货市场包括：铜、铝、铅、锌、锡、镍等产品；黑色金属期货市场包括螺纹钢、热轧卷板、线材和不锈钢等产品。期货市场已成为现阶段国际矿产资源市场上主要矿产品交易的重要方式。不能以标准化合同的交易方式进行交易的矿产品均在矿产资源的现货市场上进行交易。

期货交易起源于远期交易，远期交易的集中化和组织化，为期货交易的产生和期货市场的形成奠定了基础。期货是一种远期的"货物"合同。成交了这样的合同,实际上就是承诺在将来某一天买进或卖出一定量的"货物"。期货市场是现货市场发展的高级形式,其规避风险、价格发现的市场功能,使期货市场在商品经济的发展中表现出显示供求状况、决定价格走势的先决作用。商品期货市场产生与发展的原动力是满足实体经济发展的需要,根本宗旨是服务国民经济和产业经济的发展。回顾世界经济的发展进程,工业革命完成后,英国成为世界性的原材料期货贸易中心,由此伦敦价格决定了全世界的工业品价格;而在美国,芝加哥作为全球农产品期货中心的建立,也使其成为全球农产品市场的晴雨表。

期货市场具有两大核心功能,即套期保值和价格发现。套期保值,或者说风险管理,是期货市场的初始功能,通过套期保值企业能够实现更为稳定的经营。企业参与期货市场,从被动承受价格风险转变为主动选择与管理风险。运用期货市场锁定原材料采购成本和产品销售价格,企业可以实现预期利润。此外,企业还可以运用虚拟库存和库存性套期保值,规避库存商品价格下跌风险。价格发现,是期货市场的核心功能。期货市场投入的是信息,产出的是价格。目前,在我国上市的期货品种中,黄金、白银与 COMEX 相应期货品种的相关系数 0.99,铁矿石与普氏指数相关系数 0.98,铜、铝、铅、锌与 LME 相关系数分别为 0.98、0.94、0.91、0.95,这说明,我国期货市场已与国际市场基本接轨。

自从 1991 年上海期货交易所正式成立,我国期货市场从铜期货、铝期货开始,拉开了有序发展、持续创新的征程,逐步覆盖至铅、锌、锡、镍等基本金属品种,现已发展成为功能发挥最为完善、产业融合度最高的期货品种序列。截至 2022 年 3 月底,我国主要金属矿产品期货、期权的上市情况如下表所示:

表 12-2 我国主要金属矿产品期货、期权的上市情况一览表

序号	矿产品	交易品种	上市时间	交易所	备注
1	铜	期货	1993 年 3 月	原上海金属交易所	现主要在上海期货交易所交易
		国际期货	2020 年 11 月 19 日	上海期货交易所	国际铜期货正式挂牌,2021 年 3 月 22 日,国际铜期货首次交割顺利完成
		期权	2018 年 9 月 21 日	上海期货交易所	
2	铝	期货	1992 年 10 月	原深圳有色金属交易所	现主要在上海期货交易所交易
		期权	2020 年 8 月 19 日	上海期货交易所	
3	锌	期货	2007 年 3 月 26 日	上海期货交易所	1993 年 11 月 1 日,在原深圳有色金属交易所挂牌,1999 年 1 月 1 日停止锌锭期货交易
		期权	2020 年 8 月 10 日	上海期货交易所	

续表

序号	矿产品	交易品种	上市时间	交易所	备注
4	锡	期货	2015年3月27日	上海期货交易所	1993年11月,在原深圳有色金属交易所挂牌,1999年关闭
5	镍	期货	2015年3月27日	上海期货交易所	1993年11月,在原深圳有色金属交易所挂牌,1999年关闭
6	铅	期货	2011年3月24日	上海期货交易所	1993年11月,在原深圳有色金属交易所挂牌,1999年关闭
7	黄金	期货	2008年1月9日	上海期货交易所	
		期权	2019年12月20日	上海期货交易所	
8	白银	期货	2012年5月10日	上海期货交易所	

我国所有的矿产资源产品期货全部集中于上海期货交易所,其品类齐全,包含:贵金属期货市场、能源期货市场、有色金属期货市场和黑色金属能源市场。上期所挂牌交易的产品中,原油期货是我国首个国际化期货品种,对我国期货市场对外开放具有标志性意义。铜期权是我国首个工业品期权,为企业提供了更加精细化的风险管理工具。铜期货已成为世界影响力最大的三大铜期货市场之一,并与铝、锌、铅、镍、锡期货形成了完备的有色金属品种系列,能较好地满足实体行业需求。黄金、白银期货,促进了贵金属市场体系的健康发展,丰富了期货市场的参与结构和功能作用。螺纹钢、热轧卷板、线材等黑色金属期货,进一步优化了钢材价格形成机制,助力我国钢铁工业健康有序发展,提高了我国钢铁价格的国际影响力。燃料油、石油沥青期货加快推进能源类期货产品的探索,提升我国石油类商品的市场影响力。

我国矿产品期货市场从无到有、从小到大,可谓过程曲折:它积极适应并拥抱国内外市场需求及要求,经过不断创新与发展,已经具备相当规模,品类也日益齐全。但与此同时仍要看到,我国矿产资源期货品种同国际发达矿产资源期货市场相比,还有一定差距。

表 12-3 我国与世界主要矿产资源期货种类的对比情况一览表

期货种类	国际主要交易所	国内交易所
铜	LME, NYMEX	SHFE
铝	LME, NYMEX	SHFE
锌	LME	SHFE
锡	LME	SHFE
镍	LME	SHFE

续 表

期货种类	国际主要交易所	国内交易所
钴	LME	无
钼	LME	无
铅	LME	SHFE
黄金	NYMEX、CBOT、MCX	SHFE
银	NYMEX、CBOT、MCX	SHFE
铂	NYMEX	无
钯	NYMEX	无
原油	NYMEX、ICE	SHFE
天然气	NYMEX	无
取暖油	NYMEX	无
汽油	NYMEX	无
乙醇	NYMEX	无
丙烷	NYMEX	无
电力	NYMEX	无
燃料油	无	SHFE

注：NYMEX，纽约商业交易所；CBOT，芝加哥商品交易所；SHFE，上海期货交易所；MCX，印度多种商品交易所；ICE，洲际交易所（伦敦）；LME，伦敦金属交易所。

西方国家发展经验表明，发达国家大多抓住了工业化进程的"窗口期"，打造了本土化的全球大宗商品定价中心的，以美国的芝加哥商品交易所和英国的伦敦金属交易所为典型代表。通过掌握大宗商品基准价的话语权，将符合本国经济利益的规则制度在全球范围内推广，使得国际影响力与日俱增。随着工业化的实现，尽管制造业向新兴市场国家转移，但定价中心却留在了本土。相反，日本在工业化进程中没有抓住难得机遇，错失"窗口期"，其期货市场在全球的影响力较低，与其经济地位不相匹配。

因此，中国应当借鉴英美国家的成功经验，吸取日本的教训，抓住工业化进程的难得机遇期，进一步加快期货市场的国际化建设，填补亚太地区大宗商品定价中心的缺失，进而争取大宗商品的国际定价权。

（三）按矿产品的品种划分

根据矿产品品种所属类别的不同，将矿产资源市场进一步细分成相对具体的矿产资源市场，如金属和非金属市场，而金属市场又可进一步细分成黑色金属市场、有色金属市场、贵金属和稀有金属市场；非金属市场又可进一步细分为土砂石、化学矿、盐、石棉、宝石市场等。

（四）按矿产资源开发形成的矿产品的重要性程度划分

根据矿产品重要性的不同，将矿产资源市场分为普通矿产品市场、重要矿产品市场和战略矿产品市场。从本质上看,矿产资源是社会经济发展的前提和物质基础;但从具体情况看,不同国家对矿产资源重要性的认识及确定标准有很大的差异。同一种矿产资源,在某个国家可能是普通矿产资源,但在其他国家可能是重要矿产资源甚至是战略矿产资源,因此,矿产资源的重要性不仅与某个国家所处的经济发展阶段、矿产资源的稀缺状况和国际贸易中矿产资源的交易程度(矿产资源进口的成本以及矿产资源生产国与消费国之间的经济关系)有密切关系,而且还因各个国家对这三类不同的矿产品市场的干预、调控和管理的方式和手段的不同而不同。

(五) 按矿产资源开发利用程序划分

根据矿产资源开发利用程序的不同,将矿产资源市场分为矿产资源产权市场(矿业权市场)、矿产品交易市场、矿产资源技术市场及矿产资源服务市场(矿产资源融资市场、矿产品运输市场等)。

(六) 按矿产资源市场交易的层次和权属划分

根据矿产资源市场交易层次和权属的不同,将矿产资源市场分为一级市场、二级市场和三级市场。一级市场是国家垄断的矿产资源财产权中派生出来的他物权——矿业权的出让市场,是国家以矿产资源所有者的身份,把矿产资源的使用权有偿出让给矿产资源使用者的市场。它反映了矿产资源的所有者与经营者及使用者之间的关系。二级市场是矿业权的转让市场,是一级市场的延伸和扩大,是指矿业资源的使用者为了经营的目的将矿业使用权再次投入流通而形成的市场交易,这种交易在两个平等民事主体之间进行,使经营者与经营者之间或经营者与消费者之间产生交易关系。三级市场是矿产品交易市场,是使用者及消费者之间进行横向交易的市场。

我国采用的是两阶段划分法,即将矿业权划分为探矿权和采矿权。在《中华人民共和国矿产资源法》总则的第三条中明确规定:"勘查、开采矿产资源,必须依法分别申请,经批准取得探矿权、采矿权,并办理登记;但是,已经依法申请取得采矿权的矿山企业在划定的矿区范围内为本企业的生产而进行的勘查除外。国家保护探矿权和采矿权不受侵犯,保障矿区和勘查作业区的生产秩序、工作秩序不受影响和破坏。"探矿权、采矿权均具有排他性,不能重复设置。这种划分方案简便易行,符合我国的国情。

二、矿业权市场结构

按照矿业权流转的方向和对象,将矿业权流转分为两种形式:一级矿业权出让市场、二级矿业权转让市场。一级矿业权的出让市场是以矿产资源所有权为核心的国家出让市场,二级矿业权转让市场是以市场供需为核心,以利益为驱动的转让市场。

(一) 矿业权的出让

一级矿业权市场是指矿业权作为资产初次进入流通所形成的市场。矿业权,包括探矿权和采矿权两种形式。我国宪法和矿产资源法规定,矿产资源所有权归国家所有,并规定实行矿业权有偿取得制度。探矿权出让包括:申请在先、招标拍卖挂牌和协议三种方式。采矿权出让包括:探矿权转采矿权、招标拍卖挂牌和协议三种方式。

国家出让的一级市场,是采矿权和探矿权流转的第一个环节。探矿权和采矿权呈纵向流通，国家以矿产资源所有者的身份，把矿产资源的探矿权和采矿权投入市场运行，国家对该市场有垄断性，表现为政府与矿业权申请人之间的交易行为，基本上由政府根据国家的整体利益，特别是不同矿产资源对国民经济的影响程度及经济发展的总体需求来确定出让形式。

2010—2019年，全国共出让探矿权11 300个。近年来，部分省（区、市）实行探矿权出让一律招拍挂，以申请在先方式出让的探矿权比例呈减少趋势。2019年以申请方式出让的探矿权共149个，占当年全部出让探矿权的28.3%；而2010年以申请方式出让的探矿权共1 519个，占当年总出让数65.6%。2019年以招拍挂方式出让的探矿权共146个，占全部出让探矿权的27.7%；而2010年以招拍挂方式出让的探矿权共643个，占当年总出让数27.8%。

2010—2019年，全国共出让采矿权29 423个。总体而言，近十年来采矿权出让市场化配置程度较高，以招拍挂方式出让的采矿权占总出让数的80%以上，2019年以协议方式出让的采矿权共31个，占当年全部出让采矿权的1.9%；而2010年以协议方式出让的采矿权共1 016个，占当年总出让数12.5%。2019年以招拍挂方式出让的采矿权共1 457个，占当年全部出让采矿权的89.8%；而2010年以招拍挂方式出让的采矿权共6 616个，占当年总出让数81.2%。市场化配置程度在进一步提升中。[①]

（二）矿业权的转让

二级矿业权市场是指矿业权人为了经营的目的，将矿业权再次投入流通所形成的市场。其流转是在两个平等的民事主体之间进行的。流转的形式多种多样，有出售、作价出资、股权转让、出租、抵押、继承，等等。《矿产资源法》第六条规定："探矿权人在完成规定的最低勘查投入后，经依法批准，可以将探矿权转让他人。已取得采矿权的矿山企业，因企业合并、分立、与他人合资、合作经营，或者因企业资产出售以及有其他变更企业资产产权的情形而需要变更采矿权主体的，经依法批准可以将采矿权转让他人采矿。"

矿业权转让的二级市场的一个重要特点是，矿业权呈横向流通，各个民事主体之间的地位是平等的，政府只以社会管理者的身份对矿业权转让市场进行管理和宏观调控。可以说，矿业权流转的二级市场才真正体现了市场经济的公平、公正、公开、效率原则以及利益驱动原则。

市场化改革之前，地质勘查工作一直是国家财政投资，国家投入大量人力物力用于各类地质勘查工作，取得了大量的地质勘查成果，也形成了大量的矿产地。其中，有些矿产地已被企业无偿占用，申领了采矿许可证进行采矿活动，即成为国家出资形成的采矿权；有些目前仍在进行矿产勘查活动，即成为国家出资形成的探矿权，如果这些矿业权要转让，不论现在是谁持有，都要根据国家的法律、法规规定，对国家这个矿产资源所有者予以补偿。

在计划经济时代，我国的矿业权是通过行政授权无偿取得，并不得流转。这种情况助长了乱采滥挖、越界开采和严重浪费矿产资源现象的出现。后来，我国进行了经济体制改

[①] 李政、陈从喜、葛振华，等.我国矿业权市场统计现状与展望[J].国土资源情报，2021(1)：43-49.

革,走市场经济的道路,市场经济的一个基本要求就是通过市场来实现资源的合理配置。1996年修改后的《矿产资源法》和国务院于1998年出台的《探矿权采矿权转让管理办法》提出了矿业权流转制度,这就在法律上明确了矿产资源应当由市场来进行合理配置。《矿业权出让转让管理暂行规定》的颁布实施,对于矿业权的流转及矿业权流转市场的建设具有里程碑式的意义。从此,我国矿业权流转市场逐步建立起来,为矿产资源的合理开发保护和有效配置,以及吸引民间和海外资本进入我国矿产资源勘查和开发领域发挥了巨大的作用。

矿业权转让市场已具备一定规模:"2019年共发布矿业权出让登记等公开信息35 567项。其中,招标拍卖挂牌出让公告1 298项,招标拍卖挂牌出让结果公示1 139项,协议出让公示166项,转让公示856项,新立矿业权受理公开788项,矿业权审批结果公开31 320项。"[①]

三、矿业权的有偿使用费

1986年之前,我国矿产资源实行的是单一的行政计划配置机制,国家出资开展勘查工作,找到矿后由工业部门组织国有矿山企业开采。《矿产资源法》颁布后,逐步实行计划与市场配置结合的矿产资源有偿使用配置制度,实现了矿产资源由无偿取得转变为无偿与有偿"双轨并行",再到全面有偿使用制度的转变。我国矿业权有偿取得由矿业权出让方式决定和实现,大致可分为以下5个阶段。

1986—1996年为第一阶段,矿业权出让实行申请批准方式无偿授予。1986年《矿产资源法》及配套法规规定,矿产资源属于国家所有,国家对探矿权、采矿权出让实行以申请批准方式无偿授予,不向矿业权人收取价款;1996—2003年为第二阶段,探索招标、拍卖、挂牌竞争方式出让,初步实行有偿取得制度,价款为国家出资勘查的收益;2003—2005年为第三阶段,分类有偿制度逐步确立,价款为出让矿业权收益,其间出台了一系列法律法规和规范性文件规定,将矿业权出让方式由申请批准方式扩展到申请批准和招标、拍卖、挂牌方式出让,初步建立了我国矿业权的分类出让制度;2006—2017年为第四阶段,竞争出让范围不断扩大,分风险有偿出让逐步完善,价款为出让国家出资勘查形成矿业权收益。矿业权分类出让制度的建立,实现了矿业权出让从无偿到有偿,从申请在先方式到竞争性取得为主等变化,在优化资源配置、维护国家所有者权益、加强廉政建设等方面发挥了重要作用。2017年至今为第五阶段,矿业权出让收益制度取代探矿权采矿权价款,实行全面有偿。矿业权出让收益是国家基于自然资源所有权,将探矿权、采矿权(以下简称矿业权)出让给探矿权人、采矿权人(以下简称矿业权人)而依法收取的国有资源有偿使用收入。

2017年6月,为理顺矿业权有偿取得收费关系,财政部、国土资源部印发《矿业权出让收益征收管理暂行办法》(财综〔2017〕35号,简称"35号文"),该办法对新设矿业权出让收益分成、征收、缴纳及监管等问题,以及已设矿业权出让收益与探矿权采矿权价款的衔接等问题做了规定,标志着矿业权出让收益全面取代矿业权价款。自2017年7月1日

---

① 中华人民共和国自然资源部.中国矿产资源报告(2020)[M].北京:地质出版社,2020.

起,矿业权人申请新立矿业权的,应缴纳探矿权出让收益和采矿权出让收益。这一改革是维护矿产资源国家所有者权益的有效举措,是深化和完善矿产资源有偿使用制度的重要进展,也是促进资源全面节约和高效利用、维护矿产资源公平公正配置、营造公平的矿业市场竞争环境的必然要求。

四、矿业权评估在矿业权市场运作中的作用[①]

矿业权的市场运作要在矿业法及相关法律法规、公司法及相关法律法规、证券法及证券交易所上市条例及相关法律法规和政策、会计核算等法律法规及规范性文件的框架内进行,这些法律法规在某些情况下要求对矿业权进行评估。从总体来看,矿业权评估在从矿业权的授予、转让、抵押直至矿业权市场运作的全过程中都起着重要作用。

以下几种情况都需要进行矿业权评估。

1. 矿业权授予时的矿业权评估

在国家将某些矿业权授予矿业权人时,需要由国家组织评估。没有评估,矿业权的授予将无法进行。

2. 矿业权依法转让时的矿业权评估

矿业权人取得矿业权之后,若由于某种原因自己无法或不愿继续进行下去,可以依法将矿业权在矿业权市场上转让。但一般情况下实施转让时需要对矿业权进行评估,否则矿业权转让和受让双方的谈判就无法进行。当矿业权中有国家权益,或矿业权是在关联公司或母子公司之间转让时,必须进行矿业权评估。

3. 矿业权抵押时的矿业权评估

矿业权人若没有足够的资金继续进行矿产资源的勘查开发工作,可以以矿业权为抵押向银行或其他财务机构甚至私人投资者举债筹资,此时也需要进行矿业权评估。

4. 上市交易时的矿业权评估

矿业公司以矿业权为依托在股票交易所上市时,必须对矿业权的价值进行评估,这是《公司法》《股票交易所上市条例》等的规定。

5. 重组、兼并、收购时的矿业权评估

矿业公司以及勘查公司,它们之间的重组、兼并、收购等市场行为实施时,也需要进行矿业权评估。

6. 制定政策时的矿业权评估

政府为了加强对矿业权市场的宏观调控,需要对某些具有典型意义的矿业项目的矿业权进行评估,其目的是通过评估,制定和调整税率、费率、贴现率以及其他经济政策,以协调国家、社会和企业之间的利益。

7. 企业决策时的矿业权评估

为企业决策层提供信息服务时需要进行矿业权价值评估。

---

① 蒋承菘.地矿行政与地质勘查[M].北京:中国大地出版社,2001:176-177.

第四节　矿产资源价格

一、矿产资源的价格理论

矿产资源价值的货币表现形式即为矿产资源的价格。矿产资源的价格以矿产资源的价值为基础，它既表现和反映矿产资源的价值，又反映了矿产资源的市场供求关系。

（一）矿产资源的需求价格

矿产资源的需求量随着价格的变化而变化，这种价格即为矿产资源的需求价格。某种矿产资源的需求量主要由该种矿产资源自身价格、矿产资源消费者的收入水平、相关矿产资源和替代资源的价格、矿产资源消费者的偏好、消费者对矿产资源的价格预期等因素决定。建立在矿产资源需求函数基础上的矿产资源需求表和需求曲线都反映了矿产资源的价格变动和需求量二者之间的关系，即它们都表示资源的价格与需求量之间呈反向变动的关系。

（二）矿产资源的供给价格

矿产资源的供给随价格的变化而变化，这种价格即为矿产资源的供给价格。某种矿产资源的供给量主要由该资源自身价格、该种矿产资源成本、矿产资源生产的技术水平、相关资源和替代资源的价格、矿产资源生产者对未来的预期等因素决定。建立在资源供给函数基础之上的矿产资源供给表和供给曲线都反映了矿产资源的价格变动和供给量二者之间的关系，即它们都表示矿产资源的价格与供给量之间成正比变动。

（三）矿产资源的均衡价格

某种矿产资源的均衡价格是指该种矿产资源的市场需求量和市场供给量相等时的价格。在均衡价格水平下，相等的矿产资源供求量被称为矿产资源的均衡量。在某种矿产资源的市场上，矿产资源均衡应出现在矿产资源的市场需求曲线（D）和市场供给曲线（S）相交的交点（E）上，该交点即为均衡点。均衡点上的价格和相应的需求量分别被称为均衡价格（P_e）和均衡数量（Q_e），如图 12-2 所示。

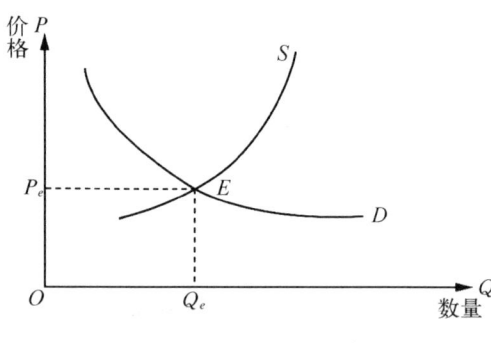

图 12-2　资源的均衡价格

由于任何一种矿产资源都存在一种价格，当这种价格太高时，会阻止人们的使用，人们转而使用替代矿产资源。因此，矿产资源总存量的变化，矿产品品种结构、时间结构和空间结构等的变化，都会引起价格的变化。市场通过不断地调整和提高价格来缓解矿产资源的不断耗竭和解决矿产资源的稀缺问题。这说明竞争的市场能使社会以最有效的速度利用稀缺的矿产资源。

二、矿业权评估方法[①]

矿业权价值评估是一个非常主观的过程,评估是根据为数不多的也未必可靠的客观事实所进行的主观判断,因此,关于矿业权价值评估的方法也没有统一的规定。西方一些矿业大国的矿业权价值评估章程的指南指出,评估方法的选择以及报告内容的取舍,是评估人("独立专家"和"专业人员")自己确定的,可以不受委托人或委托机关等外界因素的影响。但是章程中又规定,评估人必须对所采用的方法的原因、选择标准作充分的说明,并建议采用一种以上的方法对比使用,若不同方法得出了不同的结果,则须选择一个,并分析原因及结果。同时,在数据和实际信息许可的情况下,评估应尽可能地客观和严格,所有的假设应该是合理的、公开的(因为价值评估的结果在很大程度上取决于基本的假设)。另外章程还规定,评估过程应尽可能地透明,以便其他人包括投资公众及其投资顾问来评价评估人在评估过程中所采用的假设合理与否并做出合理的判断。

(一)矿业权价值评估方法选择中要考虑的因素

从西方国家矿业实践看,选择何种矿业权价值评估方法主要取决于以下因素:

1. 价值评估目的

价值评估的目的不同,可选择不同的评估方法。例如用于转让矿业权、股票上市、举债抵押筹资、公司内部决策、政府调整和评价政策等目的的价值评估,因评价目的的不同,其评价的方法也可以不同。

2. 矿业权类型

不同类型的矿业权,不同阶段的矿产地,适用不同的价值评估方法。不同类型的矿业权是指矿产地或矿业项目的成熟度(工作程度)。

3. 数据的可得性

根据数据的可得性,评估人可选择不同的评估方法。相关信息的数量和质量(可靠性)要求评估人对委托人所提供的数据负责;但若数据本身有问题,委托人也难逃其责。

4. 风险分析因子

矿业本身就是一个高风险的行业,对其中风险因子的分析和由此所进行的灵敏度分析是决定评估方法的重要因素之一。

5. 矿产资源种类及开采条件

不同矿产资源及其勘查开采条件不同,其矿业权的评估方法也不相同,如黄金、油气等。

(二)探矿权价值评估方法[②]

对于工作程度较低的探矿权,其价值评估是一项十分复杂的任务。因为这些项目不具备可用于进行定量评估的地质与采矿信息,一般都达不到"储量"级别,只是些"自愿"甚

[①] 蒋承菘.地矿行政与地质勘查[M].北京:中国大地出版社,2001:176-177.
[②] 同上书:177-179.

至是"前资源矿化"。这样,就只能采用一些更主观的定性评估方法。从西方价值评估的实践来看,主要方法有以下几种。

1. 地质工程法

此方法最初由加拿大证券委员会及多伦多股票交易所在招股说明书中的矿业权价值评估报告中使用。后来澳大利亚人对此种方法进行了修改,正式使用。澳大利亚人修改后的方法称为地学排序法。这种方法有三个基本要素:基础购置成本,指单位矿权地面积的取得成本;技术价值因子;其他价值因子(包括矿产品市场、矿业权市场、财务和股票市场等,根据评估时的实际情况选择不同的数值,其连乘积为其他价值因子)。

$$矿业权的地质工程价值(技术价值)=基础购置成本×面积×总技术价值因子 \quad (12\text{-}1)$$

$$矿业权市场价值=技术价值×其他因子 \quad (12\text{-}2)$$

2. 勘查费用倍数法(成本法)

此方法有两个基本要素:一是此矿业权项目已投入和已承诺的勘查支出,称为相关和有效勘查支出;二是所谓的前景提高倍数(系数),即该矿业权项目的找矿前景,这个倍数一般为0.5—3,但最低可以是0,最高可以是5,小于1表示迄今为止的勘查工作没有提高矿地产的前景和潜力。

$$矿业权的价值=相关和有效勘查支出×前景提高倍数 \quad (12\text{-}3)$$

3. 可比销售法(房地产法)

根据最近发生的、类似的或附近的矿业权转让情况,确定所评估的矿业权的价值。这是一种简单的对比。对于房地产,这种方法是常用的,因为物业大致具有可比性,但对于矿地产,可比性不强。

4. 粗估法(近似法)

此方法包括原位价值粗估法、贴现现金流净现值模型粗估法,以及以单位矿业权地域面积的价值为基础的粗估法等。

总的来看,探矿权价值评估方法主要是一种定性的方法,这不同于技术经济评价或可行性研究,关键是要快速抓住要害,为委托人提供决策信息。这些评估方法,实质上没有一定之规,从某种意义上说,被市场所认可的方法就是合理的方法。

(三)采矿权价值评估方法

1. 贴现现金流方法

采矿权项目,一般均基本完成了预可行性或可行性研究,达到储量阶段,有相对可靠的工程、生产、市场、经营成本和资本成本等方面的数据。这时,大致可以使用一些定量程度较高的方法,从国外来看,主要是运用贴现现金流方法(或称现值贴现法)。采矿权价值评估时所采用的贴现现金流方法,与财务领域所采用的一般贴现现金流方法没有区别,其基本步骤为:

(1) 建立财务模型。包括以下参数的确定：矿石储量（矿产资源），生产率、矿山服务年限、资本成本估计，经营成本（包括采矿、分选、管理、品位控制和矿场勘查、环境修复）估计，采矿贫化率，选矿回收率，产品收入，折旧和摊销，权利金，储贷资金的成本，税收。

(2) 根据对产品价格的预测，计算采矿权所依附的矿地产在矿山服务年限内各年的现金流量。

(3) 计算各年税收、折旧后，账面折耗前的净收入。

(4) 计算各年固定资产和流动资金所得的社会平均收益。

(5) 用第三项减去第四项。

(6) 选择适当的贴现率对第五项贴现并逐年累加，即得出净现值。该净现值即为估算采矿权价值的基础，但具体价值的确定尚需考虑许多其他因素，包括在矿权地上矿山周围进一步发现的潜力，筹资机构与资本结构，矿权地的购买合同条款，某矿权的购买或出售对于买主或卖主所具有的战略价值，现行市场条件等，都会影响矿业权价值的高低。

贴现现金流方法虽然是投资决策理论中一种比较成熟、比较规范的方法，并且在采矿权价值评估中已经得到相当广泛的应用。但是此种方法应用的困难之处在于某些关键参数的确定，如适当的贴现率、产品未来现金流的预期等，因此评估的结果在一定程度上也受影响。在20世纪末期，随着对金融期权热烈讨论的展开，期权定价方法也渗透到矿业权评估领域中，特别是应用于采矿权评估。

2. 期权定价方法[①]

美国纽约大学的 Aswath Damodaran 在《投资估价》一书中，介绍了对自然资源（如矿山、石油等）投资如何使用期权方法进行估价。他指出："对自然资源投资的公司传统上是用现金流贴现方法来进行估价的。因为公司在自然价格下降时有权搁置投资项目，不进行开发，而当自然资源价格上涨时再对其完全开采，所以用传统的现金流贴现方法对此类公司进行估价不一定合适。而采用期权定价理论不仅可以对单个的自然资源投资进行估价，而且还可以对拥有自然资源投资组合的公司（如石油公司）进行估价。"

(1) 资源采矿权的期权特征。期权（也称选择权）是期权持有人在规定时间内可以但不是必须按约定的价格购买或卖出一定数量标的资产的权利。期权最早是一种衍生金融工具，其基本特征是：期权购买者具有在期权到期日或到期日之前，以一个固定价格（或称为执行价格）卖出或买进一定数量金融资产（或称标的资产）的权利。期权可分为看涨期权和看跌期权。看涨期权赋予其购买者在期权到期日或到期日之前的任一时间，以固定的价格（执行价）购买标的资产的权利。

资源采矿权之所以可被认为是一种看涨期权，是因为拥有采矿权，就相当于持有一个看涨期权。持有采矿权，即拥有了开发经营自然资源产品的权利。自然资源采矿权的价

---

① 达摩达兰.投资估价[M].朱武祥,邓海峰,等译.北京：清华大学出版社,1999：316.

值就在于它体现了资源开发利用的价值,也是资源所有者出售或转让所有权所获得收益的基础,同时,资源资产经营者获得开发此自然资源的权利,以期获得日后获得此种自然资源的收益。这正说明了采矿权是获得开发自然资源未来收益的权利,因此,它具有期权特性。

（2）模型总体框架。对于一项自然资源投资,标的资产是该种自然资源,投资的价值由两个因素决定:投资可获得的自然资源的数量和该种自然资源的价格。由图 12-3 可见,自然资源投资的损益函数与看涨期权很相似。

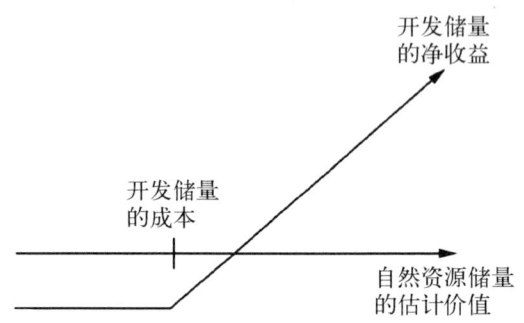

图 12-3　开采自然资源储备的损益

（资料来源：Aswath Damodaran. 投资估价[M]. 朱武祥,等译. 北京：清华大学出版社,1999：316）

例如,对于一个金矿而言,标的资产价值就是基于当前黄金市场价格的该金矿全部黄金的储备的价值。对于大多数这类投资,开采资源都有一定的成本。资产价值与开采成本之差即为资源所有者的利润。设开采成本为 X,资源价值的估计值为 V,自然资源期权的损益状况如下：

$$\text{自然资源投资的损益} = \begin{cases} V - X & (\text{如果 } V > X) \\ 0 & (\text{如果 } V < X) \end{cases} \quad (12\text{-}4)$$

（3）模型参数说明。将自然资源投资作为期权进行估价,需对以下参数做一些假设：

① 资源储备。资源储备在开始阶段是不能够确切知道的,因此必须对其进行估计。例如地质学家可以提供一块油田石油储备的较精确的估计。

② 开采资源的预期成本。预期的开采成本是期权的执行价格。通过了解历史开采成本和该项投资的特征,可以对未来的开采成本做出合理的估计。

③ 期权的期限。自然资源期权的期限可用两种方法来定义。第一,如果自然资源的所有权在一个固定期限后将会失去,则该固定期限就是期权的有效期限,例如很多海外石油租赁合同规定石油公司租用这些油田的期限为 5 到 10 年。第二,是在了解资源储量及开采输出率的基础上,估计开采完这些储量所需要的时间。如某金矿储量为 300 万盎司,开采输出率为每年 15 万盎司,则 20 年就将开采完毕,这一期限就被定义为自然资源期权的期限。

④ 标的资产价值波动的方差。标的资产价值波动的方差由两个因素决定：资源价格的波动性和可开采资源储量估计的准确性。在某些特殊情况下，资源储备的数量已经准确地知道，则标的资产价值波动的方差将完全取决于资源价格波动的方差。

⑤ 正如红利减少了股票的价值，为股票持有者创造了现金流一样，年复一年对自然资源的开采，减少了标的资产的价值，为资源所有者创造了现金流。净生产收入占全部资源储备量市场价值的百分比与红利收益率是等价的，在计算期权价格时处理的方法也是一样。

(4) 自然资源期权定价 Black-Scholes 模型。期权按权利有效行使时间的不同分为欧式和美式。欧式期权只有在确定的时间才能执行，而美式期权可随时执行。现以欧式期权定价模型为例，说明自然资源开采权期权的应用。Black-Scholes 模型用于不付红利的欧式期权定价，此模型已成为期权定价的有效工具。现将其改进模型引入到煤炭资源价值的评估中，实现对煤炭资源采矿权价值的估价，从而获得煤炭采矿权的价值。Black-Scholes 模型如下：

$$\text{煤炭采矿权的期权价值} = Se^{-yt}N(d_1) - Ke^{-rt}N(d_2) \tag{12-5}$$

$$d_1 = \frac{\ln\left(\frac{S}{K}\right) + (r - y + \frac{\sigma^2}{2})t}{\sigma\sqrt{t}} \tag{12-6}$$

$$d_2 = d_1 - \sigma\sqrt{t} \tag{12-7}$$

式中：S 为煤炭储量的估计价值；K 为开采煤炭储量的成本；t 为开采煤炭储量的期限；r 为期权有效期间的无风险利率；σ^2 为煤炭储量估计价值的波动方差；$N(d_1)$ 为 d_1 的正态分布积分函数值；$N(d_2)$ 为 d_2 的正态分布积分函数值。

Black-Scholes 模型参数的说明：

① 煤炭储量的估计价值(S)。由于能准确地知道煤炭储量的精确值，因此可对其进行估计，可采用公式(12-8)计算。

$$S = \frac{A_1\left[\dfrac{1-(1+h)^{n-j}(1+i)^{-n+j}}{i-h}\right]}{(1+y)^j} \tag{12-8}$$

式中：A_1 为年现金流，即每年的煤炭销售（假设煤炭的年产量全部售出）量乘以当前市场价格；h 为价格的增长率；i 为无风险利率；j 为开采的时滞期；y 为红利贴现率；n 为服务年限。

② 开采煤炭储量的成本(K)[①]。开采煤炭储量的成本相当于执行价格。对煤炭资源开采的预期成本的预测可通过历史开采成本和该项投资的特征，对未来的开采成本做出合理的估计。同样，在应用期权方法对煤炭资源价值估计时，煤炭资源开采的预期成本是

---

① 沈洪,向阳,张庆洪.基于欧式期权的可延期煤炭开采权的投资策略研究[J].煤炭学报,2001(6)：680-684.

煤炭资源价格评估的重要参数。关于开采的预期成本,有专门的预测方法,为了说明问题方便直观,现推荐两种方法:一种是根据各类煤炭资源开采的吨煤总成本的平均值来计算煤炭资源开采成本的现值;另一种考虑地质勘探费用和开采的初始成本,其和作为期权的执行价格。该方法虽有失准确性,但不妨用来说明期权方法的使用。

$$K = 建设投资 + 勘探投资 + B_1\left[\frac{1-(1+c)^{n+j}(1+i)^{-n+j}}{i-c}\right](1+i)^j \quad (12-9)$$

式中:B_1为年产煤炭的总成本;c为成本递增率,勘探投资费用为单位煤炭产量计算的地质勘探劳动价值系数乘以已探明的可采煤炭储量计算得出。

③ 期权的有效期(t)。对开采煤炭资源的期权到期日可由两种方法估计:一是采矿权在一个固定期限后将会失去,则该固定期限就是期权的有效期限。二是估计以合理的开采率开采完煤炭储量所需的时间,即使用年限。煤炭资源的使用年限可参考相应的研究,也可采用其他方法来估算。为了较直观地获得数据,可采用合理的煤炭开采率,开采完煤炭储量所用的时间,即通常所说的服务年限。

$$煤炭开采年限(n) = (可采储量/年产量) \times 矿井回采率 \quad (12-10)$$

④ 开采的可延迟期(时滞期)。由于赋存的煤炭资源不可能立即开采出来,从决定开采到实际开采之间有一段时间间隔,此段时间就成为煤炭资源开采的时滞期。时滞期对煤炭资源的期权价值是有影响的。为了更好地说明问题,现采用一种简单的方法考虑时滞期对煤炭资源价值估价的影响,如果当前开始建井,五年后才能生产出煤炭,这种由于开采的延期造成的机会成本就是期内取得的生产收入,因此用贴现率进行贴现,贴现率可选用红利收益率。用 y 代表红利收益率,即每时滞一年开采所造成的损失占总资产价值的比重,可用公式(12-11)简单估计:

$$y = 1/矿井服务年限 \approx 1/n \quad (12-11)$$

⑤ 煤炭储量估计价值的波动方差(σ^2)。因其煤炭储量估计价值发生波动的原因如前所述,假设随着科技的发展,勘探精度的提高,对可采储量估计的出入暂不考虑,这样,煤炭储量估计价值波动将完全取决于煤炭资源价格的波动。

(5) 模型的应用举例①。某新建矿井,已探明可采储量4亿吨,设计生产能力为400万吨/年,初始投资20亿元,现设同期各类煤炭资源开采的预期吨煤成本的平均值为104.764元/吨,开采成本以每年3.14的速度增长,按单位煤炭产量计算的地质勘探费用为1.56元/吨。设无风险利率为10.53%,开采的时滞期为5年,估计当前煤炭的市场平均售价为140元/吨,市场价格指数变动值如表12-4所示。

---

① 沈洪、向阳.基于欧式期权的可延期煤炭开采权估价研究[C].全国青年管理科学与系统科学学术会议暨中国科协第四届青年学术年会,2001.

表 12-4 20 年间煤炭价格指数一览表

年 份	指 数	年 份	指 数
T	100	T+10	112.2
T+1	106.4	T+11	106.2
T+2	102.6	T+12	113.1
T+3	101.9	T+13	116.1
T+4	101.5	T+14	139.7
T+5	102.6	T+15	122.2
T+6	117.6	T+16	111.3
T+7	96.8	T+17	113.7
T+8	102.8	T+18	108
T+9	110.6	T+19	96.6

注：上年＝100

煤炭采矿权的 BS 定价模型中各参数变量的值,计算可得：

① 煤炭价格的平均增长速度由表 12-4 计算可得为 8.68%。
② 煤炭资源价格对数的波动方差(σ^2)＝0.348 9。
③ 期权的持有期限(t)＝煤炭开采年限(n)＝(40 000/400)×50%＝50(年)。
④ 红利收益率＝每延迟一年所造成的损失＝$1/t$＝$1/50$＝0.02。
⑤ 煤炭储量的估计值的现值(S)
＝$[(0.04 \times 140)(1 - 1.086\ 8^{45}/1.105\ 3^{45}/(0.105\ 3 - 0.086\ 8))]/1.02^5$
＝145.892 4(亿元)
⑥ 开采煤炭储量的成本(k)
＝$20 + 1.56 \times 4 + 0.04 \times 104.764 \times (1 - 1.031\ 4^{45}/1.105\ 3^{45})/(0.105\ 3 - 0.031\ 4)/(1 + 0.105\ 3)^5$
＝59.086 7(亿元)
代入 Black-Scholes 模型得到：
$d_1 = 3.252\quad N(d_1) = 0.999\ 4$
$d_2 = -0.924\ 7\quad N(d_2) = 0.178\ 8$
⑦ 煤炭采矿权的期权价值
＝$145.892\ 4 \times e^{-0.02 \times 50} \times 0.999\ 4 - 59.086\ 7 \times e^{-0.105\ 3 \times 50} \times 0.178\ 8$
＝53.584 0(亿元)

此煤炭资源的开矿权的价值为 53.584 0 亿元,即我们可花费 53.584 0 亿元获取在未来 50 年内享有开采价值达 145.892 4 亿元的煤炭资源的权利。利用期权理论计算煤炭资源的开采权的价值,不仅是一种理论上的探讨,更具有广泛的应用价值。以煤炭采矿权的估价抛砖引玉,此方法还可应用于其他的矿产资源的评估,如石油、金属矿采矿权的评估。

小 结

矿产资源是指经过地质成矿作用而形成的,埋藏于地下或出露于地表,并具有开发利用价值的矿物或有用元素的集合体。按其特点和用途,通常可分为能源矿产(如煤、石油、地热)、金属矿产(如铁、锰、铜)、非金属矿产(如金刚石、石灰岩、黏土)和水气矿产(如地下水、矿泉水、二氧化碳气)四大类。它具有不可再生、分布不均、储存复杂且往往多种矿产共生的自然特点。在我国,矿产资源属于国家所有,由国务院行使国家对矿产资源的所有权,依法对矿产资源享有占有、使用、收益和处分的权利。矿业权是所有权所派生的概念,包括探矿权和采矿权,矿业权明确了矿产资源所有者和矿业权人之间的权利义务关系。目前,我国应对矿产资源市场失灵有庇古手段和科斯手段两种干预的方法,政府还要积极建立相关的矿产权市场,只有通过矿产权交易才能实现稀缺资源的有效流动和优化配置。矿产资源市场是矿产资源交易场所的总称,体现矿产资源产权主体之间、矿产资源所有者与矿产资源开发者之间的产权交易关系或经济利益关系。根据不同的划分标准矿产资源场所可以划分为不同的市场。按照矿产权流转方向和对象,矿产权可分为出让市场和转让市场,前者是以所有权为核心的国家出让市场,后者则以市场需求为导向以利益驱动的二级市场。矿产权市场上流转的主要是采矿权和探矿权,市场交易的焦点主要是采矿权和探矿权的价款。矿业权评估对矿产权的授予、转让、抵押直至矿产权的市场化运作起着重要作用。探矿权的评估主要有地质工程法、勘查费用倍数法、可比销售法等。采矿权的评估主要有贴现现金流方法和期权定价法等。

习 题

一、名词解释

1. 矿产资源
2. 矿业权
3. 矿产资源市场
4. 矿产资源价格

二、选择题

1. 我国矿产资源极其丰富,其中能源矿、有色金属矿和非金属矿探明储量居世界首位的依次是( )。

    A. 石油、钨、芒硝　　　　　　　　B. 煤炭、稀土、石膏
    C. 水能、汞、重晶石　　　　　　　D. 太阳能、铜、石墨

2. 下列矿产资源中,我国的储量居世界首位的是( )。
    ① 铁矿　② 铜矿　③ 稀土　④ 煤矿　⑤ 钛矿
    A. ①②③　　　　B. ②③④　　　　C. ③④⑤　　　　D. ①③④

3. 矿产资源可以分为金属矿产和非金属矿产两大类,金属矿产又可以分为黑色金属矿产和有色金属矿产两类,那么磷和钾盐属于( )。

    A. 金属矿产　　　　　　　　　　　B. 非金属矿产
    C. 黑色金属矿产　　　　　　　　　D. 有色金属矿产

4. 矿产资源的经济寿命取决于(　　)。
A. 设计能力　　　　B. 生产规模　　　　C. 矿产储量　　　　D. 开采难度

5. 影响矿产资源资产价值的因素主要包括(　　)。
A. 科技进步　　　　　　　　　　　　B. 矿床自然丰度和地理位置
C. 稀缺程度和替代程度　　　　　　　D. 矿产品的供求状况、社会平均利润水平

6. 资源资产评估目的有(　　)。
A. 使用权出让　　　B. 融资　　　　C. 所有权转让　　　D. 企业兼并

三、简答题

1. 我国矿产资源基本特点有哪些？
2. 矿产资源产权有哪些内容？
3. 简述矿产资源市场市场体系。
4. 矿业权评估在矿业权市场运作中有何作用？

四、论述题

简述矿产资源的价值构成。

第十三章 环境经济

学习目的

通过对本章的学习了解环境的经济学概念及环境资源产权的特征,掌握环境资源的经济特征及其商品性,理解环境资源的经济效益、环境效益和社会效益,掌握环境资源的定价方法和排污权理论。

关键概念

科斯定理　科斯第二定理　环境资源产权　直接市场评价法　揭示偏好法
陈述偏好法　实物期权定价　排污权交易模型　环境库兹涅茨曲线　三重盈余

第一节　环境资源产权

一、环境的概念

环境是指与人类密切相关、影响人类生活和生产活动的各种自然力量(物质和能量)或作用的总和。它不仅包括各种自然要素的组合,还包括人类与自然要素之间形成的各种生态关系的组合。

根据人类生存与发展需求的层次性,环境的概念可以分为四个层次。第一层次的环境只考虑关于自然方面的人类环境,即人类的自然生态环境,包括空气、水、土地、森林,以及这些自然因素与人类长期共处所产生的各种依赖关系;第二层次的环境包括风景名胜、文物古迹以及野生动物、土地利用状态及能源环境;第三层次的环境增加了美学环境、人居环境及精神环境,包括满足人类生存、发展、享受需要的人文设施;第四层次的环境是指人类的自然生态的和经济社会生活的一般环境,因此它还要增加经济发展状态、教育状态、公共安全及其他的福利状态等因素。

环境不仅是一个自然科学概念,也是一个经济学概念。经济学家认为,环境是一种为人类提供各种服务的资源,因为它提供生命支持系统以维持人类的生存与发展,一般的环境资源属于经济资源范畴。

二、环境资源的产权特点

环境资源一向被视为公共财产,可以自由取用而不付分文。环境资源产权是随着环境恶化、环境资源稀缺性不断凸显而产生的,它是行为主体对环境资源拥有的一组权利,具有一定的排他性、可交易性、可分割性和行为性。其主体包括全体公民、国家、社会经济实体或公共组织,客体包括各种自然环境资源和人工环境资源;其内容包括环境资源所有权、环境资源使用权、环境资源转让权和环境资源收益权。

一般来说,公共财产缺乏充分的保护,因而对其使用、占有、收益及分配等具体权利不明确,如何进行有效配置,缺乏适当的准绳。而环境财富基本上就是这一类,尤其对于如水、空气、景观舒适程度等难以或不好分割的环境资源。可见,环境资源的产权具有特殊性。与一般意义的产权界定不同,环境资源的产权界定有其自身的特点和难度。

1. 环境资源的公共物品属性决定了其产权安排的复杂性

作为公共物品的环境资源其特点是:

(1) 消费上的非排他性。作为人类生存和发展的基础,环境资源具有共享性。个体对环境资源的依赖和享用,并不妨碍他人同时得到相应消费。

(2) 消费上的非竞争性,即公共物品每增加一个单位的消费,其边际成本为零。也就是说,每增加一个单位的环境资源的供给,并不需要相应增加一个单位的成本。与所有的公共物品一样,要确定个体的产权,具有很高的交易成本。这时,市场将不可能实现环境资源的最优配置,导致"市场失灵"。环境资源的公共物品属性决定了其产权的非排他性和产权的难分割性,因而导致了个人、企业等理性行为人的外部不经济行为。

2. 环境资源产权的不确定性

其主要表现为公有资源、资源产权的被剥夺和被征用的不确定。这些不确定常导致资源产权不明确、产权残缺或者使产权主体对资源开发利用收益的长期预期不足,从而造成增加资源开采利用量、"竭泽而渔"式的资源利用方式,使经济体系中的资源流量低于最优水平。

3. 环境资源价值的不确定导致产权交易的非等价性

虽然环境产权协商和索赔作为先行的产权交易方式为进一步明晰环境资源产权关系

奠定了基础,但其中的非等价性也显而易见,如由噪声、粉尘、废水、废气等污染所致的健康损失在价值形式上往往是难以度量且也无法弥补的。

从环境资源的外延看,由于环境资源产权的边界十分宽泛,它的界定对象不仅包括矿产、林木、土地等自然资源,而且包括水体、阳光、大气等生存资源;不仅包括由洪涝、干旱等自然灾害造成的直接或间接的经济损失的大范围生态产权,而且包括由噪声、粉尘、辐射所致的健康损失的局部生态产权;不仅包括由工厂排污造成的大气、水质污染对动植物的显性危害侵权,而且包括由使用农药、化肥对土质、农作物造成的隐性危害侵权;不仅包括本国国土的污染或自然灾害对本国的影响,而且包括周边毗邻国家或转嫁危害国家对世界范围的环境影响。从其内涵看,环境产权界定要求对维持生态系统的平衡做出标准化规范,用以告诫和约束人们遵循环境质量准则,尽量避免或减少由污染所致的人类健康损失及由内部经济性行为导致的外部非经济性。因此,环境资源产权界定应该是对环境归属、环境质量及侵权程度从质和量、近期和长期、局部和整体的权威性、可操作性的行为规定和使用约束。

为使环境资源的产权明晰化,还必须依赖市场的成功运作。我国学者徐嵩龄先生认为,产权化是环境管理网链中的重要环节,但不是万能的、自发的、独立的,在环境管理领域运行的市场,与其说是真实的市场,不如说是对市场机制的借鉴与模拟。在这一环境市场中,准备产权化的环境资源总量需要预先设定、环境资产的拥有权方式需要预先确定、环境资产的拥有者资格需要事先确认、环境资产的分配规则与交易规则需要预先建立等,并且,以上各点在不同经济社会发展阶段需要变更,在地区之间及国家之间需要协调。可见,这一市场不可能自下而上地由民众自发地产生,而只能自上而下地设计、推行与建立。它不是真正意义上的市场,更不是"自由市场"。另外,这一市场的成功运作,还依赖于社会市场经验的成熟程度,以及市场操作者的知识水准与公德水准。当前,我国市场经济体制还不太完善,因此政府必须提供有效的制度供给,完善市场经济的运行机制,明晰各类环境资源的产权,妥善解决环境资源应由谁来占有、支配、使用的问题,从而避免经济活动中对环境资源的滥用和破坏现象的发生。

三、环境资源产权的界定及其特点

环境资源产权是指权利行为主体对环境资源拥有的所有、使用、转让、收益等各种权利的集合。这里的环境资源产权既包括自然环境资源产权,也包括社会环境资源产权。具体内容如下:

(1) 环境资源所有权是指各种环境资源包括自然环境资源和社会环境资源归谁所有。一般而言,自然环境资源,譬如水资源,大气资源,海洋资源等资源的所有权归全民所有,并由政府代理行使所有者的权利。无论是在一般公共产品场合,还是在"外部性"、边际收益递增、风险和不确定性、税收扭曲和收入分配不公的场合,"帕累托最优"规则都不复存在,即"市场失灵"。这种场合,需要以公共利益最大化或社会福利最大化为取向的政策。特别地,一般公共产品是政策的结果;而且也必须依赖有效的政策,才能解决收入分配不公的问题,并提供一种作为公共产品的社会公平。

(2)环境资源使用权主要是指个人和企业的环境资源使用权。环境资源使用权的获得有些是约定俗成的,而有些则是按照一定的程序无偿或有偿获得,如企业获得排污许可的权利。环境资源使用权的获得有些是在约定俗成下自然获得,如个人使用自然环境资源的权利;有些是按一定程序无偿或有偿获得,如企业获得排污的权利。不管是以哪种形式获得的环境资源使用权都会受到一定规则的约束,比如习俗、法律等等。

(3)环境资源转让权主要是指上述两种权利的转让,即环境资源所有权和环境资源使用权的转让。由于自然环境资源的所有权属于全体人民并由政府代理,所有自然环境资源的所有权不可转让,而社会环境资源的所有权则可能属于一定的集体或法人组织,它的所有权可以在一定的规则下进行转让。环境资源使用权的转让主要是指企业和法人组织按一定程序转让环境使用权,比如遵照指标的废水、废气排放权的转让。为了提高环境资源使用效率,激励环境资源的供给,环境资源的转让应采取有偿方式,使提供环境资源的自然人、集体和法人获得收益,从而产生激励效果;使转让环境使用权比如排污权的企业获得经济补偿从而产生技术改进、集约生产的激励效果。

(4)环境资源的收益权指环境资源产权拥有者通过环境资源产权运作获得收益的权利。例如政府可以通过向自然环境资源的使用者收取费用,并将所获收入用于环境保护。主要包括以下几部分:政府可以通过向自然环境资源使用者征税获得收入,并以补贴的方式使自然环境资源的主要贡献者能够获得收益;人工环境资源所有者有权通过一定程序出让其环境资源的所有权获得收益;政府可以通过一定的方式出让环境资源使用权获得收益;获得环境资源使用权的集体、法人单位和个人可以通过转让环境资源使用权获得收益。

环境资源产权作为一种特殊的产权,必然具有产权的一般特征,同时由于环境资源的特殊性,其又有着区别于一般产权的特征,具体而言:

(1)环境资源产权具有排他性和非排他性特点。环境资源分为自然环境资源和社会环境资源,根据是否具有排他性的标准可以将产权分为排他性产权与非排他性产权。私人产权和公有产权恰好是产权的两类极端表现类型,私有产权具有很强的排他性,而公有产权则表现为明显的非排他性。环境资源产权既有公有产权又有私有产权。而且,根据产权的可分性,在所有权上具有公有产权性质的在其他权利上也可能具有私有产权的性质。在环境资源产权没有充分界定时,环境资源产权的排他性不明显,但是,随着环境资源稀缺性的逐渐明显、环境资源产权的界定越来越必要时,环境资源的排他性也逐渐加强。同时,环境资源的产权完全充分被界定的可能性较小,因此,它也就必然存在一定程度的非排他性。总之,环境资源的排他性与非排他性同时并存,同时环境资源产权的排他性随着人口增加、经济增长而逐渐加强。

(2)环境资源产权具有行为性特点。环境资源产权的行为性是界定环境资源产权各主体行为关系的准则,即环境资源产权的各主体在各自的权利界限内有权做什么、不能做什么、有权阻止别人做什么等,环境资源产权各主体可能有多种行为,每种行为都有相应的行为目标、行为过程以及行为结果三个因素过程。因此,环境资源产权的行为性是由行为目标、行为过程和行为结果三个因素构成,这也是环境资源产权行为的内在结构。

（3）环境资源产权具有可分解性的特点。与产权的可分解性相仿，环境资源产权的可分解性是指对特定的环境资源产权可以进行分解，使其分属于不同的主体。譬如，环境资源的所有权、使用权及收益权可分属于不同的利益主体。在看到环境资源产权具有可分割性的同时，也要看到环境资源产权的可分割性是有限度的，并不是可以无限分解或者分得越细越好。由于环境资源产权的实质是不同产权主体之间的救济关系，不同权项的划分必须在不同的产权主体间进行，环境产权主体是不可无限度细分的，因此环境资源产权的可分性也就必然受到限制，虽然环境资源产权具有可分解性，然而，现实中对环境资源产权分解到何种程度取决于社会经济发展水平。

（4）环境资源产权具有可交易性。可交易性是产权所固有的内在属性，也是环境资源产权的内在属性，而并非环境资源产权所赋予的，环境资源产权的可交易性仅仅是为进行环境资源产权交易提供了内在的可能性，并非是指环境资源产权具有可交易性就能进行环境资源产权的交易。环境资源产权的交易依赖于相应的机制设计，经济发展水平等条件。环境资源产权具有一定的功能，如环境资源配置功能、环境资源需求者和供给者的收益分配功能以及降低环境资源主体交易成本功能等。

第二节　环境资源商品性和效益

一、环境资源的特征

环境的含义是：以人类社会为主体的外部世界的总体。按照这一定义，环境包括了已经为人类所认识的、直接或间接影响人类生存和发展的物理世界的所有事物。随着人类社会的发展，环境的概念也在变化。保护环境，不仅是保护人类生活环境的质量，更重要的是保护环境资源，保障环境资源的永续利用。

环境资源从经济学的角度来看，具有以下四个特征[①]：

（一）环境资源具有稀缺性

新制度经济学派认为产权起源的原因在于资源稀缺性的显现。原始社会人口稀少，资源的有限性和稀缺性不是很明显。随着生产力的发展和人口的增加，人类对环境资源的索求大大增加，环境资源的有限性和稀缺性表现得日益突出，例如耕地的短缺、粮食的不足、森林的减少、水资源的贫乏、大气质量的下降，等等。环境资源的有限性，在资源的负荷能力上表现为一定的自然资源数量，在一定的生产力水平下，只能养活一定的人口；在结构的组成上表现为任何一项生产都是由多种生产要素组成的，要求有一个合理的自然资源结构，即使多种资源比较丰富，但如果某种资源短缺，也会形成一定的限制因素。

虽然我国自然资源非常丰富，但我国人均资源数量不多，特别是我国人口众多、工业技术不够发达，所以有限的自然资源和对自然资源的需求之间的矛盾越来越突出。如我

---

① 严法善.环境经济学概论[M].上海：复旦大学出版社，2003：24-27.

国很多地区水资源的缺乏已成为国民经济发展的主要制约因素。虽然环境资源有限,但是随着科学技术的发展,人类会研究创造新的材料和代用资源,能源的发展即是如此。当然,有些资源,例如水资源、空气资源是任何其他物质替代不了的。从长期来看,人们可以通过技术创新和生产率的提高来减少对自然资源的依靠,不存在任何长期的对经济增长构成约束的资源稀缺性问题。

(二) 环境资源的多用途性

世界上大部分环境资源都有多种用途、多种功能。例如一条河流,沿河岸植满林带、筑坝形成水库,它可以用来发电,提供木材,提供优美的环境,供旅游者观赏游览。因此,我们应充分利用环境资源的这一特性,综合开发利用,发挥其多方面的效益。

某种环境资源当被选择为一种用途后,另一种用途就可能减少。如森林资源可以涵养水分,调节气候,遮挡风沙,防止土地沙化;也可以提供木材,用作建筑材料和造纸。如果砍伐过量,破坏了森林的生长循环规律,它的作用就将减少或丧失。因此我们要综合考虑,权衡利弊,注重环境资源的综合效益。

(三) 环境资源的增殖性

环境资源有不可再生和可再生之分,而可再生资源具有再生增殖的能力。如果利用合理,不违反其生态循环规律,则可使其不断更新,不断增殖。如果对其利用超过了一定限度,违反了生态循环规律,就会造成资源的衰竭和枯竭。如超载放牧,会引起草原的破坏和退化;对海洋和河流捕捞过度,会造成鱼类和水产品的衰退和枯竭。在环境资源的开发利用过程中,首先要分别不同的对象并确定其阈限值,然后再确定对其开发和利用的程度和措施。

随着人口的增加和生产力的发展,对可再生资源的需求量日益增多。因此,人类必须按生态规律,投入一定的人力、物力和财力,促使其多转化、多增殖,扩大环境资源的生长量,为人类活动提供更多的自然资源。

(四) 环境资源计量的困难性

环境资源虽然具有使用价值,但是相当一部分环境资源没有市场价格。例如,大自然中的空气、天然的水源、美丽的风景等都没有市场价格。为了全面评价经济活动对社会的正效益和负效益,必须对其造成的环境污染和环境破坏计算经济损失值,对为保护环境、治理污染所付出的活劳动和物化劳动进行计量。但是,这种计量远比对一般经济活动的计量要复杂得多、困难得多,而且我国对许多环境资源实行的是无偿使用,有的甚至是无计划地开采,因此更增加了计算和计量的困难性。因此,要开展环境资源评价和计量方法的研究,为环境规划的决策提出定量的和可靠的科学依据。

二、环境资源的商品性

(一) 环境资源具有商品性

环境资源具有使用价值和价值,应该就具有了商品性,就应该是商品。在社会主义市场经济条件下,环境资源也具有商品性。其理由是:环境资源具有使用价值是毋庸置疑的。同时,环境资源也像生产其他商品一样,人们要投入勘探、开采、保护、再生、增殖等劳动,要消耗活劳动和物化劳动,是社会的劳动产品,这些劳动就会体现为环境资源的价值。例如水资源本身是没有价值的,但水是在河流里流的,河道和河岸的整治修理也是要消耗劳动的,把水打上来,进行处理也是要花费劳动的,因此,这时候水就凝结着各种劳动,是有价值的。环境资源具有级差性,同一种环境资源的使用价值不尽相同,在水资源丰富与缺乏地区,水污染的危害程度是不一样的,对水资源质量的要求也不相同,这就产生了级差效益。环境资源的两权可以分离,自然界中的空气、水源、矿藏等环境资源是公共财产,所有权和经营权可以分离,经营权可以进行转让,这种分离和转让使经营者可以获得收益,所以应该把一部分收益返回给环境资源的所有者,形成按生产要素分享所得。

环境资源是稀缺的,除了一部分取之不尽的环境资源外,土地、矿藏、生物等环境资源在其数量上都是有限的。马克思讲到商品的价值量是由现有的社会正常的生产条件下,平均劳动熟练程度和劳动强度下生产某种商品所需的劳动时间决定的。当环境资源无限多的时候,环境资源当然是没有价值的。即使某些资源有价值,也只是因为它确实包含了人们的某种劳动。问题是某些环境资源本身没有花费人类的劳动,如原始森林、地下石油。但随着经济的发展,环境资源的不断枯竭,人们为了得到所需的木材,就必须不断进行植树、养护。这样,新种植一棵树所花费的劳动量就可以用来计量原始森林里同样一棵树的价值。因为任何一种商品的价值是按其现在所花费的劳动时间计量的,并不是根据它以前所花费的劳动或将来所花费的劳动计量的。同样,为了解决石油枯竭问题,人们研究生产了"人造石油",用这种人造石油的价值就可以计量地下石油的价值。又比如土地本身没有价值,但由于土地的稀缺性,不能满足人们需要,为此需要人工填海造田,这种造田的劳动量就可以计量出自然土地的价值量。这不是违反了马克思的劳动价值理论,而是运用劳动价值理论来指导我们今天的工作。同样,环境资源受到了破坏,要恢复到适宜的状况就需要人们花费大量的劳动,这种劳动量就构成了环境资源的价值量。即使是未受到破坏的环境资源,其价值量也可据此计量了。

(二) 承认环境资源的商品性有重要的意义

承认环境资源的商品性,对保护环境资源具有重要的意义。

首先,它有利于环境资源的优化利用。环境资源的无偿占用,往往会导致环境资源开发利用的浪费。实行有偿使用环境资源,可增强使用者的成本观念、效益观念,节约使用环境资源,有效使用环境资源,并开展环境资源副产品的回收和废弃物的综合利用。

其次,它有利于环境资源的保护与再生增殖。无偿使用环境资源,使用者不关心环境资源的保护,所有者也由于得不到相应利益以及经费的限制,影响对环境资源的保护与再生增殖的积极性。实行有偿使用环境资源,使用者会主动提高责任感,所有者由于能分享利益,更重视环境资源的再生增殖。

最后,它有利于开辟环境保护的资金渠道。实行环境资源的有偿使用,可以使环境资源以生产要素的资格参与国民所得的分配,从而得到一定的收益,进而更好地开发和利用环境资源。

三、环境资源的经济效益、环境效益和社会效益

（一）经济效益

经济效益是指人们在生产活动中所获得的经济利益。具体地讲，是指人们在从事经济活动过程中，劳动耗费与劳动成果之比，也可以概括为投入与产出的比较，所费和所得的比较。通常要求用尽可能少的劳动消耗或劳动占用，取得尽可能多的劳动成果。

劳动成果是指物质生产过程中新创造的使用价值，即有用之物。在环境保护中，一是指由于采取了一定措施，提高了劳动生产率，或者回收了副产品等，增加了社会产品；二是指由于采取了人工措施，改善了环境质量或减少了排污量，可以避免或减少对社会财富和人体健康的损害。

所谓劳动消耗或劳动占用，是指物质生产过程中为取得一定量的劳动成果所消耗的劳动。这种劳动消耗包括活劳动消耗和物化劳动消耗两方面。就环境保护而言，活劳动消耗是指环境保护过程中劳动力的使用，物化劳动消耗是指投入环境保护过程中的原材料、燃料、机器设备、房屋建筑、交通运输设施、输水设施、输电设施等生产资料的消耗量。

经济效益可以用以下的公式来描述：

$$B = W/C \tag{13-1}$$

或

$$B = W - C \tag{13-2}$$

式中：B 为经济效益，W 为劳动成果，C 为劳动消耗量。

环境保护的经济效益是指为实现某一环境目标所付出的劳动消耗或劳动占用和因环境改善所获得的综合的社会经济效益之间的对比关系。它可以根据采取环保措施后的环境改善状况同未采取环保措施可能出现的环境状况相比较后的差值计算，具体可以根据以下三个方面的差值来计算：（1）物质生产领域里表现为净产值或利润的增长；（2）非物质生产领域里表现为在完成工作或提供服务时所节约的费用；（3）在个人消费领域里表现为居民个人防止污染的开支。

环境保护的经济效益有直接的经济效益和间接的经济效益之分。所谓直接的经济效益是指通过环境保护活动直接取得的经济利益。例如，一个工厂采取污染治理措施后，直接获得的收益。所谓间接的经济效益是指通过环境保护活动减少了对社会的损害或者给社会带来的利益。

（二）环境效益

所谓环境效益，是指经济活动包括生产活动排放的废弃物和开发利用环境资源活动而引起的对环境的变化。这些变化可能是好的影响，也可能是不好的影响。例如电厂排放的废热水，可能对鱼类的生长有利，但在大多数情况下，往往带来的是不利的后果，水质恶化会影响水生物的繁殖，使农作物产量减少、品质降低，净化处理费用增加等等。电厂的燃煤废气使大气中的二氧化硫和氮氧化合物含量增高，形成酸雨，引起酸沉降的污染，

排入水体,使水质恶化。这种环境变化会发生直接的或间接的经济影响。这种经济影响一般是可以计算的,但有的就比较麻烦了。例如,二氧化碳引起全球气温的升高等,由于科学技术上的不确定性,更难正确估量其对环境变化的长期正负效益。

具体说,环境保护取得的环境状况不利影响的减少和环境质量的改善,主要表现为空气、水体和土壤中污染物数量和有害物质浓度的减少,可用的土地面积增加,生态平衡的保持,自然保护区的维护,噪声和振动及其他影响水平的降低,其货币计量值可按环保措施实行前后,环境不利影响指标和环境状况指标的差值来计算。

(三) 社会效益

所谓社会效益,是指某项经济社会活动所产生的社会效果。它不是从企业,而是从社会角度来评价经济活动的成果,它既包括直接的社会效果,也包括间接的社会效果;既有正效益,又有负效益。例如核电站的建设,除了电站的直接净效益外,从社会来讲,由于核电站发电量的增长,可以促进缺电地区工农业生产潜力的发挥,可以减少火电对大气的污染,同时核技术的应用,还可以带动整个国民经济、科学技术的进步等等。核电站的建设,对促进工农业生产的效益是可以计算的,但科学技术进步的效益很难直接计量。另一方面,核电站的废弃物如不认真而科学地处理,就有可能对周围环境产生污染,造成直接的和潜在的危害,这就是负效益。从环境保护来说,社会效益表现为居民体质的增强、发病率降低、寿命的延长、就业增加、劳动和休息条件的改善、人文景观及美学财富的维护,有利于个人创造潜力的发挥,文化条件的改善,人的道德觉悟提高,等等,其货币计量值也是按环保措施实行前后环境不利影响指标或环境状况指标的差值来计算的。

经济效益、环境效益和社会效益三者之间的关系是辩证统一的。环境效益是经济效益和社会效益的基础,经济效益、社会效益是环境效益的影响结果。三者互为条件,相互影响。在环境保护措施的最佳(最优)方案或模式中,经济效益、社会效益和环境效益的方向基本上是一致的,有良好的环境和社会效益,必然有利于提高经济效益。但是,三者之间也是有矛盾的。有的方案从近期看有着良好的经济效益,但从长远看,则会由于产生污染而损害环境生态的平衡和社会效益。

问题是如何把环境效益、社会效益和经济效益这三者用同一尺度衡量,进行直接的比较和评价。环境资源种类繁多,具体计算总量难度较大,但通过环境容量的方式可以在一定程度上评估出环境资源量的大小。而人们研究环境资源,其根本目的是为人类生产服务,环境资源究竟可以为人类社会经济发展提供服务的水平如何,可以用来描述环境资源的质。实践证明,这个尺度只能是货币价值。我们可以用货币进行环境效益、社会效益和经济效益的综合比较评价。虽然社会效益、环境效益不能全部直接用货币反映出来,但它常常会伴随发生经济效果,这是可以用货币来度量的。例如,对人体健康的影响,因人的生命价值是无法用货币来计算的,但是污染会损害人体健康,会降低人的劳动效率,增加医疗费用的开支,增加社会救济福利基金的支出等。这些都可以通过数学模式用货币计算出来。又如,环境退化所引起的环境资源的损害,可以用恢复自然资源的费用以及影子工程法等来计算。

第三节　环境资源定价

一、环境资源价值计量的必要性

由于市场往往不能准确反映，甚至是完全忽略了环境物品和服务的价值，导致了环境物品或服务在市场上低价甚至是无价的状况。造成这种问题的主要原因，一是缺乏为这些物品或服务而存在的市场；二是现有的市场不能准确地反映产品生产和消费的全部社会成本。这主要是由于环境物品或服务的公共物品特征以及外部性的存在，并进而导致市场失灵等因素造成的。

环境资源价值计量是有必要的。首先，使环境影响能够纳入成本效益分析中，只有通过评价其环境服务，才能比较项目的成本与效益，以便做出正确的决策。其次，在经济效果评价中考虑环境损害是十分重要的。通过综合考虑经济活动对环境的影响，能体现出经济的内涵型增长理念。最后，从20世纪80年代后期，在确定由对环境损害负有责任者进行补偿支付方面，经济学家们对环境损害所作的价值计量正成为可接受的证据。

二、环境资源价值的尺度

环境资源定价的基本策略是要"改进"自然环境所提供的环境服务的成本。环境服务被居民和企业所享受，并被分别处理为效用函数与生产函数的变量。通过分析标准的消费者与生产者行为理论，得到给环境服务赋予价值的方法。环境价值计量的一般方法是能将环境价值或有关环境服务的指标看作为正常的效用函数的因变量。这一步很重要，因为环境是非竞争性的，对环境的偏好可以通过正常的效用函数表示出来，用货币作为制定决策和环境计量的指标。当然，有些环境指标很难用货币形式加以计量，这时，就要考虑采用其他方式或单位用以环境价值的计量。

自然环境为人类及其经济活动提供的服务可分为四类：提供生产投入物，指资源；消化吸收生产和消费过程中产生的废物；提供居民的娱乐服务；为企业和居民提供生命支持服务。

下面以原始森林为例，研究有关环境价值计量的基本思想。表13-1给出了森林产出物的服务种类[①]。

表13-1中，各符号表示为：R为资源；W为废物；A为娱乐服务；L为生命支持服务；F为生产投入物；H为潜在娱乐服务；D为可分割性；ND为不可分割性；M为可在市场上交易；NM为不可在市场上交易；E为可排他性；NE为非排他性。

---

① 珀曼，马越，麦吉利夫雷.资源与环境经济学[M].侯元兆，等译.北京：中国经济出版社 2002：437.

表 13-1 森林产出

产出物	服务	使用者	分割性	排他性	市场交易性
木材	R	F	D	E	M
立木	A	H	ND	NE	NM
矿物质	R	F	D	E	M
动植物群落	R,A,L	F,H	D,ND	E,NE	M,NM
防洪蓄洪	L	F,H	ND	NE	NM
净化水质	W,A,R	F,H	D,ND	E,NE	NM
保育土壤	L,R	F	ND	NE	NM
改善气候	L	F,H	ND	NE	NM
固碳	W,L	F,H	ND	NE	NM

三、环境资源价值评价方法的类型及其选择依据

在环境经济评价中,强调的是要反映个人的经济偏好。其基本假设为:人类对于环境质量和自然资源保护的偏好对资源配置产生重要影响。环境经济评价的基本出发点是人们对于环境改善的支付意愿,或是忍受环境损失的接受赔偿意愿。因此,环境价值的评估方法多从估计人们的支付意愿或接受赔偿意愿入手。通常,获得人们的偏好和支付意愿或接受赔偿意愿的途径主要有三个:一是从直接受到影响的物品的相关市场信息中获得;二是从其他事物所蕴含的有关信息中获得;三是通过直接调查个人的支付意愿或接受赔偿意愿获得。

迄今为止,在众多的定价方法中,还没有哪一种方法对于所有的问题都具有普遍的适用性。在定价时,只有根据实际情况来选择具体的方法,才能较为准确地得出环境资源的价值。对于一些比较复杂的环境资源定价问题,可能要同时采用几种方法才能得出评价结果。

(一)定价方法的类型

众所周知,环境污染或环境质量下降一般都会使得农作物的产量下降,由于农作物是可以在市场上进行交易的,并具有相应的市场价格,因此,可以通过衡量农作物产量的下降幅度乘以该农作物的市场价格,估算出环境污染对该农作物造成影响的大小,并以此作为环境污染损失的价值,这种方法称之为"直接市场评价法"。

如果市场不能提供价值评估所必需的信息,可按第二条评价途径来考虑。例如,当人们购买住房时,通常会把周围空气质量等环境因素作为考虑因素之一,再根据房产市场的价格情况决定自己是否要购买。因此,就可以根据从与环境质量相关的其他商品市场所蕴含的信息,或者从人们的实际市场行为中推断出消费者的偏好和支付意愿。这种方法通常称为"揭示偏好法"。

第三种途径就是通过调查等方式,让消费者直接表述他们对环境物品或服务的支付意愿(或接受赔偿意愿),或者对其价值进行判断。这种方法称为"陈述偏好法"。

由上可知,可以把环境损害与效益价值的定价方法划分为三种类型:(1) 直接市场法。包括剂量—反应法、损害函数法、生产率变动法、生产函数法、人力资本法、机会成本法、重置成本法等。(2) 揭示偏好法。如资产定价法、旅行费用法、防护支出法等。(3) 陈述偏好法。如意愿调查法等。

(二) 定价方法的选择

1. 环境影响评价四大类

可以把环境影响的方面分为四大类:生产力、健康、舒适性和环境的存在价值。针对不同的影响,采用不同的方法进行环境资源价值的评估。

当环境变化对生产力产生影响时,首选方法就是直接市场评价法,它能够对因环境变化而导致的对生产的影响(如酸雨造成的作物减产)赋予一个市场价值。如果这些影响会引致采用一些防护性措施时,也可以采用防护支出法、机会成本法及重置成本法。

就对健康影响而言,由于人力资本法和疾病费用法是基于收入的减少以及直接的医疗费用进行估算的,所得的数值是环境质量变化价值的最低限值。防护行为(如气喘病人迁移以避免空气污染)和防护支出(如采取私人水处理措施防止污染对健康的影响)也可以用来评估健康影响。目前,对健康影响的研究越来越多地采用意愿调查法,它度量人们对避免或者减小伤害(或者风险)以及经济损失的支付意愿以及人们对生命价值的认同。

对舒适性的影响而言,旅行费用法和资产内涵定价法分别基于到达某地的旅行费用以及因环境原因造成的财产价值的差别来进行评估。意愿调查评价法也可用于评估人们对舒适性的偏好。

2. 选择定价方法时应主要考虑的方面

在选择定价方法时,应主要考虑以下几个方面:

(1) 影响的相对重要性。以砍伐森林为例,由于农业开发、木材加工、出口等导致了对热带原始森林的砍伐。根据当地情况,主要的环境影响有:① 非木材类的森林价值的损失(药材、果实、纤维等);② 从长期看,木材可持续产出的损失;③ 土地暴露引起的土壤侵蚀给下游造成的泥沙沉积和洪水风险;④ 生物多样性和野生生物的丧失,影响环境的存在价值和生态旅游。

对于①和②而言,可以用直接市场评价法评估。对于③,则可以通过防护支出法和重置成本法解决。当影响到生态旅游和环境的存在价值时,可以采用直接市场法和意愿调查评估法进行评估。

(2) 信息的可得性。对于可交易的物品和服务来说,数据相对容易获得,可采用直接市场法。对于缺乏市场或者市场发育不完善的商品和服务,尽管也可以采用直接市场评价法,但需要进行必要的调查以获得评估所必需的数据。对于难以获得环境影响的数据信息时,人们往往采用历史上记载的有关数据及有关专家的意见代替。此时,宜采用防护支出和重置成本法。对于那些不在市场上交换的物品或服务,或者在直接信息非常缺乏的情况下,宜采用意愿调查价值评估法。

(3) 研究经费和时间。选择何种价值评估法还要考虑研究经费的多少以及时间的长短。当资金和时间有限时,可以借用其他项目(或研究成果)的数据、具有可比性的其他国家或地区的数据、当地专家的意见、历史记录、对有关人群进行调查所获得的比较粗略的数据,并运用一些比较简单的方法进行评估。

当项目的时间比较宽裕、资金供应充足时,可以采用一些复杂的方法,如采用意愿调查法、旅行费用法和资产内涵定价法等。

四、环境资源的实物期权定价法

如果环境资源的价值能够以价格的形式加以体现,那么就有可能在市场机制作用下得到有效的配置。然而,资源的市场价格随时间的变化是会有波动的,特别是不可再生资源,如石油、天然气、煤炭、矿物等的价格波动更加明显。对于这些资源的定价问题,实质上不是确定条件下资源的定价问题,而是非确定条件下的资源的定价问题。这给传统的资源定价理论和方法带来了极大的挑战。

(一) 传统定价方法的局限性

1. 霍特林法则

在经济学研究中,对于资源开发利用中的价格问题分析一般都采用霍特林法则(Hotelling rule)。该法则被经济学界公认为是时间序列上的不可更新资源开采过程必须满足的效率条件[①]。其表述形式为:

$$p/p_i = \rho \tag{13-3}$$

式中:p_i 为环境资源的未贴现的价格;ρ 为公共事业贴现率。

由于这些量值都是不可观测的,因此,等式(13-3)无法直接测定。于是人们将霍特林法则改写成:

$$p^*/p_i^* = \delta \tag{13-4}$$

式中:p^* 为货币单位价格;δ 为消费贴现率。

经验测试通常要使用离散的时间数据,因此,霍特林法则的离散时间表达如下:

$$\Delta p_i^*/p_i^* = \delta \tag{13-5}$$

或者用下式表达:

$$p_{i+1}^* = p_i^*(1+\delta) \tag{13-6}$$

等式(13-4)和(13-5)均假设贴现率不随时间变化,即模型为线性模型。为验证霍特林法则(和其他与资源消耗理论有关的部分)的合理性,人们花了大量精力对这一理论进行验证。但得到的结果却是令人遗憾的。巴尼特(Barnett)和莫尔斯(Morse)在收集资源价格的时间序列数据并观测价格的均衡增长率是否等于 δ 时,发现铁、铜、银和木材等资源的价格随时间下降,根本不支持权威理论。贝克(Berck)也在其研究报告中写道:"测试结果与理论计算结果不一致。"后来的研究者观察了不同时期不同资源的价格,得出了许多令人迷惑的结果。并没有确切的数据表明资源的价格随着时间到底是上升还是下降。

---

① 李磊.环境资源价值的价格策略[D].天津:天津大学,2004:89-91.

2. 霍特林法则隐含的假设

实际上,霍特林法则和传统的确定性净现值分析法一样,都隐含了很多假设条件。

第一是投资为可逆的,即通过投资项目现金流入可以收回投资,或者在市场情况不利的时候,可以收回投资。

第二是投资现金收入是可预测的,或者是可确定的,投资者能够准确地估计出项目寿命周期内各年所产生出来的净现金流量,并且能够确定出风险调整值和风险之后的收益率,在这种情况下我们能够得出这个项目投资所获得的现金流量,以及考虑这个投资的风险以后的投资收益率。

第三个假设,投资者只能采用刚性的投资策略,不考虑延期投资策略对项目预期收益的影响。也就是说,主要是按照NPV净现值是否大于零来决策,小于零拒绝投资,大于零考虑投资。

第四个假设,在投资项目整个生命周期内,投资内外部环境不会发生预期内的改变。

但真实世界很难满足上述这些假设条件。许多不可再生的环境资源,如土地、石油、矿藏等的价值受到市场供需关系的影响是很大的,其具有柔性价格。众所周知,石油的价格不仅会受到经济因素的影响,而且还会受到国际、国内政治方面的影响。因此,很难准确地计算出内部收益率和净现值,即便是可以算出内部收益率和净现值,但也无法考虑到投资过程中它的机会价值是多少,从而无法去判断。而在近些年发展起来的一种称为"实物期权"的理论能够有效地解决这类问题。

(二) 实物期权理论

1. 期权可分为金融期权和实物期权

期权是一种关于决定权的合约。合约持有人拥有是否执行一项买卖相关资产的合约的决定权。期权买方于交付期权金予卖方后便拥有决定权,可在合约到期前决定是否以议定之条款买入或卖出相关的资产。

目前,人们研究的期权可以分为两大类:金融期权和实物期权。实物期权的标的资产是实物资产而不是金融资产,因而具有和金融期权不同的特性,如非独占性、先占性、关联性、期权所有者的主动灵活性。

自从诺贝尔经济学奖得主费雪·布莱克(Fischer Black)、罗伯特·默顿(Robert Merton)和马龙·舒尔斯(Myron Scholes)奠定了金融期权合约定价理论以后,金融期权市场和期权定价理论获得了很大的发展。并且,受金融期权的启发,该理论的奠基人与麻省理工学院的同事斯图尔特·迈尔斯(Stewart Myers)一道,发现期权定价理论在"实物"或者非金融投资方面具有重要的应用前景,提出了与金融期权这种虚拟资产相对应的概念——实物期权理论,开始将期权思想和方法应用于金融期权市场以外的实物资产投资与管理领域。

实物期权的思维方法与传统观点的最大区别在于对实物未来价值的估算不同。传统观点认为,当不确定性因素增大以后,其价值就会下降,即不确定性越大,风险越大,价值就越低。而期权理论则认为,不确定性可能带来选择机会,不确定性增加,可以带来更高的价值。

例如在土地开发时，如果采用实物期权法操作，那么，某开发商获得一块土地开发权的同时，他也就获得了一个期权，也就是说在未来增加了获利的机会。他购买土地的价格就相当于期权的价格。开发商可以不马上进行开发，而是继续观察市场的变化，如果市场情况好，就可以选择执行这个期权，将土地进行开发，等建成了物业以后，把这个建成物业的价值减去他支付的成本，就是执行这个期权所获得的收益。如果市场情况变坏，他就可以放弃开发，从而避免更大的损失。

2. 实物期权分类

实物期权可分为等待期权、增长型期权、柔性期权、退出型期权和学习型期权。

（1）等待期权指的是选择等待延缓投资的权利。在不确定的环境下，如果立即投资也可能获得收益，但是由于投资收益的不确定性，这样做的结果，就失去了暂时不投资所具有的潜在价值。所以，这时需要分析比较立即投资所获得的收益和延缓投资所具有的这种潜在价值。

（2）增长型期权指的是本阶段投入可能产生下一阶段的收益成长的权利。在传统方法看来，初始投入超过所产生收益的投入项目是不能投资的。但是，实物期权的分析更看重后期项目的收益，即初始投入可能产生成为增长型期权。

（3）柔性期权也称为转换期权，指的是在项目的开发过程中由于市场情况的不确定性，经常会遇到一些预想不到的情况，不同的投资项目之间可以有一些转换性。例如，原来的地皮是建写字楼，但是，在建设过程中又发现改建商场有更好的收益，于是，决定改建商场。而传统分析时，都是采用刚性的投资决策，即只要是净现值 NPV>0 就是最优决策，没有必要进行转换。

（4）退出型期权指的是选择放弃现在某种期权的选择。比如某产品开发时，面临不确定因素，就是对放弃期权进行估价，以确定是否放弃。

（5）学习型期权指的是为了选择收益更高的物品或项目，提前获得与下一阶段决策期权相关信息的权利。例如，食品公司在推出新的食物品种时，可以让顾客免费品尝各种新的品种，从中选出最受顾客欢迎的品种，以期大量生产。

（三）计算实物期权价值的方法

目前，计算实物期权价值的方法主要有三种：求解偏微分方程法（PDE法）、动态规划法、模拟模型法。

解决方法和期权计算器之间的关系见图 13-1。

（1）PDE 法。这种期权定价方法立足于微分方程和边界条件表示期权价值及其变化。PDE 方程的解析式中，期权价值用一个等式表示输入量的直接函数。如果存在解析解的话，它将是求取

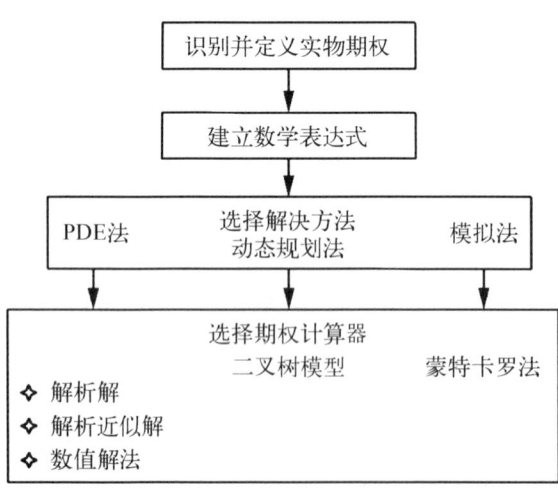

图 13-1　解决方法和期权计算器之间的关系

期权价值最简捷的方法。对欧式买权进行定义的 PDE 方程及边界条件，其最著名的解析解便是布莱克—舒尔斯方程。

应用数值解法求解 PDE 的优点是可以广泛应用软件，而且算法速度非常快。数值解法的一个缺点是随着不确定因素的增加，计算复杂性会大大增加。PDE 的多数数值解法只能处理两个不确定因素，在特殊情况下，能处理三个不确定因素。它的另一个缺点是其决策结构不明显，使跟踪或有决策的结果变得很困难。

（2）动态规划法。动态规划法是解决如何在当前决策影响未来收益的情况下做出最优决策。这种方法罗列出期权有效期内标的资产的可能价值，然后返回未来最优策略的价值。动态规划方法的核心是贝尔曼法则，它的最优策略是：无论过去的状态和决策如何，对未来的决策所形成的状态而言，未来的诸决策必须构成最优决策。这种方法将未来价值和现金流折现返回到当前决策点，用反向递推方式解决单期最优决策问题后返回，这种方式保证了整个问题的最优化。

动态规划方法是解决期权定价的一个非常有用的方法，因为它透明地处理各种实物资产和实物期权的特征，中间环节的价值和决策是可视的，这使用户对实物期权的价值来源有更直观的认识。动态规划方法能够处理复杂的决策结构（包括有约束决策）、期权价值和标的资产价值的复杂关系以及复杂漏损形式，如那些随时间和标的资产价值变化而变化的漏损。这些优点均体现在二叉树期权定价模型中。

（3）模拟模型法。模拟模型法最常用的是蒙特卡罗模拟方法。该方法能够处理实物期权应用中许多方面的问题，包括复杂的决策规则以及期权价值与标的资产复杂关系。而且，模拟分析因增加新的不确定性因素所带来的计算量比其他数值方法要小。

第四节 排污权理论

环境具有"公共物品"的性质，在环境的开发利用中会出现不顾环境本身的承受力，肆意破坏生态环境，从而造成环境的悲剧。为了防止对环境的滥用，经济学家提出了把环境产权化，在此基础上进行排污权交易的思想，并证明了排污权交易具有污染控制的成本效率等特征。在这种情况下，排污权就成了厂商在一定条件下对环境的占有、使用、处置和收益的权利。当然，排污权就其渊源来讲，是由管制者对环境的所有权而派生出的一种他物权。拥有了排污权就等于拥有了一定量的使用环境净化能力的权利，这种权利的总量自然是有限的。当排污权以某种方式初始分配给厂商之后，新进入的厂商要想进行生产，就只能从排污权交易市场上购买必要的排污权。

一、排污权交易思想产生的根源

（一）排污权交易是解决污染的一种有效途径

许多环境，如大气和海洋的私有化显然是不可能的，这导致了环境私有化主张在应用上的困难。虽然产权经济学的创始人科斯提出了污染权和不受污染权的概念,但在他的范例中,人们是在零交易成本的条件下通过面对面的谈判来解决问题的。而在现实生活中,由于环境污染都是混合污染对应混合受害人,即某种污染物是由许多厂商排放的,而受害者不仅人数众多,而且其受害的程度和受害的方式也不一样。也就是说,通过谈判和讨价还价解决问题几乎不可能。

因此环境经济学家主张在环境政策中更多地发挥经济激励的作用。他们分析了环境经济政策中两种基本方法的效率特征:第一种方法是对排入环境中的污染物征收排污费。1980年,排污费在联邦德国以法律的形式生效,并体现在环境政策中。环境收费体系的基本目的是建立一个有效分配环境资源的新市场,因为从新古典经济学的基本理论来看,缺乏这种市场是环境问题的主要根源。但收费方案并不是完美无缺的,它存在着两方面无法克服的缺陷:一是难以确定收费标准,因为即使在一个功能健全的市场上也不可能准确地赋予环境以正确的价格;二是在执行过程中难以有效地监测与监督排污厂商,即使能够实现有效监测与监督,其成本也是非常高的。第二种方法是排污权交易。所谓的排污权交易是根据一定的污染物排放量,向各个排污厂商分配排污权,从而有效地满足一个地区特定的总量排放水平或满足一个确定的环境标准,然后准许各个持有排污权的厂商进行交易。建立排污权交易市场的目的是试图给各类环境措施注入更大的灵活性,以便提高管制者用于治理环境成本的效率,加快环境达标的速度。

(二)排污权交易作为一项防止和治理环境污染的制度

排污权交易是当前受到各国关注的环境经济政策之一,由美国经济学家戴尔斯1968年提出,并首先被美国国家环保局(EPA)用于大气污染源及河流污染源管理,而后德国、澳大利亚、英国等国家相继进行了排污权交易政策的实践;排污权交易的主要思想就是建立合法的污染物排放权利即排污权(这种权利通常以排污许可证的形式表现),并允许这种权利像商品那样被买入和卖出,以此来进行污染物的排放控制。其不但已在美国等西方发达国家得到不断发展和逐步完善,而且在全球范围内引起了高度的重视,我国在大气污染控制方面也开展过可交易排污许可证的试点工作并取得了一定效果。因为一些全球性的环境问题,迫使人类在关注本国环境问题的同时,越来越把注意力集中到如何控制全球性的环境问题上。自20世纪80年代后期以来,在传统的空气和水污染问题、危险品贸易、商业性捕鱼以及其他环境问题上,已达成了一些国际协定。同时,人类已意识到两个更严重的问题威胁着环境,即臭氧损耗和全球变暖。由于这些问题的解决,大大超出了传统政策措施的范围,所以,近年来欧美的许多环境经济学家已开始探讨建立国际排污权交易体系,以控制温室效应和臭氧层的破坏。

(三)最早将排污权从概念变为实践的是美国

当时的形势是由于中东廉价石油因素的影响,西方国家第二次世界大战后经济复兴带有很强的能源密集型性质,由此导致各国大气污染迅速上升,尤其是人均能源消耗量最大的美国,迫切需要将二氧化硫的排放总量控制住。为此,美国于1970年通过的《清洁空气法》,制定了大气环境质量标准和实施行动计划,在这个行动计划中,要求各个厂商排放的污染物必须在规定的总量以下。但到20世纪70年代中期,美国国家环保署(EPA)发现许多州并没有按照制定的时间表达到规定的大气标准。于是国会授权 EPA 拒绝那些未达标的州建立新厂商的权利,如果这些州的大气标准不达标,新的厂商就有因 EPA 不批准而建不起来的危险,于是就产生了环境保护与经济发展之间的矛盾,使用排污权的最初目的就是为了缓和这一矛盾。也就是说,是环境与经济发展之间的矛盾导致环境产权理论有了用武之地。

美国的排污权交易政策开始于 20 世纪 70 年代,是分两个阶段进行的:第一阶段是 70 年代到 80 年代,主要是在政府的协调下,做一些局部或区域的交易;第二阶段是 90 年代以来实施的二氧化硫排污权交易,这是一项真正以市场为导向的环境经济政策,实施范围涵盖了全美国。

二、排污权交易的模型

排污权交易制度之所以成为环境经济政策改革的中心,是因为排污权交易可以提高污染治理的效率。

假定管制者根据环境的净化能力或环境的阈值浓度计算出该国或某地区可能允许的污染物排放总量(可理解为最优排放量)为 E^*,如果该国或某地区有 m 个厂商在经济活动中排放污染物,则对污染的排放不加控制的情况下,每个厂商均可自由排放(若排放量为 e_j),则就有可能导致如下的结果:

$$\sum_{j=1}^{m} e_j > E^* \quad (13\text{-}7)$$

式中:e_j 为厂商 j 的排污水平;e_j 为厂商 j 的经济活动量(产量)q_j 的函数,即 $e_j = e(q_j)$。

假定管制者对排污实施总量控制,如果厂商 j 排污的减少量为 r_j,则每个厂商的排污减少后的排污总量不得超过 E^*,即:

$$\begin{cases} \sum (e_j - r_j) \leqslant E^* \\ 0 \leqslant r_j \leqslant e_j \end{cases} \quad (13\text{-}8)$$

由于厂商 j 污染的减少与其生产工艺和技术水平相对应,有其自己的污染控制成本函数 $c(r_j)$,因此,从成本效率的角度看,就是要求污染控制的社会总成本 C 最小化,即:

$$C = \min \sum_{j=1}^{m} c(r_j) \quad (13\text{-}9)$$

式中:r_j 为控制变量,约束因子由式(13-8)给出。

式(13-8)和式(13-9)构成了一个一般的优化控制模型。在 $c(r_j)$ 均是凸函数的条件下,我们可以得到污染控制成本效率的必要条件,即:

$$\begin{cases} c(r_j)/r_j = \lambda \\ \sum (e_j - r_j) = E^* \end{cases} \quad (13\text{-}10)$$

式中:λ 为拉格朗日乘数或污染控制的影子价格,并且 λ 和 r_j 均为大于或等于零的正数。

式(13-10)表明,污染控制成本效率的必要条件是所有的厂商控制或减少排污的边际成本 $\partial c(r_j)/\partial r_j$ 必须与拉格朗日乘数相等同,即在边际水平上放松排污权总额限制时所带来的对污染控制成本的节省额。

如果管制者将根据环境净化能力或阈值浓度计算出的该国或某地区可能允许的污染物排放总量 E^*,按一定的准则分解分配给各个厂商,则可得到如下的结果:

$$\sum_{j=1}^{m} x_j = E^* \tag{13-11}$$

式中:x_j 为每个厂商得到的初始排污权。

管制者在进行排污权初始分配后,允许各个厂商进行排污权的自由交易。如果排污权交易符合竞争性市场条件,市场上交易的排污权的单价为 p,则最小化的问题可表示为:

$$C = \min \sum_{j=1}^{m} \{c(r_j) + p(e_j - r_j - x_j)\} \tag{13-12}$$

式(13-12)表明,厂商 j 要根据自己的污染控制成本函数选择其排污的减少量 r_j(污染治理水平),并根据自己的实际排放水平 e_j、减少量 r_j、管制者分配的排污权 x_j 和市场价格 p 来确定排污权的买卖,如果 $e_j - r_j - x_j > 0$,那么厂商 j 就必须在市场上购买排污权;如果 $e_j - r_j - x_j < 0$,则厂商 j 将在市场上出售排污权。

为使成本最小化,将式(13-12)对 r_j 求偏导,并令其为零,便得到优化的必要条件,即:

$$\partial c(r_j)/\partial r_j = p \tag{13-13}$$

式(13-13)表明,排污权交易通过允许厂商扮演自己最擅长的角色,解决了指令控制方式造成的信息与动机之间的矛盾。

从上面的模型中可以看出,排污权交易兼有环境质量保障和成本效率的特点,是排污税和指令控制所不可比拟的。

在污染控制成本最小化的模型中,污染物排放总量的确定是独立于市场运作的,所考虑的依据在于环境的净化能力和污染对环境破坏的阈值水平。尽管制定环境标准的管制者可能参考了污染排放的经济收益和控制成本问题,但排污总量的确定与给出是一个以环境科学等为基础的行政管制过程。各个排污厂商可能有差异,但是,污染物总量作为模型的约束条件得到了有效的控制。从污染控制的优化模型可以得到,厂商 j 的排污减少量 r_j(污染治理水平),并不受该厂商现实排污量 e_j 和管制者初始分配给该厂商的排污权 x_j 的影响。在排污权交易中起作用的是厂商 j 污染控制的边际成本 $\partial c(r_j)/\partial r_j$。厂商 j 根据 $\partial c(r_j)/\partial r_j$ 与排污权的市场交易价格 p 进行比较,决定出让还是购买排污权,以使自己的污染控制成本达到最小。Baumol 和 Oates 研究的结果是,无论排污权在交易前怎样分配,排污权市场配置的均衡结果 r_j^* $(j=1,2,\ldots,m)$ 是一致的。但是,Stavins 的研究表明,如果排污权交易的交易成本很高时,初始排污权分配可能影响均衡结果。

从排污权交易的基本模型中我们可以看出,排污权交易在理论上的假设,不但要有一个正规的排污权交易市场、稳定的价格和频繁的交易,而且要求参与交易的各方有完全的市场信息。但从美国等西方发达国家的实际来看,排污权交易市场在运作过程中,不仅信息不充分、交易不频繁,而且存在着逐案谈判的问题。虽然为了减少排污,完成排污权交易的交易成本是不可忽视的,但排污权的交易成本在排污权交易市场的理论研究中被省略了。排污权交易的理论模型假设了一个无交易成本的市场,而事实上却存在着相当大的交易成本,因为要求参与交易各方有充足的市场信息从本质上看属于竞争市场的必要条件。而获取准确的信息是要付出成本的,这个成本涉及交易成本问题。一般来说,这个交易成本由三部分组成:

(1) 基础信息寻求的直接成本。厂商需要知道谁拥有或谁需要排污权、排放水平、控制成本、排污权的供给与需求关系等。这些是厂商所必须具有的走向市场的基础信息。

(2) 讨价还价与决策成本。根据已掌握的基本信息,进行排污权交易的各个厂商还需进行讨价还价,协商一个各方均可接受的排污权的价格,以便做出决策。

(3) 监测与执行成本。这部分成本是管制者进行监测等工作时所发生的成本。这部分成本是相当大的。

由于交易成本的存在,整个交易过程可能要受到影响,甚至会导致排污权交易市场的失灵。Stavins 的研究结果表明,交易成本对交易双方均有影响,但这部分成本将主要由污染控制成本高的一方承受,不论他是排污权的出让者还是购买者(Stavins,1993)。这是因为,由于控制的边际成本高,交易成本对交易数量的压抑,使得其污染控制总成本相应提高,因而他对污染控制量极为敏感。

总之,交易成本是影响排污权交易市场活跃程度的最敏感的变量。如果交易成本过大、交易程序过于复杂、时间过长,就会影响排污权交易的效率,这样就有可能形成新的成本效率均衡点,降低排污权交易的市场成交量,压抑排污权交易的供给与需求。

三、排污权交易的经济效应

(一) 排污权交易的微观经济效应

从式(13-13)得出的结论是:只有当排污权的市场价格与厂商的边际治理成本相等时,厂商污染控制的成本才会最小。在厂商自身利益的驱动下,排污权交易市场必将自动地产生这样的排污权价格,该价格等于厂商的边际治理成本。最终结果必然是厂商通过调节污染治理水平 r_i,达到所有厂商的边际治理成本都相等,并且等于排污权的市场价格 P,从而满足有效控制污染的边际条件,以最低治理成本保证环境质量目标。图 13-2 描述了通过排污权交易而产生的微观效应。

排污权交易可以实现成本的有效控制,提高分配的成本效率,这是非常容易理解的。通常情况下,厂商控制污染的成本差别很大,如果排污权可以交易,那些治理污染成本最低的厂商就愿意通过治理,大幅度地减少排污,然后通过卖出多余的排污权而受益。而对安装治理设备比购买排污权花钱更多的厂商来说,肯定存在购买排污权的行为。只要污染治理责任成本效率的分配没有达到最佳程度,交易的机会总是存在的。当所有的机会

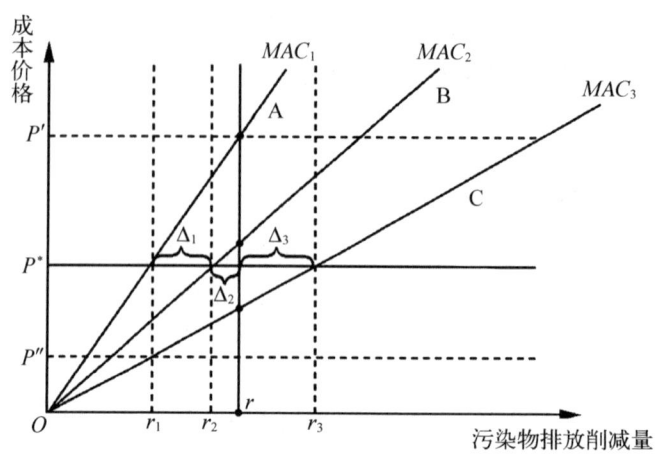

图 13-2 排污权交易的微观效应

都得到充分利用,分配的成本效率就达到了最佳程度。我们可以从图 13-2 中明确地看出这点[1]。

在图 13-2 中,纵轴代表污染治理的成本和价格,横轴代表污染排放削减量。图 13-2 中 $\Delta_1+\Delta_2=\Delta_3$。我们做如下的假定:

(1) 整个市场由厂商 A、B、C 构成,交易只能在三者之间进行。

(2) 厂商 A、B、C 的边际治理成本曲线分别为 MAC_1、MAC_2 和 MAC_3。

(3) 根据环境质量标准,要求共削减排污 $3r$,管制者按等量原则将排污权初始分配给三个厂商,即 A、B、C 三家厂商所持有的排污权均比它们现有的污染物排放量减少了。

情况 1:排污权的市场价格是 p',由于 p' 高于 B、C 两厂商将污染物排放量削减 r 时的边际治理成本,因而 B、C 两厂商都愿意多治理,少排污,从而出售一定数量的排污权。但 p^* 相当于 A 厂商将污染物排放量削减 r 数量时的边际治理成本,对于 A 来说,既然现有的排污权只要求它减 r 数量的污染物排放量,而这一部分污染物的边际治理成本又低于 p',A 厂商就没有必要去购买更多的排污权。市场只有卖方没有买方,排污权交易无法进行。

情况 2:排污权的市场价格是 p'',由于 p'' 低于 A、B 两厂商将污染物排放量削减 r 时的边际治理成本,因而 A、B 两厂商都愿意购买一定数量的排污权。但 p'' 相当于 C 厂商将污染物排放量削减 r 数量时的边际治理成本,对于 C 厂商来说,进一步削减自己的污染物排放量,并将相应的排污权以 p'' 的价格出售是得不偿失的,因而它不会出售排污权。市场只有买方没有卖方,排污权交易无法进行。

情况 3:排污权的市场价格是 p^*,由于 p^* 低于 A、B 两厂商将污染物排放量削减分别从 r_1、r_2 进一步增加的边际治理成本,因而对于它们而言,将自己的污染排放削减量从 r 减少到 r_1、r_2,并从市场上购买 Δ_1、Δ_2 数量的排污权是有利可图的;对于 C 厂商,p^* 相当于它将污染物排放量削减数量时的边际治理成本,因而 C 厂商愿意出售 Δ_3 数量的排污

---

[1] 彭东慧.总量控制、排污权交易及其政策体系研究[D].广州:华南农业大学,2005:66-68.

权。由于 $\Delta_1+\Delta_2=\Delta_3$，排污权供求平衡，交易得以进行。

其他情况：排污权的市场价格位于 p'、p^*（或 p^*、p''）之间，这是排污权交易市场最常见的情况，这时排污权的买方和卖方都存在，但排污权市场需求量 $\Delta_1+\Delta_2$ 小于（或大于）供给量 Δ_3，价格将下降（上升）直至达到 p^*。

从对图 13-2 的分析很容易看出排污权市场价格的产生过程，同时它还证明了一个重要结论（定理），即只有在所有厂商的边际治理成本相等的情况下，减少指定排污量的社会总成本才会最小。

（二）排污权交易的宏观经济效应

通过排污权交易而产生的宏观效应如图 13-3 所示。

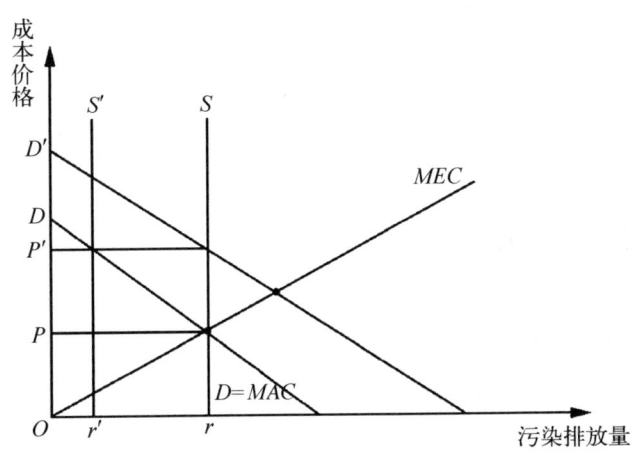

图 13-3 排污权交易的宏观效应

在图 13-3 中，横轴代表污染物排放量，纵轴代表成本和价格。S 和 D 分别代表排污权供给和需求；MAC 和 MEC 分别代表边际治理成本和边际外部成本。

从图 13-3 中可以看出排污权供给曲线和需求曲线的特点：在管制者发放排污权的目的是保护环境而不是获利的条件下，排污权的总供给曲线 S 是一条垂直于横轴的线，表示排污权的发放数量不会随着价格的变化而变化。由于厂商对排污权的需求取决于其边际治理成本，所以可以将图 13-3 中的边际治理成本曲线 MAC 看成是总需求曲线 D。

市场调节将使排污权的总供求在市场主体发生变化时重新达到均衡。厂商的破产，将导致排污权的市场需求减少，需求曲线左移，市场价格下降，其他厂商将多购买排污权，少削减污染物排放量，在保证总排放量不变的前提下，尽量地减少过度治理，节省控制环境质量的总成本。新厂商的加入，将导致排污权市场需求的增加，需求曲线 D 移到 D'，总供给曲线保持不变，因而每单位排污权的市场价格也就上升到 p'。如果新厂商的经济效益高，边际治理成本低，只需要购买少量排污权就足以使其生产规模达到合理水平并且获利，那么，该厂商就会以 p' 的价格购买排污权，那些感到得不偿失的厂商则不会购买。显然，这对于资源的优化配置是有利的。

排污权交易有利于管制者利用市场经济行为进行宏观调控。由于信息的不对称，管制者的决策可能会出现失误,也可能落后于形势,而管制者制定的厂商排放标准和排污费征收标准的修改因为受一定的程序限制,需要一段时间,存在"政策滞后"的影响。另外,环境标准的修改涉及各方面的利益,因而有关方面都会力图影响管制者决策,从而迟迟不能得到结果,不利于管制者针对环境质量突发变化的灵活反应。有了排污权交易后,一方面,管制者可以用类似中央银行公开市场业务的做法,通过排污权的市场买卖,对环境保护中出现的问题做出及时的反应。例如,环境标准偏低,导致发放的排污权总量偏高,可以买进排污权;环境标准偏高,可以卖出排污权。而且可以通过少量的排污权交易,对环境状况进行微调。经过一定时期,证明调整后的环境状况可以兼顾环境保护和经济发展,再将其正式确定为环境标准。另一方面,认为现有的环境质量偏低的社会团体或个人,也可以通过购买排污权而不排放污染物的办法,对这种不满意的状况主动地进行改进。

上面在关于排污权的宏观效应分析中隐含了一个假设条件,即排污权作为一种产权是合理的。排污权实际上是对环境的使用权,拥有了排污权就拥有了一定量的使用环境净化能力的权利。这种权利的总量肯定是有限的,以某种形式初始分配给厂商之后,新加入的厂商只能从市场上购买必要的排污权。

四、排污权交易的主要特征

排污权交易是一种基于市场的经济手段,它充分发挥了市场机制配置资源的作用。排污权交易的主要特征有以下几个方面。

(一) 资源优化配置与节省成本

经济的发展应建立在生态平衡的基础之上,发展经济不能破坏环境,要通过社会管理机制和科学技术,对向自然界的索取和投入加以限制,以保持对环境的永续利用。环境具有一定的承纳污染的能力,合理利用现有的环境,排污权交易无疑提供了很好的尝试。排污权交易是将环境作为一种资源,在市场条件下进行再配置,克服了计划分配排污指标的不足。排污权的总需求曲线是各排污者需求曲线横向相加之和,当排污权的价格为 P^* 时,排污者 1 和排污者 2 分别购买 Q1 和 Q2,且边际控制成本较高的污染者 2 购买较多的排污权。在一定排污水平上,对于控制成本较低的排污者而言,控制污染比购买排污权更便宜;而对于控制成本较高的排污者而言,购买排污权比控制污染更便宜。因此,如果存在排污权交易市场,那么低控制成本的排污者就会向高成本的排污者出售排污权。对整个社会而言,以最低的控制成本,达到了预定的排污量。因此,排污权交易比直接制定排污标准更便宜。

在环境容量饱和的情况下,新建或扩建厂商可以花钱买个发展"空间"。老厂商可以将富余的排污指标有偿地转让给新厂商,使之在环境容量内获得一定的排污权。这就使区域经济持续发展,既调整了产业结构,促使厂商技术改造,又能发挥富余排污指标的经济、社会效益。因此,从理论分析和美国等西方发达国家的实践来看,排污权的产权化并进行交易市场的过程具有很强的必然性。当然,推动这一趋势的根本动力是市场机制的资源配置功能和成本节约效能使厂商产生了节约环境物品的动机,其实质是厂商获得了环境物品的产权,在利益最大化行为的导向作用下,厂商在购买排污权和治理之间做出对自己有利的选择。当治理成本高于排污权市场价格时,厂商会少治理一些污染而通过购买排污权加以补偿。

反之,如果治理成本低于排污权市场价格时,厂商则会倾向于通过治理"生产"更多的富余排污权并在市场出售。假定其他条件不变,每个厂商的这一行为将导致治理成本与市场价格的平衡。但是技术的改变会不断降低治理成本,那些能获得先进技术的厂商因而会获得通过治理获利的机会,这一动力是在行政调控机制下不可能出现的。获利是厂商通过节约治理成本而体现的,许多研究揭示了节约的规模。同时,排污权交易也导致了总管理成本的节约。由于排污权交易制度实施之后,对管制者而言,其主要责任局限于建立规范的市场体制并维持其正常运行。对厂商排污点的监测如果原先已经存在,则此时只需要改为监测厂商是否按照拥有的排污权排放。虽然监测成本可能有所提高,但与行政再分配排污权相比,其资源配置效率和管理成本的节约是显而易见的。事实上,市场化后排污权就已成了厂商的财产,与厂商的劳动力、资本等要素一起在利益最大化下进行优化配置。此外,如果管制者要准确地确定排污标准,需收集并处理大量的信息,而厂商是最有能力取得信息并根据信息采取对策的,所以排污权交易把信息负担直接转移到厂商身上,从而降低了信息的成本。

(二) 环境达标速度快

由于排污权具有一定的货币价值,使污染负担与厂商的经济效益相联系,刺激厂商治理污染,节省排污限量,使之能进一步扩大再生产或把富余排污指标用于出售,取得经济效益。排污权交易除了能促使厂商采用新技术、新工艺,改善管理,尽可能减少污染外,还可以解决污染厂商治理污染所需的资金、技术、设备、人员等的来源问题。此外,排污权交易市场一方面考虑了厂商排污的位置问题,即经过合理设计的排污许可系统要求距离较近的厂商承担较重的治理责任,而较远的厂商避免过度治理,从而不至于使得某些排污区内尽管各点排污未超标,区域内环境质量却很差,不必要的成本花在对影响不敏感的地区。另一方面考虑了厂商排污的时间问题,即通过周期性治理许可和阶段性治理许可的方式,从而能够在成本效率高的基础上确保环境标准的实现。在指令控制规划中,往往只能顾及以长期平均值为代表的环境标准,而无法通过控制排污时间来达到短期的标准。合理的排污许可计划将显著提高非高峰期的排污,限制高峰期的排污,对排污的时间加以调节。

(三) 促进技术革新

排污权交易市场不仅鼓励厂商及早采用现有的污染治理技术,而且还不断促进开发新的、更有效的技术。在指令控制系统下,厂商面临两种选择:一是治理污染;二是反抗标准。因为技术水平低,因此治理意味着付出高额的成本;而超标却因"省钱"而经常会成为厂商的最佳选择。如果改用排污许可系统,选择技术的自由留给了厂商,厂商在企图回避法律责任时无法以技术不可行作辩解,因此付出的成本还不如去开发新的治理技术,或购买排污权。如果因改变技术而节省的成本大于购买排污权或新技术的成本的话,厂商就会因技术革新而提高竞争能力。在排污权可交易的条件下,对新技术的需求就会增加。面对潜在的更大需求,新技术供应商更加乐于投资开发新技术。因为供求双方的积极性都很高,有理由期望新技术的采用会更加迅速。更重要的是排污权交易方法允许经济发展,又要求环境质量标准在经济发展过程中不被破坏。因此,若采用排污权交易方法,可缓解经济发展与环境保护之间矛盾的尖锐性。

(四) 促进公平与效益的统一

经济学中公平原则有两个：纵向公平和横向公平。采用指令控制方式分配治理责任，各厂商将承受非常大而且横向不平等的财政负担，使新建和改建或扩建厂商承受的治理责任超出正常水平。厂商通过产品涨价来弥补治理成本的增加，又会造成纵向不公的现象。而在一定条件下，排污权交易可以利用初始治理责任的分配来影响排污权的初始分配，同时不会增加用于治理技术的开支，所以提供了同时实现效益和公平的机会。且能够给非排污者表达意见的机会，政府、非政府组织、个人都可以购买排污权。同时也在一定程度上避免了收税的政治阻力。

第五节 环境库兹涅茨曲线

一、环境库兹涅茨曲线的提出及其理论解释

(一) 环境库兹涅茨曲线的提出

在有关收入水平与经济增长关系的研究中，美国经济学家库兹涅茨(Kuznets,1995)认为随着经济增长，收入差距会先扩大后缩小，即人均收入差距随着经济增长和经济实力的积累表现为先扩大后缩小的倒"U"形变化，该曲线后来被称为库兹涅茨曲线。

20世纪北美自由贸易区谈判中，针对美国人担心自由贸易将会恶化墨西哥的生态环境并影响美国本土的环境的担忧，古斯曼和克鲁格(Grossman & Krueger,1991)首次实证研究了环境质量与人均收入之间的关系，发现二氧化硫、烟尘等环境污染物的排放量和经济增长之间的关系也呈现为倒"U"形曲线；1992年，世界银行的《世界发展报告》以"发展与环境"为主题，扩大了环境质量与收入关系研究的影响；美国经济学家帕纳尤多(Panayotou,1993)首次将这种环境质量与人均收入间的关系曲线称为环境库兹涅茨曲线。

环境库兹涅茨曲线(environment Kuznets curve,EKC)揭示的是：在经济发展的初级阶段，环境质量会随着人均收入水平的提高而恶化，当经济发展到一定阶段时，环境质量又会随着人均收入水平的提高而改善，即环境质量与人均收入水平呈现倒"U"形曲线关系，如图13-4所示。

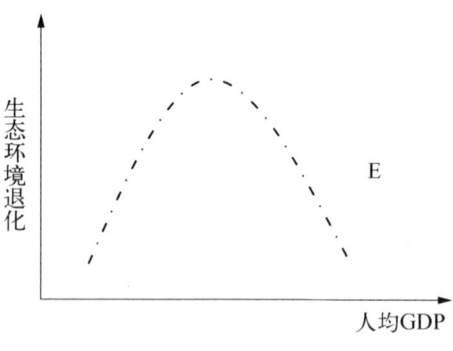

图13-4 环境库兹涅茨曲线，EKC

环境库兹涅茨曲线的数学表达式[①]可写为

$$e_{it}=a_{it}+\beta_1 y_{it}+\beta_2 y_{it}^2 \tag{13-14}$$

---

① 冯俊.环境资源价值核算与管理研究[D].广州：华南理工大学,2009：56-60.

式中：e_{it} 为地区 i 在时刻 t 的环境压力，通常用环境质量、污染物排放强度等指标表示；y_{it} 为地区 i 在时刻 t 的经济产出，通常用人均 GDP 表示；a_{it} 为截距项、β_1、β_2 为参数。环境质量达到转折点时，对应的人均 GDP 可以通过一阶求导得到：

$$y_{it} = \frac{-\beta_1}{2\beta_2} \tag{13-15}$$

（二）环境库兹涅茨曲线的理论解释

环境库兹涅茨曲线提出以后，众多学者从经济结构、科技水平、国际贸易、环境需求以及政府政策等视角对 EKC 的形成机制进行了研究，大大丰富了人们对倒"U"形库兹涅茨曲线的认识。

1. 经济结构

古斯曼（Grossman）和克鲁格（Krueger）、帕纳尤多（Panayotou）运用罗斯托（Rostow）的经济成长阶段理论，从经济结构解释环境库兹涅茨曲线倒"U"形现象，认为：在经济处于起飞阶段，随着人均收入水平提高，对各种消费品的需求增加，需要资源投入越来越多，而产出的提高意味着经济活动副产品——污染的增长，从而使得环境状况恶化；伴随着经济发展水平的进一步提高，经济结构将从以能源密集型为主的重工业向服务业和技术密集型产业转移，而这有助于环境质量的改善。

2. 需求者偏好的变化

麦克南（McConnell）、内哈（Neha）等人将环境看作一种商品，认为随着收入的增加，对洁净的环境质量需求会急剧增加，为迎合这种需求，生产者在生产活动中会改进生产工艺，从追求经济效益逐步向追求经济效益、生态效益和社会效益的复合型目标过渡。实际上，消费者偏好的变化恰是罗斯托于 1971 年补充的经济成长阶段的追求生活质量阶段的体现。消费理念的转变，绿色消费观念利于保护环境。

3. 国际贸易

科普兰（Copeland）、泰勒（Taylor）等人试图从国际贸易的角度来分析 EKC 的形成机制，认为向发展中国家进口污染严重的产品或者通过外商直接投资（FDI），将高污染、高能耗的企业移植到发展中国家，会使发达国家环境质量好转，而使得发展中国家环境质量处于倒"U"形曲线的上升段，这是对发展中国家的环境倾销。

4. 内生增长理论

斯托奇（Stokey）等学者用内生增长模型对 EKC 进行了理论分析，其认为随着经济的发展，技术会不断进步，进而提高资源的利用效率，使得在既定的产出下，自然资源的消耗和环境破坏会减少。另外生产技术的进步，有助于推动循环经济的实施，进而实现经济生产中的"3R"原则。

5. 国家政策

托拉斯（Torras）等学者是从政府对环境污染的政策和规制来阐述传统经济采取的是先污染后治理的措施，这使得资源短缺、生态环境的恶化已日益成为经济持续增长和生活质量提高的限制性因素。随着经济增长，政府将加大环境投资并强化环境监管，如鼓励采取绿色投资,提高技术标准,建立资源节约型、环境友好型社会。

二、关于环境库兹涅茨曲线的实证研究

近年来,环境库兹涅茨曲线一直是环境经济学的研究热点。人们试图通过实证研究,来对 EKC 理论假说进行验证。即:如果没有一定的环境政策干预,环境质量或污染水平是随着经济增长和经济实力的积累呈现先恶化后改善的趋势能否成立。

(一)西方国家的实证研究

1992 年,西方学者沙菲克(Shafik)根据世界银行提供的数据,使用不同的方程形式去拟合各项环境指标与人均 GDP 的关系,塞尔登和宋(Selden and Song,1994)对大气污染的排放量与人均 GDP 之间的关系进行了研究、格罗斯曼和克鲁格(Grossman and Krueger,1995)对城市大气污染浓度和水污染与人均 GDP 的关系进行了研究,这些研究均证明了现实中倒"U"形 EKC 的存在;EKC 是描述环境质量与经济发展水平之间关系的经验曲线,经济发展水平低的国家环境质量较差,而经济发展水平高的国家环境质量较好,学术界一方面运用统计方法对 EKC 进行实证分析,另一方面也为其寻找理论依据。

随着对 EKC 实证研究的深入,环境质量或污染水平与经济增长之间呈现出非倒"U"形的关系,如考夫曼(Kaufmann, et al.,1998)等人在以 SO_2 浓度为环境退化指标研究 EKC 时发现 SO_2 浓度与收入呈 U 形关系(SO_2 浓度随收入的增加先下降到一定水平后,又出现逐渐升高的趋势),而与经济活动空间强度(单位面积的经济活动)呈倒 U 形关系、布勒因和奥普斯库(Bruyn and Opschoor,1997)在研究 EKC 的过程中发现了环境压力和经济发展重组的可能,认为环境压力和经济增长分离状态不会长期持续下去,经济发展达到一定水平后会重新组合。具体而言,环境压力不仅依赖物质强度而且依赖经济增长率,随经济增长率的提高,很有可能抵消物质强度的减少,从而出现重新组合的现象。通过实证研究,他们认为环境库兹涅茨 N 形曲线①。有关这三种关系的库兹涅茨曲线见图 13-5。

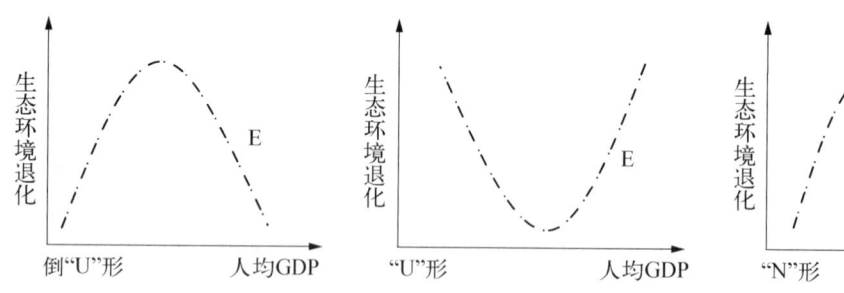

图 13-5 三种类型环境库兹涅茨曲线

---

① 孙韬,张宏伟,王媛,等.基于环境库兹涅茨曲线理论的中国"先污染,后治理"问题的研究[J].环境科学与管理,2010(8):148-151+172.

(二) 国内的实证研究

我国也涌现了大量的学者,运用时间序列数据、截面数据或者面板数据对 EKC 理论进行实证研究。譬如,郝鹏鹏、姜亢利用 2000—2010 年北京市经济、人口和环境污染排放量的时间数据,分析环境污染与经济发展、人口增长之间的关系。结果表明:自 2000 年以来,北京市经济快速发展、人口数量不断增加,但环境污染排放量却持续下降。其认为这一结果基本与 EKC 理论相符[①];李忆雯等人通过收集整理四川省 1985—2008 年间的工业污染物排放量,并对经济发展的相关实证数据进行分析研究后,得出结论:四川省的环境库兹涅茨曲线表现出了直线型或者是"U"形。与理论上的差异明显[②];张鹏等人运用截面数据,通过将工业分为重污染行业、中等污染行业以及轻污染行业,分析工业三废的排放量与经济发展之间的关系,其实证研究的结论是:工业废水的排放量与经济发展不存在倒"U"形关系,废气的排放量与经济发展之间近似存在倒"U"形关系、而固体废弃物污染与经济发展之间却近似存在"U"形关系[③]。

一般而言,选用时间序列数据,会使模型分析中存在自相关问题,而采用截面数据则易存在异方差问题。有学者利用面板数据(平行数据)进行实证研究,试图同时反映研究对象在时间、空间两个维度上的变化规律。譬如,卢宁、李国平通过 1995—2007 年 29 个省(区、市)的面板数据在分析社会资本对环境质量的影响时,发现只有工业二氧化硫(iSO_2)的社会资本 EKC 估计系数显著,其他污染物的社会资本 EKC 估计系数均不显著,且仅是工业二氧化硫二次形式的 EKC 曲线为倒 U 形特征[④];于峰、齐建国利用 1997—2004 年的中国的 29 个省(区、市)的面板数据建立计量模型,研究外商直接投资(FDI)对环境效应的影响。在其分析中,以 SO_2 排放量表示环境污染水平。结果发现:外商直接投资存量诱致的经济规模扩张和经济结构的变化带来的环境效应是负面的,而其诱致的技术转移带来的环境效应是正向的,但是 FDI 存量的总体环境效果则是消极的,FDI 的流入对我国环境影响的"污染天堂(避难所)"假说在一定程度上成立[⑤]。

经济增长和环境质量两者之间,并不存在适合所有地区、所有污染物的单一关系模式,甚至对同一地区的同一污染物,由于选取的指标、建立的计量模型不同,也有可能得到不同的环境库兹涅茨曲线。由于不同国家的环境经济发展的初始状态、过程特征和发展水平各不相同,所以国外的有关经济增长与环境之间的关系模式对于我国只具有借鉴意义。

三、对"EKC 理论"的质疑

EKC 理论自提出以后,随着对该理论研究的深入,环境库兹涅茨曲线也面临着质疑与挑战。具体表现为:

---

① 郝鹏鹏、姜亢.城市环境库兹涅茨曲线的实证分析——以北京为例[M].技术经济与管理研究,2012(9):125-128.
② 李忆雯,王君,周丽蓉.四川经济增长与环境污染关系的实证研究[M].统计观察,2012(13):115-116.
③ 张鹏,马小红.中国经济发展与环境污染关系的实证研究[M].湖南科技学院学报,2005(5):264-268.
④ 卢宁,李国平.基于 EKC 框架的社会资本水平对环境质量的影响研究——来自中国 1995—2007 年面板数据[J].统计研究,2009(5):68-76.
⑤ 于峰,齐建国.我国外商直接投资环境效应的经验研究[J].国际贸易问题,2007(8):104-112.

(一) 模型设定

(1) 内生性。环境库兹涅茨曲线的简化模型可以表示为：

$$e = a + \beta_1 y + \beta_2 y^2 + u \tag{13-15}$$

式中：u 为随机误差项，其他变量表示的意义与公式(13-13)中相应的变量表达的意义相同。在 EKC 假说中，环境状态对经济增长没有反馈作用，单向地研究经济增长和环境质量之间的关系。不可否认，经济水平能够左右环境的长期走势。但现实生活中，经济与环境的关系具有可逆性，经济增长会影响环境质量，而环境的恶化也会影响经济的发展速度。

(2) 变量选择。EKC 理论中仅仅是"经济—环境"系统，认为仅有经济是影响环境质量的因素，而实际上，影响环境质量还有诸如技术水平、贸易状况、资源的价格、经济结构（如投入产出结构）、国家的环境政策等因素。因此，将"经济—环境"纳入"经济—环境—社会"的大系统中，将"环境库兹涅茨曲线"扩展为"社会环境库兹涅茨曲线(SEKC)"；另一方面在选择表示环境污染程度的变量时，目前还没有一个能够全面、科学而有权威的表征环境破坏和资源消耗整体水平的一般性环境指标体系。在现实研究中常采用人均污染物排放量、污染物总排放量、污染物排放密度等指标，主要考察当期污染物（流量），而忽视前期累计的污染物（存量）。然而，最终影响环境质量的是污染存量，而非污染流量，这形成了所谓的"存量外部性"问题。

(二) 研究方法

目前，以普通最小二乘法(OLS)为主的计量模型研究经济发展与环境质量关系，显得有些苍白无力，即使是用 WLS、GLS 也不能很好地去描述经济发展与环境质量之间的关系，因为若采用时间序列数据，则不满足无自相关性的假设。而且在经济研究中，多数宏观变量是非平稳的，而只有当其是协整的，才有得到正确回归模型的可能。另一方面，若采用截面数据，则往往易出现异方差性。此时，各种统计检验失效。为了避免上述问题的产生，或是采用面板数据，或是采用非经典计量模型。

(三) 形成机制

前文，我们已经提及学者们试图从经济结构、内生增长理论、消费者需求、国际贸易和国家政策等方面描述环境库兹涅茨曲线的形成机制。这些解释从不同的出发点来解读经济发展与环境质量之间的关系，虽然对 EKC 的形成机制作了一定的贡献，但是其也不乏片面性。譬如：布瑞恩·采奇(Brian Czech,2003)认为当前的 EKC 假说是基于技术进步能弥补经济增长造成的环境影响。但实际上，技术进步不能调节生物多样性保护和经济发展的矛盾。按照生态学竞争原理，任何物种资源消耗都是以其他物种资源损失为代价的。技术进步只能使人类占有更多的资源，使其他物种的资源减少；Kishore Gawande(2000)在研究美国有毒物时，发现人们会随着收入的增加而远离受污染地的趋势，即收入高的人会向环境质量好的地方迁移。而在前面描述有关消费者偏好的变化时，强调的是随着收入的增加，由于环境保护的投资会增加……总之，有关 EKC 的成因依旧是一个暗箱(Black Box)。

 小　结

环境是一种为人类提供各种服务的资源,不仅是一个自然科学的概念,也是一个经济学概念。环境资源具有公共产品的属性,在消费上具有非排他性和非竞争性,其产权具有不确定性和非等价性的特点。环境资源产权的确定是对环境归属、环境质量及侵权程度从质和量、近期和长期、局部和整体的权威性、可操作性的行为规定和使用的约束,环境资源产权明晰化有赖市场的成功运作以及市场操作者的知识水准和公德水准。从经济学角度看,环境资源具有稀缺性、多用途性、增值性和计量较为困难的特点。在社会主义市场经济中环境资源具有商品性,承认这一点,有助于环境资源的优化利用,有助于环境资源的保护与再生增值,有利于开辟环境保护的资金渠道。计量环境资源的价值,度量环境资源的环境效益、社会效益和经济效益,使环境影响能够纳入成本效益分析之中评价环境服务,便于改进自然资源所提供的环境服务成本。只有根据实际情况来选择具体的方法才能准确得出环境资源的价值。为了防止对环境的滥用,可以将环境资源产权化。排污权交易具有污染控制的成本效益,可以优化资源配置,使得环境达标速度快且能促进技术革新,同时实现效益和公平。

 习　题

一、名词解释

1. 科斯定理
2. PDE 法
3. 陈述偏好法
4. 外部性

二、选择题

1. 环境依属性划分,可以划分为以下类型(　　)。

   A. 自然环境　　　　B. 社会环境　　　　C. 原生环境　　　　D. 次生环境

2. 关于产权的界定虽然有很多种,但就其本质,产权是(　　)。

   A. 资源稀缺条件下使用资源的规则

   B. 是对某种救济物品的多种用途进行选择的权利

   C. 是行为权利,反映的是人与物的关系

   D. 是一组可分解的权利

3. 环境资源产权具有的特征是(　　)。

   A. 排他性　　　　B. 非排他性　　　　C. 行为性　　　　D. 可分解性

4. 环境资源具有的特征是（　　）。
A. 稀缺性　　　　B. 多用途性　　　　C. 增殖性　　　　D. 商品属性

5. 在选择环境资源价值评价方法时，应考虑的因素是（　　）。
A. 对环境影响的相对重要性　　　　B. 信息的可得性
C. 研究经费　　　　　　　　　　　D. 研究时间

6. 在排污交易的成本中，主要由三部分构成。分别是（　　）。
A. 基础信息寻求的直接成本　　　　B. 讨价还价与决策成本
C. 监测成本　　　　　　　　　　　D. 执行成本

三、判断题

1. 一切自然资源都是构成环境的要素，而环境也是一种资源；环境资源不仅强调环境的生态价值，同时突出其资源属性及经济价值。（　　）

2. 科斯定理暗含的是私人成本和社会成本能否相等，将直接影响产值最大化；交易费用只要为零，产值将实现最大化。（　　）

3. 环境资源产权具有行为性的特征，而每种行为都由相应的行为目标、行为结果等因素构成。（　　）

4. 能够将经济效益、环境效益和社会效益用同一尺度衡量的仅有货币的价值尺度。（　　）

5. 实物期权的标的物就是实物资产，因而具有非独占性、先占性等特点。（　　）

6. 排污权交易模型假设的是具有正规的排污交易市场、稳定的价格和频繁的交易，但该模型允许存在信息不对称的现象。（　　）

7. 经济增长和环境质量两者之间，并不存在适合所有地区、所有污染物的单一模式。即 EKC 可能会表现出不同的形状。（　　）

8. EKC 理论仅仅涉及的是"经济—环境"系统，而非"经济—环境—社会"的大系统。（　　）

四、简答题

1. 简述环境保护的经济效益。
2. 简述实物期权价值的计算方法。
3. 简述排污权交易的经济效益。
4. 简述环境库兹涅茨曲线的理论解释。

五、论述题

1. 试论述环境资源产权。
2. 试论述排污权交易模型。

第十四章 资源与环境安全

学习目的

通过本章的学习掌握资源安全与环境安全的概念及其内在联系,认识经济发展、人口增长、消费提高、资源供给能力和国际贸易格局及生态保护行动对我国资源与环境安全问题的影响。掌握环境评价的概念及其评价过程和内容,了解PSR概念模型和我国资源与环境安全评价指标的构建。熟悉资源与环境安全的主要内容,能准确评价我国土地资源安全、水资源安全、能源安全、矿产安全、生物资源安全、生态环境安全、海洋资源安全和太空资源安全的现状,掌握资源安全和环境保护战略的主要内容。

关键概念

资源安全　环境安全　环境评价　安全指标　土地资源安全　水资源安全　资源安全战略　环境保护

第一节 资源与环境安全概述

一、资源与环境安全的概念

(一) 资源安全

资源安全源于资源的稀缺性,是指一个国家或地区可以持续、稳定、及时、足量和经济地获取所需自然资源的状态。它有五种基本含义,(1)数量的含义,即量要充裕,既要有总量的充裕,也要有人均的充裕。(2)质量的含义,即质量要有保证,资源本身品位性能达到一定标准。(3)结构的含义,即资源供给的多样性,供给渠道的多样性是供给稳定性的基础,保证资源供给安全的稳定。(4)均衡的含义,包括地区平衡与人群平衡两方面。(5)经济或价格的含义,指一个国家或地区可以从市场上以较小的经济代价获取所需资源的能力或状态。

(二) 环境安全

环境安全是指与人类生存、发展活动相关的生态环境处于良好的状况或未遭受不可恢复的破坏,人类和世界处于一种不受环境污染和环境破坏的危害的良好状态,它表示自然生态环境和人类生态意义上的生存和发展的风险大小。

(三) 资源安全与环境安全的关系

自然资源开发与生态环境保护是相互促进、相互影响、相互制约的辩证统一关系。资源开发和环境保护是相互联系的统一关系。合理开发资源是经济社会发展的物质基础,没有资源的开发利用,人类就无法生存和发展,也就不能为生态环境安全提供物质基础。保障环境安全也是人类利用自然资源的一种重要方式。生态环境保护促进了资源的合理开发利用,拓宽了利用资源深度,也促进了生态环境改善。生态系统服务功能是自然资源与生态环境之间紧密联系的重要纽带。在保障资源安全的同时,一定要保护生态环境,从而使生态系统能够持续地提供各类服务。自然地理环境的整体性决定了资源安全与环境安全的统一性,在开发利用资源的过程中,应当积极做好环境影响评价,使资源开发对生态环境的影响不超过生态系统的阈值,尽可能地将不利影响减少到最低程度,使资源安全与环境安全相统一。①

二、资源与环境安全问题的产生因素

(一) 经济发展

自改革开放以来,我国经济持续高速增长,目前经济总量(GDP)仅次于美国,已成为全球第二大经济体,同时也是最大的发展中国家。经济的快速发展和积累对自然资源的需求极大,工业化和城市化发展过程对耕地资源的占用、森林资源的砍伐带来诸如土地沙

---

① 马永欢,黄宝荣.对自然资源开发与生态环境保护关系的基本辨析[J].生态经济,2015(10):163-165.

漠化、土壤盐碱化和水土流失、气候变暖的自然灾害，矿产和能源供应紧张而且排放的二氧化碳、氮氧化物、硫氧化物增加，出现酸雨，生物异常和温室效应，造成海平面上升，极地冰帽融化等环境问题。1978—2012年我国经济增长方式比较粗放，高能耗高污染企业对资源环境造成破坏和伤害，资源与环境安全问题日益突出。

（二）人口增长

人类生存以自然资源为物质基础，人口数量的增长必然加大对自然资源的需求，需要更多地资源支持生产活动和规模的扩大，同时也伴随产出更多的生产垃圾和生活垃圾，造成环境污染和破坏，这势必给资源和环境构成压力。马尔萨斯认为，人口规模与自然资源之间存在着某种制约规律，当人口数量增加到自然资源无法满足的程度时，社会就会抑制过剩人口。当人口规模过大，在粮食持续短缺的压力下，草地和生态环境脆弱的山地被盲目地、不合理地开垦和放牧，加剧生态环境的脆弱性，最终导致对生态环境的破坏。①

（三）消费水平提高

随着经济发展水平的提高和社会产品日益丰富，居民的物质消费能力也得以提高，人口的增长则以另一种形式扩大了全社会的消费规模，消费欲望的无限追求更是加剧了有限资源的稀缺性。人类消费需要对自然资源加工改造从而改变了自然物原有秩序、结构、属性，工业社会的生产能力极大刺激并满足了人类的消费欲望，这种消费方式造成自然资源的过度开采和生态环境的生存破坏。消费需求的膨胀使得改造自然的生产力转变为损害自然的破坏力。

（四）资源供给压力上升

经济发展、人口增长和消费提高从各方面加大了资源需求，然而自然资源的供给增量是有限的，资源供应趋紧和经济发展的环境压力给未来社会运转带来了很大风险和不确定性。工业化和城镇化进程中耕地面积减少，后备土地资源不足，同时地下水超采导致水位下降水资源供应紧张，人口的快速增长伴随资源浪费环境污染，垃圾的生产速度超过自然的净化周期，超负荷运行削弱了城市的生态功能。不可再生资源供给不足，主要的矿产资源新增探明储量增长赶不上开采速度，而且开采难度渐大成本趋高，部分矿产资源储量已近枯竭。

（五）国际贸易格局

国际贸易是解决一国资源需求压力的重要途径，如今各经济大国在全球范围展开能源等贸易争夺战，进口储备重要战略资源。"能源已经成为政治和经济力量的通货，是国家之间力量等级体系的决定因素，甚至是成功和物质进步的一个新的筹码。获得能源成为21世纪压倒一切的首要任务。"美国、日本和中国都是石油需求大国，经济发展和贸易争夺造成国际油价高企，资源利用成本趋高。未来石油消费国和生产国政治经济权利的消长变化也给资源价格、贸易和安全带来不确定性因素。然而最大的问题或许不是价格的上涨，而是由于资源稀缺出现交易市场的崩溃，导致各国被迫自给自足，引发资源安全和经济安全问题。

---

① 樊胜岳，周宁，刘文文.走出马尔萨斯陷阱：人口压力与沙漠化的关系[J].干旱区地理，2020(10)：218-226.

(六) 生态环境行动

资源的开采利用破坏了自然的原生态,以牺牲环境为代价的经济发展模式不可持续,人类行为对其自身和整个生态系统的危害已被众人所意识。环境保护行动要求集约利用资源,同时也在一定程度上劝阻资源开发并行生态恢复行动,这些有益的行动对自然资源的利用提出了新的更高的要求,未来的经济发展面临更大的挑战。更加严厉的环境政策和生产标准将导致部分资源不可开采,某些企业因技术因素被迫破产。

三、资源与环境安全问题的主要内容

(一) 自然资源安全

自然资源安全主要指非再生或非替代性、稀缺或垄断性、经济竞争及战争或灾害之大宗必备性的战略资源的主权性占有储存和自主的分配及定价交易。如水资源安全、土地资源安全、能源安全、矿产安全和生物资源安全等是自然资源安全的主要内容。水资源供需矛盾且污染严重,耕地数量减少质量降低并引发粮食安全,能源矿产供需缺口日渐扩大,对外依存度越来越高,林地草地湿地过度开采和破坏造成动植物减少濒危甚至灭绝,这些都是自然资源安全出现的问题。

(二) 生态环境安全

生态环境安全是指生态环境系统的健康和完整,是人类在生产、生活和健康等方面不受生态破坏与环境污染等影响,包括饮用水与食物安全、空气质量与绿色环境等基本要素。常见的生态环境安全问题主要有洪水灾害、气候变暖、酸雨、湖泊营养化和土壤污染等,这些都是在工业发展和城市建设中土地使用、气体排放、污水处理、垃圾丢弃等没有遵循自然规律,破坏生态环境系统过程中大自然对人类活动的反馈。

第二节 资源与环境安全指标体系

一、环境评价

(一) 环境评价概念

环境评价是按照一定的标准和方法对特定空间的环境系统进行定性和定量的调查、分析、评价和预测,从而掌握和比较环境质量状况及其变化趋势,研究环境质量与人群健康关系,预测评价拟建的项目对周围环境可能产生的影响,为环境综合治理和城市规划及环境规划提供科学依据。评价过程包括环境评价因子的确定、环境监测、评价标准、评价方法和环境识别5个环节,每一环节的科学性与客观性事关环境质量评价的正确性。

(二) 环境质量评价的内容

比较全面的环境质量评价应包括对污染源、环境质量和环境效应三部分的评价,并在此基础上作出环境质量综合评价,提出环境污染综合防治方案,为环境污染治理、环境规划制定和环境管理提供参考。

二、指标体系

(一) PSR

PSR 指标体系由加拿大统计学家大卫·拉波特(David J. Rapport)和托尼·弗兰德(Tony Friend)于 1979 年提出,使用"压力(pressure)—状态(state)—响应(response)"的框架评价资源与环境可持续发展。这一概念模型体现了人与自然之间的相互作用关系,是决策者和公众了解和认识资源与环境安全的有效工具。人类通过各种活动从自然环境中获取其生存与发展所必需的资源,同时又向环境排放废弃物,从而改变了自然资源储量与环境质量,而资源和环境状态的变化又反过来影响人类的社会经济活动和福利,进而社会通过环境政策、经济政策和部门政策,以及通过意识和行为的变化而对这些变化做出反应。

PSR 模型由压力指标、状态指标和响应指标三类指标构成。压力指标表示人类资源索取、物质消费以及各种产业运作过程所产生的物质排放等经济社会活动对自然环境造成的破坏和扰动。状态指标是特定时间阶段的环境状态和环境变化情况,包括生态系统与资源环境现状,人类的生活质量和健康状况等。响应指标指社会和个人如何行动来减轻、阻止、恢复和预防人类活动对环境的负面影响,以及对已经发生的不利于人类生存发展的生态环境变化进行补救的措施。该模型回答了"发生了什么、为什么发生、我们将如何做"三个可持续发展的基本问题,特别是它提出的所评价对象的压力—状态—响应指标与参照标准相对比的模式受到了很多国内外学者的推崇,经济合作与发展组织(OECD)以此为基础构建了环境行为审查的核心指标。

(二) PSR 发展

PSR(驱动力—状态—响应)是联合国可持续发展委员会(UNCSD)制定的指标体系,该模型借鉴了 PSR 框架并以"驱动力(driving force)"概念替代"压力"指标,从而更准确地与相应社会、经济和制度等指标相适应,表明人类的经济和社会活动对资源与环境安全既有正面影响也有负面影响。在 UNCSD 所提出的指标体系中,可根据不同的领域细分各自的驱动力、状态和响应指标,具体考察水资源、土地资源和废弃物等资源环境要素的情况。世界银行所构建的 DSR 矩阵将环境指标分为资源、土地、地下资产、纳污处、生命支持系统和人体健康等 7 类共 60 个领域。

DPSIR 是国际可持续发展研究所(IISD)在 PSR 基础上进一步扩展所制定的框架体系,包括驱动力(driving force)、压力(pressure)、状态(state)、影响(impact)和响应(response)等指标,可以更好地跟踪资源环境系统内部的运作过程,透析各子系统相互作用和影响机制,全面分析资源与环境可持续发展的内在机理。该框架说明人口增长、技术进步和制度变迁等原始驱动力推动工业发展和城市建设(driving force),这些直接驱动力导致森林砍伐、土地开垦和矿山开采及污染排放等活动导致资源环境压力的加重或减轻(pressure),环境的变化(state)反过来影响人体健康和再生产活动(impact),迫使新政策的制定和执行以应对生态环境的变化实现可持续发展(response)。

三、我国资源安全指标体系研究

（一）石油安全评价指标体系

为科学评价我国石油安全的程度，吕涛等学者运用PSR模型，分别从社会经济活动对石油安全造成的压力、目前国内石油资源禀赋等情况对当前及未来一段时间石油安全的影响、一定程度上政府和社会为应对石油安全问题做出的响应等三个方面构建我国石油安全评价指标体系并利用熵权法和灰色关联分析法的集成对我国石油安全程度进行动态、客观的评价。石油安全评价指标体系如表14-1所示：①

表14-1　石油安全评价指标体系

综合指标	评价指标	指标说明
压力指标	石油消费在能源消耗中所占比重（%）	一定时期内石油消费量占总能源消费量的百分比
	石油消耗强度（t/万元）	单位实际国内生产总值所消耗石油数量
	国际原油价格（$/桶）	以布伦特原油价格为基准
	石油进口集中度（%）	一年中进口来源排名前五位国家的石油进口量占总进口量的比重
	石油对外依存度	一年中石油净进口量和国内石油消费量的百分数
状态指标	储采比（a）	石油剩余技术可采储量与年开采量的比值
	储量替代率	当年石油新增技术可采量与年开采量的比值
响应指标	石油储备水平（d）	一国的石油储备量和石油日净进口量的比值
	长期石油进口能力指数（%）	长期石油进口能力指数＝100－（石油进口额）/外汇储备额×100

（二）粮食安全评价指标体系

FAO在对发展中国家粮食安全的评估中，主要依据食物生产量、进出口量、库存量、人口总量、年龄和性别分布以及消费分布，计算出营养不良的人口总数等指标。杨建利和雷永阔②运用系统综合评价理论和方法，建立了数量安全、质量安全、经济安全、生态安全等多目标兼顾的评价指标体系。姚成胜等③运用食物系统的观点，结合中国实际，从粮食生产资源、粮食可供量与稳定性、粮食获取能力和粮食利用水平等4个层面出发，构建了中国粮食安全评价指标体系。崔明明和聂常虹④从新时代粮食安全观的新内涵和新目标出发，构建包含数量安全、质量安全、生态环境安全、经济安全和资源安全5个维度的粮食

---

① 吕涛,郭庆,富莉,等.基于熵权灰色关联法的我国石油安全评价[J].中国矿业,2017(5)：40-45.
② 杨建利,雷永阔.我国粮食安全评价指标体系的建构、测度及政策建议[J].农村经济,2014(5)：23-27.
③ 姚成胜,滕毅,黄琳.中国粮食安全评价指标体系构建及实证分析[J].农业工程学报,2015(4)：1-10.
④ 崔明明,聂常虹.基于指标评价体系的我国粮食安全演变研究[J].中国科学院院刊,2019(8)：910-919.

安全评价体系。中国粮食安全评价指标体系如表 14-2 所示：

表 14-2　基于新时代粮食安全观的中国粮食安全评价指标体系

综合指标	指标维度	要素指标
粮食安全评价指标体系	数量安全	粮食产量波动率
		粮食播种面积
		粮食单位面积产量
		人均粮食占有量
	质量安全	单位耕地面积农药使用量
	生态环境安全	单位耕地面积化肥施用量
		粮食受灾比例
	经济安全	财政支农金额
		国有粮食企业主要粮食收购量
		粮食销售价格指数
		种植主粮每亩净利润
		恩格尔系数
	资源安全	单位粮食产量使用耕地面积
		单位粮食产量使用水资源

（三）生态安全评价指标体系

刘艳芳等[①]以福建省为研究区，运用"压力—状态—响应（PSR）"模型构建县级尺度指标体系评价 2005—2015 年三期耕地生态安全水平，而后分别以改善"压力—状态—响应"三大子系统为首要任务划分耕地生态安全保护格局，利用障碍度模型识别限制重点保护区耕地生态安全水平提升的主要障碍因子。张楠楠等[②]同样基于 PSR 模型，从土地生态压力、土地生态状态和土地生态响应三个层次选取了 15 个评价指标构建沈阳市土地生态安全评价指标体系，如表 14-3 所示：

---

① 刘艳芳,安睿,曲胜秋,刘耀林.福建省耕地生态安全评价及障碍因子分析[J/OL].中国农业资源与区划：1-15[2022-09-30].http://kns.cnki.net/kcms/detail/11.3513.S.20220107.1102.025.html.
② 张楠楠,石水莲,李博,等.基于"压力—状态—响应"模型的土地生态安全评价及预测——以沈阳市为例[J].土壤通报,2022(1)：28-35.

表 14-3　沈阳市土地生态安全评价指标体系

基本指标	因素指标	要素指标
生态安全指标体系		
生态压力	人口压力	人口自然增长率(‰)
		人口密度(人/km²)
	社会压力	城市化水平(%)
	经济压力	农业经济比重(%)
	环境压力	生活垃圾清运量($\times 10^4$ t)
		单位耕地化肥负荷(kg/m²)
		单位耕地面积农药使用量(kg/m²)
生态状态	资源状态	人均耕地面积(hm²)
	环境状态	人均公园绿地面积(m²)
		森林覆盖率(%)
	经济状态	粮食单产(kg/m²)
生态响应	经济响应	第三产业比重(%)
	环境响应	工业固体废物综合利用率(%)
		污水集中处理率(%)
	社会响应	农业机械水平(kwh/m²)

第三节　我国资源与环境安全评价

一、土地资源安全

"劳动是财富之父,土地是财富之母",中华民族千百年来的农耕文明形成于农业生产,土地资源是我们赖以生存和发展的重要基础,是人类社会不可替代的物质财富,是中华文明的根源。工业文明和城市的快速发展以及农业结构调整,使得耕地林地草地湿地等被占用破坏污染退化流失,土地资源安全面临严峻挑战。从数量看,我国地域辽阔,国土总面积仅次于俄罗斯和加拿大居全球第三,约为 960 万平方公里,土地资源绝对量大;但是相对众多人口而言人均量较小,人均耕地面积不足世界人均水平的 1/2。从质量看,我国山地多平地少的地貌特征,以及土地沙化、土壤盐渍化和水土流失等问题,土地资源总体质量欠佳并呈下降趋势。从区域看，我国东部地区气候水源地势等条件优越，适合农业生产，但是集聚人口众多，且农业用地快速向非农化转移，耕地总量减少与质量下降的问题突出。西部地区地域辽阔，但气候和自然条件不适宜开发，区域水土资源匹配错位。

（一）耕地

耕地是农民生存之本，保护耕地即保护粮食安全，我国是一个人口众多的农业大国，保护耕地安全是我国自力更生独立发展的重要保障。农业结构调整和土地流转是农业现代化和工业发展的需要，农用土地征用在损害农民利益的同时也破坏耕地对农业构成危害。过去三十年的发展，东部地区工农和城乡关系发生了极大变化，大量适宜农业生产的优质土地让位于工业发展，耕地数量大幅减少，人均耕地资源持续下降。为确保我国耕地红线安全，国家实施占补平衡的耕地占用补偿制度，新增耕地可按比例换取本地城镇建设用地指标，但可开垦数量有限，且质量难以保证，目前新垦耕地主要集中在生态环境较差的地区，是土地资源安全的隐患。

（二）林地

近年来泥石流等自然灾害频繁发生，这与森林植被破坏和水土流失不无关系，不仅给人类自身造成直接损失，而且危害生物多样性及整个生态系统，安全隐患不可估量。毁林开荒、开矿及道路建设、水库建设等工程建设都是对林地资源的破坏，火灾、地震等自然灾害也危及林地安全。从全国森林资源清查结果看，我国森林资源总量持续增加，质量不断提高，结构渐趋合理，但与其他国家相比，我国森林覆盖率低于世界平均水平。林地资源安全涉及稀有树种的保护和经济林木的生产效率，不仅提供生产生活所需木材，更重要的是其生态防护功能。

（三）草地

草地是畜牧业发展的基础，是重要的农业资源，草地资源安全即畜牧业的安全，是奶、肉类和皮革等产业的源头和保障，是草原文明的根基。草地破坏和退化将导致土地沙化、荒漠化和盐渍化，不仅危及游牧生存安全和大众食品安全，还引发沙尘暴雾霾天气等自然气候灾害，细颗粒物（PM2.5）超标危害人体健康。我国天然草场面积大，现有的草地面积是耕地面积的3倍，人工草地建设起步晚面积尚少，有可开发潜力且意义重大。保护草地牧场，合理利用草地资源，加大草地恢复和建设是草地可持续发展的安全保障。

（四）湿地

湿地资源是生态系统的重要组成部分，与人类的生存、繁衍、发展息息相关，在调节气候、涵养水源、均化洪水、促淤造陆、降解污染物，保护生物多样性和为人类提供生产、生活资源方面发挥了重要作用。我国湿地总量大，占全球湿地面积1/10，居世界第四。类型全，主要包括沼泽湿地、湖泊湿地、河流湿地、滨海湿地和库塘湿地等。然而，随着人口膨胀，土地利用的不断扩张，人们对湿地的不合理开发和过量获取湿地生物资源导致我国天然湿地面积锐减，生态功能和社会效益日趋退化，湿地水体污染水质碱化，湿地生物多样性逐渐丧失，严重危及湿地生物的生存环境。我国湿地资源已遭受了严重破坏，其生态功能也严重受损，湿地安全形势严峻。

二、水资源安全

水是生命之源,水资源安全涉及城市和社会的可持续发展,直接威胁人类生存和发展,不仅是生态环境问题,也是重大的经济问题、政治问题和国家安全问题。在农业文明社会,干旱、洪涝等是水资源安全的主要表现,这些问题是气候自然变化形成,与人类活动尚无大的联系。随着工业文明的发展,人类改造自然的能力极大提高,人口增长、城市建设、工程建设和消费水平的提高在破坏和浪费水资源的同时对水资源消费需求也急速增长,水资源安全更加严重和重要。水量短缺、水质污染、水权分配、用水浪费以及由此引发的粮食安全、健康安全、经济安全和生态安全等问题是当今社会水资源安全的主要议题。我国人口众多,且处于快速发展和建设时期,水资源安全形势严峻。

(一) 洪旱灾害频发

我国东南临海,气候直接受到全球最大的陆地和最大的海洋影响,夏季多洪涝灾害,并诱发山崩、滑坡和泥石流等灾害,而这些地区也是我国人口密度和财富密度相对集中的区域,洪涝对我国东南部的人口、耕地和工农业构成严重威胁。中西部地区雨水少,干旱特别是连续多年的干旱少雨季节严重影响日常生活生产,制约当地经济和城市的发展。

(二) 短缺与浪费并存

与世界各国河川径流总量相比,我国是一个水资源丰裕的国家,但我国人均水资源占有量不到世界平均水平的1/4,已达到国际严重缺水标准的边缘,水资源安全堪忧。随着我国工业和城市的加快发展和人口高峰的到来,未来水资源需求将大量增加,且我国水资源过度开发利用,预期用水量已接近可利用水量的上限,水资源安全形势严峻。与此同时,我国水资源利用率较低,节约用水意识较差,水资源浪费严重。

(三) 水源破坏水质污染

随着人类活动的增强和扩大,水源生态环境深受影响和破坏,径流减少、河道断流、湖泊萎缩等变化使得河湖水文环境恶化生态功能退化。生活垃圾、工业废污的快速增长和不当处理造成严重的河湖污染,水质富营养化,劣质水面积增加,水资源质量衰退,可利用水量减少,饮水安全面临挑战,防治水污染任务艰巨。

(四) 分布不均供需矛盾

我国地域辽阔、地形复杂多变,各区域气候条件差异较大,水资源时空分布不均。从时间分布看,降水在不同的季节不同的年份变化较大,有明显的枯水期和多雨期交替出现,并伴随洪涝和干旱气候。从空间分布看,东南雨多,西北水少,北方水资源过度开发情况明显,引发地面下沉、海水入侵等灾害,调水工程也在一定程度上影响沿线环境和库区气候及生态系统。产业结构布局与水资源条件不适应,加剧了水资源供需矛盾。

三、能源安全

能源是经济增长的动力,能源安全伴随工业文明,它包括能源生产、供应、需求、价格、运输和消费等安全问题,与国家经济和世界经济安全密切相关,并涉及世界范围的政治军事安全。我国是一个发展中的能源消费大国,能源安全是现代化建设的重大战略问题和国家安全的重要组成部分,随着现代化建设步伐的加快,能源安全问题将日益突出。

(一) 油气资源

在石油和天然气方面,我国油气资源约占全球总量的3.5%,是世界油气资源储量较多的国家。目前,已探明的油气田大部分单位面积储量较少,埋藏较深,品质较差,工艺技术要求高,老油田已进入高含水阶段,产量呈递减趋势,开采难度越来越大。新发现大型油气田区特别是天然气区大多与消费区地形成不匹配空间结构,且近年探明储量增长缓慢,未来勘探前景并不光明。油气资源供给能力面临严峻考验,短期内难以应对强劲能源需求压力,对外依存度的升高和进口量的快速增长已较大地影响国际市场平衡并造成价格波动,油气资源价格的上升态势将构成我国经济建设成本,影响我国经济增长的实际效果。

(二) 煤炭资源

煤炭资源是我国能源消费的主流,总量大,种类较为齐全,截至2020年底我国已探明煤炭储蓄量约1 622.88亿吨,[①]约占全球市场的13%,足以保证开采百年以上。但我国煤炭资源适于露天开采的较少,90%以上的煤炭资源为地下开采,且条件复杂,安全生产难以保障。煤炭的大量消费导致CO_2、SO_2等温室气体的排放对我国生态环境造成破坏,而且这种消费格局和能源构成短期难以改变,对节能减排治理环境问题构成长期和持久的压力。

(三) 水电资源

我国水能资源丰富,但水能资源多集中在交通不便的偏远的贫困地区,开发条件较差,前期基础设施建设投入包括长距离运输成本较大。同时,水能富集区域也是生态环境敏感地区,大型水能枢纽开发建设会影响生态系统平衡,加剧水土流失、诱发地震等地质灾害,而且对生物资源可能造成干扰。

四、矿产安全

矿产资源是人类赖以生存和发展的重要物质基础,为国民经济和社会发展提供工业原料和生产资料,具有有限性、耗竭性和不可再生的特点,作为自然资源的重要组成部分,矿产资源安全也是国家经济安全的重要一环。我国地域辽阔,地质条件多样,矿产资源丰富,种类齐全但矿种结构不合理,某些关键矿产供应不足,部分矿产质量不高,品位较低,开发利用难度较大。国民经济持续高速发展对矿产品需求大幅提高,矿产资源消费增加透支了我国的矿产资源,国内自给程度下降,大量进口抬高了市场价格,加大了经济增长成本。与此同时,我国矿产资源利用粗放,回收率和综合利用率低,采矿过程破坏大量森林和草地诱发自然灾害,并伴随废水废渣排放造成河湖污染和土壤破坏。

(一) 大宗矿产

铁矿石总储量居全球第五,但富铁矿短缺,仅占总量的2.8%,其余都是品位较低的贫矿,不能满足我国钢铁工业需求,是国际市场最大的买方,进口量大且增长迅速。铜矿总

---

① 国家统计局.中国统计年鉴2021[M].北京:中国统计出版社,2021.

量并不丰富,但消费量大,约占全球贸易份额的 1/5,并逐步扩大,对外依存度持续攀升。铝土矿资源丰富,质量优良,分布集中,但多数矿床开采难度大,氧化铝生产能力不能满足国内产业需求,进口增长迅速,且来源主要集中在少数国家。

(二) 优势矿产

铅锌是我国优势资源,储量分别居全球第 2 和第 1,是世界出口大国,也是生产大国和消费大国。钨矿在我国分布广泛,且相对集中,基础储量占全球总量 67.74%,在世界贸易中占有重要位置,出口量呈增长趋势。稀土矿在我国极为丰富,品位也高,有 2/3 的稀土产品出口国外,供应了全球 90% 以上的稀土资源需求。

(三) 稀缺矿产

钾盐使用国多,生产国少,我国是一个农业大国,大部分耕地缺钾,国内钾肥工业发展缓慢,供应量严重不足,农业增产对钾肥需求较大,钾盐消费主要依赖进口,并集中在少数几个国家。铬铁矿是冶炼不锈钢的重要原料,在我国是非常短缺的资源,储量不足全球总量的 0.5%,需要大量进口,随着我国钢铁产业调整和对不锈钢需求的增加,铬铁矿供需缺口持续扩大,对外依存度日益高升。

五、生物资源安全

生物资源是自然资源的有机组成部分,是指生物圈中动植物和微生物有机体所组成的各种有生命现象的资源。动物资源包括陆栖和水生动物,植物资源包括森林、草地、海洋植物、野生植物和农作物,微生物资源包括细菌资源、真菌资源等。这些生物资源不仅为人类日常生活和工业生产提供原材料,同时维持生物圈物质和能量循环,提供适宜生存的生活环境,具有生产和生态双重功能。

(一) 粮食与食品

粮食安全和食品安全直接关系到每个人的生命和生存,其重要性与我们休戚相关。稻、麦、玉米是我国三大粮食作物,耕地破坏和土壤污染给粮食作物的种植造成极大影响,种植面积及产量减少,进口增加。化肥和农药施用不当影响蔬菜、瓜果等作物品质,对肉类及加工食品带来不安全因素。

(二) 新燃料能源

生物质能是指植物通过光合作用将太阳能以化学能的形式储存在体内的能量,这种能源的开发利用是一个环境友好的生产过程,新的生物柴油和燃料乙醇比传统的柴油汽油更加环保。生产燃料乙醇需要富含糖类或淀粉的植物,如甘蔗、高粱和玉米等,但我国在成本和技术方面与世界先进水平还存在一定差距。生物柴油以大豆、油菜为原料,但我国油菜需求大,没有足够数量用于生产。

(三) 生物多样性

生物多样性对维持生态平衡和食物链的完整具有重大意义,但随着工业文明的发展和人类改造自然能力的增强,对自然环境造成极大的破坏和影响,许多动植物严重濒危。不合理的生产方式和消费方式以对大自然掠夺性开发建设为特征,追求经济增长和效用满足,对动植物的生存环境、承载能力和更新速度构成压力,污水、废气和垃圾的排放和不当处理所引发的气候变化和自然灾害对野生动植物带来灭顶之灾。

（四）野生动物

我国是世界上野生动物种类最丰富的国家之一，但这当中也蕴含着巨大的安全风险。根据科研成果推断，许多曾肆虐全球的病毒最初极有可能经由"动物—动物—人"的路径传播，而非法交易和滥食野生动物造成野生动物与人类高频、高危的接触，为病毒实现跨物种传播提供了可能。[1] 我国已构建起以《野生动物保护法》《森林法》《自然保护区条例》《濒危野生动植物进出口管理条例》等为核心的野生动物保护法律法规体系。十三届全国人大常委会第十六次会议表决通过了关于全面禁止非法野生动物交易、革除滥食野生动物陋习。全面禁止食用的野生动物包括国家保护的"有重要生态、科学、社会价值的陆生野生动物"以及其他陆生野生动物，包括人工繁育、人工饲养的陆生野生动物。

六、生态环境安全

生态环境安全是指生态系统的健康和完整情况。它是人类在生产、生活和健康等方面不受生态破坏与环境污染等影响的保障程度。健康的生态系统是稳定的和可持续的，在时间上能够维持它的组织结构和自治，以及保持对胁迫的恢复力。即它不仅能够满足人类发展对资源环境的需求，而且在生态意义上也是健康的。其本质是要求自然资源在人口、社会经济和生态环境三个约束条件下稳定、协调、有序和永续利用。实现生态安全，就是要使生态环境能够有利于经济增长，有利于经济活动中效率的提高，有利于人民健康状况改善和生活质量的提高，避免因自然资源衰竭、资源生产率下降、环境污染和退化给社会生活和生产造成的短期灾害和长期不利影响，实现经济社会的可持续发展，最终建立资源节约型环境友好型社会。

（一）生态破坏

生态破坏是指人类不合理地开发利用自然资源造成水土流失、土地荒漠化、土壤盐碱化、生物多样性减少等引起的生态环境的退化及由此而衍生的有关环境效应，使人类、动物、植物的生存条件发生恶化。生态环境一旦遭到破坏，需要几倍的时间乃至几代人的努力才能恢复，甚至永远不能复原。

（二）环境污染

环境污染是指人类直接或间接地向环境排放超过其自净能力的物质或能量，出现水污染、大气污染、噪声污染、放射性污染等降低环境质量的现象，从而对人类的生存与发展、生态系统和财产造成不利影响。我国是世界上唯一以煤炭为基本能源的大国，在经济发展过程中向大气、水体、土壤等自然和人工环境排放有害物质，CO_2大量排放产生"温室效应"使地球变暖，全球性气候异常，海平面上升，自然灾害增多；SO_2排放量的增加，酸雨越来越严重，土壤、湖泊、河流水质酸化使水生生态恶化，危害农作物生长导致农业减产。

（三）外来物种入侵

根据世界自然保护联盟定义，外来物种是在自然和半自然的生态系统和生境中建立

---

[1] 于鲁平.全面禁食野生动物的法律解读及相关产业的风险应对建议[J].环境保护，2020(6)：31-35.

的种群,当其改变和危害本地生物多样性时,就是一个外来入侵物种,其造成的危害就是外来生物入侵。随着中国与国际贸易的不断加深,国际的人员与货物流动日益频繁,外来物种入侵的风险不断加大。《2020中国生态环境状况公报》显示,中国已发现外来入侵物种660多种。其中,71种对自然生态系统已经造成或具有潜在威胁。69个国家级自然保护区外来入侵物种调查结果显示,219种外来入侵物种已入侵国家级自然保护区,48种外来入侵物种被列入《中国外来入侵物种名单》,给本地生物多样性、经济发展和人畜健康均带来负面效应。因此,防治外来物种入侵不能"只看树木,不见森林",亦不能"只防不治或只治不防",而要将其置于生物安全保护的整体性视域下考量。[①]

七、海洋资源安全

海洋战略资源安全具有经济安全的非传统安全特质,与政治安全等传统安全交织在一起,既表现为海洋战略资源所有的安全,也表现为资源开发、收益的安全,其手段是经济合作等非传统安全手段,目的是使一国或地区,在不影响下代人使用的情况下,能够及时、稳定、经济地获取各种海洋战略资源,以满足经济发展和社会稳定的需要,同时也能维持资源的良好健康状态。

(一)海洋生物资源

中国南海海域除了北部湾红树林和海南东海岸的海草床处于健康状态外,其他海域生态系统均处于亚健康状态。由表14-4可知,我国海洋生态系统安全问题非常严重。

表14-4 2016年典型海洋生态系统健康状况

系统类型	生态监控区名词	所属经济发展规划区	监控区面积(km^2)	健康状况
海湾	闽东沿岸	海峡两岸经济区	5 063	亚健康
	大亚湾	珠江三角洲经济区	1 200	亚健康
珊瑚礁	雷州半岛西南沿岸	广东海洋经济综合试验区	1 150	亚健康
	广西北海	广西北部湾经济区	120	亚健康
	海南东海岸	海南国际旅游岛	3 750	亚健康
	西沙珊瑚礁	海南国际旅游岛	400	亚健康
红树林	广西北海	广西北部湾经济区	120	健康
	北仑河口	广西北部湾经济区	150	健康
海草床	广西北海	广西北部湾经济区	120	亚健康
	海南东海岸	海南国际旅游岛	3 750	健康

(二)海洋石油、天然气及其他矿产资源

1967年美国海洋地质学家埃默在南海科考,发现巨大的油气宝藏并发表了调查报告,认为中国南海是亚洲最大的油气产地,之后,沿南海的东盟海洋国菲律宾、越南、文莱、

[①] 陈凤新,刘丛楠,张凤娟.影响河北省外来物种入侵的社会经济因素分析[J].生物安全学报,2021(3):166-171.

印尼等开始疯狂盗采。从我国自身来看,我国的海洋油气开采技术水平不高。中国海上开采均在浅海海域,表明中国海上石油开采能力还在300 m以下的浅海油气田。我国最大的海上石油开采公司中国海洋石油公司现在所配备的装备基本都是第三代钻井平台,作业水深仅有500 m。仅有新投入的2010年下水的"海洋石油981"大型钻井平台作业深度3 000 m级别,与国际先进水平相当。可后期油田开发的工程设计、平台建造维护等方面还需要一定的时间进行研究,离进军深海还是有很大的距离,我国的其他采油公司如中石油和中石化与中海油相比还有很大差距。

(三) 航道资源

对中国来说重要的海洋通道资源有渤海海峡、台湾海峡、琼州海峡、马六甲海峡、巴士海峡、巽他海峡、霍尔木兹海峡、曼德海峡等。目前在这些海域上安全问题最严重也最复杂的是南海航道资源安全,尤其是"马六甲困局"。包括中国在内的亚太国家把马六甲海峡看作"海上生命线",而该海峡现由新加坡、马来西亚和印度尼西亚三国共同管理,美国试图插手和施加影响力,日本也为了海洋运输的重要性在不断地参与博弈,印度还在安达曼群岛扩建海军基地以加大对马六甲海峡的影响力,中国现有的海上石油运输通道进口的石油都必须通过马六甲海峡,比重占到海外石油总进口量的80%以上,因此马六甲海峡成为中国能源进口具有决定性意义的海峡。此外,马六甲海峡和南海海域的海盗问题也比较突出,构成了南海海域的航道资源安全问题。

(四) 资源所有权

由于历史和战略等因素,中国海上战略资源所有权的安全威胁比较多,如中国与东盟部分国家的南海岛屿争端和海洋划界问题、东海的中日钓鱼岛争夺问题、黄海的日韩海洋划界问题等,近年来纠纷不少,冲突不断。中国海周边地区有11个国家,这些国家之间至少有十多处海域边界需要划分,其中最复杂的是围绕南海的海洋战略资源对岛屿、岛礁的争夺。①

八、太空资源安全

太空主要指地球大气层之外的宇宙空间。太空资源开发主要针对地球日益稀缺而太空取之不竭的原位非生物资源。这些资源主要来自月球、某些类型的小行星和其他天体。中国作为资源消耗大国和航天大国,积极参与太空资源开发与国际治理活动。1998年,中国就开始了月球探测工程的论证规划与科技攻关;2013年实现了嫦娥三号的月球软着陆;2019年长征五号系列火箭发射成功;2020年嫦娥五号可重复使用运载器首飞,进行了月球采样并返回;2021年我国空间站发射升空,3名宇航员驻轨6个月并顺利返回,这标志着中国是全球少数几个具备太空资源开发能力的国家之一。这也意味着中国的国际国内政策应当为太空资源的开发做好准备,为行业发展扫清障碍,提供助力。②

在太空资源的开发中,中国与部分西方国家的竞争较为激烈。2011年,《沃尔夫修正

---

① 陈秀莲,樊兢.中国南海海洋战略资源安全的困境与合作对策[J].世界地理研究,2018(2):55-64.
② 涂亦楠.太空资源开发的现状与中国的立场[J].科技导报,2021(11):30-37.

案》出台,禁止美国与中国进行航天合作,禁止美中两国之间任何与美国航天局有关或由白宫科技政策办公室协调的联合科研活动,包括禁止美国航天局所有设施接待"中国官方访问者"。2021年6月,美国航空航天局局长比尔·尼尔森在出席国会众议院听证会时表示支持将"沃尔夫条款"永久化,为中美太空合作蒙上了阴影。一方面,独立的太空能力是参与太空国际竞争与合作的基础;另一方面,中国需要积极承担大国责任,加强与俄罗斯等国太空互动,继续推动太空规范建设,规范各行为体的太空行为,防止太空治理赤字加剧和太空环境进一步恶化。[①]

第四节 中国资源安全与环境保护战略

一、资源安全战略

(一) 资源调查

加强水资源、土地资源和生物资源的调查,加强矿产资源勘查,特别是中西部地区战略性矿产资源的勘查工作,可以提高对国家自然资源数量、质量等性状的了解程度,增进资源相关决策的可靠性与可行性,增加资源可利用总量及其调配能力,减少资源不确定性对资源决策的影响,确保资源安全。这需要政府提高对资源、勘查和调查工作的支持力度,推进社会各界投资于资源勘查与调查,发展商业性资源勘查和调查活动。开放更多的矿产资源勘查领域,进一步推进资源勘查活动的招标、拍卖和挂牌等市场化操作。非战略性资源勘查,可以向境内外企业或投资主体平等开放。进一步推进资源勘查资料的公益性共享与商业性转让的规范化运作。

(二) 资源保护

自然资源保护在于维护或维持自然资源基础的基本数量和质量性状,特别是水资源、森林和草场资源及基本农田等划定保护区,确保可更新资源质量性状,对矿产资源等非更新资源的开采实行规模和速度方面的控制或限制。加强包括法律法规制定、相关政策颁布与实施的资源保护制度建设,强化资源保护的经济补偿机制与财政能力建设,包括水资源、矿产资源、基本农田、森林及草场保护的经济补偿机制、资金来源与使用等。

(三) 资源储备

资源储备一般有(政府)战略性储备和(企业)商业性储备两种主要形式。战略性储备由中央政府运用财政资金,推进战略储备基地建设和战略储备库的建设,并根据国际收支情况,将外汇储备部分转化为战略性资源储备。针对石油、天然气等资源采取的时期较长、规模较大、动用程序严格的资源储备,防止突发事件对资源供给的影响并引发社会不稳定。鼓励地方政府特别是资源输入大省的省级政府,积极建立区域性资源储备(基地或库存),以应对可能出现的资源供给中断或价格波动,降低供给风险或供求关系风险。提

---

① 李虎平."修昔底德陷阱"与中美太空互动[J].国际展望,2021(6):80-104.

高对供给不确定性和风险性的应对能力。同时,鼓励企业特别是规模企业进行适度的商业性资源储备,保证企业生产经营活动正常进行、防止供给中断或价格波动的不利影响,提高国际资源贸易谈判的发言权和主动权。

(四) 资源配置

进一步实施南水北调、西电东送和西气东输等资源空间配置重大工程,并比较分析部门间资源利用效率,优化资源部门间的配置格局,提高资源在各地区、各部门、各用途间的配置效率,以切实做到物尽其用、地尽其力。根据自然资源、生态环境及社会经济发展等方面的情况,进行资源综合(功能)区划,明确划分出资源重点开发区、资源保护区和资源接替区,实现资源、空间配置的优化。通过资源配置工程和资源综合区划提高配置效率,实现资源效率的最大化,减少资源浪费和资源破坏,提高资源安全水平。

(五) 资源节约

完善包括旨在节约资源的资源价格制度、资源核算制度、资源有偿使用制度、资源节约激励制度、资源浪费的惩处制度等资源节约制度的建设;推进节能技术、节水技术、节地技术、节材技术及节粮技术等的资源节约的技术创新与应用;加强资源节约宣传与教育,包括资源国情宣传,资源危机意识渗透,资源公德教育等,实现政府、企业和公民共同参与资源节约。提高资源开发利用效率,降低资源占用和消耗水平,减缓国家或区域自然资源基础的萎缩趋势和程度。

(六) 资源替代

推广能源替代技术、设备与工艺的研制与应用,用再生能源替代化石能源,用清洁能源替代传统高污染能源。推广污水处理与中水或再生水综合利用技术、设备的研制与应用,海水淡化处理技术创新与应用,微咸水种植与灌溉技术创新与应用,实现再生水或中水利用、海水淡化、微咸水利用。推广山地及荒地建设及山地住宅建设技术推广与应用,将不适宜耕种的土地用于发展工业、交通和居住,保护耕地。即用较不稀缺的资源替代较稀缺的资源,缓解稀缺资源的稀缺程度,提高稀缺资源的保障程度。

(七) 资源创新

加强资源安全战略研究与创新设计,突破部门、地区、利益群体等方面的局限性,立足于国家利益,构建多维度、多层次、多类型、多措施的资源安全保障体系。加强资源安全制度创新,推进资源节约制度、资源有偿使用制度、资源核算制度、资源价格制度、资源税收制度、资源补偿制度等制度建设与创新发展。通过国家及地区和部门科技发展规划及财政支持,推动资源安全科技支撑体系的创新和建设,重点分批实施若干资源科技项目,包括基础性研究项目、公益性基础工作项目、应用基础性和应用性研究项目。实现资源战略创新、资源制度创新、资源科技创新以及先进科技的引进与消化吸收,提高科技创新对资源安全保障的支撑能力。

(八) 资源贸易

开辟资源进口渠道,增加资源贸易国对象,拓展资源贸易运输通道,降低海上石油通道风险,实现多元、多渠道、多路径,以及稳定可靠、经济合理的资源进口。规范、控制和管制资源出口,在稀土等我国优势资源出口品种、铁矿石等我国主要进口资源品种贸易及定价机制方面,发挥或力争发挥主导权。参与国际资源贸易格局的形成与多边资源贸易谈判,并提升发言权和影响力,通过 WTO 等贸易机制,反对资源出口垄断机制的形成和发展,发展于我国有利的资源贸易体系。

(九) 资源合作

积极发展国家政府层面的资源合作机制(协议),鼓励和支持中国企业特别是大中型资源型企业,与包括非洲、南美洲、大洋洲等地区在内的资源优势地区,开展多种形式的资源合作,或资源—投资综合合作,或资源—基础设施合作等;鼓励和支持中国企业与所在国共同组建全资公司,开发资源及发展其他相关业务经营。构建与发展政府和企业两个层面的资源合作关系,提升我国资源安全的境外保障能力。

(十) 资源外交

提倡外交全方位服务于国家安全、国家发展的理念,提升资源贸易与合作在国家外交策略中的地位。积极构建稳健、顺畅、有效的官方资源外交通道,推动和发展以企业为主体的民间资源外交。为资源国际贸易与合作提供强有力的外交服务和支撑。

二、环境保护战略

(一) 洁净水环境战略

20 世纪 70 年代以来,随着我国社会经济的迅速发展,水体不同程度遭受环境污染与生态破坏。尽管"十一五"以来总量控制取得了显著成效,但江河水体有机污染仍然较重、湖泊水库富营养化问题突出、近岸海域赤潮爆发形势仍然严峻、地下水超采严重且水质堪忧、水体中新型污染物成为潜在隐患、生态流量缺乏保障,加剧生态退化、饮用水源地服务功能受损,所以从中国水污染问题和特征来看,水污染形势仍然相当严峻,水环境安全状况堪忧。

1. 重视对水资源、水生态的保护

在针对水污染问题的治理中,需重视防治结合,合理运用行政手段、法律手段、技术手段、经济手段以及教育手段等,有效预防新水资源污染问题的出现,贯彻"谁开发,谁保护,谁破坏,谁恢复,谁受益,谁补偿"基本政策和方针。① 对江河源头区及现状水质好于Ⅲ类的水环境良好水域实施优先保护,设定水生态红线,建立良好水体的反退化和风险防范保护制度。

2. 综合治理流域环境

完善城市环境基础设施建设,优化供排水格局,统筹规划建设城市给水排水、污水和垃圾处理等基础设施,完善城市排水管网和污水再生利用系统,提升城市污水处理水平,加强污泥处理处置;在城市建设中,实现水资源的循环运用可促进废水的资源化。而城市污水处理厂作为控制水污染的重点工程,需要逐步建立起面向市场的保护环境融资机制,鼓励社会、企业以及外商进行投资。加快产业结构调整,以环境标准优化产业结构,推进产业升级,加大落后产能淘汰力度。优化产业空间布局,有序推进产业梯度转移和环保搬

---

① 包晓斌,朱晓兵.淮河流域水环境治理对策[J].水利经济,2021(4):35-40.

迁、退城进园,防止落后产能转移,推动形成分工合理、优势互补、各具特色的区域经济和产业发展格局。①

(二)清洁空气战略

大气环境监测就是测定大气中污染物的种类和污染的浓度,观察污染物时空分布以及变化规律的过程。大气环境监测过程中需要监测的污染物,主要有碳氧化物、氮氧化物、一氧化碳、臭氧等,监测的颗粒状污染物主要有降尘、飘尘、酸沉降以及总悬浮微粒。根据目前我国大气环境质量状况,以 PM10 和 PM2.5 为代表的大气颗粒物污染将是我国相当长一段时期内面临的最主要的大气环境问题,因此需要深化大气污染综合防治,加速实现空气质量达标,为此新时期清洁空气行动战略任务主要有以下三个方面。

1. 统一环境标准,提供技术支持

对于空气质量监测点的选址以及取值方式应当统一标准。目前基于建立在郊区和旅游区的空气质量监测点所获取的监测数据,虽然拉高了该区域的空气质量,但人群密集的主要生产生活区域的空气质量仍不容乐观,公众对空气质量的直观感受与官方公布的数据信息往往存在不小差异,导致官方数据的公信力大大降低。针对这种情况,应当进一步制定更为合理的监测点选址标准,严格按照统一标准设立空气质量监测点,对于数据的取值也应当适当向公众的主要生产和生活区域倾斜,与生产生活关联不大的边缘地带更适合作为区域整体空气质量的参考。其次,对于污染源尤其是污染企业的排放标准也应当规范统一。在空气污染治理中,统一的排放标准能够确保对违法违规行为追究相应责任,防止为谋求经济利益而产生各种弄虚作假行为。最后,对于空气污染治理工作的评估标准也要进行统一规范。统一的评估标准有利于公众和媒体了解各方治理工作开展的真实情况,防止相关组织及人员利用标准的不统一误导公众甚至向公众传播虚假信息,同时有利于反馈客观真实的评估结果,更好指引区域治理机构制定有针对性的治理计划和治理方案。

2. 加强产业结构调整和工业污染防治

进一步调整产业结构,淘汰落后产能,压缩过剩产能,优化产业布局,对位于城市建成区、对城市环境质量影响大的生产企业或设施进行环保搬迁。提高产业清洁生产和污染治理水平,以电力行业为突破口,在钢铁、水泥、平板玻璃、石油化工、化工等行业燃煤锅炉领域研发并推行超低排放技术。除陆上丝绸之路沿线严控之外,其他地方不再新增"两高"行业的产能。

3. 完善法律制度,加强刚性约束

在以后的治理实践中,应当一改过去主要以签署协议、依靠行政高层自觉履行承诺的做法,以空气污染现状和整体发展规划为基础,协同制定完善精细化的法律法规,建立起一套适合各省特点的空气污染治理法律制度,将空气污染治理工作纳入法律框架和轨道之中,实现以法治污、依法治污,确保空气污染的区域治理机构所制定的各项规划和目标

---

① 韩龙喜,王晨芳,蒋安祺.突发事件泄漏石油类污染物在水环境中迁移转化研究进展[J].水资源保护,2021(1):110-117.

能够顺利落实和完成,对拒绝履行减排义务的市场主体进行处罚,对相关责任人在治理过程中的不作为、慢作为和乱作为也要进行法律追责。①

(三) 土壤环境保护战略

我国土壤环境质量受到多重影响,守护耕地红线面临巨大压力;我国农田土壤环境污染问题突出,确保农产品安全的任务日趋艰巨;工业企业场地土壤污染状况触目惊心,人居环境健康令人担忧;我国土壤环境保护面临巨大挑战,污染防治与环境监管难度日益加大。新时期需要强化土壤保护与污染治理,保障食品和人居环境安全。

首先,建立健全土壤环境保护与污染控制的法律法规体系。根据土地用途及受体保护目标,建立适合我国人群和区域特点的土壤环境质量标准、修复标准等土壤环境管理技术标准体系。加强土壤环境保护制度建设,研究建立优先区域保护成效的评估和考核机制。逐步完善国家级、省级、县级三级土壤环境监测网络,将土壤环境质量监测纳入常规环境监测体系,探索建立土壤环境质量状况定期公布制度。

其次,建立健全污染耕地土壤环境监测和农产品质量检测系统,推行与实施分类管理机制。重点做好初级农产品生产基地、"菜篮子"基地和出口农产品生产基地的土壤环境质量安全性评估与安全性划分。加强公众参与环节,注重信息公开,探讨建立土壤环境保护培训、公众参与和信息公开机制。②

(四) 海洋环境保护战略

海洋经济的迅猛发展给近海环境带来巨大压力,同时海洋油田开发工程、沿海地区重化工产业的发展以及海岸带围填海工程都影响了生态环境。新时期海洋环境保护需要大力发展绿色海洋经济,加强滨海区域生态防护工程。

首先,大力发展绿色海洋经济,努力实现沿海及海洋经济的战略转型和提升。实施陆海一体化的污染控制工程,坚持"陆海统筹、河海兼顾",在沿海地区建设绿色基础设施,控制城市面源污染。合理利用岸线资源,控制项目开发规模和强度,正确引导海岸带开发利用活动。

其次,科学探索海洋利用方式的外部性,找准海洋空间管制指标,降低海洋空间利用外部性,提升海洋空间利用的"环境保护、经济发展与社会福祉"的协调性。坚持海洋发展区的公共利益层次性、远期与近期目标一致性、非营利性,维护海洋空间资源利用的公共利益。系统评估海岛、海域、滩涂等资源的经济社会与生态服务价值,努力推进沿海城市间海洋自然资源资产市场一体化,努力缩小渔村的公共服务普及化与均等化差距,引导海洋自然资源资产的公平正义分配。③

(五) 环境风险与健康战略

我国环境与健康方面的工作还比较滞后,基础工作较差,技术研究薄弱,对环境污染引起的健康损害的总体情况不明。新时期应拓展环境风险与健康研究,制订环境质量标

---

① 刘田原.粤港澳大湾区空气污染治理的实践探索与路径选择[J].治理现代化研究,2022(3):90-96.
② 郝吉明,万本太,侯立安,等.新时期国家环境保护战略研究[J].中国工程科学,2015(8):30-38.
③ 李加林,沈满洪,马仁锋,等.海洋生态文明建设背景下的海洋资源经济与海洋战略[J].自然资源学报,2022(4):829-849.

准和环境健康考核指标。加快制定环境健康损害赔偿相关法律以及建立国民健康信息系统,全面加强环境健康方面的科研支持力度。针对区域性环境污染,应明确控制重点区域,实行分区分类式管理。各区域加强环境监管力度,开展区域环境联合执法检查,提升联防联控管理能力。

(六)国际环境战略

中国作为发展中大国,在全球环境问题上一直受到来自国际上的巨大挑战。尤其进入 21 世纪以来,形势更加严峻。国际环境法的基本原则主要包括风险预防、共同但有区别、可持续发展以及国际合作。新时期应统筹国际环境,有重点地推进与各主要发达国家和国家集团的环境合作,积极发展与发展中大国的环境合作。积极参与多边环境进程。加强与联合国环境规划署等联合国系统以及其他重要国际组织的环境合作,逐步提升我国对这些国际组织的决策影响。继续利用好多边环境资金和技术转让机制以及管理理念与经验,为国内环境保护、履约工作和可持续发展提供支持。①

小 结

资源与环境安全是指一个国家和地区所需的自然资源可以持续、稳定、及时、足量和经济地供应,人类和自然处于一种不受环境污染和环境破坏的危害的良好状态。随着工业文明的发展,城市化和工业化建设给自然资源和生态环境带来巨大压力和极大的破坏,经济发展、人口增长、消费膨胀、资源供给压力、国际贸易格局和环境保护行动等从各个方面给资源与环境安全造成威胁。为促进人口、资源与环境的可持续发展,国际社会构建了 PSR 概念模型,从压力、状态和反应三个系统评价和量化资源与环境安全,这一框架在土地资源、水资源和环境等领域的安全指标体系构建都得到了应用,我国资源和环境的安全指标构建主要集中在能源安全、食品安全和生态环境安全等方面。评价我国资源与环境安全主要包括土地资源安全、水资源安全、能源安全、矿产安全、生物资源安全、生态环境安全、海洋资源安全和太空资源安全等内容,土地沙化、土壤盐渍化及耕地、草地、林地、湿地破坏和流失等问题是土地资源安全面临的挑战,水资源安全主要表现在洪旱灾害频发、短缺和浪费并存、水源破坏水质污染和分布不均导致的供需矛盾等方面,能源和矿产资源对外依存度上升,生物多样性保护面临威胁,生态破坏、环境污染和资源短缺等危机日益严重是我国资源与环境安全的现状。实施资源安全战略和环境保护战略对我国经济社会可持续发展意义重大,加强资源调查和保护,从储备、配置、替代、创新以及贸易、合作和外交等方面确保资源安全,环境保护需要防治生产和生活污染、防止建设和开发破坏和保护有价值的自然环境。

---

① 郝吉明、万本太、侯立安,等.新时期国家环境保护战略研究[J].中国工程科学,2015(8):30-38.

习 题

一、名词解释

1. 资源安全

2. 环境安全

3. 环境评价

4. 外来物种入侵

二、选择题

1. 下列哪一矿产资源不是我国优势资源(　　)。

　　A. 铅锌　　　　　　B. 钨矿　　　　　　C. 稀土矿　　　　　　D. 钾盐

2. 我国能源消费的主体是(　　)。

　　A. 煤炭　　　　　　B. 石油　　　　　　C. 天然气　　　　　　D. 水电

3. PSR 模型包括哪些指标(　　)。

　　A. 压力指标　　　　B. 状态指标　　　　C. 响应指标　　　　　D. 测试指标

4. 当前我国环境问题主要表现为(　　)。

　　A. 生态破坏、环境污染和资源短缺

　　B. 环境污染越来越严重,生态破坏已得到基本控制

　　C. 工业"三废"排放物有所控制,农村乡镇企业导致的污染增多

　　D. 环境污染得到基本控制,生态破坏越来越严重

三、判断题

1. 自然资源开发与生态环境保护是相互促进、相互影响、相互制约的辩证统一关系。

(　　)

2. 马尔萨斯认为,人口规模与自然资源之间存在着某种制约规律,当人口数量增加到自然资源无法满足的程度时,社会就会抑制过剩人口。(　　)

3. 比较全面的环境质量评价应包括对污染源、环境地数量、环境质量和环境效应四部分的评价。(　　)

4. 建立粮食安全评价指标体系时不需要考虑经济安全。(　　)

5. 我国地域辽阔,地质条件多样,矿产资源丰富,且种类齐全结构合理,没有不充足的矿产种类。(　　)

四、简答题

1. 简述资源安全问题是如何产生的。

2. 简述资源与环境安全指标体系包括哪些方面?

3. 简述 PSR 概念及其发展。

4. 简述资源创新战略的主要内容。

五、论述题

试论述我国资源安全战略的主要内容及其战略意义。

第十五章 能源与碳排放

学习目的

通过本章学习,掌握能源与碳排放的相关概念及其内在关系,熟悉能源的种类与分布,了解能源危机的历史。掌握能源利用与气候变化的内在逻辑,掌握应对气候变化的重要方案。

关键概念

能源供给　能源需求　能源贫困　能源危机　碳中和　碳达峰　碳汇　CCUS　碳排放权

第一节　能源的基本概念及其与经济的关系

一、能源的概念与分类

能源是能够存储和提供能量的物质。能源的形式多种多样,其分类方式也有很多。根据能源获取的复杂性,可以将能源分为一次能源与二次能源。一次能源,是指煤、石油、天然气、太阳能等可以直接在自然界获取，除简单提取、加工外不需要其他转换的能源。二次能源，则是指需要从一次能源中进一步加工、转换得来的能源，如电力、蒸汽、热能，以及汽油、煤油、柴油、焦炭等化石能源制品。虽然电能、热能、蒸汽等在自然界中天然存在，但其难以直接被人类利用，主要是通过在一次能源中获得后使用，因此这些能源往往被认为是二次能源。

根据能源能否再生，可以将能源分为可再生能源和不可再生能源。可再生能源主要是指风能、水能、太阳能、生物质能等非化石类清洁能源。其中，生物质能来源于生物质，即一切有生命的生长性有机物质。生物质能主要分为六大类：林业剩余物、农业剩余物、生活污水、工业废物、城乡固体废物、动物粪便等。不可再生能源是指受存量限制，日渐稀缺的能源，主要是指煤炭、原油、天然气等化石能源。此外，能源还有多种其他类型的分类方式，如商品能源与非商品能源、常规能源与非常规能源、传统能源与现代能源等，此处不再展开讲述。

二、能源供给与能源需求

（一）能源供给

能源供给，是指在一定时期内，能源生产部门在各种可能的价格下，愿意提供且能够提供的能源数量[①]。能源的有效供给既需要供给者拥有能源，也需要供给者具备供给意愿，否则无法形成有效供给。

当前全球的能源供给主要为煤炭、原油、天然气等化石能源。此类能源属于不可再生的自然资源，其具有明显的稀缺性和区域差异性。稀缺性，是由于自然资源总量的有限性和社会发展对自然资源需求的无限性之间的矛盾决定的。区域差异性，主要是指化石能源的分布具有较大的地区差异。以石油为例，当前已知的石油资源2/3分布在东半球，全球86%的石油资源被石油储量前十的国家掌握。

能源供给受多种因素影响，如资源禀赋、能源价格等。资源禀赋是指一个国家或地区的资源储量。能源禀赋则是指一个国家或地区各种能源资源的储备量。毫无疑问，一个国家的能源禀赋是影响该国能源供给的最主要因素。能源作为一种商品，其供给受价格影响较大。在其他条件不变时，能源价格上涨，意味着能源生产企业的利润增加，能源生产商将扩大生产、增加供给以获得更高利润。但能源又不同于一般商品，能源的生产或供给在短期内几乎不受价格影响。这是因为能源生产的前期要素投入远高于生产过程中要素投入的比重，而产量对生产过程中的要素投入是不敏感的，且要素投入对产出具有明显的时滞。另外，能源开采受能源储量限制，且能源投资周期较长，短期内调整产量的能力有限，在技术条件不变的情况下，一段时期内的开采数量也相对固定。因此，能源供给对价格的弹性要小于一般产品。

（二）能源需求

能源是工业经济发展的基础。工业变革离不开能源的支撑。第一次工业革命以后，

---

① 魏一鸣,廖华.能源经济学[M].北京：中国人民大学出版社,2019.

人类进入蒸汽时代,煤炭成为18、19世纪的动力基础。内燃机的发明使石油逐渐取代了煤炭的工业核心地位,进一步推动了工业经济的发展。19世纪下半叶开始,第二次工业革命后电力开始广泛使用,人类进入电气时代。20世纪中叶,第三次工业革命以后,人类开始了从化石能源向新能源与清洁能源的过渡,光伏、风电、水电、核能等开始引起全球的重视和使用。

由此可见,工业经济的发展历程离不开对能源的需求。根据魏一鸣、廖华等的观点,能源需求指消费者在各种可能的价格下,对能源资源愿意且能够购买的数量。与一般产品需求类似,能源需求也需要满足有购买欲望且有购买能力的条件。满足上述条件才能产生有效需求,形成有效购买力。

由于能源需求难以准确衡量,因此,实际分析中可以采用能源消费代替能源需求。因为能源消费是有效能源需求的反映,当能源供给充足,且不存在库存时,能源需求在量上与能源消费相当。

影响能源需求的因素有很多,例如收入水平、经济增长、能源价格、人口数量、产业结构、能源强度等。收入水平是能源需求的关键因素,但由于各国的经济发展水平和发展模式差异较大,因此不同国家能源需求的收入弹性不具有明显的对比性。经济增长是推动能源需求增长的首要推动力。当世界经济稳步增长时,企业扩大生产,对各类生产要素需求增加,能源是基本的生产要素,其需求必然增加。反之,当经济萎靡时,生产萎缩,有效需求不足,能源需求也会相应减少。能源价格对能源需求的影响具有一定不确定性。能源价格变动对能源需求的影响,既可以通过节能途径,也可以通过冲击宏观经济的途径,还可以通过造成能源价格体系紊乱影响能源消费组合的方式[①]。由于不同途径作用的时间周期不同,因此价格冲击的长短期影响存在较大差异。毫无疑问,在一定技术水平下,人口数量越多,能源需求也会越多。产业结构之所以会对能源需求有影响主要原因在于,部门之间的能源强度差异,第二产业中高耗能行业居多。在其他条件不变时,第二产业比重越大,能源消耗也会越大。能源强度,又称能源密集度,是衡量经济对能源依赖程度的重要指标,指一段时间内某一经济主体单位产值消耗的能源量[②]。一个国家或地区的能源强度,通常以单位国内生产总值耗能量来表示。能源强度越大的行业,能源需求也越多。

三、能源生产与能源储运

(一) 能源生产

能源生产是指,能源的开采、加工和转换过程。能源的开采主要是指煤炭、石油、天然气、铀矿等能源资源的开采;能源的加工主要是指煤炭、石油、油页岩、天然气和铀矿等的精选、处理和炼制过程;能源转换则是指将原始化石能源转换成焦炭、煤气、电力等形式的过程。

---

① 林伯强,牟敦果.高级能源经济学[M].北京:清华大学出版社,2014.
② 魏一鸣,廖华.能源经济学[M].北京:中国人民大学出版社,2019.

能源生产在一定程度上决定了能源运输的发展布局,而能源运输又是实现能源生产和消费的必要条件。所谓能源运输,指的是煤炭、石油、天然气和电力等在流通领域内的运输。能源运输方式主要有铁路运输、水路运输、公路运输和管道运输等方式。能源运输的对象不仅包括一次能源煤炭、石油、天然气等的运输,还包括电力等二次能源的输送。

表 15-1 能源生产总量与构成

年份	一次能源生产总量（万吨标准煤）	电热当量计算法					
		比 重(%)					
		原煤	原油	天然气	一次电力及其他能源	水电	核电
1980	62 046	71.4	24.4	3.0	1.2	1.2	—
1981	61 364	72.4	23.6	2.7	1.3	1.3	—
1982	64 686	73.5	22.6	2.5	1.4	1.4	—
1983	68 877	74.1	22.0	2.4	1.5	1.5	—
1984	75 493	74.7	21.7	2.2	1.4	1.4	—
1985	83 005	75.1	21.5	2.1	1.3	1.3	—
1986	85 523	74.7	21.8	2.1	1.4	1.4	—
1987	88 524	74.9	21.6	2.1	1.4	1.4	—
1988	92 809	75.5	21.1	2.0	1.4	1.4	—
1989	98 418	76.5	20.0	2.0	1.5	1.5	—
1990	100 487	76.8	19.7	2.0	1.5	1.5	—
1991	101 490	76.5	19.9	2.1	1.5	1.5	—
1992	103 771	76.9	19.6	2.0	1.5	1.5	—
1993	107 059	76.6	19.4	2.2	1.8	1.8	—
1994	114 009	77.2	18.3	2.3	2.2	2.1	0.1
1995	123 519	78.7	17.4	1.9	2.0	1.9	0.1
1996	127 404	78.3	17.6	2.1	2.0	1.8	0.1
1997	127 431	77.8	18.0	22	2.0	1.9	0.1
1998	123 713	76.9	18.6	2.3	2.2	2.1	0.1
1999	126 264	77.1	18.1	2.7	2.1	1.9	0.2
2000	132 384	76.3	17.6	2.7	3.4	2.1	0.2
2001	139 928	76.5	16.7	2.9	3.9	2.4	0.2
2002	148 450	77.0	16.1	2.9	4.0	2.4	0.2
2003	170 305	79.3	14.2	2.7	3.8	2.0	0.3
2004	196 418	80.5	12.8	2.8	3.9	2.2	0.3
2005	218 355	81.2	11.9	3.0	3.9	2.2	0.3
2006	233 269	81.4	11.3	3.3	4.0	2.3	0.3
2007	251 772	81.6	10.6	3.7	4.1	2.4	0.3

续 表

年份	一次能源生产总量（万吨标准煤）	电热当量计算法					
		比　　重(%)					
		原煤	原油	天然气	一次电力及其他能源	水电	核电
2008	262 992	81.0	10.3	4.1	4.6	2.7	0.3
2009	271 067	81.0	10.0	4.2	4.8	2.8	0.3
2010	294 807	80.7	9.8	4.3	5.2	3.0	0.3
2011	323 045	81.9	9.0	4.3	4.8	2.7	0.3
2012	330 203	81.0	9.0	4.4	5.6	3.2	0.4
2013	336 452	80.4	8.9	4.7	6.0	3.4	0.4
2014	336 314	79.2	9.0	5.0	6.8	3.9	0.5
2015	334 162	78.2	9.2	5.2	7.4	4.2	0.6
2016	315 217	76.7	9.0	5.7	8.6	4.6	0.8
2017	325 917	76.6	8.4	6.0	9.0	4.5	0.9
2018	342 312	76.6	7.9	6.0	9.5	4.4	1.1
2019	357 130	76.2	7.6	6.3	9.9	4.5	1.2
2020	364 419	75.4	7.6	6.8	10.2	4.6	1.2

上表反映了根据电热当量法计算的中国一次能源生产结构情况[①]。不难发现，近年来，我国大幅降低了原油生产。原煤产量仍然占据主导，但有小幅下降。天然气的产量稳步上升，即将追上原油产量。水电和核能生产有所增长，但仍旧占比较小。

(二) 能源储运

1. 煤炭储运

根据英国石油公司的世界能源统计数据[②][③]，全球已探明煤炭储量最大的国家是美国，其次是欧亚大陆和澳大利亚。而煤炭消费最大的地区是中国，其次是美国和印度。

我国煤炭产量主要集中分布在山西、内蒙古、陕西、新疆、贵州、宁夏等地区。而北京、天津、河北、辽宁、山东、江苏、上海、浙江、福建、台湾、广东、香港等经济发达的东部地区却面临着较大的用煤短缺。我国煤炭资源匮乏的环渤海经济圈、长江三角洲和珠江三角洲等地区的煤炭消费分别约占了全国消费总量的32%、23%和10%。资源分布和生产力布局决定了我国煤炭运输的流向主要有：北煤南运和西煤东输[④]。

[①] 国家统计局能源统计司.中国能源统计年鉴[M].北京：中国统计出版社,2021：34-35.
[②] Coal Reserves，2020[Z/OL].[2020-10-11].https：//ourworldindata.org/grapher/coal-proved-reserves?country=CIS—KAZ—TUR.
[③] Coal Consumption，2023[Z/OL].[2024-10-11].https：//ourworldindata.org/grapher/coal-consumption-by-country-terawatt-hours-twh? country=IND—JPN—DEU—USA—GBR.
[④] 姚昕.中国低碳经济转型中的能源战略调整与政策选择[M].厦门：厦门大学出版社,2012.

北煤南运，主要是华北地区的煤炭，向华东和华南地区运输。北煤南运运量大、运距长，主要采用铁路、海运和内河水路运输。京沪、京九、京广、焦枝等铁路，沿海、长江和京杭运河水路运输线都是北煤南运的主要线路。

西煤东输，中国西部地区煤炭向东部沿海地区运送，主要是山西、陕西、内蒙古西部的煤炭向东部沿海地区运输，贵州煤炭向东部地区的广州、广西、湖南省运输，新疆煤炭向甘肃运输。

铁路运输是煤炭的主要运输方式。俄罗斯的煤炭几乎全部由铁路运输，美国铁路煤运量占全部煤运量的60%以上，中国铁路煤运量占全部煤运量50%以上。根据中国铁道年鉴，2019年国家铁路煤炭发送量为17.94亿吨，比上年增长了6 680万吨，涨幅为3.9%[1]。

2. 石油储运

根据2020年英国石油公司能源统计的数据（表15-2），欧佩克（OPEC）国家占据了全球七成左右的已探明石油储量，而非欧佩克国家则只占据了三成左右。就欧佩克成员国内部来看，委内瑞拉的石油储量最大，占据了欧佩克1/4的石油储量。

表15-2 世界探明石油储量分布统计

国家和地区	储量（亿桶）	占世界已探明储量的%
非欧佩克国家和地区	5 218	30.1
独联体国家	1 457	8
欧佩克	12 121	69.9
伊朗	1 556	9
伊拉克	1 450	8.4
科威特	1 015	5.9
沙特阿拉伯	2 976	17.2
委内瑞拉	3 038	17.5
阿拉伯联合酋长国	978	5.6
其他欧佩克成员国	1 109	6.4

从全球的原油消费情况来看，根据已有数据[2]，目前中国和美国是全球原油消费最大的国家，消费量远超其他国家。2019年美国原油需求为1 940万桶/天，占全球份额的19.7%；中国原油需求为1 410万桶/天，占全球份额的14.3%。

石油运输，主要有管道运输、公路运输、铁路运输、水路运输等方式。管道运输是陆地石油运输的最主要形式，水路运输是海上石油运输的最主要形式。铁路运输与公路运输

---

[1] 韩江平.中国铁道年鉴2020[M].北京：中国铁道出版社，2020：190-191.
[2] Oil Consumption，2023[Z/OL].[2024-10-11]. https://ourworldindata.org/grapher/oil-consumption-by-country? country=USA—AUS—GBR—CAN—ZAF—NOR—CHN.

则是配合管道运输和水路运输的短途联运方式。管道运输可以实现大输送量、长距离、连续安全的输送,相对于公路运输要经济得多。水路运输的优点在于,耗能小,成本低,运输距离长。铁路运输最大的问题在于安全性,不管是原油还是天然气,铁路运输发生事故的可能性都要远高于其他运输方式。公路运输则是最灵活的运输方式,适合为其他运输方式打通最后一公里。

以管道运输为例,目前全球四大油区都有诸多原油管道用于原油运输。作为世界第三大油气资源区,里海油区主要有:哈萨克斯坦原油出口管道(中哈原油管道、阿特劳-萨马尔原油管道、阿劳特-新罗西斯克管道)、阿塞拜疆原油出口管道(巴库-格罗兹尼-新罗西斯克管道、巴库-第比利斯-苏普萨管道、巴库-第比利斯-杰伊汉管道)。波斯湾油区拥有的石油储量占世界石油储量的半数以上,但石油运输管道较少。沙特境内只有一条横跨东西海岸的东西石油管道。伊拉克的石油运输管道则主要是从伊拉克基尔库克到土耳其杰伊汉港的基尔库克-杰伊汉石油管道。阿联酋境内的输油管道是从阿布扎比的哈卜善油田到富查伊拉港。俄罗斯油区的天然气储量占全球30%,石油储量占全球10%,主要有友谊管道、波罗原油管道、萨马拉-敖德萨管道、布尔加斯-亚历山德鲁波里斯管道以及东西伯利亚-太平洋管道。其中,东西伯利亚-太平洋管道中有两条支线为中国输送原油,输送地为黑龙江大庆。除此以外,还有一条原油管道为中国输送原油。中缅原油管道将缅甸油区的原油通过云南贵州等地输送至重庆。

3. 天然气储运

根据英国石油公司的统计数据[①],2020年世界天然气已探明储量占比超过10%的国家共有三个,分别是俄罗斯、伊朗、卡塔尔,其他国家的天然气占比则相差较大。

从天然气消费的角度看,与天然气储量类似,美国、俄罗斯等天然气生产大国也是天然气消费大国。此外,北美、欧洲、中东以及亚太地区的天然气消费量也普遍较高。

天然气的运输与原油类似,主要依靠管道和海运。而天然气作为气态燃料运输也有所不同。管道输送的是气体状态的天然气,其他运输方式输送的则是液化天然气。由于我国的天然气生产主要集中在中西部的新疆、四川、陕西等地,而天然气消费大省则主要是北京、上海、江苏、山东、浙江等地,因此"西气东输"是天然气输送的主要特征。"西气东输"工程有三条主干线,一线工程西起新疆东至上海,二线工程西起新疆东到广东,三线工程西起新疆经过江西到达福建。

四、能源与经济

能源与经济,既相互促进又相互制约。能源是经济发展的基础,经济发展需要能源投入,经济发展又可以为能源开发和利用提供技术和物质条件。经济发展对能源需要主要表现在两个方面,一是对能源总量的需求,二是对能源质量的要求。经济增速越快,对能源总量的需求越多,经济发展程度越高,对能源质量、能源强度的要求也越严苛。另外,经

[①] Gas Reserves,2020[Z/OL].[2024-10-11]. https://ourworldindata.org/grapher/natural-gas-proved-reserves? country=RUS—IRN—TKM—USA—VEN—AZE—CHN—IRQ—NGA—QAT—ARE—SAU.

济发展带来了技术进步,促进了能源利用效率,改进了能源利用方式。经济发展也为能源开发、加工、存储、运输等提供了良好的物质基础。

能源资源作为一种要素投入,也是经济学中经常研究的问题。古典经济增长理论、新古典经济增长理论、内生经济增长理论等主流经济观点都对能源在经济增长中的作用有所涉及,但重视程度不够。石油危机以后,经济学家开始将能源作为独立的要素投入引入经济模型中进行研究。

诸多文献从实证的角度对能源消费与经济增长进行了研究,其主要观点大致可以分为四类:经济增长影响能源消费的单向因果关系[①]、能源消费影响经济增长的单向因果关系[②]、双向因果关系[③]。

第二节 能源储备、能源危机与能源安全

一、能源储备

能源储备是指国家或企业为了应对能源供给的不确定性,提前购买能源储存备用的行为。目前主流的能源储备的分类主要有三种。一是根据能源类型划分,能源储备主要包括煤炭储备、石油储备和天然气储备等。二是根据是否是一次能源,可以分为矿产资源储备和能源商品储备。三是根据具体的能源储备方式,可以分为自有储备或委托储备[④]。

能源战略储备,是指由国家直接控制的,为保证国防安全与国内经济正常运行而建立的能源储备。能源战略储备只有在地缘政治、自然灾害、经济危机等造成能源极度短缺时才会被调用。一般情况下的能源短缺可以由各个地方政府和企业自行建立的能源储备库来调节。

能源储备,主要是指能源的战略储备。其最大的意义在于,解决短期能源危机,保障经济的平稳运行。能源战略储备除了应对短期供应冲击,还能够为调整经济增长方式,特别是能源消费方式争取时间。此外,能源的战略储备还可以起到压舱石的作用,极大降低了能源市场投机者操纵市场的可能性。战略储备对能源进口国和能源资源匮乏且对外依存度高的国家尤为重要。

二、能源危机

经济发展对于能源具有强烈的依赖性。一旦能源的供应出现缺口,特别是石油这一能源的短缺,会使得大半个国家的工业发展陷入停滞状态,那么必然会对经济造成极大的

---

① J Kraft, and A Kraft. On the Relationship between Energy and GNP[J].Journal of Energy and Development,1978(3):401-403.
② D I. Stern. Energy and Economic growth in the USA[J]. Energy Economics,1993,15(2):137-150.
③ D B K Hwang, and B Gum. The Causal Relationship between Energy and GNP [J]. The Journal of Energy and Development,1992(2):219-226.
④ 朱嘉洋.政府能源储备的公法初探[J].行政法学研究,2007(1):8.

影响,甚至可能造成经济衰退的局面。在本书中,我们将能源危机定义为:由于能源供应紧张使得能源价格不断上涨而形成的危机。历史上的能源危机主要是指石油危机,迄今为止,已经爆发了三次。石油危机主要是由于战争、地缘政治等因素导致的。

(一) 第一次石油危机

第一次石油危机发生在 1973—1975 年。1973 年 10 月 6 日,第四次中东战争爆发,阿拉伯产油国试图通过石油手段迫使美国等放弃对以色列的支持。战争初期,美国未对阿拉伯国家的石油禁运予以足够的重视,甚至直接向以色列提供武器等军事援助。此后,阿拉伯产油国逐步采取提高油价、削减产量及石油禁运等措施。[①] 同年 12 月,石油输出国组织(Organization of the Petroleum Exporting Countries,OPEC)的阿拉伯成员国更是宣布收回石油定价权,随后每桶原油的价格从 5.12 美元提升至 11.65 美元,涨幅高达 127.54%。各个石油进口国经济遭受重挫。

面对巨大的油价压力,资本主义国家纷纷要求以色列结束对阿拉伯领土的占领。在此背景下,美国开始妥协,以色列撤兵,沙特也解除了对美国的石油禁运,第一次石油危机结束。在这次危机中,各工业国家经济普遍受挫,美国的经济增速下降了 4.7%,欧洲的经济增速下降了 2.5%。

(二) 第二次石油危机

第二次石油危机发生在 1979—1980 年。1978 年底,伊朗由于政权更迭,石油出口中断。原油市场供给严重不足,本就脆弱的供需关系被打破。这一时期,原油价格由每桶 13 美元涨到了 34 美元。1980 年,高油价势头刚要过去,两伊(伊朗、伊拉克)战争爆发,两国原油停运,大量油田被炸,国际原油供应再次出现了巨大缺口,油价再次上扬。

第二次石油危机期间,OPEC 组织出现了分裂。多数成员国主张顺应市场,提高价格,沙特阿拉伯则主张大幅增产稳定油价。OPEC 协商不一致,导致失去了对市场的控制。各出口国不断提高出口价,油价彻底失控。此次危机,不仅对工业国家的经济产生了极大冲击,而且引发了全球性的经济危机。

(三) 第三次石油危机

第三次石油危机发生在 1990—1992 年。20 世纪 80 年代以后,由于石油输出国组织力量开始瓦解,加之新兴产油国的崛起,石油权力开始分散,原油价格持续下降。1986 年,原油价格一度降至每桶 10 美元以下,国际石油市场非常混乱。1990 年海湾战争爆发,伊拉克攻占科威特之后,遭到了国际经济制裁。伊拉克原油供给被迫中断,国际油价因而急升至 42 美元/桶的高点。这次石油危机仅持续了三个月,油价从每桶 14 美元上涨到了 40 美元。但由于国际能源署(IEA)及时启动了应急计划,每天将 250 万桶的储备原油投放至市场,原油价格得到了有效控制。此外,沙特阿拉伯等国家也迅速增加了产量,使原油短缺得到了极大缓解。总体而言,第三次石油危机持续时间不长,与前两次危机相比,对世界经济的影响要小很多。

---

① 刘合波,王黎.生存资源与国际危机:第一次石油危机探析[J].国际论坛,2012,14(4):7-12+79.

三、能源安全

传统意义上的能源安全是指,以可支付得起的价格获得充足的能源供应。狭义的能源安全主要是保障能源的持续稳定供应,尤其是原油的供给稳定。然而,随着生态和环境问题的突出,能源安全也需要有新的层面的意义。根据魏一鸣等对能源安全的定义,能源安全是指,满足国家经济发展需求的可获得的、买得起的、持续的能源供应,同时能源的生产和使用不会破坏生态环境的可持续发展①。

根据魏一鸣等的介绍,能源安全主要包括能源供应安全和能源使用安全两个方面。"能源供应安全主要受能源储采比、自给率、进口来源、运输、效率、战略储备、价格等因素影响;能源使用安全则主要受能源消费结构、能源生产事故、污染物排放强度、能源份额、可再生能源比例等因素影响。具体来说,衡量能源供应安全的指标有:能源储采比、能源强度、人均能源消费量、能源自给率、能源价格波动率、能源储备率、能源进口多元化指数、能源多样化指数等;衡量能源使用安全的指标有:能源生产安全指数、碳排放强度、单位能源消费的碳排放指数、单位能源消费的二氧化硫排放量、终端能源消费的电力份额、清洁可再生能源份额等"②。

第三节 能源市场与能源组织

一、原油市场

(一) 国际原油市场

原油是市场化程度最高的大宗商品,原油市场分为期货和现货市场。全球主要的原油期货市场是纽约商品交易所、伦敦国际石油交易所,国际主要的现货市场有西北欧原油市场、地中海原油市场、美国市场、加勒比海市场、新加坡市场等。全球三大主要的原油定价基准分别是 WTI 原油期货与 Brent 原油期货以及迪拜高硫原油现货。WTI 原油期货在纽约商品交易所交易,是北美地区的原油定价基准。Brent 原油期货在伦敦洲际交易所和纽约商品交易所交易,是西北欧、北海、地中海等地区的定价基准。迪拜高硫原油是石油输出国组织 OPEC 的代表,其主要以现货形式在新加坡、东京等地进行交易,主要作为亚洲地区的定价基准。

(二) 国内原油市场

我国原油市场也分为期货市场和现货市场。我国的原油期货于 2018 年 3 月 26 日在上海国际能源交易中心正式上线交易。中国原油期货的建立对于争夺原油市场的定价权具有重要意义。中国原油期货上线后成交量稳步上升,受到了众多投资者的追捧,与国际

---

① 魏一鸣,廖华.能源经济学[M].北京:中国人民大学出版社,2019.
② 同上。

原油市场的联系也越来越密切。

我国产油量最大的两个油田是大庆油田和胜利油田。许多学者在分析中国原油现货市场时通常将这两个油田的现货作为中国原油现货的代表。

二、煤炭市场

(一) 国际煤炭市场

国际煤炭市场主要有欧洲三港煤炭、南非理查德湾煤炭、澳大利亚纽卡斯尔煤炭、美国阿布拉契亚煤炭等。其中,欧洲三港煤炭主要是指:荷兰阿姆斯特丹动力煤、比利时安特卫普动力煤期货、荷兰鹿特丹动力煤期货。

(二) 国内煤炭市场

我国煤炭资源丰富,煤炭资源储量位居全球第三,仅次于美国和俄罗斯。但我国煤炭分布并不均衡,北方的煤炭资源大部分分布在内蒙古、山西、陕西、宁夏、甘肃、河南等地,南方的煤炭资源则主要集中在贵州、云南、四川三省。我国的动力煤期货2013年9月26日在郑州商品交易所上市。现货则主要依靠秦皇岛港、唐山的京唐港和曹妃甸港、天津港等地进行交易。

三、天然气市场

(一) 国际天然气市场

天然气市场分为两类,一类是液化天然气(LNG)市场,另一类则是由管道气输送双方达成的交易市场。液化天然气项目发展较为缓慢,目前主要有北美、欧洲、亚太三个区域性市场。北美地区的液化天然气市场主要有亨利枢纽天然气现货、纽约天然气期货等;欧洲地区的天然气价格风向标则是英国的天然气现货;亚太地区的液化天然气市场主要是日本的 LNG 进口市场。

(二) 国内天然气市场

近年来,我国的天然气需求稳步上升,天然气在未来经济中将发挥越来越重要的作用。我国的天然气交易主要是管道气,管道气一方面来自"西气东输",另一方面来自其他国家的进口。我国的天然气消费主要集中在东南沿海、长三角以及环渤海地区。我国的管道天然气供给则主要来自俄罗斯、缅甸以及中亚地区等的境外输送,以及新疆等西部地区的"西气东输"。

四、电力市场

(一) 国际电力市场

国际电力市场最典型的是英国电力市场。英国电力市场化改革始于1989年,其发展相继经历了电力库模式、NETA 模式和 BETTA 模式三个阶段。始于 1989 年的电力库模式,由于存在交易机制不透明、发电商过少易形成市场力操纵、电价与成本脱节、电力供求不明确等缺点而引发了英国电力市场的进一步改革。英国电力监管局(OFFER)于 1998 年提出了以双边合同交易为主的电力交易制度(NETA)模式,并于 2001 年开始实施。在 NETA 模式下,发电商可自行调度机组,国家电网公司只负责平衡市场、完成实时调度、调整阻塞和平衡合同,系统调度机构(ISO)按负荷增减与报价调整发电负荷大小,维持系统能量平衡和安全运行。另外,NETA模式还有一个结算中心。主要集中于英格兰和威尔士的英国电力市场改革使电价持续走低,而苏格兰电力市场因改革滞后而一直沿用垂直一体化的市场模式。这不仅阻碍苏格兰地区的电力市场建设进程,而且也限制了苏格兰电力资源向英格兰与威尔士地区输送。为解决这一问题,电力监管机构提出将NETA模式在全英国推广,即推行统一电力交易与输送制度(BET-TA)模式,以消除垄断,促进竞争,扩大电力交易范围[①]。

(二) 国内电力市场

我国的电力市场与英国电力市场存在较大不同。我国电力市场中,购买者相对单一,但电力企业众多。此外,竞争电量与基本电量存在双轨制。而我国电力市场的主要交易形式有长期合同、实时交易、期货交易等。

五、新能源与可再生能源市场

新能源主要是指传统能源之外的各种能源形式。新能源一般是指在新技术基础上加以开发利用的可再生能源,包括太阳能、生物质能、水能、风能、地热能、波浪能、洋流能和潮汐能,以及海洋表面与深层之间的热循环等。此外,氢能、沼气、酒精、甲醇等也在新能源范围之列。而已经广泛利用的煤炭、石油、天然气等能源则属于常规能源。随着常规能源的有限性及环境问题的日益突出,以环保和可再生为特质的新能源越来越得到各国的重视[②]。新能源产业的发展是应对环境问题的重要措施,是满足人类社会可持续发展的必要保障。

六、国际能源组织和地区能源组织

(一) 国际能源署(IEA)

国际能源署(International Energy Agency,IEA)是世界上最重要的国家间能源经济合作发展组织,目前拥有26个成员国。该组织长期致力于协调国际能源政策、加强国家间能源信息交流、开展国际技术合作和提高全球能源安全性。

国际能源署内部有三大部门:理事会、管理委员会、秘书处。理事会是最高权力机构,由各成员国政府的能源部长或高级官员为代表的一名以上代表组成。理事会由煤炭工业顾问委员会和石油工业顾问委员会协助工作,这两个委员会均由该工业的经理人员组成。管理委员会是理事会的执行机构,由各成员国的主要代表一人以上组成。秘书处又由五个办公室组成,分别是长期合作办公室、非会员国家办公室、石油市场和紧急防备办公室、经济统计和情报系统办公室、能源技术研究与发展办公室。

(二) 石油输出国组织(OPEC)

欧佩克(Organization of the Petroleum Exporting Countries,OPEC)是协调成员国石

---

① 慈向阳.能源经济学[M].北京:中国电力出版社,2014.
② 同上。

油政策、确定原油产量与价格的组织。该组织通过采取共同行动反对西方国家对产油国的剥削和掠夺,以保护本国资源、维护本国利益。OPEC 于 1960 年 9 月成立,目前共有 13 个成员国,分别是阿尔及利亚、安哥拉、刚果、赤道几内亚、加蓬、伊朗、伊拉克、科威特、利比亚、尼日利亚、沙特阿拉伯、阿拉伯联合酋长国、委内瑞拉。OPEC 组织在遏制西方霸权力量方面起到不可小觑的作用。

(三) 世界煤炭组织(WCA)

世界煤炭组织(World Coal Association,WCA)位于英国伦敦,是一个由煤炭企业和煤炭协会组成的非营利、非政府组织。WCA 是全球唯一的国际性煤炭行业组织。WCA 的使命是着力推进清洁煤技术,引领创新,推动全球经济与环境目标对话,实现煤炭行业的可持续发展。

(四) 欧洲天然气基础组织(GIE)

欧洲天然气组织(Gas Infrastructure Europe,GIE)成立于 2005 年,是管理欧洲天然气输送、储存的非营利性独立的组织,总部位于比利时布鲁塞尔。GIE 的成员来自 27 个国家,包括运输管道、存储设施、液化天然气终端等设备的制造商。GIE 的目标主要有:打造安全可靠的欧洲运输系统、支持欧盟绿色协议、加强地区脱碳和减排、支持氢能经济、建立稳定的公共政策框架等。

第四节 能源与气候变化

一、能源利用的环境外部性

能源消费带动经济增长的同时,也带来了非常严重的生态和环境问题。能源的开发与利用和气候环境变化之间具有密不可分的联系。根据张馨的分析,能源消费对环境主要有三个层面的影响[①]。

从宏观层面来看,能源消费对全球气候变化具有显著影响。联合国政府间气候变化专门委员会(The Intergovernmental Panel on Climate Change,IPCC)认为,气候变暖是当今世界最主要的环境问题,化石能源消耗造成的温室气体排放则是导致全球变暖的重要原因。学术界有许多学者对能源消费、经济增长、碳排放三者之间的关系开展了大量研究,证明了其内在的因果关系。我国二氧化硫、二氧化碳、氮氧化物等污染物排放量均位居世界前列,但我国高速发展的经济仍对煤炭等化石能源依赖度较高,因此,减排潜力和减排压力都非常大。为此,2020 年 9 月我国明确提出 2030 年"碳达峰"与 2060 年"碳中和"的目标。2021 年、2022 年习近平主席曾多次强调了"双碳"目标的重要性。可以预见,未来 40 年将是我国实现经济转型、实现"双碳"目标的关键阶段。

从中观层面来看,能源开发和利用的过程对生态环境造成的破坏也不容忽视。化石

---

① 张馨.能源消费转型及其社会、经济和环境影响研究[J].新西部,2018,446(19):91.

能源的开发会占用大量土地,改变原有的地表环境。以煤矿开发为例,煤田开发会产生大量煤矿采空区。我国煤矿采空区已超过100万公顷,70%的大型矿区均为土地塌陷严重区。煤炭开发还会造成水土流失,加剧当地的生态环境脆弱性和水资源严重匮乏性。油气开采及炼化同样对环境造成巨大影响。陆上油气开发将严重破坏地下水资源,降低地下含水层水位。海上石油储层则埋藏较浅、上覆岩层胶结性差,一旦泄露就会对海洋生态环境造成灾难性影响。煤层气、页岩气开采也会带来大面积地下水资源污染问题。生物质能的大量利用不仅降低了林草植被的覆盖率,造成水土流失,还打破了稳定的自然生态系统的物质循环过程,导致生态系统的退化。

从微观层面来看,化石能源利用严重影响了空气质量。传统生物质能和煤炭的燃烧造成大量温室气体和污染物的排放。化石能源燃烧释放的二氧化硫、氮氧化物、烟尘、可吸入颗粒物等大气污染物,是造成酸雨、雾霾、浮尘天气的主要原因。这些空气污染对居民,特别是妇女和儿童的健康造成了很大影响。据世界卫生组织估计,在发展中国家每年有150万人死于来自生物燃料造成的烟尘,由此导致的死亡率达到世界范围死亡人数的4%—5%。

二、温室气体与污染气体的种类与特征

温室气体是造成温室效应的气体统称,主要包括:二氧化碳、甲烷、臭氧、氟利昂、氢代氯氟烃类化合物、氢氟碳化物、全氟碳化物、六氟化物、氮氧化物、二氧化硫等。自然界中自然存在的有二氧化碳、甲烷、氧化亚氮、臭氧等,而其他气体则是人类活动产生的。温室效应,简言之就是大气的保温效应。大气能够通过太阳短波,吸收了地表返回的长波射线,这就造成了低层大气与地表的温度升高。工业革命后,大量温室气体进入大气,这些气体吸热性能很强,显著加强了温室效应。

二氧化碳是全球碳循环的重要方式。植物光合作用从大气中吸收二氧化碳,完成从大气二氧化碳到陆地生物圈的转换;动植物的呼吸作用及其燃烧和腐烂将有机物分解,实现从生物圈到大气的碳循环。另外,也会有相当部分的二氧化碳通过海洋的非生物物理化学过程实现吸收和释放的碳循环。工业革命以后,随着煤炭等化石能源的大量使用,超额的碳排放无法被陆地和海洋生物圈吸收,导致大气中的二氧化碳浓度不断升高,打破了原来平衡的碳循环模式。

甲烷是大气中含量丰富的有机气体,其一方面来自天然气泄漏、油气层开采、生物质燃烧等人类活动,另一方面来源于沼泽、湖泊、湿地、海洋、森林等的自然释放。甲烷是产生温室效应的第二大主要气体。

氮氧化物是酸性气体,遇水或水蒸气会产生腐蚀性的硝酸和亚硝酸造成酸雨。另外,氮氧化物进入臭氧层会与臭氧发生反应,消耗大气中的臭氧量,破坏臭氧层,导致地表紫外线辐射增加。

二氧化硫与氮氧化物一样,也是造成酸雨的重要原因。二氧化硫与水反应,产生亚硫酸,是酸雨的主要成分。我国是全球二氧化硫排量最多的国家之一,大量含硫煤炭的使用,造成了二氧化硫排量大幅增加。另外,二氧化硫也是无色的有毒气体,对人的呼吸道

和心血管等都会产生危害。

氟利昂大致可以分为三类,氯氟烃类、氢氯氟烃类、氢氟烃类。氟利昂是常见的制冷剂,常温常压下为略带芳香味的气体,低温加压下为透明状液体。氟利昂进入大气也会导致臭氧含量下降,增加地表生物遭受紫外线辐射的风险。另外,氟利昂也是直接造成气候变化的元凶之一。目前各国都已对氟利昂的生产和应用进行了严格限制,氟利昂的回收及替代品开发是最重要的应对手段。

三、积极应对环境问题

当前世界三大环境问题:酸雨、温室效应、臭氧空洞,都与能源消耗有着千丝万缕的联系。为了应对气候变化和环境问题,各国政府和国际组织都进行了大量努力。

为了将大气温室气体浓度维持在一个相对安全的水平,1992年5月9日,联合国大会通过了《联合国气候变化框架公约》(下简称《公约》)。1995年,第一届联合国气候变化大会通过了《柏林授权书》等文件,并规定了各发达国家应当限制和减少温室气体排放量和完成时间。1997年12月,在日本京都召开的《公约》第三次缔约方会议通过了《京都议定书》。《京都议定书》主要限制了各个发达国家的温室气体排放,以抑制全球变暖。《京都议定书》确定了三大减排机制,分别是清洁发展机制(CDM)、联合履约机制(JI)、排放交易体系(ETS)[①]。2019年,在哥本哈根召开的《公约》第十五次缔约方会议通过了《哥本哈根议定书》,取代了2012年将到期的《京都议定书》。2015年12月12日,第21届联合国气候变化大会通过了《巴黎协定》。截至2016年6月底,《公约》共有197个缔约方。2021年11月13日,《公约》第二十六次缔约方大会通过了《巴黎协定》实施细则一揽子决议,国际社会开始全面落实《巴黎协定》。2023年4月20日,《公约》中文版网站上线。

第五节 碳达峰与碳中和

一、碳的基本概念

(一) 碳捕获与存储

碳捕获与存储(carbon capture and storage,CCS)是将二氧化碳从与能源相关的来源中分离出来,运输到储藏地点并长期与空气分离储藏的过程。二氧化碳的捕获对于电厂等大型的碳源是非常合适的。除了电厂之外,其他的二氧化碳来源如天然气生产、排放二氧化碳的工业等都可以作为捕捉二氧化碳的来源。捕捉后的二氧化碳经过压缩后通过管道运输到储藏地点进行封存。

(二) 碳捕获、利用与存储

碳捕获、利用与封存(carbon capture, utilization, and storage,CCUS),是CCS技术

[①] 高山.我国碳交易市场发展对策研究[J].生态经济,2013(1):4.

新的发展趋势,即把生产过程中排放的二氧化碳进行提纯,继而投入到新的生产过程中,可以循环再利用,而非简单封存①。与 CCS 相比,CCUS 技术可以把二氧化碳资源化,能产生经济效益,且更具现实操作性。2022 年 1 月 29 日,中国首个百万吨级 CCUS 项目——齐鲁石化-胜利油田 CCUS 项目已建成。

二氧化碳的资源化利用主要包括:高纯一氧化碳合成、烟丝膨化、化肥生产、超临界二氧化碳萃取、饮料添加剂、食品保鲜和储存、焊接保护气、灭火器、粉煤输送、合成可降解塑料、改善盐碱水质、培养海藻、油田驱油等。其中最具应用前景的是合成可降解塑料和油田驱油技术产业化。

(三) 直接空气捕获

直接空气捕获(direct air capture,DAC)是一种直接从大气中提取二氧化碳的技术。DAC 就像一座大型的二氧化碳"吸尘器",可以吸收空气中的二氧化碳,并转化为有用的材料,或注入地质封存地进行长期封存。目前主要有液体 DAC 和固体 DAC 这两种技术方法用于捕获二氧化碳。液体 DAC 将空气通过化学溶液(如氢氧化物溶液),从而去除二氧化碳。该系统通过施加高温实现化学品的回收,同时将剩余的空气返回到大气。固体 DAC 利用能与二氧化碳化学结合的固体作为吸收剂,当置于真空下加热时,它们会释放出浓缩的二氧化碳,可以被收集起来用于后续的储存或使用②。

(四) 碳泄漏

碳泄漏,是指在只有部分成员参与国际联盟的情况下,承担减排义务的国家采取的减排行动,而不承担减排义务的国家增加排放的现象。《京都议定书》规定第一承诺期(2008—2012 年)的减排目标只针对发达国家和经济转轨国家,其他国家尚未承担具体的减排义务,这种规定目标必然会导致碳泄漏现象的发生。碳泄漏的发生主要是由于国际贸易和投资构成的经济传导作用。减排国家对碳密集型产品需求的减少或生产成本的增加,通过能源市场的波动以及能源产品的投资和贸易变化,会增加非减排国家生产和消费的碳密集度。具体来说,碳泄漏主要通过以下三种渠道③:

(1) 能源产品的国际贸易。实施减排行动的国家大幅减少对碳密集型化石燃料(如煤、石油和天然气等)的需求,可能会导致这些燃料价格的普遍下跌。非减排国家则极有可能扩大对化石燃料的需求,增加其温室气体的排放量。当然能源市场的结构是关键因素,其中主要的变量是化石燃料的供给弹性。碳密集型燃料的供给弹性越低,碳泄漏越大。

(2) 碳密集型产品的国际贸易。减排行动可能会增加碳密集型产品(如钢铁)的生产成本,从而降低了这些商品的国际竞争力。来自非减排国家的同类商品将具有相对优势。国际市场对碳密集型产品的需求将向非减排国家倾斜。这一政策差异将导致能源密集型产业的国际发展格局和国际贸易流向发生改变,同时也将增加非减排国家的温室气体排

---

① 管清友,李君臣."页岩气革命"与全球政治经济格局[J].西部资源,2013(3):5.
② 王菲菲.增加质监科普知识[J].中国质量技术监督,2013(10):1.
③ 冯艳芳.汇总盘点碳泄露的三个主要渠道[Z/OL].[2022-06-10].http://www.tanjiaoyi.com/article-4509-1.html

放量。而在不同国家生产的能源密集型产品之间的贸易替代弹性系数(又称阿明顿弹性, Armington elasticities)将决定这种情况发生的可能性大小,系数越大,说明贸易替代也越容易发生。从收入变化和消费的角度来看,非减排国家(如中国)由于能源密集型产品贸易条件的改善也可能增加对碳产品的需求,从而增加排放;而能源出口国,如石油输出国组织(OPEC)国家也会因为能源贸易条件恶化而减少消费和排放。

(3) 能源密集型产业的国际转移。减排政策可能降低生产要素(如资本,技术)在钢铁、水泥、建材、化工等能源密集型产业中的生产力,进而影响减排国的经济收益。为了追求生产活动的利润最大化,减排国的企业以及跨国公司可能将投资转移到非减排国家,促进生产要素在全球范围内的重新配置。碳密集型产业向非减排国家的转移,必然导致更多不受控制的温室气体增排,这个过程取决于资本流动性的大小。

上述三个产生碳泄漏的渠道中,碳密集型产业的国际竞争力是核心。发达国家对碳泄漏问题非常关注,强调严重的碳泄漏将大大抵消发达国家减排行动的效果,对保护全球环境非常不利。目前,越来越多的发展中国家,尤其是中国、印度等排放大国已经开始承担减排义务。但美国政府出于保护本国产业竞争力的目的,尚未签署《京都议定书》。

(五) 碳税

碳税(carbon tax)是指针对二氧化碳排放所征收的税。碳税通过对燃煤和石油下游的汽油、航空燃油、天然气等化石燃料产品,按其碳含量的比例征税来实现减少化石燃料消耗和二氧化碳排放。与实施温室气体减排机制最大的不同在于,征收碳税的管理成本要小得多。

(六) 碳金融

碳金融是指碳融资和碳物质的买卖,即服务于限制温室气体排放等技术和项目的直接投融资、碳权交易和银行贷款等金融活动。"碳金融"的兴起源于国际气候政策的变化以及两个具有重大意义的国际公约——《联合国气候变化框架公约》和《京都议定书》。目前,碳金融仍处于不断的发展过程中,尚未形成一个较为统一的概念。

(七) 碳汇与碳汇交易

碳汇(carbon sink),是指通过植树造林、植被恢复等措施,吸收大气中的二氧化碳,从而减少温室气体在大气中浓度的过程、活动或机制。2003年12月召开的《联合国气候变化框架公约》第九次缔约方大会,国际社会已就将造林、再造林等林业活动纳入碳汇项目达成了一致意见,制定了新的运作规则,为正式启动实施造林、再造林碳汇项目创造了有利条件①。

碳源(carbon source)是指二氧化碳的来源。它既可以来自自然界,也可以来自人类的生产和生活过程。碳源与碳汇是一对相互依存的概念。碳源是指自然界中向大气释放碳的母体,而碳汇则是指自然界中碳的寄存体。减少碳源一般是通过二氧化碳减排来实现,增加碳汇则主要通过固碳技术②。

---

① 崔婧.智慧政务云平台[J].中国经济和信息化,2013(5):85-85.
② 绿色中国.碳源与碳汇的概念定义解析[Z/OL].[2022-061-10].http://www.tanpaifang.com/tanhui/2013/0101/11932.html.

碳汇交易,主要是指发达国家向发展中国家购买碳排放指标,通过市场机制实现森林生态价值补偿的一种有效途径。这种交易是一些国家通过减少排放或者吸收二氧化碳,将多余的碳排放指标转让给其他需要的国家,以抵消这些国家的减排任务,并非通过大气二氧化碳的空间转移实现。

(八)用能权交易

用能权是指用能单位在一年内经确认的可消费一定量各类能源的权利。用能权初始分配制度是指在能源消费总量控制管理下,主管部门按照既定原则、规则和方式,结合节能评估审查、能源审计等措施,确认各用能单位、用能权初始配额,并进行免费或有偿分配的制度。建立用能权有偿使用和交易制度,是推进生态文明体制改革的重大举措,有利于充分发挥市场配置资源的能力,有利于促进能源要素向优质项目、企业、产业流动聚集,也有利于配合碳排放权交易制度发挥作用。用能权交易制度已在我国浙江、福建、河南、四川等地开展试点,并取得良好阶段性成果。

二、《京都议定书》与碳减排

(一)《京都议定书》

《京都议定书》是1997年12月《联合国气候变化框架公约》第三次缔约方大会的一个附加协议。《京都议定书》的主要内容包括三个方面:(1)确定减排日程规划和目标值;(2)确定温室气体减排量;(3)提出了减排的灵活机制。减排的灵活机制也被称为京都机制,即联合履行机制(joint implementation, JI)、清洁发展机制(clean development mechanism, CDM)以及排放贸易(emissions trading, ET)。1998年3月至1999年3月期间,共有84个国家签署了该协议。随后的十年时间里,又有100多个国家陆续加入。我国于1998年5月签署《京都议定书》,欧盟及其成员国于2002年5月签署《京都议定书》。澳大利亚于2007年12月签署《京都议定书》,并承诺在2050年之前减少60%的温室气体排放量。目前,世界主要工业发达国家中只剩美国没有签署《京都议定书》(签署后退出了协议)。

《京都议定书》确定的主要减排目标是要在2008—2010年实现工业国家温室气体排放总量减少5.2%(相对于1990年水平)。其中,欧盟削减8%,美国削减7%,日本削减6%,加拿大削减6%,东欧国家削减5%—8%,新西兰、俄罗斯、乌克兰可维持1990年的排放水平,爱尔兰、挪威、澳大利亚等国可分别增排10%、1%、8%。《京都议定书》规定减排的温室气体有:二氧化碳、甲烷、氧化亚氮、氢氟碳化物、全氟碳化物、六氟化硫等。

联合执行机制(JI)是指发达国家通过项目级合作实现的减排单位(ERU)可以转让给另一个发达国家缔约方,相应的额度应从转让方的允许排放限额(AAU)中扣除。

清洁发展机制(CDM)是指发达国家与发展中国家之间通过提供资金和技术进行的项目级合作。发达国家缔约方利用该项目实现的"核证的排减量"(CER)履行在议定书第三条下的承诺。CDM是一种"双赢"机制:一方面,发展中国家可以通过合作获得资金和技术,这有利于实现自身的可持续发展;另一方面,通过这种合作,发达国家可以大大降低国内减排的高昂成本。

排放贸易(ET)是指一个发达国家将其超过减排义务的指标以贸易的形式转让给另

一个未能履行减排义务的发达国家,同时从允许的排放限额中扣除相应的转让额度。基于 ET,各个国家和地区开始构建自己的区域碳交易体系,其中,欧盟碳交易体系(EU-ETS)是目前最成熟、最领先的碳交易体系。

京都三机制的共同特点是实现"境外减排",而不是在国内实施减排,因此有时被称为"海外减排机制"。在《联合国气候变化框架公约》的谈判过程中,允许发达国家采取灵活的政策和行动实施该公约,为其率先承担温室气体减排义务提供条件。这些灵活的政策和措施主要是指其在境外为获得"减排抵消额"而采取的减排行动,而且这些抵消额被允许交易(就减排而言,在世界任何地区实现减排对大气的影响都是一样的,但各地的减排成本并不一致)。

三、碳交易与碳市场

(一)碳排放权交易市场

碳排放权交易,简称碳交易。碳排放权的概念来自排污权。碳排放权交易是排污权交易的一种形式,它是以《京都议定书》为基本依据,在总量控制与减排目标的约束下,以市场交易为基础,对二氧化碳排放进行控制和管理的一种经济手段。碳排放权的主要特点是对单个排放主体下发排放配额,各单个排放主体只能在约束的排放目标下进行碳排放,排放需求低于配额的主体可通过市场交易将排放配额有偿转让给排放需求超过配额的主体。

在《京都议定书》的约束下,二氧化碳排放权成为一种稀缺的资源,具有了商品的属性。由于二氧化碳对环境的影响是全球性的、长期性的,因此在世界上任何地方排放的二氧化碳具有相同的增温效果,温室气体的排放地和减排地也就有了可替代性。同时由于碳减排需要成本,而且每个国家的减排成本存在明显差异,所以碳排放权就具有了交易价值(魏一鸣,2019)。按照交易类型,碳市场可以大致分为两类,一类是基于配额或排放许可证的交易市场,另一类则是基于清洁发展机制、联合履约机制等项目的市场。

目前全球尚不存在统一的国际碳市场,各区域性市场的管理规则也不尽相同。现有的碳许市场主要有:欧盟排放权交易体系(European Union emission trading system,EU-ETS)、英国排放贸易计划、澳大利亚新南威尔士温室气体削减计划、美国区域温室气体减排行动(regional greenhouse gas initiative,RGGI)、美国加州碳市场、中国碳市场、韩国碳市场等。

欧盟是最早对碳排放定价并采取市场化交易的主要经济体,也是全球碳市场发展的引领者。欧盟碳排放交易体系(EU-ETS)的发展主要包括四个阶段:第一阶段(2005—2007年)为试运行阶段,主要纳入能源密集型行业,并实行碳排放配额(EUA)的免费分配;第二阶段(2008—2012年),冰岛、挪威和列支敦士登等国加入 EU-ETS,纳入了航空业,并将 10% 的 EUA 进行了拍卖;第三阶段(2013—2020年),对电力行业实行 100% 配额拍卖,其余行业则实行 40% 配额拍卖,克罗地亚加入,加入了全氟化碳,加入氨、铝和石化等生产企业,配额总量年递减率变为 1.74%,市场稳定储备(MSR)开始运作;第四阶段(2021—2030年),配额总量年递减率升至 2.2%。根据图 15-6 不难发现,EU-ETS 不同时期的价格走势具有明显的阶段性特征。尤其是进入第四阶段后,随着配额减少速度的加快,碳价急速上升,远远高于任何历史时期。

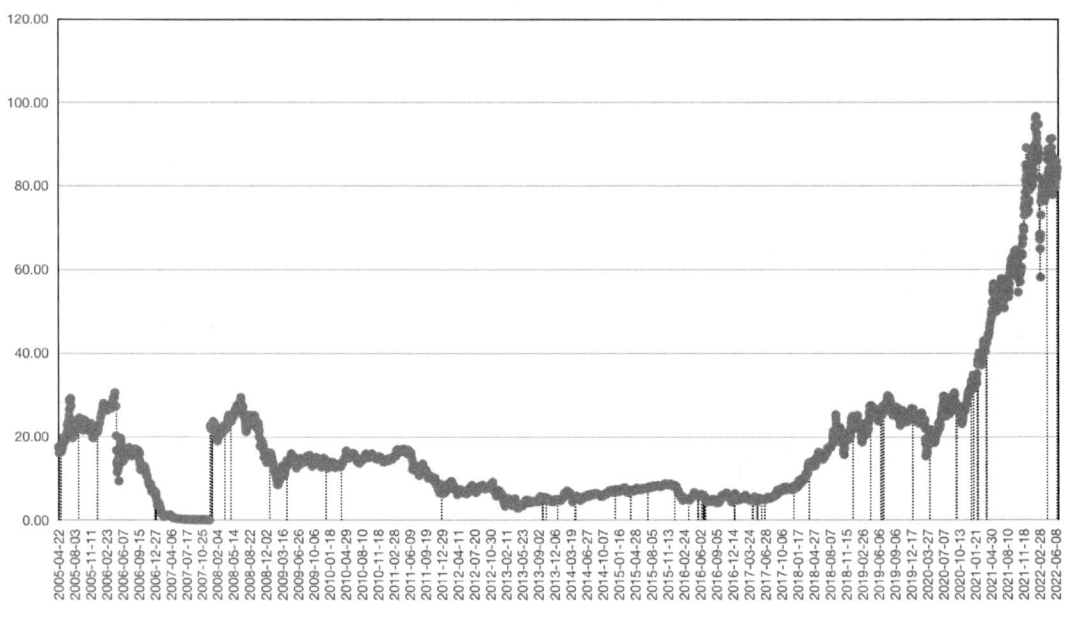

图 15-6　欧盟碳排放权历史价格

英国脱欧后,于 2021 年 1 月 1 日退出了欧盟碳排放交易体系,并在同一天启动了英国碳排放交易体系。与 EU-ETS 第四阶段类似,英国碳市场覆盖电力、工业和航空部门,并将每年减少 420 万吨的排放量,总量较脱欧前下降 5%[①]。

RGGI 是美国第一个基于市场化机制减少电力部门温室气体排放的强制性计划,于 2009 年启动,主要涉及电力部门并覆盖区域排放量的 20%。目前共涉及美国 12 个成员州:康涅狄格州、特拉华州、缅因州、马里兰州、马萨诸塞州、新罕布什尔州、新泽西州、纽约州、罗得岛州、佛蒙特州、弗吉尼亚州和宾夕法尼亚州[②]。2013 年起,RGGI 开始实施配额总量设置的动态调整,大幅缩紧了配额总量。2014 年较上年配额数量削减 45%,并在 2020 年之前均保持每年 2.5% 的递减速度。这一政策带动下,RGGI 碳市场价格开始稳步上涨。RGGI 的具体运行流程与欧盟类似,每个州先根据自身在 RGGI 项目内的减排份额获取相应的配额,再以拍卖的形式将配额下放给州内的减排企业。不同之处在于,RGGI 覆盖下企业要按照规定安装二氧化碳排放跟踪系统,记录相关数据。

我国于 2011 年开始开展碳市场试点,同年 10 月北京、上海、天津、重庆、湖北、广东、深圳等七个省市的碳排放权交易市场正式启动。2016 年 12 月 22 日,福建省也启动了碳交易市场,成为国内第八个碳交易试点。2021 年 7 月 16 日,全国碳市场在建设全国统一大市场的背景下正式启动,启动仪式于北京、上海、武汉同时举办。全国统一的碳排放权交易市场有利于打破地方保护和市场分割,有利于促进碳市场的公平竞争,让碳市场高效

---

① CASVI.欧盟碳市场(EU ETS)[Z/OL].[2022-06-10].http://m.tanpaifang.com/article/86601.html.
② 美国碳市场:RGGI 碳市场[Z/OL].[2022-06-10].http://www.tanpaifang.com/tanguwen/2022/0527/86602.html

运行、公平竞争、开放透明。

(二) 碳排放权分配

根据邓吉祥等[①]的总结,全球碳排放权的分配设想主要有以下四种类型。

1. 现实主义原则分配方案

现实主义原则分配方案是指,按照区域历史碳排放量占全球历史碳排放量比例对全球总配额进行分配的原则。在这一原则下,历史碳排放量较多的地区将得到较多的排放权,区域碳排放量不会出现较大变化,区域经济发展不会由于配额变动遭受打击。因此,现实主义原则对历史碳排放量较大的发达国家有利,但在一定程度上抑制了发展中国家的经济崛起速度。

2. 平等主义原则分配方案

平等主义原则是指,按区域人口占全球人口的比例对全球总配额进行分配的配额分配原则。该原则强调的是全球人均碳排放权的平等性。在这一原则下,地区的碳排放权分配量只与该地区的人口数量有关,人口多的区域可以得到较多碳排放权,而人口较少区域分配到的排放权也较少。该原则为人口较多的发展中国家带来了新的发展机遇,一方面大量的碳排放权意味着未来大量的GDP,另一方面额外的配额可以通过出售带来直接的收入。

3. 支付能力原则分配方案

支付能力原则,是指按照各区域的支付能力对全球总配额进行分配的方式。支付能力强的发达国家分配较少的配额,支付能力弱的发展中国家分配较多的配额。这种分配方式,可以让支付能力较强的国家购买支付能力较弱的国家的碳排放配额。由于经济发展水平较高的国家已经造成了大量碳排放,相当于提前行使了大量排放权,因此在碳排放权分配时给予了发展中国家一定的配额补偿。这样的安排有助于缩小国家之间的收入差距。

4. 人均累计原则分配方案

人均累计分配原则是指,按一时段内各区域人均碳排放量总和相等来对全球总配额进行分配的配额分配原则。具体来说,首先计算从基年开始按现时人口数计算的各国可排放总量,然后在扣除历史累计排放量后,把剩余量分配给各国。该原则考虑了历史累计人均碳排放量对未来区域总配额的影响,历史累计人均碳排放量越多则在未来分配的配额越少。这一原则在基年选取上备受争议。认可程度较高的主要有,人类工业化排放的重要年份1860年,世界各国普遍出现工业化趋势的1900年,人类发现碳排放导致全球变暖的1980年、世界确定减排行动的1990年。

(三) 碳交易的类型

碳交易主要有两种类型,一类是总量交易,另一类是基线交易。总量交易,首先设定二氧化碳排放配额总量,然后将配额分配给二氧化碳排放主体,各个拥有配额的主体可以通过交易调剂余缺。基线交易,是以项目为基础的碳排放控制机制。管理当局首先根据

---

① 邓吉祥.区域能源与碳排放战略决策分析的模型探索[M].北京:科学出版社,2016.

个体排放水平为项目参与者画定基线,然后对各个参与者的实际碳排放进行监测和计算。履约期结束后,管理当局通过对这一时期各个参与者的实际碳排放与基线水平进行对比,为实际排放水平低于基线的参与者发放与差额相等的信用额度,对实际排放量超过基线的参与者收取配额费用[①]。总量交易与基线交易最大的差异在于,配额的发放时间,总量交易预先发放,而基线交易则是事后确认。

(四) 碳中和与碳达峰

2020年9月22日,国家主席习近平在第七十五届联合国大会上首次提出"碳达峰、碳中和"的概念,并确立了2030年实现"碳达峰",2060年实现"碳中和"的目标。2021年5月26日,碳达峰碳中和工作领导小组第一次全体会议在北京召开。2021年10月24日,中共中央、国务院印发的《关于完整准确全面贯彻新发展理念做好碳达峰碳中和工作的意见》正式发布,《2030年前碳达峰行动方案》随后相继出台[②]。

自我国首次提出"碳达峰、碳中和"目标之后,世界各国也纷纷确立了本国实现"碳中和"的目标。根据 NET ZERO TRACKER 的统计,截至2022年6月,已有133个国家设定了"净零"排放目标。

第六节 能源与可持续发展

一、能源贫困问题

根据联合国对能源贫困的定义,能源贫困是指一个家庭中没有足够的能源来改变生活,或者不拥有能源。能源贫困是联合国、世界银行、世界卫生组织等国际机构或组织以及各国政府高度关注和重视的问题。

能源贫困问题由来已久,且广泛存在于发展中国家。全球的能源分布并不均衡,各国的经济发展水平和能源禀赋也差异较大。这就造成了全球的人均用能水平和用能结构的巨大差异。发达国家和石油出口国的人均用能量领先于平均水平,而发展中国家的人均用能量则要低于这个水平,大多数能源贫困都集中于发展中国家。当前全球的能源贫困问题主要集中于以下三个方面:一是用能水平不高,全球人均用能水平远远落后于发达国家平均水平;二是用能结构较差,清洁能源与新能源覆盖率有限,化石能源、传统生物质能等应用较为广泛;三是用能能力较低,贫困人口难以负担用能费用[③]。

我国的能源贫困问题主要集中于农村地区。首先,城乡生活用能差异明显。从使用量的角度看,农村地区人均煤炭消费量超过城镇,但人均商品能源消费量却低于城镇。从消费结构角度看,农村居民的主要能源消费来自传统生物质能,商品能源消费则以煤炭消费为主,而城镇居民则以非固体商品能源消费为主。显然,我国农村地区的能源消费呈现

---

① 曾刚,万志宏.碳排放权交易:理论及应用研究综述[J].金融评论,2010,2(4):54-67.
② 易珏.模式创新在路上[J].中国经济信息,2014(8):31.
③ 魏一鸣,廖华.能源经济学[M].北京:中国人民大学出版社,2019.

出非商品化和高碳化的特征，这是造成我国农村地区的能源贫困问题的重要原因。其次，农村用能设备落后。农村地区以土灶、火炕等作为主要做饭和取暖设施。这类设备与农村地区的用能结构相适应，在用能效率、污染物排放等方面存在较大弊端，严重威胁了空气质量和人类健康。最后，农村地区能源支出较低，以低廉的化石能源和免费的生物质能为主。

二、可再生能源与清洁能源

为了应对能源贫困与气候变化，大力开发使用清洁能源和可再生能源成为必然趋势。根据联合国1981年召开的"联合国新能源和可再生能源会议"，新能源是指，以新技术新材料为基础，使传统可再生能源得以现代化开发利用，或通过开发和利用可再生能源对化石能源进行替代。

新能源主要包括：太阳能、生物质能、水能、风能、地热能、氢能、核能等。太阳能的使用是通过将太阳的光能转化成热能、电能、化学能等形式再被人类利用。由于太阳光能在转化和利用的过程中不会产生废气废料，不会产生污染，因此是一种非常环保的能源。风能的利用主要有两种形式，一类是风力发电，另一类则是直接将风能作为动力来带动各类机械装置投入生产。氢气是导热性能最好的气体，燃烧性能好，燃点高，燃烧快，无毒无害，且燃烧不会产生温室气体和污染气体，最重要的是氢元素在自然界中储量丰富。因此，氢能在未来的潜力非常大。生物质能是以化学能形式存储在生物中的一种能量形式。生物质能在我国农村地区储量丰富，价格低廉，利用技术门槛低，应用前景广泛。水能指的是水体所蕴含的动能、势能等能量，包括河流水能、潮汐能、波浪能、洋流能等，水能主要是通过转化为电能再被人类使用。地热能是地壳中存在的天然热能，可被用于发电、工业热加工、供暖等。核能是通过核反应从原子核中释放的能量。核燃料通过核裂变、核聚变、核衰变等核反应形式产生能量，不会产生空气污染，产能效率高。核能是我国仅次于煤炭和水电的第三大发电来源。

相较于传统的煤炭、原油、天然气等化石能源，清洁能源在应对气候变化、开展低碳经济等方面优势明显。近年来，各国纷纷加大了对清洁能源产业的布局和投入。

三、能源节约与经济转型

要实现能源利用与经济的可持续发展，一方面需要转变生活方式，节约能源，另一方面则需要转变经济发展模式，发展新技术、新材料，调整经济发展对能源结构的需求。

(一) 能源节约

节约能源可以降低温室气体排放，保障经济的可持续发展。就实体经济而言，推动产业转型和技术升级是实现节能减排目标的根本。我国在1997年的第八届全国人民代表大会常务委员会第二十八次会议上通过了《中华人民共和国节约能源法》，并在2018年10月26日第十三届全国人民代表大会常务委员会第六次会议上对该法律进行了二次修订。能源节约主要在于工业节能、建筑节能、交通运输节能、公共机构节能、用能单位节能等方面。

工业节能，重点在于推动电力、钢铁、有色金属、建材、石油加工、化工、煤炭等主要耗能行业的节能技术进步。国家鼓励工业企业采用高效节能的电动机、锅炉、窑炉、风机、泵类等设备，采用热电联产、余热余压利用、洁净煤及先进用能检测和控制等技术。

建筑节能，需要建筑工程的建设、设计、施工、监理单位共同遵守建筑节能标准。为了进行建筑节能，应当对需要空调制冷、制暖的公共建筑进行室内温度控制；应当对公用设施和大型建筑的装饰性景观照明能耗进行严格控制；应当推广使用新型节能墙体材料和太阳能取暖设备。

交通运输节能，需要优化交通运输结构，建设节能型综合交通运输体系；需要加大公共交通投入，完善公共交通服务体系，鼓励公共交通出行；需要着力研发节能环保型汽车、摩托车、铁路机车、船舶等交通运输工具，开发和推广清洁燃料。

公共机构节能，应当厉行节约，杜绝浪费，使用节能产品；应当加强用能系统管理和能源消费检测管理；应当限制能源消费定额，制定能源消耗支出标准。

用能单位节能，主要是针对年综合能源消费总量一万吨标准煤以上及五千吨以上不满一万吨的用能单位。用能单位节能要求用能单位对能源消费情况、能源利用效率、节能目标完成度、节能效益分析、节能措施等内容进行定期汇报。

(二) 经济转型

经济转型是指资源配置与经济发展方式的转变。新制度经济学认为，经济实现转型与发展的根本原因在于制度的变迁[①]。经济转型不仅是经济体制的更新，也是经济增长方式的转变，而且是经济结构的提升，还是支柱产业的调整。

我国的经济转型已经经历了四个阶段。第一阶段是经济的自由化阶段，这一阶段是一个从试点到推广，从农村到城市的过程。从农村实行家庭联产承包责任制开始，农民获得了土地使用权，国有企业自主经营权变革使非国有经济得到了发展。第二阶段是经济的市场化阶段，经济市场化改革让国有企业与其他所有制企业共同参与市场竞争，市场的调节作用得到了充分发挥。第三阶段是经济民营化阶段，经济民营化改革突出了产权的作用，经济自由度大大提升，非国有经济得到了迅速成长。第四阶段是经济的国际化阶段，经济的国际化改革加速了中国经济融入世界的过程，中国制造、中国企业开始走出国门，逐步参与到世界经济一体化进程中来。

新的历史阶段，不只是经济全球化和经济信息化的时代，更是经济可持续发展的时代。经济可持续发展的突出问题之一便是能源问题。人类依赖程度极高的化石能源在未来面临两大难题，一是储量受限，越来越多的地区面临化石能源枯竭的问题，另一方面则是化石能源使用会造成日益严重的环境问题。这两大问题无法从根本上得到解决，只有在新能源和可再生能源上寻找出路。能源转型不只是能源技术或能源种类的转变，而是能源与经济大系统的变革。一方面需要大力研发替代性新能源，另一方面则是需要经济结构调整，以主动适应能源变革的需要。根据波特假说[②]，环境规制、能源转型虽然短期

---

① 康继军,张宗益,傅蕴英.中国经济转型与增长[J].管理世界,2007(1):7-17.
② M Porter. America's Green Strategy[J]. Business and the Environment: A Reader, 1996(33):1072.

内增加了企业负担和压力,但从长远来看,可以促进企业创新,提高经济的长期可持续发展能力[1]。

小 结

本章主要讲述了全球的化石能源、二次能源、可再生能源及新能源的基本情况,包括能源类型、能源分布、能源储运、能源市场、能源组织、能源危机等。此外,本章还讲述了能源利用的环境外部性问题及其应对方案,其中《京都议定书》与减排三大机制尤为重要。关于碳的相关概念,如碳排放权、碳汇、CCUS、用能权等也是本章的重要概念,需要掌握。

习 题

一、名词解释
1. 能源需求
2. 能源供给
3. 能源储备
4. CCUS
5. 碳汇

二、选择题
1. 下列哪些属于温室气体( )。
   A. 二氧化碳　　B. 二氧化硫　　C. 氮氧化物　　D. 氟氯烃
2. 石油运输的最主要方式是( )。
   A. 管道运输　　B. 公路运输　　C. 铁路运输　　D. 水路运输
3. 世界三大环境问题是( )。
   A. 酸雨　　　　B. 温室效应　　C. 臭氧空洞　　D. 热浪

三、判断题
1.《京都议定书》确定了三大减排机制,分别是清洁发展机制(CDM)、联合履约机制(JI)、排放交易体系(ETS)。　　　　　　　　　　　　　　　　　　　( )
2."西气东输"工程有三条主干线,一线工程西起新疆东至上海,二线工程西起新疆东

---

[1] M Porter, C Van der Linde. Toward a New Conception of the Environment-Competitiveness Relationship[J]. Journal of Economic Perspectives, 1995, 9(4): 97-118.

到广东,三线工程西起新疆东至福建。 (　)

3. 中国碳排放试点市场共有八个,分别是:北京、天津、深圳、上海、广东、山东、福建、重庆。 (　)

四、简答题

1. 请简要说明什么是能源贫困。
2. 请简要说明《京都议定书》确定的三大减排机制。

五、论述题

请阐述能源利用的环境外部性及国际应对措施。

参 考 文 献

[01] 迈里克·弗里曼.环境与资源价值评估——理论与方法[M].曾贤刚,译.北京:中国人民大学出版社,2002.

[02] Aswath Damodaran.投资估价[M].朱武祥,邓海峰,译.北京:清华大学出版社,1999.

[03] 菲吕博腾,配杰威齐.产权与经济理论:近期文献的一个综述[M]//科斯,阿尔钦,诺斯,等.财产权利与制度变迁——产权学派与新制度学派译文集.上海:上海三联书店,1991.

[04] G Garrod, and K G Willis. Economic Valuation of the Environment: Methods and Case Studies [M]. Cheltenham: Edward Elgar Publishing, 1999.

[05] G W Dowrie, D R Fuller, and F J Calkins. Investment[M]. Hoboken: John Wiley & Sons, Inc., 1961.

[06] J E Milne, and M S Andersen. Handbook of Research on Environmental Taxation [M]. Cheltenham: Edward Elgar Publishing, 2012.

[07] L Kreisler, S Lee, and K Ueta, et al. Environmental Taxation and Green Fiscal Reform: Theory and Impact [M]. Cheltenham: Edward Elgar Publishing, 2014.

[08] OECD. The Economic Appraisal of Enviromental Protects and Polocies: A Practical Guide[R]. 1995.

[09] T Panayoton Economic Instruments for Environmental Management and Sustainable Development (draft)[R]. United Nations Environmental Programme. 1994.

[10] R E Park, and E W Burgess. Introduction to the science of sociology[M]. Chicagao: The University of Chicago Press, 1921.

[11] Tom Tietenberg.环境与自然经济学[M].(第5版).严旭阳,译.北京:经济科学出版社,2003.

[12] UNEP. Guidelines for Country Study on Biological Diversity [M]. Oxford:Oxford University Press,1993.

[13] F A Ward,and D Beal. Valuing Nature With Travel Cost Model [M]. Cheltenham:Edward Elgar Publishing,2000.

[14] 菲尔德,菲尔德.环境经济学[M].原毅军,陈艳莹,译.大连:东北财经大学出版社,2010.

[15] 毕宝德.土地经济学[M](第8版).北京:中国人民大学出版社,2020.

[16] 毕宝德.中国地产市场研究[M].北京:中国人民大学出版社,1994.

[17] 蔡守秋.调整论——对主流法理学的反思与补充[M].北京:高等教育出版社,2003.

[18] 曾北危.生物入侵[M].北京:化学工业出版社,2004.

[19] 陈德昌.生态经济学[M].上海:上海科学技术文献出版社,2003.

[20] 慈向阳.能源经济学[M].北京:中国电力出版社,2014.

[21] 崔兆杰、张凯编著.循环经济理论与方法[M].北京:科学出版社,2008.

[22] 邓吉祥、于洪洋、石莹,等.区域能源与碳排放战略决策分析的模型探索[M].北京:科学出版社,2016.

[23] 邓南圣.吴峰.工业生态学——理论与应用[M].北京:化学工业出版社,2002.

[24] 封志明.资源科学导论[M].北京:科学出版社,2004.

[25] 高萍.中国环境税制研究[M]. 北京:中国税务出版社,2010.

[26] 国家统计局.中国统计年鉴2021[M].北京:中国统计出版社,2021.

[27] 德姆塞茨.关于产权的理论[M]//科斯,阿尔钦,诺斯,等.财产权利与制度变迁——产权学派与新制度学派译文集.上海:上海三联书店,1991.

[28] 韩宝萍,孙晓菲,白向玉,等.循环经济理论的国内外实践:论循环经济[J].中国矿业大学学报(社会科学版),2003(1):58-64.

[29] 韩德培.环境保护法教程[M].北京:法律出版社,2003.

[30] 何敦煌.人口、生态、经济与可持续发展[M].厦门:厦门大学出版社,2002.

[31] 黄贤金,张安录.土地经济学[M].(第2版).北京:中国农业大学出版社,2016.

[32] 计金标.生态税收论[M].北京:中国税务出版社,2000.

[33] 姜涛.论环境税收制度[M].北京:法律出版社,2003.

[34] 蒋承菘.地矿行政与地质勘查[M].北京:中国大地出版社,2001.

[35] 凯恩斯.就业利息和货币通论[M].徐毓枬,译.北京:商务印书馆,1963.

[36] 林伯强,牟敦果.高级能源经济学[M].北京:清华大学出版社,2014.

[37] 鲁传一.资源与环境经济学[M].北京:清华大学出版社,2004.

[38] 珀曼,马越,麦吉利夫雷.资源与环境经济学[M].侯元兆,等译.北京:中国经济出版社,2002.

[39] 吕忠梅.超越与保守——可持续发展视野下的环境法创新[M].北京:法律出版

［40］国家土地管理局土地估价师资格考试委员会.土地估价理论与方法［M］.北京：改革出版社,1995.

［41］马中.环境与资源经济学概论［M］.北京：高等教育出版社,2006.

［42］维纳.控制论［M］.郝季仁,译.北京：科学出版社,1962.

［43］诺斯,等.制度、制度变迁与经济绩效［M］.刘守英,译.上海：上海三联书店,1994.

［44］曲向荣,李辉,王俭.循环经济［M］.北京：机械工业出版社,2012.

［45］萨缪尔森.经济学［M］.北京：商务印书馆 1982.

［46］十张图了解 2021 年全球转基因市场发展现状［Z/OL］.［2024-10-11］.https://www.sohu.com/a/511376983_121124607

［47］唐建荣.生态经济学［M］.北京：化学工业出版社,2005.

［48］魏一鸣,廖华.能源经济学［M］.北京：中国人民大学出版社,2019.

［49］肖国兴.破解"资源诅咒"的法律回应［M］.北京：法律出版社,2017.

［50］严法善.环境经济学概论［M］.上海：复旦大学出版社,2003.

［51］杨援朝.新财务制度问答［M］.北京：中国物价出版社,1993.

［52］杨云彦.人口、资源与环境经济学［M］.北京：中国经济出版社,1999.

［53］杨重光,吴次芳.中国土地使用制度改革十年［M］.北京：中国大地出版社.1996.

［54］姚建.环境经济学［M］.成都：西南财经大学出版社,2001.

［55］姚昕.中国低碳经济转型中的能源战略调整与政策选择［M］.厦门：厦门大学出版社,2012.

［56］中共中央马克思恩格斯列宁斯大林著作编译局.马克思恩格斯全集［M］.北京：人民出版社,2006.

［57］中华人民共和国自然资源部.中国矿产资源报告 2020［M］.北京：地质出版社.

［58］国家统计局能源统计司.中国能源统计年鉴 2020［M］.北京：中国统计出版社,2021.

［59］中国国家铁路集团有限公司.中国铁道年鉴 2019［M］.北京：中国铁道出版社,2020.

［60］中国土地估价师与土地登记代理人协会文件［Z/OL］.［2024-10-11］.http://www.creva.org.cn/uploadfile/2020/0506/20200506093719992.pdf.

图书在版编目(CIP)数据

可持续发展理论与实践/王克强,刘红梅,赵凯主编. —上海：复旦大学出版社,2025.4
(公共经济与管理. 投资学系列)
ISBN 978-7-309-16491-6

Ⅰ.①可… Ⅱ.①王… ②刘… ③赵… Ⅲ.①可持续性发展-研究-中国 Ⅳ.①X22

中国版本图书馆 CIP 数据核字(2022)第 194570 号

可持续发展理论与实践
王克强　刘红梅　赵　凯　主编
责任编辑/方毅超

复旦大学出版社有限公司出版发行
上海市国权路 579 号　邮编：200433
网址：fupnet@fudanpress.com　http://www.fudanpress.com
门市零售：86-21-65102580　团体订购：86-21-65104505
出版部电话：86-21-65642845
杭州日报报业集团盛元印务有限公司

开本 787 毫米×1092 毫米　1/16　印张 26.5　字数 596 千字
2025 年 4 月第 1 版第 1 次印刷

ISBN 978-7-309-16491-6/X・43
定价：78.00 元

如有印装质量问题,请向复旦大学出版社有限公司出版部调换。
版权所有　侵权必究